AF479417

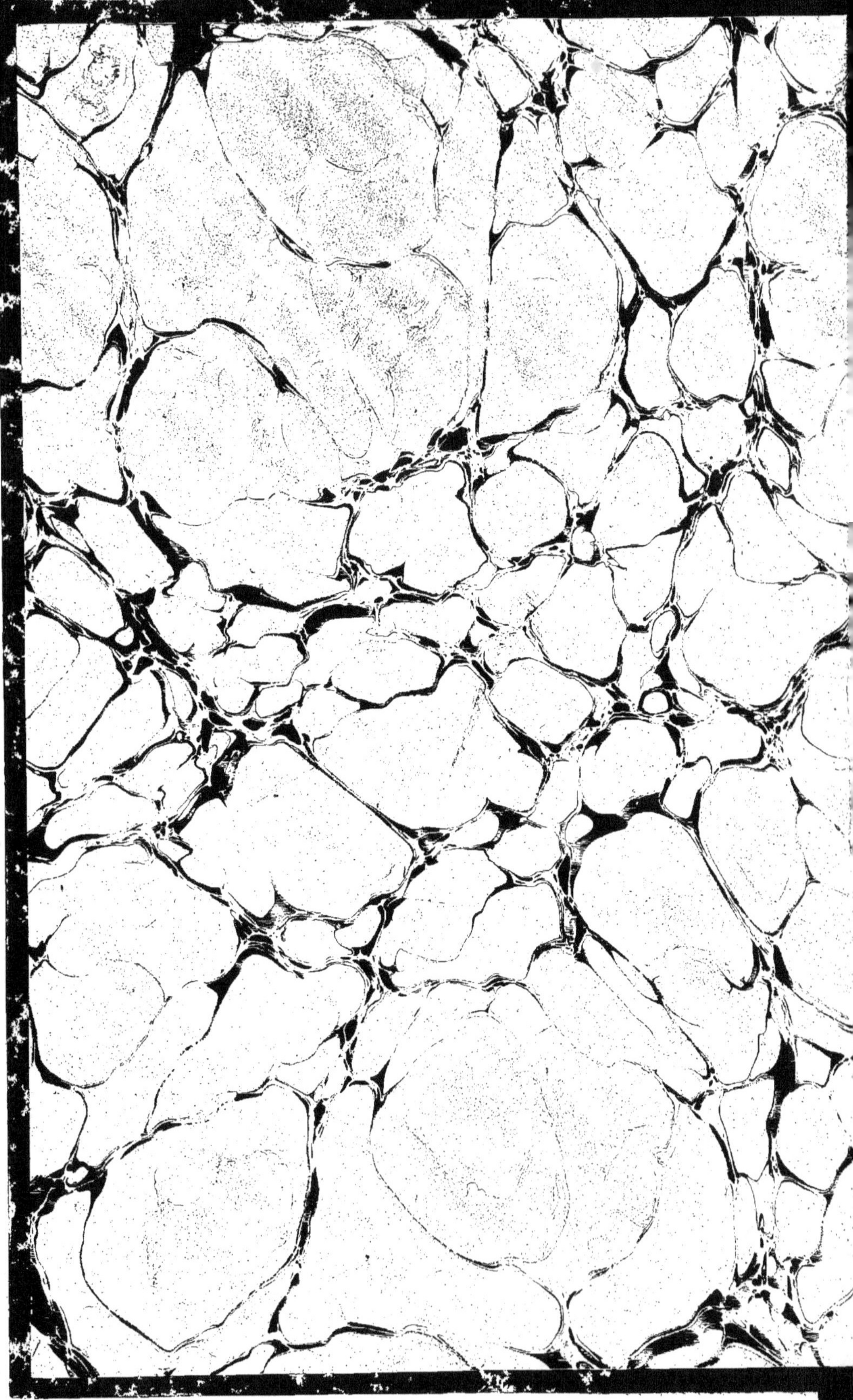

XI CONGRÈS

GÉOLOGIQUE

INTERNATIONAL

1910

CONGRÈS
GÉOLOGIQUE INTERNATIONAL

COMPTE RENDU

DE LA

XI:e SESSION, STOCKHOLM 1910.

CONGRÈS
GÉOLOGIQUE INTERNATIONAL

COMPTE RENDU

DE LA

XI:e SESSION, STOCKHOLM 1910.

COMPTE RENDU

DE LA

XI:e SESSION DU CONGRÈS GÉOLOGIQUE INTERNATIONAL

(STOCKHOLM 1910)

PREMIER FASCICULE.

STOCKHOLM
KUNGL. BOKTRYCKERIET. P. A. NORSTEDT & SÖNER
1912
[101593]

Dédié

au

Professeur Helge Bäckström

par

le Comité exécutif
du XI:e Congrès géologique international

hommage de profonde gratitude
pour une collaboration et un appui
inappréciables

TABLE DES MATIÈRES.

IV

Préparation du Congrès.

Préparations du Congrès.

Il semble que dès le début des Congrès géologiques internationaux, quelques uns de ses membres aient eu le désir de voir une des sessions se tenir en Scandinavie, où la nature, si différente de celle du reste de l'Europe, est par ce fait spécialement intéressante.

Cette pensée est exprimée publiquement à la VIII:e session, qui eut lieu à Paris en 1900, quand Sir Archibald Geikie et M. G. Capellini, à la sixième séance du conseil, se font les interprètes de ce désir, qui est mis aux voix et adopté sous la forme suivante: «Un grand nombre de membres du Conseil expriment le désir qu'une très prochaine session ait lieu dans les pays scandinaves (Suède, Norvège, Danemark). »[1]

Pour le corps des géologues suédois, avec son très petit nombre de membres et ses ressources économiques fort limitées, répondre à un désir de cette importance présentait de très grandes difficultés, et ce fut seulement à la réunion de la Société géologique à Stockholm, le 5 Avril 1905, que la question prit une forme plus définitive. En cette occasion on déposa une note signée par 18 géologues proposant que la Société géologique fît faire, par une commission élue dans son sein, une enquête préliminaire sur les possibilités qui se présentaient d'inviter en Suède un des prochains Congrès.[2]

A la réunion suivante de la Société, le 4 Mai, on constitua effectivement dans ce but une commission de 9 personnes: MM. H. Bäckström, G. De Geer, G. Holm, A. G. Högbom, Hj. Lundbohm, J. C. Moberg,

---

[1] Compte rendu du VIII:e Congrès Géologique International, page 123. Paris 1901.

[2] Les 18 géologues qui avaient présenté cette proposition de la réunion du Congrès en Suède étaient: H. Bäckström, G. De Geer, A. Gavelin, A. Hamberg, H. Hedström, G. Holm, P. J. Holmquist, N. O. Holst, A. G. Högbom, G. Löfstrand, H. Munthe, A. G. Nathorst, H. Santesson, R. Sernander, Hj. Sjögren, E. Svedmark, F. Svenonius, C. Wiman.

A. G. Nathorst, R. Sernander et A. E. Törnebohm, auxquels furent joints par la suite MM. J. G. Andersson et Hj. Sjögren.

Cette commission, qui constata un très vif intérêt pour l'invitation du Congrès dans notre pays, s'efforça tout d'abord d'assurer à l'organisation du Congrès une base pécunière, ce à quoi on peut dire qu'elle avait réussi dès la première moitié de l'année 1906, grâce aux dons de quelques personnes privées et institutions s'intéressant au but, grâce aussi à une subvention accordé par le Parlement.

La question économique ayant eu ainsi une solution satisfaisante, la commission jugea qu'à la X:e session du Congrès géologique international, qui avait lieu à Mexico en Septembre 1906, elle pouvait officiellement inviter le Congrès à tenir sa XI:e session à Stockholm. L'invitation fut faite par le Professeur Hj. Sjögren, en qualité de représentant de la commission (voir le compte rendu de la X:e session, pages 103, 151, 181—183) et acceptée avec un plaisir très sensible.

Comme, en règle générale, le Congrès s'assemble tous les trois ans, la XI:e session aurait dû avoir lieu en 1909, mais, en considération du travail préparatoire nécessaire pour l'organisation des excursions en Suède, les géologues suédois avaient demandé que la session fût reportée à l'année 1910. Par suite de cette demande, le Congrès de Mexico, sur la proposition de M. Th. Tschernyschew, décida de laisser à la commission suédoise le choix de l'année de la XI:e session, soit 1909, soit 1910.

L'invitation faite par la Suède ayant ainsi été acceptée et les géologues ayant la liberté de reculer la session jusqu'en 1910 la commission préliminaire jugea qu'elle avait rempli sa mission; elle invita tous les géologues suédois à une assemblée générale qui devait élire un comité exécutif et fixer le programme de la session future.

Cette assemblée eut lieu le 5 Mai 1907 dans la grande salle du »Jernkontoret» (institution ayant pour objet le développement de l'industrie suédoise du fer), sous la présidence du Baron G. Tamm, Président de la dite institution, et avec un grand concours de géologues suédois.

On fixa alors, conformément à la proposition de la commission préliminaire, le programme du Congrès dans ses grandes lignes, tant pour les principaux sujets des discussions que pour les excursions. Pour mener à bout le travail d'organisation, on nomma un comité exécutif dans lequel entrèrent tous les membres de la commission préliminaire, et parmi eux MM. J. G. Andersson et H. Bäckström furent désignés pour remplir les fonctions, l'un de secrétaire général, l'autre de trésorier du Congrès.

Lorsque l'assemblée générale des géologues suédois eut ainsi posé les bases de l'organisation de la future session du Congrès, le comité exécutif, dont le premier Président fut M. Törnebohm, entreprit le travail de préparation. En automne 1906 M. Törnebohm abandonna ses fonctions de directeur du Service géologique de Suède, il quitta Stockholm en 1907 et renonça à sa place de président du comité; il fut remplacé par M. G. De Geer, qui fut également élu Président du Congrès.

Sur l'humble requête du Comité, S. M. le Roi daigna accorder son haut patronage au Congrès et S. A. le Prince Royal voulut bien occuper les fonctions de Président d'honneur. Un certain nombre de membres du gouvernement et quelques autres personnalités notables avec deux « seniors » de la géologie suédoise, MM. les Professeurs A. E. Törnebohm et A. G. Nathorst, furent nommés membres honoraires du comité exécutif. Au cours du travail d'organisation MM. les Professeurs W. Petersson, O. Nordenskjöld et G. Andersson — ce dernier, Président de la Conférence agrogéologique — furent appelés à faire partie du comité exécutif. La composition définitive de ce comité se trouve page 17.

Quant aux grandes lignes à suivre pour le programme du Congrès, on trouva que, étant donné la structure particulière de la Suède, monotone c'est vrai par suite de l'absence de plusieurs systèmes géologiques mais fort intéressante sous le rapport des terrains archéens, des gisements de fer, des dépôts siluriens et des phénomènes quaternaires, il serait bon de traiter avant tout les questions qui pouvaient être illustrées dans les excursions en Suède liées au congrès.

On ne fit qu'une seule exception à cette dernière règle, ce fut en donnant sur le programme une place importante à *la géologie des régions polaires*, qui a été l'objet d'études approfondies de la part des explorateurs suédois et qui fut présentée pendant le congrès par une série de conférences traitant les régions arctiques comme les régions antarctiques. En outre, on organisa une exposition spéciale des collections suédoises provenant des régions polaires et une excursion dans une région polaire (le Spitzberg).

La géologie des terrains précambriens était un des points marquants du programme du congrès; le Professeur Bäckström, qui était chargé de l'organiser divisa le sujet en deux questions principales: 1) *Les preuves d'un métamorphisme de profondeur dans les schistes cristallins précambriens;* 2) *Les principes d'une classification des terrains précambriens,* et pour les deux, il s'adressa aux savants les plus compétents dans le domaine de la géologie des terrains précambriens pour obtenir d'eux des rapports introductils. De plusieurs d'entre eux, qui ne pouvaient pas assister à la session, le Congrès eut la faveur de recevoir des rapports destinés à la discussion des deux questions, rapports qui donnaient une idée très représentative de la situation des études en ces matières.

Dans le ressort de la géologie stratigraphique, le comité suédois, pour le choix des sujets de discussion, était restreint aux dépôts siluriens, qui sont les seuls systèmes fossilifères préquaternaires ayant un développement considérable en Suède. Parmi les questions actuelles que présentent ce système, aucune ne semble plus importante que le contraste frappant entre l'absence des fossiles dans les formations précambriennes et leur abondance dans les couches cambriennes même les plus anciennes. Pour cette raison, on prit comme sujet de discussion pendant le congrès *« l'apparition soudaine de la faune cambrienne ».* Plusieurs remarquables conférences furent tenues sur ce sujet.

Au nombre des problèmes de la géologie quaternaire, une question, discutée depuis longtemps, mais non encore définitivement traitée, semblait digne d'être débattue au Congrès géologique de Stockholm, c'était *l'érosion glaciaire.* Au Congrès géographique de Genève, en 1908, cette question avait été l'objet d'une discussion extrêmement intéressante, mais qui s'appuyait principalement sur des observations faites dans les régions alpestres. Comme, dans l'opinion du comité, l'orographie très particulière des terrains archéens fenno-scandinaves méritait d'être considérée, la question fut reprise à notre Congrès et elle fut élucidée en bien des points par un grand nombre de conférences et de remarques libres dans les discussions.

Un autre problème de la géologie quaternaire, que les savants suédois étudient depuis longtemps et au sujet duquel ils désiraient connaître l'opinion de leurs collègues étrangers, était *« les variations du climat après la dernière glaciation ».* Le comité considérait la question assez importante pour mériter une préparation particulière. Sur l'initiative du Professeur GUNNAR ANDERSSON, on décida de demander à des spécialistes en cette matière, ainsi qu'aux Services géologiques des différents pays de concourir à l'élucidation de cette question. L'invitation à cette enquête fut couronnée d'un tel succès que quelque temps avant la réunion du congrès de Stockholm, nous pouvions présenter le résultat de cette collaboration internationale dans la publication *« Die Veränderungen des Klimas seit dem Maximum der letzten Eiszeit »* (Generalstabens Litografiska Anstalt, Stockholm 1910, prix 25 fr.) qui, dans 470 4:o pages contient des articles envoyés de tous les points du monde par 47 auteurs; l'ouvrage est accompagné en outre d'un résumé de tous les rapports spéciaux rédigé par le Professeur G. Andersson.

Pour ce qui concerne la géologie appliquée, le comité jugeait qu'il était désirable de voir le Congrès exercer une action plus étendue et plus systématique qu'il ne l'avait encore fait sur l'avancement de cette branche de notre science. Les gisements de fer étant en Suède sans comparaison les plus importants parmi les minerais utilisables, et ce groupe de gisements possédant également une portée sérieuse sur le développement économique et industriel du monde entier, le comité, sur la proposition du Professeur A. G. Högbom, détermina de traiter au congrès la question des *« ressources mondiales de minerai de fer »*. Pour préparer la discussion de ce sujet, on invita les Services géologiques, ainsi qu'un grand nombre de géologues et d'ingénieurs des mines, à faire, d'après un programme établi par le comité, des rapports sur les ressources de minerai de fer dans leurs pays respectifs. Cette invitation fut accueillie avec un très grand empressement et le comité put publier pour le congrès une collection de rapports donnés par les premiers spécialistes dans tous les pays et appelée *« The Iron Ore Resources of the World »* (Generalstabens Litografiska anstalt, Stockholm 1910, prix 76 fr.), deux volumes représentant un total de 1 148 4:o pages et un atlas de 45 cartes. En plus des rapports des divers pays, cette publication contient un résumé par le Professeur Hj. Sjögren, et un certain nombre de tables statistiques, dressées par M. F. R. Tegengren, géologue au Service géologique de Suède.

La préparation du Congrès géologique était déjà assez avancée, lorsque le directeur du Service géologique de Hongrie, M. de Loczy, fit savoir au comité que la I:re Conférence agrogéologique internationale, qui avait eu lieu à Budapest en 1909, sous la présidence de M. de Loczy, avait émis le vœu de voir une seconde conférence se tenir à Stockholm en 1910, en connexion avec le Congrès géologique et peut-être même formant une section de celui-ci. Le comité exécutif du Congrès géologique, d'une part, n'osa pas prendre cette charge supplémentaire, de l'autre, trouva qu'une institution nouvelle, comme l'était la conférence agrogéologique, atteindrait mieux son but en conservant son indépendance. On convoqua donc les personnes s'intéressant à l'agrogéologie à se réunir dans une assemblée, qui eut lieu dans la salle de l'Académie Royale d'Agriculture. On y nomma un comité exécutif composé de 15 personnes pour la II:e Conférence agrogéologique internationale; on élut comme Président de la Conférence le Professeur GUNNAR ANDERSSON, et comme secrétaire général le Docteur H. HESSELMAN. Les fonctions de trésorier furent confiées au Professeur H. BÄCKSTRÖM, qui occupait le même poste dans le comité du Congrès géologique. Le comité exécutif du Congrès géologique se fait un plaisir d'adresser un fraternel remerciement à ces trois messieurs, ainsi qu'aux autres membres du comité exécutif de la Conférence agrogéologique 'pour le travail d'organisation admirablement exécuté par eux, et grâce auquel la Conférence réussit et eut également la plus haute portée pour le développement de la science agrogéologique.

Comme il était à prévoir que les congressistes étrangers seraient ardents à visiter les musées géologiques de Stockholm (Musée du Service géologique, Sections minéralogique, zoopaléontologique et paléobotanique du Musée d'Histoire naturelle), les intendants de ces musées prirent toutes les mesures que permettaient l'exiguïté des locaux actuels pour montrer de la manière la plus avantageuse ce que renfermaient les musées. Cependant on ne pouvait y trouver la place nécessaire pour exposer de riches collections offrant un intérêt spécial pour les congressistes, et l'on se décida à les réunir en forme d'expositions temporaires. Deux d'entre elles, *l'exposition de la géologie des régions polaires*, et *l'exposition montrant le développement des tourbières suédoises*, furent installées dans quelques salles de l'École Technique mises aimablement à notre disposition et qui touchent au bureau du Service géologique. L'exposition des tourbières fut organisée par notre éminent explorateur des tourbières suédoises, le Professeur R. SERNANDER; l'exposition polaire, qui était très considérable, avait été confiée au Docteur L. VON POST, géologue au Service géologique, lequel, grâce à une rare énergie et à beaucoup d'habileté, parvint à donner à cette exposition un ensemble parfait et un cachet unique.

Dans le local du »Jernkontoret», et avec une allocation spéciale de cette institution, on installa *une exposition de plans et d'instruments suédois d'arpentage souterrain;* l'installation fut parfaitement comprise par F. R. Tegengren, géologue au Service géologique.

A ces trois organisateurs des expositions le comité exécutif exprime ici toute sa gratitude.

Comme on l'avait toujours fait aux congrès précédents, on arrangea un grand nombre d'excursions, tant avant, que pendant et après la session du Congrès. Une d'elles s'étendit bien au-delà des frontières de notre pays, jusqu'au Spitzberg, dont la géologie a été élucidée par une longue série d'expeditions suédoises. Cette excursion fut entièrement organisée par le Professeur De Geer qui la dirigea.

Pour faire connaître aux congressistes les régions suédoises des excursions, le comité publia un « Livret-guide » rédigé par les directeurs des différentes excursions, et qui ne comprenait pas moins de 40 articles, représentant 1730 pages, avec 56 cartes, 56 planches diverses, 4 grandes tables et 435 figures dans le texte. Par suite du grand nombre des excursions et de leurs natures différentes, ce « Livret-guide » dépassait de beaucoup la dimension des publications correspondantes des congrès antérieurs.

On fit en outre, pour la commodité des excursionnistes des « Plans et listes des participants » — un « livre bleu » pour les excursions qui précédaient le congrès et un « rouge » pour celles qui le suivaient — contenant, en plus de la liste des participants, des renseignements sur la marche journalière des excursions.

Les grands traits, les itinéraires des voyages par chemin de fer etc. furent réglés par le soussigné en collaboration avec les directeurs des excursions, mais tout le travail long et plein de responsabilité du détail fut fait par ces derniers avec l'aide des trésoriers des excursions, jeunes membres du corps des géologues suédois qui étaient chargés de tous les arrangements pratiques pendant les voyages et remplirent leur délicate mission à la satisfaction de tous les excursionnistes.

Cependant il n'aurait pas été possible de mener à bout les excursions si, en dehors de leur cercle, les géologues suédois n'avaient trouvé des auxiliaires puissants. Il convient de nommer en premier lieu le Gouvernement et l'Administration des chemins de fer de l'État qui facilitèrent de la façon la plus efficace les longs parcours en chemin de fer. Notre gratitude nous fait un devoir de rappeler ici que l'énergique et infatigable Administration des chemins de fer de l'État ne se borna pas à régler toute chose sur les lignes de l'État, mais se chargea également des démarches avec les nombreuses lignes privées de la Suède méridionale.

Le comité exécutif tient à exprimer en même temps tous ses remerciments à l'Administration des chemins de fer de l'État norvégien pour toute l'obligeance dont elle a fait preuve dans l'organisation du passage de quelques excursions dans la Norvège.

Les excursions reçurent aussi un puissant appui et une hospitalité charmante d'un grand nombre de propriétaires et d'administrateurs de mines et autres établissements industriels dans les régions que traversèrent les excursions. Je me fais ici l'interprète de la reconnaissance du comité exécutif envers tous ces amis des recherches géologiques dans toutes les parties du pays, mais je ne peux donner la liste très longue de leurs noms, qu'il me soit permis de mentionner seulement celui de la Société de Luossavaara-Kiirunavaara, qui a exercé une royale hospitalité à Gellivara, à Kiruna et à Narvik, envers plusieurs des excursions du Congrès.

Le comité exécutif désire également remercier tout spécialement le Professeur et Madame Sjögren, qui ont donné dans leur propriété de Nynäsgård une admirable fête en l'honneur d'un grand nombre de congressistes.

Étant donné la proportion dans laquelle le travail d'organisation dépassait les dimensions prévues — surtout par suite des expositions, des deux enquêtes internationales et du Livret-guide, volumineux et coûteux plus qu'on ne l'avait calculé — il fut bientôt évident que les frais dépasseraient beaucoup le chiffre qui avait été évalué au début. Le comité parvint à obtenir des allocations supplémentaires de l'État, du »Jernkontoret», de la Société anonyme de Luossavaara-Kiirunavaara etc. Le résumé des comptes du congrès (non entièrement terminés à cause des frais occasionnés par le compte rendu) se présente actuellement comme nous l'indiquons ci-dessous:

Dépenses.

	Couronnes
Frais d'organisation	32 604: 62
Enquêtes sur quelques questions d'actualité dans la géologie suédoise	6 875: —

Frais de publication de « Iron Ore Resources of the World »[1]	2 463: 15
Frais de publication de « Die Veränderungen des Klimas »[2]	6 298: 42
Exposition de la géologie polaire	7 903: 18
Exposition d'arpentage souterrain	3 632: 12
Livret-guide des excursions	46 076: 31
Excursions	1 819: 61
Fêtes[3]	2 064: 84
Compte rendu (frais approximatifs)	15 000: —
	Total 124 737: 25

Recettes.

Contributions de l'État, de Sociétés et de particuliers:

État suédois	33 500	
Jernkontoret	17 000	
Société anonyme de Luossavaara-Kiirunavaara . . .	15 000	
Professeur H. Bäckström	10 750	
Société anonyme Stora Kopparbergs Bergslag . . .	5 000	
M. Knut Tillberg	4 000	
Société géologique de Stockholm	2 100	
Svenska Cementförsäljnings Aktiebolaget	2 000	
Metallurgiska Patentaktiebolaget	1 000	
Société anonyme de Guldsmedshyttan	1 000	
Société des mines de zinc de la Vieille Montagne . .	1 000	
Docteur F. Kempe	500	
M. G. Thisell	100	92 950: —
Cotisations du Congrès		15 714: —
Vente du Livret-guide		6 014: 85
Rentes		2 697: 38
Déficit (approximatif)		7 361: 02
		Total 124 737: 25

Comme on le voit par les tableaux ci-dessus nous nous trouvons actuellement en présence d'un déficit d'environ 7 300 couronnes, que nous espérons voir couvert en partie par la vente des publications qui sont la propriété du Congrès.

----

[1] L'impression de cette publication a été payée entièrement par « Generalstabens Litografiska Anstalt », qui conserve les droits de publication.

[2] L'impression de cette publication a été payée en partie par « Generalstabens Litografiska Anstalt ».

[3] Les fêtes ont été payées en grande partie par la Société géologique de Stockholm et par des particuliers.

En Mai 1909, nos travaux étaient assez avancés, pour qu'il nous fût permis d'envoyer une première circulaire contenant le programme préliminaire de la session et des excursions.

En Mars 1910, on distribua la circulaire N° 2, avec itinéraires détaillés des excursions, et quelque temps avant le Congrès, on envoya une troisième circulaire avec un nombre de renseignements supplémentaires.

A leur arrivée à Stockholm, les congressistes reçurent un petit livre «le livre vert» — «Programme et renseignements sur Stockholm» — qui renfermait, outre les programmes du Congrès géologique et de la Conférence agrogéologique, des données sur les expositions du Congrès et sur les institutions scientifiques de Stockholm intéressant les géologues, ainsi que les renseignements généraux sur la ville elle-même.

Pendant la session du Congrès, on donna quelques renseignements complémentaires, additions au programme etc., dans une petite publication «Bulletin du XI:e Congrès géologique», dont 6 numéros furent distribués.

Comme siège principal des séances du Congrès une grande partie du Palais du Parlement avait été mise à notre disposition. Quelques séances eurent lieu dans la grande salle du Conservatoire de Musique, au Palais de la Noblesse et à l'Université de Stockholm.

Nous avions dans le Palais du Parlement un vaste bureau de renseignements; on y trouvait aussi, outre les deux Chambres où se tenaient les séances, des salles excellentes pour les réunions des commissions, pour les conférences, les secrétaires, les dames faisant partie du Congrès, des salles de lecture et de correspondance etc. Pendant le Congrès, des bureaux de poste et de télégraphe étaient également ouverts dans le Palais du Parlement.

La direction du bureau de renseignements avait été confiée à Madame D. WALDNER, qui remplit ses fonctions avec un incomparable savoir-faire. Pour recevoir et guider les congressistes, particulièrement les dames, nous étions assistés d'une manière énergique, ingénieuse et charmante par Mademoiselle S. HAREL.

Parmi les femmes qui ont travaillé pour le Congrès, je tiens à mentionner avec une sincère reconnaissance mon secrétaire privé, Mademoiselle AGNES ANDERSSON, qui fidèlement et infatigablement a partagé avec moi le poids du travail avant et pendant le Congrès.

Comme dans les Congrès précédents, un certain nombre de jeunes géologues parlant les langues étrangères avaient été priés de fonctionner comme secrétaires des séances. Les secrétaires étrangers étaient: MM. M. ALLORGE, H. BACKLUND, F. HALET et P. G. KRAUSE; les suédois: MM. S. DE GEER, A. GRABE, N. HEDBERG, A. HENNIG, H. JOHANSSON et P. QUENSEL. A tous ces aides et confrères estimés, qui, sans aucune rétribution, ont fait un excellent travail avec bien peu de temps devant eux et lorsque beaucoup d'intérêts divers les attiraient, j'offre mes remerciments les plus vifs.

Last but not least, je remercie notre incomparable trésorier, M. H. BÄCKSTRÖM, envers lequel le Congrès a contracté une dette de reconnaissance, je le remercie en mon nom spécial pour une collaboration qui s'étendait sur presque tout le travail de l'organisation et qui, de mon côté, n'a laissé que d'agréables souvenirs.

Il semble permis de dire que notre Congrès a eu un cours normal et que sur l'ensemble les étrangers ont été satisfaits des arrangements qui avaient été faits pour eux. Je regrette donc bien vivement que la fin pèche par un point important et que le compte rendu qui paraît aujourd'hui soit en retard de toute une année sur le temps normal. Je pourrais dire qu'il n'a pas été facile de réunir tous les articles de cette publication et ajouter que les derniers de ces articles m'ont été remis il y a quelques jours à peine, cependant, je n'hésite pas à reconnaître que toute la responsabilité de ce retard retombe sur moi.

Stockholm, Août 1912.

Le secrétaire général
J. G. ANDERSSON.

Composition du Congrès.

AUGUSTE PROTECTEUR DU CONGRÈS:

Sa Majesté le Roi Gustaf V.

COMITÉ EXÉCUTIF.

Président d'honneur:

Son Altesse le Prince Royal GUSTAF ADOLF.

Membres honoraires:

Son Excellence M. A. LINDMAN, Premier Ministre;
Son Excellence le Comte A. F. TAUBE, Ministre des Affaires Étrangères;
M. le Comte H. HAMILTON, Ministre de l'Intérieur;
M. P. E. LINDSTRÖM, Ministre de l'Instruction Publique;
M. S. O. NYLANDER, Ministre de l'Agriculture;
M. le Comte F. WACHTMEISTER, Chancelier des Universités;
M. le Baron G. TAMM, Président du « Jernkontoret »;
M. A. E. TÖRNEBOHM, Professeur, ancien Directeur du Service géologique
de Suède;
M. A. G. NATHORST, Professeur, Intendant au Musée d'histoire naturelle
de Stockholm.

Président:

G. DE GEER, Professeur à l'Université de Stockholm.

Secrétaire général:

J. G. ANDERSSON, Professeur, Directeur du Service géologique de Suède.

Trésorier:

H. BÄCKSTRÖM, Professeur à l'Université de Stockholm.

Membres du Comité exécutif:

G. Holm, Professeur, Intendant au Musée d'histoire naturelle de Stockholm;

J. C. Moberg, Professeur à l'Université de Lund;

Hj. Lundbohm, Directeur des Mines de Luossavaara-Kiirunavaara et de Gellivare, Kiruna;

Hj. Sjögren, Professeur, Intendant au Musée d'histoire naturelle de Stockholm;

A. G. Högbom, Professeur à l'Université d'Uppsala;

W. Petersson, Professeur, Directeur de l'École supérieure des Mines, Stockholm;

Gunnar Andersson, professeur à l'École supérieure de Commerce de Stockholm, Président de la 2:e Conférence Agrogéologique internationale;

R. Sernander, Professeur à l'Université d'Uppsala;

O. Nordenskjöld, Professeur à l'Université de Göteborg.

BUREAU DU CONGRÈS

Anciens Présidents:

G. Capellini, Sénateur, Président du Comité royal géologique d'Italie, Professeur de Géologie à l'Université de Bologna;

A. Karpinsky, Directeur honoraire du Comité géologique de Russie, ancien Professeur, St.-Pétersbourg;

E. Tietze, Hofrat, Direktor der k. k. geologischen Reichsanstalt, Wien;

J. G. Aguilera, Directeur de l'Institut géologique de Mexique, Mexico.

Président:

G. De Geer, Professeur à l'Université de Stockholm.

Secrétaire général:

J. G. Andersson, Professeur, Directeur du Service géologique de Suède, Stockholm.

Trésorier:

H. Bäckström, Professeur à l'Université de Stockholm.

Vice-Présidents:

Allemagne. F. BEYSCHLAG, Geheimer Bergrat, Direktor der kgl. Preuss. geolog. Landesanstalt, Berlin;

W. BRANCA, Geheimer Bergrat, Universitätsprofessor, Berlin;

H. CREDNER, Geheimerat, Direktor der kgl. Sächs. geolog. Landesanstalt, Leipzig;

F. FRECH, Professor Direktor des geolog. Instituts der Universität und der Techn. Hochschule, Breslau;

P. VON GROTH, Geheimer Bergrat, Universitätsprofessor, München;

A. VON KOENEN, Geheimer Bergrat, Universitätsprofessor a. D., Göttingen;

R. LEPSIUS, Geheimer Oberbergrat, Direktor der Grossh. Hess. geolog. Landesanstalt, Darmstadt;

A. PENCK, Geheimer Regierungsrat, Universitätsprofessor, Berlin;

H. RAUFF, Professor a. d. Bergakademie, Berlin;

A. ROTHPLETZ, Universitätsprofessor, München;

K. SCHMEISSER, Kgl. Berghauptmann und Oberbergamtsdirektor, Breslau;

G. STEINMANN, Geheimer Bergrat, Universitätsprofessor, Bonn;

F. WAHNSCHAFFE, Geheimer Bergrat, Abteilungsdirigent a. d. kgl. geolog. Landesanstalt, Berlin.

Argentine. H. KEIDEL, Directeur du Service géologique, Buenos Aires.

Australie. J. W. GREGORY, Professor of Geology in the University, Glasgow.

Autriche-Hongrie. E. BRÜCKNER, k. k. Universitätsprofessor, Wien;

C. DIENER, k. k. Universitätsprofessor, Wien;

C. DOELTER, k. k. Universitätsprofessor, Wien;

L. DE LÓCZY, Directeur de l'Institut géologique de Hongrie, Professeur à l'Université de Budapest.

Belgique. R. D'ANDRIMONT, Professeur de géologie à l'Institut agricole de l'État à Gembloux, Liège.

Bulgarie.	L. Vankov, Directeur de l'Institut géologique de l'Université, Sofia.
Canada.	F. D. Adams, Professor of Geology, Mc Gill University, Montreal.
Chine.	Djin Da Min, Berlin.
Danemark.	V. Madsen, Directeur du Service géologique de Danemark, Köbenhavn; N. V. Ussing, Professeur à l'Université, Köbenhavn.
Égypte.	W. F. Hume, Director, Geological Survey of Egypt, Giza.
Espagne.	R. Adan de Yarza, Professeur à l'École des Mines de Madrid.
États Unis d'Amérique.	G. F. Becker, Geologist in charge, Washington, D. C.; W. Cross, Geologist, Washington, D. C.; S. F. Emmons, Geologist, Washington, D. C.; A. Hague, Geologist, Washington, D. C.; J. F. Kemp, Professor, Columbia University, New York City; W. Lindgren, Geologist, Washington, D. C.; G. Otis Smith, Director, U. S. Geological Survey, Washington, D. C.; Ch. R. van Hise, President, University of Wisconsin, Madison, Wis.
France.	Ch. Barrois, Membre de l'Institut, Professeur à l'Université de Lille; S. A. le Prince Roland Bonaparte, Membre de l'Institut, Président de la Société de géographie, Paris; É. Haug, Professeur à l'Université de Paris; W. Kilian, Professeur à l'Université de Grenoble; Em. de Margerie, Président de la Commission centrale de la Société de Géographie, Paris; P. Nicou, Ingénieur au Corps des Mines, Professeur à l'Université de Nancy;

A. Offret, Professeur à l'Université de Lyon;

P. Termier, Membre de l'Institut, Professeur à l'École des Mines, Paris.

Grand-Bretagne.

J. Horne, Director, Geological Survey of Scotland, Edinburgh;

H. Louis, Professor, Armstrong College, Newcastle-upon-Tyne;

W. J. Sollas, Professor, University of Oxford;

A. Strahan, Assistant Director, Geological Survey of England and Wales, London;

J. J. H. Teall, Director, Geological Survey of England and Wales, London.

Italie.

L. Baldacci, Ingénieur en chef au Corps Royal des Mines, Directeur du Service géologique d'Italie, Roma;

B. Lotti, Ingénieur en chef des Mines, Roma;

E. Mattirolo, Ingénieur en chef des Mines, Roma;

C. de Stefani, Professeur, Directeur du Musée géologique, Firenze.

Japon.

K. Inouye, Directeur du Service géologique du Japon, Tokyo.

Mexique.

E. Ordoñez, Ingénieur des Mines, Géologue, Mexico.

Norvège.

W. C. Brögger, Professeur à l'Université, Kristiania;

H. Reusch, Directeur du Service géologique de Norvège, Kristiania;

J. H. L. Vogt, Professeur à l'Université, Kristiania.

Pays-Bas.

G. A. F. Molengraaff, Professeur à l'École polytechnique de Delft.

Portugal.

J. Mendez-Guerreiro, Inspecteur général des Travaux publics, Lisboa.

Roumanie.

V. Popovici-Hatzeg, Sous-Directeur du Service géologique de Roumanie, Bucarest;

G. Stefanescu, Professeur honoraire de l'Université, Directeur du Musée de géologie, Bucarest.

Empire Russe, *Russie.* N. Andrussow, Professeur à l'Université de Kiew;

A. Inostranzew, Professeur à l'Université, St.-Pétersbourg;

Empire Russe, *Russie.*   A. P. PAVLOV, Professeur à l'Université, Moskwa;

TH. TSCHERNYSCHEW, Directeur du Comité géologique de Russie, St.-Pétersbourg.

Finlande.   W. RAMSAY, Professeur à l'Université, Hälsingfors;

J. J. SEDERHOLM, Directeur du Service géologique de Finlande, Hälsingfors.

Suède.   A. G. NATHORST, Directeur de la Section phytopaléontologique du Musée d'histoire naturelle, Stockholm;

A. E. TÖRNEBOHM, ancien Directeur du Service géologique de Suède, Strängnäs.

Suisse.   A. BALTZER, Universitätsprofessor, Präsident der Schweizerisch. geologischen Gesellschaft, Bern;

A. HEIM, Universitätsprofessor, Zürich;

M. LUGEON, Universitätsprofessor, Lausanne;

C. SCHMIDT, Universitätsprofessor, Basel.

Turquie.   MAZHAR BEY, Directeur et Professeur à l'Université Ottoman, Constantinople.

Secrétaires:

M. M. ALLORGE, Lecturer in Geomorphology, Oxford;

H. BACKLUND, Géologue, St.-Pétersbourg;

S. DE GEER, Maître de conférences, Stockholm;

A. GRABE, Maître de conférences, Stockholm;

F. HALET, Chef de section au Service géologique de Belgique, Bruxelles;

N. HEDBERG, Sous-Directeur des Mines de Grängesberg;

A. HENNIG, Professeur, Lund;

H. E. JOHANSSON, Géologue au Service géologique de Suède, Stockholm;

P. G. KRAUSE, Kgl. Landesgeologe, Berlin;

P. QUENSEL, Maître de conférences à l'Université d'Uppsala.

MEMBRES DU CONGRÈS. [1]

Algérie.

ANGELVY, A., Ingénieur-directeur des Mines de fer de Mokta-el-Hadid à Bénisaf (Dép. d'Oran).

FICHEUR, EMILE, Professeur de Géologie, Directeur adjoint du Service géologique d'Algérie. Rue Michelet 77, Alger.

*JACOB, HENRI, Ingénieur en chef des Mines. Alger.

Allemagne.

AHLBURG, JOHANNES, Dr., kgl. Geologe. Invalidenstrasse 44, Berlin N. 4.

AMMON, LUDWIG VON, Dr., Oberbergrat, Professor, Vorstand der geologischen Landesuntersuchung von Bayern. Ludwigstrasse 16, München.

*ANDRÉE, KARL, Dr., Privatdozent für Geologie und Paläontologie. Ritterstrasse 16, Marburg i. Hessen.

*ARLT, HANS, Kgl. Bergreferendar. Königliches Oberbergamt, Bonn a. Rh.

*ATHENSTAEDT, WILHELM, Dr., Professor. Duisburg (Rheinland).

*AULICH, PAUL, Dr., Oberlehrer an der kgl. Hüttenschule. Prinz Albrechtstrasse 9, Duisburg.

BAMBERG, PAUL, Fabriksbesitzer. Kaiserallee 87/88, Friedenau bei Berlin.

BÄRTLING, RICHARD, Dr., Privatdozent, Geologe der kgl. geologischen Landesanstalt. Invalidenstrasse 44, Berlin N. 4. — Delegierter der Deutschen geologischen Gesellschaft, Berlin.

*BECK, RICHARD, Dr., Oberbergrat, Professor. Freiberg i. Sachsen.

*BELOWSKY, MAX, Dr., Professor, Kustos am Min.-petrogr. Institut u. Museum, Privatdozent a. d. Universität. Invalidenstrasse 44, Berlin N. 4. — Delegierter der Deutschen geologischen Gesellschaft, Berlin.

BENECKE, E. WILHELM, Professor. Goethestrasse 43, Strassburg i. E.

*BERGEAT, ALFRED, Dr., Professor an der Universität. Hoverbeckstrasse 23, Königsberg i. Pr. XIII.

*BERGT, WALTHER, Dr., Professor, Direktor des Museums für Länderkunde. Haupstrasse 16 c, Leipzig-Eutritzsch.

*BEYSCHLAG, FRANZ, Dr., Geheimer Bergrat, Professor, Direktor der kgl. Preuss. geologischen Landesanstalt. Invalidenstrasse 44, Berlin N. 4. — Delegierter der Deutschen Reichsregierung, der Preussischen Staatsregierung, des k. Preuss. Ministeriums für Handel und Gewerbe und der Deutschen geolog. Gesellschaft, Berlin.

---

[1] * indique présence à la session.

*BLANCKENHORN, MAX, Dr., Professor. Joachim-Friedrichstrasse 57, Berlin-Halensee. — Delegierter der Deutschen geologischen Gesellschaft, Berlin.

*BOEKE, HENDRICK ENNO, Dr., a. o. Professor der Mineralogie und Petrographie. Universität, Halle.

*BÖKER, HANS ERICH, Bergassessor. Paulsbornerstrasse 1, Berlin-Halensee.

*BRANCA, WILHELM, Dr., Geheimer Bergrat, Universitätsprofessor. Luther-Str. 47, Berlin W. 62. — Delegierter der kgl. Preussischen Akademie der Wissenschaften, Berlin.

*BRÄUHÄUSER, MANFRED, Dr., Geologe der Württembergischen geologischen Landesanstalt. Taubenheimerstrasse 20, Stuttgart-Cannstatt.

*BROILI, F., Dr., a. o. Universitätsprofessor. Alte Akademie, München.

*BROILI, EMMA, Frau Professor. München.

BRUHNS, WILLY, Dr. Professor an der kgl. Bergakademie. Clausthal (Harz).

BURGERS, FRANZ, Bergassessor. Gelsenkirchen.

*CONWENTZ, HUGO, Dr., Geh. Regierungsrat, Professor, Staatl. Kommissar für Naturdenkmalpflege im Königreich Preussen. Wartburgstr. 54, Berlin-Schöneberg.

*CREDNER, HERMANN, Dr., Geheimerat, Professor, Direktor der kgl. geolog. Landesanstalt von Sachsen. Karl Tauchnitzstr. 11, Leipzig. — Delegierter der k. Sächs. Regierung.

*CREDNER, MARIE, Frau Geheimerat. Leipzig.

*CREDNER, GERT., Fräulein. Leipzig.

DAMMER, BRUNO, Dr., kgl. Bezirksgeologe. Invalidenstrasse 44, Berlin N. 4.

DANNENBERG, ARTH., Professor an der Technischen Hochschule. Kaiserallee 133, Aachen.

DANNENBERG, Frau Professor. Aachen.

DIENST, PAUL, Assistent am geologischen Landesmuseum. Invalidenstrasse 44, Berlin N. 4.

*ENGEL, THEODOR, Dr., Pfarrer a. D. Klein-Eislingen (Württemberg).

ERDMANNSDÖRFFER, O. H., Dr., Professor, kgl. Geologe. Invalidenstrasse 44, Berlin N. 4.

*ERMISCH, KARL, Dipl.-Bergingenieur u. Bergwerksdirektor. Friedrichshall bei Sehnde (Hannover).

FELIX, JOHANNES, Dr., Professor an der Universität. Gellertstrasse 3, Leipzig.

FELIX, ANNA, Frau Professor. Leipzig.

FILCHNER, WILHELM, Oberleutnant, Deutsche antarktische Expedition. Dernburgstrasse 46, Charlottenburg-Berlin.

FISCHER, HEINRICH, Geheimer Bergrat. Eisenstuckstrasse 37, Dresden.

*FISCHER, W., Oberbergrat. Hansastrasse 28, Breslau XVI.

*FLEISCHER, ALEXANDER, Privatmann. Kaiser Wilhelmstrasse 56, Breslau.

*FRECH, FRITZ, Dr., Professor, Direktor des geologischen Instituts der Universität und der Technischen Hochschule. Neudorfstrasse 41, Breslau, II.

*FRECH, VERA ROSE, Frau Professor. Breslau.

Geologisches Institut der Universität. Bonn.

*GAEBERT, CARL, Dr., kgl. Geologe. Inselstrasse 2, Leipzig.

*GAEBERT, HELENE, Frau Dr. Leipzig.

*GEINITZ, EUGEN, Dr., Professor. Augustenstrasse 25, Rostock i. M. — Delegierter des grossherzogl. Mecklenburg. Ministeriums, Schwerin.

Geographisches Institut der Universität Berlin. Georgenstrasse 34—36, Berlin NW. 7.

*GOSSNER, B., Dr., Privatdozent der Mineralogie. Neuhauserstr. 51, München.

*GÖTZ, W., Dr., Professor an der Technischen Hochschule. Königinstr. 73 A, München. (Décédé en 1911.)

*GRAF, ENGELBERT, Schriftsteller. Peschkestrasse 16, Berlin-Steglitz.

*GRAESSNER, P. A., Bergrat. Adalbertstrasse 25 A, Schlachtensee b. Berlin.

*GREIM, GEORG, Dr., Professor, Dozent der Geographie a. d. Grossh. Technischen Hochschule. Saalbaustrasse 71, Darmstadt.

*GROTH, P. VON, Geh. Bergrat, Professor an der Universität. München VI. — Delegierter der kgl. Akademie der Wissenschaften, München.

*GÜRICH, GEORG, Dr., Professor, Direktor des Mineralog.-geol. Instituts. Lübeckertor 22, Hamburg. — Delegierter des Senats in Hamburg.

*HALBFASS, WILHELM, Dr., Gymnasialprofessor. Botzstrasse 2, Jena.

HAMM, HERMANN, Dr. Phil. et Med., Arzt. Lortzingstrasse 4, Osnabrück.

*HANIEL, CURT A., Cand. Geol. Königinstr. 10, München.

*HASSLACHER, HEINRICH, Bergreferendar. Weberstrasse 18 B, Bonn a. Rh.

HAUTHAL, RUDOLF, Dr., Professor, Direktor des Römer-Museums. Hildesheim.

*HECKMANN, KARL, Dr., Professor. Hamburgerstrasse 40, Elberfeld.

*HEIMBRODT, FRIEDRICH, Dr., Realgymnasialoberlehrer. Südstr. 88, Leipzig-Connewitz.

HEISE, FRITZ, Professor, Direktor der Bergschule. Bochum (Westfalen).

*HESS, WALTHER, Dr., Professor. Akazienhof 1, Duisburg.

*HOFFMANN, CARL, Bergassessor an der geologischen Landesanstalt. Ansbacherstrasse 48, Berlin W. 50.

*HÖFLE, JAKOB, Dr. Ing., Volontär Assistent am Min.-geol. Laboratorium der Techn. Hochschule. Albrechtstrasse 21, München.

*HOLZAPFEL, EDUARD, Professor a. d. Universität. Schweighäuser Str. 28, Strassburg i. E.

*HORN, ERICH, Dr., wissenschaftl. Hilfsarbeiter am Min.-geol. Institut. Lübecker Tor 22, Hamburg V.

HUENE, FRIEDRICH, Freiherr VON HOYNINGEN, Dr., Professor an der Universität. Tübingen.

*ILLNER, FRIEDRICH, Bergrat. Konsulsstr. 18, Görlitz.

*JENTZSCH, ALFRED, Dr., Geheimer Bergrat, Professor, Landesgeologe. Invalidenstrasse 44, Berlin N. 4.

*JUNGHANN, HEINRICH J., Bergreferendar. Kölnstrasse 85, Bonn a. Rh.

KAISER, ERICH, Dr., Professor. Südanlage 11, Giessen.

KAYSER, EMAN., Dr., Geh. Regierungsrat, Professor an der Universität. Marburg i. Hess.

*KEILHACK, KONRAD, Dr., Geheimer Bergrat, Professor. Wilmersdorf b. Berlin.

*KESSLER, PAUL, Dr. Pestelstr. 11, Saarbrücken.

KLOOKMANN, FRIEDRICH, Dr., Professor an der Technischen Hochschule. Aachen.

*KÖHLER, WILLIAM, Bergassessor. Albertistrasse 5, Waldenburg (Schlesien).

*KOLBECK, FRIEDRICH, Dr., Oberbergrat, Professor an der Bergakademie. Freiberg i. S.

*KOENEN, ADOLF VON, Dr., Geheimer Bergrat, Professor a. D. Göttingen. — Delegierter der kgl. Gesellschaft der Wissenschaften zu Göttingen.

*KOENIGSBERGER, JOH., Dr., Professor an der Universität. Hebelstrasse 33, Freiburg i. B.

*KOERT, WILLI, Dr., kgl. Bezirksgeologe. Invalidenstrasse 44, Berlin N. 4.

*KRAHMANN, MAX, Bergingenieur u. Dozent. Händelstrasse 6, Berlin NW. 23.

*KRAUSE, PAUL GUSTAF, Dr., kgl. Landesgeologe und Privatdozent. Invalidenstrasse 44, Berlin N. 4.

*KRUSCH, PAUL, Dr., Professor, Abteilungsdirigent a. d. kgl. geol. Landesanstalt. Neue Grolmanstr. 5, Charlottenburg-Berlin. — Delegierter der kgl. Preussischen geologischen Landesanstalt.

*KÜHN, BENNO, Dr., Professor, kgl. Landesgeologe. Invalidenstrasse 44, Berlin N. 4.

*KUKUK, PAUL, Bergassessor, Geologe der Westfälischen Berggewerkschaftskasse. Bergstrasse 101, Bochum. — Delegierter des Vereins für die bergbaulichen Interessen im Oberbergamtsbezirk Dortmund und der Westfälischen Berggewerkschaftskasse in Bochum.

*LEEDEN, RUDOLF VAN DER, Dr., Assistent am Mineralogisch-petrographischen Institut der Universität. Windscheidstr. 10, Charlottenburg-Berlin.

*LEEDEN, EDITH VAN DER, geb. ALBERTI, Frau. Charlottenburg-Berlin.

*LEHMANN, EMIL, Dr., Assistent am Mineralogisch-geologischen Institut der Technischen Hochschule. Hochschulweg 3, Danzig-Langfuhr.

*LEPSIUS, RICHARD, Dr., Geheimer Oberbergrat, Professor und Direktor der grossherzoglich Hessischen geologischen Landesanstalt. Darmstadt. — Delegierter der grossh. Hess. geol. Landesanstalt.

*MACCO, A., Bergassessor und kgl. Berginspektor a. D. Brühl bei Köln.

MANN, OTTO, Dr., kgl. Regierungsgeologe von Kamerun. (Magdeburg, Weinhof 15/16.)

*MATUSCHKA, FRANZ Graf VON, Dr. Bambergerstr. 15, Berlin W. 30.

*MENZEL, HANS, Dr., königl. Bezirksgeologe. Invalidenstrasse 44, Berlin N. 4.

MEY, OSCAR, Kommerzienrat. Bäumenhain i. Bayern.

MICHAEL, RICHARD, Dr., Professor, königl. Landesgeologe und Dozent a. d. Bergakademie. Invalidenstr. 44, Berlin N. 4.

*MILCH, LUDWIG, Dr., Professor der Mineralogie an der Universität. Schützenstr. 12, Greifswald.

Mineralogisch-petrographisches Institut und Museum der Universität Berlin. Invalidenstrasse 43, Berlin N. 4.

*MOESCHLIN, F., Schriftsteller. z. Z. Leksand (Schweden).

MÜHLBERG, JOHANNES, Kgl. Rumänischer Konsul. Webergasse 32, Dresden.

NAUMANN, EDMUND, Dr., Direktor d. Zentrale f. Bergwesen. Zeil 114, Frankfurt a. M.

NEUBERGER, A., Ingenieur, Deutsche antarktische Expedition. Dornburgstrasse 46, Charlottenburg-Berlin.

*OEBBEKE, KONRAD, Dr., Professor. K. Technische Hochschule, München. — Delegierter der kgl. Bayerischen Technischen Hochschule, München.

OPPEN, Dr. Braunschweig.

OPPENHEIM, PAUL, Dr., Professor. Sternstrasse 19, Grosslichterfelde W. bei Berlin.

*ORTH, ALBERT, Dr., Professor. Geheimer Regierungsrat. Ziethenstrasse 6 B, Berlin SW.

*OSANN, ALFRED, Dr., Professor an der Universität. Hebelstr. 40, Freiburg i. Baden.

*PARTSCH, JOSEF, Dr., Professor der Geographie. Parkstrasse 11, Leipzig.

PAULCKE, WILHELM, Dr., Professor der Geologie. Technische Hochschule, Karlsruhe.

*PENCK, ALBRECHT, Dr., Professor an der Universität Geheimer Regierungsrat. Georgenstrasse 34/36, Berlin NW. 7. — Delegierter der Gesellschaft für Erdkunde, Berlin.

PHILIPP, HANS, Dr., Privatdozent f. Mineralogie und Geologie. Steinbeckerstr. 43, Greifswald.

*PHILIPPSON, ALFRED, Dr., Professor der Geographie a. d. Universität. Königstr. 1, Bonn.

PIETZSCH, KURT, Dr., Geologe der k. geologischen Landesanstalt von Sachsen. Talstrasse 35, Leipzig.

PLIENINGER, FELIX, Dr., Professor der Geologie und Mineralogie, kgl. Württembergische landwirtschaftliche Hochschule. Hohenheim b. Stuttgart.

POMPECKJ, JOS. FEL., Dr. Professor der Geologie und Paläontologie an der Universität. Geologisch-paläontologisches Institut, Göttingen.

*PONTOPPIDAN, HARALD, Dr. Geologisch-paläontologisches Institut, Alte Akademie, München.

POTPESCHNIGG, CARL, Dr. Med., Arzt, Deutsche antarktische Expedition. Dernburgstr. 46, Charlottenburg-Berlin.

PRZYBYLLOCK, E., Dr., Astronom, Deutsche antarktische Expedition. Dernburgstr. 46, Charlottenburg-Berlin.

RANGE, PAUL, Dr., kaiserl. Geologe für Deutsch Südwest-Afrika. Schwartau b. Lübeck.

RATHS, L., Bergingenieur. Braunschweig.

*RAUFF, HERMANN, Dr., Professor der Geologie und Paläontologie. Kurfürstendamm 187, Berlin W. 15. — Delegierter der Deutschen geologischen Gesellschaft, Berlin.

*RAUFF, MARTHA, Frau Professor. Berlin.

*REINISCH, REINHOLD, Dr., Professor der Mineralogie und Petrographie an der Universität. Südstrasse 123, Leipzig-Connewitz.

*REISER, KARL, Dr., Professor, Paläontologisches Institut, Alte Akademie. Neuhauserstr. 51, München.

*RENZ, CARL, Dr., Privatdozent a. d. Universität. Eichendorfstrasse 53, Breslau XVIII.

*RENZ, HELENE, Frau. Breslau.

*ROTHPLETZ, AUGUST, Dr., Professor an der Universität. Giselastrasse 6, München. — Delegierter der kgl. Akademie der Wissenschaften, München.

*RUDOLPH, EMIL, Dr., Professor. Sleidanstrasse 3, Strassburg i. E.

*SALOMON, WILHELM, Dr., Professor. Universität. Heidelberg. — Delegierter der Universität und des Naturhist.-medizinischen Vereins, Heidelberg.

*SAPPER, KARL, Dr., Professor der Geographie. Herderstrasse 28, Strassburg i. E.

*SCHEIBE, ROBERT, Dr., Geheimer Bergrat, Professor an der Bergakademie. Invalidenstrasse 44, Berlin N. 4.

*SCHENCK, ADOLF, Dr., Professor. Schillerstrasse 7, Halle a/S.

*SCHILLING, W., Hüttendirektor. Oberhausen 2 (Rheinland).

*SCHLEE, PAUL, Dr., Oberlehrer. Immenhof 9, Hamburg 24.

*SCHMEISSER, KARL, Berghauptmann und Oberbergamtsdirektor. Breslau.

*SCHMEISSER, EUGENIE, Frau. Breslau.

*SCHMIDT, ERICH W., Königlicher Geologe. Invalidenstrasse 44, Berlin N. 4.

*SCHRAMMEN, ANTON, Zahnarzt. Zingel 35, Hildesheim.

*SCHULZE, GUSTAV, Dr. Geologisches Institut, Alte Akademie, München.

*SCHULZE, EMILIA, Frau. München.

*SCOTTI, HANS-HERMANN, Kgl. Bergreferendar. Venusbergweg 2, Bonn a. Rh.

*SEIDLITZ, WILFRIED VON, Dr., Privatdozent a. d. Universität. Parkstrasse 9, Strassburg-Ruprechtsau i. E.

*SELENKA, MARGARETHE, Frau Professor. Leopoldstrasse 9, München.

SELIGMANN, GUSTAV, Dr. Neustadt 5, Koblenz.

*SEMPER, MAX, Dr., Professor, Privatdozent a. d. Technischen Hochschule. Bachstr. 34, Aachen.

*SIEBER, HANS, Lehrer, königl. Friedrich-August Seminar. Teplitzerstrasse 16, Dresden-Strehlen.

SILBERSTEIN, GEORG. Calvinstrasse 3, Berlin NW.

*SOUHEUR, LORENZ, Bergassessor. Tarnowitz (Oberschlesien).

*STEINMANN, GUSTAV, Dr., Professor, Geheimer Bergrat. Poppelsdorfer Allee 98, Bonn a. Rh. — Delegierter der Geologischen Vereinigung, Marburg.

*STILLE, HANS, Dr., Professor der Geologie a. d. Königl. Technischen Hochschule. An der Markuskirche 4, Hannover. — Delegierter der Kgl. Technischen Hochschule, Hannover.

*STILLE, Frau Professor. Hannover.

*STOLLEY, E., Dr., Professor der Geologie und Mineralogie. Technische Hochschule, Braunschweig.

*STREMME, HERMANN, Dr., Privatdozent a. d. Universität. Invalidenstr. 44, Berlin N. 4. — Delegierter der Deutschen geologischen Gesellschaft, Berlin.

*STUTZER, O., Dr., Privatdozent der Geologie und Lagerstättenlehre an der Bergakademie. Freiberg i. S.

*TILMANN, NORBERT, Dr., Privatdozent der Geologie und Paläontologie an der Universität. Linnéstrasse 40, Bonn a. Rh.

*TORNAU, FRIEDRICH, Dr., kgl. Geologe. Geologische Landesanstalt, Invalidenstrasse 44, Berlin N. 4.

TORNQUIST, ALEX., Dr., Professor der Geologie und Paläontologie a. d. Universität. Königsberg i. Pr.

UHLIG, CARL, Dr., Professor der Geographie a. d. Universität. Tübingen.

*VORWERG, OSKAR, Hauptmann a. D. Warmbrunn (Schlesien).

*WAGNER, PAUL, Dr., Professor. Eisenacherstrasse 13, Dresden-A. 19.

*WAHNSCHAFFE, FELIX, Dr., Geheimer Bergrat, Professor. Herderstr. 11, Charlottenburg-Berlin 2. — Delegierter der Deutschen geologischen Gesellschaft, Berlin.

*WALTHER, JOHANNES, Dr., Professor der Geologie und Paläontologie. Domstr. 5, Halle a. S. — Delegierter der vereinigten Friedrichs-Universität Halle-Wittenberg.

*WEBER, MAXIMILIAN, Dr., Professor. Technische Hochschule, München.

*WEDDING, BRUNO, Wirklicher Legationsrat und Vortragender Rat im auswärtigen Amte. Wilhelmstrasse 75, Berlin W. 8.

*WEDEKIND, RUDOLF, Dr., Geologe. Mauerstr. 5, Göttingen.
*WEIGAND, BRUNO, Dr., Professor. Schiessrain 7, Strassburg i. E.
*WEISE, KARL ERNST, Professor. Plauen (Vogtland).
*WEISER, FRIEDRICH M., Cand. Geol. Delitzscherstr. 71, Leipzig-Eutritzsch.
*WEPFER, EMIL, Dr., Geologe. Hebelstr. 40. Freiburg i. Br.
WILCKENS, OTTO, Dr., Professor, Min.-geol. Institut. Reichardtstieg 4, Jena. —
    Delegierter der grossherzogl. u. herzogl. Sächs. Gesamt-Universität Jena.
*WOLFF, F. M., Dr., Bergingenieur. In den Zelten 11, Berlin NW.
*WOLFF, LUDWIG, Bergrat. Rammelsberg, Goslar (Harz).
WYSOGÓRSKI, JOHANN, Dr., Assistent am Geologischen Institut der Universität.
    Schuhbrücke 38/39, Breslau.
*ZAHN, GUSTAV W. VON, Dr., Privatdozent a. d. Universität. Geogr. Institut
    der Universität, München.
*ZAHN, PAULINE v., Frau. München.
ZIMMERMANN, ERNST, Dr., Professor, kgl. Landesgeologe. Invalidenstr. 44,
    Berlin N. 4.
*ZENETTI, PAUL, Dr., Professor am Kgl. Lyzeum. Dillingen (Bayern).

Argentine.

*KEIDEL, HANS, Dr., Directeur du Service géologique. Buenos Aires. — Délégué
    du Gouvernement de la République Argentine, Buenos Aires.
Ministerio de Agricultura, División de Minas, Geología é Hidrología. Maipú 1241,
    Buenos Aires.
Museo Nacional, Buenos Aires.
*SOBRAL, JOSÉ M., Bachelier ès sciences. Uppsala (Suède). — Délégué del'Instituto
    geografico Argentino, Buenos Aires.
Sociedad cientifica Argentina, Buenos Aires.

Australie.

MAITLAND, ANDREW GIBB, F. G. S., Government Geologist of Western Australia.
    Geological Survey, Beaufort Street, Perth (Western Australia).
*PAUL, FRED. P., Dr., Professor, School of Mines. Socorro, New Mexico, U. S. A.
    — Delegate of New Mexico School of Mines, Socorro, of the Department of
    Mines, and of the Geological Survey of Tasmania, Launceston.

Autriche-Hongrie.
a) Autriche.

ARTHABER, GUSTAV VON, Dr., Professor der Paläontologie. Ferstelgasse 3, Wien IX.
*BARTONEC, FRANZ, Bergrat. Freihcitsau (Schlesien).
BECKE, FRIEDRICH, Dr., Universitätsprofessor. Mineralogisch-petrographisches
    Institut der Universität, Wien.
Bibliothèque de l'École polytechnique supérieure tchèque, Brünn.
*BRÜCKNER, EDUARD, Dr., Professor an der Universität. Baumanngasse 8, Wien III.
    — Delegierter der k. k. Geographischen Gesellschaft in Wien.
DANEŠ, JIŘI V., Dr., Maître de conférences à l'Université. Karlovo, nám 21, Prag.

*DIENER, CARL, Dr., Professor der Paläontologie. Paläontologisches Institut der k. k. Universität, Wien. — Delegierter der k. k. Österreichischen Regierung u. der geologischen Gesellschaft in Wien.

*DIENER, MARIE, Frau. Wien.

*DOELTER, CORNELIO, Dr., K. K. Universitätsprofessor, Präsident der Wiener Mineralogischen Gesellschaft. Universität, Wien I. — Delegierter der k. k. Universität Wien und des Naturwissenschaftlichen Vereines für Steiermark, Graz.

DUNIKOWSKI, ÉMILE DE, Dr., Professeur à l'Université, Lemberg.

*GOTTLIEB-TANNENHAIN, PAUL VON, Dr., Professor a. d. Staatsgymnasium, Pola.

*GRANIGG, B., Dr., Bergingenieur, Adjunkt der Lehrkanzel für Mineralogie an der Montanistischen Hochschule, Leoben.

GRUND, ALFRED, Dr., Professor an der Deutschen Universität. 256 »Blaues Haus», Prag-Bubentsch.

HAMMER, WILHELM, Dr., Sektionsgeologe der k. k. geologischen Reichsanstalt, Wien III.

HAMMER, MARIANNE, Frau. Wien.

*HIBSCH, JOSEF EMANUEL, Dr., Professor. Tetschen-Liebwerd (Böhmen).

*HLAWATSCH, CARL, Dr., Volontär am k. k. Naturhistor. Hofmuseum. Mariahilferstr. 93, Wien VI.

*KITTL, ERNST, Professor, Leiter der geologisch-paläontologischen Abt. d. k. k. Naturhistor. Hofmuseums. Burgring 7, Wien I.

*KITTL, ANNA, Frau Professor. Wien.

*KOSSMAT, FRANZ, Dr., Professor, Sektionsgeologe, k. k. geologische Reichsanstalt. Rasumoffskygasse 23, Wien III.

LIMANOWSKI, MIESISLAS, Géologue au Musée de Chalubinski. Zakopane (Galicie).

*LOZINSKI, WALERY DE, Dr. Ul. Kopernika 58, Lemberg.

*MACHAČEK, CARL, Direktor des Eisenwerks Kladno (Böhmen).

*MACHAČEK, FRITZ, Privatdozent. Radetzkystr. 25, Wien III.

NIEDŹWIEDZKI, JULIEN, Dr., ancien Professeur de Minéralogie et de Géologie. École polytechnique, Lemberg.

*OPPENHEIMER JOSEF, Dr., Privatdozent der Paläontologie. Deutsche Technische Hochschule, Brünn.

*PETRASCHECK, WILHELM, Dr., Sektionsgeologe der k. k. geologischen Reichsanstalt. Rasumoffskygasse 23, Wien III.

*PETRASCHECK, HILDEGARD, Frau. Wien.

PURKYNĚ, CYRILL DE, Professeur de Géologie à l'École polytechnique, Prag II, 287.

*REDLICH, KARL A., Professor a. d. Montanistischen Hochschule, Leoben. — Delegierter der k. k. Montanistischen Hochschule, Leoben.

*RIEDL, GUSTAV, Professor. Vereinsgasse 21, Wien II.

ROMER, EUGENIUSZ, Dr., Professeur de Géographie. Ujejskigasse 6, Lemberg. — Délégué de la Société des Naturalistes Polonais »Kopernik», Lemberg.

*ROSICKÝ, VOJTĚCH, Dr., Maître de conférences à l'Université. Karlovo, nám 21, Prag II.

*RÖSNER, OSKAR, Oberingenieur der Österreichischen Alpinen Montangesellschaft. Eisenerz.

SIEGER, ROBERT, Dr., Professor. Geographisches Institut der Universität, Graz.

*Slavík, Frantisek, Dr., Professeur, chargé de cours à l'École polytechnique. Žižkow Přemyslava 9, Prag.

*Stephan, Karl, Professor. Taborstrasse 34, Wien II.

*Szajnocha, Ladislas, Dr., Professeur à l'Université. Bahngasse 4, Krakau. — Délégué de l'Université Jagelloune et de l'Académie impériale des Sciences de Cracovie.

*Taeger, Heinrich, Dr., Géologue. Paläontolog. Institut d. Universität. Wien.

*Tietze, Emil, Dr., Hofrat, Direktor der k. k. geologischen Reichsanstalt. Rasumoffskygasse 23, Wien III. — Delegierter der k. k. Österreichischen Regierung. Wien.

*Troll, Oskar Ritter von, Dr. Marokkanergasse 19, Wien III.

*Wagner, Ferdinand, Professor. Wien.

*Woldřich, Josef, Professeur de Lycée. Novodvorskágasse, Prag III.

Zuber, Rudolf, Dr., Professeur de Géologie à l'Université. Lemberg.

b) Hongrie.

Ballenegger, Robert, Géologue royal Hongrois. Stefánia út 14, Budapest VII.

*Balogh, Margit de, Dr. Rottenbiller utca 5 b, Budapest.

*Cholnoky, Eugène de, Dr., Professeur de Géographie à l'Université, Secrétaire général de la Société Hongroise de Géographie. Kolozsvár. — Délégué de l'Université royale Hongroise François-Joseph de Kolozsvár.

*Déchy M. de, Dr. Budapest. — Délégué de la Soc. Hongr. de Géographie, Budapest.

*Dicenty, Dezsö de, Inspecteur royal Hongrois de Viticulture. Debröi út 13/15, Budapest II.

Emszt, Coloman, Dr., Géologue, Chimiste. Stefánia út 14, Budapest VII.

*Franzenau, A., Dr., Conservateur en chef au Musée National, Budapest.

*Gorjanović-Kramberger, Karl, Dr., Conseiller intime, Professeur à l'Université et Directeur du Musée géologique National. Zagreb (Agram). — Délégué de l'Université royale de François-Joseph I, Zagreb.

*Inkey, Béla de, Secrétaire du Comité agrogéologique international. Tarótháza.

*Kerékgyártó, Arpád de, Professeur de Lycée. Logray út 55, Budapest.

Kogutowicz, Karoly, Dr. Rudolfrakrart 8, Budapest V.

Kogutowicz, Madame. Budapest.

*Krenner, Josef, Dr., Professeur à l'Université et Directeur de la section Minéralogique du Musée National à Budapest. Musée National Hongrois, Budapest. — Délégué de l'Université royale Hongroise et de l'Académie Hongroise des Sciences, Budapest.

*László, Gabriel de, Dr., Géologue roy. Hongrois. Stefánia út 14, Budapest VII.

*Lóczy de Lócz, Louis, Dr., Professeur à l'Université de Budapest, Directeur de l'Institut géologique du Royaume de Hongrie. Stefánia út 14, Budapest. — Délégué du Gouvernement royal de Hongrie, de la Société géologique Hongroise, de la Société Hongroise de Géographie et de la Société royale Hongroise d'Histoire naturelle, Budapest.

*Lóczy de Lócz, Louis Jr., Étudiant à l'École polytechnique de Zurich. Bavass-útca 6, Budapest VII.

*MAROS, ÉMÉRIC DE, Géologue royal Hongrois, Secrétaire de l'Institut géologique du Royaume de Hongrie. Stefánia út 14, Budapest VII.

*PINKERT, EDOUARD, Dr., Professeur de Lycée. Zsigmondgasse 144, Budapest III.

SCHAFARZIK, FRANZ, Dr., Professeur à l'École polytechnique. Budapest.

*SIGMOND, ALEXIUS DE, Dr., Professeur à l'École polytechnique. Gellertér 4, Budapest I. — Délégué du Gouvernement royal de Hongrie et de l'Université royale Hongroise des Sciences techniques »Joseph» de Budapest.

*SIGMOND, ELISABETH DE, née DE HAJNIK, Madame. Budapest.

*SZADECZKY, JULES DE, Dr., Professeur de Minéralogie et de Géologie à l'Université. Görögtemplom út 7, Kolozsvár. — Délégué du Gouvernement royal de Hongrie et de l'Université royale Hongroise François-Joseph de Kolozsvár.

SZONTAGH DE IGLÓ, THOMAS, Dr., Sous-directeur de l'Institut géologique du Royaume de Hongrie. Stefánia út 14, Budapest VII.

*TREITZ, PÉTER, Agrogéologue, Chef de section à l'Institut géologique. Stefánia út 14, Budapest VII. — Délégué du Gouvernement Royal de Hongrie.

c) Bosnie-Hercegovine.

KATZER, FRIEDRICH, Dr., Bergrat, Vorstand der Bosnisch-Hercegovinischen geologischen Landesanstalt. Kulvoićgasse 21, Sarajewo.

Belgique.

*D'ANDRIMONT, RENÉ, Ingénieur des Mines, Ingénieur-géologue, Professeur de Géologie à l'Institut agricole de l'État. Rue Forgeur 24, Liège. — Délégué du Gouvernement Royal de Belgique, Bruxelles.

*ASSELBERGS, ETIENNE, Assistant à l'Institut géologique de l'Université. Rue de Bruxelles 13, Louvain.

*BAUWENS, L. M. Rue de la Vanne 33, Bruxelles. — Délégué de la Société Belge de Géologie etc., Bruxelles.

CORNET, JULES, Professeur à l'École des Mines du Hainaut. Boulevard Dolez 86, Mons.

DORLODOT, HENRY DE, Professeur de Géologie à l'Université catholique. Rue de Bériot 42, Louvain.

*DORLODOT, JEAN DE, Ingénieur civil des Mines. Château de Floriffoux, Floreffe. — Délégué de la Soc. Belge de Géologie etc., Bruxelles.

*DRUGMAN, JULIEN, Ph. D., M. Sc. Rue Gackard 117, Bruxelles.

FARINA, ARMANDO, Propriétaire des Mines. Vieux Marché au Blé 66, Anvers.

FOURMARIER, PAUL, Ingénieur au corps des Mines, Répétiteur à l'Université. 138 bis Avenue de l'Observatoire, Liège. — Délégué de la Société géologique de Belgique, Liège.

*HALET, FRANS, Ingénieur et Géologue, Chef de section au Service géologique de Belgique. Palais du Cinquantenaire, Bruxelles. — Délégué du Gouvernement royal de Belgique, du Service géologique de Belgique, de l'Administration de l'Agriculture de Belgique et de la Société Belge de Géologie etc., Bruxelles.

LESPINEUX, GEORGES, Ingénieur des Mines, Ingénieur-géologue. Rue Vieux-Mayeur 46, Liège. — Délégué de la Société geologique de Belgique, Liège.

LOHEST, MAXIMIN, Professeur à l'Université. Rue Mont St.-Martin 55, Liège.

PAQUET, GERARD THÉODORE, ancien Capitaine d'Infanterie. Chaussée de Forest 74, Bruxelles.

RUTOT, AIMÉ-LOUIS, Conservateur au Musée royal d'Histoire naturelle. Rue de la
Loi 189, Bruxelles.
*SCHMITZ, GASPAR, Directeur du Musée géologique des Bassins houillers Belges.
Rue des Ricollets 11, Louvain.
*VAN DER VAEREN, JULIEN, Professeur à l'Institut agronomique de l'Université de
Louvain, Inspecteur de l'Agriculture. Chaussée d'Altemberg 220, Bruxelles.
VAN TICHELEN IDE, HENRI, Propriétaire des Mines. Boulevard Leopold 127,
Anvers.
VAN TICHELEN IDE, Madame, Anvers.

Brésil.

École polytechnique. São Paolo.

Bulgarie.

*BONTCHEW, GEORGI, Dr, Professeur à l'Université. Sofia. — Délégué de l'Uni-
versité de Sofia.
*VANKOV, LAZAR, Dr., Professeur, Directeur de l'Institut géologique de l'Uni-
versité. Rue Partschewitsch 41, Sofia.

Canada.

*ADAMS, FRANK D., Ph. D., Professor, Dean of the Faculty of applied Science,
Mc Gill University, Montreal. — Delegate of the Mc Gill University, Montreal,
and of the Geological Society of America, New York.
AMI, HENRY M., Geological Survey Office, Ottawa.
BROCK, R. W., Director of the Geological Survey of Canada, Ottawa.
*COLEMAN, ARTHUR PHILEMON, Professor of Geology. Geological Department,
University, Toronto.
*FERNOW, B. E., L. L. D., Professor of Forestry, Member of the Conservation
Commission of Canada. University, Toronto. — Delegate of the Commission
of Conservation of Canada, Ottawa.
*FERNOW, Mrs. Toronto.
MATTHEW, G. F., Surveyor of Customs. Summer St. 88, St. John (New Brunswick).
*MILLER, WILLET G., Provincial Geologist, Toronto. — Delegate of the Ontario
Department of Lands, Forests and Mines, Toronto.

Chine.

*DJIN DA MIN, Délégué du Gouvernement impérial de la Chine. (Ansbacher-
strasse 3, Berlin W. 50.)

Cuba.

*TORRE, CARLOS DE LA, Dr. Habana. — Délégué du Ministère de l'Instruction
publique et de la Academia de Ciencias médicas, físicas y naturales de la
Habana.

Danemark.

*BÖGGILD, O. B., Professeur de Minéralogie à l'Université. Mineralogisk Museum,
Köbenhavn. — Délégué de l'Institut polytechnique, Köbenhavn.
*FERDINAND, JOH:S, Licencié ès sciences. Herlufsholm, Næstved.

*FRITZ, THYRA, Institutrice. Vinkelvej 5, Köbenhavn.

GARBOE, AXEL, voir MADSEN, AXEL.

*HARDER, POUL, Dr., Staatsgeologe. Gammelmönt 14, Köbenhavn.

*HARTZ, NIKOLAI, Dr. Östervoldgade 7, Köbenhavn.

*HINTZE, V. E., Inspecteur de Musée. Langgade 7, Valby-Köbenhavn.

JARNER, HAKON, Ingénieur. Blegdamsvej 86 A, Köbenhavn.

*JESSEN, AXEL H., Géologue au Service géologique de Danemark. Gammelmönt 14, Köbenhavn. — Délégué de la Soc. géol. Danoise, Köbenhavn.

*JOHANSEN, A. C., Dr. Duntzfeldts Allé 10, Hellerup.

*LARSEN, HERM., Médecin. Kalundborg.

*MADSEN, (GARBOE), AXEL, Licencié ès sciences. Mineralogisk Museum, Östervoldgade 7, Köbenhavn.

*MADSEN, VICTOR, Dr., Directeur du Service géologique. Kastanievej 10, Köbenhavn. — Délégué du Service géol. de Danemark.

*MALLING, CARL, Médecin. Fiolstræde 14, Köbenhavn.

*MILTHERS, V., Géologue au Service Géologique du Danemark. Enighedsvej 6, Charlottenlund.

*NORDMAN, V., Dr. Östervoldgade 7, Köbenhavn.

*NÖRREGAARD, E. M., Chargé de cours à l'École des Beaux-Arts. Holmens Kanal 22, Köbenhavn.

*PETERSEN, SOFIE, Étudiante. Nörrevold 54, Köbenhavn.

*RAVN, J. P. J., Maître de conférences en Paléontologie à l'Université, Inspecteur de Musée. Mineralogisk Museum, Köbenhavn.

SCHIBBYE, WILLIAM, Dr. Vestre Boulevardsg. 15, Köbenhavn.

Service géologique de Danemark. Gammelmönt 14, Köbenhavn K.

*STEENSTRUP, K. J. V., Dr., Membre de la Commission pour l'exploration géologique et géographique de Grönland. Forchhammersvej 15, Köbenhavn. — Délégué de la Soc. géol. Danoise, Köbenhavn.

*USSING, N. V., Dr., Professeur de Minéralogie et de Géologie à l'Université. Mineralogisk Museum, Köbenhavn. (Décédé en 1911.) — Délégué du Gouvernement royal de Danemark et de la Société royale Danoise des Sciences, Köbenhavn.

*WESENBERG-LUND, CARL, Dr., Directeur de la Station biologique lacustre de l'Université de Köbenhavn. Hilleröd.

Égypte.

*DUNN, STANLEY CHARLES, Government Geologist. Gordon College, Khartoom.

*GRABHAM, GEORGE WALTER, Government Geologist. Box 178, Khartoom.

*HUME, WILLIAM FRASER, Dr. Sc., Director, Geological Survey of Egypt. Giza. — Délégué du Gouvernement Egyptien et de l'Institut Egyptien, Le Caire.

Espagne.

Real Academia de Ciencias exactas, físicas y naturales. Calle de Valverde 26, Madrid.

*ADAN DE YARZA, RAMÓN, Professeur de Géologie à l'École des Mines. Calle de Moreto 71, Madrid. — Délégué du Gouvernement royal d'Espagne, Madrid.

*ADAN DE YARZA, RODRIGO, Élève de l'École supérieure d'Architecture. Madrid.

ARISQUETA, JOAQUIN, Ingénieur des Mines. Rue Espartero 4, Bilbao.

LEZAMA-LEGUIZAMON, LUIS DE, Propriétaire des mines de fer. Rue Ibañez, Bilbao.

MAZARREDO, CARLOS DE, Ingénieur en chef des Mines. Claudio Coello 24, Madrid.

*RUBIO Y MUÑOZ, CESAR, Ingénieur à la Carte géologique d'Espagne. Salon Prado 3, Madrid. — Délégué du Gouvernement royal d'Espagne, Madrid.

*SOLANA, JESÚS, Ingénieur des Mines. Almirante 3, Madrid.

VIDAL, LUIS MARIANO, ancien Directeur de la Carte géologique d'Espagne. Deputación 292, Barcelona.

États-Unis d'Amérique.

Academy of Sciences. New York.

American Museum of Natural History. 77th St. and Central Park W. New York.

*ARCTOWSKI, HENRYK. New York Public Library, 5th Ave., 42d Str., New York.

*BABER, Miss ZONIA, Associate Professor of Geography and Geology. University, Chicago, Ill.

*BASCOM, Miss FLORENCE, Geologist, U. S. Geol. Survey, Professor of Geology, Bryn Mawr College. Bryn Mawr, Pa.

*BECKER, GEORGE F., Dr. Ph., Geologist in charge, U. S. Geological Survey, Washington, D. C. — Delegate of the Government of the U. S. of America, of the U. S. Geological Survey and of the Smithsonian Institution, Washington.

*BECKER, Mrs G. F., Washington, D. C.

BRANNER, JOHN CASPAR, Professor of Geology. Stanford University, California. — Delegate of Leland Stanford Junior University, San Francisco.

BROOKS, ALFRED H., Geologist in Charge, Div. Alaskan Mineral Resources. U. S. Geological Survey, Washington, D. C.

*BROWNE JR., T. QUINEY, Morristown School. Morristown, N. J.

*BRYANT, HENRY G., President of the Geographical Society of Philadelphia. 2013 Walnut St., Philadelphia. — Delegate of the American Philosophical Society, Philadelphia.

CLARK, WM. BULLOCK, Professor of Geology. Johns Hopkins University, Baltimore, Md.

COX, JENNINGS S., Metallurgical Engineer. Santiago de Cuba.

CROOK, ALJA ROBINSON, Ph. D., Director, State Museum. Springfield, Ill.

*CROSS, WHITMAN, Dr., U. S. Geological Survey, Washington, D. C. — Delegate of the Government of the U. S. of America, of the U. S. Geological Survey, and of the Geological Society, Washington.

*CROSS, Mrs WHITMAN. Washington, D. C.

*DAY, ARTHUR L., Director of the Geophysical Laboratory, Carnegie Institution, Washington, D. C.

*EMMONS, S. F., Geologist, U. S. Geological Survey. Washington, D. C. (Décédé en 1911.) — Delegate of the Government of the U. S. of America, of the U. S. Geological Survey, and of the National Academy of Sciences, Washington.

*FENNEMAN, NEVIN M., Dr., Professor of Geology, University, Cincinnati, O. — Delegate of the Association of American Geographers, of the Society of Natural History, and of the University of Cincinnati.

*FERGUSON, HENRY G., A. M., Geologist, Bureau of Science. P. O. Box 716, Yale Sta. New Haven, Ct. — Delegate of the Division of Mines of the Bureau of Science of the Philippine Government, Manila.

Geological Society of America, New York.

*GOLDMAN, MARCUS J., Geologist, U. S. Geological Survey. Washington, D. C.

*GRABAU, AMADEUS W., Dr., Professor of Palæontology, Columbia University. New York City. — Delegate of the Columbia University, New York.

GRANT, ULYSSES SHERMAN, Professor of Geology, Northwestern University, Geologist, U. S. Geol. Survey, Consulting Geologist, Illinois Survey. Evanston, Chicago, Ill.

*HAGUE, ARNOLD, Geologist, U. S. Geological Survey. 1724, 1:st Street, Washington, D. C. — Delegate of the Geological Society of America, New York.

*HAGUE, Mrs. ARNOLD. Washington, D. C.

HITCHCOCK, C. H., Dr., formerly Professor, P. O. Box 632, Honolulu (Hawaiian Islands).

*HOBBS, WILLIAM HERBERT, Professor of Geology, University of Michigan. Ann Arbor, Mich. — Delegate of the Michigan Academy of Science, and of the University of Michigan, Ann Arbor.

HOVEY, EDMUND OTIS, Dr., Curator of Geology, American Museum of Natural History. 77th St. and Central Park, New York. — Delegate of the Geological Society of America, New York, and of the New York Academy of Sciences.

HOVEY, Mrs E. O. 115 West, 84th St., New York.

*HOWE, WALTER B. New York.

IDDINGS, JOS. P., Professor, University of Chicago, Ill.

*IRVING, J. D., Professor of Economic Geology, Editor »Economic Geology». Yale University, New Haven, Conn.

*KEMP, JAMES F., Professor of Geology. Columbia University, New York. — Delegate of the Geological Society of America, of the New York Academy of Sciences, and of the Columbia University, New York.

*KEMP, Mrs JAMES F., New York.

KEYES, CHARLES R., M. A., Ph. D., Professor of Geology. Des Moines, Iowa.

KUNZ, GEORGE F., Ph. D., Sc. D., A. M. Tiffany & Co, 401, Fifth Ave., New York.

LANE, ALFRED C., Professor of Geology and Mineralogy. Tufts College, Mass.

LEVERETT, FRANK, United States Geologist. Ann Arbor, Michigan.

*LINDGREN, WALDEMAR, U. S. Geologist. Geological Survey, Washington, D. C. — Delegate of the Government of the U. S. of America, of the U. S. Geological Survey, and of the Smithsonian Institution, Washington.

MANSON, MARSDEN, C. E., Ph. D., City Engineer. 2010 Gough St., San Francisco, Ca.

*NEWLAND, DAVID H., Assistant State Geologist. Albany, N. Y.

*NEWLAND, Mrs. D. H., Albany.

PENROSE, R. A. F., JR., Professor Economic Geology, University of Chicago. 460 Bullitt Street, Philadelphia, Pa. — Delegate of the Academy of Natural Sciences, Philadelphia.

PIRSSON, LOUIS VALENTINE, Professor of Physical Geology. Yale University, New Haven, Conn.

*RANKIN, GEORGE A., Geophysicist. Geophysical Laboratory, Washington, D. C.

*REID, HARRY FIELDING, Ph. D., Professor of Geological Physics. Johns Hopkins University, Baltimore, Md. — Delegate of the American Philosophical Society, Philadelphia.

*REID, Mrs. HARRY FIELDING. Baltimore.

*REID, Miss DORIS FIELDING. Baltimore.

*RICE, Miss EMILY, Head of the Dep. of History in the School of Education. University, Chicago, Ill.

RICE, WILLIAM NORTH, Dr., Professor, Wesleyan University, Superintendent Geological Survey of Connecticut. Middletown, Conn.

*RICHARDS, JOSEPH W., Professor of Metallurgy. Lehigh University, South Bethlehem, Pa.

*RICHARDS, Mrs. J. W. South Bethlehem.

*RICHARDS, Miss EVELYN. South Bethlehem.

*RICHARDS, Miss WINIFRED. South Bethlehem.

*RICHARDS, WILLIAM. South Bethlehem.

RIES, HEINRICH, Professor of Economic Geology. Cornell University, Ithaca, N. Y.

*ROSSELL, W. S. C., Director, Departement of Science. Springfield, Mass.

SCHUCHERT, CHARLES, Curator Geological Department, Peabody Museum of Natural History. New Haven, Conn.

*SINGEWALD, JOSEPH T., JR., Dr., Geologist. Johns Hopkins University, Baltimore, Md.

*SMITH, G. OTIS, Director of the U. S. Geological Survey. Washington, D. C. — Delegate of the Government of the U. S. of America, and of the U. S. Geological Survey, Washington.

*SMITH, Mrs. G. O. Washington.

*SMITH, Mrs. J. O. Washington.

*SOSMAN, ROBERT B., Geophysicist. Geophysical Laboratory, Carnegie Institution, Washington, D. C.

*SPENCER, J. W., Dr., Geologist, formerly State Geologist of Georgia and Special Commissioner of the Geol. Survey of Canada. 2019 Hillyer Place, Washington, D. C.

*SPENCER, Mrs J. W. Washington.

STEVENSON, J. J., formerly Professor of Geology, New York University. 568 West End Avenue, New York City. — Delegate of the New York Academy of Sciences.

*TARR, RALPH S., Professor of Physical Geography. Cornell University, Ithaca, N. Y. (Décédé en 1912.) — Delegate of the Association of American Geographers, Hamilton, and of the Cornell University, Ithaca.

*VAN DYKE, Miss DOROTHY. Princetown, N. J.

*VAN HISE, CHARLES RICHARD, President, University of Wisconsin. Madison, Wis. — Delegate of the Geological Society of America, New York.

WALCOTT, CHARLES D., Secretary, Smithsonian Institution. Washington, D. C.

*WHERRY, EDGAR T., Dr., Instructor in Mineralogy. Lehigh University, South Bethlehem, Pa. — Delegate of the Academy of Natural Sciences, and of the Franklin Institute, Philadelphia.

WILLIAMS, HENRY S., Professor of Geology. Cornell University, Ithaca, N. Y.

*WINCHELL, HORACE V., Mining Geologist. East River Road 501, Minneapolis, Minn.

*WINCHELL, Mrs H. V. Minneapolis.

*WOLFF, JOHN E., Professor of Petrography and Mineralogy and Curator of the Mineralogical Museum, Harvard University. University Museum, Cambridge, Mass. — Delegate of the Boston Society of Natural History, Boston.

*WORKMAN, RACHEL, Miss. c/o Brown Shipley & Co., London.

WRIGHT, FREDÉRICK EUGENE, Dr., Petrologist. Geophysical Laboratory, Carnegie Institution, Washington, D. C.

France.

*BARROIS, CH., Membre de l'Institut, Professeur à l'Université. 41 Rue Pascal, Lille. — Délégué de l'Institut de France (Académie des Sciences), du Ministère de l'Instruction publique, de la Société géologique de France, Paris, et de l'Université de Lille.

*BARROIS, Madame. Lille.

*BARROIS, JEAN. Lille.

BEL, J.-MARC, Ingénieur civil des Mines. Boul. St. Michel 73, Paris V.

BERGERON, PIERRE JOSEPH JULES, Professeur à l'École centrale des Arts et Manufactures. Boulevard Haussmann 157, Paris VIII.

BERTRAND, LÉON, Professeur-adjoint de Géologie à l'Université. Boul. Saint-Michel 137, Paris V.

*BIGOT, A., Doyen de la Faculté des Sciences de l'Université. Rue de Geôle 28, Caen. — Délégué de l'Université de Caen.

*BONAPARTE, S. A. PRINCE ROLAND, Membre de l'Institut, Président de la Société de Géographie. Avenue d'Iéna 10, Paris XVI. — Délégué de la Société de Géographie, Paris.

*BRESSE, HENRY OCTAVE, Élève à l'École supérieure des Mines de Paris. Rue St. Lazare 34, Paris IX.

*BRIQUET, ABEL, Licencié ès sciences, Collaborateur auxiliaire au Service de la carte géologique de France. Rue Jean de Bologne 44, Douai (Nord).

*CALLIES, PIERRE, Élève à l'École supérieure des Mines de Paris. Avenue Duquesne 40, Paris VII.

CAMENA D'ALMEIDA, PIERRE, Professeur à l'Université de Bordeaux, Faculté des Lettres. Cours Pasteur, Bordeaux.

*CAREZ, LÉON, Collaborateur principal au Service de la carte géologique de France, ancien Président de la Société géologique de France. Rue Hamelin 18, Paris XIV. — Délégué de la Société Géologique de France.

*CAREZ, BLANCHE, Mme. Paris.

CAYEUX, LUCIEN, Professeur à l'École nationale supérieure des Mines. Place Denfert-Rochereau 6, Paris XIV.

COURTY, GEORGES, Professeur de Géologie à l'École spéciale des Travaux publics. Rue Thénard 3, Paris V.

*DABAT, LÉON, Directeur de l'Hydraulique et des Améliorations agricoles au Ministère de l'Agriculture. Rue de Varenne 78, Paris.

*DESBUISSONS, LÉON, Chef du Service géographique au Ministère des Affaires Étrangères. Rue Royale 10, Paris.

DOUXAMI, HENRI, Professeur-adjoint de Géologie et de Minéralogie à l'Université, Institut de Géologie. Rue Brûle-Maison 159, Lille. — Délégué de l'Université de Lille.

École nationale supérieure des Mines. Boulevard Saint-Michel 60, Paris.

FABRE, GEORGES, ancien Conservateur des Eaux et Forêts. Rue Ménard 28, Nîmes. (Décédé en 1911.)

FALLOT, EMANUEL, Professeur à la Faculté des Sciences. Rue Castéja 34, Bordeaux.

*FERRY, GUSTAVE, Ingénieur des Mines. Lexy par Cons-la-Grandville (Meurthe-et-Moselle.) — Délégué du Comité des forges de France, Paris.

FÈVRE, LUCIEN FRANCIS, Ingénieur en chef des Mines. Place Possoz 1, Paris XVI.

GIRAUX, L., Trésorier de la Société préhistorique de France. Rue Eugénie 11, St.-Mandé (Seine).

*HAUG, ÉMILE, Professeur de Géologie à l'Université. Sorbonne, Paris V. — Délégué du Ministère de l'Instruction publique et de la Société géologique de France, Paris.

HERMANN, ARTHUR, Éditeur. Rue de la Sorbonne 6, Paris V.

HERMANN, JULES, Éditeur. Rue de la Sorbonne 6, Paris V.

*KILIAN, ROBERT. Grenoble (Isère).

*KILIAN, WILFRID, Correspondant de l'Institut, Professeur à l'Université de Grenoble. Avenue d'Alsace-Lorraine 38, Grenoble. — Délégué du Ministère de l'Agriculture, Paris, et de l'Université de Grenoble.

LACROIX, A., Membre de l'Institut, Professeur au Muséum. Quai Henri IV 8, Paris IV. — Délégué de l'Institut de France (Académie des Sciences) et de la Société géologique de France, Paris.

*LAMOTHE, LÉON DE, Général de division, Président du Comité d'Artillerie. Place St. Thomas d'Aquin 1, Paris VII.

LEMOINE, PAUL, Dr., Chef des travaux de Géologie au Laboratoire colonial du Muséum. Boulevard St. Germain 96, Paris V.

LERICHE, MAURICE, Maître de conférences de Paléontologie à l'Université. Rue Brûle-Maison 159, Lille. — Délégué de l'Université de Lille.

*LORY, PIERRE CHARLES, Chargé de conférences de Géologie à l'Université. Rue des Alpes 6, Grenoble.

*LYON, MAX, Ingénieur. Avenue du Bois de Boulogne 83, Paris.

*MARGERIE, EM. DE, ancien Président de la Société géologique de France, Président de la Commission centrale de la Société de Géographie. Rue de Fleurus 44, Paris VI. — Délégué de la Société de Géographie et de la Société géologique de France, Paris.

*MARGERIE, Madame DE. Paris.

*METTETAL, ROBERT, Élève à l'École supérieure des Mines. Avenue Victor Hugo 184, Paris.

*MICHALON, LUCIEN, Ingénieur civil des Mines. Rue de l'Université 96, Paris VII.

*MITRY, JACQUES DE, Élève à l'École supérieure des Mines. Avenue de Breteuil 17, Paris.

*MONTAUDON, HENRI, Ingénieur. Rue de Mathurins 47, Paris.

NICKLÈS, RENÉ, Professeur de Géologie à l'Université. Rue des Jardiniers 4, Nancy.

*NICOU, PAUL, Ingénieur au corps des Mines. Rue de Senelle 2, Longwy-Bas. —Délégué du Ministère des Travaux publics, Paris, de la Société de l'Industrie minérale, St.-Etienne, et du Comité des forges de France, Paris, ainsi que du Gouvernement de Monaco.

*OFFRET, ALBERT, Professeur de Minéralogie à la Faculté des Sciences de l'Université. Chemin des Pins 53, Lyon. — Délégué du Ministère de l'Instruction publique, Paris, et de l'Université de Lyon.

*ŒHLERT, DANIEL, 1er Vice-président de la Société géologique de France, Secré-
taire de la Palæontologia Universalis. Rue de Bretagne 29, Laval (Mayenne). —
Délégué de la Société géologique de France, Paris.

*ŒHLERT, PAULINE, Madame, 2e Vice-présidente de la Société géologique de
France. Laval. — Déléguée de la Société géologique de France, Paris.

RAMOND-GONTAUD, GEORGES, Géologue-assistant au Muséum national d'Histoire
naturelle, Paris. Rue Louis Philippe 18, Neuilly-sur-Seine.

RAVENEAU, LOUIS, Secrétaire de la rédaction des Annales de Géographie. Rue
d'Assas 76, Paris VI.

RICHE, ATTALE, Chargé de cours à la Faculté des Sciences de l'Université.
Rue de Noailles 56, Lyon.

*RUFZ DE LAVISON, J. DE, Élève à l'École supérieure des Mines. Avenue Kleber 87,
Paris.

*TERMIER, PIERRE, Membre de l'Institut, Professeur à l'École supérieure des
Mines. Rue de Vaugirard 164, Paris XV. — Délégué du Ministère de l'In-
struction publique, de l'Institut de France (Académie des Sciences) et de la
Société géologique de France, Paris.

*TERMIER JOSEPH, Étudiant. Paris.

VACHER, ANTOINE, Dr., Professeur de Géographie à l'Université. Rue du Bois
Rondel 1, Rennes.

VIDAL DE LA BLACHE, PAUL, Professeur de Géographie à l'Université. Rue de
Seine 6, Paris VI.

*ZIMMERMANN, MAURICE, Chargé de cours de Géographie à l'Université. Cours
Gambetta 49, Lyon.

Grande-Bretagne.

*ALBRIGHT, M. CATHARINE. Bromspove.

*ALLORGE, M. MARCEL, Lecturer in Geomorphology. The University Museum,
Oxford.

ANDERSON, RICHARD JOHN, Professor of Natural History, Mineralogy and
Geology, National University of Ireland. Museum, University College, Gal-
way. — Delegate of the Natural History Museum, Queen's College, Galway
(Ireland).

*ANDERSON, TEMPEST, D. Sc. 17 Stonegate, York.

*BAILEY, E. B., Geologist to the Geological Survey of Scotland. 33 George
Square, Edinburgh.

*BATHER, FRANCIS ARTHUR, M. A., D. Sc. British Museum (Nat. Hist.), Lon-
don, SW. — Delegate of the British Museum (Nat. Hist.), London.

BELINFANTE, L. L., Secretary of the Geological Society of London. Burlington
House, London, W.

*BOWMAN, HERBERT L., Professor of Mineralogy. Magdalen College, Oxford. —
Delegate of the University of Oxford.

*CADELL, HENRY MONBRAY, Mining Engineer, formerly of the Geological Survey.
Grange, Linlithgow (Scotland).

*CADELL, Mrs. H. M. Grange, Linlithgow.

*CHALLENOR, BASIL M., B. A. Oxon. Worcester College, Oxford.

*CHALLENOR, BROMLEY. New Road, Oxford.

*CHALLENOR, MERCY R. Abingdon Becks (England).

*COLE, GRENVILLE ARTHUR JAMES, Director of the Geological Survey of Ireland, and Professor of Geology in the Royal College of Science for Ireland. Royal College of Science, Dublin. — Delegate of the Royal College of Science for Ireland, Dublin.

*CROSFIELD, Miss MARGARET. Undercroft, Reigate.

*EVANS, JOHN WILLIAM, Dr. Sc., Assistant at the Imperial Institute, and Lecturer in Geology at Birkbeck College. 75 Craven Park Road, Harlesden, London, NW.

*EVANS, Mrs. TERSIE D. GRANGER, M. B., Ch. B., Medical Practitioner. Harlesden, London, NW.

*FEARNSIDES, WILLIAM GEORGE, M. A., University Demonstrator in Petrology, Fellow and Lecturer in Natural Sciences. Sidney Sussex College, Cambridge.

GARWOOD, EDMUND JOHNSTON, Professor of Geology and Mineralogy, University of London. Gower Str., London, WC. — Delegate of the University of London.

GEIKIE, Sir ARCHIBALD, President of the Royal Society of London. Shepherdsdown, Haslemere (Surrey). — Delegate of the Royal Society, London.

GREEN, UPFIELD. 8 Bramshill Road, Harlesden.

*GREGORY, J. W., Professor of Geology in the University. 4 Park Quadrant, Glasgow. — Delegate of the Royal Society of Edinburgh, and of the Geological Survey of Victoria, Melbourne.

*HALLISY, J., Geologist to the Geol. Survey of Ireland. 14 Hume St., Dublin.

HINTON, HENRY ARTHUR, H. M. Inspector of Schools. Sunnyside, Fulwood, Preston.

*HINXMAN, LIONEL W., B. A., District Geologist, Geological Survey of Scotland. 33 George Square, Edinburgh.

*HINXMAN, Mrs. Edinburgh.

HOBSON, BERNARD, M. Sc. Thornton, Hallamgate Road, Sheffield.

HOLLAND, Sir THOMAS H., Professor of Geology and Mineralogy, Victoria University, late Director of the Geological Survey of India. Manchester. — Delegate of the Royal Society, London, and of the Victoria University, Manchester.

*HOPKINSON, JOHN. Weetwood, Watford. — Delegate of the Linnean Society, London.

*HORNE, JOHN, L. L. D., Director of the Geological Survey of Scotland. 33 George Square, Edinburgh. — Delegate of the Edinburgh Geological Society, and of the Royal Society of Edinburgh.

HOWE, J. ALLEN, B. Sc., Curator of the Museum of the Geological Survey. 28 Jermyn Street, London, SW.

*JOHNSTON, Miss MARY SOPHIA. Hazelwood, Wimbledon Hill, London, SW.

*LAMPLUGH, GEORGE WILLIAM, District Geologist to the Geological Survey. Geological Survey Office, 28 Jermyn Street, London, SW. — Delegate of the Royal Society, London.

LAPWORTH, CHARLES, Professor of Geology, University. 38 Calthorpe Road, Edgbaston, Birmingham. — Delegate of the University of Birmingham.

LOUIS, HENRY, Dr., Professor of Mining. 4 Osborne Terrace, Newcastle-upon-Tyne. — Delegate of the Nat. Hist Society of Northumberland, Durham and Newcastle-upon-Tyne, and of the Institution of Mining Engineers, London.

*MARSHALL, HUGH., D. Sc., Professor in the St. Andrews University. Chemistry Departement, University College, Dundee. — Delegate of the Edinburgh Geological Society, and of the Royal Society of Edinburgh.

*MONCKTON, H. W., Treasurer of the Linnean Society of London. 3 Harcourt Buildings, Temple, London, EC. — Delegate of the Linnean Society, London.

*NETTLETON, STANLEY, Mining Engineer. Roundwood, Ossett (Yorkshire).

*NETTLETON, Miss RUBY. Roundwood, Ossett.

*OLDHAM, R. D. Fairfield, Shawford, Hants.

*PEACH, B. N., L. L. D. 72 Grange Loan, Edinburgh. — Delegate of the Edinburgh Geological Society, and of the Royal Society of Edinburgh.

*RAISIN, Miss CATHERINE A., D. Sc., Lecturer in Geology. Bedford College, Baker Street, York Place, London, W.

*SOLLAS, W. J., L. L. D., D. Sc., Professor in the University of Oxford. — Delegate of the Geological Society of London, and of the University of Oxford.

*STRAHAN, AUBREY, Dr., Assistant Director of the Geological Survey of England and Wales. 28 Jermyn Street, London, SW. — Delegate of the University of Cambridge.

*TEALL, J. J. H., Dr., Director of the Geological Survey of Great Britain. 28 Jermyn Street, London, SW. — Delegate of the Government of Great Britain, and of the Royal Society, London.

*TEALL, Mrs. J. J. H. London.

*WRIGHT, CHAS. EDMUND, Head Inspector of Intermediate Schools in Ireland, Bramleigh, Rathgar. St. Kevins Park, Dublin.

*WRIGHT, WM. B. Geological Survey of Scotland. 33 George Square, Edinburgh.

*YOUNG, ALFRED PRENTICE, Dr. c/o Messrs. Grindlay & C:o, 55 Parliament Street, London, SW.

Grèce.

*NEGRIS, PH., Ingénieur, ancien Ministre des Finances. Athènes.

Indes Orientales.

*FERMOR, L. L., D. Sc., Assistant Superintendent, Geological Survey of India. Calcutta. — Delegate of the Governement of India, Calcutta.

Italie.

ANGELIS D'OSSAT, GIOACCHINO DE, Professeur. R. Istituto superiore Agrario sperimentale, Perugia.

*BALDACCI, LUIGI, Ingénieur en chef au Corps royal des Mines, Directeur du Service géologique. Via S. Susanna 1, Roma. — Délégué du regale Ufficio geologico, de la Société géologique Italienne et de la Société géographique Italienne, Roma.

*BORZI, ANTONIO, Dr., Professeur à l'Université et Directeur du Jardin botanique colonial, Palermo.

CANAVARI, MARIO, Professeur de Géologie. Institut géologique de l'Université, Pisa.

*CAPELLINI, CARLO, Maître de conférences à l'Université. Parma.

*CAPELLINI, GIOVANNI, Sénateur, Professeur de Géologie à l'Université, Président du Comité royal géologique d'Italie. Bologna. — Délégué du Ministère de l'Instruction publique et du Ministère de l'Agriculture, Roma.

*CERULLI-IRELLI, SERAFINO, Dr., 1er Assistant à l'Institut géologique de l'Université, Roma.

CREMA, CAMILLO, Dr., Ingénieur au Service géologique d'Italie. Via S. Susanna 1, Roma.

DAINELLI, GIOTTO, Dr., Maître de conférences de Géologie et de Géographie physique à l'Université. Via La Marmora 12, Firenze.

DERVIEUX, ERMANNO, Bibliothécaire du Gr. Séminaire. Via Massena 34, Torino.

*FERRARIS, ERMINIO, Ingénieur des Mines. Monteponi, Iglesias.

*FRIEDLAENDER, IMMANUEL. Villa Herta, Via Luigia Sanfelice, Vomero, Napoli.

GALDIERI, AGOSTINO, Professeur. Istituto geologico della R. Università, Napoli.

*GORTANI, MICHELE, Dr., Professeur. Tolmezzo (Udine).

LOTTI, BERNARDINO, Dr., Ingénieur en chef des Mines. R. Ufficio geologico, Roma.

MARENGO, PAOLO, Ingénieur des Mines. Sturla (Genova).

*MATTIROLO, ETTORE, Ingénieur en chef au Corps royal des Mines d'Italie. Via Venti Settembre 4, Roma. — Délégué de la Société géologique Italienne et du Corps royal des Mines d'Italie, Roma.

*MERCIAI, GUISEPPE, Dr. Museo geologico dell'Università, Pisa. — Délégué de la Société Toscane des Sciences naturelles, Pisa.

PLATANIA, GAETANO, Maître de conférences en Volcanologie. R. Università, Catania.

PORTIS, ALESSANDRO, Dr., Professeur de Géologie et de Paléontologie. R. Istituto geologico universitario, Roma.

SACCO, FEDERICO, Dr., Professeur de Géologie à l'École polytechnique et de Paléontologie à l'Université, Torino.

SEGRÈ, CLAUDIO, Ingénieur, Chef de l'Institut expérimental des Chemins de fer Italiens de l'État. Roma.

Società geografica Italiana. Via del Plebiscito 102, Roma.

Società geologica Italiana. Via S. Susanna 1 A, Roma.

*STEFANI, CARLO DE, Professeur. Cabinetto di Geologia del R. Istituto di studii superiori, Firenze.

STELLA, AUGUSTO, Directeur de l'École des Mines annexée à l'École polytechnique. Torino.

R. Ufficio geologico. Via S. Susanna 1, Roma.

*VINASSA DE REGNY, PAOLO, Professeur de Géologie, Directeur de l'Institut géologique de l'Université. Catania.

*VIOLA, CARLO, Professeur à l'Université, Parma. — Délégué de l'Université royale, Parma.

*VIOLA, CLARA, Madame. Parma.

Japon.

*FUNAHASHI, RYOSUKE, Professeur-adjoint d'exploitation des Mines à l'Université. Tokyo.

*INOUYE, KINOSUKE, Directeur du Service géologique du Japon. Tokyo. — Délégué du Gouvernement impérial du Japon, du Service géologique de Japon et de la Société de Géographie de Tokyo.

*KATO, TAKEO, Dr., Professeur de Géologie. Geological laboratory, Meiji College of Technology, Tobata, Fukuoka.

*OKADA, YOICHI, Dr., Ingénieur des Mines. (Schönlebestr. 2, Freiberg in Sachsen.)

*SAGAWA, EIJIRO, Dr., Professeur-adjoint à l'Université, Géologue au Service géologique, Tokyo. — Délégué du Gouvernement impérial du Japon, Tokyo.

Service géologique impérial de Japon, Tokyo.

Société géographique de Japon, Tokyo.

*YABE, HISAKATSU, Dr., ancien Maître de conférences à l'Institut géologique de Tokyo. — Délégué du Gouvernement impérial du Japon, Tokyo.

Luxembourg.

DONDELINGER, VICTOR, M., Ingénieur au corps des Mines, Chef du Service des Mines. Luxembourg.

Mexique.

*AGUILERA, JOSÉ G., Directeur de l'Institut géologique de Mexique. 6ª del Ciprés 176, Mexico. — Délégué du Gouvernement du Mexique, de l'Institut géologique de Mexique, de la Société géologique de Mexique et de la Société Mexicaine de Géographie etc., Mexico.

BURCKHARDT, CARLOS, Dr., Géologue en chef à l'Institut géologique de Mexique. 6ª del Cipres 176, Mexico.

Instituto geológico de Mexico. 6ª del Ciprés 176, Mexico.

Museo nacional de Historia natural. Stà Inés 5, Mexico.

*ORDOÑEZ, EZEQUIEL, Géologue, Ingénieur des Mines. 2ª General Prim, Mexico.

*ORDOÑEZ, Madame. Mexico.

Sociedad geológica Mexicana. 6ª del Cipres 176, Mexico.

Société scientifique »Antonio Alzate». Ex-Volador, Mexico.

Norvège.

BACHKE, A. S., Inspecteur des Mines. Bodö.

*BJÖRLYKKE, K. O., Dr., Chargé de cours à l'École agronomique de Norvège. Aas.

*BRÖGGER, W. C., Dr., Professeur à l'Université. Kristiania. — Délégué du Gouvernement royal de Norvège.

*KLÆR, JOHAN, Professeur à l'Université. Kristiania. Délégué du Gouvernement royal de Norvège.

*KOLDERUP, CARL FREDRIK, Dr., Directeur de la Section de Minéralogie et de Géologie au Musée. Bergen. — Délégué du Musée de Bergen.

*REUSCH, HANS, Dr., Directeur du Service géologique de Norvège. Kristiania. — Délégué du Gouvernement royal de Norvège.

*REUSCH, HELGA, Madame. Kristiania.

*VOGT, J. H. L., Professeur à l'Université. Kristiania. — Délégué du Gouvernement royal de Norvège.

*VOGT, THOROLF, Géologue-assistant au Service géol. de Norvège. Gyldenlöves gade 42, Kristiania.

Nouvelle Zeelande.

MARSHALL, P., Professor of Geology, University of Otago. Dunedin.
SPEIGHT, ROBERT, Professor of Geology, Canterbury College. Christchurch.

Pays-Bas.

*BAREN, J. VAN, Professeur de Géologie à l'École supérieure d'Agriculture. Wageningen. — Délégué de l'École supérieure d'Agriculture etc., Wageningen.
BONNEMA, J. H., Professeur à l'Université, Groningen.
*CALKER, F.J.P. VAN, ancien Professeur à l'Université. Prædiniussingel 15, Groningen.
*CALKER, VAN, Madame. Groningen.
*CONSTANT REBECQUE, ROD. DE, Étudiant à l'École supérieure d'Agriculture. Wageningen.
*GRUTTERINK, ALIDE, Pharmacienne en chef. Hôpital municipal, Rotterdam.
*GRUTTERINK, J. A., Ingénieur des Mines, Professeur de Minéralogie et de Pétrographie à l'École polytechnique de Delft. Van Bleiswijkstraat 139, 's Gravenhage.
HUBRECHT, P. F., Dr., Assistant à l'Institut géologique de l'Université. Utrecht.
MAREZ OYENS, F. A. H. DE, Géologue, Assistant à l'École polytechnique de Delft. Bezuidenhout 63, 's Gravenhage.
*MOLENGRAAFF, G. A. F., Dr., Professeur de Géologie à l'École polytechnique. Vorstraat 60, Delft. — Délégué du Gouvernement royal des Pays-Bas, de l'Académie royale des Sciences, Amsterdam, et de la Société Hollandaise des Sciences, Harlem.
*SCHMUTZER, J. I. J. M., Dr., Préparateur au Musée de Minéralogie et de Géologie. Bilstraat 101 B, Utrecht.
*UHLENBROEK, GYSBERT DIEDERIK, Ingénieur-géologue. Villa de Boekhorst, Bloemendaal.
*VERLOOP, JOHANNES HENDRIKUS, Dr., Géologue. Hooftweg 9, Hilversum.
*VERWEY, H. W., Mademoiselle. Rotterdam.
YZERMAN, J. W., Président de la Société de Géographie des Pays-Bas. 's Gravenhage.

Portugal.

Commission du Service géologique de Portugal. Rua do Arco a Jesus 113, Lisboa.
*MENDES-GUERREIRO, JEAN, Inspecteur général des Travaux publics. Calçada do Sacramento 14, Lisboa.
DE SOUSA PEREIRA, FRANCISCO LUIZ, Capitaine du Génie. Rua dos Lagares 32, Lisboa.
Sociedade do Geographia de Lisboa. Portas de S:to Antao, Lisboa.

Roumanie.

ALIMANISTEANO, CONSTANTIN, Ingénieur en chef des Mines, Membre du conseil supérieur des Mines. Député. Strada Domnei 27, Bucarest.
BRATIANU, RADU, Géologue. Strada Bratianu 10, Bucarest.
MRAZEC, LUDOVIC, Dr., Professeur à l'Université, Directeur du Service géologique. Soseaua Kiscleff 2, Bucarest. — Délégué de l'Université de Bucarest.

*MURGOCI, GEORGE, Dr., Professeur à l'École de ponts et chaussées, Chef de la Section agrogéologique de l'Institut géologique. Bucarest.

*NICOLESCU-SLAVEA, CONST., Professeur. St. Dorobantzilor 109, Bukarest.

*POPOVICI-HATZEG, V., Dr., Sous-directeur de l'Institut géologique de Roumanie, Strada Bratianu 10, Bucarest. — Délégué de l'Institut géologique de Roumanie, Bucarest.

*POPOVICI-HATZEG, MARIE, V., Madame. Bucarest.

*STATESCU, E. Madame. Bucarest.

*STEFANESCU, GRIGORIU, Directeur du Musée de Géologie et de Paléontologie, Professeur honoraire de l'Université. Strada Verde 18, Bucarest. — Délégué du Gouvernement de Roumanie et de l'Académie Roumaine. Bucarest.

STEFANESCU, SABBA, Professeur de Paléontologie à l'Université. Boulev. Colzea 2, Bucarest. — Délégue de la Société Roumaine de Géographie, Bucarest.

Empire Russe.
a) Russie.

*ANDRUSSOW, N., Professeur de Géologie. Vinogrodnaja 14, Kiew.

*ANTONOVITCH, MAXIME ALEXÉEVITCH, Rue Pouchekynskaja 18, St.-Pétersbourg.

ANUTSCHIN, DIMITRI, Professeur de Géographie et d'Anthropologie à l'Université. Moskwa.

*ARSCHINOW, WLADIMIR, Directeur de l'Institut pétrographique »Lithogaea». Ordinka 38, Moskwa.

*BACKLUND, HELGE, Géologue. Musée géologique de l'Académie des Sciences, St.-Pétersbourg.

*BOGOLUBOW, N. N., Conservateur du Musée géologique de l'Université. Université, Moskwa.

CHROUSTSCHOFF, KONSTANTIN, Dr., Professeur. Nishegorodskaja 6, St.-Pétersbourg.

*DOSS, BRUNO, Dr., Professeur, Schulenstrasse 13, Riga. — Délégué de l'Institut polytechnique de Riga.

GERASSIMOW, A., Géologue du Comité géologique de Russie. Wassili Ostrow, 4 ligne, 15, St.-Pétersbourg.

*GORISDRO, ZINAIDA, M:lle, Assistante au cours supérieurs pour femmes. Newsky 88, St.-Pétersbourg.

*GUINSBERG, ALBERT, Ingénieur-métallurgiste, Assistant de Minéralogie et de Pétrographie à l'Institut polytechnique. St.-Pétersbourg.

INOSTRANZEW, A., Dr. Professeur de Géologie à l'Université. Wassili Ostrow, 1 ligne, St.-Pétersbourg.

*ISKÜLL, WOLDEMAR, Assistant à l'Institut minéralogique de l'Université. St.-Pétersbourg.

JACZEWSKI, LEONARD, Ingénieur des Mines, Chef de l'exploration géologique de Jénisei en Sibérie. Comité géologique, St.-Pétersbourg.

JANISCHEWSKY, MICHAEL, Professeur à l'Institut polytechnique. Boulvarnaja, Tomsk (Sibérie).

*JÉRÉMINE, ELISABETH, Assistante aux cours supérieurs pour femmes. St.-Pétersbourg.

*KARAKASCH, NIKOLAI, Dr., Professeur de Géologie et de Paléontologie à l'École superieure d'Agriculture et à la Faculté des Sciences de l'Institut psycho-neurologique. Wassili Ostrow, 10 ligne, 15, St.-Pétersbourg.

*KARANDÉEFF, BESSARION, Maître de conférences de Minéralogie à l'Université. Institut minéralogique de l'Université, Moskwa.

*KARPINSKY, ALEXANDRE, ancien Professeur, Directeur honoraire du Comité géol. de Russie. St.-Pétersbourg. — Délégué du Gouvernement de la Russie et de l'Académie impériale des Sciences de St.-Pétersbourg.

*KORONIEWICZ, PAUL, Dr., Assistant au Cabinet géologique de l'Institut impérial polytechnique. Warschau.

*KOSSOWITSCH, PETER, Professeur. Institut forestière, St.-Pétersbourg.

*KUPFFER, KARL REINHOLD, Professeur à l'Institut polytechnique. Rue Souworoff 23, Riga.

*LASKAREW, WLADIMIR, Professeur de Géol. et Minéralogie. Université, Odessa.

*LEHMAN, W., Maître de conférences en Paléontologie à l'Institut pédagogique pour femmes. Institut géologique de l'Université, St.-Pétersbourg.

*LEYST, ERNST, Professeur à l'Université. Presnja, Observatoire, Moskwa. — Délégué de l'Université et de la Société impériale des Naturalistes de Moskwa.

LÖWINSON-LESSING, FRANZ, Dr., Professeur de Minéralogie et de Géologie. Institut polytechnique, St.-Pétersbourg.

*LUCZIZKY, WLADIMIR, Dr., Professeur de Minéralogie et de Pétrographie à l'Institut polytechnique. Cabinet minéralogique de l'Institut polytechnique, Warschau.

MAKEROW, J., Conservateur de Musée. Institut géologique de l'Université, St.-Pétersbourg.

NOBEL, EMANUEL, Conseiller de l'État. St.-Pétersbourg.

OBRUTSCHEW, WLADIMIR, Professeur de Géologie. Institut technologique, Tomsk (Sibérie).

PAVLOV, ALEX. P., Professeur de Géologie. Université, Moskwa.

*PAVLOW, ALEX. W., Maître de conférences à l'Université, Professeur à l'École supérieure des Ingénieurs. Souschovskaja 9. N. 69, Moskwa. — Délégué de la Société impériale des Naturalistes et de l'École supérieure des Ingénieurs, Moskwa.

POGREBOW, NIKOLAI, Secrétaire du Comité géologique. Wassili Ostrow, 4 ligne, 15, St.-Pétersbourg.

*POPOFF, BORIS, Maître de conférences en Pétrographie à l'Institut des Ingénieurs civils. Institut géologique de l'Université, St.-Pétersbourg.

*POPOFF, NADINE, Madame. St.-Pétersbourg.

*PRAWOSLAWLEW, PAUL, Professeur de Géologie. Institut polytechnique, Nowo-tcherkassk.

*REVOUTZKY, ELISABETH, Assistante à l'Institut minéralogique de l'École supérieure pour femmes. Povarskaja, Moskwa.

RIABININ, ANATOLE, Géologue-assistant du Comité géologique de Russie. Comité géologique, St.-Pétersbourg.

*SAMOJLOFF, JACQUES, Dr, Professeur de Minéralogie à l'Institut agronomique supérieur. Petrowsko-Rasumowskoje, Moskwa.

*SAWITSCH-SABLOTZKY, KONST., Ingénieur des Mines. Cabinet minéralogique de l'Université, Charkow.

*SKRINNIKOW, ALEXEI, Professeur de Minéralogie à l'Institut vétérinaire, Directeur de Lycée. Université, Warschau.

SMIRNOFF, WOLDEMAR, Assistant à l'Institut agronomique supérieur. Nowo-Alexandria (Gouv. Lublin).

*SUSTSCHINSKY, PETER, Professeur à l'Institut polytechnique. Nowotscherkassk.

*TANFILIEF, G. J., Professeur à l'Université. Marasliefska 8, Odessa.

*TOLMAČEV, EUGÉNIE, née KARPINSKY, Madame. Quai Nicolas 1, St.-Pétersbourg.

*TOLMAČEV, J. P., Conservateur au Musée géologique de l'Académie impériale des Sciences. St.-Pétersbourg.

*TSCHERNYSCHEW, THEODOSIUS, Directeur du Comité géologique de Russie. St.-Pétersbourg. — Délégué du Gouvernement de la Russie et de l'Académie impériale des Sciences de St.-Pétersbourg.

*TSCHIRWINSKY, PETER, Professeur de Géologie appliquée. Institut polytechnique, Novotscherkassk.

TUTKOWSKI, PAUL, Géologue, Directeur des écoles. Prowiantskaja 12, Gitomir (Gouv. Wolhynien).

VOGDT, KONST. DE, Professeur de Paléontologie aux cours supérieurs pour femmes. Comité géologique, St.-Pétersbourg.

*WOEIKOW, ALEXEI, Professeur à l'Université. Ligowka 8, St.-Pétersbourg.

b) Finlande.

*ALFTHAN, MAX, Gouverneur de la province de Nyland. Hälsingfors. — Délégué de la Société de la Géographie de Finlande, Hälsingfors.

*ALFTHAN, MARY, Madame. Hälsingfors.

*BORGSTRÖM, LEON. H., Maître de conférences de Minéralogie à l'Université. Mariegatan 7, Hälsingfors.

*ESKOLA, PENTTI, Bachelier ès sciences. Konstantinsgatan 16, Hälsingfors.

*FROSTERUS, BENJAMIN, Dr., Géologue au Service géologique de Finlande. Hälsingfors. — Délégué de la Société de la Géographie de Finlande, Hälsingfors.

HACKMAN, VICTOR, Dr. Fredsgatan 13, Hälsingfors.

*HJELT, EDV., ancien Professeur et Senateur. Hälsingfors.

*LEIVISKÄ, J, Maître de conférences en Géographie à l'Université. Skeppargatan 41, Hälsingfors. — Délégué de la Société géographique en Finlande, Hälsingfors.

*LINDBERG, HARALD, Dr., Conservateur au Musée botanique de l'Université, Botaniste de la Société Finlandaise pour la mise en culture des Marais, Hälsingfors.

*RAMSAY, WILHELM, Dr., Professeur de Minéralogie et de Géologie à l'Université. Djurgårdsvägen 3, Hälsingfors. — Délégué de la Societas Scientiarum Fennica, Hälsingfors.

*RAMSAY, KARIN, Madame. Hälsingfors.

*RINDELL, ARTHUR, Professeur de Chimie agricole. Université, Hälsingfors. — Délégué de la Société Finlandaise pour la mise en culture des Marais, Hälsingfors.

*ROSBERG, JOHAN EVERT, Dr., Professeur de Géographie à l'Université. Hälsingfors. — Délégué de la Société géographique en Finlande, Hälsingfors.

*SEDERHOLM, J. J., Dr., Professeur, Directeur du Service géologique de Finlande, Président de la Société des Sciences de Finlande. Hälsingfors. — Délégué de la Societas Scientiarum Fennica, Hälsingfors.

*SEDERHOLM, ANNA, Madame. Hälsingfors.

*SEDERHOLM, MARGARETA, M:lle. Hälsingfors.

TANNER, V., Ingénieur, Géologue au Service géologique de Finlande. Boulevardsgatan 29, Hälsingfors.

Serbie.

ANTULA, DIMITRI, Dr., Géologue au Service des Mines. Višnjićeva ul 9, Belgrad.

Suède.

*ADELSWÄRD, THEODOR, Baron, Ministre des Finances, Stockholm.

*AFZELIUS, KARL, Bachelier ès sciences. Université de Stockholm.

*AHLMANN, HANS W:SON, Licencié ès sciences. Stockholm.

*ÅKERMAN, ANDERS RICHARD, ancien Président du Collège royal de Commerce. Mariehill, Djurgården, Stockholm.

*ALÉN, J. E., Dr., Chimiste municipal. Göteborg.

*ALEXANDERSON, SOPHIE-LOUISE, M:lle, Institutrice. Riddaregatan 21, Stockholm.

ALMGREN, OSCAR, Maître de conférences à l'Université d'Uppsala. Götgatan 26, Stockholm.

*ANDERSSON, ANNA GLASELL, Madame. Djursholm.

*ANDERSSON, GUNNAR, Dr., Professeur de Géographie à l'École supérieure de Commerce de Stockholm. Djursholm.

*ANDERSSON, J. G., Dr., Professeur, Directeur du Service géologique de Suède. Stockholm 3.

*ANDERSSON, SIGNE BERGNER-, Madame. Stockholm.

*ANDRÉE, IVAR, Directeur. Ädelfors.

ALMQUIST, SIGNE, Institutrice. Nybrogatan 11 C, Stockholm.

*ALSÉN, NILS, Bachelier ès sciences. Stockholm.

*ARENANDER, ERIK OSKAR, Dr., Professeur à l'Institut agronomique. Ultuna, Uppsala.

*ARNELL, K., Dr., Ingénieur en chef. Grefgatan 26, Stockholm.

*ARRHENIUS, SVANTE, Dr., Professeur. Experimentalfältet près Stockholm.

*ATTERBERG, ALBERT, Dr., Directeur de la Station chimique. Kalmar.

*BACKLUND, ELSA. M:lle, Artiste-peintre. Strängnäs.

*BACKMAN, CHARLES, Consul. Skeppargatan 5, Stockholm.

*BÆCKSTRÖM OLOF, Assistant à l'Institut géologique de l'Université. Uppsala.

*BÄCKSTRÖM, HELGE, Dr., Professeur de Minéralogie et de Pétrographie à l'Université de Stockholm. Djursholm. — Délégué de l'Université de Stockholm.

*BENEDICKS-BRUCE, CAROLINA, Madame, Artiste. Visby.

*BENEDICKS, CARL, Dr., Professeur à l'Université. Tegnérslunden 3, Stockholm.

*BENEDICKS, G., Propriétaire des usines. Strandvägen 35, Stockholm.

*BENGTSON, ERIK, Bachelier ès sciences. Djursholm.

*BRINELL, J. A., Ingénieur en chef. Järnkontoret, Stockholm. — Delegate of the North of England Institute of Mining and Mechanical Engineers, Newcastle-upon-Tyne.

*BYGDÉN, ARTUR, Licencié ès sciences. Uppsala.

*CARLHEIM-GYLLLENSKÖLD, V., Dr., Professeur. Sibyllegatan 22, Stockholm.

*CARLZON, CARL, Assistant à l'Institut géol. de l'Université. Stockholm.

*CEDERSTRÖM, ANNA S. A., M:lle, Institutrice. Fredrikslund, Uppsala.

CRONQUIST, ALBERT WERNER, Professeur, ancien Chimiste au Service géologique de Suède. Stocksund près Stockholm. (Décédé en 1910.)

*CURMAN, CARL, Bachelier ès sciences. Österplan 15 A, Uppsala.

*DAHLBLOM, TH., Inspecteur des Mines. Falun.

*DAHLGREN, E. W., Bibliothécaire en chef. Kungsbroplan 1, Stockholm.

*DE GEER, GERARD, Baron, Dr., Professeur de Géologie. Rådmansgatan 67, Stockholm. — Délégué de l'Université de Stockholm.

*DE GEER, EBBA HULT, Madame. Stockholm.

*DE GEER, STEN, Baron, Dr. Stadsgården 12, Stockholm.

DE LAVAL, GUSTAF, Dr., Ingénieur. Torstensonsgatan 6, Stockholm. École supérieure de Commerce. Stockholm.

EKHOLM, GUNNAR, Assistant au Bibliothèque de l'Université. Uppsala.

*ENHÖRNING, ERIK AUGUST, Directeur. Sundsvall.

*EKMAN, JOHAN E., Consul. Nya Allén 16, Göteborg. — Délégué de la Société des Usines suédoises, Stockholm.

*ENQUIST, FREDRIK, Etudiant à l'Université d'Uppsala. Regeringsgatan 59, Stockholm.

*ERDMANN, EDVARD, Dr., (ancien) Géologue au Service géologique de Suède. Saltsjö-Dufnäs. — Délégué du Service géologique de Suède, Stockholm.

*ERIKSSON, JAKOB, Dr., Professeur. Experimentalfältet près Stockholm.

*ERIKSSON, KJELL, Bachelier ès sciences. Odengatan 8, Stockholm.

*FAGERBERG, GEORG, Ingénieur des Mines. Kiruna.

*FAHLCRANTZ, A. E., Ingénieur. Karlbergsvägen 12, Stockholm.

*FALK, ERIK, Directeur. Västerås.

FALKMAN, OSCAR, Ingénieur. Stockholm.

*FEGRÆUS, TORBERN, Dr., Géologue des »Frères Nobel». Baku (Russie).

*FEGRÆUS, HELGA, Madame. Baku.

*FEILITZEN, HJALMAR VON, Dr., Directeur. Jönköping.

*FORSSTRAND, CARL, Dr. Saltsjö-Dufnäs.

*FRISCH, BERTA, M:lle, Institutrice. Dalagatan 20, Stockholm.

FRÖDIN, G., Bachelier ès sciences. Uppsala.

*GAVELIN, AXEL, Dr., Géologue au Service géologique de Suède. Geologiska Byrån, Stockholm 3.

*GEIJER, GOTTSCHALK, Général. Strandvägen 53, Stockholm. —Délégué du »Jernkontoret», Stockholm.

*GEIJER, PER, Dr. Linnégatan 77, Stockholm.

*GRABE, ALF, Maître de conférences à l'École supérieure des Mines. Stockholm.

*GRANSTRÖM, G. A., Ingénieur-directeur des Mines. Sala.

*GRÖNDAL, GUSTAF, Dr., Ingénieur. Djursholm.

*GRÖNWALL, ASSAR. Ingéniéur des Mines. Ludvika.

*GRÖNWALL, KARL A., Dr., Géologue au Service géologique de Suède. Stockholm 3.

*HADDING, ASSAR, Licencié ès sciences, Assistant à l'Institut géologique et minéralogique. Lund. — Délégué du Club géologique de Lund.

*HÄGG, RICHARD, Licencié ès sciences. Riksmuseum, Stockholm.

*HALLBERG, EMIL GUSTAF, Ingénieur des Mines. Falun.

*HALLE, THORE G., Dr. Riksmuseum, Stockholm.

*HALLDIN, OSCAR, Photographe. Danderyd près Stockholm.

*HAMBERG, AXEL, Dr., Professeur de Géographie à l'Université. Uppsala. — Délégué de la Société de Géographie, Uppsala.

*HAMILTON, HUGO, Comte, (ancien) Ministre de l'Intérieur. Stockholm.

HANSEN, F. V., Colonel, Président du Service royal des Forces motrices hydrauliques. Torstensonsgatan 4, Stockholm.

*HEDBERG, NILS, Ingénieur, Sous-directeur des Mines de Grängesberg. Grängesberg.

*HEDIN, SVEN, Dr. Norra Blasieholmshamnen 5 B, Stockholm. — Délégué de la Société suédoise d'Antropologie et de Géographie, Stockholm.

*HEDSTRÖM, HERMAN, Licencié ès sciences, Géologue au Service géologique de Suède. Geologiska Byrån, Stockholm 3.

HEIMER, AUGUST, Dr., Professeur de Lycée. Halmstad.

HEIMER, HANNA, Madame. Halmstad.

*HEMMENDORFF, ERNST, Dr., Professeur de Lycée. Malmskillnadsgatan 41 B, Stockholm.

*HENNIG, ANDERS, Dr., Professeur. Lund.

HERMODSSON, C. HARALD, Ingénieur des Mines. Skepparegatan 22 B, Stockholm.

*HESSELMAN, HENRIK, Dr., Maître de conférences à l'Université de Stockholm. Upplandsgatan 64, Stockholm.

*HÖGBOM, A. G., Dr., Professeur de Géologie à l'Université. Uppsala. — Délégué de l'Université d'Uppsala et de la Société royale de Sciences, Uppsala.

*HOLM, GERHARD, Dr., Professeur, Directeur de la section de Zoopaléontologie au Musée d'Histoire naturelle. Barnhusgatan 10, Stockholm.

*HOLMQUIST, PER JOHAN, Dr., Professeur de Minéralogie et de Géologie à l'École polytechnique supérieure de Stockholm. Djursholm. — Délégué de l'École polytechnique supérieure et de la Société des Technologues suédois, Stockholm.

HOLMSTRÖM, LEONARD PONTUS, Dr. Lindegård, Åkarp.

*HOLST, N. OLOF, Dr., ancien Géologue au Service géologique de Suède. Jämshögsby.

Institut des Experiences forestières de l'État, Stockholm.

*JOHANSSON, HARALD, Dr., Ingénieur des Mines, Géologue au Service géologique de Suède. Stockholm.

JOHANSSON, K., Ingénieur des Mines. Hedemora.

*JOHANSSON, SIMON, Licencié ès sciences, Agronome. Ultuna, Uppsala.

*KALLENBERG, STEN, Assistant à l'Institut géologique de l'Université. Lund.

*KAUDERN, WALTER, Licencié ès sciences. Stockholms Högskola, Stockholm.

*KELLER, DAVID CABLE, Propriétaire des usines. Vedevåg.

*KENNEDY, JAMES, Chambellan, Propriétaire. Råbelöf, Kristianstad.

*KJELLBERG, JONAS C:SON, Ingénieur des Mines. Directeur de la banque »Skandinaviska Kreditaktiebolaget». Stockholm.

*KJELLÉN, RUDOLF, Dr., Professeur à l'Université. Göteborg. — Délégué de la Société Royale des Sciences et Belles-Lettres. Göteborg.

*KRÆPELIN, ALFHILD, M:lle, Institutrice. Heimdalsgatan 6, Stockholm.

*KURCK, CLAS, Baron. Lund.

*LAGERHEIM, NILS GUSTAF, Professeur de Botanique à l'Université de Stockholm. Tunnelgatan 25, Stockholm.

*LAGRELIUS, AXEL, Intendant de la Cour. Sköldungagatan 3, Stockholm.

*LARSSON, PER, Directeur des Mines. Striberg. — Délégué de la Société des Technologues suédois.

*LAURENTZ, GURLY, Étudiante à l'Université de Stockholm. Karlbergsvägen 13, Stockholm.

*LEWIN, E. W., Négociant. Utö.

*LILJEVALL, GEORG, Dessinateur et Préparateur au Musée d'Histoire naturelle. Kammakaregatan 23, Stockholm.

*LINDMAN, A., (ancien) Premier Ministre, Excellence. Stockholm.

*LINDROTH, G., Ingénieur des Mines. Stockholm.

*LINDSTRÖM, AXEL, ancien Géologue au Service géologique de Suède. Stockholm. (Décédé en 1911.)

*LINDSTRÖM, P. E., (ancien) Ministre de l'Instruction publique. Stockholm.

LINDVALL, C. A., Ingénieur en chef. Hornsgatan 186, Stockholm.

*LOOSTRÖM, RAGNAR, Étudiant à l'Université d'Uppsala. Krukmakaregatan 12, Stockholm.

*LÖWEN, FRITZ, Comte. Gerstaberg, Järna.

*LUNDBOHM, HJALMAR, Dr., Ingénieur-directeur des Mines de Luossavaara-Kiirunavaara et de Gellivare. Kiruna.

*MALMSTRÖM, CARL, Étudiant. Johannesgatan 22, Uppsala.

*MOBERG, JOH. CHR., Dr., Professeur à l'Université. Lund. — Délégué de l'Université de Lund.

*MONTELIUS, OSCAR, Grand Antiquaire de l'État. Historiska Museet, Stockholm. — Délégué de l'Académie Royale des Sciences, Stockholm.

*MUNTHE, HENRIK, Dr., Géologue au Service Géologique de Suède. Stockholm 3.

*MÖRNER, ROBERT, Comte, Directeur de l'École populaire supérieure de Jämtland. Birka, Täng.

*NATHORST, A. G., Dr., Professeur, Directeur de la section de Phytopaléontologie du Musée d'Histoire naturelle. Riksmuseum, Stockholm. — Délégué de l'Académie royale des Sciences, Stockholm.

*NAUCKHOFF, E. G. R., Dr. Grängesberg.

*NELSON, HELGE, Licencié ès sciences, Directeur de l'École populaire supérieure à Stenstorp.

*NISSER, WILLIAM, Bachelier ès sciences. Korsnäs.

*NORDENSKJÖLD, OTTO, Dr., Professeur de Géographie à l'Université. Göteborg 7. — Délégué de l'Université et de la Société de Géographie, Göteborg, ainsi que de la Sociedad científica Argentina, Buenos Aires.

*NORDENSKJÖLD, KAREN, Madame. Göteborg.

*NORDQVIST, HJALMAR, Ingénieur au corps des Mines. Filipstad.

*NORDSTRÖM, CARL FREDRIK THEODOR, Dr., (ancien) Gouverneur. Narvavägen 20, Stockholm.

NORSTEDT, EMIL, Propriétaire des usines. Karlbergsvägen 36 A, Stockholm.

*NYLANDER, S. O., (ancien) Ministre de l'Agriculture. Stockholm.

ÖBERG, P., Inspecteur des Mines. Filipstad.

*ÖBERG, VICTOR, Dr. Nässjö.

*ÖHMAN, FIA, M:lle. Karlaplan 8, Stockholm.

ORTON, BROR, Ingénieur des Mines. Valhallavägen 111, Stockholm.

*OTTERBORG, RUDOLF, Propriétaire des usines. Uppsala.

*PETERSSON, WALFRID, Dr., Professeur à l'École supériure des Mines. — Délégué du »Jernkontoret» et de l'École polytechnique supérieure, Stockholm.

*PETRÉN, JACOB, Dr., Professeur à l'École polytechnique supérieure. Karlbergs-vägen 18, Stockholm.

*PHILIP, GRETA, Bachelière ès sciences. Stockholm.

PIBLGREN, JOHAN, Directeur de l'Industrie au Collège royal du Commerce. Stockholm.

*POST, L. v., Licencié ès sciences, Géologue au Service géologique de Suède. Stockholm 3.

*POST, WILHELM VON, Ingénieur des Mines. Drottningholmsvägen 11, Stockholm.

*QUENSEL, PERCY, Dr. Uppsala. — Délégué de la section géologique, Uppsala.

*REINHOLD, AUGUST, Directeur. Ekudden, Djurgården, Stockholm. (Décédé en 1911.)

*REINHOLD, ALMA, Madame. Stockholm.

RETZIUS, GUSTAF, Dr. Med. et Phil., Professeur. Drottninggatan 116, Stockholm.

*RICHERT, J. GUST., Dr., ancien Professeur à l'École polytechnique supérieure. Stockholm.

*RINANDER, ALMA, M:lle, Institutrice. Hornsgatan 53, Stockholm.

RINGHOLM, KARL, Bachelier ès sciences. Staketgatan 7, Gäfle.

*ROOTH, NELLIE, Étudiante. Sibyllegatan 67, Stockholm.

*ROSENBERG, OTTO, Dr., Professeur à l'Université. Tegnérslunden 4, Stockholm.

*SAHLIN, CARL, Directeur des Usines. Laxå. — Délégué de la Société des usines suédoises, Stockholm.

*SALIN, B., Dr. Directeur du Musée du Nord. Bergsgatan 16, Stockholm.

*SAMUELSSON, GUNNAR, Bachelier ès sciences. Uppsala.

*SANDBERG, WILHELM, Licencié ès sciences. Stockholms Dagblad, Stockholm.

*SANDLER, RICKARD, Bachelier ès sciences. Brunnsvik, Sörvik.

*SANDSTRÖM, JOHAN WILHELM, Ingénieur de bureau. Hydrografiska byrån, Stockholm.

*SANTESSON, HENRIK, Dr. Service géologique de Suède, Stockholm 3.

*SCHARD, L., Directeur. Kammakaregatan 6, Stockholm.

*SERNANDER, RUTGER, Dr., Professeur de Botanique à l'Université. Uppsala.

*SIDENBLADH, ELIS, ancien Directeur en chef du Bureau central de Statistique de Suède. Stockholm.

*SIDENVALL, K., Ingénieur, Chargé de cours à l'École des Mines. Falun.

*SILJESTRÖM, AUG., Ingénieur des Mines. Vatnfjord i Lofoten (Norvège).

*SILJESTRÖM, SIGNY, Madame. Vatnfjord.

*SJÖGREN, HJ., Dr., Ingénieur des Mines, Professeur, Directeur de la section de Minéralogie du Musée d'Histoire naturelle. Riksmuseum, Stockholm.

*SJÖGREN, ANNA, Madame. Kullsta, Nynäs.

*SJÖGREN, OTTO, Dr. Skolgatan 7, Uppsala. — Délégué de la Société de Géographie, Uppsala.

*SKOTTSBERG, CARL, Dr., Maître de conférences à l'Université. Uppsala.

*STEDT, A., ancien Chef d'escadron. Stureparken 9, Stockholm.

*STOLPE, PER, Dr. Själevad.

*STURZEN-BECKER, TYRA, Bachelière ès sciences. Kungsklippan 7, Stockholm.

*SUNDIUS, NILS, Licencié ès sciences, Assistant à l'École polytechnique. Stockholm.

*SUNSTRÖM, KARL JOHAN, Ingénieur. Odengatan 92, Stockholm.

*SVEDMARK, E., Dr., ancien Géologue au Service géologique de Suède. Kungsgatan 14, Stockholm.

*SVENONIUS, FREDR., Dr., Géologue au Service géologique de Suède. Djursholm.

Svenska Teknologföreningen. Stockholm.

TAMM, ADOLF, Dr. Strandvägen 57, Stockholm.

*TAMM, G., Baron, (ancien) Président du »Jernkontoret». Mynttorget 4, Stockholm.

*TAUBE, A. F., Comte, (ancien) Ministre des Affaires Étrangères. Berlin.

*TEGENGREN, FELIX, Licencié ès sciences, Ingénieur des mines, Géologue au Service géologique de Suède. Stockholm 3.

*TEILING, EINAR, Étudiant à l'Université de Stockholm.

*TORELL, OTTO, Ingénieur des Mines. Zinkgrufvan.

*TÖRNEBOHM, A. E., Dr., Professeur, ancien Directeur du Service géologique de Suède. Strängnäs. (Décédé en 1911.)

TORNÉRHIELM, T., Ingénieur. Upplandsgatan 48, Stockholm.

TÖRNQUIST, SVEN LEONH., Dr., Professeur. Petri Kyrkogata 13, Lund.

*TRAPP, HILDA, Institutrice. Brahegatan 3, Stockholm.

*ULLÉN, ERIK, Bachelier ès sciences. Valhallavägen 27, Stockholm.

*WACHTMEISTER, F., Comte, Chancelier des Universités. Strömgatan 24, Stockholm.

*WALLÉN, AXEL, Dr., Directeur du Bureau hydrographique de Suède. Floragatan 14, Stockholm.

*WALLIN, GUSTAF, Ingénieur en chef des Mines. Malmberget.

*WALLROTH, K. A., Directeur de la Monnaie royale. Stockholm.

*WARBURG, ELSA, Bachelière ès sciences. Kungsgatan 28, Stockholm.

*WEIBULL, MATS, Dr., Professeur à l'Institut agricole d'Alnarp. Åkarp.

*VESTERBERG, K. ALB., Dr., Professeur de Chimie, Université de Stockholm.

*WESTERGÅRD, A. H., Dr., Géologue au Service géologique de Suède. Stockholm 3.

*WIMAN, CARL, Dr., Professeur de Paléontologie à l'Université. Uppsala. — Délégué de la Section géologique, Uppsala.

*WINGE, KNUT. Licencié ès sciences, Directeur de l'École des Mines. Filipstad.

*WITTROCK, HENRIK, Assistant au Bureau central de Statistique de Suède. Bergiilund, Albano.

*ZENZÉN, NILS, Bachelier ès sciences, Assistant à l'Institut minéralogique de l'Université. Vegagatan 11, Stockholm.

Suisse.

ARGAND, ÉMILE, Dr., Collaborateur de la Commission géologique de Suisse. Rue des Terreaux 10. Lausanne.

*BALTZER, ARMIN, Dr., Präsident der Schweizerischen geologischen Gesellschaft, Professor an der Universität. Rabbentalstrasse 51, Bern.

*BROCKMANN-JEROSCH, HEINR., Dr., Privatdozent an der Universität. Kapfgasse 44, Zürich V.

*BROCKMANN-JEROSCH, MARIE, Dr., Frau. Zürich.

*BRUNHES, JEAN, Professeur de Géographie aux Universités de Fribourg et de Lausanne. Clos Ruskin, Fribourg. — Délégué des Universités de Fribourg et de Lausanne.

DUPARC, LOUIS, Dr., Professeur à l'Université. Chemin des Caroubiers 22, Genève. — Délégué de la Société de Physique et d'Histoire naturelle de Genève.

*FRÜH, J., Dr., Professor der Geographie am Polytechnikum. Freiestrasse 6, Zürich V.

GRUBENMANN, ULR., Dr., Professor der Mineralogie und Petrographie an der Universität und am Polytechnikum. Sonnenbergstrasse 19, Zürich.

*HEIM, ALBERT, Dr., Professor der Geologie an der Universität und am Polytechnikum. Zürich V. — Delegierter der Schweizerischen Regierung, Bern.

HEIM, ARNOLD, Dr., Privatdozent an der Universität und am Polytechnikum. Zürich V.

HUGI, EMIL, Dr., Professor der Mineralogie an der Universität. Geol.-mineralog. Institut der Universität, Bern.

*LUGEON, MAURICE, Professeur de Géologie à l'Université. Villa des Présalpes, Avenue Charles Secretan, Lausanne.

*MERCANTON, PAUL, Dr., Professeur à l'Université. Borromées 1, Mont-Riond-Gare, Lausanne.

MÜHLBERG, MAX, Dr., Géologue. Aarau.

ROLLIER, LOUIS, Dr., Privatdozent der Geologie an der Universität und am Polytechnikum. Culmanstrasse 36, Zürich IV.

SCHARDT, HANS, Dr., Professeur à l'École polytechnique fédérale et à l'Université. Voltastrasse 18, Zürich V.

*SCHMIDT, CARL, Dr., Professor der Mineralogie und Geologie an der Universität. Münsterplatz 6/7, Basel.

Turquie.

*MAZHAR BEY, Dr., Directeur et Professeur de la Faculté des Sciences à l'Université Ottoman. Constantinople. — Délégué du Gouvernement de la Turquie.

Uruguay.

Museo Nacional, Montevideo.

DÉLÉGATIONS.

Allemagne.

Deutsche Reichsregierung u. Preussische Staatsregierung: F. BEYSCHLAG.

Kgl. Preuss. Ministerium für Handel und Gewerbe, Berlin: F. BEYSCHLAG.

Grossherzogl. Mecklenburg. Ministerium, Schwerin: E. GEINITZ.

Kgl. Sächs. Regierung, Dresden: H. CREDNER.

Senat in Hamburg: G. GÜRICH.

Kgl. Preussische Akademie der Wissenschaften, Berlin: W. BRANCA.

Kgl. Preussische geologische Landesanstalt, Berlin: P. KRUSCH.

Deutsche geologische Gesellschaft, Berlin: R. BÄRTLING, M. BELOWSKY, F. BEY-
SCHLAG, M. BLANCKENHORN, H. RAUFF, H. STREMME, F. WAHNSCHAFFE.

Gesellschaft für Erdkunde, Berlin: A. PENCK.

Westfälische Berggewerkschaftskasse in Bochum: P. KUKUK.

Grossherzogl. Hess. geolog. Landesanstalt, Darmstadt: R. LEPSIUS.

Verein für die bergbaulichen Interessen im Oberbergamtsbezirk Dortmund: P.
KUKUK.

Kgl. Gesellschaft der Wissenschaften zu Göttingen: A. v. KOENEN.

Vereinigte Friedrichs-Universität Halle-Wittenberg: J. WALTHER.

Kgl. Technische Hochschule zu Hannover: H. STILLE.

Universität, Heidelberg: W. SALOMON.

Naturhist.-medizinischer Verein, Heidelberg: W. SALOMON.

Grossherzogl. u. herzogl. Sächs. Gesamt-Universität, Jena: O. WILCKENS.

Geologische Vereinigung, Marburg: G. STEINMANN.

Kgl. Akademie der Wissenschaften, München: A. ROTHPLETZ, P. v. GROTH.

Kgl. Bayerische Technische Hochschule, München: K. OEBBEKE.

Argentine.

Gouvernement de la République Argentine, Buenos Aires: HANS KEIDEL.

Sociedad científica Argentina, Buenos Aires: OTTO NORDENSKJÖLD.

Instituto geográfico Argentino, Buenos Aires: J. M. SOBRAL.

Australie.

Departement of Mines and Geological Survey of Tasmania, Launceston: F. P. PAUL.

Geological Survey of Victoria, Melbourne: J. W. GREGORY.

Autriche-Hongrie.

a) Autriche.

K. k. Österreichische Regierung: E. TIETZE, C. DIENER.
K. k. Universität, Wien: C. DOELTER.
Geologische Gesellschaft in Wien: C. DIENER.
K. k. geographische Gesellschaft in Wien: E. BRÜCKNER.
Université Jagellonne de Cracovie: L. DE SZAJNOCHA.
Académie impériale des Sciences de Cracovie: L. DE SZAJNOCHA.
Naturwissenschaftlicher Verein für Steiermark in Graz: C. DOELTER.
Société des Naturalistes Polonais »Kopernik«, Lemberg: E. ROMER.
K. k. Montanistische Hochschule in Leoben: K. A. REDLICH.

b) Hongrie.

Gouvernement Royal de Hongrie: L. DE LÓCZY, P. TREITZ, A. DE SIGMOND, J. DE
  SZADECZKY.
Université royale Hongroise, Budapest: J. KRENNER.
Académie Hongroise des Sciences, Budapest: J. KRENNER.
Université royale Hongroise des Sciences techniques »Joseph« de Budapest: A. DE
  SIGMOND.
Société royale Hongroise d'Histoire naturelle, Budapest: L. DE LÓCZY.
Société géologique Hongroise, Budapest: L. DE LÓCZY.
Société Hongroise de Géographie, Budapest: M. DE DÉCHY, L. DE LÓCZY.
Université royale Hongroise François-Joseph de Kolozsvár: E. DE CHOLNOKY,
  J. DE SZADECZKY.
Université royale de François-Joseph I, Zagreb (Agram) en Croatie: K. GORJA-
  NOVIC KRAMBERGER.

Belgique.

Gouvernement royal de Belgique: F. HALET, R. D'ANDRIMONT.
Administration de l'Agriculture de Belgique: F. HALET.
Service géologique de Belgique, Bruxelles: F. HALET.
Société Belge de Géologie, de Paléontologie et d'Hydrologie, Bruxelles: F. HALET,
  L. M. BAUWENS, J. DE DORLODOT.
Société géologique de Belgique, Liège: P. FOURMARIER, G. LESPINEUX.

Bulgarie.

Université de Sofia: G. BONTCHEW.

Canada.

Ontario Department of Lands, Forests and Mines, Toronto: W. G. MILLER.
The Commission of Conservation of Canada, Ottawa: B. E. FERNOW.
McGill University, Montreal: F. D. ADAMS.

Chine.

Gouvernement impérial de la Chine, Peking: DJIN DA MIN.

Cuba.

Ministère de l'Instruction publique de la République de Cuba: C. DE LA TORRE.
La Academia de ciencias médicas, fisicas y naturales de la Habana: C. DE LA
   TORRE.

Danemark.

Gouvernement royal du Danemark, Köbenhavn: N. V. USSING.
Société royale Danoise des Sciences, Köbenhavn: N. V. USSING.
Service géologique de Danemark, Köbenhavn: V. MADSEN.
Société géologique Danoise, Köbenhavn: K. J. V. STEENSTRUP, A. II. JESSEN.
Institut polytechnique, Köbenhavn: O. B. BÖGGILD.

Égypte.

Gouvernement Égyptien: W. F. HUME.
Institut Égyptien, Le Caire: W. F. HUME.

Espagne.

Gouvernement Royal d'Espagne: RAMÓN ADAN DE YARZA, CESAR RUBIO Y
   MUÑOZ.

États Unis d'Amérique.

Government of the United States of America: G. OTIS SMITH, W. LINDGREN,
   G. F. BECKER, S. F. EMMONS, WHITMAN CROSS.
Smithsonian Institution, Washington: G. F. BECKER, WHITMAN CROSS, W. LIND-
   GREN.
National Academy of Sciences, Washington: S. F. EMMONS.
U. S. Geological Survey, Washington: G. O. SMITH, W. LINDGREN, G. F. BECKER,
   S. F. EMMONS, WHITMAN CROSS.
Geological Society of America, New York: A. HAGUE, CH. R. VAN HISE, J. F.
   KEMP, F. D. ADAMS, E. O. HOVEY.
Geological Society of Washington: WHITMAN CROSS.
Boston Society of Natural History: J. E. WOLFF.
University of Cincinnati: N. M. FENNEMAN.
Cincinnati Society of Natural History, Cincinnati: N. M. FENNEMAN.
Cornell University, Ithaca: R. S. TARR.
University of Michigan, Ann Arbor: W. H. HOBBS.
Michigan Academy of Science, Ann Arbor: W. H. HOBBS.
Columbia University, New York: J. F. KEMP, A. W. GRABAU.

New York Academy of Sciences, New York: J. F. KEMP, J. J. STEVENSON, E. O. HOVEY.

American Philosophical Society, Philadelphia: H. G. BRYANT, H. F. REID.

Academy of Natural Sciences of Philadelphia: R. A. F. PENROSE JR., E. T. WHERRY.

Franklin Institute, Philadelphia: E. T. WHERRY.

Leland Stanford Junior University, San Francisco: J. C. BRANNER.

New Mexico School of Mines, Socorro: F. P. PAUL.

Division of Mines of the Bureau of Science of the Philippine Government, Manila: H. G. FERGUSON.

Association of American Geographers, Hamilton: R. S. TARR, N. M. FENNEMAN.

France.

Ministère de l'Instruction publique: CH. BARROIS, P. TERMIER, É. HAUG et A. OFFRET.

Ministère des Travaux publics: P. NICOU.

Ministère de l'Agriculture: W. KILIAN.

Institut de France (Académie des Sciences), Paris: CH. BARROIS, A. LACROIX, P. TERMIER.

Société géologique de France, Paris: CH. BARROIS, L. CAREZ, É. HAUG, A. LACROIX, EM. DE MARGERIE, D. OEHLERT, M:me P. OEHLERT, P. TERMIER.

Société de Géographie, Paris: S. A. LE PRINCE ROLAND BONAPARTE, EM. DE MARGERIE.

Université de Caen: A. BIGOT.

Université de Grenoble: W. KILIAN.

Université de Lille: CH. BARROIS, H. DOUXAMI, M. LERICHE.

Université de Lyon: A. OFFRET.

Comité des forges de france, Paris: P. NICOU, G. FERRY.

Société de l'Industrie Minérale, St.-Etienne: P. NICOU.

Grande-Bretagne.

Government of Great Britain: J. J. H. TEALL.

Royal Society, London: Sir A. GEIKIE, Sir TH. H. HOLLAND, J. J. H. TEALL, G. W. LAMPLUGH.

British Museum (Nat. Hist.), London: F. A. BATHER.

University of London: EDM. JOHNSTON GARWOOD.

Linnean Society, London: H. W. MONCKTON, J. HOPKINSON.

Geological Society of London: W. J. SOLLAS.

Natural History Society of Northumberland, Durham and Newcastle-upon-Tyne: H. LOUIS.

Institution of Mining Engineers, London: H. LOUIS.

North of England Institute of Mining and Mechanical Engineers, Newcastle-upon-Tyne: J. A. BRINELL.

University of Birmingham: CH. LAPWORTH.

University of Cambridge: A. STRAHAN.

Victoria University, Manchester: Sir TH. H. HOLLAND.
University of Oxford: W. J. SOLLAS, H. L. BOWMAN.
Royal Society of Edinburgh: J. HORNE, J. W. GREGORY, H. MARSHALL, B. N. PEACH.
Edinburgh Geological Society: J. HORNE, B. N. PEACH, H. MARSHALL.
Royal College of Science for Ireland, Dublin: G. A. J. COLE.
Natural History Museum, Queen's College, Galway (Ireland): R. J. ANDERSON.

Indes Orientales.

Government of India: L. L. FERMOR.

Italie.

Ministère de l'Instruction publique: G. CAPELLINI.
Ministère de l'Agriculture: G. CAPELLINI.
R. Ufficio geologico, Roma: L. BALDACCI.
Corps royal des Mines d'Italie, Roma: E. MATTIROLO.
Società geologica Italiana, Roma: L. BALDACCI, E. MATTIROLO.
Società geografica Italiana, Roma: L. BALDACCI.
Regia Università degli Studi di Parma: C. VIOLA.
Società Toscana de Scienze naturali, Pisa: G. MERCIAI.

Japon.

Gouvernement Impérial du Japon: KINOSUKE INOUYE, EIJIRO SAGAWA, HISA-KATSU YABE.
Service géologique de Japon, Tokyo: K. INOUYE.
Société de Géographie de Tokyo: K. INOUYE.

Mexique.

Gouvernement du Mexique: J. G. AGUILERA.
Institut géologique de Mexique, Mexico: J. G. AGUILERA.
Société géologique de Mexique, Mexico: J. G. AGUILERA.
Société Mexicaine de Géographie etc., Mexico: J. G. AGUILERA.

Monaco.

Gouvernement de Monaco: P. NICOU.

Norvège.

Gouvernement Royal de Norvège: W. C. BRÖGGER, J. H. L. VOGT, J. KIÆR, H. REUSCH.
Musée de Bergen: C. F. KOLDERUP.

Pays-Bas.

Gouvernement Royal des Pays-Bas: G. A. F. MOLENGRAAFF.
Académie royale des Sciences, Amsterdam: G. A. F. MOLENGRAAFF.
Société Hollandaise des Sciences, Harlem: G. A. F. MOLENGRAAFF.
Landwirtschaftliche und forstwissenschaftliche Hochschule, Wageningen: J. VAN
BAREN.

Roumanie.

Gouvernement de Roumanie: GR. STEFANESCU.
Université de Bucarest: L. MRAZEC.
Académie Roumaine, Bucarest: GR. STEFANESCU.
Institut géologique Roumain, Bucarest: V. POPOVICI-HATZEG.
Société Roumaine de Géographie, Bucarest: S. STEFANESCU.

Empire Russe.

a) Russie.

Gouvernement de la Russie: A. KARPINSKY, TH. TSCHERNYSCHEW.
Académie impériale des Sciences de St.-Pétersbourg: A. KARPINSKY, TH. TSCHER-
NYSCHEW.
Université de Moskwa: E. LEYST.
Société impériale des Naturalistes de Moskwa: A. W. PAVLOW, E. LEYST.
École supérieure des Ingénieurs à Moskwa: A. W. PAVLOW.
Rigasches polytechnisches Institut: BRUNO DOSS.

b) Finlande.

Societas Scientiarum Fennica, Hälsingfors: J. J. SEDERHOLM, W. RAMSAY.
Société géographique en Finlande, Hälsingfors: J. E. ROSBERG, J. LEIVISKÄ.
Société de la Géographie de Finlande, Hälsingfors: M. ALFTHAN, B. FROSTERUS.
Société Finlandaise pour la mise en culture des Marais, Hälsingfors: A. RINDELL.

Suède.

Académie royale des Sciences, Stockholm: O. MONTELIUS, A. G. NATHORST.
Académie royale des Belles-Lettres, d'Histoire et d'Archéologie, Stockholm: B. SALIN.
Université de Stockholm: G. DE GEER, H. BÄCKSTRÖM.
Service géologique de Suède, Stockholm: E. ERDMANN.
École polytechnique supérieure, Stockholm: W. PETERSSON, P. J. HOLMQUIST.
Société des Technologues suédois, Stockholm: P. J. HOLMQUIST, P. LARSSON.
»Jernkontoret», Stockholm: G. GEIJER, W. PETERSSON.
Société des usines suédoises, Stockholm: CARL SAHLIN, JOH. E. EKMAN.
Société suédoise d'anthropologie et de géographie, Stockholm: L. PALANDER, SVEN
HEDIN.
Université de Göteborg: O. NORDENSKJÖLD.

 DÉLÉGATIONS.

Société royale des Sciences et Belles-Lettres, Göteborg: R. KJELLÉN.
Société de Géographie, Göteborg: O. NORDENSKJÖLD.
Université de Lund: J. CHR. MOBERG.
Club géologique de Lund: A. HADDING.
Université d'Uppsala: H. SCHÜCK, A. G. HÖGBOM.
Société royale des Sciences, Uppsala: A. G. HÖGBOM.
Section géologique, Uppsala: C. WIMAN, P. QUENSEL.
Société de Géographie, Uppsala: A. HAMBERG, O. SJÖGREN.

Suisse.

Gouvernement de la Confédération Helvétique, Bern: ALBERT HEIM.
Université de Fribourg: JEAN BRUNHES.
Société de Physique et d'Histoire naturelle de Genève: LOUIS DUPARC.
Université de Lausanne: JEAN BRUNHES.

Turquie.

Gouvernement de la Turquie: MAZHAR BEY.

Programme du Congrès.

Programme

du

Congrès géologique international.

XI:e session. Stockholm, 18—25 Août 1910.

(Accepté par le Conseil dans sa première séance, le 18 Août.)

Mercredi 17 Août.

8 h. du soir. *Réunion des membres* du Congrès au Grand Hôtel Royal. (Invitation de la Société géologique de Stockholm. — Costume de voyage.)
Le Président de la dite Société, M. A. G. Högbom, souhaite la bienvenue aux congressistes.

Jeudi 18 Août.

Séances scientifiques.

9 h. du matin. *Séance du Conseil.* [1] (Salle de la Première Chambre, au Palais du Parlement.)

10.30 h. du matin. *Réunion de la Commission pour la création d'une Revue Internationale de Geologie*, Paléontologie et Pétrographie (Salle 15, au Palais du Parlement.)

» » *Réunion de la Commission du Prix Spendiaroff* (Salle 17).

1 h. du soir. *Ouverture du Congrès.* (Conservatoire de Musique.)
Son Altesse le Prince Royal Gustaf Adolf, Président d'honneur de la XI:e session du Congrès, souhaite la bienvenue aux étrangers à Stockholm.

---

[1] Aux termes du premier règlement du Congrès, confirmé à Vienne 1903, le Conseil se compose dans cette réunion constituante des
1. Membres du Comité fondateur.
2. » » » exécutif.
3. Présidents actuels des Sociétés géologiques.
4. Directeurs des grands Services géologiques.

SA MAJESTÉ LE ROI déclare ouverte la session du Congrés.

M. AGUILERA, Président de la X:e session, dépose ses fonctions et prononce ses vœux pour la XI:e session.

M. ORDOÑEZ, Secrétaire général de la X:e session, propose la ratification de la constitution du Bureau du présent Congrès.

M. DE GEER, Président de la XI:e session, prend la parole au nom du nouveau Bureau de Congrès.

M. ANDERSSON, Secrétaire général de la XI:e session, fait connaître les mesures préparatoires prises par le Comité exécutif.

Les conférences suivantes sont présentées:

G. DE GEER, A geochronology of the last 12 000 years.

CH. R. VAN HISE, The influence of Applied Geology and the Mining Industry upon the Economic Development of the World.

Divertissements et avis pratiques.

Midi—1 h. Places réservées à 300 congressistes pour le lunch (1,₇₅ krona) au Grand Hôtel Royal.

4 h. du soir. *Garden party* dans le »Logården» *au Palais Royal*, offert par LL. MM. le Roi et la Reine.

Entrée à Logården par la voûte *est* de la cour du Palais. En cas de mauvais temps la fête sera donnée dans le Palais Royal, au second.

7 h. du soir. Afin d'offrir aux congressistes des différents groupes l'occasion de se rencontrer plus aisément, le comité exécutif s'est entendu sur l'arrangement des dîners avec les restaurants suivants:

Operakällaren (avec Operaterrassen): 50 places pour les membres de la section 1 (Géologie générale et régionale). Prix: depuis 2,₅₀ kr.

Hasselbacken: 200 places pour les membres de la section 2 (Pétrographie et Minéralogie) et pour ceux de la section 5 (Géologie appliquée). Prix: 3,₅₀ kr.

Grand Hôtel: 250 places pour les membres de la section 3 (Stratigraphie et Paléontologie) et pour ceux de la section 4 (Glaciers, Phénomènes quaternaires). Prix 3,₅₀ kr.

Un fonctionnaire du Congrés se trouvera à chacun des restaurants à la disposition des congressistes.

Vendredi 19 Août.

1. Excursions.

B 1. Terrain archéen de Stockholm.[1]

B 2. Phénomènes quaternaires de Stockholm.

B 3. Tourbière de Örsmossen.

2. Séances scientifiques.

9 h. du matin. *Discussion sur l'érosion glaciaire.* (Seconde Chambre, au Palais du Parlement.)

W. M. Davis, American Studies on Glacial Erosion.

A. G. Högbom, Die erodierende Wirksamkeit des Inlandeises im mittelschwedischen Urgebirgsterrain.

A. Penck, Die Glazialerosion in den Alpen.

H. Reusch, The effects of glacial erosion in Norway.

O. Nordenskjöld, Die Fjorde und die Fjordgegenden.

10 h. du matin. *Réunion de la Commission du Degré géothermique.* (Première Chambre, au Palais du Parlement.)

» *Réunion de la Commission de la »Palæontologia Universalis».* (Salle 17.)

3 h. du soir. *Discussion sur »L'apparition soudaine de la faune cambrienne.»* (Seconde Chambre, au Palais du Parlement.)

O. Jækel, Die Entstehung des organischen Lebens auf der Erde.

W. J. Sollas, The Fauna of the Protæon.

R. A. Daly, Some cheminal Conditions in the pre-Cambrian Ocean.

J. Walther, Die lithologischen Eigenschaften des Liegenden des Kambriums.

J. J. Sederholm, Sur les vestiges de la vie dans les formations progonozoïques.

Ch. Barrois, Sur l'origine du graphite dans les systèmes précambriens.

---

[1] Les descriptions des excursions faites pendant la session se trouvent dans le chapitre »Excursions du Congrès».

A. Rothpletz, Enthalten die Kalkgerölle des unteren Sparagmits Vorläufer der kambrischen Flora und Fauna.?

G. Steinmann, Die kambrische Fauna im Rahmen der organischen Gesamtentwickelung.

J. W. Evans, The Sudden Appearance of the Cambrian Fauna.

C. D. Walcott, The Abrupt Appearance of the Cambrian Fauna on the North American Continent.

G. F. Matthew, The Cambrian fauna of eastern Canada and southern Newfoundland.

3 h. du soir. *Section 2. Pétrographie et Minéralogie.* (Première Chambre, au Palais du Parlement.)

C. Benedicks, Le fer d'Ovifak: un acier au carbone natif.

P. Tschirwinsky, Notices sur la composition minéralogique et chimique des granites de la Suède.

3 h. du soir. *Section 5. Géologie appliquée.* (Exposition des cartes de mines à »Jernkontoret».) Séance consacrée à la magnétométrie.

F. R. Tegengren, General view of the exhibition of mine maps.

Walfr. Petersson, Die magnetometrischen Untersuchungsmethoden.

V. Carlheim-Gyllensköld, The magnetic survey of the Kiirunavaara Iron Ore Field.

3. Divertissements et avis pratiques.

1—3 h. du soir.   Places réservées à 250 congressistes pour le lunch au restaurant Rosenbad (prix 1,50 kr.) et à 150 congressistes à l'hôtel Kronprinsen (prix 0,75 et 0,90 kr.)

4.30—10 h. du soir. Excursion et dîner à Saltsjöbaden. Départ à 4.30 h. devant le Musée National, par le bateau à vapeur »Gustaf Vasa».

(Nombre limité à 75 participants. Prix par personne 7 kronor. Inscription dans le bureau du Congrès.)

Samedi 20 Août.

1. Séances scientifiques.

9 h. du matin. *Séance du Conseil.* (Première Chambre, au Palais du Parlement.)

10 h. » » *Discussion sur la géologie des systèmes précambriens.* (Stockholms Högskola. Tramway réservé de Gustaf Adolfs torg 9.45 h.)

F. D. ADAMS, The Origin of the deep-seated Metamorphism of the pre-Cambrian crystalline schists.

J. J. SEDERHOLM, Die regionale Umschmelzung (Anatexis), erläutert an typischen Beispielen.

P. TERMIER, La genèse des terrains cristallophylliens.

CH. BARROIS, Le métamorphisme de profondeur en Bretagne.

J. KOENIGSBERGER, Über die kristallinen Schiefer der zentralschweizerischen Massive verglichen mit denen anderer Länder.

A. P. COLEMAN, Metamorphism in the pre-Cambrian of Northern Ontario.

F. BECKE, Über das Grundgebirge im niederösterreichischen Waldviertel.

U. GRUBENMANN, Einige tiefe Gneise aus den Schweizeralpen.

A. C. LANE, The Stratigraphic Value of the »Laurentian».

10 h. du matin. *Section 1. Géologie générale et régionale, Séismologie.* (Seconde Chambre, au Palais du Parlement.)

WM. H. HOBBS, Fracture systems of the earth's crust.

H. STILLE, Senkungs-, Sedimentations- und Faltungsräume.

H. T. REID, Faults and Earthquakes.

RALPH S. TARR, The advance of glaciers in Alaska as a result of earthquake shaking.

E. RUDOLPH, Die geographische Verteilung der Epizentralgebiete von Weltbeben und ihre Beziehungen zum Bau der Erdrinde.

10 h. du matin. *Section 4. Glaciers, Phénomènes quaternaires.* (Palais de la Noblesse.)

R. LEPSIUS, Die Einheit und die Ursachen der Eiszeit in Europa.

W. VON LOZINSKI, Die periglaziale Fazies der mechanischen Verwitterung.

J. van Baren, Roter Geschiebelehm als interglaziales Verwitterungsprodukt.

K. Gorjanović-Kramberger, Eine jungdiluviale Störung im Löss Slavoniens.

2 h. du soir. *Continuation de la discussion sur les systèmes précambriens.* (Stockholms Högskola.)

W. G. Miller, The principles of classification of the pre-Cambrian rocks, and the extent to which it is possible to establish a chronological classification.

J. J. Sederholm, Subdivision of the pre-Cambrian of Fenno-Scandia.

J. F. Kemp, Archæan rocks of the Adirondack area.

A. P. Coleman, Methods of classification of the Archæan of Ontario.

2 h. du soir. *Section 3. Stratigraphie et Paléontologie.* (Seconde et Première Chambres, au Palais du Parlement.)

A. Schrammen, Spongienforschungen in der oberen Kreide von Nordwest-Deutschland, mit Berücksichtigung der Kreide von Süd-Schweden.

A. Hennig, Le conglomérat pleistocène à Pecten de l'île Cockburn, Terre de Graham.

A. W. Grabau, Über die Einteilung des nordamerikanischen Silurs.

A. W. Grabau, Continental sediments in the North American Palæozoic.

2 h. du soir. *Réunion de la Commission internationale des Glaciers.* (Salle 15.)

»　　»　　» *Réunion de la Commission de la Carte géologique d'Europe* (Salle 17.)

3 h. »　　» *Section 1. Géologie générale et régionale:* Régions polaires (Seconde Chambre, au Palais du Parlement.)

G. De Geer, Kontinentale Niveauveränderungen im Norden Europas

Arnold Heim, Geologische Beobachtungen in Nordwest-Grönland speziell auf der Insel Disco und der Halbinsel Nugsuak.

Hakon Jarner, A concise sketch of the geological observations made in North-East Greenland by the Denmark-Expedition 1906—08.

R. Reinisch, Petrographische Ergebnisse der deutschen Südpolar-Expedition 1901—03.

2. Divertissements et avis pratiques.

10—1 h. Visite du Musée du Nord, sous la conduite des conservateurs du Musée. Entrée libre. (Des tramways réservés partiront de Gustaf Adolfs torg via Norrmalmstorg à 9,45 h., un bac réservé, de la Statue de Charles XII à 9,50 h.)

Midi—2 h. Places réservées à 250 congressistes pour le lunch au restaurant Rosenbad (prix 1,50 kr.), à 150 congressistes à l'hôtel Kronprinsen (prix 0,75—0,90 kr.) et à 100 congressistes au restaurant Feuix (prix 1,50 kr.).

Dimanche 21 Août.

Excursions.

Cette journée sera consacrée aux excursions à Nynäs (invitation de M. et M:me Hj. Sjögren) et à Uppsala (invitation de l'Université). M. le Prof. Sjögren a exprimé le désir de voir chez lui surtout les minéralogues, les pétrographes et les géologues de mines. La visite à Uppsala étant jointe à une démonstration des couches fossilifères postglaciaires près de la ville, l'invitation de l'Université sera adressée aux représentants de la paléontologie, la géologie quaternaire et générale et la géographie physique.

A l'occasion de ces fêtes on arrangera des excursions aux terrains archéens de Nynäs et aux environs d'Uppsala:

B 4. Terrain archéen des environs de Nynäs.
B 5. Dépôts quaternaires etc. d'Uppsala.

Lundi 22 Août.

1. Séances scientifiques.

9 h. du matin. *Séance du Conseil.* (Première Chambre, au Palais du Parlement.)

10 h. » » *Discussion sur »Les moyens pour la future industrie du fer de trouver le minerai nécessaire».* (Palais de la Noblesse.)

Discours introductif par Son Excellence M. A. Lindman, Premier Ministre.

Exposé statistique par M. Hj. Sjögren.

10 h. du matin. Communication sur les gisements de fer de l'Espagne
par M. Ramón Adan de Yarza.
Conférences par MM. L. de Launay, F. Beyschlag, J. F. Kemp et H. Louis.

» » » *Discussion sur »Les changements du climat après le maximum de la dernière glaciation, doivent-ils être attribués aux causes locales ou aux causes générales?»* (Seconde Chambre, au Palais du Parlement.)
Discours introductif par M. G. Andersson.
Conférences par MM. E. Brückner et A. Woeikow.

2 h. du soir. *Section 5. Géologie appliquée.* (Seconde et Première Chambres, au Palais du Parlement.)

H. Keidel, Die neueren Ergebnisse der geologischen Untersuchungen in Argentinien.

H. G. Ferguson, Gold Deposits of the Philippine Islands.

Hj. Sjögren, The geological age of the different ore types of the Scandinavian peninsula.

P. Krusch, Die Lagerstätten von radioaktiven Mineralien und die Radiumproduktionsbedingungen.

M. Lyon, Les formations aurifères en France.

3 h. du soir. *Section 3. Stratigraphie et Paléontologie.* (Seconde Chambre, au Palais du Parlement.)

P. Vinassa de Regny, Le Paléozoïque des Alpes Carniques.

C. Renz, Das Palæozoicum Griechenlands.

C. de la Torre, A Jurassic horizon in Western Cuba.

C. de la Torre, Restauration of Megalocnus rodens, and discovery of a continental Pleistocene fauna in Central Cuba.

2. Divertissements et avis pratiques.

Midi—2 h. Places réservées à 250 congressistes pour le lunch au restaurant Rosenbad (prix 1 kr.), à 150 congressistes à l'hôtel Kronprinsen (prix 0,75--0,90 kr.)

2—4 h. Visite du Musée National:
Musée préhistorique, sous la conduite de M. O. Montelius, Grand Antiquaire de l'État.
Musée des arts, sous la conduite des conservateurs.

6 h. . Départ de l'excursion pour Gotland.

Mardi 23 Août.

Excursions.

Pour ce jour là, trois excursions, dont l'une, B 7, spécialement pour les étudiants des terrains archéens, et deux excursions générales B 6, et B 8.

L'excursion B 6 a été organisée pour donner au grand nombre des excursionnistes, qui ne peuvent être admis aux excursions spécialisées C 2 et C 3, un aperçu de la ville de Visby, avec ses environs pleins d'intérêt pour le géologue et son aspect moyen-âgeux remarquablement bien conservé. Malgré le grand intérêt de cette excursion et le charme du voyage s'il fait beau temps, le comité exécutif croit devoir attirer l'attention des excursionnistes sur ce fait que cette excursion sera assez fatigante à cause des deux nuits successives de voyage, en bateau à vapeur.

La seconde des deux excursions générales, B 8, a pour but de donner un aperçu de la morphologie du »skärgården» (archipel) de Stockholm. Cette excursion est proposée spécialement aux personnes qui n'ont pas pris part au voyage de Nynäs, le 21 Août, et ne participeront pas non plus à l'étude approfondie du »skärgården» pendant l'excursion C 1.

B 6. Visite de Visby, 22—24 Août.
B 7. Terrain archéen de Vaxholm—Saltsjöbaden, 23 Août.
B 8. Excursion morphologique dans l'archipel de Stockholm, 23 Août.

Mercredi 24 Août.

1. Séances scientifiques:

9 h. du matin. *Séance du Conseil.* (Première Chambre, au Palais du Parlement.)

10 h. »   »   *Section 1. Géologie générale et régionale.* (Seconde Chambre, au Palais du Parlement.)

C. Schmidt, Überfaltungen und Überschiebungen altkristalliner Schiefer über Mesozoicum in den Schweizeralpen.

A. Baltzer, Geologische Bilder aus der Schweiz.

J. J. Sederholm, Über Bruchlinien, mit besonderer Beziehung zur Geomorphologie von Fennoskandia.

10 h. du matin. *Section 2. Pétrographie et Minéralogie.* (Stockholms Högskola. Tramway réservé de Gustaf Adolfs torg 9.45 h.)

F. D. ADAMS, An Experimental Investigation into the Flow of Rocks.

J. H. L. VOGT, Die Bedeutung der physikalischen Chemie für die Petrographie.

A. L. DAY, Are quantitative physico-chemical studies of rocks practicable?

10 h. du matin. *Section 4. Glaciers, Phénomènes quaternaires.* (Première Chambre, au Palais du Parlement.)

A. P. COLEMAN, The Lower Huronian Ice Age.

MARSDEN MANSON, The Significance of Early and of Pleistocene Glaciations.

A. JENTZSCH, Die Lepidotaxis der Glazialbildungen.

H. MENZEL, Das Problem der Anodonten.

A. PECSI, Théorie de l'âge glaciaire.

2. Divertissements et avis pratiques.

Midi—2 h. du soir. Places réservées à 250 congressistes pour le lunch au restaurant Rosenbad (prix 1,50 kr.), à 150 congressistes à l'hôtel Kronprinsen (prix 0,75—0,90 kr.) et à 100 congressistes au restaurant Fenix (prix 1,50 kr.)

2—3 h. du soir. Visite de la galerie Thiel. Un bac réservé part à 1.30 h. de la statue de Charles XII et y revient à environ 3.30 h. Le nombre des visiteurs ne pouvant pas dépasser 50, lorsque le chiffre aura été atteint sur la liste déposée au Bureau de renseignements, la liste sera retirée.

5 h.—minuit. *Soirée suédoise à Skansen.* Costume de jour. Des tramways réservés partiront de Gustaf Adolfs torg via Norrmalmstorg à 4.30 h., 4.50 h. et à 5.10 h. Des bacs réservés partiront de la statue de Charles XII à 4.30 h. et à 5 h. précises:

Programme:

5—6.30 h. Visite du jardin zoologique et des maisons de paysans. Dans les grandes chaumières (Blekinge, Mora, Bollnäs), à Oktorpsgården et dans le chalet, on trouve des employés qui peuvent fournir des renseignements et des explications.

Au cours de la promenade, on entendra de vieux airs nationaux joués sur des instruments à cordes et une dalécarlienne qui sonne du cor.

6.30—7.15 h. Danses nationales. Deux coups de canon annoncent le commencement des danses.

7.15—8 h. Nouvelle visite des grandes chaumières qui seront alors éclairées de la manière traditionnelle.

Souper, annoncé par deux coups de canon. Avis: Se conformer aux affiches apposées près de l'estrade de la danse et qui indiquent les différents endroits où le souper sera servi. Billets bleus—Höganloft, Billets jaunes—Bragehallen, Billets blancs—Sagaliden.

Après le café qui sera servi dans les restaurants respectifs, tout le monde se réunira sur le terrasse devant Sagaliden où se trouvera une tribune.

Pour le retour de Skansen des tramways réservés partiront de Djurgårdsslätten à 11 h., 11.30 h. et 12 h. Un bac réservé part de Allmänna gränd 11.15 h. et un second 12.15 h.

Jeudi 25 Août.

9 h. du matin. *Séance du Conseil.* (Première Chambre, au Palais du Parlement.)

10.30 h. »   »   *Séance générale, consacrée à la géologie des régions polaires.* (Conservatoire de Musique.)

A. G. NATHORST, Sur la valeur des flores fossiles des régions polaires comme preuves des climats géologiques.

J. F. POMPECKJ, Sur le Jurassique de la région arctique.

N. V. USSING, On the igneous Complex of Ilimausak, Greenland.

O. NORDENSKJÖLD, Die geologischen Beziehungen zwischen Sydamerika und dem angrenzenden antarktischen Kontinent.

E. DAVID et R. PRIESTLY, Geological Notes of the British Antarctic Expedition of 1907—09.

E. GOURDON, Note sur les régions explorées dans l'Antarctique par les deux Missions Charcot.

2.30 h. du soir. *Séance de clôture.* (Conservatoire de Musique.)

I. Présentation des rapports remises par les commissions du Congrès:

1) Commission internationale des glaciers,
2)   »   de la carte géologique d'Europe,
3)   »   de la Palæontologia Universalis,

    4) Commission pour la création d'une Revue internationale de Géologie, Paléontologie et Pétrographie,

    5)   »   du Prix Spendiaroff.

    6)   »   du Degré géothermique.

II. Résolutions concernant des propositions présentées au Congrès et traitées provisoirement par le Conseil:

    1) Le Service géologique des États-Unis de l'Amérique du Nord présentera par son Directeur, M. G. Otis Smith, »A proposal for a standard geological map of the world on the scale of 1:1 000 000».

    2) M. Wm. H. Hobbs présentera une proposition relative à une coopération internationale pour l'étude des fractures de l'écorce terrestre.

    3) M. E. Stolley: L'établissement d'un Institut géologique international pour l'échange des objects géologiques.

    4) M. L. Waagen: La préparation d'un lexique international de stratigraphie.

III. Choix du lieu de réunion du XII:e Congrès géologique international.

L'assemblée aura à choisir entre deux invitations présentées, l'une par la Belgique, l'autre par le Canada.

Procès-verbaux de la Session.

Séances du Conseil.

Première Séance.

18 Août.

La séance est ouverte à 9 h. du matin dans la Première Chambre, au Palais du Parlement.

Secrétaire général: J. G. ANDERSSON.

Membres présents: MM. J. G. AGUILERA, J. G. ANDERSSON, L. BALDACCI, F. BEYSCHLAG, W. BRANCA, H. BÄCKSTRÖM, G. CAPELLINI, G. A. J. COLE, H. CREDNER, C. DIENER, G. DE GEER, J. W. GREGORY, A. HAGUE, A. HEIM, W. F. HUME, A. G. HÖGBOM, K. INOUYE, A. P. KARPINSKY, P. KRUSCH, L. DE LÓCZY, MAZHAR BEY, E. ORDOÑEZ, W. PETERSSON, V. POPO-VICI-HATZEG, H. REUSCH, J. J. SEDERHOLM, G. O. SMITH, J. J. H. TEALL, E. TIETZE, T. TSCHERNYSCHEW.

M. le Président du Comité exécutif souhaite la bienvenue aux membres du Conseil.

Le Secrétaire général présente la liste des délégués et fait remarquer que cette liste n'est pas encore close.

La parole est donnée à M. ORDOÑEZ, qui, en sa qualité de Secrétaire général de la X:e Session, soumet à l'approbation du Conseil le projet suivant de la composition du Bureau pour la XI:e Session:

Anciens Présidents: G. CAPELLINI, A. P. KARPINSKY, E. TIETZE, J. G. AGUILERA.

Président: G. DE GEER.

Secrétaire général: J. G. ANDERSSON.

Trésorier: H. BÄCKSTRÖM.

Vice-présidents:

Allemagne.

Fr. Beyschlag, H. Credner, P. von Groth, R. Lepsius, A. Penck, H. Rauff, A. Rothpletz, K. Schmeisser, G. Steinmann, F. Wahnschaffe.

Argentine.

H. Keidel.

Australie.

J. W. Gregory.

Autriche-Hongrie.

a) *Autriche.*

E. Brückner, C. Diener, C. Doelter.

b) *Hongrie.*

L. de Lóczy.

Belgique.

R. d'Andrimont.

Canada.

F. D. Adams.

Chine.

Djin Da Min.

Danemark.

N. V. Ussing.

Égypte.

W. F. Hume.

Espagne.

R. Adan De Yarza.

États-Unis d'Amérique.

G. F. Becker, W. Cross, S. F. Emmons, A. Hague, J. F. Kemp, W. Lindgren, G. Otis Smith, Ch. R. van Hise.

France.

Ch. Barrois, le Prince Roland Bonaparte, É. Haug, W. Kilian, Em. de Margerie, P. Nicou, A. Offret, P. Termier.

Grande-Bretagne.

J. Horne, H. Louis, W. J. Sollas, A. Strahan, J. J. H. Teall.

Italie.

L. Baldacci, B. Lotti, E. Mattirolo.

Japon.

K. Inouye.

Mexique.

E. Ordoñez.

Norvège.

W. C. Brögger, H. Reusch, J. H. L. Vogt.

Pays-Bas.

G. A. F. Molengraaff.

Portugal.

J. N. Mendez-Guerreiro.

Roumanie.

V. Popovici-Hatzeg, G. Stefanescu.

Empire Russe.

a) *Russie.*

A. Inostranzew, A. P. Pavlow, Th. Tschernyschew.

b) *Finlande.*

W. Ramsay, J. J. Sederholm.

Suède.

A. G. Nathorst, A. E. Törnebohm.

Suisse.

A. Baltzer, A. Heim, C. Schmidt.

Turquie.

Mazhar Bey.

Secrétaires: MM. Allorge, H. Backlund, S. De Geer, A. Grabe, F. Halet, N. Hedberg, A. Hennig, H. Johansson, P. G. Krause, P. Quensel.

La composition du Bureau est approuvée.

M. le Président communique au Conseil le programme provisoire du XI:e Congrès géologique, tel qu'il est distribué aux congressistes. (XI:e Congrès géologique et II:e Conférence agrogéologique. Stockholm, 17—25 Août 1910. Programmes et renseignements sur Stockholm.) Ce programme est approuvé.

Le Secrétaire général donne lecture de la proposition du Comité exécutif concernant les Présidents des diverses assemblées. Sont choisis comme Présidents pour les séances suivantes:

19 Août,   9 h.   L'érosion glaciaire. Em. de Margerie.

»   »   3 »   L'apparition soudaine de la faune cambrienne. C. Diener.

20   »   10 »   La géologie des systèmes précambriens. Ch. R. van Hise.

»   »   2 »   »   »   Ch. Barrois.

22   »   10 »   Les moyens pour la future industrie du fer de trouver le minerai nécessaire. K. Schmeisser.

»   »   » »   Les changements du climat après le maximum de la dernière glaciation doivent-ils être attribués aux causes locales ou aux causes générales? L. de Lóczy.

25   »   10.30 h.   La géologie des régions polaires. A. Penck.

Sect. 1.   Géologie générale et régionale. Tectonique. A. Heim.

»   2.   Pétrographie et minéralogie. J. J. H. Teall.

»   3.   Stratigraphie et paléontologie. H. Rauff.

»   4.   Phénomènes quaternaires. Glaciers actuels. F. Wahnschaffe.

»   5.   Géologie appliquée. W. Lindgren.

En outre ont été désignés comme Présidents: W. C. Brögger, G. Otis Smith, P. Termier.

Le Secrétaire général fait distribuer aux membres présents du Conseil une brochure renfermant une série de documents et de propositions, destinés à être soumis à leur considération pendant le cours de la présente session.

La séance est levée à 10 h.

Les Secrétaires:
J. G. Andersson. M. M. Allorge.

Seconde Séance.

20 Août.

La séance est ouverte à 9.20 h. du matin sous la présidence de M. G. DE GEER.

Membres présents: MM. J. G. AGUILERA, J. G. ANDERSSON, R. D'ANDRIMONT, L. BALDACCI, J. VAN BAREN, CH. BARROIS, F. BEYSCHLAG, H. BÄCKSTRÖM, G. CAPELLINI, G. A. J. COLE, H. CREDNER, G. DE GEER, C. DIENER, S. F. EMMONS, F. FRECH, J. W. GREGORY, A. HAGUE, É. HAUG, V. POPOVICI-HATZEG, A. HEIM, W. F. HUME, A. G. HÖGBOM, K. INOUYE, A. KARPINSKY, J. F. KEMP, H. KEIDEL, W. KILIAN, P. KRUSCH, W. LINDGREN, L. DE LÓCZY, V. MADSEN, MAZHAR BEY, J. MENDEZ-GUERREIRO, G. A. F. MOLENGRAAFF, E. ORDOÑEZ, W. PETERSSON, G. OTIS SMITH, G. STEFANESCU, G. STEINMANN, E. TIETZE, TH. TSCHERNYSCHEW, N. V. USSING.

Le procès-verbal de la séance du 18 Août est adopté.

Le Secrétaire général propose des nominations supplémentaires de vice-présidents. Sur cette proposition sont élus vice-présidents:

Allemagne:

MM. W. BRANCA, F. FRECH, A. VON KOENEN.

Danemark:

M. N. V. MADSEN.

Suisse:

M. M. LUGEON.

Le Secrétaire général donne lecture de l'ordre du jour de cette séance et la parole est donnée à M. BEYSCHLAG, qui présente une proposition intitulée « Über eine internationale wirtschaftliche Untersuchung der Eisenerzfrage ».

M. BEYSCHLAG voudrait que l'on constituât une commission internationale au sein du Congrès laquelle serait chargée de faire une enquête économique sur les gisements de fer dans chaque pays; il voudrait que cette commission fût composée d'un nombre égal de géologues et de techniciens. Il propose que les géologues suivants soient nommés membres de cette commission.

Amérique: M. KEMP; *Angleterre:* M. LOUIS; *France:* M. DE LAUNAY; *Russie:* M. TSCHERNYSCHEW; *Suède:* M. SJÖGREN; *Allemagne:* M. BEYSCHLAG.

M. TSCHERNYSCHEW pense que la proposition de M. BEYSCHLAG relève plutôt du congrès de géologie appliquée et non pas d'un congrès géologique international.

M. BEYSCHLAG, qui revient du congrès de géologie appliquée, est certain que ces géologues seraient trop heureux que le congrès géologique international s'occupât de la formation de cette commission mixte. La proposition de M. BEYSCHLAG est adoptée.

M. BEYSCHLAG se chargera des travaux préliminaires pour la constitution définitive de cette commission.

Le Secrétaire général donne lecture d'une proposition de M. FRIEDLAENDER, tendant à l'établissement d'un institut volcanologique international.

Cet institut aurait une série de laboratoires pour les recherches séismologiques, physiques et chimiques pendant les périodes d'éruption et entre ces périodes.

Cet institut futur serait établi à Naples, le Vésuve étant le seul volcan en activité, situé près d'un grand centre intellectuel.

Le Secrétaire général propose qu'on nomme des sous-commissions pour étudier la proposition de M. I. FRIEDLAENDER, ainsi que celles de MM. HOBBS, STOLLEY et WAAGEN.

Sur la proposition de M. le Président, MM. BALDACCI, DOELTER et ORDOÑEZ sont élus membres de la sous-commission chargée d'étudier la proposition de M. FRIEDLAENDER relative à l'établissement d'un institut volcanologique.

MM. ADAMS, HAUG et SEDERHOLM sont élus membres de la sous-commission chargée d'étudier la proposition de M. HOBBS relative à une coopération internationale pour l'étude de l'écorce terrestre.

MM. BARROIS, CREDNER et STRAHAN sont élus membres de la sous-commission chargée d'étudier la proposition de M. STOLLEY relative à l'établissement d'un institut international pour l'échange des objets géologiques.

MM. DIENER, KILIAN et ROTHPLETZ sont élus membres de la sous-commission chargée d'étudier la proposition de M. WAAGEN relative à la publication d'un lexique de stratigraphie.

Le Secrétaire général prie les membres de ces sous-commissions de bien vouloir se réunir avant le lundi suivant.

En l'absence de M. BECKER, momentanément indisposé, M. G. OTIS SMITH, sur la demande de M. le Secrétaire général, expose en quelques mots au Conseil la proposition de M. BECKER concernant l'analyse chimique et mécanique des eaux douces. M. BECKER ne demande pas la nomination d'une commission, il demande simplement l'opinion du Congrès concernant ces études.

Se conformant à la proposition de M. SMITH, le Conseil propose au Congrès d'émettre les observations suivantes concernant la question présentée par M. BECKER:

Le Congrès, qui comprend la portée tant théorique que pratique de la connaissance approfondie de la composition de l'eau douce, invite les délégués des divers pays à faire tous leurs efforts pour parvenir à effectuer, d'après un plan systématique, des analyses chimiques et mécaniques des eaux des grands fleuves et des lacs.

Le Président lève la séance à 9.50 h.

Les Secrétaires
F. HALET.   M. M. ALLORGE.

Troisième Séance.

22 Août.

La séance est ouverte à 9.15 h. du matin sous la présidence de M. G. DE GEER.

Secrétaire général: M. J. G. ANDERSSON.

Membres présents: MM. F. D. ADAMS, J. G. AGUILERA, J. G. ANDERSSON, R. D'ANDRIMONT, N. ANDRUSSOW, L. BALDACCI, CH. BARROIS, G. F. BECKER, F. BEYSCHLAG, H. BÄCKSTRÖM, G. CAPELLINI, G. A. J. COLE, H. CREDNER, WHITMAN CROSS, G. DE GEER, C. DIENER, S. F. EMMONS, F. FRECH, J. W. GREGORY, A. HAGUE, É. HAUG, A. HEIM, J. HORNE, W. F. HUME, K. INOUYE, A. KARPINSKY, W. KILIAN, P. KRUSCH, A. VON KOENEN, L. DE LÓCZY, V. MADSEN, E. DE MARGERIE, E. MATTIROLO, MAZHAR BEY, J. N. MENDEZ-GUERREIRO, G. A. F. MOLENGRAAFF, A. OFFRET, E. ORDOÑEZ, V. POPOVICI-HATZEG, W. RAMSAY, J. J. SEDERHOLM, G. O. SMITH, W. J.

Sollas, G. Stefanescu, A. Strahan, J. J. H. Teall, P. Termier, E. Tietze, Th. Tschernyschew, N. V. Ussing, Ch. R. van Hise.

Le procès-verbal de la séance du 20 Août est adopté. Le Secrétaire général propose l'élection de trois vice-présidents supplémentaires. Sur cette proposition sont élus vice-présidents:

Russie:

M. N. Andrussow.

Bulgarie:

M. L. Vankov.

Italie.

M. C. de Stefani.

La discussion générale sur la question du lieu de réunion de la 12:e session est ouverte.

La parole est donnée à M. R. d'Andrimont.

M. d'Andrimont, vice-président et délégué belge, fait en son nom et en celui de son co-délégué M. F. Halet, chef de section au Service géologique de Belgique, la déclaration suivante:

Répondant aux invitations qui lui avaient été adressées, le Congrès de Mexico avait décidé de tenir la prochaine session en Suède, en laissant à la Belgique le soin d'inviter pour la douzième session.

La Belgique a renouvelé formellement cette invitation à la présente session, tandis que le Canada exprimait le même désir, mais postérieurement à la proposition belge.

Les géologues belges pourraient donc faire valoir un droit de priorité établi par la correspondance. Mais telle n'est pas leur intention, car, en cette matière, on doit laisser la liberté entière aux géologues assemblés ici de régler le programme de leurs excursions et par conséquent de leurs études à venir.

Tout en déclarant qu'ils ont le plus vif désir de recevoir leurs collègues du monde entier en Belgique en 1913 et qu'ils s'y sont même déjà préparés, ils ne veulent cependant pas mêler à la discussion une question d'amour propre national.

Si l'assemblée générale décide que la prochaine session se tiendra au Canada, nous pouvons vous assurer que les géologues belges n'en seront nullement froissés et qu'ils demanderont simplement que le Conseil exprime le vœu que la treizième session soit réservée à la Belgique en 1916.

Nous prions donc l'assemblée de prendre une décision, en examinant simplement, si l'intérêt scientifique seul la porte à étudier la géologie relativement peu connue du Canada avant d'étudier celle déjà classique de la Belgique.

M. ADAMS, qui a la parole, dit que le Canada avait fait une invitation au Congrès de Vienne, mais qu'à cette époque la priorité avait été accordée au Mexique. Cette année une nouvelle invitation pressante a été faite de tenir le prochain Congrès au Canada. Cette invitation a été présentée par le gouvernement fédéral du Canada, appuyée par le gouvernement provincial de la province d'Ontario. Une invitation a également été faite par le Mining Institute du Canada, société composée d'environ 1000 ingénieurs des mines dispersés dans toutes les parties du pays. Les gouvernements ont promis des crédits importants pour couvrir une partie des dépenses du Congrès et la Compagnie du chemin de fer Canadian Pacific a promis de faire aux membres du Congrès des réductions sérieuses dans ses tarifs de transports. M. ADAMS a également fait ressortir le grand développement de presque tous les horizons géologiques, de sorte que la visite du Canada pourrait présenter un grand intérêt pour les géologues étudiant les roches les plus diverses.

Les géologues tectoniciens pourront voir des choses très intéressantes dans la partie occidentale du Canada, et les économistes seront attirés par le grand développement qu'a pris, dans ces dernières années, l'exploitation des diverses ressources de ce pays.

M. FRECH a suivi depuis de longues années les progrès accomplis par les géologues canadiens et il sera très heureux de voir le prochain Congrès se réunir dans ce pays.

M. VAN HISE soutient chaudement l'invitation du Canada; connaissant bien le Canada et les géologues canadiens, il pense que le Congrès dans ce pays est appelé à un grand succès.

M. D'ANDRIMONT rappelle en quelques mots les caractères géologiques de la Belgique afin, dit-il, de permettre au Conseil de comparer l'intérêt scientifique qu'il y aurait à tenir la prochaine session dans l'un ou l'autre pays.

La Belgique peut se diviser en deux parties:

1° La Haute Belgique,

2° La Basse Belgique.

Dans la Haute Belgique on pourra étudier un massif plissé et constitué de terrains cambriens et siluriens, de dévonien, de calcaire carbonifère et de houilles.

La tectonique de la Haute Belgique a pu être étudiée dans tous ses détails à cause des nombreuses fouilles effectuées dans tout le pays à la recherche de matériaux de toute nature.

Dans la Basse Belgique on pourra étudier les terrains secondaires et un fort développement de terrains tertiaires reposant plus ou moins horizontalement sur les terrains anciens redressés.

D'autre part, de nombreux sondages pour la recherche de houille dans le nouveau bassin de la Campine et les innombrables recherches et travaux hydrologiques, nécessités par un pays à population très dense, seront un attrait tout spécial pour les géologues économistes.

Les phénomènes quaternaires ont également été étudiés avec beaucoup de soin, comme on peut s'en assurer en lisant le récent travail de l'un de nos collègues sur la période glaciaire.

M. G. OTIS SMITH, en qualité de représentant des États-Unis, appuie l'invitation des géologues canadiens, dont il connaît l'hospitalité et la générosité.

Le Président propose de remettre la décision sur cette question à la séance suivante.

M. BRÜCKNER propose d'adresser des remerciements à l'Université d'Uppsala pour la brillante réception qu'elle a réservée aux congressistes.

Cette proposition est chaleureusement supportée par le Conseil, qui charge M. BRÜCKNER de rédiger cette adresse.

M. TIETZE demande que l'on discute la question de savoir, si le Congrès géologique se tiendra tous les trois ans ou tous les quatre ans.

Le Secrétaire général fait savoir que les deux invitations des Gouvernements de la Belgique et du Canada sont faites pour 1913 et qu'il n'y a par conséquent pas lieu de discuter cette question pendant ce Congrès.

La séance est levée à 9.45 h.

Les Secrétaires

F. HALET. M. M. ALLORGE.

Quatrième Séance.

24 Août.

La séance est ouverte à 9.15 h. du matin sous la présidence de M. G. DE GEER.

Secrétaire général: M. J. G. ANDERSSON.

Membres présents: MM. F. D. ADAMS, R. ADAN DE YARZA, J. G. AGUILERA, L. BALDACCI, CH. BARROIS, G. F. BECKER, F. BEYSCHLAG, H. BÄCKSTRÖM, E. BRÜCKNER, G. CAPELLINI, G. A. J. COLE, H. CREDNER, WHITMAN CROSS, S. F. EMMONS, J. W. GREGORY, A. HAGUE, É. HAUG, A. HEIM, J. HORNE, W. F. HUME, K. INOUYE, A. KARPINSKY, H. KEIDEL, J. F. KEMP, W. KILIAN, P. KRUSCH, A. VON KOENEN, R. LEPSIUS, L. DE LÓCZY, M. LUGEON, HJ. LUNDBOHM, V. MADSEN, E. DE MARGERIE, E. MATTIROLO, MAZHAR BEY, J. N. MENDEZ-GUERREIRO, G. A. F. MOLENGRAAFF, P. NICOU, O. NORDENSKJÖLD, E. ORDOÑEZ, A. PENCK, W. PETERSSON, V. POPOVICI-HATZEG, W. RAMSAY, A. ROTHPLETZ, J. J. SEDERHOLM, G. O. SMITH, W. J. SOLLAS, G. STEFANESCU, A. STRAHAN, J. J. H. TEALL, P. TERMIER, TH. TSCHERNYSCHEW, CH. R. VAN HISE, F. WAHNSCHAFFE.

Le procès-verbal de la séance du 22 Août est adopté.

Le Secrétaire général donne lecture de la proposition de M. N. O. HOLST relative à la constitution d'une Commission internationale pour l'étude de l'homme fossile.

Sur la proposition du Secrétaire général on nomme une Commission chargée d'examiner cette proposition et de présenter un programme au Congrès suivant. MM. M. BOULE, W. C. BRÖGGER, K. GORJANOVIĆ-KRAMBERGER, A. L. RUTOT, W. J. SOLLAS, F. WAHNSCHAFFE sont élus membres de cette commission.

M. E. BRÜCKNER, en qualité de Président de la Commission internationale des glaciers, dépose le rapport de cette commission et il en fait un court résumé oral. Ce rapport est approuvé.

M. F. WAHNSCHAFFE demande la mise au vote du lieu de réunion du prochain Congrès géologique. Le Secrétaire général prie le Conseil de bien vouloir ajourner ce vote à la séance du lendemain à cause de l'absence involontaire du délégué belge M. F. HALET. Cette mesure est adoptée.

M. F. BEYSCHLAG présente le rapport relatif à la carte géologique de l'Europe. Il fait connaître l'état actuel d'avancement de la carte et il ajoute que les feuilles de l'Europe centrale étant complètement épuisées, la Commission s'est décidée à en faire paraître une nouvelle édition.

M. A. PENCK demande que dans la nouvelle édition on ajoute une légende géologique en couleurs en marge de chaque feuille.

M. F. BEYSCHLAG répond que le conseil de M. A. PENCK sera suivi dans la mesure du possible.

M. G. OTIS SMITH explique les vues des géologues américains relatives à une carte géologique mondiale.

Le Conseil décide que MM. BROCK (Canada), SMITH et WILLIS (États-Unis), AGUILERA (Mexique), KEIDEL (Argentine) et DAVID (Australie) seront adjoints à la Commission de la carte géologique de l'Europe pour préparer la question de la carte géologique mondiale. Dans cette commission ainsi complétée MM. BEYSCHLAG, CAPELLINI, G. O. SMITH, SUESS, TEALL et TSCHERNYSCHEW sont chargés de présenter à la prochaine session du Congrès un programme détaillé de cette carte géologique du globe.

Le rapport de la sous-commission chargée d'étudier la proposition de M. FRIEDLAENDER, relative à l'établissement d'un Institut volcanologique, est présenté par M. BALDACCI et approuvé.

Le rapport de la sous-commission chargée d'étudier la proposition de M. HOBBS, relative à une coopération internationale pour l'étude de l'écorce terrestre, est lu par M. HAUG qui recommande de confier cette enquête au Comité exécutif de la prochaine session du Congrès, en suivant la méthode adoptée par le présent Congrès pour l'étude des gisements de fer et des variations climatériques. Ce rapport est adopté.

Le rapport relatif au projet de M. L. WAAGEN sur la publication d'un Lexique de stratigraphie est lu par M. ALLORGE, Secrétaire de la sous-commission.

M. BARROIS demande que la commission chargée de préparer un rapport sur ce lexique pour le prochain Congrès recherche à relier ce nouveau lexique au Lexique pétrographique déjà publié par le VIII:e Congrès afin de donner plus d'unité et d'étendue à cette œuvre du Congrès.

Le rapport est approuvé.

La séance est levée à 10 heures.

Le Sécrétaire
M. M. ALLORGE.

Cinquième Séance.

25 Août.

La séance est ouverte à 9.25 h. du matin sous la présidence de M. G. DE GEER.

Secrétaire général: J. G. ANDERSSON.

Membres présents: F. D. ADAMS, R. ADAN DE YARZA, J. G. AGUILERA, N. ANDRUSSOW, L. BALDACCI, CH. BARROIS, G. F. BECKER, F. BEYSCHLAG, H. BÄCKSTRÖM, E. BRÜCKNER, G. CAPELLINI, G. A. J. COLE, WHITMAN CROSS, S. F. EMMONS, F. FRECH, J. W. GREGORY, A. HAGUE, F. HALET, É. HAUG, A. HEIM, CH. R. VAN HISE, A. G. HÖGBOM, W. F. HUME, K. INOUYE, A. KARPINSKY, J. KEIDEL, J. F. KEMP, W. KILIAN, P. KRUSCH, A. VON KOENEN, R. LEPSIUS, W. LINDGREN, L. DE LÓCZY, M. LUGEON, HJ. LUNDBOHM, V. MADSEN, E. DE MARGERIE, E. MATTIROLO, MAZHAR BEY, J. N. MENDEZ-GUERREIRO, G. A. F. MOLENGRAAFF, P. NICOU, E. ORDOÑEZ, A. PENCK, W. PETERSSON, W. RAMSAY, H. REUSCH, A. ROTHPLETZ, J. J. SEDERHOLM, HJ. SJÖGREN, G. O. SMITH, G. STEFANESCU, J. J. H. TEALL, P. TERMIER, E. TIETZE, TH. TSCHERNYSCHEW, F. WAHNSCHAFFE.

Le procès-verbal de la séance du 24 Août est adopté.

M. le Secrétaire général fait remarquer que, dans le procès-verbal de la 4:e séance, le rapport de la commission de la proposition STOLLEY a été omis, cette commission n'ayant pas encore pu entendre M. STOLLEY.

M. ALLORGE, secrétaire de cette commission, annonce que les membres de la commission ont conféré avec M. STOLLEY et que les conclusions seront lues à l'assemblée générale de l'après-midi.

M. Frech présente le rapport de la commission de la Palæontologia Universalis.

Ce rapport est approuvé.

M. Halet présente le rapport de la commission de la Revue internationale de géologie, de paléontologie etc.

Ce rapport est approuvé.

M. Agu lera demande que l'on veuille bien nommer une nouvelle commission du prix Spendiaroff en remplacement de la commission actuelle qui a démissionné.

M. le Secrétaire général propose la liste des personnes suivantes: MM. J. G. Aguilera, Ch. Barrois, A. Geikie, A. G. Högbom, M. Lugeon, C. Schmidt, G. O. Smith, G. Steinmann, Th. Tschernyschew, P. Termier.

Les nouveaux membres de cette commission sont élus.

M. Ordoñez présente le rapport de la commission du degré géothermique.

Ce rapport est approuvé.

La discussion générale sur la question du lieu de réunion de la XII:e session est continuée.

La parole est donnée à M. F. Halet, délégué belge, qui fait la communication suivante:

« Messieurs,

Avant que le Conseil se décide sur le lieu de réunion de la prochaine session, je désire ajouter quelques mots aux déclarations faites par M. d'Andrimont et moi-même à la séance du Conseil du 22 Août.

Je désire surtout faire remarquer aux membres du Conseil que les géologues belges ont fait le nécessaire et sont parfaitement prêts à recevoir le prochain congrès à Bruxelles dans trois ans. Nous ne pouvons évidemment vous forcer à venir chez nous, mais nous vous y invitons cordialement, et si vous croyez que la géologie de notre petit pays pourrait vous attirer, nous serons très honorés et très charmés de vous recevoir et nous nous efforcerons de faire tout ce que nous pouvons pour que vous puissiez garder un souvenir agréable de votre séjour en Belgique.

Toutefois, Messieurs, si l'attrait d'un voyage dans un pays nouveau et peu connu vous décide à porter votre choix pour la réunion du prochain congrès au Canada, les géologues belges, je vous le répète, ne s'en froisseront nullement, leur unique but en invitant le congrès étant le désir de vous montrer les grandes lignes de la géologie belge et de discuter avec vous les problèmes intéressants qui s'y rattachent. Donc, Messieurs, dans le cas où vous préféreriez tenir la prochaine session au Canada, je demanderais au Conseil, au nom des géologues belges, de bien vouloir prendre la décision de réserver la treizième session à la Belgique en 1916.

On pourrait ainsi, je pense, répondre au vœu déjà exprimé à un précédent congrès, de tenir alternativement et tous les trois ans le congrès en Europe et dans un pays d'outre mer ».

M. Tschernyschew pense qu'après les paroles si gracieuses et si conciliantes de MM. d'Andrimont et Halet il n'est pas nécessaire de procéder au vote, la plupart des membres étant disposés à tenir le prochain congrès au Canada.

Il propose donc que le congrès se tienne au Canada dans trois ans et que le Conseil décide que la XIII:e session sera réservée à la Belgique en 1916.

M. Tschernyschew fait remarquer qu'au congrès de Washington une pareille décision avait été votée par le Conseil relativement au congrès de S:t-Pétersbourg.

M. le Secrétaire général fait observer qu'au congrès de Mexico il avait été décidé que les congrès n'avaient pas le droit de prendre des décisions en ce qui concerne le choix des réunions ultérieures.

M. Barrois pense que l'on peut toutefois émettre un vœu formel pour que la XIII:e session soit accordée à la Belgique.

A la suite de ces discussions le Conseil prend les décisions suivantes:

Considérant les nombreuses mesures prises par les géologues canadiens et leur très vif désir de recevoir le prochain congrès, les délégués belges ont bien voulu consentir à leur accorder la priorité pour la prochaine session.

Le Conseil a donc décidé à l'unanimité que la prochaine et XII:e session se réunira au Canada en 1913.

Conformément au désir des délégués belges, le Conseil a exprimé un vœu formel et chaleureux de voir le Congrès géologique international se réunir pour sa XIII:e session en Belgique en l'année 1916.

M. Adan de Yarza a exprimé le vœu que la XIV:e session soit réservée à l'Espagne.

M. le Secrétaire général annonce que la sous-commission chargée d'examiner la proposition de M. Waagen avait accepté la proposition de M. Barrois, demandant que la commission chargée de préparer un rapport sur le lexique stratigraphique pour le prochain congrès, cherche à relier ce nouveau lexique au lexique pétrographique déjà publié par le VIII:e congrès, afin de donner plus d'unité et d'étendue à cette œuvre du Congrès.

Cette proposition est adoptée par le Conseil.

M. le Président remercie les membres du Conseil de la bienveillance, avec laquelle ils l'ont assisté dans sa tâche.

M. le Président lève la session à 10,15 h.

Le Secrétaire
F. Halet.

Séances générales.

Séance d'ouverture.

18 Août.

La séance est ouverte à une heure de l'après-midi dans la grande salle du Conservatoire de musique, en présence de S. M. le Roi, de S. A. le Prince Royal, du Premier Ministre, d'un grand nombre de diplomates, de représentants de l'administration de l'État et de la Ville et d'une illustre assemblée de délégués et de membres du Congrès, venus de tous les points du globe.

Immédiatement après l'arrivée de S. M. le Roi, les membres du comité exécutif, sous la conduite de S. A. le Prince Royal, Président d'honneur du Congrès, accompagné de S. E. Monsieur LINDMAN, Messieurs AGUILERA et ORDOÑEZ, Président et Secrétaire général du Congrès du Mexique, et Monsieur VAN HISE, conférencier à la présente séance, montent sur l'estrade, richement ornée de plantes et de drapeaux.

S. A. LE PRINCE ROYAL, qui a bien voulu accorder au Congrès la faveur de présider cette séance solennelle, souhaite la bienvenue aux étrangers dans les termes suivants:

»Your Majesty!

Ladies and Gentlemen!

As honorary president of this the XIth international geological congress it is my pleasant duty to express to His Majesty the King the deep gratitude of the congress for the interest His Majesty is showing its work by being present here to-day at its first meeting in Stockholm, and also to thank His Majesty for graciously having consented to open this congress. I next wish to thank you all for having selected the Swedish capital as the meeting-place of the XIth session of the international geological congress. We see in you the numerous representatives of the geological science of a great many friendly nations and we welcome you all most cordially to our country and hope that you will find here or already have found things that will interest you each in his or her own special line. For this purpose the Swedish committee has, as you know, organized a good many different excursions to various parts of the country, and I am glad to hear that so many of you have been able to take part in them and have thus got a fair idea of Sweden and its geology.

In former days science was a thing quite apart, without much connection with practical life. The scientific man shut himself off from the rest of the world, with which he often lost touch altogether and so got absorbed in abstract speculations which were of very little use to mankind. But during the last century or more we all know a great change has taken place in this respect. Science now strives to attain practical results, to serve humanity. It has therefore become so all-important to us, that one may well say, that the whole of our modern period of industrialism and marvellous progress could not exist at all without the aid of science and scientists.

If this is true of science in general it is not least so of one of its important branches, geology. Geology as a separate science has not existed as long as some others, but it is centainly one which is in very close touch with practical life. Geology has for instance, together with chemistry, stepped in to help the agriculturist, and no one can deny that the results are all-important. But above all *mining* and the industries connected with it have in the most tangible and important way been helped by geology, without which the modern mining industry could not exist. The importance of founding mining throughout the world on a sound and reliable geological basis has caused the Swedish committee for this congress to try to collect in a standard work the information obtainable as regards the extension and quality of the iron ore resources of the world. This work has been a considerable one, and thanks only to the splendid help and goodwill of the various nations it has been possible to carry it through to the extent you will have seen in the 3 volumes published. I think I express the feelings of the Swedish geologists that have taken part in the compiling of this work, when in this official way I beg to thank the various countries for their invaluable help in this respect. — In this connection ought to be mentioned also the other international inquiry set afoot by the Swedish committee, namely the one referring to the late-glacial changes of climate, which has in a brilliant manner revealed the climatic history of the most recent geological period. It seems to me that this subject is a most interesting one, because of the light it throws on the development of mankind, and I feel very pleased to present our compliments to the skilled scientists who have contributed to the preparation of this work.

Once more, ladies and gentlemen, I wish you most cordially welcome to Stockholm and hope that your work at this congress will be of use to humanity in general and give satisfaction to yourselves. I am sure that wherever you go in this country you will meet lots of Swedes, who will gladly receive you, taking a keen interest in your work, and I hope that in this way you will carry away with you a pleasant remembrance of your visit to our country.

I now venture to ask of you, Sir, that you would graciously fulfil your promise and declare the XIth international geological congress open.»

A la suite de ce discours, S. M. LE ROI déclare ouverte la XI:e session du Congrès géologique international.

Lorsque les vifs applaudissements, soulevés par le discours du Prince Royal et la déclaration du Roi, ont cessé, Monsieur J. G. AGUILERA, Président du Congrès de Mexico, prend la parole et dans les termes suivants dépose ses fonctions:

»Sire, Monseigneur, Mesdames, Messieurs:

Je dois à mon caractère de Président du X:e Congrès tenu à Mexico d'avoir le grand honneur de vous adresser la parole en cette occasion solennelle où nous allons commencer les travaux du XI:e Congrès géologique international. Ce Congrès est sous le haut patronage de Sa Majesté, qui pour nous montrer son grand intérêt pour notre science a daigné nous honorer de sa présence et sous la présidence de Son Altesse Royale, notre Président d'honneur, qui a été lui-même un Paléontologue avant se vouer à sa science de prédilection, l'Archéologie,

7—101593. *Geologkongressen. Prot.*

dans laquelle il s'est distingué si brillamment. Permettez-moi, Sire, permettez-moi, Monseigneur, de vous présenter très respectueusement l'hommage de la reconnaissance de tous les membres du Congrès pour l'honneur que vous nous faites et pour l'accueil si enthousiaste et si cordial qu'on a accordé au Congrès.

Maintenant, je veux me faire à moi-même le plaisir de vous exprimer la grande admiration que m'inspire ce beau pays et ses signes certains de progrès et de prospérité, preuves sûres de la savante administration qui le gouverne, de l'avancement et de la culture de ses enfants, parmi lesquels quelques uns ont puissamment contribué au développement scientifique du monde.

Ma mission a pris fin définitivement aujourd'hui, car si j'avais pratiquement terminé depuis la clôture du Congrès de Mexico, il me restait l'obligation morale de prêter mon concours au Comité exécutif du XI:e Congrès, concours qui n'a pas été nécessaire étant donné les aptitudes notoires et la haute compétence des membres du Comité qui ont sû donner à ce Congrès une si bonne et si brillante organisation travail difficile et pénible que nous connaissons et que nous apprécions et grâce auquel nous tous, congressistes, pouvons étudier en une série d'excursions parfaitement combinées les régions les plus importantes pour la géologie de ce beau pays.

Permettez-moi de présenter à vous Messieurs les membres du Comité exécutif et à vous tous géologues suédois mes plus chaleureuses félicitations pour votre laborieuse et parfaite organisation du XI:e Congrès géologique international.

Au moment de déposer mes fonctions de Président, je suis heureux de vous annoncer d'avance le grand succès de ce Congrès qui, à en juger sur ses travaux aussi nombreux qu'intéressants et sur les géologues éminents et renommés qui vont les présenter et les discuter, deviendra sans aucun doute un événement scientifique extraordinaire; il m'est agréable de contempler le beau spectacle que présente cette réunion de savants de toutes les nations qui s'apprêtent à poursuivre pleins d'enthousiasme le labeur fructueux des Congrès antérieurs.»

M. E. ORDOÑEZ, Secrétaire général de la X:e session du Congrès à Mexico en 1906, fait connaître à l'assemblée la composition du Bureau de la XI:e session du Congrès, proposé par le Conseil, et qui est acceptée par acclamation. (Pour la composition du Bureau voir p. 18.)

M. G. DE GEER, en sa qualité de Président de la XI:e session du Congrès, prend la parole au nom du nouveau Bureau:

»Sire, Monseigneur, Mesdames, Messieurs.

Par la résolution qui vient d'être votée sur l'initiative de nos illustres collègues et aimables hôtes au Mexique, Messieurs AGUILERA et ORDOÑEZ, j'ai eu l'honneur d'être nommé Président de ce Congrès et je vous prie de vouloir bien accepter mes remerciements sincères pour ce grand témoignage de confiance, en même temps que je vous prie d'avance de m'excuser avec bienveillance, si je ne puis pas toujours remplir mes fonctions comme je le voudrais.

Notre Président honoraire, Son Altesse le Prince Royal, vous a déjà souhaité la bienvenue dans ce pays, et je suis bien sûr qu'il a exprimé les souhaits de notre peuple entier.

Je saisis l'occasion d'exprimer aussi nos remerciements chaleureux à Sa Majesté le Roi, au Gouvernement, au Riksdag et à toutes les personnes qui, par leur concours, ont rendu possible ce Congrès, qui sera une étape remarquable dans l'évolution de la géologie de la Suède.

Comme ancien Président du comité exécutif, j'ai l'honneur de vous souhaiter la bienvenue tout spécialement au nom des géologues suédois.

Je ne veux pas nier que nous avons hésité, et hésité sérieusement avant de vous inviter, mais, certainement, ce n'était pas faute d'un vif désir de vous voir ici et de pouvoir vous montrer ce que nous avons pu déchiffrer de l'histoire de la terre, notre domicile commun.

C'est que le nombre des géologues suédois est restreint, que notre pays est étendu, et que, réellement, ce n'était pas une tâche facile de faire voir à un si grand nombre de géologues les régions les plus intéressantes au point de vue géologique. Ces régions ne sont pas toujours aisément accessibles, surtout en ce qui regarde les régions polaires, qui depuis bien des années ont fourni aux géologues suédois des informations importantes, lesquelles complètent d'une manière heureuse ce qui manque aux formations géologiques de la Suède.

Cela vient encore de ce qu'à un congrès international nous n'avons pas, comme les grandes nations, l'avantage d'avoir recours à notre langue maternelle, qui, seule, peut d'une manière fidèle exprimer nos idées.

Si malgré tout nous avons osé vous inviter, c'est que nos souhaits et nos espérances ont vaincu nos hésitations.

C'est que la sympathie pour la nature et les sciences naturelles a de profondes racines chez le peuple suédois. La nature de notre pays est assez prononcée pour éveiller l'intérêt des grands traits et assez variée pour mettre en action l'imagination, nécessaire pour trouver des nouvelles routes à la science; néanmoins elle n'est pas si exagérée qu'elle néglige les détails qui composent un ensemble.

Il est vrai qu'on ne trouve pas en Suède les diverses formations remarquables, qui, dans tant d'autres pays, attirent l'attention de notre science, et les géologues suédois en sont réduits à étudier presque exclusivement les formations les plus anciennes et les plus récentes de la terre. Ainsi, la nature elle-même nous a obligés d'entreprendre une exploration assez étendue des roches archéennes et de leur genèse, qui, sans aucun doute, présente une multitude de problèmes aussi intéressants que difficiles à résoudre. En tous cas, vous aurez l'occasion de traverser plusieurs parties de la plus grande région archéenne de la terre dont on ait pu faire un levé géologique détaillé.

Quant aux dépôts les plus récents, qui appartiennent au système quaternaire et n'étaient regardés autrefois que comme des couches meubles sans grand intérêt, cachant les formations géologiques propres, dès qu'on a été amené à les examiner de plus près, on a compris qu'ils étaient de la plus haute portée tant pour l'histoire de l'homme que pour une connaissance plus approfondie de la géologie dynamique.

En Suède nous avons eu la faveur de la combinaison entre la glaciation quaternaire et le plateau archéen, formant le théâtre de grands changements de niveau continentaux, nettement enregistrés par des cordons littoraux, lesquels sont admirablement préservés grâce à ce fait qu'ils sont composés du matériel résistant des roches archéennes. Aussi l'étude des stries glaciaires et des blocs erratiques a-t-elle été favorisée au plus haut degré par cette combinaison.

Or, si nous n'avons pas réussi nous-mêmes à accomplir tout ce que nous avions désiré au point de vue de la géologie de notre pays, nous espérons pourtant que les traits caractéristiques de la nature elle-même pourront vous procurer des occasions de faire en Suède de nombreuses observations intéressantes et pour vos études et pour l'évolution de la science.

Puisse le onzième Congrès géologique avec ses résultats scientifiques faire croître la grande idée de collaboration internationale et puisse votre visite dans le pays d'une petite nation vous donner l'impression que dans la grande machine du monde les petites roues elles-mêmes ont leur tâche à remplir.

Ainsi, en vous souhaitant un séjour à la fois utile et agréable, je vous remercie d'être venus jusqu'à l'»Ultima Tule».»

M. J. G. ANDERSSON, Secrétaire général, fait connaître les mesures préparatoires prises par le Comité exécutif, il dit:

»Sire, Monseigneur, Mesdames, Messieurs.

De nos jours la science géologique est bien vraiment internationale. Le 14 septembre 1906, dans la charmante capitale du Mexique, les géologues suédois invitaient les membres assemblés du X:e Congrès géologique international à transférer les travaux du Congrès suivant dans nos lointains frimas. L'invitation fut acceptée de la manière la plus affable.

Nous voyons ici aujourd'hui, dans le nombre très grand d'étrangers illustres, les deux chevilles ouvrières de la session du Mexique, Monsieur AGUILERA et Monsieur ORDOÑEZ, venus pour nous apporter officiellement l'expression de l'immuable continuité des travaux du Congrès géologique, deux hôtes qui, à nous Suédois, nous ont procuré le modèle du Congrès organisé avec une prodigieuse énergie et conduit jusqu'au bout avec un éclatant succès.

En l'instant où le Comité exécutif remet ses fonctions, remplacé par le Bureau de la session nouvelle, il est d'usage que le Secrétaire général expose en quelques mots, les préparatifs et l'organisation du Congrès qui commence.

L'expérience, résultant des sessions passées, nous a enseigné que les excursions constituent un des plus puissants leviers que le Congrès possède pour accomplir son œuvre; c'est durant les longues marches que s'échangent les idées qui rendent fructueuse notre évolution scientifique. Nous nous sommes donc efforcés de vous proposer des excursions susceptibles de vous faire connaître les traits principaux de la géologie suédoise et nous avons été assez heureux pour vous pouvoir offrir une excursion dans une région polaire, théâtre des études de bien des géologues suédois pendant ces dernières décades. Les huit excursions qui précédaient le Congrès ont eu un cours régulier. Nous avons encore devant nous les huit courtes excursions qui auront lieu pendant la session, et les huit excursions dans la Suède méridionale. Puissent-elles vous laisser un aimable souvenir d'un pays, monotone c'est vrai au point de vue des systèmes géologiques, mais qui offre néanmoins un certain intérêt par la variété de ses terrains archéens et de ses phénomènes quaternaires.

Notre livret-guide des excursions a beaucoup dépassé les dimensions du traditionnel volume des Congrès précédents; vous voudrez bien, j'espère, user d'indulgence envers nous qui avons augmenté l'embarras des voyages en vous chargeant ainsi de tous ces imprimés. Ne nous trouverez-vous pas une excuse dans ce fait que, ne pouvant employer notre propre langue en présence de nos collègues étrangers, nous avons voulu mettre à profit les circonstances et exposer, en une série d'articles rédigés dans les grandes langues culturelles, le résultat de nos explorations géologiques.

Pour tout ce qui concerne le plan du Congrès lui-même, deux idées nous ont guidés dans nos préparatifs, l'une, qu'il fallait, dans la mesure du possible, borner le travail à un petit nombre de questions préparées d'avance, l'autre, qu'il serait opportun de choisir ces questions de telle sorte qu'elles pussent être illustrées, soit par l'étude de la structure géologique de notre pays, soit par les travaux des géologues suédois dans d'autres contrées. Nous conformant à ces principes, la session du Congrès est vouée tout particulièrement aux discussions sur la géologie des terrains archéens, les ressources du monde en minerai de fer, l'apparition soudaine de la faune cambrienne, l'érosion glaciaire, le climat post-glaciaire et la géologie des régions polaires.

Sur deux de ces sujets, les gisements de fer et les changements de climat, nous pouvons, afin de préparer les débats, mettre à votre disposition de très vastes publications, résultat de la collaboration des spécialistes les plus renommés de divers pays. Nous osons espérer que ces ouvrages vous seront utiles, non seulement pendant le Congrès, mais encore dans l'avenir en formant une source abondante pour l'étude des problèmes en question. Nous sentons vivement l'honneur qui nous a été donné de publier des matériaux aussi précieux, et c'est de tout cœur que nous joignons nos remerciements à ceux que Son Altesse le Prince Royal a déjà adressés aux auteurs de ces enquêtes.

C'est un devoir très cher à nous, membres du Comité exécutif du Congrès, de remercier tous ceux qui, de près ou de loin, ont contribué au couronnement de nos efforts.

Avant tout, nous désirons offrir l'hommage de notre profonde gratitude à Sa Majesté le Roi, qui, dès le début de nos travaux préparatoires, a bien voulu accorder au Congrès son très haut patronage, et à Son Altesse le Prince Royal, qui a accepté la Présidence d'honneur de notre Comité; nous nous permettons de les remercier spécialement de daigner ouvrir et présider aujourd'hui notre séance.

Le Comité remercie également notre Gouvernement, notre Riksdag et toutes les Institutions publiques qui, puissamment et infatigablement, nous ont soutenus pendant l'organisation.

À vous tous, collègues étrangers, venus de loin pour prendre part à cette assemblée, une cordiale bienvenue et des remerciements sincères. Bien des noms sont nouveaux, ils appartiennent à l'avenir, ceux qui les portent conserveront et enrichiront encore l'éclat de notre science. Mais auprès d'eux, combien de vétérans respectés! Nous avons appris, durant les heures silencieuses vouées à l'étude, à aimer, à vénérer leurs noms et leur présence au milieu de nous nous remplit de reconnaissance; nous sommes fiers de voir que pendant quelques jours la vie de notre science s'est concentrée dans notre capitale.

Une preuve d'intérêt et de bienveillance qu'a reçue le Congrès est le nombre si élevé de 175 délégués représentant ici 159 gouvernements, services géologiques, universités, académies et sociétés. Un résultat naturel de cette grande affluence est l'impossibilité de leur donner à tous une place dans le Conseil, comme on l'a fait auparavant dans plusieurs sessions du Congrès. En cette matière du reste, nous avons suivi des prescriptions très claires, car, en 1903, le Conseil du Congrès de Vienne a lui-même limité sa composition, se conformant ainsi aux premiers règlements qui datent de 1878. Bien que, par suite de ce changement, la position des délégués soit différente de celle qu'ils occupaient aux Congrès précédents, ils comprendront, nous en sommes persuadés, combien nous attachons à leur présence une haute valeur, due non seulement à l'importance des institutions qu'ils représentent, mais aussi à leurs grands mérites personnels dont l'éclat rejaillira sur nos débats.

Qu'il me soit enfin permis de parler de ma gratitude personnelle envers trois illustres collègues, MM. BARROIS, DIENER et ORDOÑEZ, Secrétaires généraux des sessions dernières. Leurs organisations remarquables m'ont montré la voie, leur ardeur infatigable, visible dans le succès de leurs travaux, m'a encouragé dans les moments où le travail pesait un peu lourdement sur mes épaules. Si j'ai pu, sans commettre trop d'erreurs, parvenir au bout de ma tâche, c'est à leur continuelle bienveillance et à leurs bons conseils que j'en suis redevable.

A ces remerciements, le Comité exécutif joint des vœux très sincères pour la XI:e session du Congrès géologique.»

M. G. De Geer lit sa conférence »*A geochronology of the last 12 000 years*» qui est illustrée par des projections lumineuses. (Voir page 241.)

M. Ch. R. van Hise fait une communication sur le sujet »*The influence of Applied Geology and the Mining Industry upon the Economic Development of the World*».

Un résumé de cette conférence se trouve page 259.

Le Secrétaire général annonce que des télégrammes de félicitation ont été envoyés au Congrès par Sir Thomas Holland, ancien Directeur du Service géologique des Indes, Fr. Katzer, Conseiller de l'Administration des Mines, Directeur du Service géologique de Bosnie et Herzégovine, et par le Professeur S. Stefanescu, de Bucarest.

La séance est levée à 3.15 h. du soir.

Le Secrétaire général
J. G. Andersson.

Séance consacrée à la discussion sur l'érosion glaciaire.

19 Août.

La séance est ouverte à 9 h. du matin dans la Seconde Chambre au Palais du Parlement, sous la présidence de M. E. de Margerie.

M. A. G. Högbom fait sa conférence »*Über die Glazialerosion im schwedischen Urgebirgsterrain*» (p. 429), laquelle est illustrée de cartes suédoises géologiques et topographiques.

M. A. Penck parle »*Über glaziale Erosion in den Alpen*» (p. 443). La conférence est illustrée de trois cartes de la géologie quaternaire.

A la suite de ces deux conférences d'introduction s'élève une discussion animée à laquelle prennent part MM. Baltzer, Wahnschaffe, Stolley, Hamberg et Penck (p. 477).

En l'absence de l'auteur, la conférence de M. W. M. DAVIS, »*American Studies on glacial Erosion*» (p. 419), est lue par M. P. QUENSEL.

M. H. REUSCH fait un discours: »*A few Words on the Effects of glacial Erosion in Norway*» (p. 463). Le discours est illustré de projections lumineuses.

Dans la discussion qui suit la conférence de M. REUSCH on entend tour à tour MM. SEDERHOLM, HÖGBOM, SALOMON, BRÖGGER, REUSCH et BECKER (p. 479).

M. O. NORDENSKJÖLD fait une conférence illustrée de projections lumineuses »*Über die Fjorde und Fjordgebiete*» (p. 469).

M. A. HAMBERG fait une courte communication »*Über die Erosionsformen der Talwasserscheiden als Beweis einer glazialen Erosion*» (p. 475).

Au sujet de ces conférences, la parole avait été demandée par MM. JENTZSCH, SALOMON, DE DÉCHY, STEINMANN et HEIM, mais l'heure étant déjà fort avancée, il est décidé que la discussion sera reprise, le 20 Août, à la réunion de la section 4 (p. 132 et 133).

Le Secrétaire
S. DE GEER.

Séance consacrée à la discussion sur »l'apparition soudaine de la faune cambrienne«.

19 Août.

La séance est ouverte à 3 heures dans la Seconde Chambre, au Palais du Parlement, sous la présidence de M. C. DIENER.

M. G. HOLM rend compte de la conférence de O. JÆKEL »*Über die Entstehung des organischen Lebens auf der Erde*» (p. 493).

M. W. J. SOLLAS fait une conférence sur »*The Fauna of the Protozon*» (p. 499).

M. Fr. D. Adams fait la lecture de la conférence de M. R. A. Daly »*Some chemical conditions in the pre-Cambrian Ocean*» (p. 503).

M. J. Walther fait sa conférence sur »*Die lithologischen Eigenschaften der Gesteine im Liegenden der kambrischen Formation*» (p. 511).

M. J. J. Sederholm parle »*Sur les vestiges de la vie dans les formations progonozoïques*» (p. 515).

M. Ch. Barrois lit un rapport »*Sur les roches graphitiques de Bretagne*» (p. 525).

M. A. Rothpletz lit un discours sur »*Enthalten die Kalkgerölle des unteren Sparagmits Vorläufer der kambrischen Flora und Fauna*» (p. 533).

Ces conférences sont suivies d'une discussion à laquelle prennent part MM. W. C. Brögger et K. A. Redlich (p. 560).

La parole est ensuite donnée à M. G. Steinmann qui fait une conférence sur »*Die kambrische Fauna im Rahmen der organischen Gesamtentwickelung*». (Publiée dans Geologische Rundschau, Bd. 1, numéro 5/6, 1910.)

M. J. W. Evans parle sur »*The sudden appearance of the Cambrian Fauna*» (p. 543).

M. W. Lindgren fait la lecture d'un article envoyé par M. C. D. Walcott »*Abrupt appearance of the Cambrian Fauna in the North American continent*». (Publié dans les Smithsonian Miscellaneous Collections, Vol. 57, N:o 1, 1910.)

M. A. Hennig fait un résumé de la conférence de G. F. Matthew »*The sudden appearance of the Cambrian Fauna*» (p. 547).

Le secrétaire
A. Hennig.

Séance consacrée à la discussion sur la géologie des systèmes précambriens.

20 Août.

Pendant le travail de préparation du Congrès, le Professeur H. Bäckström s'était adressé à un certain nombre des représentants les plus éminents de la géologie des terrains précambriens, et leur avait demandé s'ils étaient disposés à fournir quelque apport à la discussion sur la géologie des formations précambriennes, proposée par le Comité exécutif. En réponse à cette demande 14 rapports avaient été envoyés, sur lesquels 9 traitaient principalement *les preuves d'un métamorphisme de profondeur dans les schistes cristallins précambriens*, et 5 *les principes d'une classification des terrains précambriens*.

La séance est ouverte à 10 h. du matin dans l'aula de Stockholms Högskola (l'Université de Stockholm), sous la présidence, pendant la première partie, de M. van Hise, pendant la seconde, de M. Ch. Barrois.

La première partie est consacrée aux *preuves d'un métamorphisme de profondeur dans les schistes cristallins précambriens*, sur ce sujet on entend les conférences suivantes:

M. F. D. Adams, *The Origin of the deep-seated Metamorphism of the pre-Cambrian crystalline Schists* (p. 563).

M. J. J. Sederholm, *Die regionale Umschmelzung (Anatexis) erläutert an typischen Beispielen* (p. 573).

M. P. Termier, *Sur la genèse des terrains cristallophylliens* (p. 587).

M. Ch. Barrois, *Sur les relations tectoniques des granites grenus et gneissiques de Bretagne* (p. 597).

M. A. P. Coleman, *Metamorphism in the pre-Cambrian of Northern Ontario* (p. 607).

Quelques manuscrits avaient été envoyés par des auteurs qui étaient dans l'empêchement de venir au Congrès, on en donne alors de courts résumés.

M. J. Hibsch résume le rapport de M. F. Becke, *Über das Grundgebirge im niederösterreichischen Waldviertel* (p. 617).

M. A. Osann donne un résumé du rapport de M. U. Grubenmann, *»Über einige tiefe Gneise aus den Schweizeralpen»* (p. 625).

M. Fr. D. Adams résume l'article de M. A. C. Lane, *The stratigraphic value of the »Laurentian»* (p. 633).

Dans la discussion qui suit, on entend succesivement MM. Hla-watson, Murgoci, Fermor, Cole, J. J. Sederholm et J. H. L. Vogt (p. 734).

La discussion est interrompue à midi 20 pour le lunch.

On se rassemble de nouveau à 2 h. pour continuer l'ordre du jour. M. Ch. Barrois, Président, donne tout d'abord la parole à M. J. Koenigs-berger qui, sur le sujet traité dans la matinée, fait une conférence: *»Die kristallinen Schiefer der zentralschweizerischen Massive und Versuch einer Einteilung der kristallinen Schiefer»* (p. 639).

On passe ensuite à la deuxième partie de l'ordre du jour, réservée aux *»principes d'une classification des terrains précambriens»* et qui comprend les conférences suivantes:

M. W. G. Miller, *»The Principles of Classification of the pre-Cambrian Rocks, and the Extent to which it is possible to establish a chronological Classification»* (p. 673).

M. J. J. Sederholm, *»Subdivision of the pre-Cambrian of Fenno-Scandia»* (p. 683).

M. J. F. Kemp, *»Pre-Cambrian formations in the State of New York»* (p. 699).

M. A. P. Coleman, *»Methods of classification of the Archæan of Ontario»* (p. 721).

Le secrétaire, M. P. Quensel, fait un court résumé de l'article envoyé par M. E. Blackwelder sur *»The older pre-Cambrian rocks of Eastern China»* (p. 729).

Ces conférences sont suivies d'une discussion animée à laquelle prennent part MM. van Hise, Milch, Högbom, Fermor, Miller, Holmquist, Sederholm et Miss Raisin (p. 736).

La séance est levée à 4.45 h. de l'après-midi.

Le secrétaire
P. D. Quensel.

Séance consacrée à la discussion sur »les moyens de trouver le minerai nécessaire pour la future industrie de fer».

22 Août.

La séance est ouverte à 10.15 h., dans le Palais de la Noblesse, sous la présidence de M. Schmeisser.

Le Président porte à la connaissance de l'assemblée l'ouvrage de Don Julio de Lazurtegui: *Ensayo sobre la cuestión de los minerales de hierro, ayer, hoy y mañana*, Bilbao 1910, qui a été présenté au Congrès par l'auteur.

Son Excellence A. Lindman, Premier Ministre, prononce un discours introductif »*State control of Iron Ore mining in Sweden*» (p. 289).

M. Sjögren donne un résumé des résultats auxquels l'enquête, organisée par le Comité exécutif du Congrès, est arrivée (p. 297).

M. Ramón Adan de Yarza donne lecture de sa communication »*Note supplémentaire sur les gisements de fer de l'Espagne*» (p. 303).

M. Nicou donne lecture d'un mémoire de M. de Launay, qui n'a pu venir, »*Les réserves mondiales en minerais de fer*» (p. 307).

M. Beyschlag propose dans un rapport »*Entwurf einer neuen, wirtschaftlichen Eisenerzinventur*» (p. 315) la continuation de l'inventaire des ressources du monde en minerai de fer qui se trouve dans l'ouvrage »Iron Ore Resources of the World». Cette nouvelle enquête devrait chercher à atteindre une plus complète uniformité entre les différents pays et prendre en considération tous les facteurs techniques et économiques qui influent sur l'exploitabilité des gisements de fer.

Il propose les résolutions suivantes.

»Une commission, composée de Messieurs Kemp, Louis, de Launay, Tschernyschew, Sjögren et Beyschlag, sera chargée de continuer et de compléter, d'après une méthode uniforme, l'évaluation des ressources du monde en minerai de fer, principalement au point de vue économique.

Cette commission sera complétée par un représentant de l'industrie du fer de chacun des pays suivants: États-Unis d'Amérique, Allemagne, Angleterre, France, Russie et Suède. Ces représentants seront choisis par les grandes Sociétés dans l'industrie du fer des dits pays. Jusqu'à sa constitution définitive, M. BEYSCHLAG s'occupera des affaires de cette commission.»

M. KEMP prononce un discours sur »*The future of the iron industry especially in North America*» (p. 321).

M. RICHARDS propose, en conséquence du rapport de M. KEMP, que le prochain Congrès fasse une enquête sur les ressources du monde en houille, vu sa haute importance pour l'industrie du fer (p. 329).

Le Président présente les propositions de M. BEYSCHLAG à l'acceptation de l'assemblée. Ces propositions, déjà approuvées par le Conseil du congrès en sa séance du 20 Août, sont acceptées.

Il exprime ensuite les remerciements de l'assemblée à Son Excellence Monsieur LINDMAN et aux autres orateurs, ainsi qu'aux collaborateurs et éditeurs de l'ouvrage »The Iron Ore Resources of the World».

La séance est levée à midi 10.

Les Secrétaires
P. G. KRAUSE.   N. HEDBERG.

Séance consacrée à la discussion sur les changements du climat après le maximum de la dernière glaciation

22 Août.

La séance est ouverte à 10 h. du matin dans la Seconde Chambre au Palais du Parlement, sous la présidence de M. DE LÓCZY, qui, en quelques mots d'introduction, signale la haute importance du sujet de discussion proposé et de l'enquête internationale faite sur cette matière avant la réunion du congrès.

M. DE LÓCZY, étant, par suite d'empêchements spéciaux, dans l'impossibilité de diriger la discussion pendant la première partie de la séance, remet la présidence à M. TSCHERNYSCHEW. Celui-ci donne la parole en premier lieu à M. G. ANDERSSON, qui avait pris l'initiative de l'enquête internationale.

M. G. ANDERSSON adresse ses remerciements aux collaborateurs étrangers de l'ouvrage »Die Veränderungen des Klimas seit dem Maximum der letzten Eiszeit», et rend compte des résultats principaux de l'enquête (p. 371).

M. E. Brückner donne ensuite un résumé »*Über die Klimaschwan-kungen der Quartärzeit und ihre Ursachen,*» au point de vue principale-ment des hypothèses climatiques de la période glaciaire (p. 379).

Après le discours de M. E. Brückner, M. de Loczy reprend la pré-sidence et donne la parole à M. A. Woeikow qui, dans une conférence ayant pour titre »*Les variations du climat depuis la dernière époque gla-ciaire*» (p. 391), explique, à l'aide d'exemples tirés principalement de la Russie, la question des changements postglaciaires de climat.

M. F. Frech donne les grandes lignes de sa conférence »*Über die Mächtigkeit des europäischen Inlandeises und das Klima der Intergla-zialzeiten*» (p. 333).

Ces conférences donnet lieu à une discussion longue et animée à la-quelle prennent part MM. Arctowski, Sernander, von Koenen, Lepsius, Blanckenhorn, Jentzsch, Penck, Brockmann-Jerosch, de Lóczy, G. An-dersson, Brückner et Woeikow (p. 404).

Le Secrétaire
S. De Geer.

Séance consacrée à la géologie des régions polaires.

25 Août.

La séance est ouverte à 10.45 h. du matin dans la grande salle du Conservatoire de musique, sous la présidence de M. A. Penck.

La parole est donnée en premier lieu à M. A. G. Nathorst, qui au nom de l'Académie Royale des Sciences de Suède, offre officielle-ment aux membres du Congrès la publication »Swedish arctic and ant-arctic Explorations 1758—1910», Bibliographie par J. M. Hulth, Part. 1. (Kungl. Svenska Vetenskapsakademiens Årsbok för år 1910, Bilaga 2. Uppsala & Stockholm 1910.) M. Nathorst s'exprime en ces termes:

»Mesdames, Messieurs.

J'ai eu l'honneur d'être choisi par l'Académie Royale des Sciences pour remettre aux membres du Congrès une bibliographie relative aux expéditions suédoises arctiques et antarctiques et à leurs résultats scientifiques. Sur la demande de l'Académie, cette bibliographie a été rédigée par M. J. M. HULTH, bibliothécaire d'Uppsala.

Nous voyons que l'intérêt jamais éteint de l'Académie pour les explorations polaires remonte loin, car, à ses frais et sur la proposition de notre grand LINNÉ, son premier Président, dès 1758, elle a envoyé au Spitzberg un de ses élèves, ANTON ROLANDSSON MARTIN, chargé de faire des recherches scientifiques. Ce n'est pourtant que cent ans plus tard (1858) que nos expéditions scientifiques polaires ont véritablement commencé avec la première expédition de TORELL au Spitzberg.

Depuis ce temps, une quarantaine d'autres expéditions suédoises ont été dirigées vers les régions polaires. Elles ont toujours eu pour objet d'explorer autant que possible ces régions; c'est pourquoi, lorsque TORELL, en 1861, fit sa deuxième expédition au Spitzberg, il était accompagné d'un état-major de neuf naturalistes représentant la géologie et la minéralogie, l'astronomie, la physique, la zoologie et la botanique. Pour vous, Messieurs, il peut être particulièrement intéressant de rappeler que la plupart de ces expéditions polaires étaient commandées par des géologues auxquels nous devons donc principalement l'exploration scientifique des régions polaires. TORELL avait pris l'initiative; nous trouvons après lui les noms d'ADOLF ERIK NORDENSKIÖLD, GUSTAF NORDENSKIÖLD, GERARD DE GEER, JOHAN GUNNAR ANDERSSON, OTTO NORDENSKJÖLD etc.

Grâce à l'exposition du Congrès et à l'excursion au Spitzberg, votre attention a été tout spécialement fixée sur ce pays et il n'est peut-être pas tout à fait inutile de rappeler à votre souvenir les expéditions suédoises dirigées vers d'autres points. Je mentionnerai donc entre autres celles de NORDENSKIÖLD, dans l'ouest du Grönland (1870 et 1883), l'expédition suédoise dans le nord-est du Grönland (1899); celles de NORDENSKIÖLD à Jenissei (1875, 1876); la découverte du passage du nord-est lors du voyage de la Véga autour de l'Asie et de l'Europe (1878—1880); enfin l'expédition d'OTTO NORDENSKJÖLD dans les régions antarctiques (1901—1903). Vous avez pu vous convaincre vous-mêmes, à l'exposition du Congrès, de l'importance des résultats géologiques obtenus aussi dans l'Antarctique.

Les sommes que la Suède a sacrifiées pour l'exploration scientifique des régions polaires s'élèvent à trois ou quatre millions de couronnes dont deux millions environ ont été consacrés aux expéditions ayant le Spitzberg pour but. Dans un pays aussi peu peuplé que le nôtre, ces chiffres sont assez considérables et nous sommes tout à la fois reconnaissants et fiers de la générosité de l'État et de quelques Mécènes qui a rendu possible ces entreprises dont la science seule a profité.

La bibliographie dont il s'agit ici comprend les titres de plus de sept cents mémoires sur toutes les branches de la science naturelle dans la région arctique, et plus de cent dans la région antarctique. Vous verrez, en étudiant cet ouvrage, qu'en plusieurs occasions nous avons eu la joie d'être secondés par des savants étrangers qui ont bien voulu se charger de décrire les matériaux rapportés par les expéditions suédoises; nous leur sommes profondément reconnaissants de cette collaboration scientifique.

L'Académie des Sciences est heureuse d'avoir pu témoigner ainsi son intérêt pour le Congrès, et j'espère que cette publication sera bienvenue.

Le Président remercie l'orateur et le prie de transmettre à l'Académie Royale des Sciences l'expression de la gratitude du Congrès pour la publication de cette précieuse bibliographie polaire.

M. NATHORST fait ensuite une conférence illustrée de projections lumineuses »*Sur la valeur des flores fossiles des régions arctiques comme preuve des climats géologiques*» (p. 743).

Le Président remercie le conférencier et appuie sur l'importance des résultats qui viennent d'être exposés, lesquels résultats sont fondés sur des recherches couronnées de succès et poursuivies pendant des années.

M. N. V. USSING parle sur »*The igneous complex of Ilimausak, Greenland*»; la conférence est illustrée de projections lumineuses. Un article détaillé paraîtra sur ce sujet dans »Meddelelser om Grönland (Communications sur le Groënland)», Vol. 38.

M. F. FRECH fait une communication »*Über die paläozoische Geographie des arktischen Amerikas*» (p. 757).

M. O. NORDENSKJÖLD fait une conférence illustré d'une grande carte géologique et batymétrique sur »*Die geologischen Beziehungen zwischen Südamerika und der angrenzenden Antarktika*» (p. 759).

M. W. J. Sollas rend compte, avec projections lumineuses, du rapport envoyé par MM. R. E. Priestly et T. W. E. David »*Geological notes of the British Antarctic Expedition, 1907—09*» (p. 767).

M. Em. de Margerie fait la lecture de l'article de M. E. Gourdon »*Note sur les régions explorées dans l'antarctique par les deux missions Charcot*» (p. 813).

M. E. Stolley fait une communication sur *la présence des gisements infracrétacés dans Advent Bay au Spitzberg:*

»Nicht alle bisher für jurassisch gehaltenen Ablagerungen Spitzbergens gehören nach einigen von Herrn Rothpletz und mir gelegentlich der Spitzbergen-Exkursion des Kongresses gemachten Beobachtungen zu dieser Formation. An dem nahe der Abladestelle der amerikanischen Kohlengrube an der Südwestseite der Advent Bai belegenen Steilstrande fanden wir in bestimmten Bänken ausser Zweischalern auch eine Anzahl meist schlecht erhaltener Ammoniten, die jedoch ihre Zugehörigkeit zu Formen mit gelöster Spirale (*Crioceras, Ancyloceras*) genügend sicher erkennen liessen und wohl auf ein neocomes Alter schliessen lassen. Weiter fanden wir in vermutlich etwas jüngeren Schichten vom Charakter der sogenannten Dentalien-Schichten neben *Crioceras*-artigen Ammoniten auch Inoceramen ähnlich der Gruppe des für Gault charakteristischen *I. concentricus*. Da zwischen diesen Schichten und dem Tertiär resp. dem Kohlenflötz oben am Berge mindestens 200 m mächtige Sedimente liegen, ist auch für die ganze obere Kreide und das unterste Tertiär noch hinreichend Platz vorhanden. Es ist sehr zu wünschen, dass in dieser gesamten konkordanten Schichtenserie weitere genaue stratigraphisch-paläontologische Beobachtungen und Aufsammlungen gemacht werden unter besonderer Einbeziehung auch des Nordostufers der Advent Bai, wo unter der unteren Kreide wirklicher pflanzenführender, von De Geer entdeckter oberer Jura vorhanden ist, also ein noch erheblich vollständigeres Profil durch die Kreideformation erwartet werden darf als an der Südwestseite der Advent Bai.»

M. A. Rothpletz, au sujet de la communication de M. Stolley, mentionne *la découverte du Flysch au Spitzberg:*

»Über den Schichten der unteren Kreide sind echte Flyschgesteine mit Fucoiden gefunden worden, die vielleicht die obere Kreide ver-

treten und ein Bindeglied zwischen dem Jura und dem ganz konkordant darüber liegenden Tertiär darstellen dürften.»

Le Président avant de clore la séance fait observer la très haute
portée des explorations scientifiques qui ont été faites par les nombreuses
expéditions suédoises arctiques et antarctiques. Enfin, il veut une fois
encore exprimer ses remerciements pour l'excursion si réussie du Spitzberg.

Les secrétaires
H. BACKLUND, P. G. KRAUSE.

Séance de clôture.

25 Août.

La séance est ouverte à 2.30 h. dans la grande salle du Conservatoire de Musique, sous la présidence de M. G. DE GEER.

La parole est donnée à M. E. BRÜCKNER, qui, avec l'approbation re-
connaissante de l'assemblée, présente le rapport de la Commission Internationale des Glaciers (p. 147).

M. F. BEYSCHLAG, au nom de la Commission de la carte géologique
d'Europe, fait connaître l'état des travaux de cette carte (p. 153).

M. le Secrétaire général soumet à l'approbation du Congrès les
résolutions prises par la Commission de la carte géologique d'Europe
dans la séance du 20 Août (p. 155), ainsi que la résolution du Conseil
au sujet d'une carte géologique du monde (p. 90). Les résolutions sont
approuvées par le Congrès.

La parole est donnée à M. F. FRECH, qui résume les travaux de la
Commission de la Palæontologia Universalis depuis la dernière session.

M. le Secrétaire général donne lecture des résolutions prises par la
Commission de la Palæontologia Universalis dans la réunion du 19
Août (p. 157). Ces résolutions sont approuvées par le Congrès.

M. le Secrétaire général donne un résumé des rapports ci-dessous des
Commissions, lesquels rapports sont approuvés par le Congrès:

Le rapport de la commission relatif à la création d'une Revue internationale de géologie, paléontologie et pétrographie (p. 158);

Le rapport de la Commission du Prix Spendiaroff (p. 159);

Le rapport de la Commission du Degré géothermique (p. 161);

M. le Secrétaire général donne lecture des résolutions prises par le conseil au sujet de:

La proposition de M. G. F. BECKER concernant l'analyse chimique et mécanique des eaux douces (p. 176);

La proposition de M. W. H. HOBBS relative à une coopération internationale pour l'étude des fractures de l'écorce terrestre (p. 167);

La proposition de M. E. STOLLEY relative à la création d'un institut international ayant pour objet l'échange des objets géologiques (p. 169);

La proposition de M. L. WAAGEN concernant la publication d'un lexique de Stratigraphie (p. 171);

Le projet de M. I. FRIEDLAENDER relatif à la création d'un Institut Volcanologique (p. 178);

La proposition de M. N. O. HOLST relative à la constitution d'une commission internationale pour l'étude de l'homme fossile (p. 181);

Toutes ces résolutions du conseil sont confirmées par le Congrès.

M. le Secrétaire général annonce, au sujet du lieu de réunion du prochain Congrès que, considérant les nombreuses mesures déjà prises par les géologues canadiens et leur vif désir de recevoir le Congrès, les délégués belges ont bien voulu consentir à leur accorder la priorité pour la prochaine session (applaudissements).

En conséquence de quoi le conseil a décidé à l'unanimité que la prochaine et XII:e Session se réunirait au Canada en 1913.

Le Congrès confirme cette communication avec de vifs applaudissements.

M. F. D. ADAMS, au nom du gouvernement et des géologues du Canada, tient à remercier le Congrès de la décision qu'il vient de prendre de se réunir au Canada en 1913, et il saisit cette occasion pour remercier les délégués belges d'avoir bien voulu remettre leur invitation à la session suivante.

Au nom des géologues étrangers, MM. TEALL, BARROIS et BEYSCHLAG s'adressent au gouvernement suédois, au peuple suédois et aux géologues suédois en termes émus et pleins de reconnaissance.

M. TEALL dit:

"That the XIth Session of the International Geological Congress has been an unqualified success will be admitted by all those who have been privileged to take part in it. Many causes have combined to bring about this result; the accessibility of Stockholm, its delightful situation, the many interesting geological features of Sweden especially those which relate to the two ends of the geological time-scale, the energy, ability and enthusiasm of our Swedish colleagues and last but not least the cordial welcome which has been extended to us by all classes of society from the highest to the lowest.

The attractions of Sweden have brought together geologists from all parts of the earth and the utmost cordiality has prevailed on all occasions. We read sometimes of national antipathies and national jealousies but the atmosphere which has pervaded all our meetings, whether in the field or in the conference-room, has been that of 'peace on earth and good-will towards men'. It may be that we are far from the millennium in political affairs but our experience in Sweden suggests that it is rapidly approaching in Science, and that this most desirable result is in no small measure due to the opportunities of intercourse which are afforded by such Congresses as the one which is now about to close.

In leaving Sweden we desire to express our deep sense of gratitude for all that has been done to make our visit both pleasurable and profitable. We thank the King and Queen for their gracious reception, we thank the Crown Prince for the admirable way in which he has fulfilled the duties of President d'Honneur, we thank our Swedish colleagues for the many services they have rendered in organizing the business of the Congress, in conducting the excursions and in preparing that most valuable compendium of Swedish geology — the Livret Guide — and finally we thank all those non-geological friends who by their labours in the Bureau and on the excursions have contributed so largely to our comfort and enjoyment."

M. BARROIS s'exprime en ces termes:

» Messieurs les géologues suédois,

Les français, dit-on, trouvent un plaisir particulier au fruit défendu! Ce n'est pourtant pas à ce sentiment que je cède, en poussant dès l'abord le cri de 'Vive le Roi', mais viens prier la Majesté Royale qui a honoré le congrès de sa présence, d'accepter l'hommage de notre respect.

Un des premiers vœux des fondateurs de nos Congrès fut de nous réunir en Suède; il leur semblait sans doute qu'une association formée pour l'unification de la nomenclature géologique devait puiser ses premières inspirations au pays de LINNÉ, le fondateur de la nomenclature moderne. Et puis, nous voulions nous assimiler l'œuvre des géologues suédois: tous nous savions qu'elle était considérable, peu d'entre nous la connaissaient en détail.

Cependant ce vœu des premiers congrès n'a pu se réaliser qu'après 30 ans d'attente, après les succès écrasants de Mexico, de Vienne, de St.-Pétersbourg: nous avons vu les géologues de ces pays s'unir, pour une synthèse commune, afin de permettre à leurs confrères étrangers de s'assimiler en quelques semaines l'œuvre de plusieurs générations. Ce que ces savants ont fait en 3 ans, vous l'avez fait pour nous en 4 ans: vous nous avez donné 4 ans de votre vie intellectuelle dans ce Livret-guide, qui résume si excellemment la géologie de la Suède.

Ce n'est pas tout. Vous nous avez donné aussi MM. G. DE GEER, J. G. ANDERSSON, H. BÄCKSTRÖM.

Notre Président DE GEER nous a retracé l'évolution géographique de la Scandinavie. Nous voyons en lui, et non sans émotion, le premier homme qui ait su mesurer en années une période géologique, et nous sentons que le monde scientifique entier a les yeux fixés sur lui en ce moment.

Notre Secrétaire général J. G. ANDERSSON, s'est montré au cours de ce congrès un organisateur inimitable et parfait; il a de plus élevé pour nous deux monuments qui feront toujours date dans l'histoire du fer et dans l'histoire des climats. Il ne s'est pas arrêté là, et dépassant les limites du monde connu il a annexé les 2 régions polaires au domaine des géologues; avec quelle bravoure, et quel talent, vous le savez!

Enfin M. BÄCKSTRÖM, notre dévoué trésorier, est arrivé dans ces fonctions ingrates à mériter le titre d'organisateur de la victoire.

Ainsi vous avez pu, Messieurs les géologues suédois, continuer pour nos congrès la courbe montante du succès: nous ne saurions assez vous en exprimer notre reconnaissance!

Nous devons remercier aussi le beau soleil de minuit qui sourit si doucement au peuple suédois! Il nous a offert les inoubliables nuits boréales de Skansen, de Nynäs, de Djursholm, d'Uppsala; il a donné à nos confrères suédois ces interminables jours de 24 heures dont ils ont fait un

·si bon usage pour le progrès de la science, et pour l'admiration des géologues.»

M. BEYSCHLAG exprime ses remerciements au nom du gouvernement allemand et des géologues allemands:

»Meine Damen und Herren.

Wollen Sie auch mir gestatten, da wir am Schluss unserer Tagung angekommen sind, den schwedischen Kollegen und insonderheit den Veranstaltern und Leitern des Kongresses im Namen der anwesenden Deutschen herzlichst und aufrichtigst zu danken für alle geistigen Genüsse und Belehrungen, für alle sonstigen Freundlichkeiten und Darbietungen.

Ich denke, dass unsere schwedischen Herren Kollegen den schönsten Lohn für ihre aufopfernde und überaus anstrengende Tätigkeit in der allgemeinen Überzeugung von dem glänzenden Verlauf der Tagung, in der ausnahmslosen Anerkennung einer meisterhaften Organisation und der glücklichen und erfolgreichen Durchführung des grossen Programms erblicken werden.

Es wäre eine Unbescheidenheit, wenn ich mir heute hier eine Beurteilung über das Gesamtmass dessen, was von der Kongressleitung geleistet worden ist, erlauben wollte. Für einen einzelnen ist es überhaupt eine Unmöglichkeit, das zu übersehen und sachlich richtig zu schätzen und zu bewerten. Aber ich darf wohl einige Punkte herausgreifen, die mir besonders nahe gekommen sind, oder die mir einen besonders tiefen Eindruck gemacht haben.

Da fällt dann zunächst die ausgezeichnete, zielbewusste und systematische Vorarbeit für die grossen vom Organisationskomitee aufgestellten Programmpunkte in die Augen: die Sammlung der zahlreichen, von den verschiedensten Gesichtspunkten ausgehenden Arbeiten berufener Forscher über die Klimaveränderungen seit der letzten Eiszeit;

dann die Vorbereitung des zur Diskussion gestellten Problems der Gliederung der präkambrischen Schichten durch zahlreiche Exkursionen und ausgezeichnete Vorträge;

ferner die grosszügige, einzig dastehende, die ganze Welt umfassende Zusammenstellung der Eisenerzvorräte der Welt, die ein Quellenwerk ersten Ranges von dauernder Bedeutung darstellt;

die vortreffliche Vorbereitung der Erörterung glazialer Erscheinungen, insonderheit der Eiserosion, und nicht zum wenigsten die Anregung zur Verständigung über die Methoden geologisch-agronomischer

Untersuchung und Forschung. — Und welche Fülle von dauernd wertvoll bleibender wissenschaftlicher Arbeit ist daneben in den zahlreichen
gedruckten Exkursionsführern und in den schönen ausgestellten Sammlungen geleistet, wo uns z. B. gänzlich neue, überraschend reiche Ergebnisse der geologischen Erforschung der polaren Regionen vor Augen
treten.

Für all das viele sind und bleiben wir Ihnen dauernd und dankbar
verbunden.

Uralt und ehrwürdig, meine Damen und Herren, sind die weltge-
schichtlichen Beziehungen unserer beiden Länder, während die Befruch-
tung deutscher geologischer Wissenschaft durch die schwedische Forschung bis in deren Jugendzeit zurückreicht.

Nie wird das gesamte deutsche Volk vergessen, dass der grosse
Schwedenkönig sein edles Blut auf deutscher Erde vergossen hat, um
in der Zeit schwerster Not für das höchste menschliche Gut, die Ge-
wissensfreiheit, zu kämpfen und zu sterben. — *Nie* werden die Gebildeten der deutschen Nation vergessen, wie vieles sie mit der edlen
schwedischen Nation verbindet: die Gemeinsamkeit der Abstammung,
die enge Verwandtschaft weiter deutscher Landschaften nach Form, geologischer Entstehung und wirtschaftlicher Nutzung. Zieht doch gerade
aus jenen oft armen Böden glazialer Entstehung und skandinavischer
Herkunft unser Volk den Segen und die verjüngende Kraft, die einem
Volke aus der harten Arbeit auf der heimatlichen Scholle erwächst. —
Nie werden wir Deutschen vergessen, dass es die schwedischen Erze
sind, die unsere deutschen Hochöfen und Hütten zu speisen helfen, und
die zugleich unserer Landwirtschaft einen unumgänglichen Nährstoff
zuführen. — *Nie* aber werden vor allem wir deutschen Geologen vergessen, wieviel Fortschritt und Anregung wir den schwedischen Freun-
den auf allen Gebieten der Geologie, insonderheit aber auf dem Gebiet der Glazialgeologie, der Erzlagerstättenkunde, hier namentlich
neuerdings durch die geniale Entwickelung der magnetometrischen Methode, ferner der Petrographie und Stratigraphie der älteren Bildungen
zu verdanken haben.

In gedrängter Fülle ist uns dies alles durch den nun zu Ende
gehenden Kongress, seine Publikationen und Exkursionen entgegengebracht worden und hat sich tief in unsere dankbaren Herzen eingeprägt.

Aber noch eins, meine Damen und Herren: Wie überall im Leben,
so kommt es auch hier *nicht* nur auf die Fülle, die Grösse und den

Wert der Gaben an, sondern auch darauf, *wie* sie gegeben werden. Und da dürften Sie wohl *alle* mit mir übereinstimmen, dass eine schönere, bescheidenere, selbstlosere und vornehmere Art als diejenige unserer schwedischen Kollegen, die uns ihre schwere, riesige Arbeitslast überall verbargen, die uns nie in die Werkstatt, in die bei Tag und Nacht nicht ruhende Vorbereitungszeit vieler Wochen und Monate blicken liess, auf der Welt nicht zu finden ist.

So danken wir Ihnen denn von *ganzem* Herzen und nehmen Abschied von Ihnen mit dem alten deutschen Gruss: Glückauf!»

M. le Président s'adresse aux membres étrangers du Congrès dans les termes suivants:

»Mesdames, Messieurs.

Nous voilà donc arrivés au soir de ce jour de fête pour la science géologique. Hélas, bientôt vos travaux, aussi intenses que fructueux, ne seront plus concentrés dans notre pays, et vous, chers amis et collègues, serez dispersés sur le monde entier. Mais, pourtant, il est vrai que nous resterons pour toujours unis dans un pays où le soleil ne se couche pas — dans le vaste et lumineux empire de la science. Quant à nous, géologues suédois, nous avons une grande dette de reconnaissance envers vous tous qui êtes venus ici nous donner le sentiment, plus vif et plus profond que jamais, d'être avec vous des citoyens de ce grand empire de collaboration internationale. Nous espérons bien qu'en retournant dans vos patries diverses, vous emporterez, vous aussi, un souvenir agréable du onzième congrès géologique international. »

A 3.45 h. M. le Président prononce la clôture du XI:e Congrès Géologique International.

Le secrétaire
M. ALLORGE.

122

Séances de Sections.

Section 1. Géologie générale et régionale. Tectonique.

Première Séance.

20 Août, dans la matinée.

La séance est ouverte à 10.15 h. dans la Seconde Chambre, au Palais du Parlement. Par suite de la continuation de la discussion sur l'érosion glaciaire, le Président de la section, M. A. HEIM, étant dans l'empêchement de diriger la discussion du jour, la présidence est occupée par M. A. VON KOENEN pendant la première partie de la séance, puis ensuite par M. W. H. HOBBS.

Le Président donne d'abord la parole à M. J. W. EVANS, qui démontre *un modèle indiquant les mouvements dans la croute terrestre alliés à un tremblement de terre.* (On trouve un résumé de la conférence de M. EVANS dans le Quarterly Journal Geol. Society London. N:o 263, p. 346—351, Août 1910.)

M. H. F. REID fait quelques remarques sur ce qui vient d'être dit, et annonce qu'il a construit un modèle en gélatine, basé sur le même principe.

M. W. H. HOBBS fait ensuite une conférence sur les *»Fracture Systems of the Earth's crust»* (un exposé détaillé sur ce sujet a paru dans le Bulletin of the Geological Society of America, Vol. 22, pp. 123—176, 1911.)

La présidence est prise par M. W. H. HOBBS et la parole est donnée à M. H. STILLE, qui parle sur *»Senkungs-, Sedimentations- und Faltungsräume»* (p. 819).

M. H. F. REID parle ensuite sur *»Faults and Earthquakes».* La conférence est illustrée d'un modèle en gélatine.

"Faults may be produced by horizontal forces, by vertical forces or by shears. Faults produced by vertical forces are always normal faults even when a moderate degree of compression exists. Tectonic earthquakes are the result of elastic strains set up by slow differential movements of neighbouring areas, which finally become so great that the rock fractures, and the two sides of the fracture spring back under their own elastic forces to new positions of equilibrium."

La question est ensuite discutée par **M. M. EVANS, ROTHPLETZ** et **OLDHAM**.

Dr. J. W. EVANS (London) thought that earthquake vibrations of short period could not be attributed to repeated adhesions and slips between the sides of the fissure during the movement, as no adhesion was likely to occur in such brief intervals. He still believed that it was the "jar" on the sudden arrest of the movement that gave rise to the more rapid vibrations.

With regard to the possibility of vibrations of longer period occurring about the position of equilibrium he thought that a fracture of great length, such as that which was formed at the time of the Californian earthquake, must extend downwards to the region where the earth substance is no longer rigid; so that the solid rock above is free to move. These vibrations were probably of too small amplitude to affect the transverse structures described by Dr. REID.

Professor A. ROTHPLETZ (München) bemerkt zu den Vorträgen der Herren EVANS und REID, dass die von ihnen vorgeführten Experimente zwar sehr gut die eigenartigen Bewegungen längs der Spalte, nicht aber die seltsamen Ortsveränderungen erklären, die den Erdbeben vorausgegangen sind und die nicht bloss in einer Richtung, sondern in radial auseinander strahlenden Richtungen stattgefunden haben. Als Erklärung lässt sich die Annahme magmatischer Intrusionen machen.

Mr. R. D. OLDHAM (Fortham, England) remarked that in the paper and the discussion it had been assumed that the earthquake had been due to the sudden relief of a long accumulating strain, but it had never been proved that strain could be so accumulated in amount sufficient to account for the energy developed by a great earthquake. He pointed out that the movements which took place in the California earthquake were such as would result from the known distribution of couples of stresses in a strained block and suggested that the earthquake might have been due not to sudden fracture but to a rapid development of strain. The researches of physicists and chemists have shown that at certain stages of change in temperature and pressure, molecular changes may take place, accompanied by change of volume and the development of pressure; some such cause might account for the strains which give rise to earthquakes.

M. R. S. TARR fait une conférence sur »*The advance of glaciers in Alaska as a result of earthquake shaking*» (un exposé détaillé sur ce sujet a paru dans le Zeitschrift für Gletscherkunde, Bd. V, livr. 1, p. 1—35, 1910). La question est ensuite discutée par MM. REID, FRECH et BRYANT.

Le Professeur H. F. REID (Baltimore): Professor TARR remarked that any increase in the amount of snow received by a glacier would cause an advance. He can go further and say that anything that protects a glacier from melting will cause an advance. For instance, a landslide which covers a part of a glacier will cause an advance.

Le Professeur F. FRECH (Breslau) weist auf die grosse Bedeutung hin, welche die Beobachtungen von Professor TARR für die Erklärung des Vor- und Rückschreitens der alpinen Gletscher der Quartärperiode besitzen. Die Unmöglichkeit, die Phasen der alpinen Vergletscherung mit den Vorgängen in Mittel- und Nordeuropa zu vergleichen, wird beseitigt, wenn ein von dem Klima unabhängiger Faktor — das Erdbeben — derartige Gletscherbewegungen zu erklären vermag.

M. H. G. BRYANT (Philadelphia): I have listened with much interest to Professor TARR's valuable paper and have viewed the illustrations with much pleasure. It was my good fortune to conduct an expedition across the Malaspina glacier in the summer of 1897. Our route led from the mouth of Ozar Stream to the Samovar Hills and we encountered no unusual difficulties in this part of our journey. It is evident that a great cataclysmic disturbance of this glacier, which is of the Piedmont type, occurred subsequent to my visit. If I remember rightly, however, there was evidence even then in the shape of disturbed trees etc. of the advance of one of the smaller glaciers towards the eastern margin of the main ice sheet. The phenomena presented in this heavily glaciated region in conjunction with seismic disturbances is full of interest and I am glad the investigation of the region is to be continued by Professor TARR and his Assistant Mr MARTIN.

L'heure étant avancée, on décide de remettre à une séance ultérieure la conférence du Professeur RUDOLPH, »Die geographische Verteilung der Epizentralgebiete von Weltbeben und ihre Beziehungen zum Bau der Erdrinde» annoncée sur le programme.

La séance est levée à midi 35 minutes.

Le secrétaire
H. BACKLUND.

Seconde séance.

20 Août, dans l'après-midi.

La séance est ouverte à 3.10 h. dans la Seconde Chambre, au Palais du Parlement, sous la présidence de M. Frech.

M. 1. Friedlaender présente sa proposition qui a pour objet *la fondation d'un institut international volcanologique à Naples* (p. 178).

Le Président fait observer que la proposition en question a déjà été remise au conseil du congrès, et que la décision du conseil sera soumise à l'approbation du congrès dans une séance générale ultérieure.

M. E. Rudolph parle sur *»Die geographische Verteilung der Epizentralgebiete von Weltbeben und ihre Beziehungen zum Bau der Erdrinde»* (p. 819).

M. G. De Geer parle sur *»Kontinentale Niveauveränderungen im Norden Europas»* (p. 849).

La parole est ensuite donnée à M. R. Reinisch, qui parle sur *»Die von der Deutschen Südpolarexpedition (1901—1903) gesammelten Gesteinsproben»* (p. 861). Le sujet est ensuite discuté par le Président et le conférencier (p. 864).

Le secrétaire

H. Backlund.

Troisième séance.

24 Août.

La séance est ouverte à 10.20 h. du matin dans la Seconde Chambre, au Palais du Parlement, sous la présidence de M. A. Heim.

M. C. Schmidt parle sur *»Überfaltungen und Überschiebungen altkristalliner Schiefer über Mesozoicum in den Schweizer Alpen»* en démontrant un grand nombre de cartes, tableaux et projections lumineuses.

»In den Schweizeralpen sind in grosser Ausdehnung Gesteine verbreitet, die mehr oder weniger deutlich den Habitus 'kristalliner Schiefer' besitzen, aber nachweisbar von mesozoischem Alter sind. Leopold v. Buch hat schon vor 100 Jahren derartige, typische Schiefer der Val Canaria auf der Südseite des St. Gotthards in ihrer Ausbildung verglichen mit kambrischen und silurischen Sedimenten Lapplands. Die metamorphen mesozoischen Sedimente der Schweizeralpen treten fast durchweg in enger Verbindung mit altkristallinen, präkarbonischen Gesteinen auf, und die neueren tektonischen Untersuchungen haben gezeigt, dass in gewaltiger Ausdehnung präkarbonische Gesteine unterteuft werden von Sedimenten der Trias und des Jura.

Am Nordrand der sog. 'Zentralmassive' sind seit langem Verfaltungen von Gneis mit Jura und Eozän bekannt (Maderanertal, Berneroberland, Pelvoux etc.). Von besonderem Interesse sind die sehr komplizierten Lagerungsverhältnisse zwischen Granit, Karbon und Mesozoicum, die neuerdings der Bau des Lötschbergtunnels aufgeschlossen hat.

Im Süden der Rhein—Rhône-Linie zeigen die altkristallinen, gebankten Granitgneise, Gneise und Glimmerschiefer auf weite Strecken flache Lagerung. Konkordant mit ihnen sind die meist kristallin ausgebildeten mesozoischen Sedimente gelagert. In tiefen Tälern tritt das Mesozoicum als durchgehende Unterlage unter den Gneisen hervor. Die gewaltigen Massen kristalliner Schiefer stellen die den 'Gewölbekernen' entsprechenden ältesten Bestandteile der 'Decken' dar. Mehrere solcher Decken können sich auf einander türmen. Die kristallinen Schiefer der tieferen Decke sind je durch eine Lage mesozoischer Sedimente von denjenigen der höheren Decke getrennt. Mancherorts können wir nachweisen, wie die Gneise der 'Decke' südwärts sich steiler stellen und abbiegen nach der 'Wurzel'. Wir haben den Typus der 'Überfaltungsdecken' vor uns: Simplon, Tambo, Suretta. In anderen Fällen ist die Verbindung von Decke zu Wurzel unterbrochen, die Gneise werden allseitig von Mesozoicum unterteuft. Das sind die typischen 'Gneisdecken', deren schönstes Beispiel die 'Dent Blanche' darstellt.

Bei jeder Diskussion über die Art der Entstehung und der Metamorphose alpiner Gesteine hat die petrographische Forschung in erster Linie auszugehen von der Erkenntnis der Alters- und Verbandverhältnisse der Gesteine.»

M. A. BALTZER parle sur »*Geologische Bilder aus der Schweiz*»:

»An Hand von Projektionen bespricht Redner die intrusive Granitzone der westlichen Berneralpen (Westteil des Aarmassivs) und kommt auf Grund seiner langjährigen Untersuchungen zu folgenden Resultaten:

Der Granit (Protogin) ist in die Schieferhülle (Phyllite, Amphibolite, Gneise, z. T. metamorphische Eruptivgesteine) eingedrungen in vortriasischer, vielleicht jungpaläozoischer Zeit (das Alter der Schieferhülle ist zweifelhaft).

Die Erscheinungsform des Granites ist a) domförmig mit erhaltener Kappe, Rand- und Scheitelapophysen in die Schieferhülle (Aletschhorn); b) ebenso, aber mit denudierter Kappe und mit seitlichen Apophysen, nach unten sich erweiternd oder verengernd (etmolitisch nach SALOMON), Beispiele: Bietschhorn, Nasthorn; c) unregelmässig stockförmig (Grünhornlücke); d) intrusiv-lagerförmig im mittleren und östlichen Teil des Aarmassivs, indem Granit, Gneisgranit und Augengneis mehrfach und meist scharf abgesetzt wechsellagern.

Da die Unterlage des Granites unbekannt ist, der Begriff Lakkolit aber eine flache, horizontale oder wenig geneigte Unterlage und brotleibartige Form verlangt, so ziehe ich diese Bezeichnung für unser Vorkommen zurück. Da ferner die Bezeichnung Batholit, welche in genetisch ganz verschiedenem Sinn gebraucht worden ist, auch nicht zutreffend erscheint und 'Stock' doch gewöhnlich für diskordant durchbrechende Massen von sehr verschiedenem Querschnitt angewandt wird, so entspricht für unseren Fall vielleicht am besten der Ausdruck *multiforme Intrusivmassen* im Gegensatz zu den Einzelformen.

Auffallend, jedoch im Lichte der Schubmassentheorie nun begreiflicher, ist das Verhalten der Schieferhülle in der Decke: sie steht diskordant zur Oberfläche des Granits, ist geschichtet, mit Abfall nach SE, und glitt durch Schub von Süden auf ihrer Unterlage hin, wobei sie mehr oder weniger stark aufgerichtet wurde.

Aufschmelzung in die Schiefer hinein und auf Kosten derselben ist *nicht* nachweisbar, wohl aber ein ausgeprägter Schollenkontakt (hauptsächlich Amphibolit- und Hornblendeschiefer-Schollen), sowie eine nicht beträchtliche Kontaktmetamorphose.

Injektion in die Schiefer, Blatt für Blatt, war nicht nachweisbar; der Granit macht gern kurze, klobige Gänge, die am Ende zuweilen in die Schiefer einbiegen.

Eine zweite Projektionsserie bezog sich auf die Tektonik der Faulborngruppe im Berneroberland, wofür hier auf die bald erscheinende bernische Doktordissertation von Herrn Dr. SEEBER, sowie auf meine 'Zwei Querprofile aus dem Berneroberland' (Eclogæ 1908) verwiesen wird. Die vorgeführten tektonischen Bilder sind von SEEBER selbst oder unter seiner Leitung aufgenommen worden und veranschaulichen bestens gut aufgeschlossene, relativ versteinerungsreiche, helvetische Decken und Teildecken von mittleren Dimensionen.

Die letzte Bilderserie betraf die vom Redner früher am unteren Grindelwaldgletscher und anderwärts studierte glättende und *splitternde* Eisdenudation (publiziert in den schweizerischen Denkschriften); vergl. auch meine Bemerkungen zu Pencks Kongressvortrag 'Über die Glazial erosion in den Alpen'.»

M. J. J. Sederholm fait une conférence *»Über Bruchlinien mit besonderer Beziehung auf die Geomorphologie von Fennoskandia»* (p. 865).

Cette conférence donne lieu à une discussion animée, à laquelle prennent part MM. Svedmark, Hobbs, Reusch, Kolderup, Leiviskä et le conférencier (p. 869).

La séance est suspendue à midi 45 minutes pour reprendre dans la journée.

La séance est reprise à 2.20 h., sous la présidence de M. Heim.

M. A. Hennig fait un discours sur *»Das pleistozäne Pectenkonglomerat der Cockburninsel, Graham Land»*. La conférence, qui est illustrée de projections lumineuses, est un résumé de l'ouvrage de l'auteur:

»Le conglomérat pléistocène à Pecten.» Wissenschaftliche Ergebnisse der schwedischen Südpolarexpedition 1901—1903, Bd. III, Lief. 10.

M. G. Murgoci fait une conférence sur *»The Geological Synthesis of the South Carpathians»* (p. 871) illustrée de cartes et de sections. Au sujet de cette conférence MM. Haug, Lóczy et le conférencier prononcent quelques paroles (p. 881).

La séance est levée à 3.50 h.

Les secrétaires

M. Allorge, H. Backlund, P. G. Krause.

Section 2.   Pétrographie et Minéralogie.

Première Séance.

19 Août, 3 h. de l'après-midi.

La séance a lieu à l'Université de Stockholm, sous la présidence de M. J. J. H. Teall et, pendant la dernière partie de la séance, de M. P. von Groth.

M. C. Benedicks fait un discours sur *»Le fer d'Ovifak: un acier au carbone natif»* (p. 885). Ce discours donne lieu à une discussion, à laquelle prennent part MM. Boeke, le conférencier et M. Tschirwinsky (p. 890).

M. P. Tschirwinsky parle *»Zur Frage der quantitativen mineralogischen und chemischen Zusammensetzung der schwedischen Granite»* (p. 891). A la discussion qui suit cette conférence prennent part MM. Vogt et Holmquist (p. 903).

La présidence est prise par M. P. von Groth et la parole est donnée à M. P. Quensel qui parle *»On the igneous rocks of the Patagonian Cordillera»* (p. 905).

M. T. Anderson fait une conférence illustrée de projections lumineuses sur *»The Volcano of Matavanu, Savaii (German Samoa)* (p. 909).

Le secrétaire
P. Quensel.

Seconde Séance.
24 Août, 10 h. du matin.

La séance a lieu à l'Université de Stockholm, sous la présidence de M. J. J. H. Teall.

M. J. Krenner (Budapest) parle sur *»Ein wenig bekanntes Phosphat aus Cornwall».*

»Im Jahre 1886 fand Butler in den eisenschüssigen Quarzgängen der Kupfer-Zinnerz-Lagerstätte Ost-Cornwalls ein tafeliges, blättriges, bräunliches Mineral, welches von Prof. E. Kinch chemisch analysiert und von Miers kristallographisch untersucht wurde. Kinch fand, dass es ein wasserhaltiges Eisenoxydphosphat und nach der Formel $5 Fe^2O^3 \cdot 3 P^2O^5 + 8 H^2O$ zusammengesetzt ist.

Miers beschreibt die Kristalle als rechteckige, sehr dichroitische kleine Tafeln, mit gerader Auslöschung.

Nach Krenners Untersuchung besitzt es eine sehr gute domatische Spaltbarkeit — ähnlich dem Allaktit — und unsymmetrische Extinktion. Letzteres und damit zusammenhängend die schiefe Lage der optischen Achsenebene gegen die Hauptflächen weisen auf das *trikline* System hin. Übrigens wäre die charakteristische Spaltbarkeit ein hinlängliches Merkmal, um das Mineral von Dufrenit zu unterscheiden. Vortragender benennt dieses Phosphat nach dem Entdecker des Allaktits *Sjögrenit* und schliesst mit den Worten: Möge diese Widmung einem Fachmanne gelten, der nicht nur *hier* durch seine wissenschaftlichen Arbeiten besonders hervorragt, sondern auch in Ungarn durch seine montangeologischen wichtigen Untersuchungen ein bleibendes Andenken hinterlassen hat.»

M. Krenner donne une communication »*Über Tephrite in Ungarn*:

»Nördlich von Budapest, in dem Winkel, wo die Donau plötzlich nach Süden abbiegt, nimmt den Raum ein Gebirge ein, dessen Andesite zu wiederholten Malen durch J. Szabó und A. Koch untersucht wurden. Vortragender fand dort ein jungvulkanisches Gestein, welches zu den Tephriten gerechnet werden muss.

Das Gestein besteht der Hauptsache nach aus Nephelin, Amphibol. Hypersthen und spärlichem Kalknatronfeldspat, welcher dem Labrador angehört.

Mit Ausnahme des Hypersthens, der nach der Querfläche tafel- oder leistenförmig und nur in der Prismenzone gut ausgebildet ist, sind alle Bestandteile automorph. Auf der Hauptfläche tritt beim Hypersthen das Achsenpaar aus. Augit, Biotit und Quarz fehlen. Verfasser nennt das Gestein, das also Nephelin und Hypersthen als gemeinsame Gemengteile enthält, nach seinem Vorkommen an der Donau (Danubius) *Danubit*.»

L'emploi dans la pétrographie des méthodes physiques et chimiques est ensuite traité dans une série de trois conférences:

M. F. D. Adams, »*An Experimental Investigation into the Flow of Rocks*» (p. 911).

M. J. H. L. Vogt, »*Über die Bedeutung der physikalischen Chemie für die Petrographie*» (p. 947).

M. A. L. Day, *Are quantiattive physico-chemical Studies of Rocks practicable?*» (p. 965).

Ces trois conférences donnent lieu à une discussion, à laquelle prennent part MM. Benedicks, Tschirwinsky, Koenigsberger et Evans (p. 968).

M. Whitmann Cross fait une conférence sur »*Certain Criticisms of the Quantitative Classification of Igneous Rocks*» (p. 971).

La question est ensuite discutée par MM. Evans, Vogt et le conférencier (p. 973).

La séance est levée à 1.15 h.

Le secrétaire
P. Quensel.

Section 3. Stratigraphie et Paléontologie.

Première Séance.

20 Août, 2 h. de l'après-midi.

La séance a lieu dans la Seconde Chambre, au Palais du Parlement, sous la présidence de M. H. RAUFF.

M. A. SCHRAMMEN fait une conférence illustrée de projections lumineuses sur *»Spongienforschungen in der oberen Kreide von Nordwestdeutschland mit Berücksichtigung der Kreide von Südschweden»*. (La conférence paraîtra dans Palæontographica, Supplement-Band V.)

M. G. STEFANESCU rend compte de la découverte qu'il a faite d'un squelette presque complet de *Dinotherium gigantissimum*, près du village de Mânzatii, Département de Tutova en Roumanie. Cette communication donne naissance à quelques remarques de M. VON BRANCA et du conférencier.

M. A. W. GRABAU parle *»Über die Einteilung des nordamerikanischen Silurs»* (p. 979).

Sur cette question M. BRANCA et le conférencier font quelques observations.

M. A. W. GRABAU parle sur *»Continental Formations in the North American Palæozoic»* (p. 997).

Le Président annonce que la conférence de M. A. HENNIG sur *»Das pleistozäne Pectenkonglomerat der Cockburninsel»* a été reportée à la section 1, et remise au 21 Août (voir p. 128).

Le secrétaire
A. HENNIG.

Seconde Séance.

22 Août, 3 h. de l'après-midi.

La séance a lieu dans la Seconde Chambre, au Palais du Parlement. M. A. HENNIG préside pendant la première conférence, la présidence est ensuite remise à M. H. RAUFF.

M. P. VINASSA DE REGNY fait une conférence sur *»Le Paléozoïque des Alpes Carniques»* (p. 1005). Cette conférence donne lieu à une discussion à laquelle prennent part MM. FRECH, GORTANI, BATHER et le conférencier (p. 1009).

M. C RENZ fait une conférence sur *Das Paläozoicum Griechenlands* (p. 1013). MM. FRECH et TSCHERNYSCHEW échangent quelques remarques sur cette question.

M. C. DE LA TORRE parle sur *Comprobation de l'existence d'un horizon jurassique dans la région occidentale de Cuba* (p. 1021).

M. FRECH fait quelques remarques sur ce sujet (p. 1022).

M. C. DE LA TORRE parle sur *Restauration of Megalocnus rodens and discovery of a Continental Pleistocene fauna in Central Cuba* (p. 1023).

Sur cette matière M.J.W.SPENCER prononce quelques paroles (p. 1024).

Le secrétaire
A. HENNIG.

Section 4. Glaciers. Phénomènes quaternaires.

Première Séance.

20 Août, 10 h. du matin.

La séance a lieu au Palais de la Noblesse, sous la présidence de M. F. WAHNSCHAFFE.

M. R. LEPSIUS parle sur *Die Einheit und die Ursachen der diluvialen Eiszeit in Europa* (p. 1027).

Cette conférence est suivie d'une discussion animée, à laquelle prennent part MM. BALTZER, WAHNSCHAFFE, WOEIKOW, PENCK, BRÜCKNER, JENTZSCH, DE CHOLNOKY, GEINITZ et le conférencier (p. 1033).

M. W. VON LOZINSKY fait une conférence sur *Die periglaziale Fazies der mechanischen Verwitterung* (p. 1093).

M. K. GORJANOVIĆ-KRAMBERGER parle *Über eine diluviale Störung im Löss von Stari Slankamen in Slavonien* (p. 1055).

On continue la discussion sur l'érosion glaciaire, qui avait été ajournée la veille. Après avoir entendu MM. BRUNHES et PENCK, l'heure étant avancée, on doit une fois encore ajourner la discussion à une séance extraordinaire de la section, qui aura lieu le 22 Août à 3 h. de l'après-midi.

Le secrétaire
S. DE GEER.

Seconde Séance (extraordinaire).

22 Août, 3 h. de l'après-midi.

Dans cette séance, qui a lieu au Palais de la Noblesse, sous la présidence de M. F. WAHNSCHAFFE, on continue la discussion sur l'érosion glaciaire, à laquelle prennent part MM. SALOMON, JENTZSCH, DE DÉCHY, WAHNSCHAFFE, HEIM, HOLST, HÖGBOM, STOLLEY, REUSCH et PENCK (p. 480).

M. J. VAN BAREN fait un discours sur »*Roter Geschiebelehm als interglaziales Verwitterungsprodukt*» (p. 1063).

MM. WAHNSCHAFFE et JENTZSCH font quelques remarques au sujet de la conférence (p. 1068).

Le secrétaire
S. DE GEER.

Troisième Séance.

24 Août, 10 h. du matin.

Cette séance, qui a lieu au Palais de la Noblesse, est présidée pour commencer par le Président ordinaire de la section, M. F. WAHNSCHAFFE, et plus tard par M. V. MADSEN.

Sur la proposition du Président, M. WAHNSCHAFFE, on décide d'envoyer au nestor de la géologie quaternaire suédoise, le Professeur HAMPUS VON POST, le télégramme suivant:

»*Le XI:e Congrès international de géologie reconnaissant envers le fondateur de la géologie quaternaire suédoise, envoie à M. Hampus von Post l'hommage de ses félicitations.*»

La parole est ensuite donnée à M. A. P. COLEMAN qui parle sur »*The Lower Huronian Ice Age*» (p. 1069). La conférence est suivie d'une discussion, à laquelle prennent part MM. MOLENGRAAFF, G. DE GEER, PENCK et COLE (p. 1071).

M. A. JENTZSCH fait une conférence »*Über den Schuppenbau der Glazialbildungen*» (p. 1073).

Au sujet de cette conférence, M. PENCK fait quelques remarques (p. 1076).

M. H. MENZEL parle sur »*Das Problem der Anodonta*» (p. 1079).

La conférence est suivie de quelques observations de MM. JOHANSEN, BROCKMANN-JEROSCH et du conférencier (p. 1087).

Le secrétaire
S. DE GEER.

Section 5. Géologie appliquée.

Première séance.

19 Août, 3 h. de l'après-midi.

La séance a lieu à l'exposition de géologie minière, dans les locaux du »Jernkontoret», sous la présidence de M. W. LINDGREN.

Le Président annonce tout d'abord que la séance est consacrée à l'examen magnétique des gisements de minerai de fer et il appuie sur la joie de pouvoir offrir à la section une pareille occasion, sachant que des essais de mesurage magnétique ont été entrepris, sans grand résultat, dans d'autres pays, entre autres aux États-Unis. Dans ces circonstances ce doit être particulièrement intéressant pour les membres de la section de prendre connaissance des méthodes suédoises qui ont donné tant de si brillants résultats.

La parole est ensuite donnée à M. F. R. TEGENGREN, qui montre *l'exposition des cartes minières du congrès* en s'appuyant sur le catalogue spécial de cette exposition et sur un article du Professeur W. PETERSSON: »*Some notes regarding Swedish mining maps and mine surveying*» (p. 1113); l'article est distribué aux membres de la section.

M. W. PETERSSON donne un aperçu historique et pratique des méthodes suédoises d'examen magnétique des gisements de minerai de fer et démontre les instruments construits dans ce but. Au sujet des cartes magnétiques des gisements de fer suédois qui sont exposées, il mentionne l'influence magnétique de différents types de gisements, et explique comment on en doit tirer des conclusions.

M. V. CARLHEIM-GYLLENSKÖLD démontre *la grande carte magnétique de Kiirunavaara* et rend compte de l'examen fait par lui des conditions magnétiques de ce gisement. (Voir »A brief account of a magnetic survey of the Iron Ore Field of Kiirunavaara». Scientific and practical researches in Lappland arranged by Luossavaara-Kiirunavaara Aktiebolag, Stockholm 1910.)

La séance est levée à 5 h. de l'après-midi.

Le secrétaire

N. HEDBERG.

Seconde séance.

22 Août.

La séance est ouverte à 2.15 h. dans la Seconde Chambre, au Palais du Parlement, sous la présidence de M. W. LINDGREN.

M. H. KEIDEL fait une conférence sur *»Die neueren Ergebnisse der staatlichen geologischen Untersuchungen in Argentinien»* (p. 1127).

M. H. G. FERGUSON parle sur *»The Gold Deposits of the Philippine Islands»* (p. 1143). Son discours est illustré de projections lumineuses.

Après la conférence de M. FERGUSON, la session est transférée dans la Première Chambre.

M. HJ. SJÖGREN fait une conférence sur *»The geological Age of the different Scandinavian Ore Deposits»* (p. 1151).

Au sujet de cette conférence le Président, M. HOLMQUIST, et le conférencier font quelques remarques (p. 1162).

M. P. KRUSCH parle *»Über die nutzbaren Radiumlagerstätten und die Zukunft des Radiummarktes»* (p. 1165) et montre des échantillons typiques.

M. M. LYON lit un article écrit par lui et M. MERCIER-PAGEYRAL sur *»Les mines d'or en France»* (p. 1181).

La séance est levée à 4.25 h. de l'après-midi.

Les secrétaires

N. HEDBERG,   P. G. KRAUSE.

Commissions du Congrès.

Commission internationale des glaciers.

1. *Procès-verbal de la réunion de la Commission le 20 Août 1910.*

Assistaient à cette séance:

S. A. le Prince ROLAND BONAPARTE, Président d'honneur,
ED. BRÜCKNER (Wien), Président,
AXEL HAMBERG (Uppsala),
W. KILIAN (Grenoble),
A. PENCK (Berlin),
H. FIELDING REID (Baltimore),
K. J. V. STEENSTRUP (Köbenhavn),
F. SVENONIUS (Stockholm).

Comme secrétaire de la séance fonctionnait M. STEN DE GEER.

1) Le Président M. BRÜCKNER, présente un rapport sur l'activité déployée par la Commission depuis le dernier Congrès géologique. Ce rapport est approuvé et on décide de le présenter au Congrès. (Voir page 147.)

2) Ce rapport relève deux inconvénients dont pâtissent les publications annuelles de la C. I. G. Tout d'abord: elles sont incomplètes, car nous ne possédons aucun renseignement sur plusieurs régions du globe qui renferment des glaciers. C'est le cas en particulier pour l'Arctis et pour l'Antarctis, pour lesquelles des rapporteurs ont cependant été désignés, et c'est aussi le cas pour la Nouvelle Zélande, l'Afrique et l'Amérique du Sud.

On prie en conséquence le Président de bien vouloir demander à des personnalités qui paraitraient qualifiées pour cela, si elles seraient disposées à combler ces vides, et, dans l'affirmative, on prie le Président de les présenter à la C. I. G. en qualité de membres rapporteurs.

La remise tardive des manuscrits des rapporteurs constitue un second inconvénient, qui retarde de façon excessive la publication des rapports annuels. Publier les différents rapports, au fur et à mesure de leur remise présenterait toutefois de réels inconvénients et la publication d'un rapport unique de la C. I. G. est certainement désirable.

Sur la proposition de Messieurs HAMBERG, KILIAN et PENCK, on décide de fixer à l'avenir, comme on l'avait fait auparavant, un délai pour la remise des rapports régionaux, en règle générale le 1:er mai, et de publier comme rapport de la C. I. G. l'ensemble des manuscrits reçus à la date fixée. Les rapports en retard seront livrés à la publicité à titre de Suppléments au Rapport de la C. I. G.

3) La Commission décide de nommer membre correspondant M. le Prof. R. S. TARR, de Ithaca, N. Y., U. S. A., l'éminent explorateur des glaciers de l'Alaska, qui prend part au Congrès.

4) M. KILIAN présente, en l'absence de M. CH. RABOT, et au nom du Ministère de l'Agriculture de France, un volume, contenant les résultats des dernières campagnes glaciologiques exécutées dans les Alpes françaises sous le patronage et avec le concours financier de ce Ministère. Cet ouvrage, qui fait partie des «Annales» du Ministère de l'Agriculture, renferme entre autres une importante monographie des Glaciers des Grandes-Rousses, par MM. JACOB, FLUSIN et OFFNER de la Faculté des Sciences de Grenoble aidés de M. RAFFIN, géomètre. Cette étude est accompagnée d'une carte très remarquable de ces glaciers, à l'échelle de 1 : 10 000.

M. KILIAN fait à ce propos l'historique des observations glaciologiques en France; il distingue trois périodes dans le développement de ces recherches:

A. Une première, antérieure à 1892, pendant laquelle divers documents relatifs aux glaciers français furent réunis et publiés par le Prof. FOREL, de Morges, dans ses rapports annuels, et qui se termine par les belles campagnes de S. A. le Prince ROLAND BONAPARTE; les recherches et les publications du Prince R. BONAPARTE, les repères posés par ses soins et les plaques de plomb *datées* enfouies dans les glaces par ses opérateurs ont fourni un point de départ et une base précieuse pour les observations ultérieures.

B. Une deuxième période (1892—1904), pendant laquelle un service d'observations glaciologiques et nivométriques suivies fut organisé dans les Alpes Dauphinoises par la *Société des Touristes du Dauphiné*, sur la proposition de MM. les Prof. J. COLLET et W. KILIAN, avec le concours de M. FLUSIN, et d'un certain nombre de guides et fut subventionné avec les modestes ressources financières de cette société; un certain nombre de glaciers furent mis en observation et pourvus de repères et les résultats obtenus furent publiés en 1900 par MM. KILIAN et FLUSIN en un beau volume, édité par la Société des Touristes du Dauphiné, avec l'aide de l'Association française pour l'Avancement des sciences.

C. Enfin, une troisième période, postérieure à 1904, est remarquable par le puissant concours matériel apporté aux glaciologistes français par *le Ministère de l'Agriculture*, sur l'initiative éclairée de M. DABAT, Directeur de l'Hydraulique et des Améliorations agricoles, assisté d'une Commission consultative scientifique composée d'hommes compétents tels que MM. DE LA BROSSE, Ch. RABOT, DE MARGERIE, HAUG, TAVERNIER etc. — L'intervention de l'État permet désormais aux observateurs, et notamment aux glaciologistes dauphinois, de poursuivre leurs recherches sur une plus grande échelle et de continuer avec plus d'ampleur les travaux commencés sous les auspices de la Société des Touristes du Dauphiné. En même temps les observations glaciologiques et les recherches hydrologiques étaient rattachées les unes aux autres, dans le but d'établir le bilan des réserves d'énergie accumulées dans nos massifs montagneux sous la forme de cette «houille blanche», dont le développement des industries électriques permet de tirer un parti de plus en plus considérable.

M. KILIAN fait ressortir ensuite l'intérêt très grand des recherches effectuées pendant cette troisième période, de 1904 à 1907, par MM. FLUSIN, JACOB, OFFNER et RAFFIN dans le Dauphiné: plusieurs monographies, et en particulier une étude consacrée aux glaciers du versant méridional du Massif du Pelvoux, aux glaciers Blanc et Noir, une autre aux glaciers des Grandes-Rousses, ont été publiées; d'autres sont en préparation et mettent en lumière des types de glaciers très différents et les régimes spéciaux qui les caractérisent. — En outre, un grand nombre de glaciers (Vallouise) ont été revus à nouveau ou ont été jalonnés, et fourniront ainsi des données précises aux observations futures; il y a lieu de signaler tout spécialement *les levés topographiques à grande échelle* (1 : 5 000 et 1 : 10 000) des glaciers Blanc et

Noir, des glaciers des Grandes-Rousses, du Mont-de-Lans, de la Girose et de la Selle, dont une partie seulement a été publiée, le scellement de repères nouveaux, le rattachement de ces levés au nouveau réseau trigonométrique repéré par M. Hellbronner, la pose de nombreux repères nouveaux, l'emploi de méthodes topographiques et tachéométriques perfectionnées, de procédés photographiques (au moyen du *stéréo-comparateur*), l'application de la méthode de MM. Hess et Blümke (étudiée sur place dans le Tyrol par MM. Bernard et Flusin), et l'exécution de sondages pour la mesure de l'ablation et l'évaluation des réserves glaciaires, les observations sur la vitesse superficielle dans les diverses parties des glaciers, sur les déplacements frontaux, sur les variations de la limite des neiges persistantes, enfin le jaugeage, par l'appareil Richard, des torrents sous-glaciaires, et la mesure de leur température etc., etc.

Bien qu'un *recul général* ait été constaté sur la plupart des fronts glaciaires, MM. Flusin et Jacob ont relevé en plusieurs points (Mont-de-Lans, Girose) des indices très nets d'une *crue prochaine*.

M. Kilian rappelle qu'une série d'autres observateurs, parmi lesquels il convient de citer MM. Bernard, Mougin, Douxami, Girardin, Deschamp, et David-Martin, ont, sous le patronage du Ministère de l'Agriculture, exécuté dans diverses parties des Alpes françaises des observations glaciaires dont les résultats ont paru en partie, ou ne tarderont pas à être publiés.

Ainsi, il est permis d'espérer qu'en ce qui concerne la France, et grâce à la collaboration et au précieux concours de l'État, la continuité des observations glaciologiques et la publication régulière de documents d'un haut intérêt concernant le régime de nos appareils glaciaires se trouvent désormais assurées. Déjà des données numériques précises, entièrement nouvelles, sur les glaciers des Alpes françaises, relatives à la vitesse superficielle, à l'ablation et à l'enneigement (échelles nivo-métriques) ont été réunies; des cartes topographiques à grande échelle ont été dressées et l'on peut espérer que des résultats plus importants encore viendront couronner les efforts des glaciologistes français, qui s'apprêtent à continuer activement leurs travaux à l'aide des nombreux jalons et repères posés depuis 1890 et au moyen de nouveaux forages en des points intéressants.

A la suite de sa communication, M. Kilian est invité à exprimer au Ministère français de l'Agriculture les chaleureux remerciements de la C. I. G. pour l'appui moral et financier que ces travaux trouvent auprès de ce Ministère.

5) M. F. SVENONIUS présente un exposé du développement des recherches glaciaires en Suède:

»Bei meinem Scheiden aus der Reihe der ordentlichen Mitglieder der internationalen Gletscherkommission, in der ich seit deren Gründung 1894 bis Anfang 1910 die Ehre hatte, Schweden als Berichterstatter zu vertreten, hat mir die Kommission die grosse Ehre erwiesen, mich zum korrespondierenden Mitglied zu wählen. Ich möchte hierfür meinen warmen Dank aussprechen. Zugleich fühle ich mich verpflichtet, der Kommission einen kurzen Bericht über die Methoden und den allgemeinen Plan vorzulegen, den ich während der 16 Jahre verfolgt habe, um die wichtigen Aufgaben der Kommission nach meinen geringen Kräften zu fördern.

Schon früh wurde in der Gletscherkommission die Frage diskutiert, wie man in Staaten, in welchen Gletscher vorhanden sind, aber die Untersuchung der Gletscher nicht als eine dem Staat zukommende Angelegenheit angesehen wird, auf eine erfolgreiche Weise die Gletscherforschung fördern könne. Schweden war, und ist wohl noch heute gewissermassen, ein solcher Staat. Unsere Arbeiten werden nicht zu den offiziellen Aufgaben der geologischen Landesuntersuchung gerechnet.

Deswegen reichte ich schon im Jahre 1895 beim Kultusministerium eine Eingabe ein, in der ich die Frage aufwarf, ob und auf welche Weise die Gletscheruntersuchungen eine regelmässige Staatsunterstützung bekommen könnten. Ich legte die Ziele der Gletscherkommission wie auch die theoretische und praktische Wichtigkeit solcher Arbeiten dar und schlug vor, dass entweder eine schon existierende Staatsinstitution einen dahingehenden Auftrag nebst den nötigen Mitteln erhalten sollte, oder dass eine private Gesellschaft von interessierten Geologen, Meteorologen, Physikern und Hydrographen — am liebsten unter der Ägide der kgl. Akademie der Wissenschaften in Stockholm — die Organisation und Ausführung von Untersuchungen an Gletschern übernehmen und hierfür regelmässige Unterstützung vom Staat bekommen sollte.

In einer Audienz war der Minister persönlich sehr entgegenkommend, glaubte aber nicht, dass für solche Zwecke Staatsmittel erhältlich wären, und lehnte es ab, an den Reichstag einen entsprechenden Antrag zu stellen.

Professor Torell, damals Direktor der schwedischen geologischen Landesuntersuchung, an den ich mich mit der Frage wandte, ob nicht diese Anstalt Mittel für Gletscheruntersuchungen beantragen könne, nahm gleichfalls den Plan, die Gletscher Schwedens zu erforschen, günstig auf, glaubte aber aus verschiedenen Gründen keine Anträge an die Regierung und den Reichstag leiten zu dürfen.

Ich möchte hier bemerken, dass die nur unvollständigen Untersuchungen an Gletschern, welche ich selbst in verschiedenen Gegenden des Landes zu beginnen Gelegenheit gehabt habe, entweder *extra ordinem*, während Rekognoszierungen über die geologischen Verhältnisse des Hochgebirges oder während Semesterreisen mit Unterstützung des Vegastipendiums der Geographischen Gesellschaft ausgeführt worden sind. Eine zwei Jahre anhaltende Augenkrankheit (1888 bis 1890) machte meinen Gletscherforschungen zunächst ein Ende. Und bis zum Jahre 1908 war ich sowohl durch mein Amt als auch durch spezielle Aufträge so vollständig in Anspruch genommen, dass ich die Gletscheruntersuchungen nicht wieder aufnehmen konnte. Mein Arbeitsfeld lag in dieser Zeit gewöhnlich ausserhalb der eigentlichen Gletscherregion Schwedens. Mein Plan, einen Verein für schwedische Gletscherforschung zu gründen und womöglich eine Staatsunterstützung für diesen zu bekommen, konnte leider nicht verwirklicht werden. Ich setzte meine Hoffnung besonders auf den schwedischen Touristenverein, zu dessen Leitung ich von Anbeginn gehörte. Da dieser Verein den Alpinismus pflegen sollte und die wenig bekannten Gletschergebiete unseres Landes auch zu seinem Arbeitsgebiet gehörten, konnte ich hoffen, dass der Verein auch materielle Opfer für Gletscherforschung bringen würde. Das geschah denn auch, und während mehrerer Jahre wurden Summen zur Verfügung gestellt, um Gletscherforschungen zu unterstützen. So wurden zuerst die Herren A. Hamberg, J. Westman und A. Gavelin Gletscherstipendiaten des schwedischen Touristenvereins. Die Resultate dieser ersten Arbeiten wurden unter anderem in populärer Form in der Jahresschrift des schwedischen Touristenvereins publiziert. Für die Untersuchung der Gletscher der Kebnekaisegegend erhielten die Herren A. Nordgren und A. Rönnholm im Jahre 1897 eine Subvention vom Touristenverein. Auch sie führten trotz ungünstigen Wetters ihre Aufgabe in trefflicher Weise durch; doch wurden ihre Berichte leider nicht veröffentlicht. Gewissermassen habe ich das jetzt nachträglich getan, indem ich in meine soeben erschienene Abhandlung

»Studien über die Kårso- und Kebnegletscher» das wesentliche aus den Berichten der beiden Herren eingefügt habe. Auch eine Reise des Herrn A. HOLLENDER nach den Gletschern von Härjedalen wurde vom Touristenverein zu jener Zeit subventioniert.

Nunmehr aber neigte sich die Direktion des schwedischen Touristenvereins der Ansicht zu, dass nicht allein die Gletscherforschung der Subventionierung des Vereins wert sei, sondern auch andere für die Touristen wichtige Naturwissenschaftszweige, sogar Archäologie und Architektur. Durch diese anderwärtige Inanspruchnahme der Mittel des Vereins wurde naturgemäss die Möglichkeit, der eigentlichen Gletscherforschung Unterstützung zuteil werden zu lassen, wesentlich vermindert. Man konnte nicht mehr auf eine solche rechnen, wenn ich auch dankbar anerkenne, dass auch nach jenem Beschlusse noch einige Subventionen erteilt worden sind. Die vom Touristenverein subventionierten Untersuchungen der schwedischen Gletscher suchte ich teils durch mündliche und schriftliche Instruktionen, teils auch durch kurze Darlegungen in den Jahresschriften des Vereins zu fördern. Überdies suchte ich in dem von mir ausgearbeiteten Reisehandbuch für die nördlichsten Teile unseres Landes durch verschiedene Aufrufe das Interesse jugendkräftiger Touristen für die wichtige Aufgabe zu erwecken.

Die Länge und Kostspieligkeit der Reisen in Lappland nebst anderen Schwierigkeiten, die sich der Erreichung des Arbeitsfeldes entgegenstellten, haben jedoch in einem Grade die Arbeiten an den lappländischen Gletschern gehemmt, welche den Südeuropäern und den Norwegern nicht verständlich ist. Ein kurzer Besuch eines solchen Gletschers kostete Hunderte von Kronen.

Die in den neunziger Jahren lebhaft diskutierte und schon im Jahre 1901 vollendete Gellivare-Ofotenbahn machte diesen Schwierigkeiten zu einem wesentlichen Teil, wenigstens für die dieser Bahn nahe liegenden Gletscher, ein Ende. Ich dachte mir nun, dass eine allgemeine naturwissenschaftliche Station im Gebiete dieser Eisenbahn der gesamten Naturforschung nützen würde, darunter auch der Glaziologie, weil die Arbeiter auf diesem Felde hier wenigstens einen guten Ausgangs- und Ruhepunkt erhalten würden. Durch die Hilfe hochgesinnter Mäzene und der kgl. Akademie der Wissenschaften gelang es im Jahre 1903, diese schwedische arktische naturwissenschaftliche Station ins Leben zu rufen, allerdings nicht auf dem zunächst in Aussicht genommenen Platz bei Abisko, sondern weiter gegen West-ten in den nackten Gebirgsgegenden nahe dem Wassijaure-See und der Reichsgrenze. Indessen liegt die Station den Gletschern nicht so nahe, dass die Gletscherforscher der Zelte entbehren könnten. Ich hoffe daher, dass der Touristenverein bald eine wirkliche Touristenhütte unmittelbar am Kårsogletscher errichten wird, damit wenigstens dieser Gletscher, dessen Zunge wahrscheinlich tiefer reicht als die der anderen schwedischen Gletscher, Gegenstand systematischer, jährlicher, genauer Beobachtungen über seine Veränderungen, über die Wasserführung seines Baches u. s. w. werden kann.

Indessen sind die Arbeiten in unserer schwedischen Gletscherwelt sporadisch und mit wenigen Ausnahmen nicht weiter systematisch betrieben worden. Ich wünschte nun, dass wir Schweden dem bevorstehenden Geologenkongress die Resultate einer ausgedehnten Arbeit an unseren Gletschern, Ergebnisse über die Morphologie und die Veränderungen aller unserer wichtigeren Gletscher vorlegen könnten. Deswegen legte ich im Dezember 1905 dem Organisationskomitee des Geologenkongresses eine motivierte Eingabe über besonders wünschenswerte Arbeiten an Gletschern vor. Ich dachte mir, dass die meisten Gletscher während der Jahre 1906, 1907 oder 1908 besucht und markiert werden und die Marken in einem folgenden Jahre nachgemessen werden sollten, so dass wir der internationalen Gletscherkommission beim Kongress genaue Daten über die Veränderungen unserer Gletscher vorlegen könnten. Ich wage nicht anzunehmen, dass diese Eingabe von grossem Einfluss gewesen ist. Jedenfalls aber ist es eine sehr glückliche Tatsache, dass der Generalsekretär des Kongresses mit seiner allbewährten und anerkannten Energie eine Serie von Arbeiten an unseren Gletschern veranlasste. Die Resultate dieser letzten Arbeiten werden in verschiedenen Abhandlungen dem Kongress vorgelegt werden.

Ich habe schon früher angedeutet, dass die Gründung einer schwedischen Gesellschaft für Gletscherforschung während langer Zeit für mich ein *prœterea censeo* gewesen ist. Ich hatte gehofft, dass diese Angelegenheit von Persönlichkeiten von grossem wissenschaftlichen Ansehen in den betreffenden Wissenschaften öffentlich gefördert werden würde. Allein es wurden Einwendungen laut, dass unsere Gletscher zu klein und sporadisch wären, um eine Gesellschaft lebensfähig zu erhalten. Dass unsere Gletscher klein sind, ist zwar richtig; aber die Folge hiervon wäre meiner Ansicht nach gerade die entgegengesetzte, wenigstens für eine nicht allzu kurze Zeit. Ich habe mich überzeugt, dass der jetzige Repräsentant Schwedens in der Gletscherkommission meine Ansicht in dieser Frage teilt. So werden wir wahrscheinlich schon im nächsten Winter einen Versuch machen, eine schwedische Gesellschaft für Gletscherforschung zu gründen.

Offen, wenn auch mit Missmut, gestehe ich, dass die direkten Früchte meiner bald 16-jährigen Arbeiten in der Gletscherkommission weder gross waren noch reif sind. In mehrfacher Hinsicht war es ein Kampf mit Schwierigkeiten, die ich nicht zu überwinden vermochte. Doch möchte ich gewissermassen auf mich die tröstliche Sentenz anwenden: *Ut desint vires, tamen est laudanda voluntas.*

Ich bin überzeugt, dass die tüchtigen jungen Kräfte, welche in der letzten Zeit auf diesem Felde hervorgetreten sind, auch die schwedischen Gletscherforschungen in einen glücklichen Hafen führen werden.»

Cette communication est accueillie avec reconnaissance. La commission remercie M. Svenonius pour le grand appui qu'il a donné aux travaux de la G. I. G. comme représentant de la Suède pendant plus de 15 ans.

6) M. A Hamberg présente au nom de M. le Prof. J. G. Andersson, Directeur du Service géologique de Suède et secrétaire général du Congrès géologique, deux ouvrages intéressant la glaciologie et publiés récemment par le Service. La remise de ces ouvrages est accompagnée de l'exposé suivant:

»Im Namen des Direktors der Geologischen Landesaufnahme von Schweden, Prof. J. G. Andersson, erlaube ich mir der Gletscherkommission zwei Werke glaziologischen Inhalts zu überreichen.

Das eine behandelt die eisgestauten Seen des nördlichen Schweden und trägt den Titel »Norra Sveriges issjöar» (Sveriges Geologiska Undersökning, Ser. Ca, No. 7. Stockholm 1910). Bekanntlich ist durch das Studium von Schrammen und Blocktransport nachgewiesen worden, dass der Scheitel des Inlandseises am Ende der Eiszeit im allgemeinen östlich und südöstlich von der jetzigen Wasserscheide lag. In der Abschmelzungsperiode blieb deshalb im allgemeinen östlich und südöstlich der Wasserscheide ein Eisrest liegen, der im Westen Seen bis zu den Passhöhen aufstaute. Das Auftreten dieser Seen und wie sie ihre Form und die Höhe ihrer Wasserspiegel im Laufe der Abschmelzung veränderten, wird in diesem Werke nach den bisherigen Untersuchungen geschildert. Die Beschreibung der lappländischen Seen und derjenigen des nördlichsten Jämtlands hat AXEL GAVELIN geliefert[1]. A. G. HÖGBOM hat sein klassisch gewordenes Untersuchungsgebiet von Zentraljämtland behandelt[2].

Das zweite Werk gehört noch mehr dem Wirkungskreis der Gletscherkommission an. Es trägt den Titel »Die Gletscher Schwedens im Jahre 1908»[3]. Es ist von fünf verschiedenen Verfassern geschrieben, die hier ihre eigenen Untersuchungen aus verschiedenen Gletschergebieten Schwedens mitteilen. Mehrere dieser Untersuchungen sind auf Veranlassung der Geologischen Landesanstalt und zum Teil auf ihre Kosten ausgeführt.

Das südlichste Gletschergebiet Schwedens befindet sich in Jämtland auf etwa 63° n. Br. und enthält fünf sehr kleine Gletscher. Diese werden von F. ENQUIST[4] näher beschrieben. Drei Breitengrade nördlich davon, in Wästerbottens län, kommt das zweitsüdlichste Gletschergebiet mit neun ebenfalls sehr kleinen Gletschern vor. Diese schildert A. GAVELIN[5]. In der nördlichsten Hälfte von Lappland, die zum Norrbottens län gehört, sind die Gletscher wegen der nördlicheren Lage und der grösseren Häufigkeit von höheren Bergen sowohl grösser als auch viel zahlreicher. Ihre Anzahl ist noch nicht bekannt, dürfte sich aber auf etwa 250 belaufen. Sie kommen da hauptsächlich in zwei Zonen vor: in einer im Bereich der Grenzgebirge gegen Norwegen zwischen dem Sulitälma im Süden und dem Frostisen im Norden; in einer zweiten, die etwa 50 km östlich von der ersteren verläuft und die Gebirgsgegenden von Sarck und Kebnckaise einschliesst. In dem fraglichen Werk sind diesen norrbottnischen Gletschergebieten Abhandlungen von WESTMAN, HAMBERG und SVENONIUS gewidmet[6]).

---

[1] AXEL GAVELIN, De isdämda sjöarna i Lappland och nordligaste Jämtland, 115 S., 3 Karten.

[2] A. G. HÖGBOM, De centraljämtska issjöarna, 45 S., 3 Karten.

[3] Sveriges Geol. Undersökning, Ser. Ca, No. 5. Stockholm 1910.

[4] F. ENQUIST, Über die jetzigen und ehemaligen lokalen Gletscher in den Gebirgen von Jämtland und Härjedalen, 36 S., 5 Taf.

[5] A. GAVELIN, Über die Gletscher des Norra Storfjället und des Ammarfjället, 42 S., 1 Taf.

[6] J. WESTMAN, Beobachtungen über die Sulitälmagletscher in Sommer 1908, 44 S., 8 Taf.

AXEL HAMBERG, Die Gletscher des Sarckgebirges und ihre Untersuchung, 26 S., 4 Taf.

Die grösste zusammenhängende Masse von Eis und Schnee innerhalb der norrbottnischen Hochgebirgszonen ist der Ålmajalosjekna, ein Plateaugletscher von etwa 22 km² Areal im Sulitälmagebiet. In dieser Gegend befinden sich auch die grössten Talgletscher, die Areale von etwa 15 km² erreichen. Die Sareker Gletscher stehen jedoch denjenigen des Sulitälmagebietes an Ausdehnung nicht viel nach. Im Vergleich mit den alpinen Gletschern sind die nordschwedischen verhältnismässig breit und kurz. Die längsten erreichen eine Länge von 5—6 km.

Das Werk endigt mit einer vom Berichterstatter verfassten kurzen 'Übersicht der Gletscher Schwedens', der eine Karte beigegeben ist[1].

La Commission écoute avec un vif intérêt la communication de M. HAMBERG et le prie de bien vouloir remercier le Directeur du Service géologique de Suède pour la façon dont il encourage les travaux de la C. I. G.

7) M. BRÜCKNER remet aux membres de la Commission, au nom du Général J. DE SCHOKALSKY, empêché d'assister au Congrès, une Instruction en langue russe, rédigée par MM. EDELSTEIN et GERASSIMOW et traitant la recherche d'anciennes traces de glaciation dans les régions alpines.[2] Ce don est accepté avec reconnaissance.

A la séance de clôture du Congrès, soit dans l'après-midi du 23 Août, le Président de la Commission, M. ED. BRÜCKNER, a présenté un bref résumé du rapport de la C. I. G. Ce rapport a été approuvé par le Congrès qui a eu connaissance de l'election de M. CHARLES RABOT à Paris comme Président, ainsi que de la réélection de M. E. MURET comme secrétaire, avec entrée en fonctions au début de 1911.

FREDR. SVENONIUS, Studien über den Kårso- und die Kebnegletscher nebst Notizen über andere Gletscher im Jukkasjärvigebirge, 54 S., 7 Taf.

[1] AXEL HAMBERG. Kurze Übersicht der Gletscher Schwedens, 10 S., 1 Karte.

[2] Instructions pour la recherche d'anciennes traces de glaciation dans les régions alpines, rédigés à la demande de la Commission des glaciers et avec la collaboration de ses membres par J. S. EDELSTEIN et A. P. GERASSIMOW. Avec 14 tables et 10 gravures dans le texte. S:t-Pétersbourg, Société Impériale Russe de Géographie, 1909.

11. Bericht der internationalen Gletscherkommission für die Jahre 1907—1910.

von

Professor Dr. Ed. Brückner in Wien, Präsidenten der Kommission.

Im Jahre 1894 hat der internationale Geologenkongress eine Kommission mit der Aufgabe eingesetzt, die Beobachtungen über die Grössenänderungen der Gletscher der Erde zu sammeln, um so eine Übersicht über das Phänomen der Gletscherschwankungen zu erhalten und der Frage nach den Ursachen derselben näher zu kommen. Ich erlaube mir hiermit einen Bericht über die Tätigkeit dieser Kommission und die beobachteten Veränderungen im Stande der Gletscher seit dem Kongress von Mexico vorzulegen.

An der Spitze meines Berichtes muss ich einer für die ganze Frage der Gletscherschwankungen grundlegenden Arbeit eines Mitgliedes der Kommission, Prof. Dr. S. Finsterwalder, gedenken[1]. In Verfolgung eines von ihm schon auf dem internationalen Geologenkongress in Wien ausgesprochenen Gedankens hat er auf analytischem Wege eine Theorie der Gletscherschwankungen gegeben, die auf die Erscheinung der Verspätung der Gletscherschwankungen hinter den sie erzeugenden Schwankungen des Klimas ein helles Licht wirft. Eine überaus wichtige Tatsache ergibt sich aus den theoretischen Betrachtungen Finsterwalders: bei einer im Verhältnis zur Erneuerungszeit des Gletschers kurzen Dauer der Schwankungen in der Eiszufuhr füllt ein Gletscher niemals im gleichen Moment den gesamten Raum aus, der durch seine Ufermoränen und seine Stirnmoräne umgrenzt wird. Die verschiedenen Querschnitte der Zunge erreichen zu verschiedenen Zeiten ein Maximum, ebenso zu verschiedenen Zeiten ein Minimum.

Geben wir nun eine kurze Übersicht über die Änderungen im Gletscherstand, wie sie aus den Berichten der Kommission erhellen. Vorausschicken müssen wir freilich, dass diese Berichte unvollständig sind. So sind Berichte über polare Gletscher nicht eingegangen, und fast nichts ist bekannt über die Schwankungen der afrikanischen Gletscher.

In den Alpen hat das Schwinden der Gletscher die ganze Zeit über fortgedauert. Zahllose früher perennierende Schneefelder sind

---
[1] Zeitschrift für Gletscherkunde, Band II (1907/08), S. 81.

ganz weggeschmolzen; heller Fels markiert die Stellen, wo sie lagen. Manche Gletscher werden heute im Spätsommer bis in die höchsten Teile des Firngebietes aper, so 1906—1908 die Übergossene Alp in den Ostalpen in ihrem östlichen Teil. Gewaltig sind die Ausaperungen von Fels in der Gipfelregion. Telephotographische Aufnahmen, die Direktor Dr. MAURER von einem und demselben Fenster der schweizerischen meteorologischen Zentralanstalt in Zürich aus in verschiedenen Jahren ausführte, zeigen den Titlisgipfel 1889 als einen vollkommenen Firngipfel, 1908 als Felsgipfel mit Schneeflecken. Einige wenige Gletscher haben zwar in einzelnen Jahren einen kleinen Vorstoss gemacht, so 1905 einige Gletscher des Ötztales. Das sind jedoch nur Episoden, die das Bild des allgemeinen Rückganges nicht ändern. Es wird abzuwarten sein, ob die schneereichen Sommer 1909 und 1910 am Rückgang etwas zu ändern imstande sind. Der Rückgang dauert nun schon Jahrzehnte. Eine graphische Darstellung der Schwankungen von 26 Gletschern in den Schweizeralpen, einschliesslich der Montblancgruppe, die H. DÜBI anfertigte, ergibt für diese, dass der Rückzug bei den meisten Gletschern schon seit dem Maximum zu Beginn des neunzehnten Jahrhunderts andauert und dass die Schwellung um 1850 nur klein gewesen ist. Seitdem hat sich der Rückzug allerdings bedeutend verschärft.

Etwas anders ist das Bild, das uns die skandinavischen Gletscher bieten. Hier hat sich zu Anfang des zwanzigsten Jahrhunderts ein Vorrücken der Gletscher eingestellt. Es begann am Jostedalsbrä und Folgefon und setzte sich später nach Norden fort. 1908 waren auch die Sareker Gletscher im Vorrücken. Nach REKSTAD und ØYEN haben aber die zentralen Teile des skandinavischen Gebirges das Vorrücken nicht gezeigt und 1909 ist die Zahl der vorrückenden Gletscher schon wieder eine viel kleinere gewesen. Es dürfte sich auch hier nur um eine Episode im allgemeinen Rückzug handeln.

Auch bei den Gletschern Asiens herrscht durchaus der Rückzug vor. Das ist für den Kaukasus, für den Tienschan, den Altai, das Hochland von Pamir festgestellt, dann aber auch für den Himalaja, wo durch das indische geologische Amt einige Gletscher überwacht werden. Episodenhafte Vorstösse sind aber auch hier aufgetreten, so 1905 an den Gletschern von Buchara.

In den Gebirgen der Vereinigten Staaten von Nordamerika und den benachbarten Kanadas ist der Gletscherrückgang ein ganz allgemeiner gewesen. Das gilt auch von den Gletschern Alaskas. Hier sind zum Teil ganz enorme Beträge für den Rückzug festgestellt worden. So zog sich der Muir-Gletscher 1894—1907 im Fjord um volle 13 km, der Grand Pacific-Gletscher um 12, der John Hopkins-Gletscher um 5 km zurück. REID stellte durch Vergleich der Aufnahmen von 1892 mit den neuen Aufnahmen der Coast Survey von 1907 fest, dass das Areal der Wasserfläche der Glacier Bai infolge des Rückzuges der Gletscher in den 15 Jahren um 49 km² gewachsen ist. Das Eis der Icy Bai ist 1894—1908 um 11 km zurückgegangen.

Um so auffallender ist, dass inmitten dieser in starkem Rückzug befindlichen Gletscher in der Umgebung der Yakutat Bai in der Nachbarschaft des Eliasberges viele Gletscher einen ganz plötzlichen, aber dann rasch vorübergehenden Vorstoss gemacht haben. R. S. TARR, dem wir die wertvollen Berichte hierüber verdanken, führt diese Erscheinung auf die schweren Erdbeben des September 1899 zurück; durch die Stösse dieser Beben wurden grosse Mengen von Schnee und Eis, die die Hänge der Firnmulden auskleideten und hier angefroren waren, plötzlich zum Abstürzen in die Firnmulden gebracht. Diese plötzliche Eiszufuhr hat nun ein heftiges Vorrücken der Gletscher hervorgerufen, das bei den verschiedenen Gletschern mit verschieden langer Verspätung einsetzte, aber nur eine ganz kurze Zeit dauerte und schon nach wenigen Monaten aufhörte. Es hat hier die Natur in grossartigem Umfange uns im Experiment vorgeführt, wie eine einmalige plötzliche und vorübergehende Eiszufuhr auf die Grösse der Gletscher wirkt. ·

Ein ganz vereinzeltes Phänomen inmitten der sonst nach den spärlichen Nachrichten durchaus im Rückzug befindlichen Gletscher Südamerikas ist der Bismarck-Gletscher, der im Lago Argentino endigt und seit Ende des vorigen Jahrhunderts erheblich vorgeschritten ist, wie HAUTHAL zeigt.

Für die Polarregionen sind Berichte nicht eingegangen.

Erwähnt werden muss, dass bedauerlicherweise trotz aller Anstrengungen des Präsidenten es nicht möglich war, die Berichte über die Gletscherschwankungen rasch zu veröffentlichen. Manche Berichterstatter liefern ihre Beiträge überaus spät und erst nach mehrfachen Mahnungen. So erscheint der Bericht der Kommission immer erst $1^1/_4$ bis $1^1/_2$ Jahre nach Abschluss der Sommerkampagne, auf die er sich bezieht. Eine Verspätung wird ja freilich immer notwendig sein, schon damit im Bericht auch die Beobachtungen von der Südhemisphäre Platz finden können, die erst ein halbes Jahr nach denen der Nordhemisphäre angestellt werden können. Immerhin sollte die Verspätung doch nicht so gross werden.

Publiziert werden die Berichte, einem 1906 gefassten Beschluss der Kommission entsprechend, in der Zeitschrift für Gletscherkunde.

Durch den Tod verlor die Kommission ihr korrespondierendes Mitglied W. S. Vaux[1]. Als Berichterstatter für Italien wirkte seit 1907 Professor Olinto Marinelli an Stelle des nach Argentinien übergesiedelten Professor Porro. Dr. Svenonius legte sein Amt als Berichterstatter für Schweden 1909 nieder. Auf seinen Vorschlag wurde als Berichterstatter für Schweden Professor Dr. Axel Hamberg, bisher korrespondierendes Mitglied, zum ordentlichen Mitglied der Kommission gewählt. Dr. Svenonius wurde gleichzeitig zum korrespondierenden Mitglied ernannt.

In der Berichtsperiode 1907—1910 führte das Ehrenpräsidium der Gletscherkommission Seine Hoheit Prinz Roland Bonaparte, der auch sonst der Kommission seinen werktätigen Beistand lieh. Als Präsident der Kommission amtete der Berichterstatter, als Sekretär der kantonale Forstinspektor Ernest Muret in Lausanne.

Ende dieses Jahres läuft die Amtsperiode des jetzigen Bureaus der Kommission ab. Die Kommission hat für die nächste Periode gewählt:

zum Vorsitzenden Herrn Charles Rabot in Paris, ordentliches Mitglied der Kommission;

zum Sekretär den bisherigen Sekretär Herrn Ernest Muret in Lausanne.

III. Composition de la Commission internationale des glaciers.

A. — Bureau de la commission.

Président d'honneur: S. A. le Prince Roland Bonaparte, Paris, 10, Avenue de Iéna.

Président (à partir de 1911): M. Charles Rabot, Paris, 9, rue Édouard Détaille.

Secrétaire: M. Ernest Muret, Inspecteur des forêts, Lausanne.

---

[1] Während des Druckes dieses Berichtes geht uns die Nachricht vom Tode unseres korrespondierenden Mitgliedes, Prof. Dr. E. Hagenbach-Bischoff in Basel, des langjährigen hochverdienten Präsidenten der schweizerischen Gletscherkommission, zu, wie auch vom Tode des neugewählten korrespondierenden Mitgliedes Prof. R. S. Tarr in Ithaca N. Y., U. S. A.

B. — MEMBRES ORDINAIRES.

Allemagne. — Prof. Dr S. FINSTERWALDER, München, Technische Hochschule.

Autriche. — Prof. Dr ED. BRÜCKNER, Wien, Universität.

Argentine. — Prof. Dr FR. PORRO, Directeur de l'Observatoire, La Plata.

Danemark. — Dr PAUL HARDER, Köbenhavn.

États-Unis. — Prof. Dr HARRY FIELDING REID, Baltimore Md., Johns
Hopkins University.

France. — S. A. le Prince ROLAND BONAPARTE, Paris, 10, avenue de Iéna.

M. CHARLES RABOT, Paris, 9, rue Édouard Détaille.

Grande-Bretagne. — M. DOUGLAS W. FRESCHFIELD, London W., 1 Airlie-
Gardens, Campden Hill.

Italie. — Prof. OLINTO MARINELLI, Firenze, 39 Via San Gallo.

Norvège. — M. PETER ANNÆUS ØYEN, Asker près Christiania.

Russie. — Le Général J. DE SCHOKALSKY, St.-Pétersbourg, Torgovaja 27.

Suède. — Prof. Dr AXEL HAMBERG, Uppsala, Université.

Suisse. — Prof. Dr F. A. FOREL, Morges. Lausanne.

M. ERNEST MURET, Inspecteur des forêts, Lausanne.

Terres polaires arctiques. — Prof. Baron G. DE GEER, Stockholm, Université.

Terres polaires antarctiques. — Prof. Dr ERICH VON DRYGALSKI, München, Université.

C. — MEMBRES CORRESPONDANTS.

Afrique. — Dr F. JÆGER, Privatdocent à l'Université, Heidelberg, Allemagne.

Allemagne. — Prof. Dr A. PENCK, Berlin, Universität.

Prof. Dr A. BLÜMCKE, Augsburg, Maximilianstr. 8.

Prof. Dr HANS HESS, Nürnberg, Kaulbachstr. 22.

Autriche. — Prof. Dr HANS ANGERER, Klagenfurt.

Danemark. — Dr K. J. V. STEENSTRUP, Köbenhavn.

Prof. Dr TH. THORODDSEN, Köbenhavn.

États-Unis. — M. GEORGES VAUX, Philadelphia, Pa., 404, Girard Building.

M. G. C. GILBERT, U. S. Geol. Survey, Washington, D.C.

France. — Prof. Dr W. KILIAN, Grenoble, Université.

M. J. VALLOT, Nice, 37, rue Cotta.

M. FR. SCHRADER, Paris, 75, rue Madame.

M. G. FLUSIN, Grenoble, Université.

M. PAUL MOUGIN, Inspecteur des forêts, Chambéry.

M. CHARLES JACOB, Bordeaux, Université.

Grande-Bretagne. — M. A. P. HARPER, Greymouth, New-Zealand.

Major C. G. BRUCE, London, W.

Italie. — Le Général CARLO PORRO, Torino, Santa Maria della Bicocca.

Norvège. — Dr H. REUSCH, Directeur du Service géologique, Christiania.

Russie. — Prof. Dr B. B. SAPOSCHNIKOW, Tomsk (Sibérie).

M. NICOLAS DE POGGENPOHL, St.-Pétersbourg.

Suède. — Prof. Dr A.-G. NATHORST, Stockholm, Académie royale des Sciences.

Dr F. W. SVENONIUS, Stockholm, Service géologique.

Suisse. — Dr J. COAZ, Eidg. Oberforstinspektor, Bern.

Prof. Dr A. HEIM, Zürich, Université.

Commission de la carte géologique internationale de l'Europe.

I. Bericht über den gegenwärtigen Stand der geologischen Karte von Europa, abgegeben in der Sitzung der Kommission, 20. August 1910.

von

F. BEYSCHLAG,

Präsidenten der Kommission.

Ich habe die Ehre, Ihnen über den Stand der Arbeiten an der internationalen geologischen Karte von Europa folgendes zu berichten:

Es sind bisher erschienen 6 Lieferungen mit zusammen 34 Blättern, welche die Reihen A, B, C, D, also das gesamte südliche, westliche, zentrale und nördliche Europa und ausserdem einen grossen Teil des zentralen Russlands enthalten.

Demnach bleiben nur noch herauszugeben die südrussischen Gebiete der Umgebung des Schwarzen Meeres und des Kaukasus, Kleinasien und die angrenzenden Teile Syriens, Palästinas, Nordafrikas, sowie die an das nördliche Eismeer grenzenden Teile des nördlichen Russlands und die zumteil bereits auf asiatisches Gebiet entfallende östlichste Kartenreihe, die den Ostabhang des Urals bis zum Kaspischen Meere umfasst.

Aber auch für diese Gebiete sind die Arbeiten so gut wie abgeschlossen. Auf dem im Reichstagsgebäude ausgestellten Tableau sehen Sie die gesamte Umgebung des Schwarzen Meeres und Gebiete Kleinasiens und Nordafrikas zum grossen Teile bereits im Farbendruck, zum kleineren Teile in geologischem Handkolorit vorliegend. Diese Gebiete werden unmittelbar nach dem Kongress gedruckt und herausgegeben werden.

Was die nordrussischen Gebiete anbetrifft, so hat Herr KARPINSKY, nachdem bereits die topographische Grundlage der Blätter E 1 und F 1

nach Möglichkeit ergänzt und neu graviert ist, die Zusammenstellung
des vorhandenen geologischen Materials dieser Blätter in allernächste
Aussicht gestellt.

Was schliesslich die östlichste Kartenreihe anbelangt, die Blätter
G I bis G VII, so ist der Stand der Arbeiten folgender: auch hier hat
das geehrte russische Komitee unter Führung der Herren KARPINSKY
und TSCHERNYSCHEW bereits die geologische Zeichnung für die Blätter
G III, G IV und G V der Kartenredaktion vor kurzem übergeben. Die
Herstellung des Drucks war allerdings bis zu diesem Kongress nicht
mehr möglich. Für das Blatt G II ist in Berlin eine neue topographische
Grundlage gezeichnet worden, auf welcher unmittelbar nach dem Kongress die geologischen Materialien durch Herrn KARPINSKY eingetragen
werden sollen. Für die dann noch übrig bleibenden Blätter G I, G VI
und G VII fehlt allerdings noch jedes topographische und natürlich noch
mehr jedes geologische Material. Das Blatt G I wird infolgedessen
lediglich skizzenhaft behandelt werden können und mit dem unvoll-
kommenen topographischen Material versehen, ohne geologische Zeichnung herausgegeben werden müssen. Das Blatt G VI wird den Titel
der Karte und G VII die neu herauszugebende, vervollständigte Farben-
erklärung des gesamten Kartenwerkes enthalten. Somit steht der Abschluss des grossen Werkes in Jahresfrist mit Sicherheit in Aussicht.

Ich bin mir wohl bewusst, dass die Herausgabe der Karte sich weit
über das Mass des ursprünglichen Planes und der ursprünglichen Absicht hinaus verzögert hat. Aber bei dem meiner Überzeugung nach
von vornherein zu weit angelegten Plane der Karte, in den grosse Teile
Nordafrikas sowohl als auch des östlichen Russlands und endlich das
gesamte Gebiet Kleinasiens hineingezogen worden sind, waren die Beschaffung und Verarbeitung der Materialien nicht früher zu bewältigen.

Ganz besonderer Dank gebührt den russischen Herren Kollegen, die
für die Beschaffung des Materials aus den weit entlegenen, umfangreichen Gebieten Sorge getragen haben, und die es nicht gescheut haben,
zumteil besondere Aufnahmen lediglich für die Zwecke der internationalen Karte von Europa zu bewerkstelligen.

Steht sonach der erstmalige Abschluss des grossen Werkes in naher
Aussicht, so ist auch bereits ein umfangreiches Mass von Arbeit für
die Neuherausgabe des zentralen Teiles der Karte, nämlich der Blätter
C IV und C V, der kompliziertesten des gesamten bisherigen Karten-
bildes, verwendet worden. Diese beiden Blätter sind nach den neuesten

Materialien vollständig neu gezeichnet worden. Dabei ist zumteil eine intensivere Gliederung der glazialen Bildungen erfolgt, ferner eine Berücksichtigung der Faziesbildungen, der tektonischen Verhältnisse und der Erscheinungen der Regionalmetamorphose, so dass auch etwa in Jahresfrist auf die Neuherausgabe dieser wichtigen und interessanten Blätter gerechnet werden kann; sie umfassen das südlichste Schweden, Dänemark, das gesamte Gebiet Deutschlands, die Niederlande, Belgien, Ostfrankreich, die Schweiz, Ober- und Mittelitalien und einen grossen Teil der österreich-ungarischen Monarchie.

11. Resolutions prises par la Commission de la carte géologique internationale de l'Europe.

(en sa séance à Stockholm, le 20 Août 1910).

1) Le comité prend connaissance de l'état actuel des travaux qui ont été avancés de sorte qu'il sera possible d'achever la première édition dans le délai d'une année.

2) Une sous-commission, formée de MM. BEYSCHLAG, TSCHERNYSCHEW, C. SCHMIDT et MRAZEC, sera chargée de fixer définitivement la légende des couleurs qui, particulièrement sur les cartes russes, s'est écartée des décisions originaires.

3) Cette sous-commission préparera pour la deuxième édition de la carte un plan de modifications de la légende des couleurs.

4) La proposition MRAZEC, relative à l'introduction de signes spéciaux pour les phénomènes tectoniques, le développement des facies etc. sera remise à la dite commission.

5) Sur la proposition de M. BEYSCHLAG, la publication de la carte ne sera pas terminée par la première édition, mais suivant les nécessités, on fera paraître des éditions successives de l'œuvre entière ou de feuilles séparées. Les délégués présents des divers États s'engagent à faire des démarches auprès de leurs gouvernements en vue d'obtenir les fonds nécessaires; ils s'engagent en outre à présenter et à faire avancer la réalisation des propositions de la Direction de la Carte géologique d'Europe.

6) La commission de la Carte a pris en considération la proposition de M. G. O. SMITH touchant à faire préparer une carte géologique du monde, à l'échelle de 1:1 000 000. Mais elle est unanime à trouver

l'exécution de cette carte irréalisable pour le présent; les représentants des gouvernements européens ajoutent que les fonds nécessaires font défaut. Enfin le système des couleurs présenté par M. BAILEY WILLIS est déclaré inapplicable et la commission maintient que le système des couleurs, très soigneusement élaboré pour la carte d'Europe et accepté par le Congrès géologique international à Bologne, doit aussi servir de base à cette nouvelle entreprise.

7) La commission décide de publier, outre la carte de l'Europe déjà existante, une carte géologique du monde à une échelle convenable et de se compléter pour ce but par des représentants de pays non européens. M. BEYSCHLAG est chargé de s'occuper des travaux préparatoires.

Le Président
F. BEYSCHLAG.

Commission de la Palæontologia universalis.

Résolutions prises à la réunion du 19 Août 1910.

Après une conférence de la Commission à Paris, le 6 Avril 1910, et de longues délibérations à la séance du 19 Août 1910 à Stockholm, les résolutions suivantes ont été prises à l'unanimité:

1) Les règles de la nomenclature paléozoologique seront les mêmes que celles de la nomenclature zoologique à l'exception de quelques ajoutés et omissions nécessaires.

Un projet de ces règles de nomenclature paléozoologique sera distribué à tous les membres de la Commission, et les observations faites par ces derniers seront publiées avec le projet, dans les comptes rendus du Congrès de Stockholm.

Ce projet revisé sera soumis au vote du prochain Congrès.

2) En ce qui concerne la Palæontologia Universalis, le plan suivant sera adopté, conformément à une résolution prise au Congrès de Mexico:

Les livraisons, composées d'espèces diverses, ne paraîtront plus que de temps en temps et seront remplacées par celles d'œuvres complètes de l'époque classique de la paléontologie, tels que SCHLOT-HEIM, PHILLIPS, LAMARCK, WAHLENBERG, HISINGER et PANDER, qui seraient rééditées d'après les types existants.

Des membres de divers pays espèrent pouvoir obtenir des subsides de leurs académies scientifiques ou de leurs gouvernements, qui aideraient à couvrir les dépenses nécessitées par ce travail extraordinaire. M. G. HOLM a déjà préparé les types de WAHLENBERG et de HISINGER pour les premières livraisons de la nouvelle Palæontologia Universalis.

Le secrétaire
F. HALET.

Commission pour la création d'une Revue internationale de géologie, paléontologie et pétrographie.

Résolutions prises à la réunion du 18 Août 1910.

Cette commission a tenu sa séance le 18 Août sous la présidence de M. Th. Tschernyschew. Après quelques mots du Président résumant ce qui avait été fait dans les congrès antérieurs, l'un des membres a émis l'opinion que la revue géologique devait être faite sur les mêmes bases que celle de l'association internationale de Botanique. Mais quelques uns des membres ont fait ressortir que cette revue internationale nécessitera des capitaux et que le Congrès géologique, tel qu'il est constitué actuellement, n'ayant pas de personnification civile, ne peut s'occuper d'affaires financières, et ils ont proposé d'abandonner l'idée de faire une revue internationale de géologie aussi longtemps que le Congrès géologique restera constitué sur les bases actuelles.

La commission a émis le vœu que l'on puisse trouver un éditeur qui veuille bien éditer et publier cette revue à ses propres frais.

Le secrétaire

F. Halet.

Commission du Prix Spendiaroff.

1. Rapport de la Commission du Prix Spendiaroff.

Présenté par

J. G. AGUILERA,

Président de la Commission.

La Commission du Prix Spendiaroff, par suite des modifications qui ont été faites, pendant la session de Mexico, dans la liste des personnes qui la formaient, se compose actuellement de MM. BARROIS, BÖSE, BURCK-HARDT, DIENER, FRECH, Sir ARCHIBALD GEIKIE, OSBORN, TSCHERNYSCHEW, WALCOTT et de celui qui souscrit comme Président.

Dans la session de clôture du dernier Congrès, le thème suivant avait été approuvé: »*Description d'une faune en rapport avec son évolution et sa distribution géographique.*

Le règlement du Prix Spendiaroff établit que ce prix sera accordé aux auteurs des meilleurs œuvres ou aux travaux les plus remarquables sur des questions proposées à cet effet par les Congrès internationaux.

Comme il n'a été reçu aucun travail pour le concours, la Commission a examiné quelques uns des travaux publiés récemment, qui étaient dignes d'être pris en considération, bien qu'ils ne fussent pas tout à fait en rapport avec le thème. La majorité des membres de la Commission propose le travail suivant: »*Early Devonic History of the New York and Eastern North America*» par JOHN M. CLARKE, de Albany, N. Y. pour le prix Spendiaroff, non seulement à cause de son grand intérêt, mais aussi parce que c'est celui qui approche le plus des conditions du thème.

La majorité des membres de la Commission est aussi d'avis qu'on doit considérer les travaux des membres de la Commission comme hors de concours, et c'est à cause de cette détermination que la Commission n'a pu prendre en considération un travail aussi excellent et correspondant aussi bien aux conditions du thème proposé que la monographie: *Faune Jurassique de Mazapil*, de M. CHARLES BURCKHARDT de Mexico.

La Commission soumet à l'approbation le thème suivant pour le prochain concours: *»Étude critique des bases de la théorie des grands charriages».*

II. Membres de la Commission du prix Spendiaroff.

(Élus à la séance de clôture, le 25 Août 1910).

Président: M. A. G. Högbom, Uppsala.
    » J. G. Aguilera, Mexico.
    » Ch. Barrois, Lille.
    » A. Geikie, London.
    » M. Lugeon, Lausanne.
    » C. Schmidt, Basel.
    » G. O. Smith, Washington.
    » G. Steinmann, Bonn.
    » P. Termier, Paris.
    » Th. Tschernyschew, St-Pétersbourg.

Commission du Degré géothermique.

I. Procès-verbal de la réunion du 20 Août 1910.

La séance est ouverte à midi.

Membres présents: MM. A. WOEIKOW, G. F. BECKER, W. PETRASCHECK. A. STRAHAN, H. KEIDEL, R. D'ANDRIMONT, F. HALET, K. INOUYE, E. TIETZE, L. DE LÓCZY, A. JENTZSCH, ALB. HEIM, H. JOHANSSON, J. KOENIGSBERGER et E. ORDOÑEZ.

M. W. B. WRIGHT s'est excusé de ne pouvoir assister à la séance.

M. ORDOÑEZ, secrétaire général de la Commission du Degré géothermique à Mexico, fait connaître les résolutions prises aux Congrès de Mexico 1906 et de Liège 1905.

De nombreuses discussions ont lieu entre les membres de la Commission afin de fixer les conditions dans lesquelles on doit se mettre pour observer les variations du degré géothermique dans les puits de mines, dans les galeries horizontales, dans les trous de forages et de puits artésiens ainsi que les sources chaudes. En présence de la situation actuelle des recherches, les membres tombent d'accord qu'il est prématuré de penser à uniformiser les procédés d'investigation des variations du degré géothermique.

Les documents recueillis jusqu'à ce jour étant peu nombreux et très éparpillés dans les divers pays, les membres pensent que la première chose à faire est de réunir ces documents et de comparer les résultats obtenus dans les diverses régions.

Pour arriver à ce but il faudrait nommer un rapporteur chargé de se mettre en relation avec les divers membres de cette commission, afin de réunir ces divers documents.

L'assemblée propose et nomme rapporteur M. F. HALET, qui, par sa situation au Service géologique de Belgique, a à sa disposition les précieux renseignements bibliographiques recueillis par le Directeur de ce Service, M. M. MOURLON.

M. G. F. BECKER est élu Président de la Commission.

Ces messieurs veulent bien accepter les fonctions respectives de secrétaire-rapporteur et de président.

Les résultats des investigations nouvelles et anciennes et le rapport qui y fera suite seront présentés lors de la réunion du prochain Congrès géologique international.

Les secrétaires

F. HALET, E. ORDOÑEZ.

11. *Liste des membres de la Commission spéciale pour étudier les variations du degré géothermique.*

A.   **Membres de la Commission provisoire du Degré géothermique.**
(Voir page 172 du Compte Rendu du X:e Congrès géologique international).

ALIMANESTIANO, C., Ingénieur en chef, Directeur du Département de l'Agriculture, de l'Industrie et du Commerce et des Domaines de la Roumanie, Bucarest.

D'ANDRIMONT, R., Ingénieur Géologue, Secrétaire de l'Association des Ingénieurs sortis de l'École de Liége, Liége.

HOEFER, H. VON, Professeur à l'École des Mines de Leoben.

JACZEWSKI, L., Géologue au Comité géologique de Russie, St.-Pétersbourg.

LAGRANGE, E., Professeur à l'École Militaire, Bruxelles.

DE LAUNAY, L., Professeur à l'École supérieure nationale des Mines, Paris.

LIBERT, J., Inspecteur général des Mines, Liége.

LOHEST, M., Professeur, Liége.

STASSART, S., Professeur d'exploitation des mines à l'École provinciale du Hainaut, Mons.

TSCHERNYSCHEW, TH., Directeur du Comité géologique de Russie, Saint Pétersbourg.

B.   **Membres élus par les Directeurs des Services géologiques des divers pays.**
(Voir page 145 du Compte Rendu du X:e Congrès Géologique International. — Les Services géologiques de plusieurs pays [Espagne, France, Italie, Japon etc.] n'ont pas encore nommé leurs représentants).

Argentine: STAPPENBECK, R., Chef de la Section hydrogéologique du Ministère de l'Agriculture, Buenos Aires.

Australie occidentale: MAITLAND, A. G., Government Geologist, Perth.

Bade: KOENIGSBERGER, J., Dr., Professeur à l'Université de Freiburg.

Belgique: HALET, F., Ingénieur, Chef de Section au Service géologique de Belgique, Bruxelles.

Canada: BROCK, R. W., Dr., Directeur du Service géologique de Canada.

LE ROY, O. E., Dr., Géologue au Service géologique de Canada.

Danemark: USSING, N. V., Dr., Professeur de minéralogie et de géologie à l'Université de Köbenhavn. (Décédé en 1911.)

États-Unis d'Amérique: BECKER, G. F., Dr., Géologue au Service géologique des États-Unis d'Amérique.

Grande-Bretagne: STRAHAN, A., Dr., Directeur-adjoint au Service géologique d'Angleterre et du Pays de Galles, London.

» LEES, C. H., Dr., Professeur de physique à l'École supérieure de London.

Hongrie: LÓCZY DE LOCZ, L., Dr., Professeur, Directeur du Service géologique de Hongrie, Budapest.

» SZONTAGH DE IGLÓ, T., Dr., Conseiller royal, Sous-Directeur du Service géologique de Hongrie, Budapest.

Irlande: WRIGHT, W. B., Géologue au Service géologique d'Irlande, Dublin.

Mexique: ORDOÑEZ, E., Ingénieur des Mines, Mexico.

Norvège: SCHIÖTZ, O. E., Dr., Professeur de physique à l'Université de Christiania.

Nouvelle Zélande: BELL, J. M., Directeur du Service géologique, Wellington.

Prusse: JENTZSCH, A., Dr., Geh. Bergrat, Professeur, Berlin.

Suède: JOHANSSON, H. E., Dr., Ingénieur des Mines, Géologue au Service géologique de Suède, Stockholm.

Suisse: SCHARDT, H., Dr., Professeur, Veytaux.

Tasmanie: WARD, L. K., Assistant Government Geologist, Launceston.

Propositions présentées au Congrès.

I. Proposition du Service géologique des États-Unis de l'Amérique du Nord, concernant la création d'une carte géologique mondiale sur l'échelle 1: 1 000 000.

March 3, 1910.

Mr. J. G. Andersson,
      Secretary, Swedish Executive Committee,
         Sveriges Geologiska Undersökning,
           Stockholm 3,
             Sweden.

Dear Sir:

As you are no doubt aware, the International Conference held at London in November, 1909, determined a plan for the development of the standard international map of the world on the scale of 1 : 1 000 000. That map is designed to be a geographic and hypsometric map, but the Conference included in its official resolutions the statement: »There may, however, be published other editions without altitude tints and these may be completed by tints or by additions required for other purposes.» The Conference also adopted an expression of opinion as follows: »It is the sense of this Commission that it is most desirable that the standardization of the geographic map of the world should be followed by international agreements on maps relating to meteorology, geology, zoology, botany, and other sciences.»

This last resolution was proposed by the United States delegates, and is heartily seconded by the United States Geological Survey, with special reference to the One Millionth geologic map of the world. The preparation of the One Millionth map of the United States is specifically designed as a base for the geologic map of the United States according to statute, and this Survey is therefore immediately interested in the development of the general plan of the geologic map of the world.

For these reasons the Survey desires to present a resolution relating to the standard One Millionth geologic map of the world to the International Geological Congress at Stockholm, and I request that the subject be given a place on the program of the Congress under the title *A proposal for a standard geological map of the world on the scale of 1 : 1 000 000.*

The subject will be presented by some member of the United States Geological Survey who may be present at the Congress and who will be authorized to speak officially for the Survey.

Very respectfully,
Geo Otis Smith.
Director.

March 18, 1910.

Prof. Johan Gunnar Andersson,
Chief, Sveriges Geologiska Undersökning,
Stockholm,
Sweden.

Dear Sir:

Enclosed is a suggestion for a colour scheme, which is designed to meet the requirements of colour distinctions on general geologic maps and which is proposed as a colour scheme for a geologic map of the world on the standard international base map at 1 : 1 000 000.

The suggestion comprises two parts: 1) the statement of five principles, which are believed to be desirable, if not essential, to a geologic colour scheme which shall be at once reasonably definite and yet sufficiently elastic; 2) a sequence of colours, described as a colour alphabet. The general succession af colours suggested is more important than the exact tones used to illustrate that succession; the latter are those which happen to be conveniently available and which may serve to suggest the general purpose.

You are cordially invited to consider and comment on the suggested principles of colour use and on the proposed colour alphabet, and to transmit your comment to the United States Geological Survey. It is hoped that the comment may indicate such a trend of opinion as will justify the presentation of this, or of an amended plan for discussion at the International Geological Congress at Stockholm.

Respectfully,
Geo Otis Smith.
Director.

Appendix:

Principles and Rules for colouring geologic maps, prepared by BAILEY WILLIS.

Alphabet of geologic colours.

La proposition de M. O. O. SMITH relative à la préparation d'une carte géologique du monde, à l'échelle de 1 : 1 000 000, est prise en considération par la Commission de la carte géologique de l'Europe (20 Août). La Commission est unanime à trouver l'exécution de cette carte irréalisable pour le présent; les représentants des gouvernements européens ajoutent que les fonds nécessaires sont défaut. Enfin le système des couleurs présenté par M. BAILEY WILLIS est déclaré inapplicable, et la Commission maintient que le système des couleurs, très soigneusement élaboré pour la carte de l'Europe et accepté par le Congrès géologique international à Bologne, doit aussi servir de base à cette nouvelle entreprise.

La commission décide de publier, outre la carte de l'Europe déjà existante, une carte géologique du monde à une échelle convenable et de se compléter pour ce but avec des représentants de pays non-européens. M. BEYSCHLAG est chargé de s'occuper des travaux préparatoires.

Se conformant à ces vues de la Commission de la carte géologique de l'Europe, le Conseil, dans la quatrième séance (24 Août), décide que MM. BROCK (Canada), SMITH et WILLIS (États-Unis), AGUILERA (Mexique), KEIDEL (Argentine) et DAVID (Australie) seront adjoints à la Commission de la carte géologique de l'Europe pour préparer la question de la carte géologique mondiale. Dans cette commission ainsi complétée MM. BEYSCHLAG, G. O. SMITH, SUESS, TEALL et TSCHERNYSCHEW sont chargés de présenter à la prochaine session du Congrès un programme détaillé de cette carte géologique du globe.

II. *Proposition de* **M. Wm. H. Hobbs** *relative à une coopération internationale pour l'étude des fractures de l'écorce terrestre.*

Stockholm, August 7, 1910.

To the Honourable the Council,
Congrès géologique international,
XI:e Session, Stockholm, 1910.

Gentlemen:

Following a suggestion made to me by the distinguished general secretary of the Congress, I take the liberty to recommend to your honourable body a cooperative and international investigation of the fracture systems of the earth's crust, with particular reference to their orientations and interrelations. Important as these problems have always been, they have acquired a new significance from the now somewhat general acceptance of the view that earthquakes have their origin in the movements which occur on planes of fracture. The time is therefore ripe for the initiation of studies along this line, strangely enough till recently largely neglected.

Such an investigation as is proposed should, as it seems to me, be directed especially along two lines, viz: 1) a collection and correlation of the widely scattered data now in many languages as a starting-point for new investigations; 2) the prosecution of parallel observations of a relatively simple nature in many countries; and, 3) the publication of the results in both these directions together with a comprehensive general summary, under the direction of the new committee of the Congress. The many advantages of this plan over the appointment of an international commission, seem to have been fully demonstrated by the success of the investigation of the iron ore resources of the world by the committee of the present Congress.

Without doubt the most important of the several lines of inquiry possible in dealing with these problems, since it forms a stepping stone to the others, is the collection and collation of existing data. This compilation must be undertaken by specialists in many lands in which the spoken language is not generally understood by scientific men; and special care must therefore be exercised in selecting the workers. I would therefore earnestly recommend that the matter be first entrusted to the care of a small number of men, who could advise concerning the composition of the larger body of co-workers.

Having now for a good many years devoted some time to the problems here under consideration, I shall be glad to give such advice as I may concerning the working out of the plan of the investigation, in case the proposition is favourably considered by your honourable body. I have the honour to be

Your obedient servant,

WM. H. HOBBS.

A la seconde séance du Conseil (20 Août), MM. F. D. ADAMS, E. HAUG et J. J. SEDERHOLM sont élus membres d'une sous-commission chargée d'étudier le projet de M. HOBBS.

Sur la proposition de cette commission, le Conseil, dans sa quatrième séance, et le Congrès, dans la séance de clôture, décident de confier cette étude au Comité exécutif du prochain Congrès, qui prendrait comme modèle la manière de procéder, employée avec tant de succès dans l'étude des ressources du globe en minerai de fer et des changements de climat postérieurs à l'époque glaciaire. On propose en outre que les relations entre la morphologie de la surface terrestre et les plans de fracture soient spécialement prises en considération.

*III. Proposition de **M. E. STOLLEY** relative à l'établissement d'un institut international pour l'échange des objets géologiques.*

Ausgehend von den Tatsachen, dass

1) ein geregelter Tauschverkehr zwischen den geologischen, mineralogischen und paläontologischen Instituten der Universitäten, Hochschulen, Landesanstalten, Bergakademien, Museen etc. aller Länder bisher nicht besteht, aber ohne Zweifel eine erhebliche Förderung der Wissenschaft bedeuten würde, dass

2) die Preise der Handlungen, besonders für paläontologische Objekte, vielfach eine unerschwingliche Höhe erreicht haben, und auch bezüglich der Fundort- und Horizont-Angaben oft Irrtümer und Ungenauigkeiten vorkommen,

erscheint der Vorschlag angebracht, eine internationale Zentralstelle für den Austausch geologischer, paläontologischer und mineralogischer Objekte mit Einschluss photographischer Bilder und Diapositive zu bilden und auch den Austausch von Einzelabhandlungen und Zeitschriftenserien der einschlägigen Litteratur damit zu verbinden.

Der internationale Geologenkongress dürfte die geeignetste Stelle sein, die Bildung einer solchen Zentralstelle in die Wege zu leiten und ein bestimmtes wissenschaftliches Institut mit der Ausführung derjenigen Massregeln zu beauftragen, welche einer zu diesem Zwecke einzusetzenden Kommission, die besten zu sein scheinen.

Prof. Dr. E. STOLLEY.

(Braunschweig)-Stockholm d. 25. Juli 1910.

A la seconde séance du Conseil (20 Août), MM. CH. BARROIS, H. CREDNER et A. STRAHAN sont élus membres d'une sous-commission chargée d'étudier le projet de M. Stolley.

Sur la proposition de ces messieurs, la décision suivante est prise par le Conseil et le Congrès:

La création d'un »Bureau géologique international d'échanges« serait appelée à rendre de grands services aux instituts universitaires, musées et à tous les géologues individuellement. Il serait donc très désirable que l'initiative privée se chargeât d'organiser un Institut central d'échanges géologiques conformément au désir exprimé par M. E. STOLLEY dans sa proposition.

IV. Proposition présentée par **M. L. WAAGEN** sur la publication
d'un lexique de stratigraphie.

Herrn Professor J. G. ANDERSSON,
Generalsekretär des XI. Internat. Geologenkongresses,

Stockholm 3.

Sehr geehrter Herr Generalsekretär!

Da ich leider nicht in der Lage bin persönlich an der Tagung in Stockholm teilzunehmen, so erlaube ich mir nachfolgenden Vorschlag dem verehrl. XI. Internat. Geologenkongress auf schriftlichem Wege vorzulegen:

Die stratigraphische Nomenklatur der ganzen Welt wächst von Jahr zu Jahr in ungeheurem Masse, so dass es nachgerade für den einzelnen Geologen eine Unmöglichkeit bedeutet, dieselbe — besonders infolge der zahllosen Lokalnamen — zu überblicken und sich darin ohne weiteres zurechtzufinden.

Es wäre daher ausserordentlich dankenswert, wenn der verehrl. XI. Internat. Geologenkongress im Anschluss und als Ergänzung der internationalen geologischen Karte an die Herausgabe eines *internatio-nalen stratigraphischen Lexikons* schreiten würde, ähnlich dem »Index der Petrographie und Stratigraphie der Schweiz und ihrer Umgebung», der 1872 von STUDER herausgegeben wurde, oder dem Index der Schicht-gesteine Österreich-Ungarns, welchen im gleichen Jahre F. v. HAUER veröffentlichte. — Dieses Lexikon wäre in fünf Bänden herauszugeben: 1. Europa — II. Amerika — III. Asien — IV. Afrika — V. Australien, Polynesien und Antarktis.

Die Veranlagung wäre in folgender Art zu denken: Die einzelnen stratigraphischen Namen erscheinen in alphabetischer Ordnung; jedem einzelnen wird die Angabe seiner Horizontierung im Formationsschema, sowie die Daten über seine erstmalige Aufstellung, Umgrenzung und eventuelle spätere Modifizierung angefügt. (Als Beispiel diene *Beilage A.*) Als Anfang jedes Bandes erscheinen dann die vereinfachten Formations-schemata der einzelnen Länder, auf welche die Artikel des Lexikons zu beziehen wären. (Beispiel: *Beilage B.*)

Mein Antrag geht somit dahin: der verehrl. XI. Internat. Geologen-kongress möge eine Kommission einsetzen, welche die Herausgabe eines *internationalen stratigraphischen Lexikons* zu beschliessen, die hierzu nötigen Geldmittel aufzubringen und in jedem Lande einen Geologen mit der entsprechenden Bearbeitung seiner Heimat zu betrauen hätte.

Für die Ablieferung der Manuskripte wäre ein bestimmter Termin, etwa der 1. Januar 1913, zu vereinbaren. Die Manuskripte wären so-dann für je einen Band in einer Hand zur redaktionellen Verarbeitung zu vereinen und von der gleichen Person die Drucklegung zu besorgen.

Im positiven Falle mache ich mich erbötig, die Bearbeitung der Stratigraphie Österreichs zu übernehmen, und würde mich auch even-tuell bereit erklären, mich der Redaktion und Drucklegung des Bandes I Europa zu widmen.

Hochachtungsvoll ergebenst
D. LUKAS WAAGEN.

Wien, am 1. August 1910.

A la seconde séance du Conseil (20 Août), MM. C. DIENER, W. KILIAN et A. ROTHPLETZ sont élus membres d'une sous-commission chargée d'étudier la proposition de M. WAAGEN.

Cette sous-commission se prononce en ces termes:

1) que dans la compilation de ce »Lexique international de Strati-graphie» l'ordre alphabétique soit substitué à la division par continents;

2) que les articles soient plus simples et plus brefs que dans le modèle proposé par M. WAAGEN, et qu'ils soient réduits à des indica-tions bibliographiques très succintes et purement objectives;

3) qu'il n'y a pas lieu d'établir des tableaux de parallélisme;

4) que le travail ne soit pas distribué par pays, mais qu'il soit confié à des spécialistes compétents pour chaque système ou partie de système;

5) la sous-commission laisse à une commission définitive le soin de prendre toutes les mesures nécessaires à la réalisation du projet par subvention ou par abonnement. Elle lui laisse également le soin de désigner les principaux collaborateurs, le rédacteur et l'éditeur du lexique et la choix de la langue;

6) la commission définitive pourrait être constituée de la manière suivante:

Allemagne: W. BRANCA,
Autriche: L. WAAGEN,
Espagne: J. ALMÉRA,
États-Unis: C. D. WALCOTT,
France: W. KILIAN,
Grande Bretagne: F. A. BATHER,
Italie: C. DE STEFANI,
Portugal et *Suisse:* P. CHOFFAT,
Russie: A. KARPINSKY,
Scandinavie: A. HENNIG.

Ces propositions sont approuvées par le Conseil dans la quatrième séance et par le Congrès dans la séance de clôture.

Beilage A.

Aonschiefer.

1865. Jahrbuch k. k. geol. Reichsanst. S. 473 als »Kalkschiefer mit *Ammonites Aon*» von HERTLE zuerst angewendet, auf den folgenden Seiten (476, 477, 482 etc.) in Aonschiefer abgekürzt. Definition bei HERTLE: oberste Etage der Gösslinger (= Reiflinger) Schichten. Wichtiges Niveau, schon wegen seiner Petrefaktenführung, in den nordwestl. Kalkalpen zwischen Pass Pyhrn und Wien. Es bildet dort den Übergang zwischen der Muschelkalk- und Raibler-Gruppe (s. Schema). Es ist derselbe Schicht-Horizont, welchen STUR (1865. Jahrb. k. k. geol. Reichsanst.; Verhandl. S. 43) als »Niveau der Wengener-Schichten» bezeichnet mit *Ammonites Aon, Halobia Lommeli, Posidonomya Wengensis* und *Avicula globulus*. MOJSISOVICS untersuchte die Cephalopoden neuerdings und bestätigte (1869. Jahrb. k. k. geol. Reichsanst. S. 120), dass dieselben mit jenen der fischführenden Schiefer von Raibl übereinstimmten. Die tieferen hornsteinführenden Kalke der Aonschiefer mit *Halobia Lommeli* gehörten nach MOJSISOVICS seiner Oenischen Gruppe an und zwischen diesen und den oberen Aonschiefern bestehe eine Lücke, welche andernorts durch die Gesteine seiner halorischen Gruppe ausgefüllt würden. — Später wurde von MOJSISOVICS, GEYER, WÖHRMANN und STUR der Name »Aon-Schiefer« zu verdrängen gesucht, indem man dafür den Namen »Trachyceras-Schiefer« (Trachyceraten-Schiefer) zu substituieren suchte, ein Vorgang, der nicht berechtigt ist (vergl. BITTNER, Jahrb. k. k. geol. Reichsanst. 1894, S. 368).

Aonoides-Schichten.

1869. Jahrb. k. k. geolog. Reichsanst. S. 96 von MOJSISOVICS für die höhere Abteilung der Hallstätter Kalke mit *Trachyceras Aonoides* der Umgebung von Ausse und Goisern aufgestellt, später als Zonennamen für einen Teil derselben beibehalten. Dem Horizont nach ungefähr gleichwertig den Aonschiefern (vergl. BITTNER, Jahrb. k. k. geol. Reichsanst. 1894, S. 368, 369).

Arcestes-Studeri-Schichten.

Siehe Schreyeralm-Marmore.

Ardese, Kalk von —.

CURIONI, Memorie del R. Ist. Lombardo, Vol. IX, pag. 211. — Ardese Dorf in der Lombardei, NO von Bergamo. — Der Name ist durch den gebräuchlicheren »Esinokalk« verdrängt, s. d.

Beilage B.

Gliederungs-Schema der alpinen Trias.

Natürl. Haupt-Gruppen.	Nord-Alpen.	Süd-Alpen.	Stufen-Namen.
V. Obere kalkarme Gruppe	Kössener-Schichten.	Kössener-Schichten.	Rhätisch.
IV. Obere Kalk-Gruppe	Dachsteinkalk resp. Hauptdolomit; obertriad. Korallenriffkalk und Hallstätterkalk z. gr. Teil.	Hauptdolomit resp. Dachsteinkalk.	Norisch (Keuper).
	Opponitzer-Kalk.	Torer-Schichten.	Gips-Keuper.
III. Mittlere kalkarme Gruppe	Lunzer-Schichten und Cardita-Schichten.	Raibler-Schichten.	Karnisch (Lettenkohlen-Gruppe).
II. Untere Kalk-Gruppe	Wettersteinkalk, Pertnach-Schichten und Reiflinger-Kalk z. gr. Teil.	Wengener-Cassianer- und Buchensteiner-Schichten, samt Esinokalk. Schlern-Dolomit etc.	Ladinische Gruppe. } Muschelkalk-Gruppe.
	Cephalopoden-Niveau von Reute und Gross-Reifling; Gutensteiner- und Reichenhaller-Kalk.	Prezzo-Kalk und Reccoaro-Kalk. Fossilarmer unterer Muschel-Kalk in Indikarien.	Virgloria Gruppe. } Muschelkalk-Gruppe.
I. Untere kalkarme Gruppe	Werfener-Schiefer.	Werfener-Schiefer.	Bunt-Sandstein.

V. Proposition de *M. G. F. BECKER* concernant l'analyse chimique et mécanique des eaux douces.

Resolved:

That in the opinion of the Congress it is of great importance that systematic analyses should be made of the waters of those large rivers and lakes whose composition is as yet imperfectly known.

It has been found in the United States of America that such water analyses are of immense value; to geologists they are indispensable for the study of chemical denudation and of the great questions depending upon the solvent action of water.

GEORGE F. BECKER.

En l'absence de M. BECKER, M. G. OTIS SMITH, dans la seconde séance (20 Août) du Conseil, expose en quelques mots cette proposition de M. BECKER, qui ne demande pas la nomination d'une commission, mais simplement l'opinion du Congrès au sujet de ces études.

Se conformant à la proposition de M. SMITH, le Conseil propose au Congrès d'émettre les observations suivantes concernant la question présentée par M. BECKER:

Le Congrès, qui comprend assez la portée tant théorique que pratique de la connaissance approfondie de la composition de l'eau douce, invite les délégués des divers pays à faire tous leurs efforts, pour arriver à effectuer, d'après un plan systématique, des analyses chimiques et mécaniques des eaux des grands fleuves et des lacs.

Cette proposition est approuvée par le Congrès dans la séance de clôture.

---

*VI. Proposition de **M. F. BEYSCHLAG** relative à une enquête économique sur les gisements de fer du monde.*

A la seconde séance du Conseil (20 Août) et à la séance générale consacrée à la discussion sur »les moyens de trouver le minerai nécessaire pour la future industrie du fer» (22 Août), M. F. Beyschlag propose une continuation de l'inventaire des ressources du monde en minerai de fer, lequel se trouve dans l'ouvrage »Iron Ore Resources of the World», publié par le Comité exécutif du XI:e Congrès géologique.

Le programme complet de cette nouvelle entreprise se trouve dans la conférence de M. F. Beyschlag: »Entwurf einer neuen wirtschaftlichen Eisenerzinventur» (p. 315).

Sur la proposition de M. F. Beyschlag, une commission, composée de MM. J. F. Kemph, H. Louis, L. de Launay, Th. Tschernyschew, Hj. Sjögren et F. Beyschlag, sera chargée de continuer et de compléter, d'après une méthode uniforme, l'évaluation des ressources du monde en minerai de fer, principalement au point de vue économique.

Cette commission sera complétée par un représentant de l'industrie du fer de chacun des pays suivants: États-Unis d'Amérique, Allemagne, Angleterre, France, Russie et Suède. Ces représentants seront choisis par les grandes Sociétés dans l'industrie du fer des dits pays. Jusqu'à sa constitution définitive, M. Beyschlag s'occupera des affaires de cette commission.

Ces propositions sont acceptées par le Conseil et par le Congrès dans la dite séance générale du 22 Août.

VII. Proposition de M. I. FRIEDLAENDER relative à la création d'un Institut volcanologique.

Dans la seconde séance de la section 1, le 20 Août, M. I. FRIED-LAENDER avait présenté dans les termes suivants le programme complet de sa proposition relative à la création d'un Institut Volcanologique:

« Verehrte Anwesende!

Gestatten Sie mir, dass ich Ihnen eine kurze Mitteilung mache über einen Vorschlag, den ich dem Conseil unterbreitet habe und der, wie ich hoffe, manche Herren dieser Sektion interessieren wird.

Die Vulkanforschung muss sich heute leider immer noch auf die Tätigkeit vereinzelter Forscher und Reisenden beschränken. Eine dauernde und systematische Beobachtung eines einzelnen Vulkans findet nirgends auf der ganzen Welt statt. Auch der Vesuv, an dessen Abhang sich ein Observatorium befindet, wird nicht regelmässig beobachtet. Die Mittel und die wissenschaftlichen Kräfte, über die dieses italienische Institut verfügt, sind dazu durchaus ungenügend. Es gibt in Italien, ebenso wie in anderen Ländern, nur wenige Vulkanologen, und die finanziellen Mittel, die Italien aufwendet, sind nur gering. Es erscheint daher unbedingt nötig, dass sich die Fachgenossen verschiedener Länder vereinigen. Ich schlage daher die Gründung eines Internationalen Instituts für Vulkanforschung vor mit folgendem Programm:

1) Dauernde systematische Beobachtung des Vesuvs während der Ruhepausen und während der Eruptionen. Regelmässige Untersuchung und Analyse der vulkanischen Produkte, insbesondere der Gase.

Regelmässige seismologische Beobachtungen, Temperaturmessungen an den Gasen und an bestimmten Stellen des Gesteins u. s. w.

2) Errichtung der für diese und verwandte Zwecke nötigen Laboratorien und Konstruktion der nötigen Spezialinstrumente.

3) Unterstützung von Vulkanforschern durch Überlassung von Arbeitsplätzen im Institut, durch Verleihung von Instrumenten und durch Gewährung von Stipendien.

Meine Herren! Ich glaube mich nicht in der Annahme zu täuschen, dass Sie alle ein solches Institut für wünschenswert halten. Aber Sie fragen, wo die Mittel herkommen sollen. Wenn man aber sieht, wie viele astronomische Observatorien reiche Mittel erhalten haben, und wenn man bedenkt, dass ausser dem ungeheuren wissenschaftlichen Interesse hier auch ein grosses praktisches Bedürfnis vorliegt, so steht zu hoffen, dass sich die Mittel finden werden. Man muss nur betonen, dass es nicht nur im Bereich der Möglichkeit liegt, sondern in hohem Grade wahrscheinlich ist, dass es bei sorgsamer Beobachtung der Vulkane gelingen wird, aus der Änderung ihrer Tätigkeit in einer Ruhepause nicht nur den Zeitpunkt, sondern auch die Heftigkeit eines neuen Ausbruchs ungefähr vorauszusagen.

Die Beschaffung der Mittel zu dem Institut soll nach meinem Plan durch einen Verein geschehen, dem sowohl Privatpersonen als auch Regierungen sowie auch Akademien und andere Vereine als Mitglieder beitreten können.

Zum Schluss bitte ich alle Fachgenossen, die Interesse an dem geplanten Unternehmen haben, mir dies mitzuteilen und mir Ihre Adressen einzusenden, sowie auch mir etwaige Vorschläge und Anregungen zukommen zu lassen. Meine Adresse ist: I. FRIEDLAENDER, Neapel, Vomero. »

Le même jour, dans la matinée, le secrétaire général avait soumis au Conseil la proposition de M. FRIEDLAENDER (p. 8) et une sous-commission, composée de MM. L. BALDACCI, C. DOELTER et E. ORDOÑEZ et ayant pour objet l'examen préliminaire de la question, avait été nommée. Après avoir mûrement étudié la proposition, la sous-commission se prononce en ces termes:

1) L'Institut volcanologique international devra avoir la forme d'une Société privée, dont pourront faire partie les volcanologues, les personnes qui s'intéressent aux fins de l'Institut, les Sociétés savantes, les Académies, les Institutions analogues, les Gouvernements.

2) Le but de l'Institut est l'étude complète du volcanisme sous les rapports géologiques, minéralogiques, physiques et chimiques.

3) L'Institut sera composé d'un observatoire pour l'observation systématique et continuelle des volcans actifs, de laboratoires spéciaux pour les études physiques et chimiques de tous les phénomènes

volcaniques, et devra posséder tous les instruments appropriés comme p. ex. des séismographes spéciaux pour les régions volcaniques, des thermographes pour la mesure systématique du degré géothermique, les moyens pour les analyses du gaz, etc.

4) L'Institut devra mettre à la disposition des savants tous les moyens d'étude qu'il possède et devra aussi faciliter leurs explorations et leurs études.

5) La ville de Naples, qui se trouve au centre d'un district volcanique classique avec un volcan actif très accessible et qui offre toutes les facilités pour son étude, qui possède une importante Université et qui a des traditions bien établies pour l'étude du volcanisme, sera le siège de l'Institut.

Le 24 Août la proposition de la sous-commission est présentée au Conseil par M. BALDACCI; elle est approuvée par le Conseil et plus tard par le Congrès dans la séance de clôture, le 25 Août.

VIII. *Proposition de M. N. O. HOLST relative à la constitution d'une commission internationale pour l'étude de l'homme fossile.*

»Au XI:e Congrès géologique international.

Parmi tous les fossiles, l'homme fossile est pour l'homme le plus intéressant et le plus important. Considérant ce fait je propose au Congrès de faire constituer une commission internationale en vue d'une collaboration, qui aurait pour but:

1) d'examiner tout ce qui a été fait jusqu'à présent concernant l'homme fossile, et particulièrement tout ce qui touche aux trouvailles les plus anciennes;

2) d'étudier soigneusement les faits importants, qui ont été vérifiés par cet examen antérieur;

2) de présenter une méthode, afin que les trouvailles nouvelles puissent être examinées d'une manière entièrement scientifique et — dans certains cas appropriés — de collaborer à l'examen des découvertes nouvelles et anciennes.»

Stockholm, 18 août 1910.

NILS OLOF HOLST.

Cette proposition est supportée par: MM. H. ARCTOWSKI, M. BLANCKENHORN, W. C. BRÖGGER, F. J. P. VAN CALKER, B. DOSS, F. FRECH, E. GEINITZ, F. HALET, W. VON LOZINSKI, H. MENZEL, A. PENCK, G. STEFANESCU, F. WAHNSCHAFFE.

La proposition de M. HOLST est soumise à la quatrième séance du conseil (24 Août) par le secrétaire général et, à sa demande, une Commission, chargée d'examiner la proposition et de présenter un programme au Congrès prochain est constituée. MM. M. BOULE, W. C. BRÖGGER, K. GORJANOVIĆ-KRAMBERGER, A. RUTOT, W. J. SOLLAS et F. WAHNSCHAFFE sont élus membres de cette commission.

IX. *Lieu de réunion du prochain Congrès.*

A Mexico, lors de la X:e session du Congrès géologique en 1906, les délégués belges émirent le vœu de voir la XII:e session du Congrès se réunir dans leur pays.

M'appuyant sur cette invitation, j'écrivis le 23 Février dernier au Directeur du Service géologique de Belgique, Monsieur MOURLON, lui demandant si les géologues belges et le Gouvernement de Belgique avaient décidé d'inviter officiellement, lors de la session de Stockholm, le Congrès Géologique International à tenir sa douzième assemblée en Belgique.

Ayant renouvelé ma question le 30 Avril, Monsieur MOURLON m'adressa le 12 et 19 Mai deux lettres, m'avertissant que les géologues belges étaient parfaitement disposés à recevoir le Congrès en Belgique, mais que pour différentes raisons il serait peut-être sage de s'informer si aucun autre pays ne désirait recevoir le Congrès.

Me conformant à la proposition de Monsieur MOURLON, j'adressai le 28 et 30 Mai à quelques uns des pays, qui n'avaient pas encore exercé l'hospitalité envers le Congrès, une demande préliminaire, afin de savoir si, dans le cas où la Belgique donnait une réponse négative, ils étaient disposés à recevoir le Congrès.

J'adressai en même temps une nouvelle lettre à Monsieur MOURLON, le priant de me faire savoir exactement quelle était la situation des géologues belges relativement à la question qui nous occupait. Monsieur MOURLON m'écrivit le 4 Juin et le 1 Juillet que l'invitation de la Belgique allait nous être adressée; effectivement elle nous fut envoyée le 28 Juillet et vous la trouverez ci-dessous.

Parmi les pays auxquels la demande avait été adressée, j'ai reçu soit un refus, soit une demande de sursis. Pourtant le 2 Juillet je reçus un télégramme de M. R. W. BROCK, Directeur du Service géologique du Canada, me faisant savoir que les géologues canadiens se proposaient de faire une invitation, laquelle a été envoyée effectivement le 11 du même mois par le »Geological Survey of Canada»; en outre, le Professeur

F. D. Adams nous a adressé une invitation au nom du »Canadian Mining Institute», dont il est Président. Il résulte de la lettre écrite le 25 Juillet par M. Brock, que l'invitation officielle nous sera présentée plus tard.

Après avoir reçu l'invitation de M. Brock, je communiquai à Monsieur Mourlon le 26 Juillet la situation nouvelle où nous nous trouvions. Il eut la bonne grâce de me répondre le 1 Août que les géologues belges, tout en maintenant leur invitation, désiraient laisser au Congrès le soin de décider laquelle des deux invitations serait acceptée pour la XII:e session.

Il résulte donc des deux demandes ci-jointes que le Congrès va avoir à choisir entre les invitations de la Belgique et du Canada.

Stockholm, Août 1910.

J. G. Andersson.

Bruxelles, le 28 Juillet 1910.

A Monsieur le professeur J. G. Andersson,
Directeur du Service géologique de Suède,
Secrétaire général du Comité exécutif de la XI:e Session
du Congrès géologique international,
à Stockholm.

Cher Monsieur et Honoré Collègue,

Les géologues belges, d'accord avec notre Gouvernement, invitent le Congrès géologique international à tenir sa XII:e session en Belgique. En attendant que soit constitué le Comité d'organisation qui aura pour mission d'arrêter définitivement le programme détaillé des séances et des excursions, il est possible dès à présent, d'en tracer les grandes lignes.

Et tout d'abord qu'il me soit permis d'exprimer personnellement un vœu, c'est que nos séances ne soient pas seulement remplies par l'exposé des conclusions et la discussion des rapports originaux imprimés au préalable, mais aussi par l'étude des questions spéciales d'organisation concernant certains de nos Établissements scientifiques dont la visite pourra être faite en vue d'une entente internationale sur certains points à préciser avant l'ouverture de la Session.

Pour ce qui concerne les excursions, étant données la surface relativement restreinte de notre Pays et les facilités de communications qu'il présente tant par les voies ferrées que par celles permettant l'emploi de l'automobile, il sera possible tout en conservant Bruxelles comme centre, de visiter, dans les meilleures conditions, les régions les plus importantes pour la géologie de notre pays.

Les nombreuses tranchées pratiquées aux environs de la Capitale permettront d'étudier la série des dépôts Quaternaires et Tertiaires qui y sont fort bien développés.

Nos dépôts Secondaires feront l'objet d'explorations : pour le Crétacé, aux environs de Mons ainsi qu'aux Caves de Maestricht, et pour le Jurassique, aux environs d'Arlon.

La découverte de notre nouveau bassin houiller de la Campine, dont les sondages et premiers puits seront en voie d'achèvement à l'époque où les congressistes se réuniront chez nous, ne peut manquer d'attirer l'attention de ces derniers, tout au moins sur les affleurements des «morts-terrains» Tertiaires et Quaternaires dont l'étude se poursuit activement, tant en Belgique que dans les pays limitrophes.

L'exploration de notre vallée de la Meuse et de ses affluents permettra d'examiner en détail la succession des puissants dépôts Carbonifères et Dévoniens qui ont fait l'objet d'importantes monographies et de recherches qui s'accentuent de plus en plus dans la voie de la paléontologie stratigraphique.

En même que l'on passera en revue les différentes assises du calcaire carbonifère dans la région classique de Dinant, on pourra visiter les remarquables grottes de Han et de Rochefort, ainsi que les «Abîmes» des environs de Couvin, et constater, sur place, les importants résultats de leur étude approfondie principalement sous le rapport de l'hydrologie souterraine.

Des excursions seront consacrées aux gisements de porphyre des célèbres carrières de Quenast et de Lessines et à l'étude du Siluro-Cambrien de la vallée de la Senne, si intéressante au point de vue tectonique. Il y aura lieu aussi de consacrer un certain nombre d'excursions aux régions métamorphiques de l'Ardenne.

Afin de permettre aux spécialistes d'échanger leurs idées tout au moins sur les points les plus importants, au cours des excursions et des séances, nous nous efforcerons de pouvoir recourir à des traducteurs dans les différentes langues.

Enfin, qu'il nous soit permis, en terminant cet aperçu, d'exprimer un vœu, c'est que la proposition qui sera faite à la session de Stockholm pour qu'à l'avenir les réunions du Congrès n'aient lieu que tous les quatre ans, ne soit appliquée qu'après la XII:e Session, désireux que nous sommes de ne point retarder celle-ci et de la fixer en 1913 qui est aussi la date à laquelle se tiendra l'Exposition universelle et internationale de Gand.

Veuillez agréer, Cher Monsieur et Honoré Collègue, l'assurance de mes sentiments les plus distingués.

M. MOURLON.

Ottawa, July 11th, /10.

Mr J. G. ANDERSSON,
   General Secretary,
      Geological Congress,
         Stockholm 3.

On behalf of the Geological Survey of Canada, I beg to extend to the International Geological Congress a cordial and pressing invitation to hold your next (twelfth) Session in Canada. In 1903 at the Vienna Congress, Canada invited the Congress to hold its Tenth Session here. The invitation could not at that time be accepted. I now repeat this invitation for the Twelfth Session and trust that it will be favourably considered.

For interest and variety, for broadly and characteristically developed geological phenomena and mineral resources, I am confident that the excursions which may be arranged for in Canada cannot be surpassed, if equalled, in any other country. It will afford great satisfaction to Canadian geologists to welcome the Members of the International Congress to Canada and to show them our typical geological and mining provinces. On account of the new railroads now under construction, which are opening up new regions of Canada, it will be possible to arrange for more varied and interesting excursions than ever before.

I have the honour to be,

Sir,

Your obedient servant

R. W. BROCK.

Montreal, 15th July, 1910.

The President,
> International Geological Congress,
>> Stockholm, Sweden.

Sir,

I desire, on behalf of the Canadian Mining Institute, to extend to the International Congress of Geologists a most cordial invitation to hold the Twelfth Session of the Congress in Canada.

I understand that a similar invitation is being forwarded to the Congress by the Government of the Dominion of Canada.

The Canadian Mining Institute has a membership of one thousand gentlemen engaged in the prosecution of mining, with local branches in all portions of the Dominion, and will be very glad if the Congress meets in Canada to co-operate with the Dominion Government in every way, for the purpose of making the Canadian session of the International Geological Congress a successful one.

It would afford the Institute especial pleasure to give the members of the Congress an opportunity to see something of the extensive mining industry which has developed in Canada during recent years.

I have the honour to be, Sir,
Yours very sincerely

FRANK D. ADAMS.
President of the Canadian Mining Institute.

Ottawa, July 25th, '10.

Dr. J. G. ANDERSSON,
> Secretary,
>> International Geological Congress,
>>> Stockholm, Sweden.

Dear Dr ANDERSSON,

An official invitation from the Government of Canada to the International Geological Congress to hold the Twelfth Session in Canada has been transmitted to England to be presented to the Congress by the British Envoy Extraordinary at Stockholm. I have already sent you an invitation on behalf of the Geological Survey and I understand that Dr. ADAMS, President of the Canadian Mining Institute, has extended a cordial invitation on behalf of the Institute which he represents.

Yours truly,
R. W. BROCK.

____

Ottawa, July 11th, 1910.

Prof. J. G. Andersson,
    General Secretary, International Geological Congress,
        Stockholm 3.

      Sir,

It affords me great pleasure, on behalf of the Government of Canada, to extend to the International Geological Congress a cordial invitation to hold its Twelfth Session in Canada. The Government, through its Geological Survey and in other ways will do all that lies in its power to make the occasion one of interest and profit. I know that this invitation will meet with the hearty approval of the various Provincial Governments, and the Scientific and Mining organizations of Canada, and I am confident that the members of the Congress, should they decide to accept this invitation, will find themselves amply repaid for any time and trouble they may give to the investigation of the geology and mineral resources of Canada, than which no country can afford more interesting or varied fields for geological excursions.

Again extending to the Congress a hearty invitation to honour Canada by selecting it as your next meeting place,
    I am,

Yours very truly,
R. CARTWRIGHT.
Acting Minister of Mines.

____

Publications offertes aux membres du Congrès.

Le Comité exécutif du Congrès, quelques savants et institutions offi-
cielles en Suède, ainsi que plusieurs particuliers et institutions scientifiques de l'étranger ont offert aux membres du Congrès un nombre plus
ou moins considérable de publications, soit géologiques, soit de quelque
autre manière intéressantes pour les congressistes. Ces dons étaient:

Du comité exécutif du Congrès:

A. G. NATHORST, Beiträge zur Geologie der Bären Insel, Spitzbergens und des König Karl Landes. Reprinted from Bull. of the Geol.
Instit. of Upsala, Vol. X. Uppsala 1910. (A tous les congressistes.)

Du Service géologique de Suède:

a) A tous les congressistes:

A catalogue of maps and memoirs on Swedish geology, published
by the Geological Survey of Sweden. Stockholm 1910.

b) En un nombre très restreint d'exemplaires:

A. E. TÖRNEBOHM, Geological map of the pre-Quaternary system
of Sweden. 2 feuilles. S. G. U. Ser. Ba, N:o 6.

G. DE GEER, Karte über das spätglaziale Südschweden. 4 feuilles.
S. G. U. Ser. Ba, N:o 8.

S. DE GEER, Map of landforms in the surroundings of the great
Swedish lakes. S. G. U. Ser. Ba, N:o 7.

Sveriges Geologiska Undersöknings Årsbok 1909.

H. MUNTHE, Studier öfver Gottlands senkvartära historia. S. G. U.
Ser. Ca, N:o 4. Stockholm 1910.

A. GAVELIN och A. G. HÖGBOM, Norra Sveriges issjöar. S. G. U.
Ser. Ca, N:o 7. Stockholm 1910.

Die Gletscher Schwedens im Jahre 1908. S. G. U. Ser. Ca, N:o 5.
Stockholm 1910.

De l'Académie Royale suédoise des Sciences:

Swedish Arctic and Antarctic Explorations 1758—1910. Bibliography by J. M. HULTH. K. Svenska Vetenskapsakademiens Årsbok 1910, Bilaga 2. (A tous les congressistes.)

Du Svenska Turistföreningen (Association suédoise des touristes): La Suède pittoresque (Collection de photogrammes de paysages suédois). Stockholm 1910. (Aux membres étrangers du Congrès.)

Du Conseil municipal de la ville de Stockholm:

Stockholm, quelques données statistiques. Stockholm 1910. (A tous les congressistes.)

De la Société géologique d'Allemagne:

Die Klimaveränderungen in Deutschland seit der letzten Eiszeit. Sonderabdruck aus der Zeitschrift der Deutschen geologischen Gesellschaft, Bd. 62 (1910), Heft II. (A tous les congressistes.)

Du Service géologique du Grand-Duché de Hesse:

R. LEPSIUS, Die Einheit und die Ursachen der diluvialen Eiszeit in den Alpen. Abhandl. der Grossh. hessischen geologischen Landesanstalt, Bd. V, H. 1. Darmstadt 1910. (En grand nombre d'exemplaires).

Du Department of Mines, Canada (en un nombre restreint d'exemplaires):

Report on the Mining and Metallurgical Industries of Canada, 1907—08. Ottawa 1908.

G. A. YOUNG, A descriptive sketch of the Geology and Economic Minerals of Canada. Ottawa 1909.

E. HAANEL, Report on the Investigation of an Electric Shaft Furnace, Domnarfvet, Sweden. Ottawa 1909.

Production of Natural Gas and Petroleum in Canada, 1907 and 1908. Ottawa 1909.

J. Mc LEITH, Mineral Production of Canada during 1907 and 1908. Ottawa 1910.

E. LINDEMAN and G. C. MACKENZIE, Iron Ore Deposits of the Bristol Mine, Pontiac County, Que. Ottawa 1910.

Summary Report of the Mines Branch, 1909. Ottawa 1910.

Du Service géologique de Canada:

Notes on Canada. Ottawa 1910. (Une petite brochure écrite pour le Congrès et présentée en grand nombre.)

De la Commission géologique et de la Société de géographie de Finlande:

J. J. SEDERHOLM, Les roches préquaternaires de la Fennoscandia. Helsingfors 1910.

De M. Ch. D. Walcott, Directeur de la Smithsonian Institution Washington:

CH. D. WALCOTT, Abrupt Appearance of the Cambrian Fauna on the North American Continent. Smithsonian Miscellaneous Collections Vol. 57, No. 1. Washington 1910. (Un nombre restreint d'exemplaires.)

De M. F. Katzer, Conseiller de l'Administration des Mines, Directeur du Service géologique de Bosnie et Herzégovine:

F. KATZER, Die Eisenerzlagerstätten Bosniens und der Herzegowina. Berg- und Hüttenmännisches Jahrbuch der k. k. montanistischen Hochschule zu Leoben und Příbram, 58 Bd. 1910. (N'est arrivé qu'après le Congrès; on peut se le procurer en s'adressant au Professeur J. G. ANDERSSON, Stockholm 3.)

De Don Julio De Lazurtegui, Bilbao:

J. DE LAZURTEGUI, Ensayo sobre la cuestión de los minerales de hierro, ayer, hoy y mañana. Bilbao 1910. (2 ex.)

De M. Ph. Negris, Athènes:

PH. NEGRIS, Les terrasses du nord du Péloponnèse et la régression quaternaire. Athènes 1910. (Un nombre restreint d'exemplaires.)

De M. le Professeur Hj. Sjögren, Stockholm:

Bulletin of the Geological Institution of the University of Upsala Vol. X. Uppsala 1910.

Index à ce Bulletin, Vol. I—X (1893—1910). Uppsala 1910.

(Distribué à un grand nombre de congressistes.)

De M. le Dr. Hj. Lundbohm, Directeur des Mines de Kiruna Gellivare:

The Lapps. Stockholm 1910. (Collection de photographies de Lapons. Offert à tous les visiteurs de Kiruna.)

De M. le Professeur R. Kjellén, Göteborg:

R. KJELLÉN, Sveriges jordskalf (Les tremblements de terre en Suède). Göteborg 1910. (Un nombre restreint d'exemplaires.)

De M. Max Weg, éditeur, Leipzig:

Antiquariats-Katalog: Skandinavien und die arktischen Länder, Antarktis. Leipzig 1910. (A tous les congressistes.)

Expositions du Congrès.

Pendant la Session, la plus grande partie des collections géologiques
faites par les géologues suédois, était exposée dans les musées publics:
Musée du Service géologique de Suède; les sections zoopaléontologiques
et paléobotanique du Musée d'Histoire naturelle; les institutions géologique et minéralogique de l'Université de Stockholm; les institutions
géologiques des Universités d'Uppsala et de Lund.

Cependant, comme dans ces musées on n'avait pas pu trouver la
place nécessaire pour installer certaines collections présentant un intérêt
spécial pour les congressistes, ces collections formaient des expositions
séparées et d'une nature temporaire.

1. *L'exposition polaire*, dans les salles de l'École Technique (touchant
au local du Service géologique de Suède), sous la direction de M.
L. von Post.

2. *L'exposition montrant l'histoire du développement des tourbières
de Suède*, également à l'École Technique, arrangée par M. R. Sernander.

3. *L'exposition des plans et instruments d'arpentage souterrains*, au
«Jernkontoret», organisée par M. F. R. Tegengren.

Les organisateurs respectifs de chacune de ces expositions en ont
donné des rapports qu'on trouvera plus loin.

En outre, dans plusieurs districts miniers ou locaux visités au cours
des excursions, on avait arrangé des expositions appropriées. La plus
importante était celle que le Dr. Hj. Lundbohm avait organisée à Kiruna
illustrant la géologie des districts miniers de la province de Norrbotten.
On trouve dans le compte rendu des Excursions A 2 et A 3 quelques
détails sur cette exposition.

Die Polarausstellung.

Neben seiner Aufgabe, das regulierende und normgebende Vereinigungsband zwischen den Geologen der ganzen Welt zu sein, hat der internationale Geologenkongress seine nicht geringste Bedeutung dadurch, dass bei jeder Session die Geologie eines bestimmten Landes dem internationalen Publikum in einer mehr als gewöhnlich übersichtlichen und assimilierbaren Form vorgelegt wird. Auch hat die Entwickelung des Kongresses eine bestimmte Tendenz gezeigt, die Geologie des Wirtslandes mehr und mehr auf dem Programm dominieren zu lassen, nicht zum wenigsten dadurch, dass immer längere Zeit für Exkursionen angesetzt und immer grössere Sorgfalt auf die Vorbereitung derselben verwendet worden ist.

Als die Geologen Schwedens den Kongress zu einer Session nach Schweden einluden, war man sich von vornherein darüber klar, dass die Repräsentationspflicht Schwedens nicht nur die Geologie unseres eigenen Landes umfasste, sondern auch die der ausserschwedischen Gebiete, deren geologischer Bau durch schwedische Forscher klargestellt worden ist. Im Hinblick hierauf liess man die Reihe der Exkursionen durch eine dreiwöchentlige Fahrt nach Spitzbergen beginnen.

Und ferner: von einer grösseren Anzahl arktischer und antarktischer Länder haben schwedische Expeditionen bedeutende geologische Sammlungen heimgebracht, die an die meisten unserer grösseren geologischen Museen verteilt sind. Indessen ist es infolge der Raumbeschränktheit der festen Museen nicht möglich gewesen, auf eine würdige Weise dauernd dieses reiche Material auszustellen. Das Exekutivkomitee beschloss daher, es in einer vorübergehenden Ausstellung dem Kongress vorzulegen.

Für eine solche Ausstellung bewilligte der schwedische Reichstag 1909 eine gewünschte Summe von 5 000 Kronen, ferner genehmigte die Kgl. Akademie der Wissenschaften das Gesuch des Exekutivkomitees, aus dem Naturhistorischen Reichsmuseum die in dessen Besitz befindlichen, von schwedischen Polarexpeditionen heimgebrachten Sammlungen entleihen zu dürfen. Das Komitee beauftragte darauf den Unterzeichneten, in einem Lokal, das die Technische Schule in entgegenkommender

Weise kostenfrei zur Verfügung gestellt hatte, die *Ausstellung des Geologenkongresses* anzuordnen. Während des grösseren Teils der Vorbereitungszeit stand mir als Assistent Herr Cand. Phil. CARL CARLZON zur Seite.

Es war der Wunsch des Exekutivkomitees gewesen, dass die Ausstellung nicht nur alle wichtigeren, von Schweden aus untersuchten arktischen und antarktischen Arbeitsgebiete umfassen, sondern ausserdem auch Sammlungen darbieten sollte, die sich an die Exkursionen des Geologenkongresses in Schweden anschlössen. Die letztere Abteilung war indessen völlig auf die Unterstützung der betreffenden Exkursionsleiter angewiesen und musste, da diese aus verschiedenen Anlässen dem Plan nicht das erwartete Interesse entgegenbrachten, vom Programm gestrichen werden. Nur die Partie »*Die Torfmoore Schwedens*» kam zur Ausführung, erhielt aber den Charakter einer selbständigen, sich an die der Agrogeologenkonferenz anschliessenden Ausstellung, über die deren Anordner Prof. SERNANDER einen besonderen Bericht erstattet. (S. 203.)

Die Ausstellung des Geologenkongresses wurde also zu einer ausschliesslichen *Polarausstellung*. Während der Vorbereitungen erwies es sich indessen ziemlich bald als vorteilhafter, den beschränkten Raum, der zur Verfügung stand, nicht auf das ganze grosse arktische und antarktische Material zu zersplittern, sondern statt dessen zu versuchen, soweit als möglich erschöpfende Darstellungen der Gebiete zustande zubringen, die von schwedischen Geologen mehr oder weniger monographisch untersucht worden waren, nämlich *Spitzbergen* mit seinen Nebenländern, *Beeren Eiland* und *König Karls Land*, sowie *Westantarktis* mit ihren geologischen Analogien auf den benachbarten Inselgruppen und im südlichsten Südamerika. Im Anschluss hieran wurde auch eine Sammlung zur Erläuterung der Geologie der *Falklandsinseln* mitgenommen. Weggelassen mussten dagegen werden die Sammlungen von ADOLF ERIK NORDENSKIÖLDS und NATHORSTS Expeditionen nach *Grönland*, von NORDENSKIÖLDS Fahrten nach der *Mündung des Jenisei* und nach *Novaja Semlja* (1875 und 1876), von der *Vega-Expedition* u. s. w.

An der Darleihung des ausgestellten Materials waren die meisten der grösseren geologischen Museen des Landes beteiligt, nämlich

die *zoopaläontologische, paläobotanische* und *mineralogische Abteilung des Naturhistorischen Reichsmuseums,*

das *geologisch-mineralogische Institut der Universität Uppsala, die geologischen und mineralogischen Institute der Universität Stockholm,*

das geographische Institut der Universität Göteborg sowie
die Geologische Landesanstalt Schwedens.

Ausserdem waren für die Ausstellung gütigst zur Verfügung gestellt worden:

von Herrn Prof. A. G. NATHORST: Sammlungen der schwedischen Spitzbergen-Expedition 1898,

von Herrn Prof. OTTO NORDENSKJÖLD: diejenigen Teile des Materials der schwedischen antarktischen Expedition 1901—1904, die noch nicht den betreffenden Museen übergeben worden waren, sowie

von den Herren CARL SKOTTSBERG, P. D. QUENSEL und T. HALLE: Serien von Gesteinen und Fossilien von der schwedischen Magelhaëns-Expedition 1907—1909 her.

Es ist mir ein Vergnügen, ferner konstatieren zu können, dass der Ausstellung von allen Seiten, die um Beistand angegangen werden mussten, wohlwollendes und wirksames Interesse entgegengebracht worden ist. So überliess der *Schwedische Touristenverein* seine schöne Sammlung von antarktischen und arktischen Photographien; die *Bibliothek der Kgl. Akademie der Wissenschaften,* die *Lithographische Anstalt des Generalstabes,* die *Verlagsbuchhandlung Beijer* u. a. stellten kostenfrei die in der Ausstellung ausgelegte Litteratur zur Verfügung, das *Nordische Museum* eine Büste von A. E. NORDENSKJÖLD, Frau Baronin ANNA NORDENSKIÖLD einige von ihrem Gemahl auf Spitzbergen angewandte Instrumente u. s. w., Herr Bildhauer CARL MILLES ein Exemplar seiner Gruppe »Plesiosaurien«, die *Stadt Stockholm* Dekorationspflanzen, sowie die *Aktiengesellschaft Nordiska Kompaniet* das erforderliche Meublement. Schliesslich ist es mir eine angenehme Pflicht, den Herren Professoren A. G. NATHORST, G. DE GEER, O. NORDENSKJÖLD, J. G. ANDERSSON, C. WIMAN, Privatdozenten P. QUENSEL und TH. HALLE und Cand. B. HÖGBOM meine grosse Dankbarkeit für ihren wertvollen Beistand beim Zusammenbringen und Aufstellen gewisser Ausstellungspartien zu bezeugen.

Wie der Plan Fig. 1 zeigt, war die Polarausstellung in zwei Sälen von bzw. 101 und 195 m² Fussbodenfläche untergebracht. Der eine der Säle beherbergte die antarktischen (nebst südamerikanischen) Sammlungen, der andere die von Spitzbergen mit Nebenländern. Hierzu kam ein *Konversationszimmer* dekoriert mit der obenerwähnten Photographiensammlung und die Ausstellungslitteratur enthaltend.

»*Der antarktische Saal*» enthielt vollständige Serien von Gesteinen und Fossilien von der schwedischen antarktischen Expedition 1901—1904 her sowie ausgewählte Teile der Sammlungen von OTTO NORDENSKJÖLDS und CARL SKOTTSBERGS Expeditionen nach *Patagonien*, dem *Feuerlande*, den *Falklandsinseln* und *Südgeorgien*. Ausserdem lag, dank der Vermittelung Prof. O. NORDENSKJÖLDS, eine Sammlung Gesteinen von den Südsandwichinseln her vor, heimgebracht von Kapitän C. A. LARSEN. Betreffs der Anordnung der Ausstellungsgegenstände im einzelnen sei auf den Plan (Fig. 1) verwiesen.

An das geologische Material schloss sich eine Serie von Karten an, unter denen sich, ausser mehreren vorher veröffentlichten (von O. NORDENSKJÖLD und J. G. ANDERSSON aus Grahams Land), die von J. G. ANDERSSON für den Kongress ausgearbeitete *Tiefenkarte über den Südatlantischen Ozean*, TH. HALLES *geologische Karte über die Falklandinseln* und P. D. QUENSELS *petrographische Übersichtskarte von Patagonien* befanden.

»*Der Spitzbergensaal*» enthielt das in Form von geologischen Sammlungen vorliegende Resultat der Beiträge Schwedens zur systematischen Erforschung Spitzbergens. Einige kurze Andeutungen über den Umfang und Verlauf der schwedischen Spitzbergenforschung mögen hier Platz finden.[1]

Schon 1758 wurde Spitzbergen von einem schwedischen Naturforscher besucht, dem Schüler Linnés ANTON ROLANDSSON MARTIN, und seit 1837, wo SVEN LOVÉN mit seiner Fahrt nach der Westküste Spitzbergens die Reihe der wissenschaftlichen Forschungsreisen eröffnete, haben (bis 1910) nicht weniger als 26 grössere und kleinere schwedische Expeditionen, darunter 3 überwinternde, an der Kartierung und allseitigen Erforschung Spitzbergens gearbeitet. Die Gesamtkosten für diese Expeditionen belaufen sich auf mehr als $1^{1}/_{2}$ Millionen Kronen, und an ihnen hatten bis zum Jahre 1910 mehr als 100 schwedische Naturforscher, Ärzte und Offiziere teilgenommen, unter anderen die Geologen J. G. ANDERSSON, C. W. BLOMSTRAND, G. DE GEER, STEN DE GEER, A. HAMBERG, B. HÖGBOM, A. G. NATHORST, G. NAUCKHOFF, A. E. NORDENSKIÖLD, G. NORDENSKIÖLD, O. TORELL, C. WIMAN und P. ÖBERG. Die wissenschaftlichen Ergebnisse der schwedischen Spitzbergenexpeditionen sind leider bei weitem nicht

---

[1] Vgl. Swedish Explorations in Spitzbergen 1758—1908, Ymer, Bd. 29 (1909) sowie Swedish arctic and antarctic Explorations 1758—1810, K. Vet.-Akad. Årsb. 1910 Bil. 2.

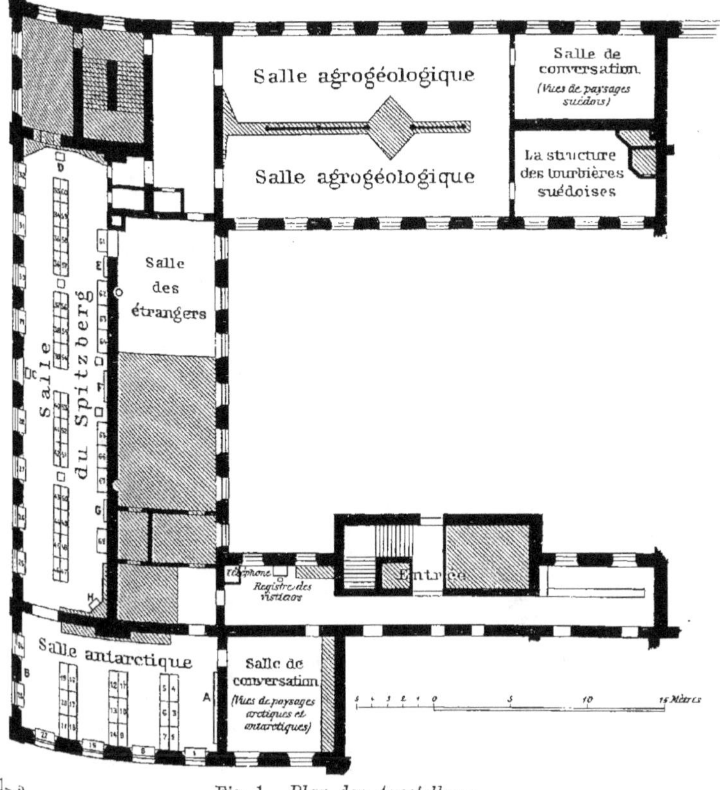

Fig. 1. *Plan der Ausstellung.*

1—2.   Graham Land: Jura.
3—8.   »   : Kreide.
9—12.   »   : Tertiär.
13—16. Patagonien und das Feuerland: Jura-Tertiär.
17.   Graham Land, Südsandwichinseln: Andine Eruptive.
18.   Süd-Georgien.
19—22. Patagonien: Andine Gesteine.
23—24. Falklandsinseln.
25.   Beeren Eiland: Silur (Hecla Hook).
26—27.   »   : Oberdevon.
28.   »   : Mittelkarbon.
29—30.   »   : Oberkarbon.
31—32.   »   : Trias.
33.   Spitzbergen: Grundgebirge.
34.   »   :   »   und Hecla Hook.
35.   »   : Hecla Hook und Devon.
36.   »   : Devon.
37.   »   : Unterkarbon (Kulm).
38—42.   »   : Oberkarbon.
43.   »   : Perm.
44—50.   »   : Trias.
51—54.   »   : Jura.
55.   »   : Diabase und tertiäre Gesteine.

56—60. Spitzbergen: Tertiär.
61.   Belegstücke zu dem Vortrag A. G. NATHORSTS: »Sur la valeur des flores fossiles des régions polaires comme preuves des climats géologiques.»
62.   Kung Karls Land: Jura.
63.   »   :   » und Kreide.
64—66.   »   : Kreide.
67.   Basalte.
68.   Fossilienführende arktische Quartärablagerungen.
A.   Tiefenkarte des Südatlantischen Ozeans, von J. G. ANDERSSON.
B.   Geologische Karte von Patagonien, von P. D. QUENSEL.
C.   A. E. NORDENSKIÖLD (1880).
D.   Plesiosaurien, von dem Bildhauer CARL MILLES.
E.   Schichtenfolge der Karbonablagerungen Spitzbergens, von B. HÖGBOM.
F.   Geologische Karte von Spitzbergen, von G. DE GEER.
G.   Übersicht der geologischen Systeme auf Spitzbergen.
H.   Höhen- und Tiefenkarte des Eisfjords. Karten über einige Gletscher Spitzbergens, von G. DE GEER.

vollständig veröffentlicht. Doch liegen gegen 400 grössere und kleinere Abhandlungen, unter diesen ungefähr 70 geologischen Inhalts, vor.

Der Plan, der der Arbeit der schwedischen Expeditionen auf Spitzbergen dauernd zugrunde gelegen hat, war bereits vor Ausgang des dritten Viertels des vergangenen Jahrhunderts in seinen Hauptzügen von A. E. NORDERSKIÖLD abgesteckt worden, dessen »*Utkast till Spetsbergens geologi*» vom Jahre 1866 noch für die Forschungen der letzten Jahrzehnte über die Geologie der Inselgruppe die Grundlage gebildet hat. Es war also nur eine gebührende Huldigung, die dem Gedächtnis des genialen Begründers der schwedischen Spitzbergenforschung dargebracht wurde, wenn seine Büste, umgeben von den beiden Namenstafeln, die die schwedischen Spitzbergenexpeditionen und die Teilnehmer an denselben angaben, an der einen Längswand des Spitzbergensaales, gerade gegenüber der grossen geologischen Karte über Spitzbergen, aufgestellt wurde. Die Ausschmückung des Saales bestand im übrigen aus MILLERS' Plesiosauriengruppe sowie Bäumen (*Ginkgo, Magnolia, Hedera* u. s. w.), alle Arten, von denen nahe Verwandte einmal der Flora Spitzbergens angehört haben.

Die Sammlungen des Spitzbergensaals beabsichtigten, wie gesagt, die Geologie nicht nur des *eigentlichen Spitzbergens*, sondern auch von *Beeren Eiland* und *König Karls Land* zu veranschaulichen.

Die Sammlungen von *Beeren Eiland* (Silur, Devon, Karbon und Trias) waren von A. G. NATHORSTS Expedition 1898 und vor allem von J. G. ANDERSSONS Expedition 1899 zusammengebracht worden und nahmen eine Schaukastenfläche von 7,2 m² ein. Besondere Erwähnung verdienen die Fossilien aus dem silurischen Tetradiumkalk, die einzigen sicheren Fossilien, die bisher innerhalb der sog. Hecla Hook-Formation angetroffen worden sind, die Originale zu J. BÖHMS Arbeit »*Über die obertriadische Fauna der Bären-Insel*» sowie die reichen Sammlungen C. mittel- und oberkarbonischer Brachiopoden, mit deren Bearbeitung WIMAN noch beschäftigt ist.

Die Sammlung von König Karls Land (Jura und Kreide; Ausstellungsfläche 6,3 m²) rührte in ihrer Gesamtheit von NATHORSTS Expedition 1898 her; sie bestand hauptsächlich aus dem Originalmaterial zu J. F. POMPECKJS in Ausarbeitung befindlicher Beschreibung der von dieser Expedition heimgebrachten Jura- und Kreidefossilien. Ausgestellt war ferner das Material zu A. HAMBERGS Aufsatz über die Basalte von König Karls Land.

Die Ausstellungsabteilungen über Beeren Eiland und König Karls Land wurden durch Wandtafeln illustriert, welche die Karten, Profile und Schichtfolgenübersichten wiedergeben, die NATHORST und J. G. ANDERSSON für die genannten Gebiete publiziert haben.

Die Ausstellung über das eigentliche Spitzbergen nahm eine Schaukastenfläche von insgesamt 25,2 m² ein. Ein detaillierter Bericht über das ausgestellte Material kann hier nicht in Frage kommen. Es möge genügen, zu erwähnen, dass unter demselben so gut wie sämtliche Originalexemplare zu den bisher veröffentlichten Abhandlungen über die fossilen Faunen Spitzbergens sich fanden, wie zu RAY LANKE-

Fig. 2. Die Polarausstellung: der Spitzbergensaal.

STERS und SMITH WOODWARDS über *devonische Fische*, KAYSERS über die *devonische Fauna von Grey Hook* und JONES' über *devonische Ostrakoden*, DUNIKOVSKIS und HINDES über *permokarbonische Spongien*, GOES' sowie STAFFS und WEDEKINDS über *oberkarbonische Foraminiferen (Fusulinen)*, LUNDGRENS über die *permischen Faunen von Bellsund*, LINDSTRÖMS, ÖBERGS, LUNDGRENS und MOJSISOVICZ' über die *Evertebraten in Trias und Jura*, HULKES und WIMANS über *triadische Labyrinthodonten und Ichthyo-saurien* sowie FUCHS' über *tertiäre marine Muscheln*. Die sehr schöne, von C. WIMAN bearbeitete Sammlung *karbonischer Brachiopoden* schien berechtigte Aufmerksamkeit auf sich zu ziehen, und ebenso das von

Spitzbergen herrührende Material zu POMPECKJS obenerwähnter Abhandlung.

Da die fossilen Floren Spitzbergens vollständig genug in der paläobotanischen Abteilung des Reichsmuseums ausgestellt sind, waren hier nur die von allgemeinem geologischem Gesichtspunkt aus wichtigsten Typen hervorgelegt worden. Dagegen wurde eine vollständige Serie von den Tafeln zu OSWALD HEERS und A. G. NATHORSTS paläobotanischen Arbeiten über Spitzbergen und Beeren Eiland ausgestellt, und überdies konnten wir, dank dem Entgegenkommen Herrn Prof. NATHORSTS, die

Fig. 3. Die Polarausstellung: der Spitzbergensaal mit der Plesiosaurien-Gruppe von C. MILLES.

Ausstellung mit den Originalzeichnungen zu seiner noch ungedruckten Beschreibung von Trias- und Jurapflanzen aus den Sammlungen der Expedition von 1898 sowie zu seiner gleichfalls noch nicht veröffentlichten Monographie über die reiche Tertiärflora Spitzbergens schmücken.

Von den ausgestellten Tafeln seien erwähnt eine nach G. DE GEERS Konzeptkarten ausgearbeitete *geologische Karte von Spitzbergen*, mehrere *Profile* nach Originalen von A. E. NORDENSKIÖLD, C. W. BLOMSTRAND, A. G. NATHORST, G. DE GEER, G. NORDENSKIÖLD und B. HÖGBOM, G. DE GEERS Karte über die *Vereisung Ostspitzbergens während der Eiszeit*, G.

NORSELIUS' *Tiefenkarte des Eisfjordes* mit der Topographie der Ufer nach G. DE GEER, sowie eine Gruppe von G. DE GEERS im Massstabe 1 : 20 000 ausgeführten *Detailkarten über Gletscher im Eisfjord und Hornsund*.

In einem kleineren Saal, »*der Fremdensaal*«, zwischen der Polarausstellung und der Ausstellung der Agrogeologenkonferenz, waren Sammlungen und Gegenstände plaziert, die von ausländischen Kongressmitgliedern eingesandt worden waren, nämlich:

1. Von Prof. T. W. EDGEWORTH DAVID, Sydney, eine Sammlung antarktischer Gesteinsarten u. s. w., heimgebracht von der englischen Südpolarexpedition (1907—1909) unter Sir ERNEST SHACKLETON.

2. Von Prof. Dr. N. V. USSING, Köbenhavn, eine Serie von Gesteinen sowie Profile und Photographien aus dem Lujavrit-Gebiet bei Julianehaab, Südgrönland.

3. Von Prof. Dr. E. KÜHN, Berlin, sein Apparat zur Veranschaulichung der Lage geologischer Schichten im Raume (Schichtweiser) [vgl. Ztschr. f. prakt. Geol. Bd. XVII (1909), S. 325].

4. Von Ing. de Minas RAMÓN ADAN DE YARZA, Madrid, Mapa petrográfico de Vizcaya. Escala de 1 : 100 000.

5. Von *Consorzio Antifillosserico Bresciano*, Brescia, Studio geologico-viticolo dei terreni delle plaghe della provincia di Brescia dove più estesamente è coltivata la vite.

6. Von M. LÉON DESBUISSONS, *La Vallée de Binn*, Lausanne 1909. Avec une carte topographique et minéralogique au 1 : 60 000.

7. Von Mr. W. T. HUME, Giza, Ägypten, Geological Map of Egypt, im Massstabe 1 : 1 000 000.

8. Von Prof. Dr. JOH. KOENIGSBERGER, Freiburg i. B., Geologische und mineralogische Karte des östlichen Aarmassivs von Disentis bis zum Spannort, mit Erläuterungen. Freiburg i. B. und Leipzig 1910.

9. Von Dr. W. KOERT, Kgl. Bezirksgeologe, Berlin, Karte von Togo, mit Begleitworten.

10. Von Prof. Dr. R. LEPSIUS, Darmstadt, seine geologische Karte von Deutschland in 27 Blättern sowie als Text dazu seine Geologie von Deutschland (2 Bände).

11. Von Fürst Albert I von Monaco, Topographische Karte im Massstab 1 : 100 000 von Nordwestspitzbergen, von G. Isachsen u. A. während den Expeditionen 1906 und 1907 vermessen.

12. Von M. Francisco Luiz Pereira de Sousa, Lisboa, Effeitos do Terremoto de 1755 nas construcções de Lisboa. Lisboa 1909.

13. Von MM. G. Ramond et G. Dollfus, Paris, Géologie du Spitzberg à propos de la mission de »la Manche». Extrait de la »Feuille des jeunes Naturalistes». Rennes-Paris 1894.

14. Von Carl Winters Universitätsbuchhandlung, Heidelberg, Steinmann und Wilkens, *Handbuch der regionalen Geologie*, die 3 bis dahin herausgekommenen Hefte.

Die Ausstellung stand programmässig am 20. Juli bereit, den Vortrupp des Kongresses, die Spitzbergenfahrer, zu empfangen, denen die Spitzbergensammlungen am 24. und 25. Juli von den Herren Prof. Nathorst und De Geer demonstriert wurden. Danach war dieselbe täglich den Kongressteilnehmern zugänglich, während der Zeit von 15.—27. August sowie an den Tagen vor der Abreise der grösseren Exkursionen von 9 Uhr vm. bis 6 Uhr nm. Etwa 450 Personen schrieben sich in das im Vorzimmer ausgelegte Buch ein. Die durchschnittliche Anzahl Besucher betrug während der Kongresswoche 55 täglich, die Höchstzahl 88. Am 18. August findet sich unter den Namen der übrigen Besucher der Namenszug Gustaf Adolf, der Kronprinz von Schweden und Ehrenvorsitzender des Kongresses.

In an die Ausstellungsräumlichkeiten angrenzenden Lokalen wurde den Kongressteilnehmern Gelegenheit geboten, fennoskandische Mineralien und Gesteinsarten einzukaufen, die von den Präparatoren A. R. Andersson, Uppsala, J. P. Lönnblad, Stockholm, und Fr. Holmström, Hälsingfors, feilgehalten wurden.

L. von Post.

Ausstellung zur Beleuchtung der Entwickelungsgeschichte der schwedischen Torfmoore.

Auf meinen Vorschlag beschloss das Exekutivkomitee des Kongresses, eine Ausstellung von Präparaten, Tabellen und Karten betreffs schwedischer Torfmoore und ihrer Entwickelungsgeschichte zu veranstalten, wobei mir der Auftrag zuteil wurde, dieselbe zu ordnen. Für die Zwecke der Ausstellung wurde ein grosses zweifenstriges Zimmer, vor der agrogeologischen Ausstellung gelegen, zur Verfügung gestellt. Am 19. August konnte die Abteilung »Les tourbières de la Suède» für die Teilnehmer des Kongresses eröffnet werden.

Da die angrenzende agrogeologische Ausstellung auch eine kleine Abteilung über schwedische Moore, angeordnet von dem Schwedischen Moorkulturverein als Aussteller, enthielt, konnte ich sogleich auf eine glückliche Weise den Umfang meiner Abteilung begrenzen. Dieser Verein hatte sich nämlich, in Übereinstimmung mit seinem Arbeitsprogramm, ausser der direkt praktischen Aufgabe, die agrikulturelle und technische Anwendung der Moore zu zeigen, das Ziel gesteckt, schwedische Moore und Versuchsfelder durch photographische Bilder, die verschiedenen Torfarten, ihre geographische Verbreitung, die Verteilung der Sümpfe und Moore sowie gewisse Spezialitäten, wie die Tiefe des Gefrierens, Feuerspuren in den Torfarten, die Wachstumsgeschwindigkeit des *Sphagnum*-Torfes u. s. w. zu demonstrieren. Mit dieser reichhaltigen und schönen Abteilung als Komplement konnte ich mich dafür auf die Probleme konzentrieren, die innerhalb der rein wissenschaftlichen Torfmoorforschung des Nordens gerade jetzt am aktuellsten sind. Diejenigen von diesen Problemen, welche die Ausstellung besonders illustrierte, waren folgende:

I. Übersicht über die pflanzengeographische Entwickelung Schwedens und Nordeuropas, wie sie in der Stratigraphie der Torfmoore zum Ausdruck gekommen ist.

II. Die Regionverschiebungen während der postglazialen Wärmezeit.

III. Archäologische Torfmoorfunde und ihr Platz in der Schichtenfolge.

Südschweden während der rezenten und postglazialen Zeit.

Klimaperioden.	Entwickelung der Ostsee (nach MUNTHE).	Die hauptsächlichsten archäologischen Perioden.	Allgemeine Entwickelung der Vegetation.
Subatlantische Periode. Feuchtes und besonders im Anfang kaltes Klima.	(Limnæazeit).	Geschichtliche Zeit. Eisen-Zeitalter.	Die Pflanzen des Norrlands wandern südwärts.
Subboreale Periode. Trockenes und warmes Klima wie im mittleren Russland.	Litorinazeit.	Bronze-Zeitalter. Ganggräber-Zeit.	Xerothermische Pflanzenformationen mit *Stipa* u. s. w. (In Norrland steigt die Baumgrenze an, *Corylus* reicht weit über die heutige Grenze hinauf.) Einwanderung von *Picea excelsa* und *Fagus silvatica.*
Atlantische Periode. Maritimes und mildes Klima, wahrscheinlich mit warmem und langem Herbst.		Dolmengräber-Periode. Periode der Kjökkenmöddings. Periode von dem »Magle-Moor».	Reiche Laubwälderflora mit vorherrschend *Quercus pedunculata* und *Tilia parvifolia.*
Boreale Periode. Trockenes und warmes Klima.	Ancyluszeit.		Einwanderung der Eiche in Scano-Dania.
»Subarktische Periode» von BLYTT. Klimatische Verhältnisse mehr oder minder unbestimmt.			*Pinus silvestris*-Wälder, nicht selten mit *Ulmus montana*, *Corylus* u. a., die vorherrschende Waldvegetation. *Pinus silvestris* wandert in Skåne ein; voraus geht eine schmale Zone von *Betula odorata*-Wäldern.
Arktische Periode. In Skåne ein Klima gleich dem von Mittelgrönland.	Yoldiazeit.		Dryas-Flora; Wasservegetation verhältnismässig reich.

IV. Die Entwickelungsgeschichte der Hochmoore mit besonderer Rücksicht auf die Regeneration.

V. Die postglaziale Entwickelungsgeschichte der schwedischen Seen mit besonderer Berücksichtigung der Niveauveränderungen und Verlandungstypen.

Hinzu kamen zwei Abteilungen:

VI. Ausstellung aktueller Litteratur betreffs der nordischen Moore.

VII. Schaustücke und Profilzeichnungen von Kalktuffen und *Dryas*-Tonen, die während der Kongressexkursionen besucht wurden.

I.

Diese Abteilung bestand aus zwei grossen Tabellen, von denen die eine hier (S. 204) wiedergegeben wird, die andere aus der Tabelle S. 472 in DE GEER and SERNANDER, On the evidences of late Quarternary changes. Geolog. Föreningens Förhandl. 1908, bestand.

II.

Auf einer Wandkarte wurde für Schweden die gegenwärtige Verbreitung von *Pinus silvestris*, *Corylus Avellana* und *Trapa natans* sowie die bisher bekannte maximale Verschiebung nach NW hin, die die subfossilen Torfmoorfunde für die Verbreitungsgrenzen dieser Pflanzen während der postglazialen Wärmezeit, besonders während der subborealen Periode, nachgewiesen haben, veranschaulicht. — An sie schlossen sich einige Spezialkarten an, u. a. um die frappante Übereinstimmung zwischen den oberen Grenzlinien von *Trapa natans* und *Stipa pennata* in Europa zu demonstrieren. Das bemerkenswerte relikte Vorkommen von *Stipa* in Västergötland korrespondiert mit dem subfossilen Vorkommen von *Trapa* im Mälar- und im Hjälmartal aus subborealer Zeit her. (Vgl. SERNANDER, Die schwedischen Torfmoore als Zeugen postglazialer Klimaschwankungen, S. 332, Postglaziale Klimaveränderungen, Geologenkongress. Stockholm 1910.)

III.

Um zu zeigen, wie die archäologischen Perioden sich auf die Schichtenfolge der nordischen Torfmoore verteilen, wurden 4 Wandtafeln mit Profilen von archäologischen Funden in den Torfmooren nebst Photographien ausgestellt. Auf einem Tisch daneben befanden sich einige der archäologischen Gegenstände nebst Serienproben der Erdarten von den betreffenden Torfmooren her. Die 4 Moore waren das Magle-Moor auf Seeland (Überreste von einem Flossbauvolk her, älter als die Kjökkenmöddingszeit), das Bare-Moor in Skåne (Überreste von einem Flossbauvolk her, wahrscheinlich aus der Dolmengräberzeit), das Ousby-Moor in Skåne (Depot aus der jüngsten Bronzezeit, unter eine Kiefer in einem subborealen Walde gestopft), Lillmyren, Kirchspiel Barlingbo, Gotland (Depotfund aus der Wikingerzeit). Die beiden ersten Funde

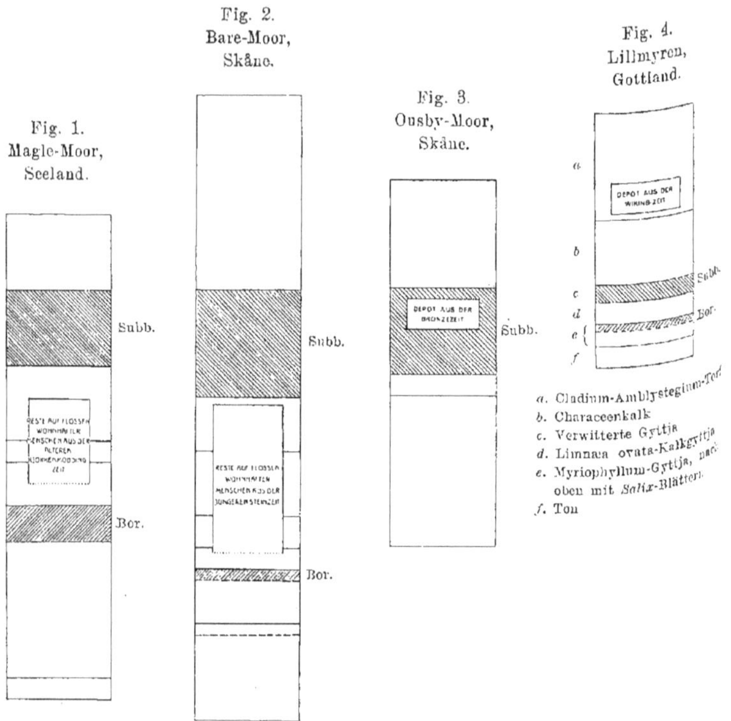

Fig. 1—4. Archäologische Funde in nordischen Torfmooren.
Subb. = Subboreal. Bor. = Boreal.

(Fig. 1 und 2) finden sich beschrieben in Geologiska Föreningens Förhandlingar, Bd. 30 (1908), der dritte in Postglaziale Klimaschwankungen, S. 218. Das Profil für den letzten Fund, beschrieben in Fornvännen, Stockholm 1906, S. 223, ist 1910 von mir aufgenommen worden.

Die Ausbildung der borealen und subborealen Schichten in den Magle-Moor bezw. Lillmyren wurde durch besondere Probeserien illustriert: aus dem ersteren durch eine in Spiritus eingelegte Gyttjesäule mit dem Kontakt zwischen der atlantischen Plankton- und der borealen Detritusgyttja (Postglaziale Klimaschwankungen, S. 205), aus dem letzteren u. a. durch eine Serie Präparate der Sedimenten seiner Litorinazeit: ganz unten stark kalkhaltiger weisser *Limnæa ovata*-Wiesenmergel aus der atlantischen Periode, dann eine subboreale, kalkärmere, *bräunliche* Gyttjezone, die den Boden eines zeitweise während der wärmeren Vegetationsperioden trockengelegten Sees gebildet hatte, und darüber ein weisser, subatlantischer Characeenkalk.

Das Material dieser Abteilung rührte aus dem Pflanzenbiologischen Institut der Universität Uppsala her.

IV.

Auch dieser Teil der Ausstellung bestand ausschliesslich aus von dem Pflanzenbiologischen Institut beigesteuertem Material.

Wie bekannt, habe ich in einer Reihe Abhandlungen[1] diese Anschauung von der Genesis unserer Hochmoortorfarten zu entwickeln versucht: Geht man von der Anfangsformation, mit welcher die Hochmoorserie in offenem Wasser beginnt, der *Sphagnum cuspidatum*-Gesellschaft, aus, so geht die Entwickelung durch immer weniger und weniger hydrophile Stadien weiter bis zur Serie der Wälder hin. Dies ist die progressive Entwickelungslinie, die erst ein infraaquatisches und danach ein supraaquatisches Stadium durchläuft. Man stellt sich gewöhnlich vor, dass aller Hochmoortorf auf diese Weise gebildet wird, und dass die oft mehrere Meter mächtigen *Sphagnum*-Torfschichten in unseren Torfmooren die Reste von Sprossystemen bilden, die direkt von den *Sphagnum*-Beständen der Oberflächenvegetation fortgesetzt werden. In Wirklichkeit kann eine progressive Entwickelung, wenn man von gewissen Ausnahmefällen absieht, in welchen ausserdem die Sphagnaceen als Torfbildner hinter *Eriophorum vaginatum* und *Scirpus cæspitosus* zurücktreten, nicht in mehr als einige Dezimeter mächtigem *Sphagnum*-Torf resultieren.

---

[1] R. SERNANDER, De skandinaviska torfmossarnes stratigrafi, Geol. Fören. Stockholm Förhandl. Bd. 31 (1909).

L. VON POST und R. SERNANDER, Pflanzen-physiognomische Studien auf Torfmooren in Närke, Geologenkongress, Stockholm 1910, Guide 14. Excursion A 7.

R. SERNANDER, Das Moor Örsmossen, Guide 16. Excursion B 3.

— — Postglaziale Klimaveränderungen, S. 209.

— — Om tidsbestämningar i de scano-daniska torfmossarna, Geol. Fören. Förh. Bd. 33 (1911).

Dies beruht darauf, dass die Bedingung dafür, dass dieser Torf in die Höhe soll wachsen können, nämlich dass die Spitzen der *Sphagnum*-Sprosse Generationen hindurch unbeschädigt bleiben, nicht in der Natur erfüllt wird. Diese Spitzen sind in hohem Grade empfindlich gegen äussere Einwirkungen verschiedener Art, und tatsächlich werden sie unaufhörlich in sehr grosser Ausdehnung in unseren Sphagneta getötet.

Die wirkliche Ursache, warum der *Sphagnum*-Torf in solcher Höhe aufgetürmt wird, liegt darin, dass die getöteten Partien in Wachstum verglichen mit der umgebenden, stetig weiter wachsenden *Sphagnum*-Decke, zurückbleiben und daher schliesslich Gruben in derselben bilden. (Für diese Gruben habe ich die Benennung Schlenken, schwed. Höljor zu fixieren versucht.) Die Schlenken füllen sich allmählich mit Wasser an, während Erosion in den umgebenden Torfwällen ihren Flächeninhalt vergrössert. In dem Wasser entstehen neue Sphagneta, die die progressive Entwickelung im kleinen beginnen, die ich Regeneration nenne. Diese regenerative Entwickelung der Schlenken kulminiert bald in der *Calluna*-Heide oder wird vorher durch einen anderen Schlenkenbildner abgebrochen. Eine neue Schlenkenbildung tritt ein mit gleichartiger Entwickelung, und auf diese Weise türmt sich die eine Schlenkentorflinse, unten und oben von dunklen Streifen, gewöhnlich Heidetorf, begrenzt, über der anderen auf.

Dieser Entwickelungsverlauf wurde durch eine als Wandtafel ausgeführte Reproduktion der Tabelle »Übersicht der Entwickelungsgeschichte der Hochmoorbildungen», Guide 14, S. 29 (vgl. Geol. Fören. Förh. Bd. 31, S. 442), und etwa 90 in Glasbüchsen eingeschlossene Präparate aus schwedischen Hochmooren zur Beleuchtung der Schlenkenbildung (geordnet nach Guide 14, S. 26—27), der limophilen Vegetation der Schlenken, der Regeneration (der direkten und indirekten) sowie der Linsenstruktur des regenerativen Torfes illustriert.

In Übereinstimmung mit dem oben geschilderten Entwickelungsgange ist es in der Natur gewöhnlich, das der subatlantische Hochmoortorf auf folgende Weise ausgebildet ist. Zu unterst liegt *Sphagnum cuspidatum*- (nicht selten mit *Phragmites*) oder *vaginatum*-Torf, darüber regenerativer *Sphagnum*-Torf mit Streifen von Heidemoortorf. Zwischen diesen Torfarten findet sich nicht selten ein mehr oder weniger zusammenhängender Heidenmoortorfstreifen.

Um diese Sachlage zu veranschaulichen, hatte ich ein natürliches Profil durch eine derartige Schichtenfolge aufgenommen und ausgestellt.

Es stammte aus dem Bie-Moor, Kirchspiel Julita in Södermanland. Dieses war ein kleineres Hochmoor, bewachsen mit einem Heidemoor mit

Andromeda polifolia	*Eriophorum vaginatum*
Calluna vulgaris	*Oxycoccus palustris*
Cladina alpestris	*Pinus silvestris* (Krüppelkiefer)
» *rangiferina*	*Polytrichum strictum*
» *silvatica*	*Rubus Chamæmorus*
Drosera rotundifolia	*Sphagnum fuscum* u. a.

In den zentralen Teilen fanden sich Flecke von reinen *Sphagneta schœnolagurosa;* in den marginalen Teilen, wo hier und da die Kiefern sich zu einem Randwald zusammenschlossen, mischte sich der Reiserbestand mit *Betula odorata, Ledum palustre* und *Myrtillus uliginosa.* Das Moor hatte man auf einigen Partien abzutorfen begonnen, auf den übrigen aber war die Schlenkenbildung und die hierdurch bedingte Regeneration in vollem Gange. Die wichtigsten Schlenkenbildner waren die *Cladina*-Arten, dann *Calluna,* danach *Polytrichum strictum,* Lebermoose u. s. w.

Das Moor ca. liegt 55 m über dem Meere, also ungefähr 25—30 m unterhalb der Litorinagrenze.[1]) Es ist unterlagert von glaziofluviatilem Sand. Oberhalb desselben kommt Birkentorf und darüber in den seichteren Partien eine Kiefernstubbenschicht. Dieser subboreale Waldboden, der in den tieferen Partien wahrscheinlich von anderen Bildungen unterlagert ist, wird von subatlantischem Hochmoortorf mit folgender Struktur überlagert:

1. Profil aus der nördlichsten Bucht in den Resten eines *Sphagnetum myrtillosum* mit Kiefern.

a. 30 (ursprünglich 75) cm zusammengesunkener *Sphagnum*-Torf mit regenerativer Struktur. Enthielt *Eriophorum vaginatum*-Fasern sowie zerstreute kleine Kiefern- und Birkenstubben.

b. 60 cm *Vaginatum*-Torf in der Basis mit einem Stubbenlager mittelgrosser Kiefernstubben.

c. 10 cm Birkentorf mit Kies- und Sandkörnern.

d. 10 cm braungelber, oxydierter, toniger Sand.

---

[1]) H. MUNTHE, Studies in the late-quaternary history of southern Sweden. Geologenkongress, Stockholm 1910, Guide 25, Taf. 1.

14—191593 *Geologkongressen.*

2. Profil aus dem Hauptteil des Moors in dem *Calluna*-Moor.

a. 125 cm *Sphagnum*-Torf mit ausgesprochener regenerativer Struktur. Hier und da Krüppelkiefernstubben, zu unterst ziemlich grobe, an den *Calluna*-Torfrändern.

b. ca. 5 cm *Calluna*-Heidetorf.

c. 100 cm *Sphagnum vaginatum*-Torf.

d. 10 cm *Sphagnum vaginatum*-Torf mit Rhizomen von *Equisetum limosum* und *Phragmites*.

e. 10 cm Birkentorf, ganz oben mit Kiefernstubben.

f. Sand.

3. Profil aus dem Hauptteil des Moores.

a. 79 cm *Sphagnum*-Torf mit ausgesprochener regenerativer Struktur. In dem Profile waren 4 über einander gelagerte Schlenkentorfliusen mit *Calluna*-Torfböden durchgeschnitten.

b. 5 cm *Calluna*-Torf, von dem aus *Calluna*-Wurzeln in c hinabgedrungen sind.

c. 65 cm *Sphagnum vaginatum*-Torf; 34 cm oberhalb des Birkentorfes ein Kohlenstreifen.

d. 15 cm *Sphagnum vaginatum*-Torf, stark gemischt mit *Equisetum limosum* und *Phragmites*-Rhizomen.

e. 10 cm Birkentorf.

f. Oxydierter Sand.

Profil 3 wurde (am 10. August 1910) aufgenommen und in eine offene Holzkiste eingepasst, die unmittelbar zur Ausstellung gesandt wurde. Die keineswegs leichte Arbeit, die in verdienstlicher Weise mein Assistent, Stud. Phil. Carl Malmström, leitete, wurde in hohem Grade erleichtert durch das freundlichste Entgegenkommen seitens des Herrn Adolf von Post auf Äs im Kirchspiel Julita.

V.

Diese Abteilung bestand aus folgenden Wandtafeln:

1) Graphische Kurve für den mittleren Wasserstand der Seen Wättern und Frucken während verschiedener Perioden der spätquartären Zeit. Nach A. Gavelin, Studier öfver de postglaciala nivå- och klimatförändringarna på norra delen af det Småländska höglandet, Sveriges Geol. Unders. Ser. C, N:o 204; Årsbok 1, N:o 1, 1907.

2) Ein von L. von Post entworfenes Profil durch 4,8 km des Dagsmosse, die Niveauveränderungen des Tåkern zeigend. Vgl. L. von Post, Stratigraphische Studien über einige Torfmoore in Närke, Geol. Fören. i Stockholm Förhandl. Bd. 31 (1909).

3) An dieses Profil schloss sich ein Spezialprofil aus dem Dagsmosse an, veranschaulichend, wie ein Pfalbau aus der Ganggräberzeit in der Basis der subborealen Lagerserie eingelagert war. Vgl. L. von Post in Munthe, Guide 25, S. 78.

4) Karte über südschwedische Binnenseen, die nach unserer gegenwärtigen Kenntnis während der Vegetationsperioden der subborealen Periode abflusslos waren. SERNANDER, Klimaveränderungen, Tafel 1.

5) Verlandungstypen nach L. VON POST.

VI.

Auf einem grossen Tisch mitten im Saal war in alphabetischer Ordnung eine einigermassen vollständige Sammlung von Arbeiten bezüglich der nordischen Moore ausgelegt. Auf einem zu dieser Abteilung gehörigen Schreibtisch hatten die betreffenden Redaktionen wohlwollend die bisher erschienenen Jahrgänge von Geologiska Föreningens Förhandlingar, Bulletin of the Geological Institution of Upsala sowie Svensk Botanisk Tidskrift ausgestellt.

Diese Abteilung wurde in ziemlich grossem Masse von besuchenden Ausländern benutzt.

VII.

Dank dem Entgegenkommen des Herrn Professor A. G. NATHORST und der Pflanzenpaläontologischen Abteilung des Reichsmuseums konnten an den Fenstern zwei Glasschränke mit Prachtstufen aus folgenden Fundstätten für die fossile Quartärflora, die während der Kongressexkursionen besucht wurden, aufgestellt werden: von den Benestads-, Skultorps- und Botarfve-Tuffen sowie aus einigen Torfmooren in Skåne (*Dryas*-Ton). Neben den Stufen waren einige Profilzeichnungen mit Litteraturangaben ausgelegt.

Besonderen Dank schuldet die Ausstellung ihrem unbesoldeten Assistenten Stud. Phil. CARL MALMSTRÖM, der mit nie versagender Energie rastlos an der anstrengenden Arbeit bei der Beschaffung und Ordnung des Materials teilnahm.

Die Ausstellung hatte sich recht zahlreichen Besuchs zu erfreuen. So gut wie täglich hatte ich Gelegenheit, einige Stunden lang selbst sie Spezialisten und Quartärgeologen zu demonstrieren.

R. SERNANDER.

The Exhibition of Swedish Magnetometry and Mine Surveying.

When the entries for participation in the Congress began to show that Mining Geology and Mining Science would be represented by a very strong contingent of delegates, the Executive Committee formed a plan for giving this circle of foreign scientists an opportunity to study the development of some branches of mining science characteristic of Sweden, and the choice then naturally fell upon *Magnetometry* and Swedish *Mine Surveying*. For the purpose, therefore, of obtaining the money necessary for this exhibition the Executive Committee applied to the institution, "Jernkontoret", which had always been ready in supplying the means for the representation of the mining industry, and asked for a grant of 2 000 kronor for arranging the exhibition in question, and to place at their disposal some suitable rooms in the building of the "Jernkontoret". The Council, with their customary generosity, decided to grant this request, after which preparations for the arranging of the exhibition were immediately commenced.

For bringing together the material for an exhibition like this, co-operation from many quarters is naturally necessary, not only that of public institutions, but also of mining companies and private persons. Thanks to the great kindness shown everywhere, it was possible to gather together representative material.

Through the kindness of Prof. WALFR. PETERSSON the exhibition was able to dispose of the collection of magnetic maps as well as antique and modern magnetic and mine surveying instruments, different kinds of models etc. belonging to the College of Mining. The Board of Trade (Kommerskollegium) kindly lent a representative collection of antique and modern mining maps, and the mine managements had kindly placed a large number of interesting magnetic maps at the disposal of the exhibition to have them copied, as well as furnished the exhibition with several historically important instruments. The Editor of "Jernkonto-rets Annaler", Mr TINGBERG, kindly undertook the arranging of the exhibits, and carried out this selfimposed task in the most praiseworthy manner. To all those who have thus in one way or another contributed towards the bringing together of the exhibition, the Congress owes a great debt of gratitude.

The exhibition consisted of 4 different sections: Mining Maps, Models of Mines, Magnetometric Maps and Instruments, both magnetic and mine surveying.

Prof. WALFR. PETERSSON has given an account of the development of the Swedish system of mine surveying, from the oldest times up to the present day (p. 1113). Mr PETERSSON has also in his lecture before section 5 treated Swedish magnetometry. It will therefore no doubt be sufficient here merely to mention that the magnetic section of the exhibition was certainly able to give the visitor an idea of the results gained with this method of investigation. The most careful and comprehensive research of this kind in the world has been carried out at the expense of the Luossavaara-Kiirunavaara Company by Dr V. CARLHEIM-GYLLENSKIÖLD at the Kiiruna ore mountain. The imposing map drawn up on the basis of these surveys, on a scale of 1 : 2 000 (7 metres long and 2.5 m high), compared with the model, careful in every detail, of the ore mountain and produced by CHRISTIAN ERIKSSON, the sculptor, gave one an insight into the connection between the magnetic phenomena and the extent and position of the ore-body.

It is a pleasure to state that the exhibition was visited by relatively many and interested spectators.

F. R. TEGENGREN.

Fêtes pendant le Congrès.

Réception au Grand Hôtel Royal.
17 Août, 8 h. du soir.

La veille de l'ouverture officielle du Congrès, la Société géologique de Stockholm, sur l'initiative de laquelle le Congrès se réunissait en Suède, donnait une fête de réception dans le Grand Hôtel Royal, dont le jardin intérieur et les salles qui l'encadrent offraient un lieu de réunion vaste et élégant pour les 800 personnes environ qui devaient s'y rencontrer. A côté des hôtes, à côté des membres étrangers du Congrès géologique et de la Conférence agrogéologique largement représentés, on voyait un grand nombre d'amis de la géologie suédoise.

Quand tout le monde fut assemblé, le Professeur A. G. Högbom, Président de la Société géologique de Stockholm, éleva la voix pour souhaiter aux étrangers la bienvenue en Suède, dans les termes suivants:

«Mesdames, Messieurs,

Au nom de la Société géologique de Stockholm j'ai l'honneur de souhaiter la bienvenue aux membres du Congrès et d'être l'interprète de nos sentiments de joie en voyant assemblés ici un aussi grand nombre de géologues de toutes les parties du monde, en voyant parmi nous les personnalités les plus illustres dans la science géologique de nos jours.

Notre Société, en prenant, il y a cinq ans, l'initiative d'inviter le Congrès à se réunir à Stockholm et à faire des excursions dans notre pays, a naturellement bien compris, que nous ne pourrions pas égaler les sessions précédentes, tenues dans les grandes capitales de l'Europe et dans des contrées, dont la nature est géologiquement plus variée et aussi plus grandiose que la nôtre; mais nous avons osé supposer, que nos collègues étrangers trouveraient intéressant de faire personnellement la connaissance d'un pays comme la Suède, qui rappelle par sa structure géologique les périodes les plus reculées dans l'histoire de la terre, et qui montre en même temps une physionomie rajeunie par le frottement de la glace continentale et par le bain dans les mers postglaciales, d'où elle vient de se relever.

De plus, nous nous sommes flattés, que nos gisements de fer et d'autres minéraux, soit par leur importance pratique, soit par leur intérêt théorique seraient des attractions.

Nous sommes heureux de voir que nous ne nous sommes pas trompés; le nombre d'adhésions et le grand nombre des géologues présents ici ce soir nous en donnent le témoignage. Et c'est pour nous une joie de vous guider dans les excursions que nous avons arrangées dans les différentes parties de notre pays.

Il est vrai que vous ne trouverez pas chez nous le confort et toutes les grandes fêtes, auxquels ont été accoutumés les participants des congrès antérieurs, mais vous trouverez de notre part, je peux vous l'assurer, la bonne volonté et la cordialité, qui ont toujours caractérisé les réunions internationales des géologues.

Mesdames et messieurs, en exprimant l'espoir que vous serez contents d'avoir fait le long voyage nécessaire pour venir en Suède et d'avoir pris part au onzième Congrès géologique international, je prie mes compatriotes, les géologues suédois, d'élever un vivat au bonheur du congrès et de nos chers hôtes, un vivat dans la forme usuelle chez nous. — Svenska geologer, höjom ett fyrfaldt lefve för Geologkongressen, lefve den!»

Les vigoureux hourras qui suivirent ce discours servirent d'introduction à la conversation: les vieux amis se retrouvaient, les connaissances nouvelles se nouaient, ceux qui avaient fait partie des premières excursions racontaient leurs impressions, on discutait la session qui allait s'ouvrir. Le souper fut servi dans toutes les parties du local de façon à ne gêner en rien la circulation et la fête continua jusque vers minuit avec une animation charmante et à la satisfaction de tous ceux qui étaient présents.

Réception au Palais Royal.
18 Août.

LL. MM. le Roi et la Reine avaient daigné inviter tous les membres du Congrès à une réception au Palais, le 18 Août à 4 h. de l'aprèsmidi. A cette fête étaient invités en outre le Premier Ministre et le Ministre des Affaires Étrangères, le Grand Maréchal de la Cour, les membres du Conseil, les Ministres plénipotentiaires et les Chargés d'affaires etc., ainsi que leurs femmes.

La réception devait avoir lieu dans le « Logården », joli jardin au pied de la façade est du Palais, mais le temps pluvieux contraignit de la transférer aux grands appartements de fêtes du deuxième étage, dans la salle appelée « Hvita hafvet » (la mer blanche) et la grande galerie où un buffet avait été établi. Le corps de musique du régiment de Svea Lifgarde jouait dans le vestibule orné de tapis sur lequel ouvre « Hvita hafvet ».

Les invités étaient reçus par le premier Maréchal de la Cour, M. C. M. LILLIEHÖÖK, le Grand Chambellan, M. C. L. M. ROSENBLAD, la Dame d'honneur de Service, la Baronne A. BERCH, et le Chambellan Baron R. H. J. RUDBECK.

Un peu après 4 heures, LL. MM. avec leur suite, et S. A. le PRINCE ROYAL, accompagnés de S. A. le Prince ROLAND BONAPARTE entrèrent dans « Hvita hafvet ».

Le ROI et la REINE se firent présenter par les Professeurs J. G. ANDERSSON et G. DE GEER les personnalités étrangères les plus marquantes du Congrès, avec lesquelles LL. MM. voulurent bien s'entretenir de la façon la plus affable, tandis que le Président d'honneur du Congrès, S. A. le PRINCE ROYAL, causait aimablement avec quelques uns des principaux géologues étrangers.

La famille royale se retira vers 5 heures, laissant les congressistes charmés de la bonne grâce qui leur avait été témoignée; un grand nombre d'entre eux restèrent encore un moment pour admirer tout en causant la vue magnifique sur la ville qu'on a des fenêtres du Palais.

Dîner chez M. le Professeur H. Bäckström.
20 Août.

Le Professeur H. BÄCKSTRÖM avait invité environ 70 membres de la section minéralogique et pétrographique à dîner dans sa magnifique villa de Djursholm le 20 Août à 6.30 h. Les convives, arrivés en train spécial, furent reçus par leur hôte sur le grand balcon de la villa d'où la vue s'étend au loin sur un superbe panorama qui porte le caractère typique des archipels de la Suède orientale et qui fut d'autant plus admiré par les étrangers que le temps était charmant.

Le dîner fut servi dans trois pièces où MM. LUNDBOHM et QUENSEL aidaient le maître de maison à faire les honneurs. Le repas terminé, tous se rassemblèrent dans le salon où le Professeur BÄCKSTRÖM adressa un petit discours en anglais à ses invités; il insista sur la joie qu'il ressentait à voir autour de lui un si grand nombre d'amis et de relations envers lesquels il avait contracté une dette de reconnaissance pour les services rendus et l'amabilité qui lui avait été témoignée au cours de ses voyages à l'étranger. MM. TEALL, BARROIS et VON GROTH répondirent en termes chaleureux.

Après quelques heures de conversation par groupes, les invités se retirent emportant un aimable souvenir de cette fête qui, avait été empreinte de la plus charmante cordialité.

Fête donnée à Nynäs par le Professeur et Madame Hj. Sjögren.
21 Août.

Les minéralogues, les pétrographes et les géologues de mines membres du Congrès, au nombre de 180 personnes, avaient accepté l'invitation à dîner le 21 Août à Nynäs que leur avaient adressée le Professeur HJ. SJÖGREN et Madame SJÖGREN, née NOBEL. Afin de permettre aux invités de joindre quelque étude géologique à leur voyage à Nynäs, on avait organisé pour la même journée une excursion à Utö (B4), dont le compte rendu se trouve parmi les rapports sur les excursions (p. 1297).

A leur retour à Nynäshamn, vers 6 heures, les excursionnistes se rendirent à Nynäs, distant de 3 kilomètres; les dames et les messieurs les plus âgés en voiture, les autres à pied. Les invités qui n'avaient pas été à Utö étaient déjà arrivés de Stockholm par le train de l'après-midi.

On commença par se laver les mains, se donner le coup de brosse nécessaire dans les vestiaires arrangés à cet effet, puis, par une allée pavoisée de drapeaux, on se rendit vers le domicile où le Professeur et Madame SJÖGREN recevaient leurs invités. Enfin à 7 heures tous étaient prêts à aller en grand cortège à l'immense tente blanche et bleue où le dîner pour 200 personnes était servi sur deux longues tables. De

Château de Nynäs

leurs places les convives jouissaient d'une vue magnifique sur la baie sinueuse, et sur le parc avec ses superbes vieux arbres et ses massifs de plantes. Madame SJÖGREN, ayant à sa droite le Professeur TSCHERNY-SCHEFF, présidait à l'une des tables et son mari à l'autre. La musique avait été confiée à une partie du corps de musique du régiment de Svea Lifgarde. Le menu du dîner était le suivant:

Consommé aux petits pâtés.

Saumon froid, sauce mayonnaise.

Cœur de filet de bœuf.

Langue jardinière.

Canetons de Nynäs, salade de saison.

Artichauts.

Glace, petits gâteaux.

Fruits.

―――――

Château Maleret.

Vve Cliquot Ponsardin, Demi sec, Extra dry.

Madère.

Le premier discours fut prononcé en anglais par le Professeur Sjögren, qui souhaitait la bienvenue à ses invités. Les remerciements de
ceux-ci furent exprimés d'abord en allemand, par le Professeur Tscher-
nyscheff, qui, à la fin de son discours, proposa, dans sa langue maternelle, un toast pour la maîtresse de la maison. M. Teall, Directeur
du Service géologique de Grande-Bretagne, parla au nom des Anglais,
le Professeur Barrois, au nom des Français, le Professeur Törnebohm,
au nom des Suédois, et le Professeur Kemp, au nom des Américains.
Monsieur Macco proposa un toast, qui fut le dernier, pour la fille de
l'amphitryon.

Les convives eurent le plaisir pendant le dîner d'entendre un double
quatuor, dirigé par le chanteur d'Opéra M. Ralph, et quelques chanson-
nettes, chantées par Madame Anna Norrie de Verdier.

Après le dîner on retourna processionnellement devant la maison et
l'on prit le café sur la pelouse féeriquement éclairée par des lanternes
de couleur. La musique militaire et les quatuors se succédaient presque
sans interruption. Un peu plus tard on tira un fort beau feu d'artifice,
dont le clou était une pièce représentant deux marteaux de géologue
croisés et l'année 1910. Vers 10 heures, au moment du départ, le Docteur Key exprima en français la gratitude que cette merveilleuse fête
inspirait à tous les invités. Les vivats éclatèrent dans le calme de la
nuit et l'on se mit en route pour la gare de Kullsta, quelques uns en
voiture, le plus grand nombre à pied, précédé de la musique et de por-
teurs de torches. Après un instant d'attente à la gare, les congressistes,
en poussant un dernier hourra, s'éloignèrent dans le train spécial qui
les ramenait à Stockholm. Leurs hôtes, non contents d'avoir déployé
dans leur charmant home une hospitalité royale, avaient encore fait préparer pour leurs invités un léger souper, qui fut servi dans le train.

A 11.45 h., tous étaient de retour à Stockholm, après une journée
qui, grâce à l'amabilité du Professeur et de Madame Sjögren et à leur
admirable organisation jusque dans les moindres détails, laissera, dans
la mémoire de ceux qui avaient le bonheur de faire partie de la fête,
un souvenir ineffaçablement gravé.

Excursion à Uppsala et réception de l'Université.
21 Août.

Les congressistes qui n'étaient pas, en qualité de pétrographes, de minéralogues et de géologues de mines, invités à Nynäs par le Professeur SJÖGREN, partaient avec les agrogéologues pour Uppsala, divisés en trois groupes; ils devaient, d'une part, étudier tant la géologie quaternaire et l'archéologie dans les environs de la ville que la ville elle-même,

Fig. 1. Château de Skokloster.

de l'autre, assister à la réception par laquelle l'Université désirait fêter la venue des géologues étrangers.

Pour répondre à tous les intérêts divers et à tous les goûts, on avait fait trois programmes. Trois points cependant étaient communs à tous: une promenade dans la ville, une course à « Sandgropen » et la réception de l'Université.

Le premier groupe, sous la conduite de M. O. BÆCKSTRÖM, partait par bateau spécial. Après le déjeuner pris à bord, on fit une halte au château seigneurial de Skokloster, depuis l'année 1670 patrimoine de la famille des comtes BRAHE. Le château actuel a été construit vers 1650 pour le feld-maréchal CARL GUSTAF WRANGEL, par les architectes JEAN DE LA VALLÉ et NICODEMUS TESSIN père; il est considéré comme la fleur de l'art architectonique suivi en Suède pour les châteaux à cette époque. Skokloster a conservé non seulement son admirable architecture extérieure dans l'état originaire et intact, mais il renferme en outre de riches collections de tapisseries, de meubles et de portraits, d'armures et de précieux objets d'art de toute nature appartenant aux quatre derniers siècles, entre autres une importante partie du butin de guerre de la Suède pendant sa période de grandeur.

Fig. 2. Hammarby, la maison de campagne de CARL VON LINNÉ.

Le groupe arriva à Uppsala à 3 h., il visita la ville et « Sandgropen » sous la conduite de MM. HÖGBOM, WIMAN et GUSTAFSSON et dîna au restaurant « Gästis ».

Les groupes 2 et 3 quittaient Stockholm par train spécial à 9.50 h. Les voitures du premier groupe furent détachées du train à Bergsbrunna, d'où les excursionnistes, sous la conduite de MM. SERNANDER et SKOTTSBERG, partirent en voiture pour Hammarby, la maison de campagne de CARL VON LINNÉ. En 1879, 101 ans après la mort de LINNÉ sa maison a été achetée par l'Université d'Uppsala qui la conserve maintenant comme un Musée Linné national.

Ce groupe arriva à Uppsala à 2.45 h.. Après le dîner, servi à «Flustret», le restaurant d'été des étudiants, les excursionnistes visitèrent

la ville et allèrent étudier la coupe de « Sandgropen », guidés par MM.
Sernander et Gustafsson.

Les wagons du troisième groupe continuèrent directement de Bergsbrunna à Gamla Uppsala (le vieil Upsal), centre religieux de la Suède
païenne et siège de la puissance du Svealand du cinquième au dixième
siècle de notre ère. La région, dont l'importance et l'aspect ont été
minutieusement décrits vers 1070 par Adam de Brême, est célèbre par
ses tumulus, entre autres les trois « Kungshögarna » et son église, qui
est en partie un reste de la première église archiépiscopale de Suède,
construite à la fin du XII:e siècle. Les tumulus portent les noms des

Fig. 3.   Gamla Uppsala, avec les trois grands tumulus.

trois principales divinités scandinaves Odin, Tor et Frej. et renferment
selon toute probabilité les tombes des anciens rois. Les tumulus d'Odin
et de Tor ont été archéologiquement explorés et on a trouvé qu'ils con-
tenaient des sépultures à incinération avec des fragments d'objets datant
de la fin du V:e siècle et du commencement du VI:e.

Les excursionnistes avaient la bonne fortune d'avoir pour cicerone
dans la visite de Gamla Uppsala le Professeur Montelius, Grand Antiquaire du royaume. Du sommet du tumulus d'Odin, il fit une esquisse
rapide de l'histoire de la région dans les temps passés. Il montra
ensuite l'église et, prenant comme point de départ de ses développe-
ments une pierre runique encastrée dans un mur de l'église — pierre
gravée au XI:e siècle par un certain Sigvid Englandsfare (= qui a

été en Angleterre) —, il donna un aperçu des rapports de la Suède préhistorique avec les pays étrangers.

Lorsque, suivant l'ancienne coutume, la corne d'hydromel eut été vidée sur «Tingshögen», le Professeur ALB. HEIM, de Zürich, demanda le silence et exprima en termes enthousiastes la gratitude des excursionnistes envers le Professeur MONTELIUS.

A l'arrivée à Uppsala, on commença par dîner au restaurant «Gillet», puis on fit la promenade dans la ville sous la conduite de M. L. VON POST; «Sandgropen» fut ensuite démontré par MM. GUSTAFSSON et VON POST.

Le programme de la visite de la ville était à peu près le même pour tous les groupes, il comprenait: l'Institut géologique; la Bibliothèque, avec le «Codex argenteus» de l'Évêque Ulfila (traduction de la Bible en langue gothique, manuscrit du V:e siècle); une «Nationshus» et la cathédrale avec les tombeaux de LINNÉ, de SWEDENBORG, etc.

A l'Institut géologique, ce fut la riche collection des fossiles du silurien suédois qui éveilla particulièrement l'intérêt des visiteurs et parmi les fossiles, le matériel admirablement préparé qui a servi à C. WIMAN pour ses études sur les graptolithes. La vitrine qui renferme les plaques minces des roches suédoises faites par le préparateur de l'Institut, M. AXEL R. ANDERSSON, attira à bon droit l'attention.

L'institution des «Nationer» est un facteur tout à fait caractéristique de la vie de l'étudiant suédois, surtout de l'étudiant d'Uppsala. Une «Nation» est une association d'étudiants appartenant à une province et revêtue de certaines fonctions administratives et disciplinaires de l'Université. Les affaires de la «Nation» sont gérées par deux «curateurs» élus dans les rangs des étudiants et par eux. Les «Nationer» doivent la plus grande partie de leur importance à ce fait qu'elles possèdent des fonds considérables, dont les intérêts souvent très gros sont distribués sous forme de bourses à des membres de la «Nation» qui sont dans le besoin. L'Université d'Uppsala compte treize «Nationer», dont chacune a son local de réunion — à peu d'exception près — dans une maison appartenant à la «Nation», contenant des bureaux, des salles de lecture et de musique, un club, une bibliothèque, une collection d'objets d'art etc. Chacun des groupes de l'excursion devait voir une «Nation» et, au cours de la visite, on devait expliquer aussi bien que faire se peut aux étrangers l'idée des «Nationer».

Le clou géologique de l'excursion à Uppsala était «Sandgropen» avec sa section remarquablement instructive dans l'«ose». «Sandgropen» fut démontrée par l'homme du monde qui la connaît le mieux, M. J. P. GUSTAFS-SON, qui avait tout organisé pour la venue des congressistes d'une ma-nière au-dessus de tou téloge. La section avait été parfaitement déblayée, des parois et des escaliers avaient été posés aux endroits intéressants mais d'un abord difficile. Les principaux fossiles étaient préparés «in situ» et, de même que les couches, marqués avec des étiquettes.

Sur les très rares exemplaires de la coquille *Ancylus fluviatilis* — si importante pour l'interprétation de la section — deux avaient été pré-parés; ils quittèrent Uppsala dans les poches de deux collectionneurs alle-

Fig. 4. L'Université d'Uppsala.

mands, mais seulement — il faut le dire à l'honneur des 400 visiteurs — lorsque la section eut été démontrée pour les derniers arrivés.

Conjointement avec la visite de «Sandgropen», les différents groupes purent avoir du Slottsbacken un aperçu d'ensemble de l'histoire géo-logique de la plaine d'Uppsala, et ils purent observer en particulier le caractère d'une surface de dénudation de tout le paysage, surface égale bien que coupée de failles et d'érosion. On démontra ensuite les couches des terres meubles et spécialement la configuration de l'«ose».

Quelques personnes firent une promenade sur l'«ose» au sud de «Sand-gropen», au cours de laquelle on leur fit voir les terrasses littorales, les blocs transportés par la glace flottante, les «åsgrafvar» et «åsgropar», l'origine de la vallée postglaciaire de Geijersdal.

A 7.30 h. les différents groupes, ainsi que les agrogéologues et un grand nombre de congressistes arrivés directement de Stockholm dans la journée, commencèrent à s'assembler dans les salles des facultés et les galeries de l'Université. Sous la conduite du Recteur, le Professeur Schück, et d'un grand nombre d'academici qui, avec leurs dames faisaient les honneurs, on visita la galerie de portraits etc. jusqu'à 8 h. A ce moment on ouvrit les portes de l'aula, qui était ornée de plantes à profusion. Pendant plus d'une heure, les invités purent jouir du talent du célèbre chanteur Sven Scholander et de sa fille, Mademoiselle Lisa Scholander, qui firent entendre un grand nombre de chansons suédoises, allemandes, françaises, anglaises et italiennes. L'enthousiasme, à en juger par les applandissements, était grand et général, et plusieurs morceaux durent être bissés, entre autres «Drunghe drunghete» et «Lettre d'une cousine à son cousin» de Lecoq.

Les rafraîchissements furent servis dans les galeries. A 10.30 h., le train spécial, qui avait dû être retardé de 40 minutes, quittait la gare, ramenant à Stockholm les excursionnistes fort satisfaits de leur journée.

Soirée suédoise à Skansen.
24 Août.

Par suite de raisons purement économiques, il n'avait pas été possible au Comité suédois du Congrès d'inviter ses hôtes à quelque grand banquet, comme on l'avait fait aux Congrès géologiques précédents. Mais la veille de la clôture de la session, le 24 Août, on avait organisé une réunion d'un caractère plus modeste, une «soirée suédoise», à Skansen, la section en plein air du Musée du Nord installée sur un plateau élevé et qui domine la ville de Stockholm et ses environs.

Dès 5 h. de l'après-midi les fonctionnaires du Musée du Nord commencèrent à faire voir aux congressistes les différentes parties de Skansen: la partie zoologique, qui donne un aperçu de la vie des animaux mammifères et des oiseaux dans la Scandinavie, et la partie ethnographique qui, illustrée par des maisons de paysans entièrement meublées et provenant des différentes parties du pays, donne une idée très complète de la vie primitive du peuple suédois. A 7 h. une séance de danses nationales réunissait un public nombreux et enthousiaste.

Le souper fut servi à 8 h. dans trois locaux séparés, Höganloft,
Bragehallen et Sagaliden.

A Höganloft, où environ 300 personnes étaient assemblées, le Professeur G. De Geer, qui présidait, souhaita en allemand la bienvenue aux
convives. La bienveillante reconnaissance des invités envers l'organisation du Congrès et les directeurs des excursions fut ensuite exprimée
en plusieurs langues par MM. Tietze, C. Schmidt, Sederholm, Lugeon,
G. O. Smith et Teall.

300 personnes, appartenant plus particulièrement à la géologie quaternaire, à l'agrogéologie et à la géographie physique, se trouvaient
également réunies à Bragehallen. Le président de la Conférence Agrogéologique, le Professeur G. Andersson, faisait les honneurs; au toast
qu'il porta, MM. Karpinsky et Baltzer répondirent au nom des étrangers; M. S. Hedin proposa ensuite un toast pour les dames faisant partie du Congrès.

Les convives réunis à Sagaliden étaient au nombre de 100 environ,
en majeure partie des Suédois auxquels s'étaient joints les congressistes
Norvégiens. Le Professeur J. G. Andersson leva son verre à la collaboration future dans le travail des géologues scandinaves. En termes
pleins de cordialité MM. Reusch et Kolderup répondirent à ce toast.

Après le souper tous se réunirent sur la terrasse de Sagaliden
d'où, par cette claire et tranquille nuit d'été, on avait une vue admirable sur la ville éclairée de milliers de lumières scintillantes.

Une petite tribune était placée au milieu de la terrasse. Plusieurs
orateurs y montèrent successivement. On entendit d'abord le Professeur
J. G. Andersson.

»Meine Damen und Herren!

Es ist kaum ein Zufall, dass das offizielle Fest des Kongresses
statt eines grossen Diners sich zu einer sehr einfachen Zusammenkunft
in diesem Bauerndorfe gestaltet hat. Dies hat seinen Grund nicht nur
in der Notwendigkeit, den ganzen Kongress möglichst einfach zu halten,
sondern es liegt auch ein Gedanke darin, den ich mit einigen Worten
zu erklären versuchen will.

Beim ersten Anblick von allem, was Sie hier umgibt, wird vielleicht bloss die Einfachheit und Armut der exponierten Gegenstände
auffallen, und Sie werden sich wundern, wie es möglich war, dass ein
ganzes Volk es als eine Ehrenpflicht betrachten konnte diese ärmlichen
Dinge zu sammeln und aufzubewahren. Beim näheren Zusehen werden

Sie jedoch hoffentlich auch hier einige Gegenstände finden, die Sie interessieren können, und wir wollen gern hoffen, dass Sie dieses Freiluftmuseum der schwedischen Heimatkunde in freundlichem Angedenken behalten werden.

In dem zoologischen Garten der nordischen Vögel und Säugetiere, den Sie hier gesehen haben, in den kleinen Hütten, den alten Volkstrachten, den Tänzen, ja sogar in den alten Melodien, die Sie hier spielen hörten, tritt Ihnen eine Darstellung der schwedischen Natur und des primitiven schwedischen Volkslebens entgegen. Das Bild gestaltet sich bei näherem Studium sogar recht abwechslungsvoll, heiter und buntfärbig.

In einer Beziehung ist jedoch diese Darstellung der schwedischen Natur und des schwedischen Volkslebens nicht ganz zutreffend. Die Gegenstände sind sehr zusammengehäuft, die verschiedenen Einzelbilder sehr abwechslungsvoll, die Eindrücke drängen sich hier zu sehr. In dieser Sammlung fehlt naturgemäss das Gepräge eines Grundcharakters unseres Landes und sogar unseres Volksgeistes, das heisst: die Einförmigkeit der weiten monotonen Landstrecken mit den spärlichen Ansiedelungen der Menschen in dieser oft sehr kargen Natur.

Die fremden Kollegen, welche die Exkursionen nach dem Norden mitgemacht haben, können dies sehr gut beurteilen. Sie erinnern sich ja gewiss, wie Sie fast tagelang weit ausgedehnte Moore und düstere Wälder durchfahren haben, wo nur selten der blaue Rauch auf eine menschliche Behausung schliessen liess. Auch in den südlichen Teilen des Landes begegnet uns vielerorts eine verwandte Erscheinung; die kleinhügelige, seenreiche Waldlandschaft, wo die Ansiedlungen sehr verstreut liegen, und wo sich somit die Bewohner an eine isolierte Lebensweise gewöhnt haben. Nur auf einigen Landstrecken, denen ein günstigerer geologischer Boden vergönnt war, streicht der Wind über üppige Getreidefelder und liegen die grossen Dörfer dicht beisammen.

Wie aber das Land dasteht mit seinen kargen Schärenküsten, mit den dichten Wäldern, den ausgedehnten Mooren und der spärlichen Bevölkerung, ist es uns doch lieb geworden, denn in diesen Wäldern arbeiteten Männer, die für uns Wege bauten, und in den kleinen rot gestrichenen Holzhütten wirkten Frauen und spielten Kinder, mit denen wir durch Blutsverwandtschaft verbunden sind.

So wie die Entwickelung unseres Volkes ärmlich, aber eigenartig hier auf Skansen hervortritt, so zeichnet sich in meiner Erinnerung auch die Entwickelung der geologischen Wissenschaft auf schwedischem Boden. An den nackten, wellenumspülten Schären, an unseren Küsten, können Sie noch die in Felsen gehauenen Ufermarken erblicken, die teilweise schon im 18. Jahrhundert von schwedischen Naturforschern gemacht wurden, um die Verschiebung des Landes der Meeresoberfläche gegenüber festzustellen. Es waren Leute, die mit sehr geringfügigen Mitteln arbeiteten, und die oft mit ihren Gedanken recht vereinzelt gingen. Viele von Ihnen haben schon oder werden bald das klassische Profil des Kinnekulle-Berges sehen, und Sie werden sich dann vielleicht in anerkennender Weise erinnern, wie diese Schichtenserie von dem alten LINNÆUS aufgenommen wurde, und wie auch der Naturphilosoph SWEDENBORG aus den Quartärbildungen dieser Gegenden die Beweise einer früheren Meeresbedeckung entnahm. Ebenso wie die genannten beiden Altmeister wirkten viele fleissige Arbeiter; so HERMELIN, HISINGER, WAHLENBERG, ANGELIN, HAMPUS VON POST und mehrere andere, die mit kleinen Mitteln und nur auf sich selbst angewiesen eine bedeutungsvolle Vorarbeit vollbrachten.

In den nördlicheren Landesteilen wurde diese Pionierarbeit später angefangen. Es befinden sich unter uns einige Männer, so SVENONIUS, LUNDBOHM und mehrere andere, die dort oben in dem hohen Norden unseres Landes arbeiteten zu einer Zeit, wo sie noch genötigt waren sich monatelang der Lebensweise der nomadisierenden Lappen anzupassen. In der neuen Grubenstadt Kiruna steht noch das kleine Disponentenhaus als eine Erinnerung aus der Zeit, wo die Geologen noch allein über die schlummernden Erzschätze herrschten.

Wenn wir Schweden es gewagt haben, den grossen internationalen Geologenkongress nach unserem Lande einzuladen, so haben wir uns natürlich nicht nur auf die Leistungen der gegenwärtigen Generation gestützt, sondern vielmehr auf die grundlegende Arbeit längst verschwundener Geschlechter. Es ist somit naheliegend, dass wir in diesem Momente und an dieser Stelle, die der Vergangenheit unseres Volkes gewidmet ist, der alten schwedischen Geologen in dankbarer Erinnerung gedenken.

Ärmlich und monoton, wie unser Land im grossen und ganzen daliegt, so ist auch unsere Geologie wenig abwechslungsvoll. Es fehlt uns an der wechselnden Reihenfolge verschiedener geologischer Systeme und wichtiger Erscheinungen, wie z. B. die seismischen und vulkanischen Phänomene, sind uns fast ganz fremd. Unter solchen Umständen konnte hier ein Kongress nur unter starken Beschränkungen zusammentreten und musste sich hauptsächlich mit dem Studium der Erscheinungen unseres Grundgebirges und der Quartärbildungen begnügen.

Der Erfolg eines internationalen wissenschaftlichen Kongresses ist jedesfalls nur in gewissem Masse von den Leistungen der einladenden Nation abhängig, bei weitem mehr kommt es auf die Mitwirkung aller Nationen an. Dass die internationale Teilnahme diesmal eine ungemein rege war, zeigen uns nicht nur die viel hundertfache Anzahl der Teilnehmer an diesem Kongresse und die 175 Delegationen, sondern es erhellt noch mehr aus den dauernden Ergebnissen, die Sie, meine Herren und fremde Kollegen, zusammengeschaffen haben. Ich denke da nicht nur an die vielen interessanten Vorträge, die wir von Ihnen hörten, sondern auch an die zwei grossen Berichterstattungen, diejenige über die Klimafrage und diejenige über die Eisenerzvorräte der Welt. Diese beiden internationalen Forschungsprodukte scheinen uns in zweierlei Hinsicht für die Weiterentwickelung des geologischen Kongresses bedeutungsvoll, erstens weil dieselben dazu beigetragen haben, den Schwerpunkt der Kongressarbeit in die ruhigen Intervalle zwischen den Sitzungen zu verlegen, und zweitens, weil die Geologen speziell durch die Eisenerzinventur dazu beigetragen haben, die verschiedenen Völker zur Besprechung gemeinsamer Fragen einander zu nähern.

Die einzelnen Sitzungen unseres Kongresses sind rasch vergängliche Dinge, und auch die letzte Sitzung ist bald vorüber. Den Kongress selbst wollen wir uns dagegen als einen immergrünenden Baum denken, dessen zukünftiges Wachstum wir jetzt noch nicht absehen können. Das glückliche Bewusstsein, dass die einige und tatkräftige internationale Zusammenarbeit auch diesmal an dem alten Stamm neue Sprösslinge hervorgebracht hat, lässt uns für die Zukunft des Geologenkongresses das Beste hoffen. Gestatten Sie uns, dass wir dieser unserer Hoffnung in schwedischer Weise Ausdruck geben. Ein vierfaches Hurra für den internationalen Geologenkongress: Er lebe!»

Puis la parole chaude et vibrante de M. TERMIER:

«Mesdames, Messieurs,

Voulez-vous que nous fassions un rêve? Partons ensemble, par cette belle nuit d'étoiles, et, traversant la Suède endormie, gagnons la haute chaîne scandinave. N'entendez-vous pas, dans le silence des monts déserts et des forêts immobiles, un murmure qui s'élève et qui semble fait de mille voix confuses? Ce sont les voix qui sortent des pierres, des vieux sédiments, des vieux schistes, des vieux gneiss, des vieilles amphibolites; ce sont les roches qui s'éveillent, ce sont aussi les montagnes qui s'éveillent; et les unes et les autres, toutes surprises de vivre encore, après tant de siècles d'un sommeil aussi pesant que celui de la mort, chuchotent entre elles et se demandent à quel impérieux signal elles ont, soudainement, repris connaissance.

Il y avait si longtemps qu'elles dormaient, ces pierres, ces strates, ces montagnes jadis sourcilleuses et maintenant usées, ces nappes jadis mobiles et bientôt après figées, des Alpes scandinaves! Depuis l'époque invraisemblablement lointaine, dévonienne sans doute, où elles ont, pendant quelques jours, ou quelques années, semblé vivre d'une vie intense, elles n'ont tressailli que deux fois, et d'un tressaillement furtif et bien vite oublié. C'est lorsque la chaîne hercynienne d'abord, la chaîne alpine ensuite se sont dressées là-bas, dans le sud, et sont venues déferler, longuement et lourdement, sur le bord méridional du continent nord-européen. La chaîne scandinave, alors, par deux fois, a frémi, comme le pêcheur frémit dans sa cabane lorsque la falaise tremble et sonne, la nuit, sous les coups furieux de la haute mer d'équinoxe: puis elle est retombée dans sa léthargie. Aujourd'hui, ce n'est plus un frémissement lointain et vague, incapable de chasser tout à fait le sommeil: c'est un appel plus précis qui fait s'éveiller en sursaut toutes les pierres; qui, si elles pouvaient voir, les feraient toutes regarder vers Stockholm, et, si elles pouvaient marcher, les contraindraient à venir ici même où nous sommes, en cette fête de la géologie.

Ô vieilles choses inanimées, à qui je prête un instant la vie, réjouissez-vous avant de reprendre — pour combien de siècles — votre rigidité et votre impassibilité! Réjouissez-vous, à la façon des héros qui meurent joyeux, sachant que leurs exploits ont été ou vont être chantés par un grand poète! Peu de pierres, peu de strates sédimentaires, peu de roches massives ou cristallophylliennes, peu de montagnes, ont eu les historiens que vous avez trouvés. Et voici que, dans cette partie de la planète où vous prîtes naissance, sous ce même ciel que vous connûtes jadis, à l'appel de vos historiens, à l'appel des savants qui vous ont amoureusement étudiées et décrites, les géologues du monde entier sont accourus pour vous voir, pour vous admirer, pour essayer à leur tour de pénétrer vos secrets et de comprendre votre obscure destinée.

Je vous apporte, ô montagnes scandinaves, le salut de vos jeunes sœurs de l'Europe centrale et de l'Europe méridionale, le salut des

Altaïdes et des Alpes. Ô roches effroyablement anciennes, qui avez gardé pourtant un tel air de jeunesse, je vous apporte le salut de vos compagnes de là-bas, qui ont vieilli plus vite sous des étés plus chauds et des hivers plus tièdes, sous les baisers plus dévorateurs d'un soleil moins pâle! Ô nappes charriées du Jämtland et de la Laponie, je vous salue au nom des nappes alpines qui surgissaient hier des abîmes de la Méditerranée!

Unissez-vous à notre joie présente. Nous célébrons ici la géologie universelle; mais, surtout, nous exprimons notre admiration pour la géologie suédoise, pour la science suédoise, pour tout ce qui a rayonné, sur le monde, de ces deux ardents foyers, Stockholm et Uppsala. Célébrez avec nous, admirez avec nous. Et emportez ensuite dans votre sommeil séculaire — comme nous allons nous-mêmes emporter dans notre existence de quelques jours — le souvenir de ce Congrès magnifique où l'on s'est tant entretenu de vous; de ses radieuses fêtes de l'esprit humain dont vous avez été, ô choses mortes et cependant toujours vivantes, les plus puissants motifs et les principaux éléments!»

M. A. Heim adressa ensuite à la Suède un hommage élevé et plein de cordialité:

»Liebe Schweden!

Ich soll Euch kurz sagen, mit welchen Gefühlen uns der Aufenthalt bei Euch erfüllt hat.

Ein grosses, herrliches, weites Land voll Abstufungen vom prächtigen Gartenbau bis zur Tundra und zum Gletscher, herrliche Landschaften, gegliederte Küste, reicher Untergrund mit reicher, wunderbarer geologischer Geschichte!

Und auf diesem Untergrund ein Volk prachtvoller grosser Gestalten, gesund, voll Arbeitskraft, reich an idealem Streben, ein Volk, das seit Jahrhunderten die edelsten Forschergestalten erzeugt hat — Linné, Celsius, Berzelius, Scheele, Nordenskiöld und viele, die zum Theil noch unter uns leben! Ihr Schweden habt uns *Vorbilder* gegeben, Ihr habt herrlich mitgeholfen am Fortschritt der Menschheit, Ihr habt hochgehalten die edelste, erhabenste Pflicht des Menschengeistes: die Erforschung der Wahrheit!

Vor 1500 bis 2000 Jahren haben die Schweden, die «Swear» eine ungeheure Expansionskraft entwickelt, und sich angesiedelt bis weit im Westen und Süden und schwedisch-germanisches Blut beigemischt weit durch Europa. Vielleicht sind wenige unter uns, in deren Adern nicht wenigstens einige Promille schwedisches Blut rinnt. Im Besondern leiten wir Schweizer uns zu einem Theil ab von der Einwanderung der beiden Swear Switer und Swen und dem sie begleitenden Volke in die Alpen. So ist es uns hier in Schweden fast zu Muthe, wie wenn wir in eine alte Heimat, einen alten Mutterschoss zurückkehrten. Zwar sind wir dieser ältesten Heimat fremd geworden in eigener Entwickelung; aber wir finden doch da so manchen Anklang an unser Volk in den Alpen. Es sind Abkünfte aus gleicher Wurzel!

Schwedische Freunde, schwedisches Volk, wir danken Euch für alles was Ihr direkt und indirekt an der Menschheit gethan habt!— Wir danken Euch im Besondern für was Ihr alles an uns, an Euren heutigen Gästen, den Geologen aus allen Ländern der Erde getan habt!

Auf dem Gebiete der Erforschung der Wahrheit finden sich die verschiedenen Völker am leichtesten in gemeinsamer Achtung zur gemeinsamen Arbeit zusammen. Möge dies zu immer tieferer Verbrüderung führen, zur Völkerarbeit in Völkerfrieden!

Liebe Schweden, wir *danken* Euch aus vollem Herzen! Das herrliche Schweden mit seinen trefflichen Menschen es möge fort und fort gedeihen und blühen!

Hoch Schweden!»

En termes chauds et humoristiques M. J. F. KEMP adressa ensuite aux collègues suédois les remerciements des étrangers pour tout ce que le Congrès et les excursions leur avaient procuré de plaisir et d'observations instructives et intéressantes.

"We find ourselves amidst most appropriate surroundings for the closing exercices of the Eleventh international Geological Congress. Stockholm with its myriads of flashing lights is spread out before us like an inverted, starry sky; and while the Swedish Capital has been fascinating by day, we feel it to be altogether enchanting by night. With a pang of regret we realize that our delightful days of scientific discussion and of open-handed hospitality have passed.

The greatest good of a scientific gathering like the Geological Congress is the cementing of friendships. We all come to know personally the investigators whose works we have read and studied, and from whose writings we have received so much that was stimulating and instructive. After these associations later papers become living and personal, not contributions from a vague and indefinite source. To have known and to have accompanied in the field the masters of the various branches of our science, is an experience to be treasured always during life and to be passed in family tradition to our descendants, when we ourselves are not more.

The geological exposures which we have seen in Sweden have been of the profoundest interest, and all who have come from other lands to view them and to learn the results garnered from them, by the Swedish geologists will return to their homes vastly benefited by the experience. With new points of view and with fresh vigour we shall attack the problems of the pre-Cambrian; of the intrusive igneous rocks; of metamorphism; of faulting and tectonics; of the life of the early Palæozoic; of the time and products of the past Glacial Epoch; and of the peat-bogs still growing in the present. Few of us had ever seen such instructive exposures as the glaciated ledges which Sweden's islands and eastern coast afford. The rocks appear as if prepared by the hand of a lapidary and present a smoothness and a freshness equal to the polished surfaces of an ornamental stone.

The other exposures which have been shown us are no less remarkable. Coal-seams, the results of plant-growth amidst mild climates have met the eyes of some, in the frozen wastes of Spitzbergen. Iron ore of almost chemical purity and hundreds of feet thick, has stretched away for miles. A little city has sprung into being more than a hundred miles within the Polar Circle in order that the hungry throats of furnaces in Germay and America may be fed. We had all our lives been familiar with iron ore laid down by water, but here we found it the product of the earth's internal fires. Most remarkable of all, however, has been our experience when Professor Högbom has led us into the trackless wilds, far from the haunts of men. Then Dr Quensel has only needed to sound his « Zauberflöte » to cause epicurean banquets to spring like magic, as if from the very ground itself.

We have all been indeed impressed with the great erosion produced by the Continental Glacier. In the past a large part of Scandinavia has been transported by this agent to Scotland, Denmark and Germany. But the participants in excursion A 2 will agree with me that the removal of material produced by a Geological Congress is not only equal in amount but far more extended in destination. We have seen in the aggregate great masses of rocks, plucked from their parent ledges by members of the Congress, as violently as were ever glacial boulders by a moving ice sheet. Whereas the ice-sheet of the past only reached Britain and Continental Europe the members of the Congress are transporting the Swedish rocks not only to the neighbouring countries of Europe, but to Spain, Canada, the United States, India and Japan. Amidst this general and world-wide latter-day abrasion and transportation three great moraines stand out in specially prominent relief. One trails away south-east to Königsberg in Preussen; one to Freiburg in Baden; and one to New York.

And now to those who have so cordially and delightfully entertained us, we are forced to express our grateful thanks and to say farewell, but only for a time; because on the far side of the Atlantic and under the guidance of the geologists of Canada, we hope to meet again.˝

M. G. Murgoci parut le dernier sur la tribune:

« Mesdames et Messieurs,

Dans ce jardin du Nord et par cet agréable soir d'été, qu'il me soit permis, à moi aussi, représentant d'un jeune pays méridional et de la nation néo-latine qui a, depuis peu de temps, créé près des rives du Danube un centre cultural et de progrès, qu'il me soit permis, dis-je, au nom de mes compatriotes, de rendre un hommage d'admiration à la vieille Suède, de même qu'à ses illustres savants qui ont organisé ce magnifique congrès de géologie.

Jadis, les relations entre la Suède et la Roumanie n'ont pas été, il est vrai, trop étroites, mais elles n'ont pas manqué, comme la distance l'aurait permis de supposer.

Il convient de rappeler qu'il y a plusieurs siècles depuis qu'on éprouve dans mon pays à l'égard de la Suède et de son peuple un sentiment d'admiration et de grande estime, qui n'a d'ailleurs rien perdu de sa force. L'événement qui nous réunit me remémore un épisode de l'histoire de la Suède, qui a eu un écho retentissant en Roumanie et a souvent reporté nos souvenirs vers le magnifique et puissant pays qu'est le vôtre. Voici quelle est l'origine de ce sentiment. Il y a juste deux siècles lorsque Charles XII, après la bataille de Poltava, partant pour Constantinople (1709—1710), fit un assez long séjour à Bucarest, capitale de la principauté danubienne, la Valachie. La légende dit que les soldats de Charles XII élevèrent, pour commémorer leur passage en Valachie, une tour haute d'environ 80 mètres. Cette tour de Coltzea, car elle était vis-à-vis de l'église de ce nom, rappelait par sa forme prismatique et par son architecture les tours que nous avons admirées ces jours-ci à Uppsala et Stockholm; elle fut longtemps la plus haute et la plus imposante construction de Bucarest. La tour ne tarda pas à devenir légendaire, et quand les gens du peuple avaient besoin d'une comparaison pour un fait imposant et une œuvre durable, ils disaient: «c'est grand comme la tour de Coltzea». A cette imposante construction se rattachait par suite l'idée que la Suède et son peuple étaient extraordinaires et que les hauts faits de celui-ci tenaient de même du gigantesque. Même aujourd'hui, que la tour n'existe plus — un tremblement de terre l'a en partie démolie en 1812 et elle a été complètement abattue en 1887 par des raisons techniques d'alignement et de sûreté — le peuple parle encore de la tour imposante de Coltzea. C'est toujours avec une respectueuse admiration qu'il se souvient des hommes qui l'édifièrent.

Si les soldats de la Suède ont élevé, il y a deux siècles, pour le peuple roumain, un monument qui est resté légendaire, aujourd'hui, le monde entier doit aux hommes de science de la Suède une autre création grandiose entre toutes, je veux parler du XI:e Congrès de géologie.

Pour donner à mes compatriotes une idée du succès de ce congrès et des profits scientifiques qu'en ont tiré ceux qui y ont participé, de même que de son organisation si bien comprise, il me suffira de leur dire que « l'œuvre du Congrès a été comme la tour de Coltzea ». Ils se feront alors une idée du splendide résultat de votre labeur.

Mais votre vue à vous, messieurs et chers collègues, a une plus vaste portée. Si la tour de Coltzea a été renversée par un tremblement de terre, l'œuvre scientifique des géologues suédois s'élève comme un monument magnifique, grâce à cet agréable et utile événement géologique que fut le XI:e Congrès. Ce monument restera impérissable et par lui la Suède a marqué encore une page brillante dans la science de la géologie. En présence de cette œuvre grandiose, je vous rends hommage, comme le faisaient mes ancêtres en présence de la tour de Coltzea, et c'est avec un plaisir particulier que j'exprime mes sentiments d'admiration et de gratitude infinies aux savants de la Suède. »

La fête d'adieu était terminée. La plupart des congressistes se retirèrent, quelques uns pourtant s'attardèrent pour jouir encore pendant quelques instants de la vue charmante sur Stockholm endormi.

Conférences et discussions pendant la session.

1. Séance d'ouverture.

G. DE GEER, A Geochronology of the last 12 000 years (p. 241).

CH. R. VAN HISE, The influence of applied geology and the mining industry upon the economic development of the world (p. 259).

A Geochronology of the last 12 000 years.

BY

GERARD DE GEER,
Professor at the University of Stockholm.

With two plates.

Geology is the history of the earth, but hitherto it has been a history without years. It is true that many attempts have been made to obtain time-computations for certain parts of that history, but none of them has been capable to stand a closer trial. Thus, the very able authors of one of our lately published textbooks of geology say (1): "The desire to measure the great events of geological history in terms of years increases as events approach our own period and more intimately affect human affairs. The difficulties attending such attempts are, however, formidable, and the results have an uncertain value. At best they do little more than indicate the order of magnitude of the periods involved. Geological processes are very complex, and each of the co-operating factors is subject to variations, and such a combination of uncertain variables introduces a wide range of uncertainty into the results."

Under such circumstances it may be suitable here to place briefly before you a new, exact method of investigation, through which it is possible, by actual counting of annual layers, to establish a real geochronology, for a period reaching from our time backwards some 12 000 years.

As a basis for this chronology have been used certain late glacial and postglacial, periodically laminated sediments in which the deposition for every single year can be discriminated. By actual countings and successive combinations of a great number of sections with regular intervals along a line extending from the southernmost to the central part of Sweden it has been possible not only to sum up the whole series of centuries it has taken for the ice-border to retire this distance, or some 800 km, but also to estimate the length of the postglacial epoch after the disappearance of the ice and up to our days.

Of the late glacial sediments the most important is a glaci-marine clay, the *"varvig lera"* (hvarfvig lera), so called from its *"varves"*(2) or its periodical laminæ of different colour and grain.

Already at my first field-work as a geologist, in 1878, I was struck by the regularity of these laminæ, much reminding of the annual rings of the trees. The next year, therefore I commenced, and during the following years pursued, detailed investigations and measurements of these laminæ in different parts of Sweden. The laminæ were found to be so regular and so continuous that they could scarcely be due to any less regular period than the annual one. I therefore ventured in 1882 to advance the view that there might be a close connection between the periodical laminæ of the clay and the annual ablation of the land-ice(3). Two years afterwards the investigations had proceeded so far that, being confirmed in my opinion that the laminæ were really annual, and having found out a way for correlating annual layers at different places by means of diagrams, I could, in a lecture read before our Geological Society in Stockholm, indicate the way by which a real chronology for the last part of the Ice-age could be obtained(4). A few months afterwords I also succeeded in finding the first correlation between the clay layers at three points, though not very far from one another. In 1889 I found — and mapped — in the neighbourhood, NW of Stockholm, a thereto overlooked kind of certainly quite small, but very characteristic terminal moraines, which proved to be periodically arranged in rows with somewhat regular intervals of about 200—300 m. This led me to point out the possibility that these ridges might correspond to the stop in the recession of the ice-border, which was probably caused by each winter, and that this might be ascertained by investigation of the successive annual clay-layers between some neighbouring ridges(5). This kind of moraines has since that time been found to be quite common in the lower parts of the land, and at first I had therefore the intention of pursuing the chronological investigations by means of a careful mapping of the annual moraines.

A series of those characteristic and marked small ridges will be visited during the excursions in the neighbourhood of Stockholm, during which also the *"varve"*-clay and the method of determining the late glacial ice-recession will be demonstrated. The whole material of measurements, maps, and clay-samples from those different regions of Sweden upon which the chronology is founded will be accessible during the whole congress meeting in the Geological Institute of the University of Stockholm.

By detailed studies of some oses, especially at Stockholm and Uppsala, and, later on, also at Dal's Ed it had turned out that also the oses are of a pronounced periodical structure, marked by centres of coarser material, on their southern side gradually passing into finer gravel and sand. This led me to a new explanation of their formation as successive submarginal delta-deposits, formed in the glacier-arches of the receding land-ice, and probably corresponding to the annual "*varves*" of the finest, clayey sediment and to the annual moraines(6).

Finally, in 1904, I happened te get a very good correlation between two clay-sections 1 km apart from each other, and now I determined to make an earnest attempt to realize my old plan for a clay-chronology.

By investigating some forty points in the Stockholm region it was soon found that the clay-correlation offered less difficulty than thereto suspected and was — the localities of observation being well chosen — as a rule performable at distances of 1 km. This being ascertained, I secured the assistance of a number of students from the universities of Stockholm and Uppsala, ten from each, and after some training they went all out on a summer morning in 1905, each of them to his special part of a line about 200 km long, running, as seen from the map Pl. 1, past Stockholm and Uppsala through the Söderman-land—Uppland peninsula, from the great Fennoskandian moraines at its southern end to the river Dalälfven to the north, and going as nearly as possible in the direction of the ice-recession. The main work was performed in four days; though the filling up of some lacunæ at difficult points could be performed only after several repeated attempts.

Among the different results it may suffice here to mention, that I now finally got the conclusive proofs for the assumption that the individual "*varves*" had a very wide distribution. Thus it was shown that it often exceeded some fifty km, and that the cubic-mass of the "varves" must be measured by millions of m³. This together with their regular structure definitively showed, that they could not be due to any local or accidental cause of smaller importance or less pronounced periodicity than the climatic period of the year. On the other hand, it seems equally impossible that every sharply marked *varve* should correspond to any hypothetical and, in every case, indistinctly limited series of years without showing any registration of the in fact so sharply accentuated period of the single year. Indeed, it seems to me quite as improbable that the melting-season of the land-ice should not put its stamp upon the annual sedimentation, as that this should not be the case with the annual period of vegetation in relation to the annual rings of the trees.

In the following year, with the assistance of partly the same staff of co-operators, the investigation was extended to the rest of the line 800 km in length between Skåne (Scania) and that point of the late-glacial ice-shed — in S. Jämtland — where the last ice-remnant first became divided into two parts. Also this campaign was successful, though at several places lacunæ had to be left for the moment.

However, the main thing was that the plan had been found to be quite performable even under such highly varying conditions as had been met with along this extended line, and that it now evidently was only a question of labour and patience, gradually to work out the chronological and climatical record almost as far into detail as might be wished.

In my later completion and correlation work it was a great pleasure to me to find how able and enthusiastic in their work my numerous young collaborators had been, and how good and reliable were their results. Never lacunæ were left, where the difficulties had not really been too serious for the time available.

The natural conditions upon which the plan for the whole investigation was founded are the following. When the late-glacial land-ice receded from Sweden, the lower parts of the land were still depressed below the surface of the sea, and during the warm season of every year the melting-water from the surface of the great land-ice sank down through its crevasses and found its way along the bottom of the ice, where it was pushed forward under strong hydrostatic pressure, thereby sweeping away considerable masses of moraine-matter which were transformed into water-worn sediment. Where these overburdened rivers, at the steep border of the land-ice, reached the stagnant water of the sea, the subglacial river-tunnels widened rapidly into glacier-arches, and at the same time the rapidity and transporting power of the water slackened, thus causing a deposition of the great cobbles and the coarsest material at the innermost, proximal part of the arch, while, further out, smaller pebbles and gravel and ultimately almost only sand was deposited at the more distal part of such a submarginal delta in the very mouth of the arch. Still farther out in the sea off the ice-border the sand becomes thinner, finer, and more and more interstratified with clay-layers, which ultimately become dominant and free from sand.

Thus every ose-centre is nothing else than the proximal glacier-arch portion of an annual layer and, if this be compared to a fan, corresponds to the very handle of it.

Every year, by the melting during the warm season, followed also a recession of the steep ice-edge with the glacier-arch and its river-mouth. This retreat, on the whole quite dominating, was during winter-time somewhat counter-acted by a slight advance, at many places wonderfully well registered by the small, but well-marked winter-moraines.

Every following mild season caused a new recession and a formation of a new fan of gravel, sand, and clay. Thus the whole series of those fans are placed as tiles, one over another, the uppermost always having their northern, or proximal border extending so much over that of the underlying as the ice-border had receded and the sea extended since the last year. As the recession was often very regular, the handles of the fans were gradually combined to ridges, thereby giving rise to the oses, the periodical structure of which has been afterwards often more or less concealed by the smoothening wave-action during the later land-emergence.

From this cause and owing to the thickness and coarseness of the material together with the casualities in its deposition the most proximal parts of the annual layers are as a rule not well adapted for direct chronological determinations, though, of course, a regular development of the very ose-deposits is a reliable sign that the ice-recession in such a region has been of a corresponding regularity.

Yet, it is the fine, extraglacial, clayey sediment that affords the most valuable means for the chronological investigations. For determining the temporary situation of the receding ice-border during certain years, the following method was used. As the laminated, glaci-marine clay originally formed a continuous covering over all the deeper parts of the ancient sea-bottom and afterwards has been cut away from all hills and other exposed places, the bottom-layers, the northern limit of which was to be fixed, ought to be most easily reached near the borders of the remaining clay-areas. At such points, when possible, railway-sections were examined or new diggings made down through the bottom-layer of the clay where it had the thickness of a man's height, the main point being to determine, at each locality, which of the layers was there lying immediately upon the ground from which the land-ice had just retired that year. As such determinations had to be made at so short intervals as one kilometre, it was not necessary to measure a greater number of *"varves"* above the bottom than was wanted for a reliable correlation with the next section to the north, where only so many of the bottom-layers were missing as corresponded to the number of years that the land-ice had at the last locality been a hinderance to the deposition of clay. Thus, to avoid unnecessary loss of time and money, deeper diggings were not made, except when it was necessary to use the thicker parts of the layers in the neighbourhood of the oses, or near to the ancient river-mouths.

In the diggings the vertical clay-section was carefully cut clean with a transversally sharpened brick-trowel. Then the limits between the annual layers were marked and numbered with a lead-pencil upon a narrow, long strip of paper, and afterwards the thickness of the single layers was marked out at equal distances on a diagram, Pl. 2 B, the tops of those lines of thickness being also combined. In this way it was possible at the same time to compare the whole series of identical layers from two or more different localities, to recognize the corresponding shiftings in the variation-curve, and thus to determine which of the layers at every locality was at the bottom, or, in other words, close to its northern limit.

Of course, it is always necessary to avoid such points where the annual layers have got their original thickness disturbed and falsified by stranding ice-bergs or different kinds of slidings.

By plotting the points of observation on a map and dividing the distances between them with the number of the years which had elapsed during the corresponding ice-recession, the mean annual retreat of the ice-border for the same time was fixed by means of lines, drawn through the above points of division, parallel to the ice-border of the region, as indicated by terminal moraines or the normals of the glacial striæ.

In this way we get not only a reliable chronological record, to which different kinds of events can be connected, but, at the same time, a no doubt somewhat composite, but very interesting registering of the climatical conditions of the same epoch.

For it is evident that, other things being equal, a slow recession of the ice-border means colder, and a faster recession means more genial conditions; though in making comparisons between different regions it is, of course, necessary to make due allowance for differences in the thickness of the land-ice, in the supply of ice, and in the depth of water influencing the formation of ice-bergs. Still these complications are of less importance at a comparison between adjoining parts of the long investigated line when the question is limited to the finding out of the successive climatic variations. By and by it will, no doubt, also be possible to get out corrections even for such more extended comparisons as those above mentioned.

As to the single line, hitherto investigated, it shows along its southern part, south of the great terminal moraines, a relatively slow ice-recession: in Skåne and Blekinge only some fifty metres pro year and farther northward about hundred metres or somewhat more, thus indicating that the corresponding goti-glacial period was still relatively cold. The great Fennoskandian moraines indicate a marked deterioration of the climate, sufficient to cause the ice-border for a few centuries to stop in its recession or even slightly to advance. But after this epoch the great retreat recommenced and was soon going on with an astonishing velocity and regularity, the annual rate of recession as a rule varying between one and three hundred metres, and being utterly seldom, only for single years, changed into an insignificant, incidental advance. This seems to have been true of nearly the whole last part of the late-glacial ice-recession from the Fennoskandian moraines to the ice-shed, or what I have called the fini-glacial sub-epoch, though a short time before its end there has been a last advance of the ice-border, the exact duration of which is not yet known, though the whole epoch until the last ice-remnant along the ice-shed at first became bipartite, thus marking the end of the ice-age, can be fairly well determined.

With respect to the stop in the ice-recession, marked by the great Fennoskandian moraines, the largest of these parallel ridges has, according to direct determination, required a time of only one century for its formation. Thus it may be a fair estimate that the smaller moraines belonging to the same series do not represent together more than one or two centuries. This inconsiderable stop in the ice-recession was still, no doubt, the greatest during all the time the ice retreated through Sweden.

The inconsiderable range of those oscillations was also a happy circumstance for the chronology, as such smaller stops in the recession of the ice had no influence upon the continuous deposition of annual layers at the outside of the stationary or somewhat advanced ice-border, where thus the whole extent of such an oscillation can be determined just in the ordinary way. When the ice-recession recommenced and the clay-deposition was extended to the proximal side of the moraine formed at such an ice-border, identical clay-layers were deposited on both sides, and by these the correlation can be continued.

Still, at the distal side of such stationary ice-borders it is of course necessary to measure a section of annual *"varves"* sufficiently deep to include a number corresponding to the whole oscillation, and the additional number required for the correlation with the next locality on the proximal side.

As already mentioned, the largest and most continuous of all the Skandinavian moraines do not together represent more than a few centuries.

The duration of the stationary stage represented by the terminal moraines at Kalmar is not yet directly determined at that place, but corresponds most likely to the time needed for the formation of the large marginal delta at Bredåkra in Blekinge, which was directly found to be about fifty years.

Other smaller terminal moraines are probably indicative of still shorter stops and no doubt very much shorter than sometimes supposed, being only more locally developed, especially in Western Sweden, where the ice-recession was slower, and where the site of the ice-border still was conspicuously marked only where the moraine supply was uncommonly great or where larger glacial rivers accumulated transverse oses. At all events, such small breaks in the general ice-recession cannot be of any appreciable importance for the chronology before it is to be worked out in its more minute details.

With respect to the lacunæ, which have not yet been directly determined as to their length and which might therefore possibly be suspected of concealing some unexpected facts, I do not think that there is any real danger at all, for, happily enough, just at the main lacunæ the oses are very well and normally developed and, this being the case with the coarsest *facies* of the annual depositions, it is indeed scarcely possible to assume anything else about the finest. Furthermore, even at those places which have not yet been bridged over by direct correlation there are often, at several points, long series of annual layers measured, which represent the lacunæ and directly show that the corresponding sedimentation, even of fine material, was quite regular.

These are the causes why at such places I assume that interpolation is quite allowable and may give sufficiently good preliminary results, as it has also in fact been proved to do not only at several earlier lacunæ, which have already been filled out, but also with respect to the whole first investigated line, where the regular recession was predicted by means of the regularity of the oses(7).

In eastern Skåne the southernmost end of the long section line was not extended quite so far as the uplifted marine area might allow, and here I used extrapolation, as was also the case with the northernmost part of the line in the very neighbourhood of the ice-shed, where the marine area in the investigated valley did not reach quite so far. Still, here I measured at one point of an adjoining fjord-valley a long series of annual *"varves"* probably representing the whole recession up to the ice-shed and showing that it will no doubt be possible to work out into detail even the last part of the fini-glacial sub-epoch.

Already now I consider it possible to state that we are on the safe side assuming the whole goti-glacial sub-epoch, or the time of the ice-recession from the central parts of Skåne past the old Gotia to the Fennoskandian moraines, almost to amount to, but probably not to exceed 3 000 years.

As to the end of the late-glacial epoch, or the fini-glacial sub-epoch, it may in the same way be estimated to have lasted nearly 2 000 years. Thus, the two last sub-epochs(8) of the late glacial time of recession seem to have approached, but probably not exceeded 5 000 years.

As a basis for the method used in this investigation I commenced in 1904 a detailed survey of the ice-recession in the Stockholm region, which has ever since been continued and which has resulted in a map, of which a part is here reproduced Pl. 2 A. As the other part of the work should be carried out along a single line, it was important here to study the phenomenon over a surface and especially to find out how it presented itself at different distances from the oses and in its relations to the small terminal moraines and to the topography.

The survey of the Stockholm region has conclusively confirmed the assumption that each of the moraines named corresponds to the northern limit of a certain annual clay-varve.

Furthermore, it has turned out in a very striking way, that the greatest thickness of each special clay-layer occurs just around that part of the ose which is situated at the corresponding ice-border. A series of maps was prepared showing the distribution of sediment for every single year, and on them were drawn *isopachytes*, or lines marking points of equal thickness, which very clearly indicated the intimate connection between the individual centres of the ose and the corresponding annual sand- and clay-layers, thus affording the decisive proof of the correctness of the explanation of the oses as successive glaci-fluvial deposits, forming the coarser, submarginal delta *facies* of the same annual accumulation, the extra-glacial *facies* of which is represented by an annual varve of sand and clay.

Here it was also for the first time possible to study in detail for every single year the laws regulating the deposition of sediment at a river-mouth. Yet it turned out, that the conditions were in so far different from those regulating an ordinary land-river flowing out on the surface of salt sea-water, that, in our case, the cold and overburdened water of the ice-river was evidently more heavy than the almost fresh and relatively warm water of the late-glacial Baltic, which is clearly shown by the current-bedding and coarse grain of sand, interbedded with the laminated clay, even some km from the river-mouth at points to which they could never have been carried, if the current had followed the surface of the sea. This, no doubt, also gives the explanation of the fact that, as far as I have been able to find, in Europe as well as in North America, seasonally laminated clays occur only where the water was fresh or brackish. In more open regions, where also the fossil fauna indicates salt water, the coarser sediment from the ice-rivers was dropped close to the shore or ice-border, and only the finest clay could follow the surface-currents, thus giving rise farther out to an almost unlaminated clay-deposit.

By the minute registering of all the clay-layers it was also possible to study the influence of storm waves on the sea-bottom, the partial denudation of the laminated, late-glacial clay and its re-deposition as unlaminated, postglacial clay, thereby explaining the difference in structure between the clay, deposited by water from the annual ice-melting, and the clay, re-deposited by storm waves at all times of the year.

This lack of seasonal lamination in the postglacial clays of Southern Sweden made it impossible here to fill out the great gap between the late-glacial chronology and the historical one. But one of the most energetical and successful of my young collaborators, R. Lidén, had found a periodical, and evidently seasonal lamination in postglacial fjord-deposits along the river Ångermanälfven in Norrland and also commenced their investigation. This work during the first years meeting with great difficulties, I got the idea that the postglacial sediments in the Lake of Ragunda, which was totally drained in 1796, might perhaps afford a more favourable opportunity for the investigation of the postglacial chronology, and, therefore, in the autumn before the congress I made a visit to Ragunda, just to look if there were any chances. These were indeed found to be so great that I determined at once to stay, and, by the collaboration of my wife, I succeeded in three weeks to work out a continuous section from the morainic bottom, upon which followed about 400 beautifully laminated, late-glacial clay-layers and thereupon about 700 somewhat less sharply accentuated layers of a black-banded postglacial fjord-clay. This clay passes upwards into well marked seasonal layers of alternating fine, sandy sediment and silt, which had certainly for the most part with exception of the lowermost ones been deposited in the basin of the ancient Lake of Ragunda, since its ose-dammed outlet had been uplifted above the level of the fjord and seemingly until 1796, when the whole ose-dam was artificially cut through and the lake totally drained, thereby giving us access to such a unique section, registering probably the whole postglacial epoch.

In the whole lower part of the uncommonly beautiful and un-disturbed main section we measured, above the late-glacial layers with a total thickness of 6 m, postglacial sediment, being together about 13 m thick and all the way quite undisturbed. Of the following 2.5 m we only counted the layers but this part of the measurement is not yet conclusive, as the layers are here possibly not quite normal and partly somewhat obliterated by weathering. This was still more the case with the few remaining metres up to the lake-bottom of 1796. Still, at present, the extrapolation gives for the whole postglacial sequence of layers about 7 000 years, a result which might probably prove to be correct in the main, though it must of course be considered as preliminary, until it has been checked by controlling measurements and extrapolations for a closer determination of the rate of deposition for the uppermost layers which by weathering have been made too indistinct for direct counting but which, on account of the normal conditions of sedimentation in this region, might no doubt have been of the same order of magnitude as the lower, directly measured part of the section.

We also succeeded in correlating the layers in a considerable part of the main Ragunda-section with the corresponding layers at two other points at a distance of about two km, thereby ascertaining the continuity and good preservation of the layers, which evidently must represent the annual sedimentation.

The main standard section through the postglacial deposits of the extinct Lake of Ragunda was demonstrated to the participants of the congress excursion to Spitzbergen before the meeting in Stockholm.

By finding out and measuring some more sections, less weathered in their upper parts, it will no doubt be possible to get a more exact basis for the evaluation of the time corresponding to the deposition of the uppermost layers, the original lamination of which was here almost totally destroyed. As soon as possible a verification of the result will be tried by continued investigations.

At all events, what seems at present to be quite settled and also to be the main point is that the way here described to an exact geochronology, at least for the whole late-quaternary epoch, has proved to be quite practicable all through and without any obstacles of fundamental kind. In this way we shall get a standard time-scale for the period named, and after some supplementary work for the line already measured together with the measurement of a second line it will be possible to eliminate local influences and to determine, for at least a great part of the period in question, the relative variations of those climatical agents, and thus principally of the temperature, which caused the recession of the land-ice. Such a climatic curve for Northern Europe implies the possibility of comparison and correlation with similar curves from other formerly glaciated regions as especially North America.

Thus it will perhaps be possible to make out if the much discussed glaciations of the Ice-age in different regions were synchronous and due to general climatic causes, or, on the contrary, were of local origin.

However such a comparison may turn out, this natural time-scale will, no doubt, in due time give us a means of determining many dates of importance for the knowledge of the prehistoric evolution of man as well as of the whole existing fauna and flora and of the laws regulating the migrations. Also with respect to physiography in general the time-scale will enable us to extend our determinations concerning the rate of such physical processes as weathering, talus-formation, erosion, accumulation, and changes of level in a way, very much more reliable than the one founded merely upon the uncomparably shorter direct experience of man.

(1) TH. C. CHAMBERLIN and R. D. SALISBURY, Geology, Vol. III, p. 413. New York 1906.

(2) The Swedish word *varv*, subst. (old spelling: hvarf), means as well a circle as a periodical iteration of layers. An international term for the last sense being wanted it seems suitable to use the transcription *varve*, pl. -*s.*, in Engl. and Fr., while in German it might be written *Warw*, pl. -*e*.

(3) Om en postglacial landsänkning i södra och mellersta Sverige, Geol. Fören. Sthlm Förhandl. Bd. 6 (1882), p. 159.

(4) Ibidem, Bd. 7, 1884, p. 3, here only poorly and somewhat erronously reported; autoreport: ibid. 1885, p. 512, where also the first (in april 1884) performed correlation is mentioned.

(5) Geol. Fören. Sthlm Förhandl. Bd. 11 (1889), p. 395. A map showing a group of those moraines was published by the author in »Stockholmstraktens geologi» in the work: Stockholm, Sveriges Hufvudstad, Part. I, p. 13. Sthlm, E. Beckman, 1897.

(6) In the last quoted work, Part I, p. 14—17, with a map p. 4, and Part III, map Pl. 5; and: Om rullstensåsarnas bildningssätt, Geol. Fören. Förhandl. Bd. 19 (1897), p. 306.

(7) Geol. Fören. Förh. Bd. 27 (1905), p. 221.

(8) As to the first of the late-glacial sub-epochs, which properly may be called the Dani-glacial one, or that part of the last ice-recession when the ice-border retired from the extreme limit of the last glaciation past Denmark and to Central Skåne, its duration is not yet known, though from some measurements in 1906 of annual varves in the extinct Lake Steenstrup of the island of Fyen I think there may be a possibility by and by to get some time-estimates by means of the ice-dammed lakes.

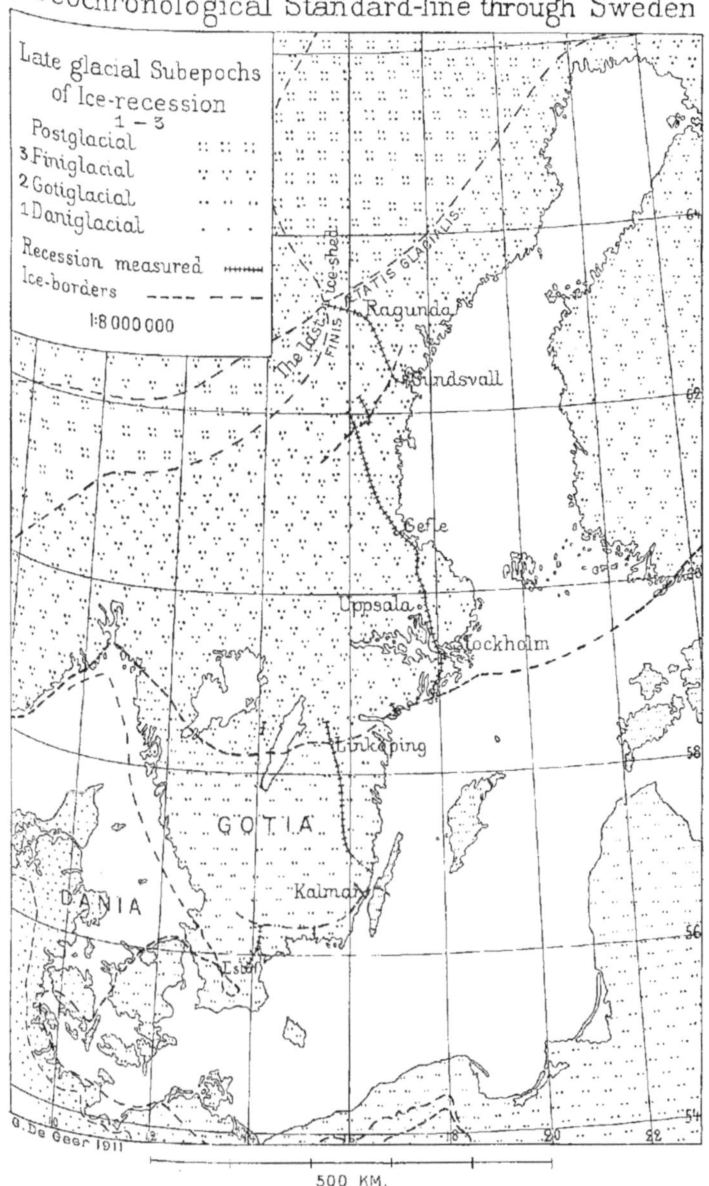
A Geochronological Standard-line through Sweden
Late glacial Subepochs
of Ice-recession
1 – 3
Postglacial
3 Finiglacial
2 Gotiglacial
1 Daniglacial
Recession measured
Ice-borders
1:8 000 000
The last Ice-shed.
FINIS TATIS GLACIALIS.
Ragunda
Sundsvall
Gefle
Uppsala
Stockholm
Linköping
GOTIA
DANIA
Kalmar
Lstad
64
62
60
58
56
54
10
12
14
16
18
20
22
G. De Geer 1911
500 KM.

A. Map of the annual Ice-recession in the Stockholm-region

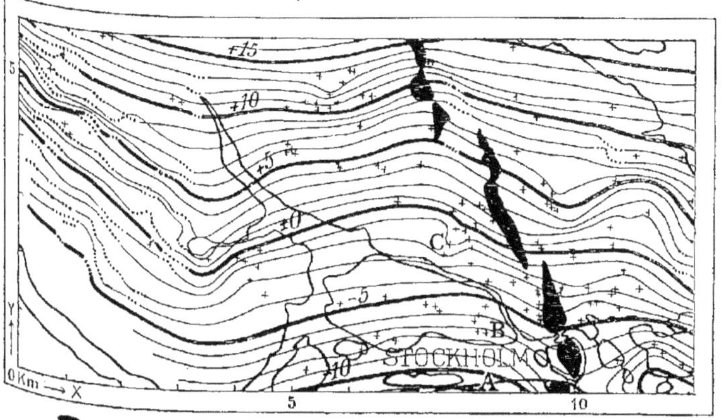

Summer-deltas, glaci-fluvial oses.   Winter-moraines.   Æquicesses or N. limits of varves.   Measured Varve-sections.

±0 .. Ice-border (Æquicess) at Stockholms Högskola and Observatory.

B. Diagrams showing Varve-correlation and Ice-recession between the points A, B, C on the map

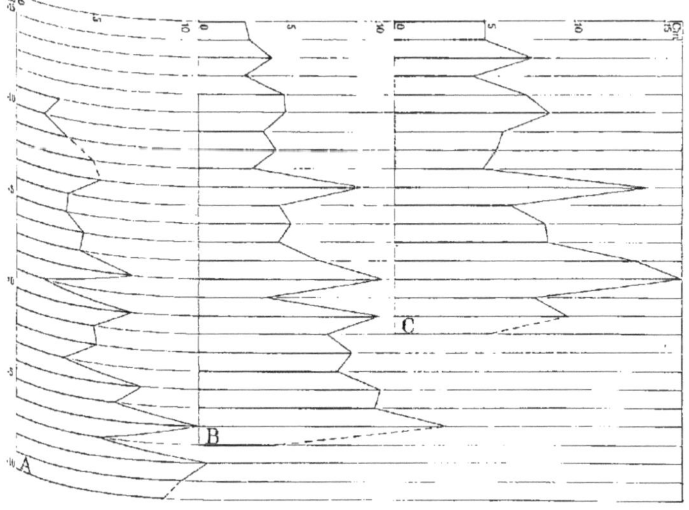

Thickness of varves about 1 : 3 of nat. size.

N:o ±0 ... Varve with N. limit at the æquicess of ±0 on the map.

The influence of Applied Geology and the Mining Industry upon the Economic Development of the World.

Summary of the opening address delivered

BY

CH. R. VAN HISE,

President of the University of Wisconsin.

Of the resources of the mines, iron and coal are those of paramount importance, and next to iron is copper. If all the other mineral resources were taking away, there would be no great modification in the industrial development or the location of the seats of civilization.

The iron age began before the christian era. When coal was introduced for the manufacture of iron we have the beginning of the coal and iron age. This period did not begin until the 18th century, and since that time has arisen the modern industrial period. Since transportation was not developed when coal began to be used for smelting iron, it followed that the manufacture of iron by coal was confined to the districts where the two were found together.

To describe in detail the far reaching influences of the use of coal and iron upon civilization would in itself require much time. Agriculture, the most fundamental of the industries, before metals were used as tool, was necessarily carried on in only a small and crude way. With the wooden stick or a primitive wooden plough a man could cultivate only a small area. It is certain that without iron in the practice of agriculture the number of people that could be fed from the products of the soil would be hundreds of million less than is possible with the use of iron. The great manufacturing industries have been developed only by use of iron. With the age of iron have developed the great railway-systems of the world, and the large modern steamship.

It would be futile to paint a picture as what our civilization would be did we not have the metals. Certainly it would be a wholly different from what it now is, — far more primitive. There would be no communication by telegraph, by telephone, by etherial wave. The swiftest means of travel would be the beasts of burden.

The great industrial nations are those which have the most important deposits of coal: England, Germany and the United States. For a long time the country that controls the coal will lead in the manufacturing industries. The question therefore arises as how long the coal deposits of the various nations are likely to last. No definitive answer can be made, but if the acceleration of the last few decades continues, the coal of most countries would not last longer than a century, but if the amount of coal now consumed each year were to be mined, the coal would last for England and Germany somewhere between 500 and 1 000 years and for the United States about 6 000 years. It is clear that within a few hundred years many nations will be obliged to turn to other sources of power than coal; and of the various possible other sources the power of falling water is the only certain one which is available in large quantity continuously.

It therefore is certain that in the future the countries containing large quantities of water-power will be rising nations industrially. At this time Scandinavia must have a greater relative position. Already the water-power is beginning to be developed in Sweden and Norway, and the millions of horse-power which are available in those countries can not but fail to give them a position of great importance in the industry of the world when falling water is the chief source of power.

This is especially likely to be the case since Scandinavia contains very large resources in iron ore.

In the distant future the nations which are likely to be dominant industrially are those which contain water-power and iron. They will have the position now held by those countries possessing abundantly coal and iron.

The paper also discussed the relation of gold to the distribution of people; and it was shown that the lure of gold had great influence in the settlement of various countries. Thus South America became spanish because when Spain was the great maritime nation, gold was there found in large quantities and the Spaniards were thus led to conquer and occupy that country.

Finally, it was shown that the great drafts upon the mineral resources have been in the latter half of the 19th century. Indeed it was shown that for coal, iron and some other metals more material had been taken out of the ground during the past fifty years than in all previous ages. These facts present a new situation. The possibility of the exhaustion of the metallic ores within a not remote time as compared with the previous history of the race was shown. It was therefore argued that the metals should be used with the utmost economy, that mining should be done without waste, that the metals should be reduced from the ores with as little loss as possible, and that when reduced to the metallic form that they be conserved in order that metals may be available to the people through hundreds of generations to come.

2. Les ressources mondiales de minerai de fer.

On some Iron Ores in China.

By

KINOSUKE INOUYE,

Director of the Imperial Geological Survey of Japan.

With one map.

I. Introduction.

From remote times China has been famous for its output not only of iron, but also of all other minerals. The huge Empire has long been thought to have enormous mineral resources, but the greater part of these have not yet been opened up. Though geological and mineralogical researches have attracted the attention of the geologists and mining engineers of the world, yet the Empire is not thoroughly known to scientific circles, and a systematic geological survey is absolutely necessary. Quite outside the great works of Messrs LECLÈRE, LÓCZY, OBRUCHEFF, PUMPELLY, RICHTHOFEN and WILLIS, and also the works of geologists and mining engineers in Europe and America, I have here attempted to work out a short sketch of some of the iron ores of China, in the hope of furnishing some new facts to science. My information is derived from the data obtained by our geologists and mining engineers, though their works are quite fragmental and incomplete.

The localities of iron ores known to us are very numerous, as is shown in the annexed map, but we can say nothing of their value or availability, until they have been examined closely one by one. Except in a few cases the iron deposits are almost too thin for work, but fortunately coal often occurs together with the ore or near the mines, and likewise charcoal is easily obtained near by at a slight cost. These conditions facilitate the establishment of small local furnaces. Even in the localities famous for iron smelting, no large iron works are to be

17*—101503.

seen, the small furnaces, scattered here and there in the mining districts, being operated according to primitive methods. The Han-yang Iron Works and the Ta-yeh Iron Mine will be mentioned here, the others are too small in their mining and metallurgical plants, and consequently in their output. No statistical data on the production of iron have been obtained from these small mines and works. The Ta-yeh mine yields annually about 300 000 metric tons of ore, most of which is shipped to the Han-yang Iron Works and the Imperial Iron Works of Japan. The production of the Han-yang Iron Works in recent years has been:

	Pig iron.	Steel.		Pig iron.	Steel.
1904	38 771 tons	—	1907	62 148 tons	8 539 tons
1905	32 314 »	—	1908	66 410 »	22 626 »
1906	50 622 »	—			

II. The Distribution of Iron Ore.

The annexed map, showing the distribution of iron ore in China, was compiled by us from data obtained from various sources. However, to my great regret our knowledge of their mode of occurrence is very incomplete and meagre. Only a few deposits, such as those found in the provinces (shêng) of Shan-si, Shan-tung. Kiang-su, Hu-peh, Ssü-ch'uan, Kiang-si, Kuei-chou, Fuh-kien, and Yün-nan, have been examined, so that it is impossible to classify the iron ores systematically. It may not, however, be useless to give a short sketch of the ores, based on known data.

The ores may be classified as siderite, limonite, hematite, and magnetite, and occur mainly in the Palæozoic, or near its contact with igneous rocks. In gneiss and crystalline schists, as well as in the Mesozoic, iron ores are known to occur, but they are less important, when compared with those in the Palæozoic.

Iron ore in gneiss and crystalline schists. The iron ore in gneiss belongs mostly to hematite, a part being altered to limonite. In the granitic gneiss, extending along the coast of Fuh-kien-shêng to Kuang-tung-shêng, hematite deposits are known to occur, but they have not yet been carefully examined, the known ones being considered not sufficiently large. The crystalline schists scattered through the country have magnetite or hematite deposits interbedded.

Iron ore in the Palæozoic. The important deposits in China are imbedded in the Palæozoic, or are found in its contact with igneous rocks. They are either bedded, contact or metasomatic deposits. Iron deposits occur often in limestone or sometimes in clay-slate of the Sinian Formation (Ordovician), which is often overlaid by the Carboniferous with coal-seams, and occupies wide areas, extending over the nine provinces of Chih-li, Shan-si, Shan-tung, Kiang-su, An-hui, Ho-nan, Hu-peh, Hu-nan and Kiang-si, and in places intruded by igneous rocks. The ore is limonite, hematite, or magnetite, but that found in the contact of limestone with igneous rocks is mostly magnetite. The iron deposits in the provinces of Kuei-chou and Yün-nan seem to have been found in rather the upper part of the Sinian Formation, the first being considered to belong to the Permo-carboniferous, and the latter to the Devonian. Veins are also seen in the Palæozoic, only those in Chin-kiang being important.

Iron ore in the Mesozoic. Generally a thick complex of sandstone with clay-slate is found overlying Carboniferous or Permo-carboniferous limestone. Red sandstone with red shale forms the uppermost horizon, lying on the sandstone. In the sandstone of the lower part of the red sandstone iron deposits are found, sometimes accompanied by coal-seams. They are scattered over several parts of the country, but not so widely as those in the Palæozoic. The spherosiderite and hematite in Ssǔ-ch'uan-shêng and the limonite in Fuh-kien-shêng belong to this class.

As above stated, the iron industry is still in a primitive state, and except at the Han-yang Iron Works the ore is smelted on a very small scale and according to primitive methods, merely to meet a part of the local demand. Consequently, the ores used in the country are very limited in quantity. Generally coal-seams are found near the iron deposits, or occur in association, so that the iron industry in China, though now small and primitive, has all the conditions necessary for easy development. Whether the iron industry in China will be developed in the near future, is of course a question, but we hope that discoveries of large iron deposits, now unknown to us, will warrant the introduction of large mining and metallurgical plants and modern methods.

III. Description of the Iron Deposits.

Chih-li-shêng, Shan-si-shêng, and Ho-nan-shêng.

Chih-li-shêng. — In Fang-shan-hsien, west of Pe-king, the Upper Sinian Formation strikes north-east, dipping slowly toward the south-east, but sometimes forms anticlinals. Magnetite is found in the lime-stone of the formation, near the contact with granitic diorite.

Shan-si-shêng. — Shan-si-shêng was famous for producing iron, but the production is not statistically known, being estimated as ranging from 100 000 to 200 000 metric tons. The geographical position of Tsê-chou led to the development of the iron industry early in the ninth century. It is now chiefly smelted in Tai-yang and Kao-p'ing. The iron industry of Lu-an was known 2 500 years ago, and the mining and smelting is still being carried on according to small and primitive methods.

Environs of Tsê-chou. There are abundant concessions of iron ore and coal in the vicinity of the town, and consequently the iron industry and coal mining is more or less active. The lower part of the district is composed of the Sinian Formation, and is covered un-conformably by the Carboniferous. The Sinian Formation consists of a thick complex of limestone with thin clay-slate or marl in its upper part. Coal-seams in the environs of Tsê-chou are imbedded in the sandy clay-slate of the lower part of the Carboniferous, to a depth of nearly 200—250 feet. The ore at Wu-men, about 1 km east of Tsê-chou, is intercalated in clay-slate or marl, 4—5 metres thick, of the Sinian Formation. The iron bed is about 6 feet thick, cropping out here and there in the district. The strike is north by west, dipping E 20°. The ore is hematite, a part changing to limonite. It is mined and smelted on a very small scale.

At Tai-yang, about 35 km north of Tsê-chou, magnetite occurs in the Ordovician, the mode of occurrence being apparently similar to that in Wu-men. It is smelted rather actively and the greater part of the iron tools, used in Shan-si-shêng, are supplied from the iron works in Tai-yang. Generally the iron ore is considered to lie in the lower part of the coal-seams.

The environs of Yang-ch'êng consist of thick deposits of shale and sandstone with coal, being underlaid by the Sinian Formation. The

Carboniferous strikes north by east, dipping E 15°. The Sinian Formation has the same strike and dip, but the angle of inclination is somewhat steeper than that in the Carboniferous. The limestone of the Sinian Formation imbeds the iron ore, which is limonite with hematite, and its mode of occurrence is similar to that in Wu-men.

T'ai-yüan and P'ing-yang. In Tai-yüan and P'ing-yang deposits of the same character as those in Tsê-chou crop out, and those in Tai-yüan have a variable thickness, being 6 feet, more or less on an average. In the upper Liu-yüan in Wu-t'ai hematite schist is found in the crystalline schist, but it has not yet been carefully examined.

P'ing-ting. The wide Carboniferous in Shan-si-shêng extends over P'ing-ting-fu and intercalates coal-seams. Two or three limonite beds are found under the lower part of the coal-seams, probably in the Sinian Formation, and occupy an area of a few square miles, but they are all thin, being only 1—2 feet in thickness. Small furnaces for smelting are abundant in a district from 4 km to 35 km distant from the city, and smelt 10 tons of pig iron per day.

Ho-nan-shêng. — In Lu-shan in Ju-chou iron deposits are interbedded in the lower horizon of the coal-seams of the Carboniferous. They were worked in the time of the Ming Dynasty, and abundant slag is found scattered here and there.

Shan-tung-shêng.

Ta-wang-chuang is situated about 7 km north of Chin-ling-chên at about 30 km north-west of Ch'ing-chou. Iron deposits are found in the mountain range of T'ich-shan on the north-east of Ta-wang-chuang. In the environs of the village toward Chin-ling-chên abundant slag is found scattered here and there, and it is said that the iron ore was smelted there about 1 500 years ago. In 1906 the ore was exploited by excavations, under the direction of Germans. The mining district is composed of the Upper Sinian Formation, intruded by a large mass of granitic diorite on the west. The limestone is dark grey, and often metamorphosed, striking N 40° E with the dip SE 80°. The iron deposits with chloritic vein-stuff form lenticular masses 4—10 feet thick, and occur along the contact of the above two rocks. At the middle part it widens to 100 feet. In contact with limestone thin siderite is found in a vein form, but the greater part consists of magnetite with

                                    K. INOUYE.

some hematite, limonite and contact minerals. South-eastward it is cut by granitic rocks, while to the north-east it is covered by loess, the total extension being estimated to be 5 km. As fuel coal can be obtained near by, the iron ore will be mined and smelted rather easily, though a large amount of ore is not expected from the locality.

Kiang-su-shêng, and An-hui-shêng.

Kiang-su-shêng. — The iron ore at Chin-kiang is found near the mountain top, about 100 m above the level of the place, and lies about 8 km south of Yang-tsze-kiang or 12 km south-west of Chin-kiang. The district consists of limestone, clay-slate with quartzite of the Sinian Formation, intruded by diorite. There are abundant outcrops of magnetite, which are imbedded in limestone near the contact with diorite. The iron deposit strikes nearly north—south, dipping east with steep angles. The thickness is variable, but is often 15—16 feet. The deposite has not been carefully examined but it may be traced for about 2 000 feet. The ore is of good quality, running 60 per cent iron.

An-hui-shêng. — The iron deposits of T'ung-kuan-shan in Ch'ih-chou seem to have been interbedded in the Sinian Formation, consisting of clay-slate, sandstone and limestone.

Hu-peh-shêng.

The Ta-ych Iron Mine. The Ta-yeh Iron Mine in Ta-yeh-hsien is over 30 km from the Yang-tsze-kiang. Huang-shih-chiang, a small town on the southern bank of the Yang-tsze-kiang, is situated about 140 km south-east of Han-kow. Shih-hui-yao is the shipping port of the mine and situated about 4 km distant on the lower course of the great river from Huang-shih-chiang.

The mine is connected with the shipping port by railway, the furthest T'ieh-shan-p'u being situated about 35 km from the port and Shih-tzŭ-shan 25 km to the latter locality, the line branching at a point about 22 km distant from the port.

The early history of the mine is not known, but it is said to have been opened several thousands of years ago. Recently, in 1889, the iron ore of T'ieh-shan-p'u was discovered. At present about 100 000 tons are shipped annually to the Imperial Iron Works of Japan and about 150 000 tons to the Han-yang Iron Works.

The district is composed mainly of Palæozoic limestone, intruded by diorite. It strikes east—west at the east and north—west at the west, dipping north in the north and south in the southern part, and forming an anticlinal at the middle; along the anticlinal valley runs the railway. The iron deposits are found on the northern wing of the anticline, lying on the southern slope or near the top of a range averaging 200 to 300 metres in height, running in general east—west. It occurs in the contact between limestone and diorite, the limestone being above and the diorite below. The deposit is large-lense form, extending over 18 km with three breaks between. The thickness is variable, sometimes reaching 150 feet, but on an average 80 feet. The ore seems to deteriorate with the depth, the amount of pyrite increasing, and near the diorite it contains much phosphorus. The ore is magnetite with hematite and some limonite. That shipped to the Imperial Iron Works runs over 60 per cent iron but that to the Han-yang Iron Works is much less in iron content.

Recently a deposit, which is considered to be a continuation of the known ones, has been discovered on a low hill along the railway north of Hsia-lu, 14 km from Shih-hui-yao. The deposit has not yet been examined.

Kiang-si-shêng.

Ta-ch'eng-mên in Tê-hua is situated about 25 km west of Kiu-kiang, and may be reached by a shallow lake or pond which the Yang-tsze-kiang leaves at low water. Here in Ta-ch'eng-mên small hills rise to a height of about 70 or 100 m on the south of the pond. They consist of the Palæozoic sandstone with shale and limestone, intruded by liparite. The strike of the strata is east-north-east, dipping south slowly. As the country rocks have been highly decomposed, the mode of occurrence of the iron ore is not clearly known, but the ore seems to form veins in the sandstone. Seven deposits have been found, of which two are important, the one thin vein being near the contact with liparite. The two important deposits run almost parallel with each other, running N 70° E or east—west with the dip N or S 70°—80°, or sometimes vertical and being sometimes connected by veinlets. The thickness is variable, ranging from 4 to 30 feet. The extension is not yet definitely ascertained, but the southern one was formerly worked and seems to extend over 2 500 feet without a break, thinning out toward both sides. The distance between the two deposits is about 90—120 feet. The ore is limonite, running 50 per cent iron; but it is often silicious, especially at both ends. The available quantity of ore above the level-ground has been roughly estimated to be 2 000 000 metric tons.

Fuh-kien-shêng.

The Chiu-chou-hsiang Iron Mine is situated about 30 km south-south-east of Lung-yen, about 650 m above the sea-level or 120 m above the village of Chiu-chou-hsiang. It was discovered several decades ago, and mined by the farmers in a very small and primitive way. Iron ore in irregular masses of various sizes is found scattered in the red soil, formed by the decomposition of Mesozoic sandstone.

The Tai-pao-lin Iron Mine is situated about 10 km north-west of Chiu-chou-hsiang, and the places now being worked lie about 600 m above the sea-level. The district consists of Mesozoic sandstone with clay-slate. The mode of occurrence of the ore is the same as that in Chiu-chou-hsiang, but the size of the ore masses is much larger, and further prospecting will be desirable.

The above two mines are now being worked in a very small way, and it is not expected that they will be mined with a larger plant, unless they prove, on further examination, to be larger than is now supposed. The ore is transported to the San-k'ang Iron Works, situated midway between the two mines. The amount of ore smelted per day has been calculated to be over 3 metric tons.

The Kuan-shan-chi Iron Mine in Wan-yang-hsiang is situated about 36 km east of Tê-hua-hsien in Yung-ch'un or about 4 km south-south-east of Wan-yang-hsiang, and lies about 1 000 m above the sea-level. The date of discovery of the mine is not known, but it has been worked for many years. The iron ore seems to have been deposited on the Mesozoic sandstone. The extent and thickness have not yet been ascertained, but the quantity is considered not to be large, and the known deposit will last for only a few decades when smelted on a small scale as at present. The ore is transported for smelting either to the Chang-yü-lu Iron Works, about 10 km east of the mine, or to the T'ung-chiao-lu Iron Works 8 km south.

The iron deposits at Chen-wu-lang-shan or Chen-yen-hsiang in An-hsi-hsien of Chüan-chou were formerly mined, but now they are covered with soil, the mode of occurrence as well as the extent being not well known.

The P'an-t'ien Iron Mine in An-hsi-hsien is situated about 55 km west of Hu-t'ou and lies on the mountain side of Ta-ko-ts'ên, the place now worked being about 900 m above the sea-level. The iron ore occurs in the Mesozoic sandstone, and consists of hematite, limonite and magnetite. Hematite masses are found scattered in the soil and large magnetite masses from thirty to seventy feet in diameter crop out for a distance of over one kilometre, the former now being worked. It is considered that a moderate amount of iron ore lies under the ground. As there is no fuel near by, the ore is transported for smelting to iron works about 34 km from the mine.

The iron ore in Chien-yang, about 6 km west of Chien-yang in Chien-ning, occurs in the crystalline schist, which strikes east—west, with the dip S 4°. The deposit is thin, and the known amount is not sufficient for work.

Iron sand, derived from granitic rocks, is found at Yü-ts'ang in Ning-tê-hsien of Fu-ning, at Fêng-shan in the same district, at Sa-chi-k'êng in Shih-tang-hsiang in the same district, at Wu-tun in Ku-t'ien. At Yü-ts'ang charcoal is easily obtainable, and small furnaces smelt the iron sand, collected by the farmers of the village.

Ssŭ-ch'uan-shêng.

In Ssŭ-ch'uan-shêng, iron ore is known to occur in several places. The foundation of the mining district consists chiefly of the limestone of the Permo-carboniferous, which is intruded by diabase and is overlaid unconformably by thick layers of limestone with red shale and sandstone in the middle part, the complex being considered to belong to the Trias. Green and yellow sandstone with coal-seams comes above the Trias, and is overlaid by thin calcareous shale or marl. The uppermost horizon consists of a thick complex of red shale and red sandstone, and lies directly on the shale with which it is conformable. It represents a geological age, ranging from the Jurassic to the Cretaceous. In the strata of the green and yellow sandstone with coal-seams of the Jurassic spherosiderite is found, varying in dimension from a few decimetres to a few centimetres. Small siderite masses are also often found scattered in the strata. The ore is worked together with the coal, and smelted on a very small scale. The localities now known to us and now worked in a small way are Ta-tsu, T'ung-liang, and Fêng-mên-ya of Pa-hsien in Ch'ung-ch'ing, and Huang-ni-p'u of Yung-ching-hsien in Ya-chou, the latter being situated on the northern side of Ta-hsing-ling.

T'ai-tu is situated about 12 km south-west of Kan-shui-ch'ang in Ch'i-chiang-hsien, on the highway between Ch'ung-ch'ing and Kuei-yang. Hematite deposits are found in red strata, lying beneath the coal-seams of the Jurassic. They are often mixed with clay, and smelted by the many small furnaces in Kan-shui-ch'ang and its environs at the leisure of the farmers. The iron deposits of Nan-ch'uan seem to be similar in mode of occurrence and kind of ore. The iron deposits south of the Yang-tsze-kiang in Kuei-chou also occur in the same horizon.

Though the distribution of the iron deposits is very wide, and they are found at several places together with coal, especially along the valleys, where the upper red shale and red sandstone have been eroded, yet they are very thin and variable, so that they are only good for work on a small scale as at present, to partially meet the local demand.

Kuei-chou-shêng.

The best known locality in Kuei-chou-shêng is Ta-ting. At Kuan-yin-shan near Ts'ü-ch'ung of Sui-cheng-ting, west of Kuei-yang, limonite masses are found in the limestone probably of the Permo-carboniferous. They are pocket-like in shape, often attaining a thick-ness of over 300 feet, which suggests that they are a metasomatic de-posit. Their extent is not well known. They are worked from an open cut in the plateau, 20—30 m in height, the vertical extent having not yet been ascertained. Over twenty furnaces for iron smelting are found scattered here and there within a distance of 16 km from the mine, each furnace yielding over two tons of white pig iron per day, but they are not always in operation.

At T'u-ch'ang in Ping-yüan-hsien iron ore is also found. The ores have not been examined by us, but their mode of occurrence is con-sidered to be the same as that in Kuan-yin-shan, as suggested from the ore and the country rocks.

Ma-ku, east of Wei-ning, is a locality well known for lead and zinc, and also yielding iron. Limonite is found in the plateau, about 15 km south-east of Ma-ku, and occurs in the limestone probably of the

Permo-carboniferous. The mode of occurrence is the same as that at Kuan-yin-shan. The iron ore at Chên-yüan seems also to be of the same kind as the above, the mode of occurrence being identical.

Yün-nan-shêng.

In the copper mining districts of Tung-ch'uan hematite beds are found and are used as flux for copper smelting. Five hematite deposits are imbedded in the clay-slate probably of the Devonian in Pai-hsi-la, near Lao-ch'ang, where copper deposits are worked. They are rather thin, forming lenticular masses of 5—6 feet. The mode of occurrence of the ore in the Devonian clay-slate of Ta-shui-kou is the same as that in Pai-hsi-la, but the thickness is much less, being about one foot. The iron ore in T'ich-ch'ang occurs in the same formation but often near the limestone. Though the distribution of the iron ore is tolerably wide, yet the deposit is rather thin and variable, so that the known quantity is not sufficient to be worked on a large scale.

Correction in the paper »The Iron Ore of Corea» (The Iron Ore Resources of the World, page 974).

Page 974, lines 6—8.
... decomposition of the beds or veins in the Palæozoic as well as in the Mesozoic, and deposited in situ, though the original deposits are not yet well known; only the deposit of An-ak mine in Hoang-hai-dō occurs in the Mesozoic as bed and consists of hematite. The iron ore found in . . . .

instead
.... decomposition of the beds or veins, and deposited in situ with surface soil, though the original deposits are not yet well known. The iron ore found in . . .

KINOSUKE INOUYE.

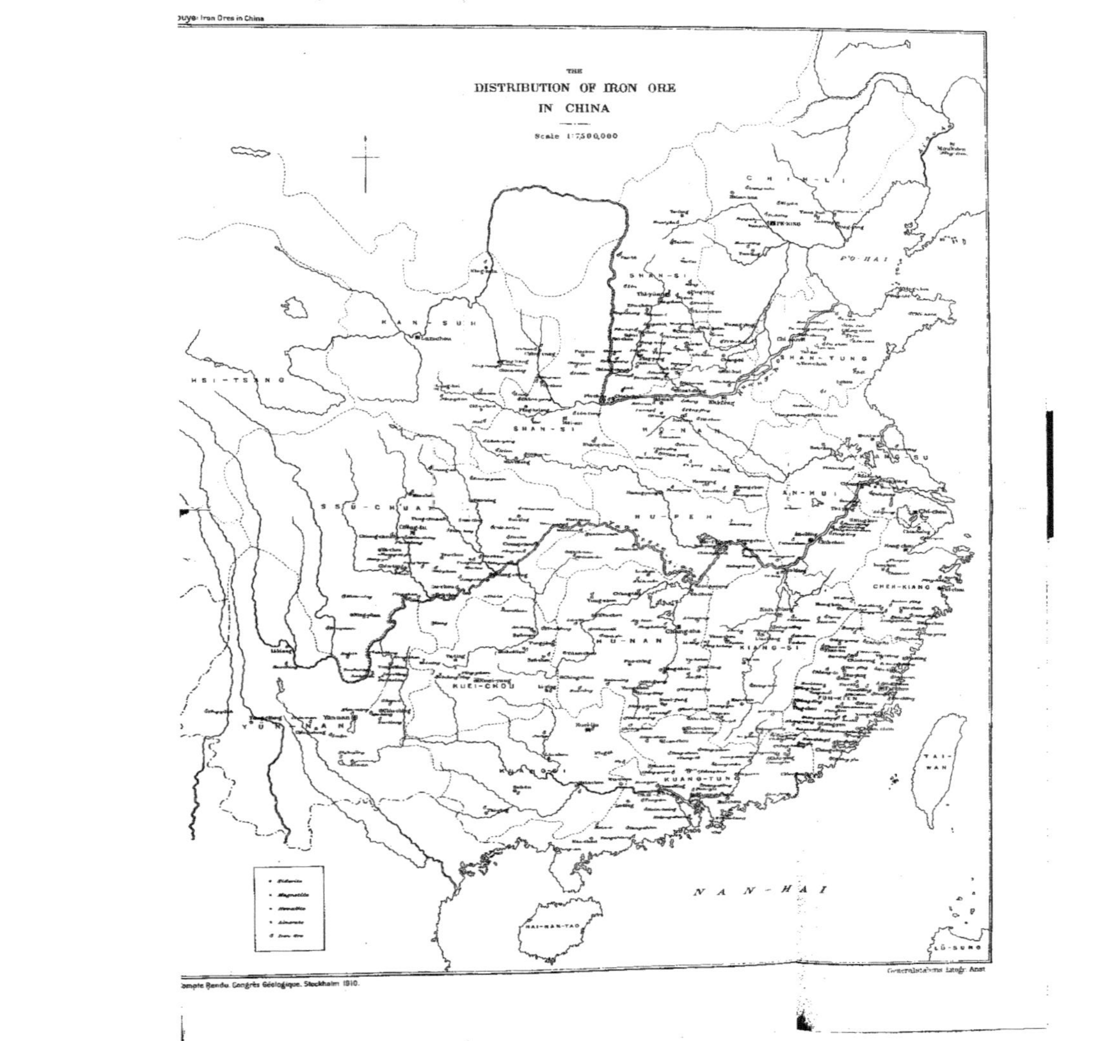

THE
DISTRIBUTION OF IRON ORE
IN CHINA
Scale 1:7,500,000
CHI-LI
PO-HAI
SHAN-SI
SHAN-TUNG
KAN-SUH
HSI-TSANG
HO-NAN
KIANG-SU
AN-HUI
SSU-CHUAN
HU-PEH
HU-NAN
KIANG-SI
CHEH-KIANG
KUEI-CHOU
YUN-NAN
KUANG-SI
KUANG-TUNG
TAI-WAN
HAI-NAN-TAO
NAN-HAI
LU-SUNG
Siderite
Magnetite
Hematite
Limonite
Iron Ore
Juyo: Iron Ores in China
Compte Rendu. Congrès Géologique. Stockholm 1910.
Generalstabens Litogr. Anst.

The Iron Ores of Southern Manchuria.

By

KINOSUKE INOUYE,

Director of the Imperial Geological Survey of Japan.

With one map.

Introduction.

During the Russo-Japanese War, southern Manchuria was visited by a number of our geologists and mining engineers, and the geological reconnaissance survey was completed at that time. Afterwards when the geologists of the Kwantō-totoku-fu and the South-Manchurian Railway Company were engaged in the survey of Kwantoshū and the districts along the railway, some new deposits were discovered, though their commercial value has not yet been ascertained. The present paper is based on data obtained during our own survey, and though it is very imperfect and incomplete, yet I hope it will serve as a first step to a more detailed survey.

The iron industry of southern Manchuria may be traced back to a very remote period, but its history is not well known, as there is no written record of it. As the demand for iron has been rather small, it being used only for domestic utensils, farming tools, etc., the industry is still in its infancy, furnaces on a small scale being seen scattered here and there, as local demand determines. Fortunately, coal occurs in the strata, corresponding to the upper horizon of the formations which imbed iron deposits, or is found in the vicinity of the iron mines or works. This accessibility of fuel has greatly facilitated the industry in southern Manchuria. Recently almost all the mines were closed down, only in Sai-ma-chi and Tʻien-tzŭ-fu-kou a few furnaces being in operation and the ore being brought chiefly from Ti-hsiung and Lo-tʻopei-tzŭ respectively. As to the output, it is difficult to ascertain the amount, but it is certain that it is not large, for most of the iron used is imported from abroad.

The Distribution and Amount of Iron Ore.

The foundation of southern Manchuria consists of gneiss, the younger formations being deposited on the basins of the older formations in rather small areas. A zone, lying on the east of Liao-yang, is composed of Palæozoic, such as the Ta-ku-shan formation, the Sinian formation (Ordovician), and the Carboniferous System, deposited on the gneiss. The iron deposits of southern Manchuria, as now known, are rather limited in distribution, being found mostly in the zone of the Palæozoic above stated. The mode of occurrence has not been thoroughly studied, yet we have been able to establish some definite relations between the deposits and the geological formation in which they occur.

There are three kinds of iron ore, viz. magnetite, hematite, and limonite, the limonite being found in only two places. Magnetite is found almost exclusively in crystalline schists or gneiss and in the Cambrian near its contact with granite or granite-porphyry; it is also formed by magmatic segregation in gabbro near the Sinian formation; only the deposits in T'ang-kang-tzŭ, which are known to occur in the Cambrian but not in the contact with the igneous rocks, consist of magnetite. The magnetite deposits in Lo-t'o-pei-tzŭ, Ch'ing-shan-pei, Shui-po-chi-kou, Ti-hsiung, Miao-kou and T'ang-kang-tzŭ are important among the magnetite deposits now known to us. Hematite is found imbedded in the Cambrian, only one deposit, and that not important, being found in the Carboniferous. The hematite deposits are the most important among all now found in southern Manchuria, most of the deposits of commercial value belonging to their class. Limonite is known to occur in two places, the one being imbedded in the Cambrian of P'ing-ho-kou and the other in the Carboniferous of Hou-huang-ti, though the latter is not important.

The iron ores occur often together with coal, or in a locality where coal is found, and thus are situated most favorably for the iron industry. Probably this circumstance explains the presence of so many small smelting works, it being possible to work the iron ores in small quantities economically.

As to the amount of iron ore, only two deposits have been estimated, the total being 2 400 000 metric tons. There are still a greater number of iron deposits, some of which are available or were formerly worked, and their total will surely be many times the amount above estimated. Recently new discoveries of iron ore have been reported, and considering the enormous quantities reasonably to be expected, it is highly probable that the amount of ore will be sufficient for smelting for local use for many decades to come.

Description of the Iron Deposits.

An-tsŭ-ho.

Iron ore is found in An-tsŭ-ho, about 40 km south-east of Hai-lung-ch'êng. It occurs in the alternating strata of clay-slate, sandstone, and limestone probably of the Middle Cambrian System, along the contact zone with muscovite-granite. The deposit is rather thin, being over 3 feet only near the outcrops, but it seems to widen at several places. The extent has not yet been ascertained. The ore is magnetite, partly consisting of hematite, and is generally of a high grade, running 60 per cent iron.

Ta-li-tzŭ-kou.

The mine is situated about 20 km south-west of Mas-êrh-shan on the northern bank of the Ya-lu-chiang. The Palæozoic, probably of the Middle Cambrian, which overlies gneiss unconformably, forming the foundation of Lao-ling, consists of hornstone, clay-slate, sandstone, conglomerate, and limestone, and strikes north-east with the dip NW 50°. Four hematite deposits are imbedded in the strata, the thickness being 26, 17, 5, and 4 feet respectively. The extent has not been carefully examined, but from the geological relations the amount of iron ore in the district has been estimated to reach at least 1 200 000 tons. The ore is hematite, containing 50 per cent iron on an average. There is also another deposit, consisting of magnetite. It occurs in clay-slate near the contact with granite, and has a thickness of 9 feet. Its extent has not yet been ascertained.

P'ing-ho-kou.

The mine is situated about 24 km east of T'ung-hua, or 4 km south of T'ieh-ch'ang. It was opened about 1875 and has been worked by a few miners since that time. The district consists of marl, tufaceous shale, and sandstone, constituting the upper part of the Cambrian. The iron deposits are imbedded in tufaceous shale in the upper, and in sandstone in the lower, and run nearly east to west, with the dip S 55°. The country rocks are often impregnated with iron ores, the lower coarse sandstone often seeming to be cemented by the iron, thus suggesting that the iron ore was deposited from ferruginous springs after the deposition of the sandstone and also during the deposition of the upper shale. The ore is limonite and forms irregular masses of various sizes from several metres down to a few centimetres scattered along the strata, suggesting later disturbances following its deposition. The outcrop at the mountain top extends over 100 × 11 feet, but underground the thickness of the deposit is variable, widening to over 30 feet or thinning out to a few feet; but it is supposed to widen as it becomes deeper.

Ch'i-tao-kou.

Ch'i-tao-kou is situated south of San-tao-kou, or 45 km east-southeast of T'ung-hua. The district consists of crystalline limestone, hornstone, and phyllitic slate of the Lower Cambrian, which imbeds hematite, dipping S 20°—50°. The two hematite beds, about 600 feet apart, are found on a mountain side about 100—150 m above the level of the place. They are lenticular in shape; the lower bed is 45 feet in thickness, traceable for about 600 feet, and is banded with the mother rocks, while the upper one, only 18 feet thick, extends about 1 200 feet, the total amount being estimated to reach 1 200 000 tons. The quality of the ore is rather high, running 55 per cent iron.

Hsiang-shui-kou-tzŭ.

Iron ore is found in Hsiang-shui-kou-tzŭ of Ssŭ-p'ing-chieh, about 1,5 km east of the Ssŭ-p'ing-chieh colliery. It was discovered in 1891 and abandoned after one year's working. The district consists of the Carboniferous, the sandstone of the upper horizon of coal-seams intercalating red shale. The strike is N 20° W, dipping WSW 30°. The shale contains hematite, and often hematite masses. The deposit is traceable for about 300 feet, its thickness being 5 feet, but in quality the ore is very inferior, containing abundant silica, and only 23,36 per cent iron.

Ma-chia-tzŭ.

Ma-chia-tzŭ is inconveniently situated about 30 km east of Han-ch'ang and 10 km west of Ssŭ-p'ing-chieh. Iron ore was discovered in 1887, but after a few months' working it was prohibited by order. The geology is the same as that in Ssŭ-p'ing-chieh, consisting of the alternating strata of sandstone and shale in the upper and thick layers of dark limestone in the lower. Coal-seams are found in the shale. Iron ore or hematite slate occurs in sandstone below the coal-seams. The thickness is about one foot, hematite masses being often scattered in the strata. The quality of the ore is rather inferior, containing 40,10 per cent iron.

Yang-mu-lin-tzŭ.

Yang-mu-lin-tzŭ is situated about 15 km north-east of Wei-tzŭ-yü, or about 4 km north of P'ien-li-ho on the highway leading from Wei-tzŭ-yü to P'ing-ting-shan, the navigable T'ai-tzŭ-ho flowing west on its south. It is said that the ore was discovered in 1901, and mining was begun one year later, but abandoned after a few months' working. The thick complex of Ta-ku-shan quartzite rests on gneiss, forming a high peak, and dipping W 40°. On its western slope the layers of green calcareous hornstone of the Middle Cambrian are found, its measured thickness being 70 feet. At the lower horizon of the hornstone is im-bedded a hematite deposit, which strikes N 10° W, dipping W 45°. The average thickness is about 3 feet, widening to 7 feet, or thinning out toward the south, until at last it disappears near the quartzite. Its total extent is about 600 feet. The hematite is compact and of a red colour, running 50,28 per cent iron.

Tang-shih-ling-tzŭ.

Thang-shih-ling-tzŭ is situated about 2 km north-west of Huang-chia-pao-tzŭ on the highway leading from Wei-tzŭ-yü to Yung-ling, or about 11 km north-east of Wei-tzŭ-yü, and is accessible from Yang-mu-lin-tzŭ by a small pass. The date of the discovery is not recorded, but it is said that the ore was worked formerly as silver mines. In 1901 it was reopened and worked for a few months, with no success. The stratification of the rocks is quite the same as in Yang-mu-lin-tzŭ,

the lowest part consisting of gneiss, quartzite coming next, and hornstone uppermost. A hematite bed is found in the lower part of the
hornstone of the Middle Cambrian. The strike is N 20° W, dipping
W 40°. The extension and thickness have not yet been well examined,
but the thickness seems to be nearly the same as that in Yang-mu-lin-
tzŭ, and it is considered to be workable together with that in Yang-
mu-lin-tzŭ on a small scale. The quality of the ore is rather inferior,
running 46,43 per cent iron.

Hsi-ch'uan-ling.

Hsi-ch'uan-ling is a small pass, leading from Wu-lung-k'ou to Ma-
chüan-tzŭ on the way from Fêng-t'ien to Wei-tzŭ-yü through Fu-shun,
and being about 40 km north-west of Wei-tzŭ-yü. Hornblende-gneiss,
which forms the foundation of Hsi-ch'uan-ling, is overlaid by magnetite
schist, composing the top of the mountain. The strike is not well known,
but seems to dip south-east. Magnetite schist reaches over 300 feet in
thickness, and is fine granular and compact, consisting of quartz and
magnetite, the two minerals often forming a banded structure. The
quality of the ore is very inferior, containing abundant silica with only
31,76 per cent iron on an average. The mining district now known is
very limited in area.

Hsia-chia-ho.

Hsia-chia-ho lies about 13 km south-west of Wei-tzŭ-yü. Iron ore
is found in Sung-shu-k'ou, about 3,5 km north of Hsia-chia-ho. It was
discovered in 1862, and worked by the farmers until 1886, when it was
closed by the authorities. In 1902 it was reopened, but abandoned after
5 or 6 months' trial, owing to the bad results. The geology is the
same as that in Yang-mu-lin-tzŭ and Tang-shih-ling-tzŭ. A hematite
bed is found in light green hornstone, overlying the Ta-ku-shan quartzite, with a strike of N 15° E, dipping W 35°—50°. Its extent as now
known is 600 feet, with a thickness of 1—6 feet or an average of 3
feet, thinning out to both ends. The quality of the ore is variable,
the good ore containing 56,75 per cent iron.

Hsiao-chia-ho.

Hsiao-chia-ho is situated about 13 km north of Han-ch'ang, and
lies on the road leading from Han-ch'ang to Wei-tzŭ-yü. Iron ore is

found on the mountain side, about 1 km east of the village. It was discovered in 1902, and worked for two months by ten miners. A hematite deposit is found between red gneiss in the lower and white quartzite in the upper, the latter dipping steeply west. The thickness is only 2 feet, traceable for about 200 feet. The ore is very bad in quality and passes gradually to red gneiss in the lower.

Hou-huang-ti and Ts'ai-tzŭ-yao-kou.

Hou-huang-ti is situated about 14 km north-west of Tai-pao in T'ien-tzŭ-fu-kou, Ts'ai-tzŭ-yao-kou being its neighbour on the north, a few kilometres distant. The mine was opened in 1888 at several places, together with the working of coal-seams there, but was abandoned in 1904, owing to the bad results. The foundation of the district is composed of enormous layers of limestone, which imbeds fossils of the Ordovician, and is covered by alternating strata of light green sandstone and shale of the Carboniferous, intercalating thin dark limestone, a conglomerate occupying the uppermost horizon. Two or three coal-seams are found in the shale and sandstone, while the iron deposits are imbedded in the black shale, seeming as to lie under the coal-seams. The deposit is rather thin, being only 0,2—1 foot. The ore is limonite, with some iron pyrites, running 45,04 per cent iron.

Lo-t'o-pei-tzŭ.

The iron ore of Lo-t'o-pei-tzŭ is found on the mountain side, about 2 km south of Wei-chia-pao-tzŭ, and about 20 km west of Han-ch'ang. It was discovered about 1852, and is now worked by a few miners, yielding only about 5 tons per month. The district is bounded by the Shan-sung-ho, north of which the Carboniferous develops. The Middle Cambrian is found on its south, consisting mainly of light green or dark calcareous hornstone, striking N 75° E with the dip N 30°. Iron ore is found on the sides of the mountain, about 500 m. high, in hornstone near the contact with granite-porphyry, occurring in vein form. It dips in the opposite direction to that of the Cambrian. It is 3 feet thick on an average, and may be traced for over 300 feet. The ore is magnetite, accompanied with biotite, calcite, chalcopyrite, etc., and running 51,20 per cent iron.

Ch'ing-shan-pei.

Ch'ing-shan-pei is situated about 24 km south-east of Hsiao-shih, or about 10 km east of Shan-ch'êng-kou. The date of the discovery of the iron ore in the district is not known, but it is said that it has been mined since 1875 by the farmers at their leisure, about 28 years, when it was abandoned. The geology and mode of occurrence of the deposits are quite the same as those in Shui-po-chi-kou and Hua-p'i-yü. Here the hornstone strikes N 60° E, dipping NNW 30°. The outcrops as well as the old adits are covered with soil or destroyed, and it is now impossible to examine the thickness and the extent, but it is said that the thickness is variable, being generally 2—6 feet, and the extent is not large enough to be worked independently, but may be worked in connection with the deposits of Shui-po-chi-kou.

Shui-po-chi-kou and Hua-p'i-yü.

Shui-po-chi-kou and Hua-p'i-yü, both in the district of T'rang-kou, separated from each other by a small hill, have long been known as the district for mining iron. They lie about 24 km south of Hsiao-shih, or 50 km north of Sai-ma-chi. There is no authentic record of the discovery of the mines, but it is said that the Shui-po-chi-kou mine was opened about 200 years ago. Though the mine has declined at times, yet it has continued work and about 1885 several hundreds of miners were working there. Afterward the mine gradually declined, and in 1902 only ten or so miners were at work there, and at last it was abandoned. Hua-p'i-yü was discovered about 1830, and continued to be worked together with Shui-po-chi-kou until 1904, when they were closed. The district consists mainly of light bluish green calcareous hornstone of the Middle Cambrian, intruded by granite-porphyry on the north-west. The strike of the strata is not distinct, but seems to dip to the south-east. A deposit of black magnetite occurs in the hornstone near the contact with granite-porphyry, and runs N 40° E, dipping SE 60°—70°. The thickness is variable, being from 6 to 16 feet, the average being 12 feet. It has been traced for about 3 500 feet, extending over two villages. The ore is magnetite with some hematite, and also small quantities of calcite, chalcopyrite, galena, etc., the iron content being 65,54 per cent. An old shaft, 40 feet deep, was sunk through the ore-body, but the total depth of the deposit has not yet been ascertained. This deposit is indeed the best now known in southern Manchuria.

T'ou-tao-kou.

T'ou-tao-kou is situated about 30 km east of Pên-hsi-hu and about 2 km south of the T'ai-tzŭ-ho. It is said that the ore was mined by the farmers for two or three years after 1874. The foundation of the district is gneiss, black quartzite comes next, covered by light green calcareous hornstone of the Middle Cambrian. The hornstone intercalates a hematite bed, which has been changed to magnetite by the intrusion of a fine-granular red hornblende-granite. The thickness is 5—6 feet, its outcrops have been traced for about 300 feet, and worked below the depth of 30 feet.

Environs of Pên-hsi-hu.

Chou-kou is situated about 16 km east-south-east of Pên-hsi-hu. The iron deposit stands almost vertical in a west-north-west direction. The thickness is about 33 feet, extending about 3 000 feet. The ore is rather inferior in quality, running below 40 per cent iron.

Yun-ka-kou is situated about 25 km north-north-east of Pên-hsi-hu. The iron deposit is said to run north-north-east, dipping W 50°. The thickness is about 65 feet, extending about 2 000 feet. The ore is inferior in quality, its iron content being 30 per cent.

Wei-tau-shan is situated about 8 km north of Yun-ka-kou. The iron deposit strikes south-south-east, dipping W 30°. Its thickness is 35 feet, and the outcrops have been traced about 1 300 feet. The quality of ore is inferior, its iron content being 30 per cent.

Iron ore is also found in Lei-shü-ling, about 8 km north-west of Pên-hsi-hu.

Environs of Sai-ma-chi.

There are many localities bearing iron ores, among which the deposit of Ti-hsiung is the most important. The deposits in Mang-kua-kou, some 20 km east of Sai-ma-chi, was worked about 15 years ago, but was abandoned after two years. It is said that the ore was inferior to that in Ti-hsiung. The iron deposit in T'ang-kou, about 25 km north-north-east of Sai-ma-chi, is inferior in iron content to that in Ti-hsiung.

Ti-hsiung. The mining district of Ti-hsiung borders on the placer field of Ti-hsiung, and lies about 30 km south-west of Saima-chi. The mine was opened about 35 years ago, yielding 3 000 tons of ore a year and was closed by the Russo-Japanese War. The Sinian formation is intruded by serpentinized gabbro. Magnetite occurs in the gabbro, being in irregular or vein form, and is considered to have been formed by magmatic segregation, near the contact with the Sinian formation. The iron masses form bands of 30—60 feet thickness, running N 60° W. and dipping almost vertical. It has been traced by the old pits for about 600 feet, being worked 60—90 feet underground.

Along the railway between Pên-hsi-hu and Ts'ao-ho-k'ou there are three localities, the deposit of Miao-kou being the most important.

Miao-kou. Miao-kou is a small village, lying almost midway between Lien-shan-kuan and Pên-hsi-hu. Iron ore is found about 10 km south-east of the village, cropping out near the top of the mountain, about 470 m above the village. Crystalline schists, viz. chlorite-, biotite-, sericite-, and actinolite-schists, intercalate the magnetite schist. The strike is N 20° W, dipping W 45°—50°. The thickness is 130 feet, but the workable portion is much less, 3 feet comprising the best ore with 65 per cent iron, and grading on both sides to 30—40 per cent iron. It has a length of about 10 000 feet. The worked area extends over 180 feet along the strike, with a thickness of 50 feet, and the depth now known above the water is 30 feet. The mine was opened about 100 years ago, and abandoned during the Chino-Japanese War.

Pei-tai-kou. Iron ore is found in Pei-tai-kou, about 10 km northwest of Ch'iao-t'ou between Pên-hsi-hu and Lien-shan-kuan. The geology is the same as that in Miao-kou, the strike of the strata being N 35° E with the dip WNW 30°. The thickness of the deposit is about 100 feet, the available portion having been found to be 35 feet, and traceable over 1 300 feet. The ore is magnetite, containing 40 per cent iron.

In *Pa p'an-ling* iron ore is found about 30 km south-west of Ch'iao-t'ou.

Along the railway between Hai-ch'êng and Liao-yang there are two localities of iron ore, viz. at An-shan-tien and east of T'ang-kang-tzŭ, which is south of An-shan-tien.

Iron ore is found near the railway, at the north of An-shan-tien. Here the Cambrian formation forms a hilly land, consisting of quartzite in the upper, thin muscovite schist in the middle, and phyllite in the lower horizon, dipping nearly towards the north. A hematite bed is found between the quartzite and muscovite schist, at about 270 m above the level of the place. The thickness of the deposit reaches 300 feet, often interbanding with the quartzite, a large part being not less than 100 feet thick. The outcrops have been traced for about 13 000 feet, the average iron content of the good ore being nearly 50 per cent.

The iron ore on the east of *T'ang-kang-tzŭ* is located south-west of the above locality. A magnetite bed is found in the Cambrian quartzite, as above stated, dipping nearly north-west. The greater part of the deposit is covered by soil, so that little is known about it. However, it is reported that the deposit seems to be large enough for prospecting. The ore is magnetite with hematite, running over 60 per cent iron on an average.

Hua-t'ung-kou.

Hua-t'ung-kou is situated about 8 km west of Li-huan-ts'un, near the shore of Liao-tung bay, about 20 km south-west of Hsiung-yo-ch'êng. Iron ore is found about a kilometre south-south-east of the village. Iron deposit with overlying metamorphosed limestone crops out in aplite near the part transitional to porphyritic granitite. It seems to strike north-south, dipping E 25°. Its thickness and extent are quite unknown. The ore is magnetite with chlorite and wollastonite.

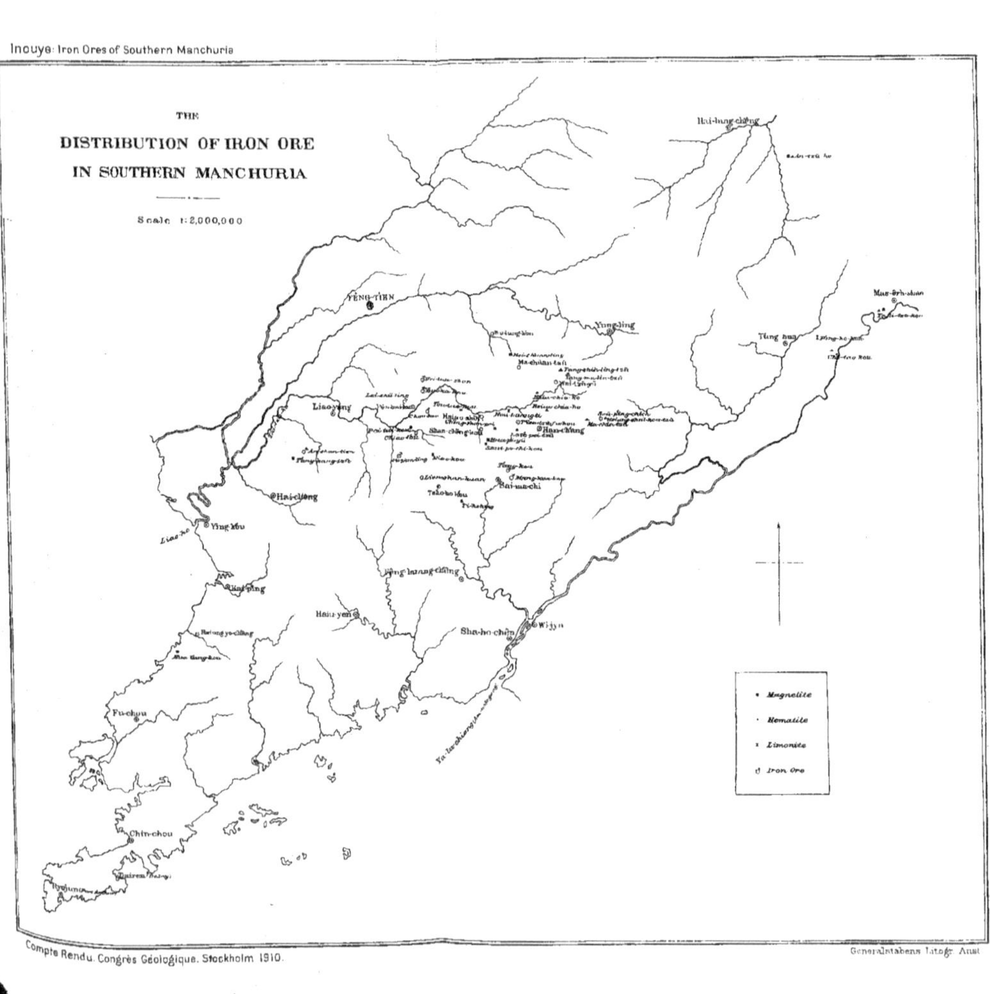

THE
DISTRIBUTION OF IRON ORE
IN SOUTHERN MANCHURIA
Scale 1:2,000,000
Hai-lung-chêng
Mug-ärh-shan
Tung hua
FÊNG-TIEN
Ying-ling
Ma-chiïan-tzü
Liao-yang
Hai-yu-shih
Hai-ch'êng
Hai-ch'êng
Ying-kou
Liao-ho
Ping-kou
Pai-sa-chi
Hai-yen
Sha-ho-chên
Wijyn
Fu-chuu
Chin-chou
Dairen
Magnetite
Hematite
Limonite
Iron Ore

Generalstabens Litogr. Anst

State control of Iron Ore mining in Sweden.

Introductory Address

DELIVERED BY

His Excellency A. LINDMAN,

Prime Minister of Sweden.

Before I open the discussion regarding the Iron Ore Resources of the World in accordance with the wishes of the Committee of the Congress, I desire first of all to address a few words of thanks to the very distinguished foreign co-operators in the international inquiry that has been carried out as a preliminary to the debate which is to take place to-day.

When in January 1908 we of the Swedish Committee sent out our invitations to official, geological surveys, as well as to private geologists and mining engineers in different parts of the world to co-operate in furnishing reports concerning the iron ore deposits of the world, we were not quite sure as to the reception such a request would meet. The topic put down for treatment concerns very important political and private economic interests, and it could therefore not be foreseen from the beginning whether there would be a general desire to send in reports of such a kind as the Committee of the Congress had requested. These fears were however unfounded: the reception accorded to the invitation emanating from our country far surpassed our most sanguine expectations. The reports received, 60 or so in number, represent practically all those countries, not only in Europe and North America, but also in other parts of the world, whose iron ore production is at present of any significance at all. It may be said without any exaggeration that the international work »The Iron Ore Resources of the World», which forms the result of the labours of so many prominent geologists, has enormously enlarged our knowledge of the iron ore supplies. This publication will, for years to come, remain the principal work of reference for the acquisition of knowledge of these questions, and will be a source of information which will be drawn upon, not only by geologists and mining engineers, but also by manufacturers and economists.

It is quite natural that the Swedish Committee of the Congress themselves feel deeply indebted to the foreign collaborators in this inquiry, and the Swedish geologists and mining-engineers are delighted to see so many of the authors here present, both those who reported upon our neighbouring countries, Norway, England, Germany etc., and those from far distant lands who described the iron ores of India, Japan and Australia.

Gentlemen and authors of the International work on the Iron Ore Resources of the World!

The only direct reward for your trouble has been the satisfaction which you yourselves feel in having compiled a work which in the widest circles will bear witness to the importance of the science of Geology for material civilization. It is with particular pleasure that I express to you the thanks of the Swedish Committee of the Congress before this assembly of experts.

I am also convinced that the numerous illustrious strangers here assembled will gladly unite with their Swedish colleagues in congratulating these authors on the important work which they have produced.

One of the merits of the international publication before us is probably the fact that it throws into relief our lack of knowledge concerning the ore resources of certain parts of the world, and incites us to renewed efforts in filling these gaps. One such supplementary work has already been completed; and its result will be communicated to the Congress in a short summary. The Director of the Imperial Geological Survey of Japan, Mr. INOUYE, who submitted excellent and minute reports concerning the iron ores of Japan and Corea, has enlarged his investigation so as to embrace also China and Southern Manchuria. The last mentioned two reports arrived too late to find a place in the international work, but they will be printed in the »Compte Rendu» of the Congress, and Professor SJÖGREN will give a short account of their contents in his statistical survey.

The question relating to the utilization of the natural resources of the world is of course upon our program, inasmuch as every man with any feeling of responsibility must also think of the future. It is unwise to permit one or several generations to utilize the wealth which bounteous nature has bestowed upon us, without at the same time thinking of the consequences to succeeding generations. By this I mean to say that we must use the natural resources in a proper and suitable manner so as not to squander them. To make this possible we must know our resources well, both from a quantitive and a qualitative standpoint. If then the utilization takes place quite rationally, it will be of benefit to our descendants, as we then create and leave behind us a civilization which will live for ever.

If we proceed in this manner, I am convinced we are right in using nature's products to the extent required by progressive culture. To apply a severer prohibitive restriction than this would result in checking, at first hand, the development of material culture. Besides, such a restriction, if it is to have the required effect, must in its application embrace all countries, and would be practically unworkable.

There is, then, no waste in our using for the present generation what we actually need, nor in permitting our industrial life to expand by an increased draft upon nature's treasures; there is no waste in allowing the manufacture of iron to expand when we wish to extend our railways or to augment our mercantile navy. But it is waste to burn our coal in an extravagant way and to let the gases generated through combustion escape before their whole calorific value has been extracted; it is waste to leave iron in the slag when reducing this metal, or to leave some ore in the mines by not using systematic mining; it is also waste, as has long been done in our country, to apply high grade iron or steel to purposes for which a cheaper material can be employed, or to use more material than an expert calculation would prove requisite. Economy must thus be founded on a rational utilization of material.

If we look upon the various natural resources, we find immediately that they are of a greatly varying nature with regard to the possibility of their preservation. One of the most important resources in our country consists in the water-falls, of which it may be said, that the best way to preserve them is to turn them to account. If this be done quite rationally, and if the water-power be concentrated and utilized in a systematic manner, which is now possible with the aid of electricity, this power will fulfil demands many times greater than those which have been previously possible. The same remark applies to the forests, which must be preserved by a sensible use and good care. By this means their value increases instead of decreases, and we likewise gain other important advantages. Whilst we thus obtain a more plentiful supply of fuel, timber and many other products, we improve our climate, and regulate the hydrographic conditions.

It is a different matter with such resources as coal and ores. Even if it is true that matter is indestructible, yet the coal and iron that have once been consumed cannot be used again by ourselves or our descendants. The chief point that we have to observe is that we be not wasteful, that we be careful to apply every ton that is mined, in an efficient way. Economy in the use of coal and iron is still more important than in the case of the water-falls and the forests.

The coal question has hitherto always been the most conspicuous one. The presence of fossil fuel has practically determined the industrial position of each country. With us, however, this question is becoming less and less important, since we have learned to fully utilize the advantages of turning water-power into electric energy and heat. The iron ore question, on the other hand, is everywhere coming more and more to the front, not only here with ourselves, but also with other nations. On account of the fundamental, politico-economical importance of the inquiry, the question concerning the iron ore resources of the world has engaged the attention of legislative assemblies and statesmen in many different countries. Mr. ROOSEVELT when President of the United States of America initiated an evaluation of the known iron ore resources of his country, as well as that of other raw-materials, and he afterwards proposed an international inventory of all the iron ore resources on a gigantic scale, and a settlement of the question concerning their rational utilization. In Germany an inquiry into the iron ore resources was organized and carried out by the Government, and a similar minute inquiry was recently undertaken in our own country.

The results of the inquiry undertaken by the executive committee of the Geological Congress are now available in the form of a voluminous work and show clearly that it was well advised to undertake such inventories. It becomes manifest from this work that the known, actual iron ore reserves of the world amount to 22 000 millions of tons in round figures, representing about 10 000 millions of tons of iron, and that, as the yearly production of iron can now be estimated at 60 million tons per year, these resources will not suffice for even a couple of hundred years, or if the consumption rises in the same proportion as during the past century, for only about 60 years. We can however find consolation for these depressing figures in the information that the potential resources are estimated at much more than 123 000 millions of tons, representing more than 53 000 millions of tons of iron, and in the experience that new iron ore resources are continually being discovered, not only in less civilized countries, but also in countries civilized long ago. I need here only refer to the vast Minette-beds in France and Germany, the newly discovered ores in Cuba and Brazil, as well as in the northernmost parts of Scandinavia (Ekströmsberg, Leveäniemi, Sydvaranger and others). As a typical case may also be mentioned the Bilbao mines. It has many times been said of them that their end was close at hand, and when I visited them 10 years ago it was said they would hold out only another ten years, but we now see from Mr VIDAL's report that there are still 61 million tons left, which, at the present rate of mining, represents a further 13 years, and I presume that when these have gone there will still be something left. We ought further to remember that we are learning to make better and better use of the ore in mining and refining, that we can now utilize low-grade, formerly useless ores, and that iron is being more and more replaced by other materials.

But the above mentioned figures prompt us to serious reflection. Waste must be prevented, and if we look at the matter as a whole it is obvious that in this instance the interests of the state and those of the private individual coincide. By a sensible co-operation the state ought to prevent the individual from sacrificing great future benefits for the sake of a momentary profit. In so doing the state, of course, should not interfere in such a manner as to check private enterprise.

In our country the »iron ore problem» has of late years been a very important subject under treatment by the powers-that-be, and has given rise to many significant measures for the industrial life of the country. It may possibly be of interest to you, gentlemen, to hear something of those public points of view that have been the decisive factors for our action with regard to the mapping out of the future utilization of our iron ore resources.

The iron ore question in our country must be put under two head-ings. One of these embraces the non-phosphorus ores, the other those with a high percentage of phosphorus.

The non-phosphorus ores are almost exclusively situated in the Middle of Sweden. To these belong, amongst others, the famous Dannemora mines, Persberg and several others. For a long time iron has been manufactured from them; and with the use of charcoal, iron and steel of the very finest quality are still being manufactured from them. In consequence of the expensive methods of manufacture, and the advance in the price of charcoal in the same ratio as the waste from the forests and saw-mills can be better utilized than in the form of charcoal, this non-phosphorus iron has a limited use which does certainly not decrease, but on the other hand only slightly increases. No measures for limiting the mining have therefore been taken with regard to these ores.

But the case is quite different in regard to the ores with a high percentage of phosphorus, which are chiefly situated in the North of Sweden, at Kiirunavaara, Gellivare, Svappavaara, etc. Only a minor portion of them is in the Middle of Sweden, principally at Grängesberg. Through the lack of fossil fuel in our country these ores could hitherto not be smelted at home to any great extent, but have been exported to those countries that have such fuel.

Formerly our laws permitted the discoverer of an ore deposit on crown-land to become sole owner of the same. This system, which was intended to promote the discovery of new ores, was changed so as to preserve for the state the right of ownership and the control of those ore deposits, first to the effect that the discoverer received one half and the state the other, such as is the case with deposits on private ground. Later on, all claims upon crown-land in the Northern provinces, where the state owns extensive areas, were prohibited in anticipation of legislation, and finally it was decided this year to lay out certain areas around the great ore fields as government mining fields within which no claims shall be located.

Very likely you all know that our largest iron ore resources are in Gellivare and Kiirunavaara. When the government decided in 1898 to build a railway for the exploitation of the last mentioned mining field, the idea had already been conceived that a limitation of the export was desirable, and this limit was put down at 1 200 000 tons a year. In the same degree in which it became more and more obvious that these ore resources were enormous and could easily be disposed of, the demand for an increased export grew; but at the same time also the state asserted its right to regulate the exportation in such a manner that it should not go on too rapidly. This situation led to negociations between the government and the owners of the ore fields, with the results that an agreement was entered into in 1907. According to this agreement the state became the owner of half the shares in the company that now owns the mines of Gellivare and Kiirunavaara, and also became sole owner of certain other mining fields (Mertainen, Ekströmsberg and others), and in return for this undertook to carry 75 million tons of ore from Kiirunavaara and 19 million tons from Gellivare at a certain freight during a period of 25 years, besides which certain other regulations for the benefit of the company were made. These quantities have by a later agreement, in connection with the acquisition of the Svappavaara ore field by the state, been somewhat increased. It was considered also to involve certain benefits for the state to become a share-holder in a limited company, but on entering into the contract it was also decided that the state at the end of 25 years shall be entitled on certain conditions to take over the entire number of shares. The agreement may with every reason be said to have been advantageous for both parties, and forms a good example of cooperation between the state and the individual.

This contract has quite naturally been discussed by purchasers of the ore, but anyone of you, gentlemen, would certainly have had the same patriotic feeling for his country and would in like case have understood the justifiableness and desirability of the state obtaining the determinative right concerning this enormous natural wealth upon crown-land, which, on account of the exceptionally high grade ore, will always possess a high value.

The government has also in other ways than by limitation of the export contributed towards a rational exploitation of our iron ore resources. Parliament has thus passed an act this year for the construction of an electric power-station at the Porjus Fall in the Great Lule River, about 50 km to the south of Gellivare, for the electrification, in the first instance, of the railway between Kiruna and Riksgränsen, upon which railway — situated far north of the Arctic circle — by means of electric locomotives trains of a weight of 2 000 tons loaded with iron ore will be run. There is also a large surplus of power that may be of enormous importance for the treatment of iron in case the attempts succeed that have been made to smelt iron ore by electricity at the large governmental power-station at Trollhättan. These attempts have been made with the co-operation of the Government through the agency of the Jernkontoret, our institute for the advancement of the iron industry.

These, gentlemen, are some of the measures that have of late years been taken to establish a prudent use of our iron ore resources, and I trust that this information will be of some interest to you.

I will furthermore only add, that I consider the Governments could, and in many respects ought, to further a rational use of the natural resources. This can be done by liberally assisting such scientific work as leads to a more intimate knowledge of the same, by arranging systematic, geological and technical researches, by assisting in elevating the respect for all practical work done with scientific method, and last but by no means least, by giving such instruction in our schools that the young men and women on leaving school shall understand the value and importance of an economical management of the natural wealth.

I am also fully convinced that the discussion which is now going to take place will greatly contribute towards the solution of this iron ore problem that is of such importance for the entire human race. The mere fact that such a question as this has become the subject of public treatment in an international assembly is of enormous importance

Principal results of the inquiry on "The Iron Ore Resources of the World"

BY

Professor HJ. SJÖGREN,

Intendant, R. Museum of Natural History, Stockholm.

When the proposition to make an inventory of »the Iron Ore Resources of the World» was first discussed in connection with the prospective international Geological congress in Sweden, the members of the Committee, who had made it, were compelled to hear many expressions of doubt as to the usefulness and practicability of the enterprise. Such remarks as: what is the use of trying to ascertain the quantity of the iron ore resources of the world, we could put aside without further notice. They only served to make clear the fact that the old belief in the unlimited quantity of the iron ores is still generally current, even in circles, where one might expect a better understanding of the subject.

On the other hand, the objection that such a stocktaking was impossible of accomplishment at the present time was more serious. All these expressions of doubt were nevertheless not sufficient to deter us from making the attempt; and we felt convinced that when the reports were assembled and collectively discussed, they would possess a decided value in themselves and they would throw into relief the gaps in our knowledge regarding one of the most important factors in the world's industrial development. The Committee therefore decided, after having heard the opinions of several foreign authorities on the matter, to try to carry out the program. The general support accorded us, not only by private geologists, but also by public and official bodies all over the world, has fully justified the placing of the question upon the program of the international Geological congress.

We willingly admit that the statistics of the Iron Ore Resources of the World, which we have the pleasure of submitting to the Congress, are burdened with imperfections. We look upon the figures set forth therein only as approximate values, which will be supplemented in the future, and corrected as the known deposits are better investigated or new deposits are discovered. In the nature of the case such an inventory must always remain approximate; the exact quantity contained in a deposit cannot be stated until the deposit has been exhausted and then it is without any practical interest whatever. It is also obvious that inventories of ore resources undertaken at different periods, whether they refer to the whole world or to limited areas, must afford different results: at some places the ore resources have been reduced through present, often intensive, exploitation; at other places the available resources have been increased through the discovery of new deposits.

Every such inventory of the iron ore resources of the world can therefore only set up for its goal the presentation of the actual knowledge regarding the ore resources at the time when the estimate is made. But through the intense explorations for iron ore, going on over a great part of the world, and through the intense exploitation of known deposits in progress at other places, the results change rapidly, and every inventory must always be kept up to date so as to correspond with the inevitable alterations.

To give an example of the zeal with which the explorations for iron ore are going on not only in industrial countries, but also in those parts of the world which we have hitherto regarded as less affected by industrial development, I will quote a few words from the reports relating to the iron ore resources of Southern Manchuria and China which have been received since the volumes on »the Iron Ore Resources of the World» left the press. The reports are written by Mr. Inouye, Director of the Imperial Geological Survey of Japan. Mr. Inouye mentions in the preface of his report that already »during the Russo-Japanese War, Southern Manchuria was visited by a number of our geologists and mining engineers, and the geological reconnaissance survey was completed at that time».

These reports, although they are based upon rather incomplete material, are all the more valuable since the treatment of the ore resources of China in our first inquiry turned out to be somewhat unsatisfactory.

And yet the great Chinese Empire has been the subject of much interest in this connection. Ever since RICHTHOFEN's journeys, there has been an inclination in many quarters to assume that China contained enormous iron ore resources, sufficient, not only for local requirements, but also to supply in part the needs of the world's market.

This optimistic anticipation does not, however, appear to find support in these latest reports on the ore resources of Southern Manchuria and China.

With regard to Southern Manchuria Mr. INOUYE sums up the results of the researches in the following words: »As to the amount of iron ore, only two deposits have been estimated, the total being 2.4 MT (million tons). There are still a greater number of iron deposits, some of which are available or were formerly worked, and their total will surely be many times the amount above estimated. Recently new discoveries of iron ore have been reported, and considering the enormous quantities reasonably to be expected, it is higly probable, that the amount of ore will be sufficient for smelting for local use during many decades to come.»

It is remarkable that in this report the only deposits with which an attempt at an estimate has been made are of such modest dimensions as 2 to 3 MT and that the report mentions the quantities of iron ore only in relation to the local consumption, and estimated that they may be sufficient only for decades not for centuries. The author arrives at a similar result with regard to the ore resources of China.

After Mr. INOUYE has stated that the ore resources existing in China are being utilized along the lines of old methods and on a small scale, sufficient for meeting a part of the local requirements, he continues: »Whether the iron industry in China will be developed in the near future, is of course a question, but *we hope* that discoveries of large iron deposits, *now unknown to us*, will warrant the introduction of large mining and metallurgical plants and modern methods.» In this report the statement is thus made that large iron ore resources in China are as yet unknown, and that there is *possibly hope* of others being discovered in the future. These two reports consequently do not lend any support to the opinion spread subsequent to RICHTHOFEN's writings that China is a land in possession of very great iron ore resources.

In the summary of the reports elaborated by me, I mentioned that the total of the recorded actual iron ore resources of the entire surface of the earth, expressed as metallic iron, amounts to about 10 000 MT and the potential reserves to about five times as much. A good many questions arise from these figures. How long will the now known quantity satisfy the ever increasing demand of iron? It is safest not to try to give an answer to this question at present; far too many uncertain factors come into play, of which the most important are: the demand for iron in the future and whether that demand will increase at the same rate as has been the case during the last century. And furthermore, to what extent and through what means the hitherto known potential resources can be turned into actual ones and utilized in the iron industry.

Another question is, how much probability is there that new, hitherto unknown iron ore resources will be discovered in the less thoroughly investigated countries? I have tried to give an approximate answer to this question by introducing the conception of an iron coefficient, by which is understood the quantity of iron, within a certain area expressed in tons, divided by the area expressed in square kilometres. It has been found that the best investigated parts of the world, or those covered by reports of class A, that is to say, Europe with the exception of some of the Balkan States, the United States of America and Japan, with together 17 368 117 square kilometres contain 7 029 MT actual and 49 295 MT potential reserves. If we start from the primary supposition that the iron coefficient of the hitherto uninvestigated or less thoroughly investigated parts of the world's surface be the same as the coefficient of those best investigated, we arrive at a probable figure for the iron ore resources of the entire world. Such a primary supposition possesses a certain amount of justification, in that the area, thus far comparatively well investigated, is large enough to embrace the most widely differing geological formations.

The above mentioned area comprises 13.3 % of the entire surface of the earth, exclusive of the polar regions. If the iron coefficient were the same over the whole surface of the earth's continents as it has been proved to be within the area best investigated, the entire quantity of iron on the surface of the earth, both actual and potential, would amount to about 425 000 MT.

This figure can of course only claim interest of a highly speculative kind. Results far more representative and practically valuable for estimating the supply of raw material for the iron industry of the future become apparent from other figures afforded by the inquiry.

The most important conclusion which merits consideration in this connection is doubtlessly the one that the iron industry of the future must be satisfied with ores of a comparatively low grade.

The supply of higher grade ores is very limited. If we take into consideration ores with a percentage of 60 and over, the hitherto known supply amounts to only about 1 300 MT actual and 687 MT potential, or reduced to metallic iron, to 850 MT actual and 400 MT potential reserves. Such ores form a class by themselves, whose value and significance is quite different from that of the lower grade ores. Their distinctive position is due to two conditions: in the first instance they are cheaper to reduce and in the second they can, on account of their value, be transported greater distances from the place of their production. We know that already high grade iron ores are being exported from our country to America and this export will probably take larger dimensions in the future. Of the 2 000 MT iron ores of this kind no less than about 2/3 are within the borders of Sweden, of which by far the greater part is in Norrbotten. Although Sweden, with regard to the absolute quantity of iron ore, comes a long way behind several other countries, our position is yet particularly strong and advantageous because our iron ore resources are of a kind that is now being sought and in the future must be still more in demand in the markets of the world.

The bulk of the iron ore resources of the world consists of lower grade varieties such as the minettes of Germany and France, the banded hematites and magnetites of vast extent in the United States, Brazil, South and Central Africa, and India; and the laterite ores in the tropical countries, etc.

The chief problem for the industry of the future consists in the utilization of these ores in an economically advantageous manner. For some of them, i. e. those that are now magnetic or can by calcination be made magnetic, modern technology has already opened up ways of utilization. But the greater part of them are as yet only potential reserves. To indicate the ways and means that may be found for their utilization would bring us to purely technical questions that are more or less outside the province of this assembly.

Note supplémentaire sur les gisements de fer de l'Espagne.

PAR

RAMÓN ADAN DE YARZA,

Professeur à l'École des Mines, Madrid.

L'urgence, que le Comité du XI:e Congrès géologique international recommenda dans la demande concernant les minerais de fer en Espagne, n'a permis à la Commission de la Carte géologique de Madrid que de remettre un léger résumé des gisements du groupe A, d'autant plus que jusqu'à cette date la Carte géologique s'occupait presque exclusivement de la brochure géologique générale de la nation.

Cette date coïncide précisément avec une réorganisation complète de la Commission de la Carte géologique d'Espagne, qui fut transformée en Institut géologique en continuant toujours sous la Direction du Corps des Mines, et entre ses divers services et à part de la géologie du pays, hydrologie souterraine, travaux géographiques, travaux de sondages, études sismiques et autres, il fut créé une section spéciale d'études de gisements qui a commencé ses travaux par les minerais de fer et les bassins houillers.

Bien que la création de cette section soit très récente et les travaux à peine initiés, il est possible, néanmoins, de compléter, dans une certaine mesure, les données remises au Comité du Congrès, relatives au groupe A, par l'inclusion des chiffres qui suivent et qui se rapportent seulement à des minerais dont la teneur en fer dépasse de 44 %, à des profondeurs restreintes et à des minerais dont la pureté permet une exploitation facile. Les minerais pauvres, impurs ou siliceux et les parties profondes des gîtes n'ont pas été évaluées, car ils n'auront intérêt industriel que quand le réseau général de chemins de fer à voie étroite voté par les Chambres, et dont une partie pourra desservir les gîtes pauvres, sera complètement réalisé.

Province de Murcia.

Cartagena. Zône entre Crisolega et Las Blancas. Gisements d'un caractère nettement métasomatique dans le calcaire supra-triasique reposant sur le schisto-cristallin. Minerais de 44 à 46 % de fer avec un tonnage disponible dè 3 millions.

D'autre part, des poches de minerai manganésifère avec 15 à 20 % de fer, 22 à 26 % de manganèse, 5 à 6 % de silice et très peu de phosphore.

Enfin: Des gîtes ordinaires à Pertas Blancas et Cuchello avec 45 à 50 % de fer et 4 à 8 % de chaux.

Le tonnage total évalué actuellement est de

    5 ¹/₂ millions fers ordinaires

    4   »   » manganésifères.

Lorca et Morata. Des gîtes dans le calcaire triasique reposant sur l'archéen et subordonnés à des éruptions de trachyte et des ophites. Minerai de 50 % de fer, 4 % de silice, 4 % de manganèse et 0,02 % de phosphore, s'étendant par Almenara, Purias, Sierra de Enmedio avec 8 millions.

Cehegin. Des magnétites de ségrégation magmatique dans le supra-trias au contact des ophites. Minerais purs avec un tonnage de 8 millions.

Province de Almeria.

Minerais de 55 à 60 % de fer et très peu de phosphore dans les schistes et cipollins archéens, et d'autres dans le supra-trias.

Bacares . . . . 12 millions

Menas 6   »

Macael et Alcudia 3   »

Cantos 2   »

Olula et Gergal 13   »

                         Total 36 millions.

Bedar et Chive. Des hématites rouges très pures et calcaires à 50 % de fer, 6 millions.

Sierra Cabrera et Alhamilla. Formation dans le Muschelkalk triasique avec des gîtes importants à Serrata Lucainena et Alhamilla en pleine exploitation. De l'hématite dans les parties supérieures et du fer spathique en profondeur: minerais de 50 à 55 % de fer et 2 à 7 % de manganèse. Tonnage de 10 millions.

La province de Almeria compte aujourd'hui, sauf les données déja remises au Comité, avec quelques 56 millions.

Province de Granada.

Zône de Alquife. Hématites dans le trias avec 50 % de fer: tonnage de 15 millions.

Conjuro. Formation près de Busquistar dans le Muschelkalk reposant sur le Cambrien. Minerai hématite avec 55 % de fer, 6 % de manganèse, 0,01 % de phosphore, 0,2 % de soufre et 6 % de silice, 3 millions.

Province de Sevilla.

Moron. Des mélanges intimes de magnétite et hématites dans le trias. Minerai de 50 à 60 % de fer, 1 à 10 % de silice, 0,01 à 0,02 % de phosphore. Tonnage de 7 millions.

Cerro del Hierro. Gisement métasomatique sur le calcaire cambrien en pleine exploitation. Minerai de 55 % de fer et tonnage de 4 millions.

Pedroso. Des hématites rouges dans le Cambrien subordonnées à une éruption granitique. Tonnage de 3 millions.

Guadalcanal et Sierra del Agua. Formation dans le calcaire cambrien alternant avec les schistes et qui s'étend à la Sierra Joyona et Fuente del Arco: hématite de 50 % de fer. Tonnage de 4 millions.

Province de Badajoz.

Sierra Joyona avec 8 millions.

Fregenal. Des magnétites dans le cambrien subordonnées à des éruptions granitiques et diabasiques avec 2 millions.

Le tonnage du Sud de l'Espagne qui peut être pour le moment inclus dans le cadre A, sauf la quantité estimée dans la note remise au Comité, atteint donc le chiffre suivant:

Murcia . . . . 25,5 millions
Almeria . . . . .56 »
Granada . . . . .20 »
Sevilla . . . . .18 »
Badajoz . . . . .10 »

Total 129,5 millions,

soit chiffre rond 130 millions de tonnes. Dans ce tonnage il y aurait à peu près 6 % de minerais impurs, 10 % de minerais manganésifères; le reste serait des fers ordinaires d'une teneur moyenne de 50 %.

Quant au Nord de l'Espagne, et nous limitant toujours à la partie recherchée des gîtes, peu de variations peuvent être indiquées sur les chiffres remis au Comité, sauf dans le gîte de *Wagner* dans la province de Leon, où des travaux paraissent permettre d'évaluer leur tonnage jusqu'au niveau du thalweg avec une augmentation de quelque

40 millions.

On peut donc admettre pour l'estimation des gîtes en Espagne, exception faite des minerais pauvres et des parties profondes des gisements, une augmentation du chiffre sur le tonnage remis au Comité de 170 millions de tonnes.

Les réserves mondiales en minerais de fer.

PAR

L. DE LAUNAY,

Professeur à l'École des Mines, Paris.

La question si intéressante qu'étudie le Congrès est l'indice d'un état de choses nouveau, qui, désormais, ne pourra que s'accentuer avec les années. Dans le dernier quart de siècle, la civilisation industrielle a pris possession, avec une prodigieuse rapidité, de l'ensemble de la terre, en sillonant les continents, jusqu'à là les plus inabordables, de voies ferrées, qui, peu à peu s'allongent et se soudent les unes aux autres. Par là, il tend à s'établir, entre les diverses parties du globe, une sorte d'équilibre général, qui sera sans doute la caractéristique des temps à venir: équilibre, où chaque type de production tendra de plus en plus à se localiser dans les régions les plus aptes à le fournir, et aussi, ajoutons-le aussitôt, à le consommer. Dans ces conditions, il est naturel que l'homme, comme l'acquéreur récent d'une propriété, fasse l'inventaire de ces richesses et commence à établir un répertoire général des points qui pourront lui fournir, dans les conditions les plus avantageuses, telle ou telle substance dont il prévoit le besoin.

C'est dans ce sens qu'il faut évidemment entendre la question de savoir, où la future industrie du fer pourra trouver le minerai qui lui sera nécessaire. Car, si l'on envisage les choses d'un point de vue absolu, si l'on se demande seulement où la future humanité pourra trouver du fer jusque dans les âges les plus reculés, il n'y a aucune préoccupation à concevoir à cet égard. Toute l'écorce terrestre tient en moyenne 4,70 % de fer. Un triage élémentaire éleverait aisément cette proportion à 10 % avec des roches ou terrains presque quelconques, et il n'existe aucune impossibilité technique à extraire le fer contenu dans de tels matériaux, que nul cependant ne songe à considérer comme des minerais. Pour le fer plus encore que pour toute autre substance métallifère, la notion de minerai est purement conventionelle et dépend de conditions économiques au moins autant que de faits géologiques. Peut-être réputé minerai de fer, la roche ou le terrain qui, dans les conditions où on le rencontre, est fructueusement exploitable: cette exploitabilité étant variable, suivant les moments, avec les moyens de transport, les besoins locaux, les procédés métallurgiques, etc. Comme chacun de ces éléments est susceptible de se modifier avec une rapidité que le progrès continu des efforts scientifiques et industriels rend de plus en rapide, il est non seulement délicat mais économiquement dangereux de prévoir trop longtemps d'avance et de prétendre établir, pour ce qui se passera dans un demi-siècle ou plus, des plans conçus d'après les besoins et les possibilités actuelles. C'est là une question préjudicielle, dont il n'est peut-être pas inutile de dire quelques mots pour aller au devant de conclusions inexactes que pourrait entrainer la grande enquête internationale, si admirablement conçue et réalisée par le bureau du Congrès.

Que voyons-nous, en effet, si nous nous bornons, sans commentaires, aux chiffres résumés par M. Sjögren? Il y aurait actuellement en réserve environ 10 milliards de tonnes de fer contenus dans 22 milliards de tonnes de minerai, et cinq fois autant de »réserves potentielles». Le premier chiffre suffirait, en supposant que la loi d'accroissement demeure la même pour la production mondiale du fer, à alimenter cette production pendant 60 ans. Mais faut-il entendre par là que, pendant ces soixante ans, on commencera par épuiser ces minerais reconnus pour passer ensuite aux ressources plus problématiques, considérées comme potentielles? Il est bien certain que non. D'ici là, en faisant cette hypothèse gratuite que la production doive continuer à s'accroître suivant la même loi, on aura mis en valeur bien des minerais non reconnus actuellement et, d'autre part, il est probable qu'on aura été amené à abandonner d'importants stocks de minerai actuellement comptés comme réserves. Pour se rendre compte de ce qui va se passer, il faut envisager successivement la question en tenant compte de quelques éléments principaux d'appréciation qui sont: 1. les transformations métallurgiques; 2. les changements dans les moyens de communication; 3. les déplacements commerciaux et la création des centres de communication nouveaux. C'est ce que nous allons essayer de faire.

1. Transformations métallurgiques.

Malgré l'expérience si souvant renouvelée qui nous montre l'évolution constante de toutes les industries, nous avons une tendance assez naturelle à juger du futur d'après le présent et à nous imaginer que les besoins de nos descendants seront identiques aux nôtres. C'est la base de cette méthode sociale, dite de »père de famille», qui consiste à mettre en réserve pour des temps lointains des catégories de richesses que nous considérons comme devant être toujours indispensables par ce qu'elles sont essentielles aujourd'hui. Il n'est cependant pas besoin de revenir bien loin en arrière dans l'historie d'une métallurgie quelconque, et, par exemple, dans celle du fer, pour se rendre compte que des minerais, actuellement très recherchés, étaient autrefois méprisés et, ce à quoi on pense moins, que des minerais ayant autrefois joui de privilèges exceptionnels, ont été ramenés au rang commun. On a pu, par exemple, attacher une importance presque exclusive à la fusibilité facile quand on disposait seulement des moyens de fusion rudimentaires, ou encore à la pureté quand on était incapable d'éliminer certaines substances nuisibles comme le phosphore. Évidemment les minerais riches et purs ont des chances pour trouver toujours des amateurs; mais il est parfaitement possible qu'arrivé à une habileté métallurgique plus grande, on attribue à cet avantage un coefficient très inférieur à celui qu'il a pour nous et qui pourrait ne pas compenser des facilités plus grandes d'exploitation ou de transport. Il n'est pas besoin d'être grand prophète pour comprendre que bien des catégories de minerais, aujourd'hui négligées, prendront demain de la valeur, soit parce qu'on les traitera mieux, soit parce qu'on se trouvera acquérir la facilité de les mélanger dans les lits de fusion avec des minerais plus récemment découverts ou mis en valeur. On voit bien aujourd'hui la France redevenir, comme il y a deux mille ans, un centre notable de production aurifère parce que le traitement des minerais d'or a fait des progrès. De même, dans le grand bassin ferrifère lorrain, le développement énorme que sont susceptibles de prendre bientôt les exploitations de minerais calcaires de bassins de Briey rendra de l'intérêt à des minerais siliceux, que l'on compte à peine dans les calculs. Ailleurs on trouvera le moyen de traiter certaines grandes masses de minerais actuellement dépréciées par l'arsenic, le titane, etc. Parmi les révolutions de demain qu'il faut dès aujourd'hui prévoir, on ne saurait passer sous silence le changement qui va se faire dans la métallurgie du fer lorsque les traitements électriques seront sortis du domaine très restreint auquel on les confine encore. Il n'est guère douteux qu'un jour ou l'autre, le traitement direct et en grand des minerais de fer par l'électricité, pour nous sorte d'utopie, arrive à se réaliser couramment et qu'il en résulte un changement dans la nature de minerais à traiter, dans la position et dans la répartition des usines à fer, etc. De même que la principale production aurifère du monde est actuellement alimentée par les minerais pauvres mais régulièrement abondants du Transvaal, il peut, pour une raison ou une autre, arriver que nos descendants soient amenés à traiter pour fer des masses de roches à trop faible teneur pour que nous songions à les faire intervenir dans nos calculs d'aujourd'hui.

2. Changements dans les moyens de communication.

Pour une substance d'aussi faible valeur que le minerai de fer, pour un corps dont le prix de vente sur la mine est souvent, même dans une région très industrielle, de quelques francs à peine, les frais de transport prennent aussitôt une importance capitale et leur considération détermine, dans bien des cas, à elle seule l'exploitabilité d'un gisement. Il ne suffit pas d'avoir du minerai, et même du minerai riche, pour pouvoir s'en servir; il faut voir réaliser dans un cercle suffisamment restreint, le groupement, la trilogie du minerai, du combustible et du consommateur. La détermination de l'exploitabilité dépend d'une table à triple entrée dans laquelle, le consommateur étant l'élément le plus fixe, le moins rapidement influençable, il s'agit de pouvoir lui amener le plus économiquement possible le fer produit par l'association du minerai et du combustible. C'est ici d'abord le cas de se rappeler l'observation faite précédemment sur les tranformations métallurgiques. Quand les anciens mineurs et fondeurs ne disposaient que de petits bas-foyers restreints, ils cherchaient les minerais fusibles et les traitaient n'importe où ils les rencontraient, ayant toujours assez de bois à leur portée pour une exploitation sommaire. Notre temps a vu la concentration en immenses usines, et il en est résulté la supériorité incontestable des minerais de fer situés, soit dans une région à la fois houillère et industrielle, soit à proximité de la mer qui est la voie de communication économique par excellence, avec intervention ici d'une considération assez complexe, celle des frets de retour. Si la métallurgie électrique se réalise, on pourra, dans une certaine mesure, être conduit à disperser de nouveau les fourneaux de traitement, ou tout au moins, en les rapprochant des chutes d'eau qui fournissent la houille blanche, à créer des centres métallurgiques et, par une conséquence directe, des centres miniers tout différents de ceux que nous prévoyons.

En laissant même de côté cet ordre d'idées, le développement croissant des voies ferrées rend l'un après l'autre abordables des centres de minéralisation qui n'apparaissaient d'abord que comme des contingences toutes théoriques. Souvent cette voie ferrée est motivée avant tout par la mine elle-même. C'est ce qui s'est réalisé pour les grands gisements de Gellivare, puis de Kiirunavaara. C'est ce qui bientôt aura lieu pour notre beau gisement algérien du Djebel Ouenza. Ailleurs, la voie ferrée profite aux gisements sans avoir été faite spécialement, ou du moins exclusivement, pour eux. Voici, par exemple, les chemins de fer qui pénètrent en Chine, qui traversent l'Afrique de part en part, qui se multiplient au Brésil. Au Chansi, au Katanga, à Minas Geraes, des minerais de fer que l'on connait sans penser encore à les cuber, que l'on envisage simplement comme une ressource éventuelle et lointaine, peuvent se trouver, plutôt qu'on ne l'aurait cru, entrer grandement en ligne de compte.

3. Déplacements commerciaux et centres de consommation nouveaux.

Les besoins de fer ont été, jusqu'ici, assez localisés dans le monde. Dans les étapes successives de la civilisation comme dans celles de la légende, l'âge du fer arrive toujours le dernier après l'âge de l'or, celui du cuivre et celui des métaux divers, plomb, étain, zinc, etc. Pour avoir de grands besoins de fer, il faut en être arrivé à la période où l'on construit intensivement les voies ferrées, où l'on remplace le bois par le fer en architecture, à la période aussi des grands armements couteux, que l'on considère, peut-être à juste titre, comme un moyen de maintenir la paix à force de rendre la guerre ruineuse et néfaste. C'est là, nous l'avons remarqué dès le début, ce qui, avec la position des grands bassins houillers, a entrainé surtout le choix des gisements de fer exploitables. A cet égard, les résultats de la belle enquête faite pour le Congrès sont tout à fait typiques. S'imagine-t-on, par exemple, qu'il y ait réellement à peu près autant de fer dans la petite Europe qu'en Amérique, et que ces deux continents soient presque seuls à contenir des gisements de fer importants? En Amérique même pense-t-on que tout le minerai de fer soit réellement localisé dans l'Est à l'exclusion des zones métallifères de l'Ouest si importantes, si prépondérantes pour d'autres minerais de plus de valeur? Cette apparence tient uniquement à ce que la recherche des minerais a été plus approfondie là où ces minerais paraissaient utilisables et que, dans les cas où cette utilisation semblait impossible, on s'est borné à une brève mention théorique sans chiffres à l'appui. C'est pour la même raison que, sur le tableau sommaire, où l'enquête est résumée, la teneur moyenne des minerais européens tombe à environ 37 % contre 52 % en Amérique. Les minerais européens ne sont pas moins riches en moyenne que ceux d'Amérique; mais ils sont, moyennement, exploitables à une teneur moindre.

Les conditions industrielles ont été telles, jusqu'ici, en sidérurgie que la production mondiale du fer est, en réalité, alimentée par un très petit nombre de pays et, dans ceux-ci, par quelques centres particulièrement privilégiés. C'est la position de ceux-ci qui a entraîné le choix pratique entre les gisements de fer exploités et qui a été, par conséquent, la base nécessaire des estimations fondées sur la connaissance plus approfondie de ces gisements. Un Bilbao, situé sur les côtes de la Sibérie, resterait à peu près ignoré. On commencerait à peine à s'en occuper sérieusement dans la Mer de Chine ou la Mer des Indes.

La localisation actuelle va si loin, et les établissements sidérurgiques déjà existants se trouvent, par leur puissante organisation commerciale et financière, avoir poussé de si profondes racines en leurs points d'établissements anciens que certaines situations se perpétuent, contrairement à toute logique apparente, en soutenant la concurrence contre des nouveaux-venus plus rationellement placés.

Cet état de choses, et la nécessité où est aujourd'hui une usine à fer de travailler sur des quantités énormes pour réaliser des bénéfices, font que les usines de quelques pays signalés précédemment ont facilement un surplus de production à écouler, pour lequel elles cherchent des débouchés et qu'elles peuvent être entraînées à expédier très loin. D'où la difficulté que l'on rencontre pour créer ailleurs artificiellement des centres sidérurgiques nouveaux, même dans les conditions les plus privilégiés à bien des égards, comme l'usine de Wakamatsu au Japon, ou celle d'Hankéou en Chine. L'Asie également contient, par exemple, à Kouznetsk en Sibérie des gisements de fer, associés avec des combustibles, que l'on ne peut encore songer à utiliser en grand, malgré leur développement, malgré la valeur énorme qu'ils auraient s'ils étaient placés autre part qu'en Sibérie. Il serait facile de multiplier de tels exemples. Il suffit d'en tirer cette conclusion que les ressources mondiales en minerais de fer apparaîtront, dans un avenir prochain, sous un jour tout différent de celui sous lequel elles se montrent à nous. On peut affirmer sans paradoxe que, si l'on veut envisager les choses en étendant ses vues au delà d'un quart de siècle, la question sera dominée, dans l'ensemble, moins par les conditions géologiques qui assurent la présence ici ou là de minerais riches que par le développement des consommations locales suffisant pour permettre la concurrence contre les usines d'Europe ou des États-Unis. A cet égard, le changement peut se faire beaucoup plus vite qu'on n'est généralement porté à l'imaginer. Les vieux pays industriels vont avoir de moins en moins besoin d'augmenter leurs réseaux ferrés, tandis que, dans les pays neufs, il se produira l'évolution inverse. Le jour où les interventions factices, qui résultent surtout de la force des capitaux accumulés, auront cessé d'exercer une influence prépondérante, il se créera logiquement, en Asie, en Chine, dans l'Inde, puis en Amérique du Sud, en Afrique, Australie, etc. des centres sidérurgiques, destinés à augmenter progressivement leur rayon d'action en éliminant les anciens fournisseurs, et par suite, devant recourir aux minerais favorablement situés, non plus par rapport à nous, mais par rapport à eux. Si l'on tient compte, en outre, de certains avantages que présenteront quelque temps les pays asiatiques pour le prix de la main d'œuvre, et, au contraire, d'augmentation incessante que l'on peut prévoir pour celle-ci dans les anciens pays où le capital surabondant perd sa puissance d'achat, on peut s'attendre à ce qu'un jour le déplacement s'opère pour les exploitations minières comme pour les hauts-fourneaux. Là où il existe des ressources en minerais de fer qui, sur le pied de la production actuelle, correspondraient à des centaines ou des milliers d'années, il est donc rationnel d'accélérer cette production par touts les moyens. Il est possible, en effet, que dans un demi-siècle, au lieu de manquer de minerais en Europe, suivant les préoccupations actuelles, on s'aperçoive, au contraire, qu'il en reste beaucoup d'inutilisables.

Avant d'arriver à cette phase relativement éloignée, on peut s'attendre, pendant quelquel années au moins, à voir se continuer, en s'accentuant, un état de choses plus conforme à l'état actuel. On va donc commencer par puiser largement dans les premières réserves immédia-

tement en vue. De celles-ci quelques-unes apparaissent assez restreintes,
d'autres, au contraire, sont considérables. Pour les minerais riches à
plus de 60 %, le Nord de la Suède occupe la première place. Par suite
d'une loi géologique, sur laquelle j'ai eu ailleurs l'occasion d'insister,
on peut lui comparer d'autres pays situés dans des conditions homologues par rapport aux successions géologiques des plissements notamment
dans le Nord de l'Amérique. Là on ne fait guère état jusqu'ici que
du Lac Supérieur, où l'on connait 2 milliards de tonnes de fer métallique avec 36 milliards de ressources possibles. Mais, quand le Canada sera mieux exploré, on y fera, sans doute, d'importantes découvertes. Déjà, dans des conditions un peu différentes, Terre-Neuve apparaît
comme renfermant près de 2 milliards de tonnes de fer sous la forme
de titano-magnétites à 65 % en énormes amas et les minerais du même
genre sont également abondants dans les Adirondacks. L'hémisphère
Sud, là où se retrouvent des conditions tectoniques homologues, se montre
également riche en minerais à haute teneur. Nous avons déjà cité Minas Geraes, qui peut entrer prochainement en ligne de compte.

Pour les minerais à teneur moindre, la France, avec ses minerais
de Lorraine, de Normandie et d'Algérie, peut prendre un rôle tout à
fait prépondérant. Les ressources du bassin lorrain dans sa partie
restée française, le placent déjà au premier rang. Mais cette suprématie
s'accentuerait encore, croyons-nous, si les calculs n'avaient pas été faits,
pour la France, avec plus de réserves que pour d'autres pays. Il existe,
dans ce bassin lorrain, des couches entières de minerais à composition
moins favorable, qui ont été, à peu près négligées dans les évaluations.
De même, en Algérie, les deux gîtes principaux, de l'Ouenza et du Bou-
Kadra, sur lesquels l'attention a été attirée jusqu'ici, sont très loin
d'être les seuls qui doivent prendre part à la production dès que les
voies de communication auront été créées. La France est donc appelée
à exporter de plus en plus de fer: soit sous la forme de minerais, soit,
dans la mesure où sa pauvreté relative en combustibles le permettra,
à l'état de produits élaborés.

Entwurf einer neuen, wirtschaftlichen Eisenerzinventur.

VON

FR. BEYSCHLAG,

Geheimer Bergrat, Professor, Direktor der Königl. Geologischen Landesanstalt, Berlin.

Alle Teilnehmer des XI. Internationalen Geologenkongresses, welche sich für die praktische Geologie interessieren, haben mit Freude und Dankbarkeit den Entschluss des Organisationskomitees begrüsst, die Eisenerzvorräte der Erde zum Gegenstand einer Beratung und Diskussion bei der diesjährigen Tagung zu machen. Aber weit über die Kreise der Fachgeologen hinaus interessiert dieses Problem die Berg- und Hüttenleute, die Industriellen, die Nationalökonomen und die Handelspolitiker aller zivilisierten Länder. Doppelt dankbar und doppelt erfreut sind aber alle diese Kreise durch die glänzende Art und Weise, wie das Organisationskomitee die Diskussion dieses wichtigen Problems vorbereitet hat, indem dasselbe geeignete Fachleute aller Eisenerz produzierenden Länder zu gemeinsamer Arbeit vereinigte. Das Ergebnis dieser letzteren liegt in Gestalt zweier stattlicher Bände und eines Atlases vor uns, und wenn es mir auch nur möglich gewesen ist, mich flüchtig mit dem Inhalt zu beschäftigen, so ist doch das Urteil schon jetzt feststehend, dass hier ein grundlegendes Werk geschaffen ist, eine Glanzleistung ersten Ranges, eine unversiegliche Quelle, aus der die Fachleute unendliche Anregung und Belehrung schöpfen werden.

Wenn ich nun versuche, mich in den Gedankengang der Männer zu versenken, die die Anregung zu diesem Werke gegeben haben, so glaube ich sie nicht misszuverstehen, wenn ich annehme, das ihnen vorschwebende hohe Ziel sei nicht sowohl darin gefunden, eine Reihe geologischer Monographien aller wichtigen Eisenerzvorkommen der Erde und die aus dem Studium derselben zu berechnenden Vorratsziffern

vor sich zu sehen, sondern ich denke mir ihr Ziel vielmehr dahingebend,
*aus der Betrachtung der natürlichen Bedingungen des Vorkommens der
Eisenerze und der Grösse ihrer Vorräte in den einzelnen Ländern vergleichbare Werte zu ermitteln. Oder mit andern Worten, das Ziel und
den Endzweck der ganzen Arbeit sehe ich in der zahlenmässigen Ermittelung der aus dem Eisenerzreichtum jedes Landes sich ergebenden na-
tionalen Macht.* Dabei dürfte es kein Zufall sein, dass die Männer,
welche den Gedanken dieser grossen Arbeit anregten, gerade Schweden
sind, also Söhne des vermutlich eisenerzreichsten Landes der Erde,
Söhne eines Landes, das sich aber trotz seiner enormen Eisenerzreich-
tümer aus anderen, noch näher zu besprechenden Gründen nicht an
der Spitze der Eisen erzeugenden Nationen befindet. Es ist ja allgemein bekannt, dass Schweden infolge seines Mangels an fossilen Brenn-
stoffen, ferner wegen der im nördlichen Teile des Landes noch geringen
Bevölkerungsdichte und aus mancherlei anderen Gründen seine Erze
wenigstens vorläufig der Hauptsache nach nicht im eigenen Lande ver-
arbeitet, sondern nach dem Auslande, insonderheit nach Deutschland,
England und neuerdings sogar nach Nordamerika versendet. Unter
diesen Bedingungen musste es ja besonders wertvoll sein, das Eisenerz-
vermögen der ganzen Erde in vergleichbaren Zahlen nebeneinander zu
sehen und so die eigenen Kräfte mit den z. T. vielfach gerade von
Schweden abhängigen Nachbarländern zu vergleichen. Die von Schweden
ausgehende Anregung fiel aber bei den andern Ländern auf um so
fruchtbareren Boden, als auch diese, seien sie nun reich oder arm an
Eisenerzen, genau das gleiche Bestreben haben mussten, sich Rechen-
schaft abzulegen über die Vorräte im eigenen Lande und das Mass
ihrer Abhängigkeit durch den Erzbezug vom Auslande.

Wenn ich im Folgenden mir erlaube, zu prüfen, in welchem Masse
durch die grosse vorliegende Arbeit das gesteckte Ziel erreicht worden
ist, so brauche ich wohl nicht erst zu versichern, dass diese meine Kritik
in keiner Weise die ausserordentlich hohen Verdienste der Bearbeiter
der einzelnen Teile beeinträchtigen will. Meine Kritik erstreckt sich
vielmehr lediglich auf solche Dinge, die von vornherein überhaupt gar
nicht anders zu leisten waren. Als solche bezeichne ich:

1. Die Tatsache, dass die einzelnen Mitarbeiter des Werkes ihre
Ermittelungen nach verschiedenen Methoden angestellt haben, so dass
die Endergebnisse nicht ohne weiteres mit einander vergleichbare
Grössen darstellen.

2. Die Tatsache, dass die schliesslich zu ermittelnden Endwerte oder die aus dem Eisenerzreichtum jedes Landes sich ergebenden wirtschaftlichen Kraftmasse oder Grössen sich nicht lediglich ergeben aus der kubischen Grösse und dem Metallgehalt der betreffenden Eisenerzlagerstätten, sondern vielmehr abhängig sind von einer grossen Anzahl anderweitiger Faktoren namentlich wirtschaftlicher Natur, deren gleichzeitige Würdigung neben der Massenberechnung allein eine Möglichkeit der vergleichenden Bewertung der Eisenerzvorräte gibt. Als solche Faktoren brauche ich Ihnen, um nur das Wichtigste hervorzunehmen, nur zu nennen die chemische Zusammensetzung der Erze, die Beimengungen nützlicher oders chädlicher Bestandteile wie Phosphor, Titan u. s. w., die Struktur und Festigkeit der Erze, die Nähe von Kohlenlagerstätten oder von Wasserkräften, das Vorhandensein von Transportwegen verschiedenster Art, vor allem aber die Möglichkeit eines umfangreichen Absatzes der Fertigprodukte, also die Nähe von grossen Verbrauchzentren; weiter die Lohnverhältnisse, die Intelligenz, Schulung und Bildung und nicht zum wenigsten die Kapitalkraft der betreffenden Bevölkerung, die politische Macht des betreffenden Staates und vieles andere. Es wird naturgemäss derjenige Eisenerzbezirk oder dasjenige Land die wirtschaftliche Suprematie erlangen, welche über das Maximum aller dieser wirtschaftlichen Potenzen verfügen.

Es ist nun völlig klar, dass eine erstmalige Ermittelung der Eisenerzvorräte, wie sie uns hier vorliegt, diese beiden Bedingungen, nämlich 1) völlig gleichmässiger Methode der Vorratsermittelung und 2) der Berücksichtigung aller sonstigen wirtschaftlichen Momente neben der geologischen Untersuchung und Massenberechnung überhaupt nicht erfüllen konnte. Vielmehr muss man auf das äusserste dankbar sein, dass jene grosse Arbeit die ausgezeichnete Grundlage liefert, auf der nunmehr weiter gearbeitet werden muss, um vergleichbare Endzahlen zu erlangen.

Dabei ergibt sich zunächst, dass mit dieser Weiterarbeit die Grenzen der angewandten Geologie überschritten werden müssen, um in das Nachbargebiet der Bergwirtschaftslehre und Nationalökonomie hinüberzugreifen. Es wird daher auch unerlässlich sein, bei der Fortführung der Ermittelungen auf die Hilfe und Mitarbeit der Berg- und Hüttenleute und der Nationalökonomen zu rechnen.

Wenn ich behauptet habe, dass die bisherige Ermittelung der Zahlen nicht nach einheitlicher Methode erfolgt ist, so könnte ich das durch zahlreiche Beispiele beweisen. Einige Hinweise werden genügen. Für einzelne Eisenerzbezirke sind die unumgänglichen Abbauverluste von der Vorratszahl abgerechnet, in anderen nicht. Die Grenze der Bauwürdigkeit, die ja von örtlichen Bedingungen abhängig ist, ist unter sonst gleichen Verhältnissen in den verschiedenen Bezirken verschieden genommen. In einem Bezirke sind stark kieselsäurereiche Erze lediglich zu den in zukünftigen Zeiten vielleicht nutzbar werdenden Mengen gerechnet, in anderen Bezirken findet man sie unter den sichtbaren Vorräten. In dem einen Bezirk ist auf die sonstigen volkswirtschaftlichen Momente, die die Abbauwürdigkeit bedingen, z. B. auf Transportverhältnisse, Absatzmöglichkeit u. s. w. u. s. w. Rücksicht genommen, in anderen Bezirken sind diese Momente gänzlich ausser acht gelassen und lediglich die Mengen des Vorrats ermittelt, gleichviel ob er unter den gegenwärtigen Preisverhältnissen noch mit Nutzen im Grossen gewonnen werden kann oder nicht.

Frage ich mich nun, wie — basierend auf dem bisher Geleisteten — eine gleichmässige Bewertung und vergleichbare Abschätzung der einzelnen Eisenerzvorräte gewonnen werden kann, so scheint mir dies nur möglich dadurch, dass nach *einem ganz bestimmten, detailliert auszuarbeitenden Fragebogen*, dessen Redaktion naturgemäss, da er auf die verschiedensten Verhältnisse passen muss, eine immerhin schwierige Aufgabe ist, erneut die Werte für die einzelnen Produktionsbezirke des Eisenerzes festgestellt und ermittelt werden. Allgemeine Grundsätze für die Aufstellung derartiger Fragebogen hat in verdienstvoller Weise KRAHMANN angegeben. Aber ich glaube, dass ein Einzelner überhaupt nicht imstande ist, einen solchen Fragebogen zweckmässig aufzustellen und zu redigieren. Ich bin vielmehr überzeugt, dass dafür nur eine Kommission von Vertretern der verschiedenen Eisenerz produzierenden und Eisen erzeugenden Länder an Platze ist, eine Kommission, deren Organisation ich mir in folgender Weise denke: Es würde von den sechs grössten Eisen produzierenden Länder, also von den Vereinigten Staaten, von Deutschland, von England, Frankreich, Russland und Schweden, je ein Vertreter in diese Kommission zu wählen sein. Diese Vertreter hätten sich, um Einblick in die wirtschaftlichen Verhältnisse und Fühlung mit den einzelnen Betrieben zu erlangen, in Verbindung zu setzen mit den grossen Organisationen der Eisenindustrie, also z. B. mit dem Iron and Steel Institute, mit dem Verein Deutscher Eisenhüttenleute, mit dem Jernkontoret u. s. w.

Nachdem jeder dieser wirtschaftlichen Verbände ebenfalls einen Vertreter zu der Kommission gestellt hätte, würde eine Geschäftsstelle zu errichten sein, in welcher die laufenden Arbeiten durch einen besonders dazu zu berufenden, geologisch, technisch und nationalökonomisch gebildeten Mann zu besorgen wären. Der Arbeitsplan und das Ergebnis dieser Arbeiten wären der Kommission vorzulegen und von ihr zu billigen.

Auf diese Weise würde ich hoffen, dass das so glänzend und erfolgreich inaugurierte Unternehmen auf der Basis der grossen, bereits jetzt geleisteten Arbeit schliesslich auch in wirtschaftlicher Beziehung zu vergleichbaren Zahlen führen wird, die dem nächsten Kongress unterbreitet werden sollen.

The future of the iron industry, especially in North America.

BY

J. F. KEMP,

Professor, Columbia University, New York.

It is a striking experience, worthy of remark, that we are assembled to discuss the most modern of industries in this historic hall whose walls speak so eloquently to us of the past.[1]

The plan of preparing an estimate of the World's Resources in Iron Ore has had the cordial support of His Excellency the Prime Minister of Sweden and it is a pleasure to acknowledge our indebtedness to him. The plan has been ably carried out by the Swedish Committee. Special acknowledgments are due Dr. J. G. ANDERSSON for the efficient way in which the difficult task of Editor has been performed. As a result we have before us a work which will furnish much food for economic speculation and thought. When we try, however, to project ourselves into the future, we soon find that we are not able to speak with the accuracy of mathematics, and that we must be content with the attainment of conclusions which, within certain limits, are not unduly remote from the truth. The subject is a complicated one, and may perhaps be best discussed after the mathematical form of assuming, so to speak, an equation which is a function of several variables. By taking one variable at a time and following out the effect of its changes upon the general function, we may, by a series of approximations, in the end establish a solution worthy of confidence.

The future of the iron industry is a function of the following and perhaps of other variables:

The increase in annual production which will make greater demands on the reserves.

The decrease of some of the present sources of supply and their final exhaustion.

---

[1] The meeting was held in the Hall of the Nobles (Riddarhuset) whose walls were hung with several thousand coats of arms.

21—101593. *Geologkongressen.*

The entrance of new sources of supply now perhaps inaccessible.

The gradual decline in average per cent of iron in the ores used.

The increase of expense of production with declining yield.

Improvements in existing processes which reduce expenses.

The supply of fuel, above all, under present circumstances of the coking coals.

The entrance of new methods of smelting, especially those depending on electricity.

The substitution of other materials for iron and steel; among which cement is most important.

We, delegates to the Congress, who have come across the Ocean, have gazed with profound interest upon the collections in the National Museum which so graphically portray the history of the Scandinavian peoples from the Stone Age, through the Bronze Age, into the Iron Age. It is the Iron Age which many people believe to be the one in which we live. This belief is only partly true. We really live in the Age of Steel, not of Iron, and it is very important that we should so regard our own times. Almost all the pig iron produced is used in the manufacture of steel. In the United States whose output of pig iron the past year was over 25 000 000 tons, and was more than that of the next two nations combined, approximately ninety per cent of the yield of the furnaces was marketed in the form of steel. This ratio will probably continue until we pass from the Age of Steel into that next age of the human race, the Age of Cement, a period which already looms above the horizon and which bids fair in no unimportant way to prolong the life of our iron ore reserves. For many structural purposes reinforced concrete has already replaced steel and has even been used in the construction of ships.

The report on the iron ore reserves makes it clear that there will be no exhaustion of iron ore of some kind for an indefinite period of time in the future. If we consider iron bearing materials of thirty per cent and beyond as ores, there is no lack of a supply for our furnaces. Much apprehension has been felt on this point and it is reassuring to find our fears in a measure unwarranted.

Iron, as a metal, of course never can fail, for if we drop to 20 or 10 per cent we find inexhaustible amounts of basic rocks with these percentages, and we are then dealing with raw materials from three to ten times as rich in iron, as are the usual copper ores in copper, the next metal to iron in abundance of production.

But the existence of iron ores of even greater yield than 30 to 40 per cent is one thing, and their availability under ordinary conditions of smelting is another. Iron must be produced at low cost if it is to continue to fill its present place in modern civilization and thus the sources of supply are restricted to comparatively few regions. Almost all the iron and steel of the world is now produced in western Europe and North America, roughly about 60 per cent in the former and 40 per cent in the latter. In North America the industry is almost all in the eastern part of the country whether it be in Canada or the United States. If therefore we consider the actual facts of production, we necessarily restrict ourselves to a comparatively small part of both Europe and North America. Again, if we consider the population of the world at large, and the population of those countries which produce the iron and the steel, the latter is a very small fraction.

When therefore we speak of the world's reserves of iron ore, if we have in our minds the entire surface of the globe, we are discussing a matter which is largely of academic interest. But if we come down to the business of producing iron and steel as an economic matter, we must eliminate from consideration as affecting the large features of the immediate future all but that small part of the world, which lies in western Europe and eastern North America.

What then is the outlook in these larger producing areas?

Of the United States I can speak with most intimate knowledge, but it is far removed from the countries of Europe, and the iron industry has not yet developed international features except in the importation of ores. The larger features of its future can be summarized in a few words. There are two principal and several minor sources of supply: the Lake Superior region and the Alabama region comprise the former; the Appalachian mountains almost all the latter. The Lake Superior region furnishes four-fifths of the American ores, and one state, Minnesota (whose chief population is of Swedish parentage), supplies more than one-half of our entire tonnage. The ores are low in phosphorus and sulphur, relatively high in silica and are very cheaply mined. The ores formerly yielded 60 per cent and over in iron, now they average somewhat over 50. At 40 per cent, which is still comparatively high, considering the world at large, the amounts are inexhaustible.

The ores are transported from several hundreds to over one thousand miles in order to meet the coke and be smelted to the best advantage.

In Alabama and to a less degree in neighbouring states, the ores formerly yielded from 40 to 50 per cent, but the most important variety has now settled down to about 37 per cent — a value which will not essentially change for many years to come. The ores thus are comparable with the Minettes of Germany and France. The coal, the limestone and the ore are all within a few kilometres of each other, such that the low cost of production is not equalled elsewhere in America. The ores were siliceous in the early mining, when they were obtained near the surface. In depth they have become basic. They are stratified and can be estimated as accurately as coal-seams. The ores are moderately high in phosphorus, much above the acid-bessemer limits. Other sources of supply contribute lesser amounts of ore in the Alabama region, and still additional ones are found along the Appalachian mountains, but the chief producers have been reviewed above. The reserves are sufficent for many years to come.

West of the Mississippi the iron industry is relatively small, one moderately large plant is in operation in Pueblo, Colorado, and another is just being completed on Puget Sound. The development of Alaska coals will be an important factor in the future.

The most interesting feature of the next few years will depend upon the utilization of the new supplies of ores from the northern side of Cuba. Great deposits have been proved by the drill. They lie like dirt upon the surface and will be cheaply mined by steam shovels. When calcined and freed of their abundant moisture they will supply an ore above 40 per cent in iron, almost entirely free from phosphorus and sulphur, but containing chromium and nickel oxides. The anticipation is entertained that they will greatly revive the steel industry on the Atlantic sea-board, if they do not also lead to the construction of new and extensive plants.

In America therefore, so far as ore is concerned, there is no prospect of serious change for an indefinite period to come. Ours has been a relatively new country of great distances. Means of transportation calling for steel have been absolutely essential to our development. Steel is now employed also in enormous quantity for structural purposes, since all our large buildings — »skyscrapers» so called — have a framework of steel. But cement is being more and more employed and will probably in time affect the consumption of steel in no unimportant way.

Aside from America in particular I may only speak as follows of the iron industry in general.

When one is forecasting the future one's first disposition is to divide the tons of reserves by the annual production and thus estimate the life of the mines. One is, however, next reminded that in the last fifty years the production has increased by leaps and bounds, as Dr VAN HISE made clear in his address at the opening of the Congress. This rapid increase is true not only of the United States but especially in later years of Germany. An element of uncertainty is thus introduced into the first named simple calculation and the life of the reserves is correspondingly shortened.

On the other hand in the older iron-producing countries the railways are now built; the great public improvements are largely completed, so that for these purposes the iron or steel is now supplied. The iron, moreover, already in the metallic state steadily accumulates for reworking. We cannot anticipate the continuance of the geometric rate of increase. We are more likely to attain a fairly stable annual output. Just what this production will be, it is difficult to state, but the supply of fuel of which I shall speak in a moment is a very important factor.

Undoubtedly some of the present sources of supply will decrease and finally will be exhausted. Of this feature one is inclined to speak with reserve because most of us have thought that the red hematites of England and the Bilbao ores in Spain were approaching exhaustion; whereas we have learned from the reports to the Congress that new reserves have been opened up by further exploration. The Bilbao ores, for example, can scarcely be regarded as nearing their end, if over sixty millions of tons remain to be utilized. Nevertheless there are doubtless some present producers which, in the end, will cease to ship. For the furnaces which are thus deprived of their old sources of supply, new ones must be found. Apparently in these relations Sweden, Algeria, Newfoundland, Cuba and Brazil will come more and more to the front. There is assuredly a future of increasing importance for the exporting countries. Nevertheless as local sources of supply decline we must anticipate tariffs and legislation looking toward the conservation of natural resources, which will operate to postpone exhaustion. There are thus

antagonistic influences which must be balanced in any forecast worthy
of confidence.

In some important producing areas, especially in the United States,
a gradual decline in the average percentage of iron in the ores is
inevitable. The decline is most marked in those countries where the
richest ores have been naturally the first to be utilized. But the
percentages, although lower than those hitherto available, will soon be
fairly stable in America, and they have already practically reached
this condition in Germany. Changes will then only be apparent over
long periods of years. With the lowering of percentages and thus with an
amelioration of the conditions of production a wider and wider range
of ores becomes available and lowering is checked. There is thus a
very delicate and interesting balance maintained by these influences.

With the lowering of percentages in iron in the ores, the cost of
production naturally increases. More and more barren materials pass
through the furnace, with decreasing product, and increasing expense
for fuel. One might from this cause alone infer a decrease in output.
But, on the other hand, improvements in processes of smelting have from
time to time appeared which have more than neutralized these effects.
In the United States, for example, furnaces have grown enormously in
size and capacity. The recent invention of my countryman, Mr JAMES
H. GAYLEY, has tended to greatly increase the efficiency and the uniformity of operation. Mr GAYLEY passes the incoming air of the blast
through a series of coils, cooled below the freezing point of water by
a very cold solution of some such salt as calcium chloride, so that all
the moisture is chilled from the air which then enters the stoves in a
thoroughly dried condition. The accumulated moisture, frozen to the
coils, can, when necessary, be melted off by the outgoing heated gases,
while the incoming air traverses a second cold chamber. By such an
improvement as this or by others likely to be made as time goes by,
the effects of decreasing percentages have been offset and again a
delicate and interesting balance of opposing forces has been established.

Let us now assume that essentially the methods of smelting which
are practised to-day will remain in force for a long period of years. The
iron ore goes first to a blast furnace in which, in the vast majority
of cases, ist is reduced by coke to pig iron. Roughly speaking one ton,
of coke is required to produce one ton of pig iron. For the one ton

of coke about one and one-half tons of raw coal are necessary. If our ores yield 50 per cent in iron, then for each two tons of ore one and one-half tons of coal are utilized and that coal must possess superior coking qualities in order not to crush down under the heavy burden of a modern blast furnace. In so far as the future of the iron industry is concerned, the serious question is not alone the supply of iron ore but also the supply of coking coal. It will not suffice in these relations to say that this country or that has so many thousands of square miles or kilometres of coal-fields, because only a relatively small part of the coal-fields yields strongly coking coals. We must know how much of the latter the world possesses and then how much of this supply is near enough to blast-furnaces to be utilized without excessive transportation. The coal supply would seem to me to be the next question which a future International Geological Congress might most appropriately take up. Not until these data are at command can the remoter future of the iron industry be suitably forecast.

But we may ask, are our present methods of the reduction of iron destined to continue? To this one may reply that with the present outlook electric smelting alone seems likely to introduce changes and, so far as it can be employed, only to the following degree. In the reactions of a blast furnace about two-thirds of the fuel is employed in supplying the necessary heat and one-third in the reduction of the iron oxide. Electrical energy, supplied by water-power may replace the two-thirds of the fuel as a source of heat: the remaining one-third will always be necessarry. In countries where there is abundant and practicable water-power, electric smelting may thus be feasible. Charcoal may even in some furnaces entirely replace coke, over which, being a purer source of carbon, it has certain manifest advantages. Poor charcaol such as may be obtained from refuse lumber may perhaps suffice, so that to a certain extent the demands upon the coking coals may be reduced and the life of the reserves may be prolonged. Obviously in countries such as England, with limited water-power, but with great supplies of coking coal and great iron interests, electric smelting can be of small importance except in so far as it may enable other lands, such as Scandinavia, to export to it some supplies of iron, necessarily furnished at sufficiently low cost. Electric smelting is in its infancy as yet, but it is of sufficient promise to deserve mention as a possibly important factor in the future.

The final variable in our function which calls for brief mention relates to the substitution of other materials for iron and steel as time goes by. Of these cement seems at the moment the one of most serious moment and only in so far as it may supplant structural steel. In the form of reinforced concrete, cement is a material which grows in favour and in use. Some steel is of course a component and the cement is thus only in part a substitute, but its potentialities are sufficient to justify its mention. No one can accurately estimate its future influence.

In conclusion, I may repeat that the subject is complex. That the future of the iron industry is a function of a number of fairly independent variables, I hope, is clear. Some of the variables neutralize each other. Some of the variations we cannot fully trace. On the whole, for many years to come, I believe the iron industry will continue without any very fundamental changes.

Plea for an Inventory of the Coal Supplies of the World.

BY

JOSEPH W. RICHARDS,

Professor, Lehigh University, S. Bethlehem. Pa., U. S. A.

I will take a few minutes of your valuable time to speak on this subject from the standpoint of the metallurgist — the man who uses the ore which the geologist describes and which the mining engineer takes out of the ground.

I cannot agree with some of the detailed conclusions of the very valuable report presented to the Congress upon the Iron Ore Reserves of the World. For instance, the 250 000 million tons of Lake Superior iron ore carrying between 35 and 50 per cent of iron are placed neither in the actual reserves nor even in the potential reserves; and yet this enormous quantity of ore, averaging much better than the ›Minette‹ of Luxembourg, should in my opinion be placed under the actual reserves of ore in the United States. The reason for this statement is that this ore is not now worked simply because we have, at present, all we need of the richer ore, on which we make a larger profit; but if we did not have this richer ore we would certainly be working 40 to 50 per cent ore, and working it at a profit. I believe that within 20 years this immense quantity of ore, which the report does not consider as ore at all, will be the principal supply of iron ore in the United States, and will furnish us ore for many centuries to come.

Aside from the above criticism, I wish to support the points raised by M. DE LAUNAY and Professor KEMP, to the effect that metallurgists are continually improving their methods, and that the improvements which are certain to be made as time passes will enable metallurgists to work poorer and poorer ore at a profit. In 20 years we will be making pig iron from 40 per cent ore as cheaply as we now make it from 50 per cent ore, this is very certain; and so I believe that improvement in metallurgical processes will *more* than compensate for the decreasing richness of the ores.

This very valuable report on the iron ores of the world has therefore made it very clear to the metallurgist that there will *never*, in all the future history of the world, be any scarcity of iron ores for the metallurgist to work upon. Certainly, some localities will become exhausted, and the centers of production may change from place to place, but there will *always* be enough iron ore in the world to supply its needs.

A *much more important* question is the quantity of coal in the world with which to reduce this ore. This necessary material will be the real criterion of our future iron supply. Even at the present time, the countries which have the most coal are dominating the iron supply of the world.

As already indicated by Professor KEMP, the International Geological Congress would perform a very great service, if it would call upon eminent geologists in all countries to make a careful inventory of the actual and potential coal reserves of the world. Such a report would not be more difficult to make than the present report on the iron ores, but probably less difficult, and it would be a splendid and highly valuable supplement to the report before us, giving us more real information about the future supply of iron and its localities of production. I wish the Congress would take up this task, and give the world this much-needed information.

However, in the distant future, when coal is exhausted, the world must produce iron by the use of the energy of water-falls and electrical reduction, with charcoal from wood as the reducing agent. Here in Scandinavia, with no coking coal, you have already begun this era, you have been the first to show the world the economic possibility of producing pig iron electrically, using only water-power and charcoal. With your very pure ores, cheap water-power and abundant supply of wood, you will develop in Scandinavia a large electro-metallurgical iron industry. It is not a matter of the distant future for you, but within 20 years your iron industry will have been revolutionized and have become electrical. I congratulate Scandinavia on being in the lead in this new era of metallurgy, just as it has always led the world in the production of the purest commercial iron.

3. Les changements du climat postglaciaire.

Über die Mächtigkeit des europäischen Inlandeises und das Klima der Interglazialzeiten.

VON

FR. FRECH,
Professor an der Universität zu Breslau.

Eine der Hauptschwierigkeiten für die Auffassung des eiszeitlichen Problems bilden die interglazialen Perioden, d. h. die Erklärung für das wiederholte Zurückweichen und Vordringen der aus dem hohen Norden oder aus den Hochgebirgen stammenden Gletschermassen.

Der Wechsel der Moränen mit den durch Schmelzwasser gebildeten Schottern sowie dem aus den ausgewehten Sanden und Kiesen stammenden Löss ist unzweifelhaft, die Erklärung für einen wiederholten Klimaumschwung steht jedoch bisher aus. Aber selbst wenn man jede Unterbrechung der Moränen durch Schotter auf eine Klimaschwankung zurückführen wollte, würde damit das Rätsel noch nicht gelöst, denn es werden für das norddeutsche Gebiet zwei oder drei, für die Alpen vier, für England aber gar sechs Eiszeiten angenommen und mit Namen belegt. In Nordamerika mit seinen drei Vereisungszentren steigt die Zahl der durch besondere Vereisungen ausgezeichneten Zeitabschnitte nach CHAMBERLIN und SALISBURY sogar auf elf, wobei allerdings die Eisvorstösse von drei verschiedenen Regionen stammen. Alle diese widerspruchsvollen Angaben führen zu dem Schluss, dass häufige Klimaänderungen recht unwahrscheinlich sind. Bevor wir aber des Rätsels Lösung zu finden suchen, empfiehlt es sich, die vorliegenden Beobachtungen nach zwei Richtungen kritisch nachzuprüfen.

I. Die eine Überlegung betrifft die *Tier-* und *Pflanzenwelt* der interglazialen Schichten, d. h. die Frage, ob aus den Säugetierformen der älteren Quartärschichten, z. B. des Rixdorfer Kieses, aus der Schnecken-fauna des interglazialen Lösses oder aus der Rhododendron-Flora der Höttinger Kalkbreccie bei Innsbruch wirklich der Rückschluss auf ein wärmeres Klima der interglazialen Perioden oder Stadien berechtigt ist.

II. Die zweite Gruppe von Überlegungen betrifft die Mächtigkeit des norddeutschen Inlandeises. Eine Eismasse von 800—1,000 m Mächtigkeit, wie sie auf Grund verschiedener Erwägungen bisher angenommen wurde, braucht zu ihrem Abschmelzen längere Zeit und erheblichere Wärmemengen. Eine Eislage von 200 m Mächtigkeit — wie sie aus anderen Beobachtungen zu folgern ist — schreitet dagegen rascher vor und zurück. Mit dem Nachweis eines weniger mächtigen Inlandeises gewinnt demnach das ganze Problem ein anderes, d. h. weniger schwieriges Aussehen.

Ebenso wie man die Mächtigkeit des europäischen Inlandeises nach der Höhenlage beurteilte, in welcher auf den Hängen in dem deutschen Mittelgebirge[1] nordische Findlinge vorkommen, so glaubte man auch anfänglich für jede zwischen zwei Moränen lagernde Schotter- oder Lössbildung die Wiederkehr eines warmen Klimas annehmen zu müssen.

Das Vorkommen einzelner Überbleibsel des früheren warmen Klimas — *Brascnia*, *Elephas antiquus* u. a. — schien dieser Vermutung Recht zu geben. Besonderer Wert wurde vor allem dem häufigen Vorkommen des *Rhododendron ponticum* bei Innsbruck beigemessen, das mit Rücksicht auf die geographische Lage seines heutigen Vorkommens als Pflanze eines wärmeren und trockenen Klimas galt. In ähnlichem Sinne wurde der interglaziale Löss nach Analogie mit Ostasien als Kennzeichen trockener und wärmerer Zeiten gedeutet.

Alle diese biologischen und geologisch-physikalischen Erwägungen haben jedoch einer schärferen Prüfung nicht stand zu halten vermocht, und es verlohnte schon der Mühe, die von den verschiedenen Seiten zusammengetragenen Beobachtungen übersichtlich zu ordnen. Ausserdem vermag ich jedoch auf Grund eigener Beobachtungen neue Tatsachen hinzufügen.

Biologische Beobachtungen.

In dem altberühmten Kieslager von Rixdorf bei Berlin, das mir durch eigene Aufsammlungen genau bekannt ist, werden scheinbar wärmeliebende Formen in Gesellschaft von Kältetieren gefunden, und

---

[1] 555 m bei Gottesberg in Schlesien (nach ZIMMERMANN).

dies Zusammenvorkommen galt als beweisend für eine wärmere Interglazialzeit. Doch ist zunächst — aus ganz allgemeinen biologischen Gründen — das Zusammenvorkommen von Tieren extremer Wärmebedürfnisse vielmehr auf die immer häufiger beobachtete Anpassung der Wärmetiere an kaltes Klima zurückzuführen. Es sei zunächst an altbekannte Dinge wie die Verbreitung der grossen Raubtiere (Tiger und Leopard) von den Djungeln Indiens bis in die Gebirge der Mandschurei und des Altai erinnert. Eine entsprechende Verbreitung besitzen in Amerika der Puma und Jaguar.[1] Die lokalen Varietäten, die man bei diesen vier grossen Katzenarten unterscheidet, bilden eben den Beweis dafür, dass kälteres Klima die vollkommen differenziierten Raubtierarten der wärmeren Gebiete nur wenig beeinflusst. Aber auch Pflanzenfresser der Tropen zeigen eine bis vor kurzem so zu sagen unbekannte Anpassungsfähigkeit an unser Klima. Die Antilopen der Berliner und Breslauer zoologischen Gärten werden an jedem einigermassen sonnigen Wintertage ins Freie gelassen, und eine aus Männchen, Weibchen und Jungen bestehende Familie der westafrikanischen Sumpfantilope (*Limnotragus scriptus*) hat sogar einen der strengsten Winter in Breslau überdauert, ohne etwas anderes als einen ungeheizten Stall zu besitzen. Dasselbe habe ich an einem rein tropischen Raubtiere, dem Malaienbär (*Ursus malayanus*), beobachtet. Die ostindischen Axis- und Schweinhirsche sind sogar in England und z. T. auch in Deutschland als Jagdwild in Parks eingebürgert.

Ebenso kann man jetzt in jedem zoologischen Garten beobachten, dass die Mehrzahl der alt- und neuweltlichen Affen, welche freien Ein- und Ausschlupf haben, an jedem leidlichen Wintertage das Freie aufsuchen. Es ergibt sich, dass die Zahl der extrem wärmeliebenden Formen bei den Warmblütern recht beschränkt ist — es sind Giraffen, anthropomorphe Affen, Nashörner und Hippopotamus —, während grade die nackthäutigen Elephanten einen hohen Grad von Widerstandsfähigkeit besitzen.

Fast alle genannten Tiere sind jedoch nur unter den ungünstigen Einflüssen der Gefangenschaft beobachtet worden, und es ist beinahe selbstverständlich, dass auch die erste Etappe der Eiszeit wenigstens

---

[1] *Felis concolor olympus* MERRIAM aus Nordamerika und *Felis concolor patachonicus* MERRIAM sind die beiden vor allem durch bedeutende Grösse gekennzeichneten Varietäten der kälteren Gebiete, während die typische kleine Form des Puma in Zentralamerika und im Norden Südamerikas zu Hause ist.

von einem Teil der an ein gemässigtes Klima gewöhnten Tiere ohne Schaden überdauert werden konnte. So erklärt sich das Vorkommen von *Rhinoceros Mercki*, *Elephas antiquus* und *Ursus spelæus* in den Rixdorfer und anderen Interglazialschichten.

Dagegen deutet das Vorkommen arktischer Typen — Mammut, Wollnashorn, *Bison priscus*, arktisches Renntier mit grossem Geweih — auf kaltes Klima hin. Denn nach der Eiszeit, d. h. bei dem Eintritt wärmeren Klimas, erlöschen grade diese Kälteformen am schnellsten. Sie sind also der Wärme gegenüber weniger widerstandsfähig als die Tiere des gemässigten Klimas im umgekehrten Falle.

Für die Frage der Einheitlichkeit des Klimas der quartären Eiszeit ist somit die Entwickelung und Verbreitung der Landsäugetiere von grösster Bedeutung. Für die Einheitlichkeit der Wärme spricht das allmähliche Aussterben der Formen eines wärmeren Klimas im Altquartär Europas, das Fehlen irgend welcher selbständig gebildeter Säugetierspezies während der angeblich durch Klimaschwankungen bedingten Interglazialzeiten, endlich die Art des Vordringens der arktischen, aus Sibirien stammenden Säuger. Das sibirische Mammut und das wollhaarige Rhinoceros, die erst nach der Eiszeit in Europa allmählich erlöschen, sind während der durch eine hypothetische Wärmesteigerung gekennzeichneten Interglazialzeiten weder nach Finnland noch nach Skandinavien gelangt.

Besonders wichtig ist auch die von DEECKE hervorgehobene Seltenheit quartärer Säugetiere in Pommern. Die in den interglazialen bezw. intermoränischen Sanden der ganzen Provinz gefundenen Reste beschränken sich auf ein zweifelhaftes Vorkommen des Renntiers, auf zwei oder drei Nashornknochen und 12 Mammutzähne, die alle abgerollt und verwittert sind. Hieraus schliesst D. mit Recht, dass die interglaziale Eisfreiheit Pommerns nur kurze Zeit gewährt hat, d. h. das Eis hat sich während dieser Phasen nur etwa bis zur Mitte der heutigen Ostsee zurückgezogen und Skandinavien blieb — worauf ja auch die bekannten Beobachtungen von HOLST hindeuten — vom Eise bedeckt.

Das Zentrum der nordeuropäischen Vereisung war ebenso wie die Hochgebirgswälle der südeuropäischen Halbinseln von einheitlichen, die Kälteperiode überdauernden Eismassen bedeckt.

Zu einem gleichartigen Schlusse berechtigt für Nordamerika die in nördlicher Richtung mit beinahe mathematischer Regelmässigkeit erfolgende Abnahme der einheimischen, aus dem jüngeren Tertiär stammenden

Säugetiere. In gleichem Masse nehmen in Nordamerika die arktischen, aus Ostsibirien stammenden lebenden Säugetiere zu; eine Mischung der Faunenelemente ist nicht erfolgt.

Die Gründe des Aussterbens des Grosswildes vor und nach der Eiszeit.

Während der quartären Kälteperioden sterben überall in den gemässigten und in den polaren Zonen die grossen, einseitig spezialisierten und daher nicht mehr anpassungsfähigen Tiere aus und zwar:

1. Am Beginne der Quartärzeit erlöschen infolge einer Abnahme der Wärme die Formen des tropischen und warmgemässigten Klimas: *Hippopotamus major* in Europa, *Rhinoceros Mercki* JAEG., der unmittelbare Nachkomme einer tertiären italienischen Art (*Rh. etruscus*), ferner *Elephas antiquus*, der von einer jungtertiären Art (*Elephas meridionalis*) unmittelbar abstammt, endlich der Riesenbiber (*Trogontherium*) und *Elasmotherium*, der grösste und eigenartigste Vertreter der Nashörner (Wolgagebiet).

2. Sobald in Europa nach dem Abschmelzen der Eismassen eine allgemeine und dauernde Temperatursteigerung eintritt, verschwinden die arktischen, meist riesenhaften Säugetiere, so das Mammut (*Elephas primigenius*), das Knochennashorn (*Rhinoceros antiquitatis*), der Riesenhirsch und der Moschusochse[1] (letzterer in der alten Welt). Besonders bezeichnend ist das Ausweichen des Riesenhirsches nach Irland und das späte Erlöschen des gewaltigen Geweihträgers auf der waldarmen Insel.

3. Die nacheiszeitliche Klimaentwickelung zeigt sowohl in der Pflanzenwelt in Nord- und Osteuropa wie in der Umgestaltung der Meerestiere an der Küste Norwegens zuerst ein Heraufgehen der Wärme. Dieser Wärmesteigerung entspricht in den norwegischen Meeren das Auftreten portugiesischer (lusitanischer) Muscheln und Schnecken sowie in den Wäldern von Nordeuropa das Vorwiegen der Eiche.

Dieser nacheiszeitlichen wärmeren Phase folgt die Einwanderung der auf ein kälteres Klima hindeutenden Kiefer (*Pinus silvestris*) und die gegenwärtige in den norwegischen Küstenmeeren lebende Tierwelt.

4. Das Aussterben des aus Ost-Sibirien eingewanderten, kälteliebenden Mammuts und des Nashorns wird also in Europa vor allem durch eine

---

[1] Der Moschusochse gehört zur Unterfamilie der Schafe (Ovinæ) und stellt demnach auch hier eine Gattung von verhältnismässig sehr bedeutender Grösse dar.

über das gegenwärtige Klima hinausgehende nacheiszeitliche Wärmesteigerung bedingt.

5. Beim Mammut lässt sich kurz vor dem Aussterben vor allem eine Verminderung der Grösse beobachten. Die zahlreichen Mammutfunde, die in Schlesien in den älteren Sanden des Odertales gemacht wurden, sind ausnahmslos kleiner als die Exemplare, die aus den eiszeitlichen Kiesen von Rixdorf bei Berlin vorliegen. Auch die Rhinocerosreste aus dem nacheiszeitlichen Löss gehören zu kleineren Exemplaren.

6. Die Erhaltung einzelner Tierformen beruht auf der Möglichkeit einer Rückwanderung in arktische Gebiete (Tundren-Renntier, Moschusochse). Dem Mammut und Knochennashorn wurde dagegen durch zeitweise Überflutung des östlichen Russlands der Rückweg nach Sibirien abgeschnitten; ebenso verhinderte die Entstehung des Beringmeeres die Rückkehr der amerikanischen Mammutheerden nach Ostasien.

7 a. Die Erhaltung einzelner Tierformen hängt ferner ab von der Möglichkeit einer Rückwanderung in das Hochgebirge (Gemse, Steinböcke, Schneehase, Schneehuhn) sowie von den Anpassungsbedingungen: der europäische Wisent, das Wald-Renntier Skandinaviens und Nordamerikas (woodland-caribou) stammen von Formen der arktischen Moossteppe ab und werden nach der Eiszeit zu Waldtieren.

7 b. In Südamerika und Australien hängt das Verschwinden der riesenhaften, zu sehr verschiedenen Gruppen gehörenden Pflanzenfresser während und vor der Quartärzeit mit einem Rückgang der Niederschlagsmenge zusammen, dem eine Verminderung der pflanzlichen Nährstoffe entspricht.

8. Das Auftreten und Verschwinden der grossen Raubtiere (Höhlenbär, Höhlenhyäne, Löwe) hängt nur von den Wanderungen ihrer Beutetiere ab und berechtigt daher kaum zu weitergehenden Rückschlüssen auf Klimaänderungen.

Die Verbreitung des Tigers und des Leoparden in Asien und Afrika, das noch bedeutendere Verbreitungsgebiet der grossen amerikanischen Katzen Puma und Jaguar hängt ausschliesslich von dem Vorhandensein geeigneter Nahrung ab.

9. Unter diesem Gesichtspunkt ist auch das Aussterben des Säbeltigers (*Machærodus*), des am höchsten spezialisierten Raubtieres, zu verstehen. Die enorm verlängerten, mit sägeartiger Schneide versehenen Reisszähne und die Rückbildung der Kieferlänge deutet auf die Bekämpfung der grossen dickhäutigen Pflanzenfresser Mastodont, Elephant,

Nashorn und Nilpferd hin. Mit dem Erlöschen der Mehrzahl dieser wärmeliebenden grossen Pflanzenfresser vor der Eiszeit verschwindet der *Machærodus* in der alten Welt. In Nord- und Südamerika fällt sein späteres (nacheiszeitliches) Verschwinden ebenfalls mit dem Aussterben der Mastodonten und der Riesenfaultiere (*Megatherium, Megalonyx, Mylodon, Scelidotherium* u. a.) zusammen.

10. Keine geologische oder paläontologische Tatsache berechtigt zu dem Schluss, dass die eiszeitlichen Jägervölker allein — ähnlich wie die mit Mehrladern bewaffneten Kultur-Menschen — das Verschwinden des Grosswildes veranlasst hätten.

Wie die vorstehenden Ausführungen zeigen, sind paläontologische Tatsachen nur mit grösster Vorsicht für direkte klimatologische Rückschlüsse verwendbar. Es scheiden zunächst die tatsächlich ausgestorbenen Gruppen der Meerestiere aus. Nur wenn z. B. die lebenden lusitanischen Arten in den norwegischen Strandterrassen gefunden werden, wird man auf eine wärmere postglaziale Klimaphase schliessen dürfen, besonders wenn diesem Vordringen der Rückgang der alpinen Gletscher (Achensee-Schwankung) und die Vorherrschaft der Eiche (*Quercus pedunculata*) im Norden, Osten und Südosten Europas parallel geht. Als ganz unmöglich wird man aber die immer wieder aufgestellte Annahme bezeichnen müssen, dass das Vorkommen jungpaläozoischer Korallen in Spitzbergen ein sehr warmes Klima des Obercarbon beweist, weil die heutigen Madreporiden nur bei dem Minimum von $+ 20°$ C. gedeihen.

Gleiche Vorsicht erscheint bei der Deutung des Vorkommens der Landsäugetiere geboten. Grosse Raubtiere besitzen dort, wo sie genügende Nahrung finden, eine sehr weitgehende Anpassungsfähigkeit an Wärmeschwankungen. Das gleiche gilt für die Pflanzenfresser der vorwiegend wärmeren Zone. *Macacus tscheliensis* M. EDW. aus Nordchina steht der indischen Macacusart *M. rhesus* sehr nahe, aber ein zukünftiger Paläontologe, der aus dem Vorkommen dieser nordchinesischen Affen auf ein Tropenklima der nordasiatischen Gebirge schliesst, würde einen schweren Fehler begehen.

Auch die meisten tropischen und subtropischen Pflanzenfresser besitzen — hinlängliche Nahrung vorausgesetzt — eine grosse Verbreitungsfähigkeit.

Nur die arktischen und Gebirgsformen vermögen sich viel weniger leicht höheren Wärmegraden anzupassen. Dagegen hängt die Verbreitung der in eozänen Zonen heimischen Säugetiere ganz allgemein mehr von der Nahrung, d. h. von der Niederschlagsmenge, als von der Wärme ab. Da die Raubtiere den Herbivoren folgen, erscheint der Faktor der Niederschlagsmenge und Niederschlagsverteilung als ausschlaggebend.

Postglaziale Flora und Landschneckenfauna in Südostdeutschland.

Für die Kenntnis der nach dem Rückzug des Inlandeises in Norddeutschland einwandernden Floren und Schneckenfaunen sowie für die daraus zu entnehmenden Rückschlüsse auf das Klima sind die Vorkommen von Canth und Ingramsdorf unweit Breslau von Wichtigkeit.

1. Canth.

Das östliche der deutschen fossilführenden Vorkommen von altquartärem Quellenkalk ist Paschwitz bei Canth unweit Breslau; dieser schon von Beyrich beschriebene Fundort der *Helix (Campyläa) canthensis* enthält jetzt keine Aufschlüsse mehr. An Ort und Stelle ist nichts mehr zu sehen, da die Gruben längst verschüttet sind. Beyrich erwähnt von dort, abgesehen von Limnæen und Valvaten, die z. T. auch im Museum zu Breslau vertretenen Arten:

Helix hortensis L. (eine der *H. austriaca* sich nähernde Abänderung), *H. pulchella* Müll., *H. obvoluta* Müll., *H. fruticum* Müll., *H. rotundata* Müll., *H. verticillus* Fér., *H. nitida* Müll., *Pupa pusilla* Müll. sp (= *P. vertigo* Drap.), *Clausilia gracilis* Pf. n., *Clausilia plicatula* Drap., *Carychium minimum* Müll., *Carychium lineatum* Ross. n., *Acicula fusca* Walk. sp.

Der Unterschied von den schlesischen Lössschnecken (unter denen *Pupa muscorum*, *Succinea oblonga*, *Helix arbustorum* und *Buliminus tridens* Müll. besonders häufig sind) wird schon von Beyrich betont.

Zusammen mit den Landschnecken kommen nach meinen eigenen Bestimmungen 6 verschiedene Planorbisformen vor: *Planorbis calculiformis* Sandb., *P. contortus* L., *P. micromphalus* Sandb., *P. umbilicatus* Sandb. (die typische Form und eine etwas involutere Varietät), endlich *Planorbis corneus* L. var. nov. (eine eigentümliche evolute Abänderung, welche eine entschiedene Ähnlichkeit mit der tertiären *P. Mantelli* Dunk. besitzt).

Die Zone der *Helix canthensis* wird in Thüringen zum »Interglazial 2«, d. h. in die Zeit des Rückzuges der Eismassen versetzt. Wahrscheinlich gehört demnach auch in Schlesien das Vorkommen von Canth dieser Zeit an, und die — nicht mehr aufgeschlossenen — Quellkalke würden somit Einlagerungen im oberen Diluvialsand bilden. Die alten Angaben über das Vorkommen, wonach die 1—3 m mächtige Kalklage in einer Tiefe von 0,3—5 m unter der Oberfläche vorkommt, würde dem nicht widersprechen. Die vorkommenden Blätter von Erle und Strauchahorn gehören zu lebenden Arten.

2. Ingramsdorf bei Breslau.

Ingramsdorf liegt an der Bahnstrecke Breslau—Freiburg am Südostabhange des 273 m hohen Pitschenberges, der sich gegen 100 m über die etwa 175 m über N. N. befindliche Fundstelle erhebt.

Die Südwand der Tongrube, in der die postglaziale Flora und der Schneckenmergel gefunden wurden, zeigt nach Gürich[1] folgendes Profil.

12. Alluvialer Lehm mit Torfeinlagerungen.
11. Alluvialer Flusskies.
10. Gröberer Kies mit äolischen Kantengeschieben.
9. Sandiger Ton mit humosen Einlagerungen.
8. Torf mit toniger Einlagerung in der Mitte.
7. Schneckenmergel mit Rhinoceroskiefer.
6 a. Humose dünne Schicht.
6. Mergeliger geschichteter Kalk.
5. Einfache Lage haselnussgrosser Quarzgerölle.
4. Sand des unteren Diluviums mit Einlagerungen von lehmigem Sande.
3. Lehm mit Andeutungen von Bankung und vereinzelten nordischen Geschieben: Untersilurischer Kalk, Toneisenstein mit Pflanzenresten, geschrammt.
2. Lehm, bändertonartig.
1. Tertiärer bunter Ton.

Die Bearbeitung der postglazialen Flora durch Dr. Fr. Hartmann hat sich auf die Schichten 6—8 erstreckt. Die Schichten 1—5 und 9 erwiesen sich bis jetzt als fossilfrei.

Nach Gürich sind die Schichten 2—5 glazial. Die interglaziale Natur von 7 wird nach Gürich durch einen aufgefundenen Rhinoceroskiefer gewährleistet, dessen Erhaltung für die Auffindung an primärer Lagerstätte spricht. Da das schlesische Tiefland nur von der ersten, grossen

<hr>

[1] G. Gürich, Der Schneckenmergel von Ingramsdorf und andere Quartärfunde in Schlesien. Jahrb. Preuss. Geol. Landesanstalt XXVI (1905), S. 43. Besonders wichtig ist die im Folgenden ausführlich besprochene Dissertation von Dr. F. Hartmann, Die fossile Flora in Ingramsdorf. Breslau 1907.

Vereisung betroffen wurde, ist der Ausdruck »interglazial« in übertragenem, d. h. uneigentlichem Sinne zu verstehen; er umfasst das sog. Interglazial Norddeutschlands und die Epoche der letzten Vereisung, die Schlesien nicht mehr erreichte. Inwieweit die einzelnen Schichten postglazial sind, lässt sich also schwer entscheiden.

Ausser dem genannten Rhinoceros wurden von tierischen Resten in der Schicht 7 gefunden: Backenzahn eines Nagers, Schuppen, Schädelknochen und Wirbel von Fischen, sowie ferner folgende Mollusken: *Succinea Pfeifferi* Rossm., *Limnæa auricularia* Lam., *L. ovata* Drap., *L. peregra* Müll., *L. palustris* Müll. var. *corvus* Gmel., *L. palustris* Müll. var. *turricula* Held., *Planorbis albus* Müll., *Ancylus lacustris* L., *Bithynia tentaculata* L., *Valvata piscinalis* Müll., *Pisidium fontinale* Pfeiffer, *Unio* spec. Weiterhin fand Hartmann Mandibeln sowie Flügelbruchstücke von Käfern und anderen Insekten.

Bis zu dem Funde von Ingramsdorf waren aus dem Südosten Deutschlands keine quartären Pflanzen bekannt. Die am weitesten gegen Südosten vorgeschobenen Fundorte sind Deuben bei Dresden und Klinge in der Provinz Brandenburg. Aus dem Känozoicum sind nur untermiocäne Floren, namentlich die von Schossnitz bei Canth und Trebnitz untersucht worden.

Der Fund von Ingramsdorf ist daher der erste und bis jetzt einzige, der diluviale Pflanzen im Südosten Deutschlands aufgedeckt hat.

Bei genauer Untersuchung stellte es sich heraus, dass die Schicht 7 Gürichs nicht einheitlich ist, sondern in ihrem untersten Teile, nach dem Vorkommen von *Betula nana* L. zu urteilen, auf glaziales Klima deutet. Hartmann hat sie aus diesem Grunde in drei Etagen mit der Bezeichnung 7 a, 7 b und 7 c zerlegt.

In der Schicht 6 fanden sich häufige Abdrücke von *Chara* und in 7 c Blattfragmente von *Betula verrucosa* Ehrh.

Die Schicht 7 c stellt den typischen Schneckenmergel von Ingramsdorf dar und besteht aus hellem, gelbbraunem Mergel, der durch das sehr häufige Vorkommen von Schnecken- und Muschelschalen charakterisiert wird, die schon weithin als weissglänzende Punkte zu erkennen sind.

Überblickt man das Resultat der Untersuchungen in beifolgender Tabelle, so kann man nach Hartmann in der Flora drei verschiedenartige Elemente unterscheiden.

1. Pflanzen mit Anpassung an eine geringe Wärmemenge, wie z. B. *Betula nana*.

2. Arten, die einer grösseren Wärmemenge bedürfen, wie *Acer tataricum, Tilia platyphyllos, Najas marina.*

3. Wasserpflanzen, die bis zu einem gewissen Grade von der Wärme unabhängig sind. Hierher gehören in erster Linie die *Potamogeton-*Arten, in geringerem Masse die übrigen Wasserpflanzen, wie die Nymphæaceen und die Arten von *Ceratophyllum.* Diese Gruppe muss ebenso wie die nicht sicher bestimmten Arten bei der Prüfung der klimatischen und pflanzengeographischen Verhältnisse zunächst ausscheiden.

Gürich hatte sämtliche von Hartmann untersuchten Schichten als interglazial gedeutet; und zwar hält er ihre Zugehörigkeit zum Postglazial für ausgeschlossen, einmal wegen des Fundes des Rhinoceroskiefers, und ferner, weil er in der unteren Lage der Schicht 10 Kantengeschiebe nachwies. Die unter den Schichten 6—9 liegenden Lehme sind nach ihm als Vertreter der Grundmoräne anzusehen.

Übersicht der von **F. Hartmann** in Ingramsdorf gefundenen quartären Phanerogamen.

	Schicht						Bisher gefunden glazial
	6	6a	7a	7b	7c	8	
1. Picea excelsa	—	—	—	—	—	!	—
2. Pinus silvestris	—	—	—	—	!	—	!
3. Potamogeton natans	—	—	!	—	!	—	—
4. P. perfoliatus	—	—	!	—	!	!	—
5. P. crispus	!	—	!	!	—	—	!
6. P. pusillus	—	—	—	—	!	—	—
7. P. pectinatus	—	—	—	—	!	!	—
8. P. spec.	!	—	—	—	—	—	—
9. Najas marina	—	—	—	—	!	!	—
10. Phragmites communis	—	—	—	—	!	—	—
11. Carex cæspitosa	cf	—	—	—	—	—	—
12. C. pallescens	—	—	!	—	!	—	—
13. Eriophorum spec.	—	!	—	—	—	—	—
14. Luzula spec.	—	—	—	—	—	!	—
15. Iris Pseudacorus	—	—	—	—	!	—	—
16. Salix alba	—	—	—	—	—	—	—
17. S. fragilis	—	—	—	—	!	—	—
18. S. repens	?	—	—	—	—	—	!
19. Corylus Avellana	—	—	—	—	!	—	—
20. Carpinus Betulus	—	—	—	—	!	!	—

	Schicht.						Bisher gefunden glazial.
	6	6a	7a	7b	7c	8	
21. Betula verrucosa	—	—	—	—	!	—	—
22. B. nana	!	!	!	—	—	—	!
23. Alnus glutinosa		—	—	—	!	!	?
24. Quercus pedunculata oder sessiliflora		—	—	—	!	—	—
25. Ulmus spec.	—		—	—	—	!	—
26. Polygonum spec.	—	—		—	!	—	—
27. Nymphæa alba	—	—	—	—	!	—	
28. Nuphar luteum	—	—	—	—	!	!	!
29. Ceratophyllum submersum	—	—	—	—	!	—	—
30. C. demersum	—	—	—		!	—	!
31. Ranunculus Flammula	—	!	—	—	—	—	—
32. Trifolium spec.	—	—	—	—	—	!	—
33. Prunus spinosa	—	—	—	—	!	—	—
34. Acer tataricum	—	—	—	—	!	—	—
35. A. campestre	—	—	—	—	!	!	—
36. Tilia platyphyllos	—	—	—	—	!	!	—
37. Trapa natans	—	—	—	—	!	—	—
38. Cornus sanguinea	—	—	—	—	!	—	—
39. Ledum palustre	—	?	—	—	—	—	—
40. Alectorolophus spec.	—	—	?	—	—		—
41. Sonchus spec.	cf	—	—	—	—		—
42. Composit. spec.	—	—	—	—	!		—

Da aber in den Schichten 6, 6 a und in der untersten Lage der Schicht 7 Pflanzen auftraten, die in einem interglazialen Klima kaum gedeihen konnten, da ferner gleichzeitig so zerbrechliche Gebilde wie die Oogonien von *Chara* in vorzüglichem Erhaltungszustande vorkommen, so muss hieraus gefolgert werden, dass die fossile Flora sich auf primärer Lagerstätte befindet.

Fassen wir *Betula nana* als Leitfossil für glaziales Klima auf, so würden die Schichten 6, 6 a und 7 a einer kalten Periode entsprechen. *Betula nana* könnte aber auch sehr gut die Eiszeit überdauert und als Relikt noch in der Epoche des zweiten sogenannten Interglazials vegetiert haben.

Heute findet sich die Zwergbirke in Schlesien noch auf der Iserwiese und den Reinerzer Seefeldern.[1] Sie ist also während der wärmeren

---

[1] E. Fiek, Flora von Schlesien (1881), S. 400; Schube, Flora von Schlesien (1904), S. 120.

Periode auf die Gebirge emporgestiegen und hat sich an den genannten Standorten, die ein ihr zusagendes Klima besitzen, bis auf den heutigen Tag erhalten. Die nächsten Fundstellen liegen bei Gottesgab im Erzgebirge und im Böhmerwalde. Auf der Heuscheuer wurde die Zwergbirke angepflanzt, konnte aber nicht gedeihen und ist längst wieder verschwunden.

Bis jetzt ist *Betula nana* die einzige sicher nachgewiesene echte »Glazialpflanze»; arktisch-alpine Weiden wie *Salix retusa, S. herbacea, S. polaris* konnte HARTMANN ebensowenig auffinden, wie *Dryas octopetala.* Nur das negative Ergebnis, dass typische Moorpflanzen fehlen — *Ledum palustre* ist nicht sicher nachgewiesen — lässt vorläufig die Annahme nicht zu, dass sich zu jener Zeit ein Hochmoor gebildet habe,. Es fehlen typische Torfmoose (*Sphagnum*) vollständig, und die aufgefundenen Arten von *Hypnum* gehören keinesfalls moorbildenden Sippen an.

Andererseits deutet das relativ häufige Vorkommen von *Potamogeton*-Arten und die grosse Mannigfaltigkeit der Characeen auf grössere Wasseransammlungen hin, als die in Mooren eingesprengten kleinen Wasserbecken zu sein pflegen. Die Flora scheint sich demnach in den Schmelzwässern eines zurückweichenden Inlandgletschers und an dessen Ufern angesiedelt zu haben.

Ein wesentlich deutlicheres Bild gewähren die Ablagerungen der späteren *wärmeren Periode (Schichten 7 c und 8)*. Hier finden wir in reicher Anzahl Bäume und Sträucher, die durchaus ein mildes Klima mit warmem Sommer verlangen. Es sind dies: *Tilia platyphyllos, Acer campestre, Acer tataricum, Carpinus Betulus,* ferner *Corylus Avellana* und *Cornus sanguinea.* Auch unter den Wasserpflanzen treten uns Formen entgegen, die nicht in so weitem Grade anpassungsfähig sind wie die Potamogetonaceen, deren Arten zum Teil hoch ins Gebirge emporsteigen; es sind dies *Nymphæa alba* und *Nuphar luteum;* hierzu kommen die beiden *Ceratophyllum*-Arten, *Trapa natans* und die jetzt in Schlesien sehr seltene *Najas marina.*

Acer tataricum erreicht in seiner heutigen Verbreitung Deutschland nicht mehr. Auch fossil ist dieser Ahorn bis jetzt noch nicht in Deutschland aufgefunden worden. F. PAX, der die fossilen Ahorne eingehend studiert hat, kennt ihn fossil nicht.

Das Vorkommen von *Acer tataricum* bei Ingramsdorf setzt somit ein wärmeres Klima voraus, als es jetzt in Schlesien herrscht. Der tatarische Ahorn ersetzt somit gewissermassen die in den sog. interglazialen Schichten sonst nur selten fehlende *Brasenia purpurea,* nach der vergeblich gesucht wurde. Da das Areal des Baumes nach PAX in der Gegenwart bis an die Hügelregion der Karpathen reicht, muss man annehmen, dass er während der wärmeren postglazialen Episode durch die mährische Pforte bis nach Mittelschlesien vordrang, um später wieder auszusterben.

Das ehemalige Vorkommen von *Acer tataricum* in Schlesien stimmt gut überein mit dem Auftreten der *Helix (Campylœa) canthensis*, einer der podolischen *Helix banatica* ausserordentlich nahestehenden oder identen Form, die in dem etwa gleichaltrigen Quellenkalk von Paschwitz bei Canth vorkommt. Die Zone der *Helix canthensis* wird in Thüringen zum sogenannten Interglazial 2, d. h. in die Zeit des Rückzuges der grossen Eismassen versetzt.

Die beiden Schichten 7 c und 8 erhalten einen verschiedenartigen Charakter durch das Auftreten zweier Nadelhölzer, der Kiefer in 7 c und der *Picea excelsa* in 8.

Das Studium der Flora ergibt nach HARTMANN folgendes. Zuerst erschien in Mittelschlesien die Zwergbirke, gleichzeitig oder doch nur sehr kurze Zeit nach ihr die Kiefer.[1] Die grösste Verbreitung der Kiefer scheint in den Anfang der wärmeren Periode zu fallen.

Bei der weiteren Zunahme der Temperatur wurde die Kiefer allmählich durch die Eiche verdrängt, die zuerst mit ihr zusammen auftrat. Die Ingramsdorfer Eiche muss, nach der Grösse der Fruchtbecher zu urteilen, unter sehr günstigen klimatischen Bedingungen gewachsen sein. In ihrem Gefolge befanden sich die Linde, der Feldahorn und die Hainbuche, ferner die Haselnuss und der Hartriegel. Als diese Phase am wärmsten war, erschien auch *Acer tataricum*.[2] Zu dieser Zeit des tatarischen Ahorns scheint die Kiefer vollständig gefehlt zu haben. Jetzt erscheint die Fichte, die von Osten her einwandert. Es

---

[1] A. SCHULZ nimmt an, dass dieser Baum während des kältesten Abschnittes der kalten Periode neben der nordischen Birke der herrschende Waldbaum war. Diese Annahme wird durch paläontologische Beobachtungen nirgends unterstützt. Zwar führt C. A. WEBER in der Diluvialflora von Lütjen-Bornholt *Pinus silvestris* unter Pflanzen einer glazialen Vegetation an. Die Begleitpflanzen lassen aber sicher nicht auf einen kältesten Abschnitt der kalten Periode schliessen; ferner geht diese Schicht nach unten allmählich in ein Interglazial über, und drittens ist Lütjen-Bornholt bis jetzt der einzige Ort, an dem *Pinus silvestris* zusammen mit *Betula nana* vorkommt. Die Annahme von SCHULZ erhält hierdurch keine Stütze, zumal die Kiefer sonst überall in interglazialen Schichten nachgewiesen wurde.

[2] In dem nun folgenden kühleren Klima der Schicht 8 verschwinden *Acer tataricum* und die Eiche, während die Linde und der Feldahorn den Standort behaupteten, die Hainbuche an Häufigkeit sogar zunimmt.

ist wohl möglich, dass sie sich auf den Höhen der Sudeten schon vorher angesiedelt hatte und nun in die Ebene vordrang. Diese Ergebnisse stimmen vollständig mit denen anderer Aufschlüsse überein. In Norwegen, Schweden und Dänemark treten die Waldbäume in derselben Reihenfolge auf: Birke, Kiefer, Eiche, Fichte.

Die Buche fehlt auffallenderweise in den Ablagerungen von Ingramsdorf vollständig. Schon vorher hatte F. Pax[1] diese Tatsache für die Diluvialflora Oberungarns nachgewiesen und besonders betont, dass die Einwanderung der Buche in eine relativ sehr späte Zeit fällt. Auf dem Südabhang der Kapathen sei die Reihenfolge von den Waldbäumen genau dieselbe wie in Nordeuropa und in Schlesien. Auch in Oberungarn erfolgt meist nach der Eiszeit mit der Einwanderung der Birke und der darauf folgenden Kiefer- und Eichenflora eine regelmässige Steigerung der Wärme bis über die heutige Temperatur. Die darauf folgende Einwanderung der Fichte entspricht einer erneuten, der Gegenwart entsprechenden Abkühlung.

Wie verhalten sich nun die bekannten Vorkommen interglazialer Pflanzen und Lössschnecken in den Alpen und ihrem Vorland zu den Beobachtungen in Südost-Deutschland?

Vor allem entspricht die Flora der Höttinger Brekzie bei Innsbruck einem typisch ozeanischen Klima und nicht warmen oder gar trockenwarmen Temperaturverhältnissen. Die Pflanzen, welche auf ein warmes Klima hindeuten sollten, lassen sich heute mit aller Entschiedenheit als solche Arten bezeichnen, die ein sehr feuchtes Klima verlangen, welchem zudem grosse Extreme fehlen. Es sind also nicht wärmeliebende, sondern ozeanische Arten. Zu diesem Schlusse sind zu gleicher Zeit und unabhängig voneinander HANDEL-MAZETTI (1909) und BROCKMANN-JEROSCH (1909)[2] gelangt.

Die botanischen Darlegungen von HANDEL-MAZETTI gehen auf Beobachtungen im Sandschak Trapezunt zurück. Kurz darauf im Frühjahr 1909 habe ich übereinstimmende Beobachtungen über das Feuchtigkeitsbedürfnis des *Rhododendron ponticum* auf ausgedehnten Reisen in der Vilajet Kast und Trapezunt (Ordu und Kerasunt) machen können. Eine ausführlichere Wiedergabe meiner Beobachtungen an dieser Stelle

---

[1] F. Pax, Flora von Gajocz in Oberungarn.
[2] H. BROCKMANN-JEROSCH, Das Alter des schweizerischen diluvialen Lösses. Vierteljahrsschrift der Naturforschenden Gesellschaft in Zürich 1909, S. 450. Die folgenden Darlegungen sind wesentlich diesem wichtigen Aufsatze entnommen.

erübrigt sich, da ich vollkommen mit den Wiener Forschern übereinstimme. Erwähnen will ich nur, dass mir mit der Zeit meiner geologischen Aufnahmen in der Gegend von Innsbruck die Bedeutung der Biologie des *Rhododendron ponticum* in lebhafter Erinnerung war.

Besonders erwähnenswert ist jedoch die Unabhängigkeit des *Rhododendron ponticum* von der Höhenlage und der Schneebedeckung. Ich beobachtete die Pflanze von wenigen hundert Metern Meereshöhe bis 1400 m und zwar an allen feuchten Stellen und konnte besonders feststellen, dass der strenge aber schneereiche Winter 1908/09 ihrem Gedeihen keinerlei Nachteil gebracht hatte. Unter den bis Mitte Mai 1909 dauernden, ursprünglich viele Meter mächtigen Schneewehen und Lawinen tauten die Alpenrosen frisch und gesund hervor.

Wenn die Interglazialflora des *Rhododendron ponticum* ein trocken-warmes Klima ausschliesst, der Löss aber einem trocken-warmen Klima seine Entstehung verdanken soll, so wäre es undenkbar, dass der echte Löss gleichaltrig mit Hötting sei; denn da der echte Löss beinahe bis an den Fuss der Alpen reicht, so ist es ausgeschlossen, dass zwei entgegengesetzte Klimate so nahe nebeneinander hätten existieren können.

Da die Lösse bekanntlich am häufigsten in trockenen Klimaten Asiens sind, lag es nahe, aus ihrem Vorkommen in Europa auf frühere Niederschlagsarmut zu schliessen. Allein auch unter anderen Verhältnissen kann Löss entstehen. Es bedarf zu seiner Bildung nur eines *unbewachsenen Denudationsgebietes*, eines *trockenen Windes* und einer mehr oder weniger *bewachsenen Auffangsfläche*.

»Zur Zeit, als die grossen Gletscher, die bis an den Ausgang der Alpentäler vorgeschoben waren, wieder zurückwichen und deren zurückgelassene Schotter[1] und Grundmoränen vom Föhn ausgetrocknet wurden, verblies der Wind den feinen Staub weit über die Fläche bis ans Meer. Der Staubniederschlag häufte sich zu fruchtbarer Lösserde an. Bald bedeckte der Löss ganz wie in vielen Teilen von Deutschland den Boden bloss 1/2 bis 1 m, bald 10 und 15 m.« (ALBERT HEIM.) Aber auch noch jetzt geht die Lössbildung weiter.

Nun enthält der echte Löss, also der Löss der Rissschotter, tierische Fossilien, die sich in dieser kalkreichen Ablagerung relativ gut erhalten. MÜHLBERG hat in überzeugender Weise dargetan, dass die *Lössschnecken die Annahme eines wärmeren Klimas gar nicht zulassen;* kommen doch

---

[1] Genauer wäre Schotter, denn auch in *Neuseeland* entsteht heute der *Staub* nicht aus *Moränen*, wohl aber aus Schottern.

von den *32 Arten*, die im echten Löss in der Schweiz gefunden wurden, »heute noch *14* in diesen Gegenden häufig vor, andere dagegen sind selten und lieben höhere, kühlere Gegenden, so gerade *Succinea oblonga*, die häufigste Lössschnecke, die jetzt nur bei Petersburg in analoger Häufigkeit verbreitet ist; *3 Arten* kommen jetzt nur noch in *arktischen und alpinen* Gebieten vor» (Verhandl. schweiz. naturforschend. Gesellschaft 1907, S. 104). Demnach ist es undenkbar, dass in dem zur Lössbildung nötigen Denudationsgebiet ein wesentlich wärmeres Klima geherrscht hat als heute. Aus dem gleichen Grunde ist es aber auch unmöglich, dass Kälte oder Trockenheit diese Denudationsgebiete geschaffen haben. Da also klimatische Faktoren diese vegetationslosen oder vegetations-armen Gebiete nicht geschaffen haben können, so ist es nur denkbar, dass mechanische Faktoren einzelne Gebiete vegetationsfrei gehalten haben: die vegetationsfeindlichen, diluvialen Flüsse.

Die echten Lösse liegen auf den Talhängen oder aber auf den Schottern der Risseiszeit selbst. Im letztern Falle sind die darunter liegenden Schotter unverwittert, woraus hervorgeht, dass die Lössbil-dung mit der Schotteraufhäufung zusammen in die gleiche geologische Periode fällt. Nun entsprechen aber die Schotter jeweils einem Glet-schervorstoss, sind also glazial und nicht interglazial, und demnach wäre auch der echte Löss nicht eine Bildung des Interglazials sondern der Zeit der grössten Ausdehnung der Gletscher selbst.

Während der grossen Ausdehnung der Gletscher brachten die Schmelzwasser grosse Mengen feiner, zermahlener, aber chemisch unver-witterter Gesteinstrümmer. Auf den Schotterfeldern lagerten die Schmelzwässer bei jedem Schwanken des Wasserstandes die Gletscher-trübe ab, und so entstand häufige Gelegenheit zur Staubbildung.

Ausser dem sogenannten echten Löss finden sich in der Schweiz noch eine Reihe von *jüngeren postglazialen Lössen*, über die wir besonders durch die Arbeiten von FRÜH (Vierteljahrsschr. der naturf. Ges. Zürich, 1899, 1900. Eclog. geol. Helvetiæ, 1903) unterrichtet sind.

Noch klarer als beim echten Löss lässt sich bei den spätglazialen Lössen die Altersfrage verfolgen. Sie *liegen alle innerhalb der Endmo-ränen der letzten Eiszeit* und sind also jünger als die maximale Aus-dehnung derselben.

Nach allen bisherigen Funden liegt der Löss auf unverwitterten Moränen und Schottern der Rückzugsstadien der letzten Eiszeit oder auf den frischen Gletscherschliffen, woraus hervorgeht, dass die Bildung des Lösses sofort auf die betreffenden Bildungen folgte. Also können die verschiedenen Lösse nicht gleichaltrig sein, sondern entsprechen den verschiedenen Rückzugsstadien der Gletscher.

Wer nun in dem Löss nur das Produkt eines trocken-warmen Klimas sieht, müsste für jede Altersstufe dieser Lösse eine trocken-warme Periode annehmen; die erste würde der Zeit der inneren Moränen entsprechen, eine zweite läge zwischen dieser Zeit und dem Bühlstadium, eine dritte, am schärfsten ausgesprochene zwischen dem Bühl- und Gschnitz-Stadium.

Von den bisher nachgewiesenen 31 Arten der Lössschnecken fehlen in der Liste von FRÜH bei drei Arten die Angaben über das heutige Vorkommen. Von den 28 andern kommen nach FRÜH heute noch 26 im Rheintal vor. Eine grosse Zahl dieser Schnecken lebt vom Laube, einige verlangen feuchte Wohnbezirke. *Nirgends* aber ist eine *Spur* von Arten zu sehen, die ein trocken-warmes Klima zulassen oder gar *verlangen* würden. Also ist es bei diesem Löss einfach undenkbar, dass klimatische Faktoren das vegetationsfreie Denudationsgebiet geschaffen hätten.

Es gibt demnach auch hier wieder nur eine befriedigende Erklärung: der Fluss, in unserm speziellen Falle der Rhein, schuf damals mit seinen unregelmässigen Hochwässern die breiten Schotterflächen und hielt sie vegetationsfrei. Der Staub wurde von föhnartig verschärften Winden ausgeblasen und häufte sich an den Talseiten, besonders da, wo er vom Wasser nicht mehr weggeschwemmt werden könnte, als Löss an. Demnach entspricht keiner der der Rückzugsperiode der Gletscher angehörenden Lösse einem trocken-warmen Klima, alle entstanden vielmehr durch mechanische, nicht aber durch klimatische Kräfte.

Da nun auch die postglazialen Lösse den Gletschern auf dem Rückzuge folgten und wie die eiszeitlichen Lösse aus Schottern ausgeweht sind, zugleich aber eine der heutigen sehr nahestehende Fauna beherbergen, so kann zur postglazialen Quartärzeit in südlichem Mitteleuropa nicht ein alpines oder arktisches Klima geherrscht haben, sondern ein solches, welches in den durchschnittlichen Temperaturen dem heutigen nahe stand. Da aber trotz dieser Temperatur die Gletscher so weit herabreichten, so können nur die festen Niederschläge die Vergrösserung der Gletscher bewirkt haben. Es muss also das Klima der Eiszeit im Western und Süden von Mitteleuropa ein ozeanisches gewesen sein, ähnlich wie heute in Patagonien, Alaska, Neuseeland u. s. w.

Der postglaziale Löss ist nun bedeutend weniger mächtig als der echte Rissschotter. Da der Löss nicht das Produkt eines bestimmten Klimas, sondern mechanischer Faktoren war, so mussten diese beim echten Löss stärker und länger wirken, das heisst die Gletscher mussten längere Zeit eine Stellung einnehmen, die die Lössbildung gestattete, sie durften also nicht zu sehr abnehmen, nicht zu weit in die Alpen zurückweichen. Dass sie auch wirklich nicht weit zurückgegangen sind, ist zum Mindesten wahrscheinlich, da die Erosion, die zwischen der III. und der IV. Vergletscherung stattgefunden hat, relativ unbedeutend ist.

Auch die Schieferkohlen von Uznach führen zu dem gleichen Schlusse. Sie liegen auf Schottern und sind von Schottern überlagert. Aber auch zwischen den verschiedenen Kohlenflötzen liegen Schotter. Also herrscht überall Aufschüttung, nirgends Erosion. Aufschüttung findet sich aber nur bei relativ grosser Gletscherausdehnung, und daraus ist weiter zu schliessen, dass die Gletscher sich nicht weit zurückgezogen hatten. Auf ein starkes Zurückweichen der Gletscher wurde ja nur aus der Interglazialflora gefolgert. Die Interglazialflora von Hötting entspricht aber nur einem feuchten, nicht einem warmen Klima.

Es liegt also zum mindesten nahe anzunehmen, dass die letzte Interglazialzeit nicht so stark ausgeprägt war. Auch sie besass, wie die Eiszeiten selbst, ein ozeanisches Klima, und ihre Flora unterscheidet sich dementsprechend von der jetzigen.

Ganz übereinstimmende Beobachtungen über die geringe Bedeutung des letzten Interglazials und des letzten Gletschervorstosses liegen aus Norddeutschland vor. Wir beginnen mit einer Betrachtung über den Höhepunkt der Eiszeit, d. h. über die Mächtigkeit, welche das Inlandeis an seiner Südgrenze in Schlesien und Polen erreicht hat.

Die Dicke des Landeises in Schlesien.

Die neuen Forschungen in der Antarktis waren für die Erkenntnis der eiszeitlichen Vergangenheit Norddeutschlands eben so wichtig, wie die Beobachtungen am Malaspina-Gletscher für die Alpen im Eiszeitalter.

Von den älteren Untersuchungen in Grönland ist besonders die Feststellung von Wichtigkeit, nach der die zungenförmigen Ausläufer des Inlandeises infolge des Druckes der nachdringenden Massen bergauf fliessen können (v. DRYGALSKI). Für die Mächtigkeitsbestimmung der Eisdecke sind demnach die Funde nordischer Gesteine am Aussenrande unserer Mittelgebirge nur mit Einschränkung zu verwenden. Die schmalen Zungen, mit denen das Eis bis nach Glatz, Wüstegiersdorf, Waldenburg und noch weit darüber hinaus bis Kloster Grüssau, d. h. bis in Höhen von 555 m (Gottesberg) vordrang, berechtigen noch nicht dazu, diese Höhenlagen ohne weiteres der Dicke des nordischen Eises gleichzusetzen.

Für diese Bestimmung sind vielmehr die Nunataker ausschlaggebend, die durch die rein orographische Form, durch die Gletscherschliffe und durch das Vorhandensein oder Fehlen der Felsenmeere, d. h. des lokalen Verwitterungsschuttes ihre Lage über oder unter der quartären Eisdecke, zu erkennen geben. Wenn auf harten widerstandsfähigen Gesteinen wie den kambrischen Quarziten des polnischen Mittelgebirges keinerlei Glättung, Schliffe oder Kritze, wohl aber eine ausgedehnte Blocklage zu beobachten ist, so wird man mit LOZINSKI[1] auf eine Eisfreiheit der höchsten Erhebung schliessen können. Das polnische Mittelgebirge bildete also einen Nunatak, und die maximale Mächtigkeit der Eisdecke wurde demnach hier mit einem hohen Grade von Wahrscheinlichkeit auf nur 200 m berechnet.

Es lag nun die Frage sehr nahe, ob in Schlesien auf den das Hügelland und die 300—400 m Isohypsen überragenden Erhebungen des Zobtens und Rummelsberges ähnliche Beobachtungen möglich sind. Die Vorbedingungen sind allerdings hier viel weniger günstig, da die höchsten Erhebungen durchweg aus chemisch leicht zersetzbaren Gesteinen wie Granit und Gabbro (am Gipfel des Zobtens) bestehen. Ferner erschwert die dichte Waldbedeckung und endlich auf den Gipfeln des Zobtens und Rummelsberges das Vorhandensein ausgedehnter Baulichkeiten die Beobachtung. Da also die direkte Untersuchung der Felsoberfläche unter normalen Verhältnissen ausgeschlossen ist, bleibt nur die Beurteilung der Bergform übrig.

Die Landschaftsformen des subsudetischen Hügellandes sind nun durch ausgesprochene Rundung und Abgeschliffenheit gekennzeichnet. Die Wirkung der chemischen Verwitterung und der Erosion hat während der ganzen Tertiärzeit angedauert und die durch Brüche und Absenkung oder Hebung der Schollen geschaffenen Höhenunterschiede als-

---

[1] Sitz.ber. der Deutschen geol. Ges. 1910.

bald wieder ausgeglichen. Die gleichmässige Erosion des Landeises
sowie die Ablagerung glazialer und äolischer Sedimente haben dann
noch zum weiteren Ausgleich der Unebenheiten beigetragen.

Nur bei Felskuppen, die dauernd über die Eisoberfläche emporragten,
war der Spaltenfrost im Stande, steilere Abhänge zu schaffen.

Nun ist es gewiss kein Zufall, dass sowohl der Gipfel des Rummelsberges als auch in ausgedehntem Masse die Spitze des Zobtens
wesentlich steilere Gehänge aufweisen, als die Mitte und der Fuss des
Abhanges. Am deutlichsten lassen die Isohypsen des Messtischblat-
tes die Gegensätze erkennen.

Nun ist an und für sich die Spitze eines mittelhohen Berges der
chemischen Verwitterung allseitiger und stärker ausgesetzt als die tieferen Hänge, und die Überflutung durch Eis würde in erster Linie
die schärferen Spitzen und steileren Gehänge abhobeln und abrunden.
Ein machtvolleres Eingreifen des Spaltenfrostes wird aber durch die
geringe Höhe beider Berge ausgeschlossen.

Alle chemischen und physikalischen Faktoren waren also während
und nach der Eiszeit bestrebt, die schroffen Formen abzurunden.

Wenn trotzdem der Gipfelbau sowohl am Zobten wie am Rummelsberg bemerkenswert steile Formen aufweist, so ist dieser Umstand nur
so zu erklären, dass beide als Nunataker über der Eisfläche aufragten.

Am Rummelsberg konnte ich die folgenden Beobachtungen machen:
Die 80 m hohe Gipfelkuppe des Rummelsberges, welche über der
330 m hohen Geländestufe mit einem deutlich ausgeprägten Absatz
emporragt, entspricht einer eisfreien Nunatak. Denn:

1) Der Steilabsturz liegt im Norden, während nach S die Gipfelkuppe viel flacher abdacht. Ein über den Gipfel selbst fliessendes
Landeis hätte aber vornehmlich grade die Nordseite abschleifen müssen,
während sich im S ein steiler Absturz gebildet hätte.

2) Das Gestein der Kuppe ist sehr stark verwittert, nur an wenigen Stellen tritt der anstehende Granit zu Tage. Die Glazialerosion
hätte aber allseitig, vor allem auf den Seiten und im N überall das
feste Kerngestein herausschleifen müssen.

3) Unterhalb der 330 m Stufe ist unweit der sogenannten Sammelbirke
Quarzitgeröll als eine von N stammende Lokalmoräne aufgeschlossen.

Nordische Geschiebe fehlen ganz oder fast ganz.[1]

---

[1] Die am Wege liegenden Gerölle sind wahrscheinlich ebenso wie Sandstein-Schlacke als
Pflastermaterial herbeigeschafft worden.

23—101593. *Geologkongressen.*

Wäre eine mächtigere Eismasse über den Berg hinweggeströmt, so müssten nordische Findlinge überall verteilt sein.

So aber konnte ich dieselbe Beobachtung wie zwischen Waldenburg und Altwasser machen. Auch hier sind in der grossen, von der Bahn durchschnittenen Ziegelei fast nur Karbongerölle, d. h. Lokalmoräne zu finden.

Genauere Angaben über die Schichtenfolge lassen sich aus den Bohrtabellen der Grubenziegelei Neu-Weissstein entnehmen.

Es lagert nach den Tabellen zu oberst:

1) stark sandiger Lehm bezw. lehmiger Sand;

2) eine dünne Schicht Geschiebemergel (lokal mit Bänderton an der Basis). Der Mergel wird nach S zu mächtiger;

3) darunter reiner Sand in wechselnder Mächtigkeit;

4) darunter mächtiger Geschiebemergel;

5) darunter Bänderton;

und zu unterst

6) Sandstein der Steinkohlenformation.

Beobachtungen an Lokalmoränen.

Wo Nunataker über das norddeutsche Eis hervorragten oder der Oberfläche nahe kamen, breitet sich die Lokalmoräne in südlicher Richtung fächerartig aus. Je mehr die einheimischen Gesteine an Zahl der nordischen Fremdlinge überwiegen, um so höher hat die Nunatak aufgeragt, um so geringer war somit auch die Mächtigkeit des Landeises. In der Umgebung des Quarzitschieferzuges des östlichen Rummelsberges in Schlesien überwiegt der Quarzitschiefer dermassen, dass es nach den gewöhnlichen Aufschlüssen an Wegen und Schottergruben unmöglich ist zu unterscheiden, ob eine transportierte Lokalmoräne, oder nur das halbverwitterte Ausgehende des anstehenden Quarzitschiefers vorliegt.

Profil von Waldenburg-Altwasser Kiesgruben bei Freiburg.

Ähnliche Beobachtungen machte ich in der Ziegelei, welche zwischen den Stationen Waldenburg und Altwasser von der Hauptbahn durchschnitten wird. Das abgebaute Material ist typischer Bänderton.

der in sehr unregelmässiger Weise mit Geschiebemergel und Geschiebelehm wechsellagert. Die Aufschlüsse der Ziegelei veranschaulichen die Lagerungsformen, welche der in den Waldenburger Kessel aufwärts strömenden Zunge des Inlandeises entsprechen. Trotz der gewaltigen Mächtigkeit, welche Schotter und Sande am Gebirgsrand in den Kiesgruben bei der nahe gelegenen Stadt Freiburg besitzen, treten bei Waldenburg die gröberen Geschiebe vollkommen zurück. Ein grosser Teil der ganzen Sedimentmächtigkeit wird bei Waldenburg durch Bänderton, d. h. durch die feinsten Abschlämmungsprodukte gebildet, die sich in einen Talkessel absetzten. Die Geschiebe, welche sich bei dem lebhaften Abbau der Ziegelei in ziemlicher Menge anhäufen, bestehen mit verschwindenden nordischen Ausnahmen aus wenig geschrammtem, kaum kantengerundetem Steinkohlensandstein, d. h. aus Lokalmoräne. Wäre das nordische Eis in der Mächtigkeit eingedrungen, welche der Höhenlage der von ZIMMERMANN bei Gottesberg in 550 m nachgewiesenen nordischen Blöcke entspricht, so wäre das unbedingte Überwiegen der Sandsteinblöcke bei Waldenburg unerklärlich. Es ist aber nur eine wenig mächtige Eismenge nach Waldenburg und dann sich gabelnd nach Grüssau und Wüstegiersdorf vorgedrungen, auf welche die Blöcke herabrollten.

Beobachtungen in der schlesischen Ebene.

Für die Bestimmungen der Mächtigkeit des Inlandeises kommen neben den Beobachtungen an anstehenden festen Gesteinen auch die aus Bohrungen und anderen künstlichen Aufschlüssen abzuleitenden Folgerungen in Betracht. Der normale Zusammenhang des schlesischen Quartärs aus liegendem Geschiebemergel, hangendem Geschiebesand und Einlagerungen von Bänderton zeigt zunächst bemerkenswerte Verschiedenheiten insofern, als in geringen Entfernungen die Grundmoräne oder der Sand allein für sich das ganze Quartär aufbauen.

So beobachtete ich im Kreise Rosenberg (Ober-Schlesien) ein ausschliessliches Vorkommen von Geschiebemergel im W der Stadt Rosenberg. Die gleiche Wahrnehmung machte ZIMMERMANN in der Bohrung bei Gr. Zölling, Kreis Oels (ebenfalls rechts der Oder). Auch hier besteht das Quartär bis 47 m Tiefe nur aus Geschiebemergel. Auch in den Tongruben bei der Stadt Trebnitz überwiegt Geschiebemergel unbedingt, Bänderton und Sand bilden lokal begrenzte Einlagerungen.

Nördlich von Trebnitz bei Heidewilxen herrscht dagegen der Quartärsand ebenso unbedingt vor. Exakter liess sich dasselbe Verhalten bei ca 40 für die Guhrauer Stärkefabrik ausgeführten Bohrungen feststellen. In diesen — ebenfalls rechts der Oder liegenden Vorkommen — wurde bis zur Tiefe von 27 m Sand ohne jeden Geschiebemergel angetroffen, nur in der Mitte schiebt sich lokal eine $1/2—1^1/2$ m messende Lage von Bänderton ein.

Voreiszeitliche Höhenunterschiede und ihr Bestehen nach der Eiszeit.

Eine dritte Erwägung, welche gegen eine grosse Mächtigkeit des Inlandeises spricht, ist die Tatsache, dass die präglazialen, aus weichem Ton und noch weniger widerstandsfähigem Braunkohlensand bestehenden Erhebungen der schlesischen Ebene durch die Erosionskraft des Eises nur sehr unvollkommen abgetragen worden sind.

Die Trebnitzer Hügel zeigen im Innern deutliche flachgespannte Sättel, die aus tertiärem Ton und Sand bestehen, und überragen auch jetzt die umgebende Ebene. Das Odertal bei Breslau entspricht, wie das regelmässige Auftreten artesischen Wassers im Tertiär beweist, einer präglazialen (postmiozänen) Mulde.

Da die Mächtigkeit der glazialen oder fluvio-glazialen Gebilde bei Trebnitz geringfügig ist, entspricht die orographische Höhe auch der tektonischen Erhebung des Tertiärs über die Umgebung.

Selbst dort, wo die heutige Landoberfläche die bezeichnende Flachheit der schlesischen Ebene aufweist, birgt der Untergrund oft sehr bedeutende Höhenunterschiede in der Oberkante der Braunkohlenformation. Es gibt kaum eine flachere Gegend als den Kreis Guhrau, wenn man von der Bartsch-Niederung absieht, die sich auch nur um wenige Meter einsenkt. Trotzdem zeigt, wie 50 Tiefbohrungen bei der neuen Stärkefabrik Nechlau beweisen, die Oberkante der Braunkohlenformation Höhendifferenzen bis zu 40 m auf eine Horizontalentfernung von 100—200 m.

Das rechts der Oder in den Kreisen Trebnitz und Steinau aufragende »Katzengebirge« findet also eine zweifellose unterirdische Fortsetzung nach Nordwesten, und auch der nordwestliche Verlauf des Odertales entspricht einer jungtertiären Faltung, deren Oberflächenformen weder durch die präglaziale Verwitterung noch durch die glaziale Abtragung vollkommen beseitigt worden sind. Sogar links der Oder zeigen die niedrigen Höhenrücken der Ebene südlich und westlich von Breslau ein ausgesprochenes Streichen von NW — SO bis WNW — OSO. Auch hier schimmern die durch die Gletscherwirkung noch keineswegs zerstörten Formen des Untergrundes durch.

Für die geringe, nur c:a 200 m betragende Dicke des Landeises spricht also Folgendes.

1) Die oberhalb von 330 m von Eise nicht bearbeitete Kuppe des Rummelsberges weist auf dieselbe Eismächtigkeit von 200 m hin, die Lozinski im polnischen Mittelgebirge beobachtet hat.

2) Das Eis war ausser Stande, die aus weichen Tertiärtonen und Sanden zusammengesetzten präglazialen Unebenheiten in Schlesien abzutragen.

3) Auf rasches Abschmelzen der wenig mächtigen Eisdecke deutet die Tatsache hin, dass lokal das gesammte Quartär nur aus Sand und Kies (Guhrau, Heidewilxen) oder nur aus Geschiebemergel (Gr. Zöllnig, Rosenberg) oder nur aus Bänderton und Geschiebemergel besteht.

4) Infolge Fehlens eines letzten Eisvorstosses (III. Eiszeit) in Schlesien, wo bei vollständiger Entwickelung nur ein Geschiebemergel nachgewiesen ist, war während des sogenannten Interglazials 2 und des Glacials III bereits das Eis endgültig verschwunden.

5) Daher kann die Entwickelung des Interglazials 2 und des oberen Geschiebemergels (Glacial III) in Brandenburg und Pommern zeitlich keine grosse Bedeutung besessen haben.

6) Damit stimmt die durch Deecke festgestellte Seltenheit von interglazialen Säugetieren in Pommern gut überein: das letzte Interglazial war in Pommern, d. h. in geringer Entfernung von dem fortbestehenden Inlandeis, nur unbedeutend entwickelt.

7) Trotzdem entspricht die Florenfolge von Ingramsdorf 1) Birke, 2) Kiefer, 3) Ahorn (= Maximalverbreitung der Haselnuss in Skandinavien), 4) heutige Flora dem in Norwegen und Oberungarn beobachteten postglazialen Klimawechsel.

Das postglaziale Klima in Europa und in Nordamerika, die postglazialen Wüsten und die Lössbildung.

VON

PAUL TUTKOWSKI,
Geologe, Gitomir, Wolhynien.

Im Jahre 1899 veröffentlichte ich in der russischen Zeitschrift »Землевѣдѣнie» oder »Erdkunde» (herausgegeben von der Moskauer Gesellschaft der Liebhaber der Naturwissenschaften, der Anthropologie und der Ethnographie) eine Skizzenarbeit, die die vollständige Anwendbarkeit der äolischen Theorie von RICHTHOFEN zur Erklärung der Lössbildung in Europa und Nordamerika zeigte, ganz neue Ansichten über das postglaziale Klima aufstellte und unter anderem die Unvermeidlichkeit der Annahme des Vorhandenseins von echten Wüsten (einer *Deflationszone*) und Steppen (einer *Inflationszone*) hinter dem Rande des zurücktretenden Inlandeises theoretisch bewies. Die Grundideen dieser Arbeit sind folgende:

Nach einer gedrängten Beschreibung der wichtigsten petrographischen und stratigraphischen Eigenschaften, des paläontologischen Charakters, der geographischen Verbreitung und des geologischen Alters des Lösses (auf Grund der gesamten russischen und ausländischen Literatur) gab ich eine kritische Übersicht der zur Erklärung der Lössbildung vorgeschlagenen Hypothesen oder Theorien. Da die weiteste Verbreitung überall der echte, ungeschichtete Löss hat, welcher mit dem chinesischen identisch ist, so muss jede Losstheorie die Bildungsweise des echten Plateaulösses in erster Linie erklären. Von diesem Standpunkte aus prüfte ich die alluvialen Theorien (seit LYELL), die diluvialen (im Sinne A. PAWLOWS) Theorien (VON LAPPARENT, DOKUTSCHAYEW), die gemischten Theorien (von WAHNSCHAFFE u. a.) und die marine Theorie (von KINGS-

MILL) und kam zu dem Schlusse, dass alle diese Theorien mit den Grundeigenschaften des echten Lösses unvereinbar und seine Bildung befriedigend zu erklären nicht imstande sind. RICHTHOFENS Theorie erwies sich
dagegen als mit allen Eigenschaften des echten Lösses im besten Einklange
stehend, und die Analyse der Einwände von DOKUTSCHAYEW und LAPPARENT
zeigte, dass sie grundlos sind. Die eklektischen Theorien von A. PENCK
und CHAMBERLIN, welche die gleichzeitige Teilnahme des Wassers und
des Windes voraussetzen, sind nicht stichhaltig und überflüssig. Die
äolische Bildung des Lösses sieht man direkt noch jetzt in China und in
Turkestan, während alle anderen Bildungsweisen des echten Lösses noch
niemals und von niemandem direkt beobachtet worden sind.

Es bleibt aber eine Reihe von Fragen übrig, welche durch die RICHT-
HOFEN'sche Theorie nicht erklärt werden:

Warum ist der Löss überall in Europa und Nordamerika mit
den Glazialbildungen verbunden, welche er in einer breiten Aussenzone
umsäumt?

Warum ist seine Bildung immer eng mit den Rückzugsphasen
der grossen Vereisungen verknüpft?

Wie kann die äolische Lössbildung, welche scharf kontinentale
klimatische Bedingungen voraussetzt, mit den Abschmelzperioden des
grossen Inlandeises und mit den vermutlich enormen Schmelzwasser-
mengen in Einklang gebracht werden?

Wie soll man den von NEHRING nachgewiesenen allmählichen Übergang von der Tundra zur Steppe erklären?

Was bedeuten die fossilen postglazialen Wüsten?

Warum kennen wir nur einen interglazialen und postglazialen, aber
keinen vorglazialen oder unterglazialen Löss?

Warum geht die Verbreitung des Lösses nicht über eine bestimmte
nördliche Grenze hinaus?

Warum hörte die Lössbildung in Europa und Nordamerika mit
dem Ende der postglazialen Epoche auf?

Warum nimmt die Breite der Lösszone und die Mächtigkeit des
echten Lösses in Europa nach Osten zu?

Was bedeutet der allmähliche Übergang des Sandlösses nach oben in
den echten Löss oder der ebenso allmähliche Übergang der Flug-
sande in horizontaler Richtung in den echten äolischen Löss? u. s. w.

Alle diese und noch viele andere Fragen, welche grösstenteils in
der Literatur schweigend übergangen werden, meine ich auf Grund der

bekannten Gesetze der Physik und der Meteorologie, der gesamten geologischen Kenntnisse und der physikalisch-geographischen Erscheinungen in den gegenwärtigen Polarländern befriedigend erklärt und alle Widersprüche beseitigt zu haben; ich habe bewiesen, dass es anders nicht sein konnte, dass bei den Bedingungen am Ende der Glazialepoche (bezw. jeder Glazialepoche), während der Postglazialepoche (oder der Postglazialepochen), die Bildung des normalen echten Lösses notwendig und unvermeidlich stattfinden musste.

Zunächst sei bemerkt, dass ich die verwickelte und schwere Frage von den Ursachen der Vereisungen selbst, von den Ursachen der Glazialepochen, von den Bedingungen, die die Vereisungen hervorrufen, nicht berühre: als Geologe nehme ich die pleistozäne Vereisung von Europa und von Nordamerika als eine Tatsache an, und von dieser Tatsache ausgehend, leite ich nur die Folgen dieser Tatsache ab.

Meines Erachtens sind alle bis jetzt vorgeschlagenen Hypothesen über die Ursachen der pleistozänen Vereisung sehr unvollständig, und man wird erst dann imstande sein, zur Lösung dieser für die Glazialisten kardinalen Frage (des allgemeinen Problems, unter welchen meteorologischen Bedingungen weite Inlandeisdecken in Europa bis 50° n. Breite und in Nordamerika bis 40° n. Breite existieren konnten) zu kommen, wenn vorher mehr partielle Probleme und Fragen detailliert genug bearbeitet werden und eine genügende Ansammlung neuer Tatsachen und Beobachtungen erreicht wird.

In der ungeheuren Weite der pleistozänen Vereisung unterscheide ich zwei verschiedene Areale: 1) das Areal der Niederschlagsanhäufung und 2) das Areal des sich bewegenden Inlandeises.

Das erstere Areal befand sich im hohen Norden; dort waren irgend welche (noch unerklärte) Bedingungen vorhanden, welche zu einer ausserordentlich reichlichen Niederschlagsbildung und zu einer ausserordentlich verstärkten Ernährung der dortigen Gletscher führten und infolgedessen eine Bewegung des Eises (unter kolossalem Drucke) nach Süden veranlassten. Dort war vielleicht ein beständiges Zentrum geringen atmosphärischen Druckes vorhanden, welches einen Zufluss von allen Seiten von sehr feuchten Winden hervorrief (gegenwärtig sehen wir in den nördlichsten und kältesten Teilen Asiens und Nordamerikas auch einen niedrigen atmosphärischen Druck). Dorthin flossen vielleicht ausserordentlich starke warme Meeresströmungen (von dem Typus des Golfstromes), welche eine grosse Menge von Verdunstungen hinbrachten.

23*—101593.

Jedenfalls musste ein solches Areal der Niederschlagsanhäufung im hohen Norden existieren, die Details seiner Struktur sind aber noch unbekannt.

Ganz andere Bedingungen müssen wir für niedrigere Breitengrade, für das zweite Areal — das Areal des sich bewegenden Inlandeises — annehmen. Hier war die Ernährung durch atmosphärische Niederschläge vollständig unnötig, hier fand die Ernährung durch den Eiszufluss von Norden her statt; dieser Zufluss häufte auf unseren Ebenen eine ungeheuere Eisdecke an. Diese Eisdecke, welche eine grosse Erkaltung der Luft über sich hervorrief, musste in der Atmosphäre einen scharfen Kontrast der Bedingungen über dem Eise und ausserhalb des Eises schaffen. Über der Inlandeisdecke war eine grosse Erkaltungsfläche vorhanden, wo unvermeidlich ein erhöhter atmosphärischer Druck herrschte; man kann auf Grund theoretischer Betrachtung zeigen, dass die Verteilung des Luftdruckes auf dem Inlandeise im grossen und ganzen der Verteilung des Druckes im Eise selbst entsprechen musste, dass der Verlauf der Isobaren ein konzentrischer und die Gradienten zentrifugal sein mussten. Dagegen war südlich von der Eisdecke, auf dem der (in den niederen Breitengraden verhältnismässig sehr starken) Insolation ausgesetzten Lande, eine viel wärmere Atmosphäre mit einem viel schwächeren Drucke vorhanden, wo vielleicht Zyklonenwege waren. Die Eisdecke verlegte sich und schmolz an den Rändern, verschwand an der Peripherie; das Gebiet des hohen Druckes über dem Eise aber war unbeweglich, stationär. Der beschriebenen Verteilung des Luftdruckes gemäss musste auf dem Inlandeise eine enorme, stationäre, unbewegliche, dauerhafte Anticyklone entstehen; in ihrer Peripherie entstanden notwendig und unvermeidlich beständige zentrifugale Gradienten und entstanden auch die nach allen Seiten (der Erdrotation wegen) in Spirallinien (in der Richtung des Uhrzeigers) sich verbreitenden zentrifugalen Winde. Diese antizyklonischen Winde mussten sehr beständig und (des angeführten Kontrastes zwischen dem Eise und dem Lande wegen) recht stark sein; sie breiteten sich weit über die Grenzen der Vereisung aus. Da die Oberfläche des Inlandeises vom Zentrum ab nach der Peripherie hin sich allmählich erniedrigte (der Mächtigkeitsunterschied betrug mindestens einige tausend Meter), so waren die Winde absteigend, wodurch eine dynamische Erwärmung nach den bekannten Gesetzen der Physik stattfand. Eine unvermeidliche Folge der Erwärmung ist die Feuchtigkeitsverminderung, die grosse relative Trockenheit dieser

Winde, welche schon im Zentrum der Antizyklone eine sehr geringe absolute Feuchtigkeit besassen. Daher erhielten diese Winde (welche keineswegs mit den bekannten »Eiswinden» von A. JENTZSCH zu verwechseln sind) den Charakter echter Föhne; ich nannte sie *glaziale Föhne*. Diese Föhne ihrerseits verstärkten, akzentuierten durch ihre dynamische Wärme den oben genannten Kontrast zwischen den Bedingungen auf dem Inlandeise und auf dem Lande, wo unter dem Einflusse der trockenen Föhne die Himmelsklarheit und daher die starke Insolation bestanden, was die Gradienten grösser machte. Die glazialen Föhne waren nicht wegen ihrer Geschwindigkeit, sondern hauptsächlich wegen ihrer Beständigkeit und Massenhaftigkeit stark wirkend. Schwache, aber beständige und massenhafte Winde können schliesslich einen sehr grossen Effekt liefern, wenn die Arbeitsresultate eines und desselben Vorzeichens sich summieren, wenn die Richtung und der Charakter der Winde konstant sind. Bei der Beständigkeit der Antizyklone mussten auch die glazialen Föhne eine Beständigkeit der Richtung und des Charakters besitzen und zu grossen Effekten führen; ungeheuere Massen einer warmen und trockenen Luft, die ununterbrochen an der Peripherie der Inlandeisdecke auf weite Strecken hinabflossen, mussten sehr mächtig wirken; ihnen zu Hülfe kam noch die geologische Zeit, die ungeheuere Dauer ihrer Wirkung. — Der ganze Komplex der glazialen Föhne (das ganze antizyklonische System) musste sich mit den Oszillationen des Inlandeises verschieben.

Weiter untersuchte ich die Bedingungen der geologischen Wirkung der glazialen Föhne während des Vorwärtsschreitens, des stationären Zustandes und des Rückzuges des grossen Inlandeises. Während jedes Vorwärtsschreitens waren die Bedingungen für die geologische Arbeit der glazialen Föhne ungünstig: der verhältnismässig schnelle Angriff des Eises (ohne Bildung der Frontalmoränen), die intensive Bildung der fluvioglazialen Absätze, das Durchtränken und Überschwemmen dieser Absätze mit den Schmelzwässern und den sich stauenden Gewässern der aus ihren alten Betten verdrängten Flüsse, die noch vorhandene alte Pflanzenwelt der Vorländer, welche erst unter den fluvioglazialen Sanden verloren ging — das alles hinderte die geologische Wirkung der glazialen Föhne. Ähnlich war es auch während eines jeden stationären Zustandes (von geringen Oszillationen abgesehen); die Flüsse fingen erst an, sich neue Betten zu erodieren, und die glazialen Stauwasserbecken waren vor dem Inlandeise (besonders in Westeuropa, wo von Süden grosse Bergflüsse kommen) noch sehr weitläufig; die erodierende Tätigkeit der Flüsse war in Osteuropa noch durch die marinen Transgressionen, welche der austrocknenden Wirkung der glazialen Föhne entgegenwirkten, vermindert (und die Feuchtigkeit des Klimas vergrössert); vor dem Inlandeise lagen keine Moränen, die Flora passte sich den veränderten Bedingungen an und bedeckte (zum Teil in der Form der Tundren) die fluvioglazialen Ablagerungen. Die geologische Wirkung der glazialen Föhne war auch dann gleich Null, und in der Tat sind nirgends Spuren einer solchen Tätigkeit während der stationären Phase vorhanden.

Anders gestalteten sich die Bedingungen während eines jeden Rückzuges (einer jeden postglazialen Phase) des Inlandeises. Die Abschmelzung und Verdunstung infolge der lokalen Sonnenwärme war ebenso gross wie vorher, aber der Eiszufluss von Norden her war selbstverständlich vermindert; daher war die Menge der Schmelzwässer, welche während einer Zeiteinheit entstand, geringer als vorher (nicht grösser, wie man es gewöhnlich annahm und annimmt); beim Rückzuge des Eises wurden Täler und Wannen frei, welche vorher vom Eise erfüllt und nur teilweise durch Glazialablagerungen verschüttet waren, daher verminderten sich die Flächen der glazialen Wasserbecken. Sie wurden jetzt auch von Flüssen drainiert, welche nun eine vermehrte erodierende Tätigkeit ausübten, weil die marinen Transgressionen aufhörten und die sogenannte Basis der Erosion sank. Besonders intensiv war die Drainierung der Wasserbecken durch Flüsse in Osteuropa und in Nordamerika, wo die grössten alten Flüsse (Wolga, Don, Dnieper, Mississippi) einen freien Ausgang nach dem Meere hatten; aber auch in Westeuropa fanden die Schmelzwässer bald einen Weg nach dem Meere längs dem Eisrande in den bekannten, von Osten nach Westen gerichteten Urstromtälern. — Mit dem Rückzuge des Inlandeises stellte sich auch eine neue Erscheinung ein, welche vorher nicht bestand: das ist das Freiwerden der Grundmoräne auf grossen Strecken. Ihre ursprünglichen Unebenheiten verteilten die Schmelzwässer in kleine Becken, welche teils durch Flussdrainierung, teils durch die austrocknende Wirkung der glazialen Föhne bald grösstenteils vernichtet wurden. Die verarmte Flora der Tundren, welche beim stationären Zustande des Inlandeises seinen Rand umsäumten, erlitt jetzt infolge der vielen Oszillationen grosse Lücken und war nicht imstande, die grossen freigewordenen Strecken der unfruchtbaren Grundmoräne mit einem ununterbrochenen und dauerhaften Pflanzenteppich zu bekleiden und den Streif der ausgetrockneten fluvioglazialen Sande zu überschreiten; die Entwickelung der Flora war hier auch durch die trockenen Föhne und die allgemeine, für die glazialen Pflanzen ungünstige Temperaturerhöhung stark behindert. Es entstand also bei dem allgemeinen Rückzuge des Inlandeises (während seiner sehr langen Todesagonie, während der postglazialen Phase) eine immer mehr sich ausbreitende Zone trockener Grundmoräne und fluvioglazialer Sande, ohne eine nennenswerte Pflanzenbedeckung. Hier waren selbstverständlich die günstigsten Bedingungen für die geologische Tätigkeit der Winde vorhanden. Hier mussten unvermeidlich echte Wüsten entstehen, hier wirkten die glazialen Föhne als Wüstenbildner. Ich nannte diese Zone *Deflationszone*. In dieser Wüstenzone, unter der Wirkung beständiger glazialer Föhne, fanden alle Erscheinungen der trockenen Verwitterung und Deflation statt, welche aus den gegenwärtigen Wüsten von MUSCHKETOW, J. WALTHER u. a. so schön beschrieben sind: als Zeugen dieser Wüsten blieben uns in verschiedenen Gegenden der nördlichen Hemisphäre die von mir unlängst beschriebenen verschiedenartigen Merkmale: die Schutzrinde oder der Wüstenlack auf Felsen oder Geschieben, hohle Felsen und Geschiebe, Anhäufungen von löslichen Salzen, besondere Neubildungen von Mineralien und besondere Färbung der Gesteine, Schutthalden, zerborstene Geschiebe und Gerölle, Windschliffe auf den Felsen, die Politur und Wabenskulptur auf der Felsenoberfläche, die Wackelsteine, die Zeugenberge und Inselberge, die pyramidalen Geschiebe, die äolische horizontale und vertikale Saigerung der Gesteine, die Kesseltäler, die Rippelmarken, die äolischen Sandsteine und Konglomerate, die höchst bemerkenswerten Binnenlanddünen (oder postglazialen Barchane), der Löss, die paläontologischen Reste, die Relikte der postglazialen Epoche in der gegenwärtigen Flora und Fauna. Unter diesen Wüstenmerkmalen zeigen einige sogar die Richtung der längst erloschenen glazialen Föhne mit ausserordentlicher Schärfe und Genauigkeit an, z. B. die postglazialen Barchane und die höchst bemerkenswerte inselartige Verbreitung der kaukasischen *Azalea pontica* im Polessje Wolhyniens.[1] — Die feinsten Verwitterungsprodukte sowie der fertige Gletscherstaub der Grundmoräne wurden während der postglazialen Phase von den glazialen Föhnen ununterbrochen hinausgeweht und weit über

---

[1] Eine von mir ausgearbeitete, auf die Angaben der gesamten internationalen Litteratur und auf meine eigenen Felduntersuchungen begründete Karte der Verbreitung der postglazialen Deflationszone in Europa und Nordamerika ist meiner 1910 erschienenen Arbeit ›Die fossilen Wüsten der nördlichen Hemisphäre‹ beigegeben.

die Grenzen der Deflationszone als Staubwolken getrieben. Hinter (S) der Deflationszone befanden sich grosse Grassteppen mit (infolge der trockenen Föhne) kontinentalem Klima, mit alter, subarktischer Vegetation, mit echter Steppenfauna und mit seltenen Regenfällen; diese Steppen waren ganz denjenigen ähnlich, in denen noch jetzt in China und in Turkestan die äolische Lössbildung vor unseren Augen stattfindet. Infolge der abnehmenden Gradienten liessen hier die glazialen Föhne ihren Staub fallen, welcher von der Vegetation fixiert wurde und den echten äolischen Löss auf Höhen und in Niederungen, auf Wasserscheiden und in Tälern als eine fast ununterbrochene deckenförmige Ablagerung bildete. Ich nannte diese Zone *Inflationszone (Aufwehungszone)*. — Nach einer ausführlichen Beschreibung beider Zonen erläuterte ich die lokale Ausbildung der verschiedenen untergeordneten Varietäten des Lösses, welche Ausbildung besonders an der Peripherie der Inflationszone unter Teilnahme anderer Faktoren (stellenweise, wie im Westen Europas, unter dem Einflusse eines anderen, feuchteren Klimas) stattfand (Gehängelöss, Tallöss, Seelöss, Ergéron etc.); es sind anormale Randbildungen der Inflationszone.

Beide Zonen verschoben sich allmählich nach Norden mit dem fortschreitenden Rückzuge des Inlandeises, so dass auf der Stelle, wo anfänglich Tundra und später die Deflationszone war, noch später die Inflationszone kam; daher das Begraben der Wüsten unter dem Löss (echte fossile Wüsten), daher das Vorhandensein der Dreikanter in der Steinsohle des Lösses, daher der allmähliche Übergang des Flugsandes in vertikaler oder in horizontaler Richtung in den Sandlöss, endlich in den echten Löss u. s. w. Gleichzeitig mit dem Verschieben der Inflationszone wanderten auch die Steppenflora und die Steppenfauna nach Norden; daher die Überlagerung der Tundrenspuren durch die Steppenbildungen mit Resten einer Steppenfauna und des vorgeschichtlichen Menschen.

Als die Inlandeisdecke sehr weit nach Norden sich zurückzog, nahm die Stärke der glazialen Föhne (und ihr Einfluss auf das Klima) sehr bedeutend ab; es konnte also unweit der Meere (z. B. in Deutschland, in Frankreich, in Belgien) ein feuchteres Klima und eine Waldvegetation während der Postglazialepoche sich entwickeln, während in Osteuropa und in West-Nordamerika die Grassteppen sehr lange existierten und stellenweise noch bis jetzt erhalten sind.

Die Verschiebung beider Zonen nach Norden hatte eine gewisse Grenze. In höheren Breiten musste der Charakter der Deflationszone sich ändern: das Vorhandensein der von der Eisbedeckung freigewordenen Meere (z. B. Baltisches Meer) veranlasste ein feuchteres Klima und die Bildung eines Seenstreifens (z. B. in Norddeutschland, in den russischen Baltischen Provinzen); das feuchtere und in höheren Breiten kühlere Klima war der Tundrenvegetation günstig; die Föhne selbst änderten sich unter dem Einflusse des Meeres, sobald dieses von der Eisbedeckung frei geworden war. Alle diese und andere Ursachen in ihrer Gesamtheit änderten und vernichteten endlich den Charakter der Deflationszone; anstatt Wüsten entstanden in höheren Breiten Tundren, dann Torfmoore und Wälder; die geologische Wirkung der glazialen Föhne hörte auf; daher hörten auch die Verschiebung der Inflationszone nach Norden und die Lössbildung auf; so erklärt sich die nördliche Grenze der Lössverbreitung.

Die besprochenen Ideen erklären auch das Vorhandensein des interglazialen Lösses (die Bildung und die Verschiebung beider Zonen wiederholten sich am Ende einer jeden Vereisung) und geben naturgemässe und einfache Antworten auf alle im Anfange aufgezählten Fragen, worin ich den Beweis für die Richtigkeit meiner Ideen sehe. Der Löss, welcher in sich Spuren der Steppen (fossile Steppen) trägt und unter sich Spuren der Wüsten (fossile Wüsten) verbirgt, ist ein ebensolches Kind des grossen Inlandeises wie die Moränen, Äsar, Geschiebe und Glazialschrammen; der Unterschied besteht nur darin, dass letztere Zeugen des Aufblühens und der Lebenskraft, der Löss jedoch das Denkmal der Todesagonie des Inlandeises ist. Der sterbende, majestätische Gletscher hinterliess eine originelle Erbschaft — Wüsten; aber aus ihnen entstanden, dank der Arbeit der äolischen Agentien, die fruchtbarsten Lösslager — eine Lebensquelle für Pflanzen, Tiere und Menschen. Aus einem Chaos von Steinen und Eismassen entsprangen blühende Felder und Heiden, aus einem gefrierenden Todesreiche entspross ein neues mächtiges Leben. Einen Versuch, dieses grossartige Problem zu erklären, bietet meine hier kurz referierte Arbeit dar.

Meine oben kurz geschilderte Theorie des postglazialen Klimas wurde von sehr vielen russischen und ausländischen Gelehrten sehr gut aufgenommen: I. MUSCHKETOW. W. DOKUTSCHAJEW, A. WOEIKOW, N. SIBIRZEW, N. SOKOLOW, PRAWOSLAWLEW, A. NETSCHAJEW u. a.; von den ausländischen Autoritäten äusserten sich darüber sehr freundlich die Herren J. GEIKIE, R. TARR, J. WALTHER u. a. — Wie sehr die von mir zuerst 1899 veröffentlichten Anschauungen über das Klima der Postglazialepoche und über die Entstehungsweise des Lösses reif waren (und sozusagen in der Luft lagen), erhellt aus den unlängst *nach* der Veröffentlichung meiner abgeschlossenen Theorie erschienenen Arbeiten von HARMER (seit 1900), von VAHL (1901—1902), von SAUER (1901) und aus der Skizze von E. GEINITZ. Ich fühle mich aber verpflichtet, hier noch einige Einwände anzuführen, welche mir seitens einer hohen wissenschaftlichen Autorität freundlichst mitgeteilt wurden, und zwar:

1) Wüsten können unabhängig von den Gletschern oder Vereisungen entstehen. — Das ist unbestreitbar. Indem ich einen ursächlichen Zusammenhang zwischen den zurücktretenden Eisdecken und den dieselben umsäumenden Deflations- und Inflationszonen (Wüsten- und Steppenzonen) erkannte, nahm ich gewiss immer die Möglichkeit der Existenz (und die reale Existenz in der Gegenwart) von Wüsten an, welche von den Gletschern vollständig unabhängig und durch andere Ursachen bedingt sind. Wenn ich die glazialen Föhne »Wüstenbildner« nenne, halte ich dieselben nicht für die *einzigen* Wüstenbildner.

2) Die gegenwärtigen grossen Vereisungen (in Grönland, in der Antarktis) werden nicht von den Deflations- und Inflationszonen begleitet und führen nicht zur Bildung beständiger glazialen Föhne. — Das ist wahr; aber schon in meiner Arbeit 1899 habe ich gezeigt, dass wir jetzt auf der Erde nirgends Vereisungen haben, welche der pleistozänen Vereisung Europas und Nordamerikas vollständig analog sind; die Ursache davon liegt nicht darin, dass zur Bildung einer der pleistozänen vollkommen analogen Vereisung etwa besondere, ungewöhnliche Kräfte oder Agentien nötig seien, sondern darin, dass man jetzt nirgends eine vollkommen analoge Kombination von Bedingungen findet. In der Pleistozänepoche fand eine kolossale *inländische* Vereisung in den *mittleren* Breiten von Europa und Nordamerika statt, wobei die südliche Peripherie der Vereisung auf grossen Kontinenten lag; gegenwärtig finden wir auf Kontinenten und dabei in mittleren Breiten keine grossen (mit der pleistozänen Vereisung vergleichbaren) Vereisungen; in Grönland und in der Antarktis befinden sich die grossen Vereisungen unter dem mächtigen und komplizierten Einflusse des Ozeanes und haben keine grossen Landflächen vor ihren Enden. Und demungeachtet zeigen alle vorhandenen Angaben über die Polarländer, dass dort überall eine sehr deutliche Tendenz zur Bildung grosser Antizyklonen und zu konzentrischer Gradienten- und Isobarenverteilung, sowie zur Bildung echter glazialen Föhne scharf ausgeprägt ist, und dass solche Föhne zeitlich verwirklicht

werden (Grönland). Das genügt schon (bei dem kräftigen Einflusse des Ozeanes) zur Unterstützung meiner Theorie.

3) Der sehr wichtige, interessante und wertvolle Einwurf, dass dieselben Ursachen, welche das Zurückweichen der Inlandeisdecken hervorrufen, Trockenheitsbedingungen auf den Kontinenten schaffen mussten, widerspricht nicht meiner Theorie und macht sie keineswegs überflüssig, da nur meine Theorie die überall ausserordentlich scharf ausgeprägte Zonalität der Wüsten und Steppen an der Peripherie der ehemaligen Vereisung (d. i. ihre direkte, unmittelbare genetische und topographische Verbindung mit der Verbreitung des Inlandeises) erklärt. Ich habe bis jetzt in meinen Arbeiten (ohne die Ursachen der Entstehung und des Verschwindens der Vereisungen zu berühren) nur die klimatischen Folgen der Vereisung (die durch die Vereisung geschaffenen Erscheinungen) studiert, wobei diese Erscheinungen sich als zur Erklärung der Bildung von Deflations- und Inflationszonen hinter dem Inlandeisrande genügend erwiesen; wenn man aber dazu noch den Einfluss der allgemeinen austrocknenden (das Zurückweichen der Inlandeisdecke hervorrufenden) Ursachen hinzufügt, so bestätigt sich um so mehr die Unvermeidlichkeit der Entstehung der von mir angenommenen randlichen Deflationszone und — hinter derselben — einer Inflationszone; aber die allgemeinen Ursachen (die das Zurückweichen der Inlandeisdecke hervorrufen) können an und für sich die scharf ausgeprägte Zonalität in der Verteilung der postglazialen Wüsten und Steppen nicht erklären, während meine Theorie diese Zonalität, diese enge Verbindung beider Zonen mit dem Rande der Eisdecke, vollständig erklärt.

Die Veränderungen des Klimas seit dem Maximum der letzten Eiszeit.

VON

GUNNAR ANDERSSON,

Professor an der Handelshochschule zu Stockholm.

Hochverehrte Versammlung!

Einer der leitenden Gedanken und Wünsche bei der Arbeit des schwedischen Organisationskomitees ist, wie Sie wohl wissen, der gewesen, nur *wenige* von den die wissenschaftliche Welt heute bewegenden Hauptfragen in unser Programm aufzunehmen, dafür aber diese so eingehend wie möglich vorzubereiten und zu behandeln. Besonders sind die beiden in den heutigen Sitzungen zur Behandlung kommenden Fragen Gegenstand einer sehr umfassenden Vorbereitung gewesen, und grosse Enquêtenwerke sind über sie für den Kongress herausgegeben worden.

Es wäre dies nicht möglich gewesen, wenn nicht der erwähnte Standpunkt des schwedischen Organisationskomitees von den interessierten Kreisen der ganzen Welt gebilligt und gut aufgenommen worden wäre. Dies, meine ich, hat es bewirkt, dass das Enquêtenwerk über die vorliegende Frage nicht weniger als siebenundvierzig Berichte von dreiundzwanzig Ländern enthält. Soweit ich sehe, wird kein Forscher, der sich im kommenden Dezennium mit dem spätquartären Klima beschäftigen will, an der Arbeit vorbeigehen können. Wenn ich hier den grossen Wert unseres Klimaenquêtenwerkes betone, so ist es klar, dass ich es auch als eine Pflicht und eine Ehre fühle, im Namen meiner schwedischen Kollegen im Organisationskomitee allen den Herren, die uns ihre so ausserordentlich wertvolle Beihilfe gewährt haben, unseren allerherzlichsten und aufrichtigsten Dank auszusprechen. Ich richte diese Danksagung an *alle* Herren Mitarbeiter, natürlich aber möchte ich sie besonders den Herren gegenüber unterstreichen, die hier in unserer Mitte weilen. Ich wende mich da zunächst an unseren heutigen Vorsitzenden, Herrn DE LÓCZY für Ungarn, ferner bitte ich hier besonders danken zu dürfen dem Herrn ADAMS für Kanada. Herrn

v. Baren für Holland, Herrn Blanckenhorn für Ägypten und Palästina, Herrn Brockmann-Jerosch für die Schweiz, Herrn Brückner für die österreichischen Alpenländer und die Alpen überhaupt, Herrn v. Cholnoky für Ungarn, Herrn Coleman für Kanada, Herrn G. De Geer für Schweden, Herrn Harder für die Polarländer, Herrn Hedin für Persien, Herrn Hume für Ägypten, Herrn Hägg für Patagonien, Herrn Gorjanović-Kramberger für Kroatien und Slavonien, Herrn Lindberg für Finnland, Herrn Murgoci für Rumänien, Herrn Nordmann für Dänemark, Herrn Sernander für Schweden, Herrn Skottsberg für Patagonien, Herrn Tanfiljef für Russland, Herrn Treitz für Ungarn und — zuletzt, nicht aber zum wenigsten — Herrn Wahnschaffe, der nicht nur selbst uns einen hochwichtigen Bericht für Deutschland geliefert, sondern auch von der grossen von der Deutschen geologischen Gesellschaft dem Kongress gewidmeten Arbeit uns eine zusammenfassende Übersicht gegeben hat.

Es sind also nicht weniger als 21 von den 46 Berichterstattern anwesend, ein überzeugendes Anzeichen dafür, dass wir uns wirklich gegenwärtig in einem neuen klimatischen Optimum befinden, das zu einer so lebhaften Betätigung seitens der Erforscher des fossilen Klimas geführt hat.

Ich bitte Sie alle, mit mir in den Dank, den ich nochmals den anwesenden Herren Verfassern ausspreche, einzustimmen. Wir danken Ihnen allen!

Aber, meine Damen und Herren, lassen Sie uns nun versuchen, einen gedrängten Überblick über das zu erhalten, was alle diese Herren uns dargeboten haben, lassen Sie uns zusehen, welche grösseren und allgemeinen Gesichtspunkte der gemeinsamen Arbeit zu entnehmen sind.

Wenn man sich von den Ursachen früherer Klimaverhältnisse eine Vorstellung machen will, kann man zwei Wege einschlagen. Der eine ist der, dass man, gestützt auf gewisse kosmische oder physikalische Voraussetzungen, eine Theorie aufstellt und die etwa beobachteten Tatsachen in diese Theorie einpasst, so gut es gehen will. Der andere Weg ist der, dass man Tatsachen mühsam sammelt und dann versucht, ob sich ihnen allgemeine Gesichtspunkte und Richtlinien entnehmen lassen.

Die erste Methode gibt schöne und klangvolle Hypothesen, die wohl blenden und bestechen, die zweite Methode gibt nur eine kärgliche Ausbeute, der einzige eigentliche Vorteil ist der, dass man sich dem beruhigenden Bewusstsein hingeben darf, dass das Geringe, was man besitzt, auch *wahr* ist. Und das ist doch unbedingt ein Vorteil, der nicht zu unterschätzen ist.

Bei der folgenden Auseinandersetzung will ich die letztere Methode befolgen. Lieber wenig und Sicheres als mehr und Unsicheres.

Will man von Tatsachen zu Ursachen hingelangen, so erhebt sich natürlich zunächst die Frage: auf welche Tatsachen haben wir zu bauen?

Wie Sie aus der Übersicht, die das Werk einleitet, ersehen können, ist es in vielen Fällen unmöglich, das Beobachtungsmaterial in sichere zeitliche Beziehung zu einander zu setzen, und sehr oft auch schwierig, es inhaltlich sicher zu parallelisieren. In einigen Fragen aber scheint es mir, als wolle es schon zur Klarheit zu tagen beginnen, wenn auch zugegeben werden muss, dass vorläufig noch Dämmerung herrscht. Ich erlaube mir diese Fragen aus der Fülle verschiedener und vieldeutiger Tatsachen herauszuheben.

Die erste Tatsache ist die, dass die Eiszeit selbst durch eine *Temperaturerniedrigung* hervorgerufen sein muss. Natürlich ist es nicht ausgeschlossen, dass auch die übrigen klimatischen Faktoren von den heutigen verschieden gewesen sein können, wir dürfen aber vermuten, dass diese etwaigen Verschiedenheiten nicht den Anlass zu der Vereisung abgegeben haben. Dieser Umstand, dass die Eiszeit auf einer Temperaturerniedrigung beruht, ist eine wichtige Tatsache, die, soweit ich sehe, nur von Brockmann-Jerosch bestritten wird, meines Erachtens jedoch mit Unrecht. Betreffs der besonders von Brückner angeführten Gründe gegen diese letztere Ansicht muss ich der knappen Zeit wegen auf das Enquêtenwerk verweisen.

Da eine frühere grössere Ausbreitung der Gletscher über die ganze Erde festgestellt ist, so gilt es nun zuzusehen, ob man sagen kann, dass diese grössere Ausbreitung wirklich *gleichzeitig* gewesen ist, so dass wir für die Gesamterscheinung eine gemeinsame Ursache suchen müssen. Wollen wir nun recht vorsichtig sein, so müssen wir freilich zugeben, dass wir nichts Sicheres darüber wissen, der eine glaubt dieses, der andere das Gegenteil, sicherlich oft bewusst oder unbewusst durch den Umstand beeinflusst, welche von den vielen Hypothesen über die Ursache der Eiszeit er am wahrscheinlichsten findet.

Die zweite Tatsache, die, soweit ich sehe, aus verschiedenen Ländern nach verschiedenen Methoden und von verschiedenen Forschern sicher festgestellt ist, scheint mir die zu sein, dass nach der letzten Eiszeit überall *eine Erhöhung der Wärmesumme stattgefunden hat*. Aber diese Tatsache besitzt geringen Wert für die Diskussion der Ursachen der Klimaveränderungen, wenn man nicht sicher sagen kann, dass diese Erhöhung eine überall *gleichzeitige* gewesen ist. Für alle früher vereisten Länder scheint es unbestreitbar zu sein, dass eine solche Verbesserung des Klimas stattgefunden hat, für die warmen ariden Länder haben wir jedoch leider keine sicheren Beweise dafür.

Die dritte Tatsache, für welche zahlreiche Belege sich jetzt schon finden, ist die, dass über grosse Teile der Welt hin *in postglazialer Zeit ein Wärmeoptimum existiert* hat, dem eine kältere Zeit gefolgt ist. Es ist ausserordentlich schwierig festzustellen, ob diese wärmere Zeit über grosse Gebiete hin wirklich gefehlt hat, oder ob es nur ungenügende Untersuchungen sind, die zu negativen Ergebnissen in dieser Hinsicht für das zentrale Nordamerika, Südeuropa u. s. w. geführt haben.

Mir scheint es jedoch, als wenn wir auf unsere positiven Beobachtungen bauen dürfen, und ich meine daher, dass wir als Ausgangspunkte für unsere Arbeitshypothesen folgendes als das Wahrscheinlichste zu betrachten haben.

Erstens: Die wärmere Zeit ist für ein grosses Gebiet um den Atlantischen Ozean herum festgestellt. Zahlreiche Tatsachen, besonders biologischer Art, stützen diese Annahme. Gewisse Beobachtungen machen es wahrscheinlich, dass der Wärmeüberschuss im Vergleich mit der Jetztzeit um so grösser, je weiter gegen Norden, und um so geringer, je weiter gegen Süden gewesen ist.

Zweitens: Auch für die südliche temperierte Zone scheint ein ähnliches Gebiet existiert zu haben, doch wissen wir darüber noch zu wenig Sicheres.

Die eben erwähnten drei Gruppen von Tatsachen scheinen mir das eigentliche sichere Material darzustellen, mit dem wir zu operieren haben, wenn wir die Frage nach den *Ursachen* der Temperaturveränderung in Angriff nehmen wollen.

Vielen Forschern wird es sicherlich besser erscheinen, die Diskussion dieser Frage aufzuschieben, bis wir eine bessere und sichrere Grundlage von Beobachtungen erhalten haben, als wir sie heutzutage besitzen. Diese Ansicht hat gewiss ihre Berechtigung, aber die menschliche Phantasie ist nun einmal nicht so geartet, dass sie sich ohne weiteres einen Riegel vorschieben lässt.

Wenn ich es also trotzdem versuche, das »Wahrscheinlichste«, das sich den Beobachtungen entnehmen lässt, zu formulieren, so möchte ich es folgendermassen tun.

Erstens: Die Temperaturverhältnisse der Eiszeit und die folgende Wärmezunahme scheinen durch allgemeine Ursachen hervorgerufen zu sein. Welche diese sind, darauf kann bis jetzt keine der aufgestellten Theorien eine befriedigende Antwort geben.

Zweitens: In postglazialer Zeit oder, richtiger gesagt, in einer Zeit, wo das Eis, mindestens der Hauptsache nach, wahrscheinlich ganz abgeschmolzen war, haben wir eine wärmere Periode gehabt, die, soweit wenigstens unsere Kenntnis gegenwärtig reicht, in enger Beziehung zu der Ausbreitung der grossen nördlichen und südlichen Meere zu stehen scheint, die dagegen in den inneren Teilen der Kontinente nicht fest gestellt ist. Soweit wir jetzt sehen können, finden sich von dieser Zeit die kräftigsten und deutlichsten Spuren auf der nördlichen Halbkugel im Norden und auf der südlichen Halbkugel um so deutlichere, je weiter wir südlich kommen. Dies entspricht sehr gut den Forderungen der Hypothese, die die Ursache der Temperaturveränderung in einer Verschiebung der Ekliptik erblickt. Diese Hypothese muss daher, meine ich, im Auge behalten werden. So lange wir aber keine Beweise aus dem Inneren der Kontinente haben, sondern hervorragende und gewissenhafte Forscher, die nach solchen Spuren gesucht haben, versichern, dass keine solche zu finden sind, so lange haben wir kein Recht, diese Hypothese als sichergestellt anzusehen.

Bei dem jetzigen Stande unserer Kenntnis scheint daher geboten zu sein, in Verschiebungen der warmen Meeresströme die wahrscheinlichste Ursache der festgestellten postglazialen Klimaschwankung zu erblicken. Dieser Ausgangspunkt ist aber in seinen Konsequenzen noch gar nicht eingehend geprüft worden. Es ist möglich, dass bei einer streng kritischen Untersuchung derselben auch diese Hypothese sich als nicht stichhaltig erweist.

Meiner Ansicht nach haben wir also für die allgemeine Wärmezunahme nach der Eiszeit am ehesten wohl an die Möglichkeit astronomisch-kosmischer Ursachen zu denken, während wir für die Abnahme der Wärmesumme in den letzten Jahrtausenden wahrscheinlich die Ursachen in physikalisch-klimatologischen Verhältnissen auf der Erde selbst zu erblicken haben.

Wenden wir uns nun den anderen klimatologischen Hauptfaktoren zu. Betreffs der Windverhältnisse und der ganz sicher bedeutenden Veränderungen, die sich in ihnen vollzogen haben, verfügen wir über so wenige stichhaltige Tatsachen, dass wir von ihnen für unsere Diskussion hier keinen Gebrauch machen können. Hier steht das Programm für den Empiriker völlig klar da: es gilt Tatsachen zu sammeln.

Die Frage nach eventuellen Veränderungen der Grösse des *Niederschlags* ist bekanntlich besonders in Skandinavien viel debattiert worden. Es sind nun 34 Jahre her, seitdem der Norweger AXEL BLYTT zum erstenmal seine Theorie von abwechselnden feuchten und trockenen Perioden publizierte. Sicherlich lag etwas Grosszügiges in dieser Spekulation, dass Millionen von Jahren bis in die entlegensten Zeiten hinein in rhythmischen Schwingungen, in ewigem Wechsel solche Perioden einander gefolgt sein sollen. Wie wenig aber die menschliche Phantasie nur durch eigene Kraft der Wissenschaft die Wege bahnen kann, zeigt eben diese Hypothese. Die zahllosen Perioden sind mit ihrem Urheber ins Grab gesunken, und von ihnen allen werden auch von den pietätvollsten Anhängern nur zwei verteidigt.

Ich will bei dieser Gelegenheit nicht auf die alte Streitfrage eingehen, ob wirklich die beiden von dem ganzen Reichtum zurückgebliebenen Perioden existiert haben oder nicht. Die Frage ist für die Gesichtspunkte, um die es sich hier handelt, von geringerer Bedeutung. Nur aus Schweden und Norwegen und in den letzten Tagen aus Schottland liegen Berichte vor, welche annehmen, dass wirklich derartige Perioden existiert haben, denn die wenigen kurzen Notizen aus dem östlichen Nordamerika können nicht als genügende Stütze herangezogen werden. Wenn wir uns an den festen Grund der Tatsachen halten wollen, müssen wir also annehmen, dass dieser Wechsel feuchter und trockener Zeiten für das nordwestliche Europa ganz spezifisch sein muss. Die schwierige Frage ist auch zu beantworten, wie es möglich gewesen sein kann, dass an der heutzutage so niederschlagsreichen norwegischen Küste vor einigen tausend Jahren ein Klima geherrscht haben sollte, bedeutend trockener als das Stockholmer Klima in unseren Tagen! Ich für mein Teil brauche aber nicht Hypothesen hierüber aufzustellen, denn meiner Ansicht nach lässt sich das, was an unbestreitbaren Tatsachen wirklich gefunden worden ist, ohne Schwierigkeit dadurch erklären, dass, als die Landgrenze Nordeuropas weiter nach Westen hin lag, *das kontinentale Klima Osteuropas sich auch etwas mehr nach Westen verschoben hatte.*

Also für die spätquartäre Zeit haben wir keine Anhaltspunkte für Veränderungen der Niederschlagsmenge, ausser solchen, die ganz lokaler Natur sind und durch Verschiebungen zwischen Land und Meer entstanden sein können.

Ich könnte hier schliessen, möchte aber doch noch einige Worte über die grosse, in ihren allergrössten Hauptzügen einigermassen festgestellte Vermehrung des Niederschlages in einer frühen quartären Zeit über das Mittelmeergebiet und Mittelasien-Persien hin sagen. Freilich ist diese Zone gross, sie nimmt aber doch nicht so bedeutende Teile des ganzen Erdballes ein, dass wir berechtigt wären, an allgemein kosmische Ursachen zu denken. Darüber, ob etwa eine grössere östliche Ausbreitung des Meeres, ob grosse Binnengewässer, ob die vergletscherten Gebiete im Norden die Ursache sein können, wage *ich* wenigstens kein Urteil auszusprechen.

Fassen wir also das Gesagte zusammen, so finden wir, dass alle die bis jetzt bekannten Veränderungen des spätquartären Klimas aus erddynamischen Verhältnissen und Veränderungen erklärt werden können, möglicherweise jedoch mit Ausnahme der grossen Wärmezunahme am Ende der Eiszeit.

Meine Herren, viele von Ihnen werden sicherlich finden, dass es sehr dürftige und unsichere Resultate sind, zu denen meiner Ansicht nach die Forschung über die Ursachen der Veränderung des Klimas gelangt ist. Sie dürfen aber nicht vergessen, dass die quartäre Klimatologie eigentlich sozusagen nur aus den Spänen besteht, die aus dem Hobel gefallen sind, wenn zu anderen Zwecken die quartäre Periode bearbeitet wurde. Von sehr geringer Zahl sind die Untersuchungen, die bis jetzt ausgeführt worden sind, um ganz zielbewusst Tatsachen zur Beleuchtung des früheren Klimas zu sammeln. Nun ist man indessen in den letzten Jahren mehr und mehr zu der Erkenntnis gekommen, dass auch auf diesem Gebiete noch vieles zu verarbeiten ist, und ich meine, dass gerade dieser Kongress eine wichtige Aufgabe für die quartäre Klimatologie erfüllt hat: ein bedeutendes Material ist nach einheitlichen Gesichtspunkten gesammelt, und die Aufmerksamkeit ist noch schärfer als bisher auf diese Fragen gelenkt worden.

Über die Klimaschwankungen der Quartärzeit und ihre Ursachen.

VON

ED. BRÜCKNER,
Professor an der Universität zu Wien.

Professor Gunnar Andersson hat in lichtvoller Weise eine Übersicht über die allgemeinen Resultate der grossen Enquête gegeben, die auf seine Anregung durch das Organisationskomitee des Stockholmer Geologenkongresses durchgeführt worden ist. Finden sich auch in den Berichten aus den verschiedenen Ländern mehrfach Widersprüche, so treten doch eine Reihe von allgemeinen Ergebnissen, besonders für die Umgebung des Atlantischen Ozeans, klar hervor, so das Klimaoptimum, das während einer Periode der Postglazialzeit herrschte. Die Ursachen dieser postglazialen Klimaänderungen und Klimaschwankungen sind freilich dunkel, und ich glaube nicht, dass man sie aufhellen kann, ohne auf die gesamte Frage nach dem Klima der Eiszeit selbst einzugehen. Ich kann daher nicht umhin, auch diese Frage in den Kreis der Betrachtung zu ziehen, ja sie geradezu in den Vordergrund zu stellen und zu versuchen, Ihnen von den Klimaschwankungen der Quartärzeit und ihren Ursachen ein Bild zu geben, wie es sich aus den im Laufe der letzten Jahre erhärteten Tatsachen heraus kristallisiert. Um Entschuldigung muss ich bitten, wenn ich hierbei auch eine Reihe von Ergebnissen kurz erwähne, zu denen früher schon Albrecht Penck und ich gelangt sind.[1]

---

[1] Ed. Brückner, Die Klimaschwankungen der Diluvialzeit (Kapitel X des Werkes ›Klimaschwankungen etc.‹, Geograph. Abh. Bd. IV, Heft 2). Wien 1890.

A. Penck, Die Entwickelung Europas seit der Tertiärzeit, Résultats sc. du Congrès international de Botanique. Wien 1905.

A. Penck und Ed. Brückner, Die Alpen im Eiszeitalter, Bd. III, S. 1142—1146. Leipzig 1909.

Ed. Brückner, Postglaziale Klimaänderungen und Klimaschwankungen im Bereich der Alpen (in ›Veränderung des Klimas seit dem Maximum der letzten Eiszeit‹). Stockholm 1910.

Eine Reihe von Tatsachen stehen schon heute vollkommen fest, die zur Beurteilung des Klimas der Eiszeit oder besser der Geschichte des Klimas des Eiszeitalters von fundamentaler Bedeutung sind. Da ist zunächst hervorzuheben, dass die Eiszeit kein lokales, sondern ein ganz allgemeines Phänomen gewesen ist; sie äusserte sich auf der ganzen Erde in einer Steigerung der Gletscherentwickelung. So gewaltige Inlandeismassen, wie sie uns auf dem Boden Kanadas und der nördlichen Vereinigten Staaten, sowie Skandinaviens und der anschliessenden Teile Mittel- und Osteuropas entgegentreten, finden sich, von den polaren Gebieten abgesehen, allerdings sonst nicht. Aber alle Gebirge, die heute Gletscher haben, haben in der Eiszeit sehr viel grössere Gletscher getragen, und viele Gebirge, die heute keine Gletscher tragen, besassen in der Eiszeit solche. So sind in den Mittelgebirgen Mitteleuropas, in den Gebirgen der Balkanhalbinsel, in den Apenninen, in den Gebirgen Asiens u. s. w. in mehr oder minder ausgedehntem Masse Spuren einer alten, heute stark reduzierten oder ganz geschwundenen Vergletscherung festgestellt worden. Auch die Südhemisphäre zeigt in den Alpen Australiens und vor allem in Neuseeland und in den südamerikanischen Anden die Spuren einer einstigen grossen Gletscherentwickelung. Endlich tun auch in den Polarregionen, so in Grönland und Spitzbergen, an der Nordküste Asiens und in der Antarktis, Moränen, Gletscherschliffe und Rundhöcker dar, dass die Gletscher früher weit grösser waren als heute.

Man hat die Frage aufgeworfen, ob die Nordhemisphäre und die Südhemisphäre ihre Vergletscherung gleichzeitig gehabt haben. Die Frage darf heute als erledigt gelten, da auch für die Tropen eine einstige, weit stärkere Vergletscherung festgestellt worden ist. Das gilt nicht nur für die hochragenden Vulkane Afrikas, sondern auch für die tropischen Gebirge Südamerikas, wo besonders in den Anden Ecuadors die Gletscherspuren genau verfolgt worden sind.

Ist die Eiszeit auch ein Phänomen, das alle Teile der Erde betroffen hat, so lehrt doch die Verfolgung der alten Gletscherspuren, dass die Intensität der Vergletscherung in verschiedenen Teilen der Erde sehr verschieden war. Das hat seinen Grund in zweierlei Momenten, erstens in geographischen und zweitens in klimatischen.

Die Entwickelung des Gletscherphänomens hängt von der Lage der Schneegrenze zu den Höhen der Erdoberfläche ab. Wenn wir in Gebirgen, die heute gar keine oder doch nur kleine Gletscher tragen,

Spuren einer einstigen, weit grösseren Vergletscherung finden, so kann sich diese nur dadurch erklären, dass einstmals die Schneegrenze hier am Gebirge tiefer lag als heute, dass sie also im Vergleich zu ihrer heutigen Lage deprimiert war. Die Grösse der alten Vergletscherung hing nun aber nicht allein vom Betrag der Depression der Schneegrenze ab. Dieselbe Depression der Schneegrenze erzeugte nämlich nur kleine Gletscher, sofern nur wenig ausgedehnte Gipfelregionen infolge jener Depression über die Schneegrenze gelangten. Gerieten dagegen bei der gleichen Depression der Schneegrenze ausgedehnte Flächen des Landes in den Bereich des ewigen Schnees, dann trat eine ausserordentliche Steigerung der Vergletscherung ein. So erklärt sich der Unterschied in der Grösse der eiszeitlichen Vergletscherung in den verschiedenen Teilen der Alpen oder der Gegensatz zwischen der geringen Vergletscherung der deutschen Mittelgebirge und der gewaltigen der Alpen.

In ganz eigenartiger Weise beeinflusste das geographische Moment die Entwickelung der grossen nordeuropäischen Vereisung. Durch HÖGBOM ist zuerst festgestellt worden, dass in Skandinavien die Eisscheide rund 100 km östlich der heutigen Wasserscheide mitten über dem schwedischen Tiefland lag. Die Ursache dieser zuerst ganz unerklärlich scheinenden Tatsache ist nicht klimatisch, sondern rein morphologisch. Als die Schneegrenze zu Beginn der Eiszeit über Skandinavien sank, da entwickelten sich in den skandinavischen Gebirgen grosse Gletscher. Diese flossen einerseits vom Gebirge in der Richtung nach Westen zum Meere ab, andererseits nach Osten ins Tiefland von Schweden. Im Westen gelangten sie bald in tiefes Wasser und kamen so ins Schwimmen. Sie müssen hier eine Eisfläche gebildet haben wie das Barriereeis im antarktischen Viktorialande. Dem Abflusse dieses Barriereeises stellten sich nicht die geringsten Hindernisse entgegen. So war die Fortschaffung des Eises in der Richtung nach Westen leicht möglich. Anders nach Osten hin. Dort hatte das Eis die Reibung am Boden des schwedischen Tieflandes, ferner bei seiner Ausbreitung nach Süden am Boden der flachen Ostsee und weiterhin am Boden Russlands und Deutschlands zu überwinden, ehe die Eisfläche eine solche Ausdehnung unterhalb der Schneegrenze erreichte, dass Gleichgewicht zwischen Eiszufuhr und Schmelzung eintrat. Zur Überwindung dieser grossen Reibung musste eine erhebliche Aufstauung des Eises erfolgen, während eine solche für die Unterhaltung das Abflusses nach Westen hin nicht notwendig war. Die Eisscheide musste sich so einstellen, dass ein Gleichgewicht der Widerstände eintrat, die sich der Eisabfuhr nach Westen und nach Osten entgegensetzten. So kam es, dass die Eisscheide vom skandinavischen Gebirge nach Osten rückte, indem sie sich gleichzeitig hob. Die Widerstände, die sich dem Abfluss nach Westen entgegenstellten, wurden dadurch vergrössert; denn nunmehr musste das Eis auf seinem Wege nach Westen bis zu den nach dem Meer führenden Pässen eine Gegenböschung überwinden. Es liegt nahe, diese eiszeitlichen Verhältnisse in Skandinavien mit den heutigen in der Antarktis zu vergleichen, wie sie besonders durch SHACKLETON klar gelegt worden sind. Dort zieht in Viktorialand von Nordwesten nach Südosten ein hohes Kettengebirge, südwestlich von dem das mächtig gestaute Inlandeis sich findet. Durch einige wenige Breschen im Gebirgszuge entsendet das Inlandeis gewaltige Gletscherströme nach Norden, die hier sofort in tiefes Meer kommen und das Barriereeis aufbauen, das freilich auch noch durch Schneefall vermehrt wird. Gegen den Indischen Ozean und den östlichen Teil des Atlantischen Ozeans breitet sich das Inlandeis dagegen in unabsehbar weiter Fläche aus. Oberhalb eines jeden Abflusses des Inlandeises durch die erwähnte Gebirgskette weist seine Oberfläche einen flachen Abflusstrichter auf in Form einer geringen Erniedrigung seiner Oberfläche zur Bresche hin, ganz wie beim skandinavischen Inlandeise die Lage der Eisscheide zu den Breschen des skandinavischen Gebirges andeutet. Es ist nämlich sehr bemerkenswert, dass überall dort, wo der Abfluss des Eises durch das skandinavische Gebirge nach Westen besonders leicht war, so bei Storlien an der Bahn nach Trondhjem, die Eisscheide eine Ausbuchtung nach Osten machte, sich also vom skandinavischen Gebirge entfernte, dagegen dort, wo der Abfluss nach Westen erschwert war, sich dem Gebirge etwas näherte.

Ist diese verschiedenartige Entwickelung des Eises zu beiden Seiten des skandinavischen Gebirges durch morphologische Verhältnisse bedingt, so sind andere Differenzen sicher der Ausdruck von klimatischen Verschiedenheiten. Diese treten klar in Erscheinung, wenn wir in verschiedenen Gegenden der Erde den Betrag der Depression der Schneegrenze der Eiszeit unter die heutige bestimmen. Dieser Betrag ist unabhängig von der Höhe des Gebirges und anderen lokalen Momenten und daher ein ausgezeichneter Massstab für die Abweichung des Klimas der Eiszeit vom heutigen. Für die Alpen ist die Depression der Schneegrenze mit 1 200 m festgestellt worden. Gegen die Tropen hin nimmt die Depression ab, so dass in den Gebirgen in der Nähe des Äquators die Schneegrenze in der Eiszeit nur etwa 500—600 m tiefer lag als heute. Es wich also in den Tropen das Klima der Eiszeit um einen geringeren Betrag vom heutigen ab als in mittleren Breiten.

Für die Polarregionen fehlen genaue Bestimmungen über die Depression der Schneegrenze in der Eiszeit. Doch steht es fest, dass die Steigerung des Gletscherphänomens hier eine geringere gewesen ist, als in mittleren Breiten. Überrascht war ich, bei der soeben ausgeführten Reise von Schwedisch-Lappland nach Norwegen zu sehen, dass an der Westküste Skandinaviens schon in verhältnismässig geringer Höhe über dem Meeresspiegel sich scharfe Formen der Gehänge und Gipfel einstellen. In Tromsö liegt nach einer mir gewordenen mündlichen Mitteilung von ALBRECHT PENCK die Grenze zwischen den tieferen, gerundeten Gehängen und den der Rundung entbehrenden Höhen schon in 900 m Seehöhe. Das mag immerhin mit morphologischen Momenten zusammenhängen, die die Eisabfuhr nach Westen so sehr erleichterten. Allein ähnlich sind die Verhältnisse in Spitzbergen, ebenso auch in Grönland, und für die Antarktis in der Umgebung des Viktorialandes hat SCOTT auf einem Kärtchen dargestellt, wie wenig ausgedehnt die gletschergerundeten Gehänge und Flächen oberhalb der heutigen Schneegrenze sind; sie erheben sich nur 120—160 m über die heutige Eisfläche. Es dürfte allgemein gelten, dass in den Polarregionen die einstige Potenzierung der Vergletscherung relativ gering war. Das hängt mit den eigenartigen Verhältnissen der Schneegrenze in der Polarregion zusammen. Der Schneefall ist hier an sich klein, weil die kalte Luft nur wenig Wasserdampf abzugeben vermag. Dabei kommt der niedrigen Temperatur wegen nahezu der gesamte Niederschlag der Schneevermehrung zu gute. Die Verdunstung ist, wie besonders die Beobachtungen in der Antarktis gezeigt haben, sehr gross. Das sind Verhältnisse, wie sie an die Bedingungen in der Nähe der sogenanten oberen Schneegrenze erinnern. ALBERT HEIM hat den Begriff der oberen Schneegrenze in die Gletscherkunde eingeführt. In der Schneeregion nimmt im Gebirge von einer bestimmten Höhenzone aufwärts der Schneefall ab, weil infolge der sinkenden Temperatur der Dampfgehalt der Luft in dieser Richtung abnimmt. In der gleichen Richtung wächst aber die Verdunstung; und schliesslich muss in einer bestimmten Höhe die grösser werdende Verdunstung dem kleiner werdenden Schneefall gleich werden. Hier liegt die obere Schneegrenze. Weiter oben wird der Schnee durch die Verdunstung aufgezehrt und eine Schneeansammlung ist unmöglich. Ist auch bisher diese obere Schneegrenze in keinem Gebirge der Erde beobachtet worden, so ist doch an ihrer Existenz ein Zweifel a priori ausgeschlossen, wenn wir auch über ihre Höhenlage nichts wissen. Diese obere Schneegrenze liegt offenbar in der Polarregion, vor allem in der Antarktis, der Erdoberfläche sehr nahe, während in der Antarktis die untere Schneegrenze unter dem Meeresspiegel zu suchen ist, wie die Beobachtungen der letzten Expeditionen klar gezeigt haben. Wie nun heute im Gebirge in den tieferen Lagen der Schneeregion die Vergletscherung stärker ist als weiter oben, so haben wir in der Antarktis die stärkste Vergletscherung nicht in deren Zentrum, sondern, wie PHILIPPI zuerst betont hat, in einem Gürtel, der weiter im Norden die Antarktis umgibt und dem die Balleny-Inseln, die Bouvet-Insel und die Gegend des Palmer-Archipels angehören. Hier scheint direkt ein Maximum der Vergletscherung zu bestehen, während man weiter im Innern der Antarktis einen etwas schwächeren Grad der Vergletscherung wahrnimmt.

Wenn nun infolge einer Klimaänderung, eines Sinkens der Temperatur, die untere Grenze der Schneeregion, die Schneegrenze schlechthin, sinkt, so dürfte gleichzeitig auch die obere Schneegrenze eine Depression erfahren. Es werden hierdurch Teile des Gebirges über die obere Schneegrenze gelangen, d. h. sie, die früher ewigen Schnee trugen, werden schneefrei werden müssen. So dürfte es im Bereich der Antarktis sein. Es dürfte sich durchaus bestätigen, was SCOTT ausgeführt hat, dass hier eine Steigerung der Temperatur die Bedingungen für die Schneesammlung vergrössert, ein Sinken sie vermindert. In Gebieten, die sich unter der oberen Schneegrenze, aber immer noch weit über der unteren Schneegrenze befinden, kann eine Depression der Schneegrenze nur eine geringe Zunahme der Vergletscherung hervorrufen. Eine starke Zunahme der Vergletscherung erfahren erst Gebiete an oder unterhalb der ursprünglichen unteren Schneegrenze. So könnte es gar wohl sein, dass die oben erwähnte einstige grössere Ausdehnung des Eises in der Antarktis in eine wärmere Zeit, in ein Klimaoptimum fällt. Auch die verhältnismässig geringe Ausdehnung der Spuren der einstigen Eisausdehnung in den Gebieten der Nordpolarregion verglichen mit denen mittlerer Breiten dürfte dadurch eine Erklärung finden.

Eine fernere wichtige Tatsache, die sich trotz der abweichenden Auffassung der sogenannten Monoglazialisten nicht wegleugnen lässt, ist die Wiederholung der Eiszeiten. Eine solche ist — um nur die wichtigsten Gebiete zu nennen — für die Alpen, für das Gebiet des nordeuropäischen Inlandeises und das des nordamerikanischen Inlandeises, dann auch für einzelne Teile der Tropen nachgewiesen. Jüngst hat nun LEVERETT in einer wichtigen Abhandlung schlagendes Beweismaterial dafür erbracht, dass die verschiedenen Eiszeiten sich im Bereiche Europas und Nordamerikas vollkommen gleichzeitig ereigneten. Er gelangte zu diesem Ergebnis nicht etwa durch Vergleich von Schemata, sondern dadurch, dass er auf weit ausgedehnten Wanderungen in der neuen und in der alten Welt die Einheitlichkeit der Charaktermerkmale der Ablagerungen der verschiedenen Eiszeiten diesseits und jenseits des Atlantischen Ozeans nachwies. Es gelang dies mit Hilfe der Berücksichtigung des Grades der Verwitterung und der Erosion, welche die Ablagerungen der verschiedenen Eiszeiten erlitten haben. Die Ablagerungen der ersten, ältesten Eiszeit, der Günz-Eiszeit der Alpen, des Prä-Kansan der Vereinigten Staaten von Nordamerika, sind bis in sehr grosse Tiefen, ja meist durch und durch verwittert; alle Urgebirge sind vollkommen morsch. Dabei sind die Oberflächenformen durch Erosion und Denudation stark zerschnitten und verändert. In geringerem Masse schon ist das bei den Ablagerungen der folgenden Eiszeit, der Mindel-, beziehungsweise Kansas-Eiszeit, der Fall und noch weniger bei denen der Riss-, bezw. Illinoian-Eiszeit; und die Ablagerungen der jüngsten, der Würm-Eiszeit der Alpen, der WisconsinEiszeit der Amerikaner, sind nur ganz oberflächlich angewittert und ihre Oberflächenformen fast ganz intakt. So schlagend ist die Identität des Verwitterungsgrades der Ablagerungen der verschiedenen gleichzeitigen Eiszeiten in beiden Erdteilen, dass Professor LEVERETT bei Wanderungen, die ich in der Schweiz mit ihm unternahm, angesichts jedes Aufschlusses sofort das Alter der aufgeschlossenen Glazialablagerung auf Grund der Verwitterung in der amerikanischen Nomenklatur angeben konnte. Es stimmte stets mit unserer Altersbestimmung überein. Die innere Übereinstimmung geht noch weiter. In den Alpen ist die Wertigkeit der Interglazialzeiten verschieden. In Europa ist diejenige Interglazialzeit, die sich zwischen die Mindel- und die RissEiszeit einschaltet, besonders lang gewesen, so dass sie die Glazialablagerungen geradezu in eine ältere Gruppe zerlegt, die die Bildungen der Günz- und der Mindel-Eiszeit, und in eine jüngere, die die Bildungen der Riss- und der Würm-Eiszeit umfasst. Ganz entsprechendes tritt uns auch in Nordamerika entgegen. Ist in dieser Weise die vollkommene Gleichzeitigkeit des Wechsels der Eiszeiten und der Interglazialzeiten in Europa und Nordamerika zwingend bewiesen, so zeigt sich auch quantitativ in der Grösse der Vergletscherungen eine Übereinstimmung diesseits und jenseits des Ozeans. Die älteste Vergletscherung war auf beiden Kontinenten kleiner als die zweite, die Mindel-, respektive Kansas-Vergletscherung. Ebenso war die jüngste Vergletscherung kleiner als die beiden vorhergehenden. Dagegen zeigen sich in der Entwickelung des Glazialphänomens in den beiden mittleren Eiszeiten in einzelnen Gebieten kleine Unterschiede. Im allgemeinen ist in Norddeutschland und in den Alpen die Mindel-Eiszeit die grösste gewesen, ebenso im Bereiche der vom Keewatin-Zentrum ausgehenden Vergletscherung Nordamerikas die der Mindel-Eiszeit entsprechende Kansas-Eiszeit. In einzelnen Gebieten aber, so vor allem im Bereiche der Schweizeralpen, dann aber auch an dem südlich des Michigansees gelegenen Saum der Eismassen, die vom Labrador-Zentrum der nordamerikanischen Vergletscherung ausgingen, ist die vorletzte Eiszeit, die Riss-Vergletscherung der Alpen, das Illinoian der Amerikaner, weiter gegangen als die Mindel-respektive Kansas-Vergletscherung. Für die Schweiz habe ich dargetan, dass die grössere Ausdehnung der Riss-Vergletscherung sich auf eine Hebung um 100—150 m zurückführen lässt, welche die Schweizeralpen in der unmittelbar vorausgehenden Interglazialzeit erfahren hatten. Hier ist also eine lokale Ursache vorhanden gewesen, und die Ausbreitung der Riss-Vergletscherung ist eine Funktion der lokalen und der allgemein wirkenden Ursachen. In jedem Fall aber zeigt der übereinstimmende Gang der wechselnden Eiszeiten und Interglazialzeiten in Europa und im mittleren Nordamerika, dass die allgemeinen Ursachen durchaus im Vordergrunde gestanden haben und die lokalen nur leicht modifizierend eingriffen.

Überschauen wir die Ergebnisse, so können wir kurz zusammenfassen: Die Klimaschwankungen der Quartärzeit, die sich im Wechsel der Eiszeiten und Interglazialzeiten äusserten, haben sich sicher auf sehr grossen Gebieten der Erde, wir dürfen wohl heute sagen wahrscheinlich auf der ganzen Erde gleichzeitig ereignet. Die Intensität derselben zeigte aber nach Zonen Unterschiede; vor allem wich das Klima der Eiszeit in den tropischen Breiten um einen geringeren Betrag vom heutigen ab als in mittleren. Wie die Tropen verhielten sich wahrscheinlich auch die polaren Regionen, wo die Nachbarschaft der oberen Schneegrenze gelegentlich eine vollkommene Umkehrung des Einflusses der Klimaschwankungen auf die Gletscherausdehnung hervorrief. Zu diesen zonalen Unterschieden gesellten sich regionale, die durch Verschiebungen in der Verteilung von Land und Wasser hervorgebracht wurden. Ihre Ursache ist keine allgemeine, sondern eine geographische. Auf rein geographische Momente führt sich die bei gleicher Depression der Schneegrenze von Ort zu Ort so verschiedene Grösse der eiszeitlichen Vergletscherung zurück. Endlich gesellen sich, aber nur lokal, vertikale Bodenbewegungen, Hebungen und Senkungen, modifizierend hinzu.

Auf den Charakter der durch den Wechsel der Eiszeiten und Interglazialzeiten erwiesenen grossen Klimaschwankungen der Quartärzeit können wir Schlüsse aus Schwankungen des Klimas ziehen, die in historischer Zeit, freilich in viel kürzeren Perioden und in geringerem Ausmasse, für die ganze Erde kostantiert worden sind. Ich meine die rund 35-jährigen Klimaschwankungen, die ich zuerst 1888 festgestellt habe. Ich bin mir zwar bewusst, dass manche Forscher diese Klimaschwankungen zur Zeit noch ablehnen; allein die Zahl und Ausdehnung der gewordenen Bestätigungen — ich erinnere nur an die grosse Arbeit von HANN — lassen heute einen Zweifel an der Existenz der Klimaschwankungen doch nur schwer aufkommen. Die 35-jährigen Klimaschwankungen bestehen in Schwankungen der Temperatur, die sich auf der ganzen Erde gleichzeitig vollziehen und deren Amplitude ungefähr 1° C. beträgt. Diese Temperaturschwankungen wirken, wie für das Gebiet Europas und des Nordatlantischen Ozeans nachgewiesen wurde, auf die Luftdruckverteilung derart ein, dass in einer warmen Periode der Übertritt ozeanischer Luft vom Meer auf das Festland erschwert, in einer kühlen erleichtert erscheint. Dadurch ist die warme Periode auf dem Festlande gleichzeitig durch eine geringere Niederschlagsmenge ausgezeichnet, die kühle durch eine grössere, während auf dem Ozean die Verhältnisse umgekehrt liegen. Es vergesellschaften sich also mit den Schwankungen der Temperatur auch Schwankungen des Niederschlages; letztere zeigen dabei eine regionale Verschiedenheit derart, dass sich die Schwankungen auf dem Festlande gerade umgekehrt vollziehen wie auf dem Weltmeere.

Ich glaube, diese Ergebnisse werfen Licht auf die grossen Klimaschwankungen des Quartärs einschliesslich derjenigen der Postglazialzeit. Wir dürfen nicht annehmen, dass diese nur ein einziges klimatisches Element betrafen. Sie müssen sich vielmehr in gleichzeitigen Schwankungen der Temperatur, des Luftdruckes und der Niederschläge geäussert haben. Diese sind eben doch alle von einander abhängig, wie der Mechanismus der 35-jährigen Klimaschwankungen lehrt. Doch ist als primäres Moment wie bei den 35-jährigen Klimaschwankungen jedenfalls eine Schwankung der Temperatur anzuerkennen. Ohne Temperaturschwankungen treten wesentliche Schwankungen in der Grösse der Vergletscherung auch heute nicht auf. Um 1815 und 1850 hatten wir bekanntlich grosse Vorstösse der Alpengletscher. Jene Zeiträume waren kühl und feucht. Um das Jahr 1880 fällt auch eine feuchte Zeit, aber die Temperaturdepression war nur verschwindend. Dementsprechend sehen wir nur einen ganz verkümmerten Gletschervorstoss erfolgen. Aber auch die Allgemeinheit des Eiszeitphänomens spricht a priori dafür, dass eine Senkung der Temperatur die vornehmste Ursache gewesen ist. Eine allgemeine Abnahme der Temperatur ist denkbar. Eine universelle Steigerung der schneeigen Niederschläge auf der ganzen Erde ohne Änderung der Temperatur, wie sie von manchen zur Erklärung der Eiszeit angenommen wird, ist dagegen eine physikalische Unmöglichkeit.[1] Wohl aber musste eine Änderung der Temperatur auch eine Änderung der Luftdruckverteilung und damit in gewissen Gebieten eine Steigerung, in anderen eine Abnahme der Niederschläge nach sich ziehen, wie das für die 35-jährigen Klimaschwankungen nachgewiesen ist. Wo bei sinkender Temperatur die Niederschläge gleichzeitig zunahmen, dort summierten sich für die Depression der Schneegrenze und für den Gletscherstand Wirkung der Temperatur und Wirkung des Niederschlages. Das gilt, sofern wir nach den heutigen Klimaschwankungen einen Analogieschluss ziehen dürfen, für die Festländer der Erde, und zwar besonders für diejenigen Teile, die eine lebhafte Luftzufuhr vom Ozean erhalten. Es sind dies auf der Nordhemisphäre gerade diejenigen Gebiete, die in der Eiszeit gewaltige Inlandeismassen beherbergten. Über den Ozeanen dagegen

---

[1] Dass die gesamte eiszeitliche Depression der Schneegrenze unmöglich allein einer Vermehrung des Niederschlages auf Rechnung gesetzt werden kann, ist an anderer Stelle schon nachgewiesen worden. Man müsste sonst z. B. für die Alpen eine Steigerung des Niederschlages auf das 10—20-fache des heutigen annehmen.

dürfte in jener Zeit der Niederschlag kleiner gewesen sein. Hier subtrahierte sich die Wirkung der Niederschlagsänderung von der Wirkung der Temperaturänderung, und eine relativ kleinere Depression der Schneegrenze resultierte.

Seit dem Höhepunkte der letzten Eiszeit ist auf der ganzen Erde eine allgemeine Klimaänderung eingetreten. Sie hat durch eine Zunahme der Temperatur, die aber unter Schwankungen erfolgte, das Schwinden der Vergletscherung hervorgerufen. Sie kann nur eine allgemeine Ursache haben. Regionale Einflüsse dürften sich mit ihr vergesellschaftet haben; denn die Verteilung von Wasser und Land ist zuzeiten eine etwas andere gewesen als heute. Ob das Klimaoptimum, das durch die Enquête des Stockholmer Kongresses in der Umgebung des nördlichen Atlantischen Ozeans nachgewiesen ist, sich auf solche regional wirkende Ursachen oder auf eine allgemeine Ursache zurückführt, lässt sich heute noch nicht entscheiden. Unmöglich wäre es nicht.

Ich komme sonach zu demselben Resultat, zu dem auch GUNNAR ANDERSSON vom botanischen Gesichtspunkte aus gelangte:

Die primäre Ursache der Klimaschwankung und Klimaänderung des Eiszeitalters und der Postglazialzeit können nur Temperaturschwankungen gewesen sein. Etwas Weiteres lässt sich heute über die Ursache jener Klimaschwankungen der Quartärzeit nicht sagen. Vor allem möchte ich keine Klimakarten für die Eiszeit oder die einzelnen Phasen der Eiszeit oder Postglazialzeit zeichnen, wie dies versucht worden ist. Es ist dies heute durchaus verfrüht. Auch die Frage nach den Ursachen der allgemeinen Temperaturschwankungen, auf die wir schliessen, lasse ich beiseite. Sie lässt sich noch nicht behandeln, ohne dass wir den festen Boden der Beobachtung verlassen und uns in Spekulationen verlieren. Vorläufig gilt es noch Tatsachen zu sammeln, die Depression der Schneegrenze in den verschiedenen Gletschergebieten der Erde und zu den verschiedenen Phasen der Quartärzeit zu bestimmen, vor allem auch die Pflanzenreste der Quartärzeit noch mehr, als es bis heute geschehen ist, zu untersuchen, um aus ihnen auf das Klima zu schliessen, unter dem sie wuchsen. Erst wenn das Tatsachenmaterial in dieser Richtung bedeutend vermehrt sein wird, wird sich eine Theorie der Klimaschwankungen der Quartärzeit mit Nutzen aufstellen lassen.

Les variations du climat depuis la dernière époque glaciaire.

PAR

A. WOEIKOF,
Professeur à l'université de St.-Pétersbourg.

La discussion de l'importante question qui nous occupe aujourd'hui a été admirablement préparée par le comité d'organisation du Congrès. La collection de mémoires que l'on doit à son initiative, comprenant plus de 400 pages in 4°, l'œuvre de 47 savants de différents pays, est un vrai monument, une œuvre à consulter et à étudier sérieusement, et, j'espère aussi que ce sera un jalon qui marquera le temps où on a commencé l'étude des climats anciens d'une manière bien plus systématique qu'avant. Certes, tous les travaux de cette belle collection de mémoires ne sont pas d'égale valeur, la manière de traiter les questions n'est pas la même, cela va sans dire.

Les lacunes que l'on trouve dans ce grand travail sont plus regrettables. Cependant il faut s'entendre. Si nous trouvons très peu ou rien sur l'Australie, l'Amérique du Sud, excepté son extrémité méridionale, l'Afrique, excepté le Nord et le Sud du continent, les îles du Pacifique, les terres antarctiques, etc., c'est que nous ne savons à peu près rien sur les changements du climat de ces pays dans la période dont il s'agit, donc les mémoires revèlent des lacunes de nos connaissances, lacunes que nous devons nous efforcer de combler.

D'autres lacunes sont beaucoup plus regrettables, en ce qu'elles contribuent à donner une fausse idée de nos connaissances.

Certes, la lacune la plus regrettable est celle qui concerne la Russie. Un seul mémoire parmi les 47 de cette belle collection est écrit par un savant russe. Ce mémoire du prof. TANFILIEF a certes une haute valeur, mais il traite une question purement méthodique, il ne dit rien sur les changements du climat qui ont eu lieu en Russie depuis la dernière glaciation.

Pour une très grande partie de l'empire russe, la Sibérie notamment, les lacunes étaient à prévoir, nous ne savons à peu près rien sur les changements de climat. J'espère que M. Tolmatchef, ici présent, le meilleur connaisseur du Nord et du Nord-Est de la Sibérie, qui vient de revenir d'un nouveau voyage, nous dira quelque chose sur la question et contribuera à combler les lacunes que laisse la collection de mémoires.

Mais d'autres parties de la Russie sont mieux étudiées, et il aurait été possible de rassembler une collection notable de faits, qui auraient éclairci beaucoup de questions importantes. Il y a eu malentendu certainement.

Le comité d'organisation prévoyait originairement un mémoire par pays. La Russie est trop vaste, ses différentes parties sont trop peu semblables entre elles pour qu'un tel travail fut possible. Mais des mémoires écrits par des savants de différentes spécialités étaient possibles et il est regrettable que les géologistes russes n'ayent pas contribué à la grande collection de mémoires dont il est question, il est encore plus regrettable qu'ils ne se soient pas adressés à des savants non-géologistes et à des institutions scientifiques, qui certes auraient contribué au grand travail, auquel ont convié nos collègues suédois.

L'immense étendue de l'empire de Russie, la grande variété de sols et de climats, l'existence de régions entièrement désertes ou peuplées seulement par des nomades, à côté de pays de très ancienne civilisation, tout cela rend une collaboration de savants de spécialités très différents nécessaire pour traiter questions de variations du climat.

Pour les pays d'ancienne civilisation en Russie et dans les pays limitrophes d'Asie qui ont été surtout étudiés par les savants russes on aurait eu besoin du secours d'orientalistes.

Ces pays d'anciennes civilisations sont en grande partie arides, l'irrigation artificielle est nécessaire pour la culture du sol, et les orientalistes peuvent nous apprendre beaucoup sur l'extension des irrigations, etc. Tandis que des fouilles peuvent aussi contribuer beaucoup à nos connaissances sur le changement du climat.

Le grand nombre et la grande variété de lacs salés en Russie et dans les pays limitrophes d'Asie a une importance considérable dans la question de changements du climat. J'ai appelé *ces lacs des pluviomètres et évaporomètres sur une grande échelle*. On sait ce que les géologistes américains ont fait pour l'éclaircissement de ces problèmes dans les régions arides de l'Ouest des États-Unis, pays, qui ressemblent par le climat à la Perse et à l'Asie centrale.

Est-ce que le prof. ANOUTCHINE, le doyen des limnologistes russes, le fondateur de ce qu'on appelle »l'éccle limnologique de Moscou» n'aurait pas contribué à cette étude, s'il avait été averti à temps? D'autres savants, m'ont appris verbalement ou par écrit qu'ils regrettaient de n'avoir pas été avertis à temps. Ce sont par exemple, le général SCHO-KALSKY et le dr. MARKOW; le premier s'occupe beaucoup d'hydrologie, le second est connu par ses études sur le lac Goktcha, en Transcaucasie. Tous les deux ont fait des communications sur les variations de climat au congrès géographique de Genève en 1908. Puis il y a le dr. BERG, connu par ses études sur le lac Aral et d'autres lacs de l'Asie russe. Il a traité la question des variations de climat dans son grand travail sur l'Aral, puis le prof. KOUSNEZOW, connu par ses travaux sur la flore du Caucase, où la question des variations du climat tient beaucoup de place, etc.

Je dois me borner principalement aux questions limnologiques. Le dr. BERG, dans son grand travail sur l'Aral, a prouvé que le seuil qui sépare ce lac du bassin de dépression de Sary-Kamysch à l'ouest, ne s'élève que de 4 mètres au-dessus du niveau de l'Aral en 1900; quand l'eau monte plus haut elle se déverse dans le Sary-Kamysch et plus tard dans la Caspienne. Il a manqué de peu que cela ne fut arrivé au commencement de ce siècle. En 1900 le lac était longtemps en crue, son eau avait submergé quelques lacs salés près de ses rives, ainsi que des établissements de pêcheurs; le tracé du chemin de fer d'Orenbourg-Tachkent, qui fut projeté en 1882 près des rives NE du lac, dut être reporté plus loin, et cependant l'eau menaçait le chemin de fer après sa construction. En 1908 l'eau de l'Aral atteignit sa plus grande hau-teur, l'ingénieur WOLODIMIROW informa le dr. BERG qu'en 1909 il avait baissé, en 1910 baissé encore.

A la fin du XIXᵉ siècle et au commencement du XXᵉ d'autres lacs étaient aussi en crue, ainsi les lacs des steppes Kirghiz au N et au NE de l'Aral, les lacs de la Baraba entre l'Irtysch et l'Ob, le Balchasch, l'Ala-Kul, son voisin, et l'Issyk-Kul.

A ces lacs au Nord ou à l'Est de l'Aral il faut ajouter le Goktcha d'après les études du dr. MARKOW, ainsi que le Van, l'Urmia et jusqu'au lac de Tibériade en Palestine.

Nous ne savons pas quand cette crue remarquable a commencé. Mais nous savons qu'à la fin des années 40 du XIXᵉ siècle l'eau de l'Aral était beaucoup plus élevée que 30 à 40 années plus tard. Les levés de l'amiral A. BUTAKOW le prouvent.

Les observations pluviométriques dans le Turkestan russe sont courtes et souvent interrompues, et pour trouver une longue série je dus recourir à celles de Barnaul au Nord de l'Altaï, sur le cours supérieur de l'Ob. Cette ville est à plus de 7° au Nord et à plus de 20° à l'Est de l'Aral. J'ai calculé des moyennes de 5 en 5 ans pour Barnaul,[1] elles montrent un maximum au commencement de la période d'observations (1840) 382 mm; puis la quantité baissa jusqu'en 1864 et 1865, atteignant 138 mm, s'éleva d'une manière presque continue jusqu'en 1889, quand elle atteignit 512 et resta haute depuis, entre 451 (1899) et 556 (1904).

Ainsi à Barnaul, de 16° à 11° au Nord des montagnes qui fournissent l'eau des deux grands tributaires de l'Aral, la période des précipitations concorde plus ou moins avec les hausses et baisses de l'eau du lac.

C'est une variation grandiose, et si elle est périodique, ce que nous ne saurons pas avant la fin de ce siècle, c'est une période d'au moins 65 ans, qui ne concorde nullement avec les périodes de 35 ans admises par le prof. BRÜCKNER. On sait qu'il admet, pour les pays continentaux, une concordance de périodes pluvieuses et en même temps froides et de périodes pauvres en pluies et en même temps chaudes. Barnaul est une station continentale à un haut degré. Les temps chauds et secs devraient, d'après lui, arriver vers 1830 et 1860, les périodes froides vers 1850 et 1880, il ne va pas plus loin dans son grand ouvrage, mais on devrait s'attendre à une période chaude et sèche vers 1895—1900, froide et pluvieuse vers 1910—15.

On voit que pour les pluies de Barnaul la période sèche de 1865 s'accorde seule avec l'hypothèse du prof. BRÜCKNER.

Quant aux températures moyennes annuelles, les maxima et minima eurent lieu dans les périodes quinquennales suivantes:

Minima.		Maxima.	
1840 . . .	— 0,8	1844 . . .	0,8
1851 . . .	— 0,3	1857 . . .	1,2
1862 . . .	— 0,2	1865 . . .	1,0
1884 . . .	— 0,1	1902 . . .	1,5

[1] Je désigne la période quinquennale par son année moyenne, ainsi 1904 désigne la période de 1902 à 1906.

On voit que généralement les périodes pluvieuses ne sont pas froides, ni les périodes chaudes sèches, et aussi que les oscillations de température sont entièrement indépendantes des oscillations de précipitations.

Il y a autre chose encore. Le prof. BRÜCKNER admet que les périodes chaudes et sèches, ainsi que celles qui sont froides et pluvieuses le sont partout sur les continents. Cependant la dernière grandiose période riche en précipitations dans une partie si grande de l'Asie, période qui causa des crues si importantes de tant de lacs, coïncide avec une diminution des glaciers de la chaîne Caucasienne et des petits lacs au Nord de cette chaîne; pour les glaciers toutes les observations le prouvent, pour les lacs nous avons les études de M. ROSSIKOW. Il y a aussi coïncidence avec la diminution de lac Chad, si grande qu'il cesse presque d'exister, avec des sécheresses extrêmes dans l'Inde et l'Australie.

Dans les années 70 et 80 du XIXe siècle on parlait et on écrivait beaucoup sur le prétendu »desséchement de l'Asie centrale» (on appliquerait ce nom aussi au Turkestan occidental, tandis qu'il devrait être réservé au pays entre le Pamir à l'Ouest et la Chine proprement dite à l'Est, l'Altaï et le Sayan au Nord et l'Himalaya au Sud). On voit par ce que j'ai dit précédemment que l'Aral diminuait alors, mais conclure d'une diminution de quelques années à un desséchement continu, durant des siècles, n'est pas juste, et la crue grandiose de l'Aral et d'autres lacs au Nord, à l'Est et au Sud-Ouest de l'Aral nous prouve que les pluies et les lacs de cette partie de l'Asie oscillent bien, mais que nous ne pouvons pas constater de diminution continue. Ce que nous savons des siècles passés montre des oscillations plus grandes encore.

Notre célèbre orientaliste N. DE KHANIKOF fit connaître au monde savant que l'Amu daria (l'Oxus des anciens) ou au moins un bras de ce fleuve, se déversait dans la Caspienne du XIIIe siècle à la fin du XVIe et que ce dernier lac avait un niveau beaucoup plus élevé qu'actuellement, avec un maximum au commencement du XIVe siècle.

La croyance à un desséchement continu, depuis plus de 2 mille ans, des pays autour de la Méditerranée et surtout à l'Est et au Sud de celle-ci, c. à. d. d'une très grande partie des pays d'ancienne civilisation, est admise par un grand nombre d'auteurs, et la décadence de beaucoup de ces pays est attribuée à une diminution continue des pluies.

Cependant les naturalistes qui connaissent bien ces pays et ont sérieusement étudié les anciens auteurs sont d'autre avis.

Peu de savants connaissent aussi bien les pays de la Méditerranée que le prof. Th. Fischer. Et il n'admet pas leur desséchement continu depuis l'antiquité. C'est l'homme, suivant lui, qui est cause de la décadence de la plupart de ces pays. Il y en a qui sont plus prospères actuellement qu'à aucune autre époque, comme les côtes septentrionales et orientales de la Sicile.

L'Égypte aussi a fait d'énormes progrès pendant le XIXe siècle, sa population a triplé et son commerce a augmenté dans des proportions bien plus grandes encore.

Un des savants qui connaissent le mieux l'Égypte, la Palestine et la Syrie le dr. Blankenhorn, dans son mémoire que vous connaissez, admet des »périodes pluviales« dans ces pays, mais les relègue avant la dernière glaciation des Alpes et du Nord de l'Europe; depuis la période historique, selon lui, il n'y a pas eu de desséchement.

Quant à l'Égypte au Sud du 25° lat. N c'est un désert depuis la période tertiaire, la vallée du Nil exceptée.

Il m'a été envoyé un travail sur le climat de la Palestine, écrit par le dr. Exner. La comparaison des textes de la Bible et des observations actuelles ne montre pas de desséchement. Les périodes de pluies sont les mêmes que 2 000 à 2 500 ans avant notre temps. Le froment, l'orge, la vigne, le figuier et l'olivier croissent à présent sans irrigation artificielle. Les pluies manquent quelquefois, et des disettes s'ensuivent, mais le Livre des Rois nous informe d'une sécheresse de 3 ans dans le Nord de la Palestine et en Phénicie, pays où les pluies sont plus abondantes que dans le Sud de la Palestine.

Vers le temps de la Michna, c. à d. 2 000 ans avant notre temps, on faisait de grossières observatoires pluviométriques, c. à d. on exposait des cruches à la pluie et on jugeait de la récolte prochaine par la quantité d'eau recueillie. La quantité d'eau correspondant à une récolte moyenne est la même qui tombe actuellement (600 à 700 mm par an).

Le dr. Sven Hedin trouve qu'en Perse aussi on ne voit pas de preuves que les pluies ont diminué pendant l'époque historique. Notre célèbre orientaliste Barthold trouve aussi que la position des villages et l'extension des cultures n'a pas changé d'une manière appréciable dans le Turkestan russe depuis le Xe siècle après notre ère; nous avons des descriptions très exactes de ce pays par des auteurs arabes. Malheureusement, ni les Grecs de la Bactriane, ni les auteurs postérieurs au Xe siècle ne nous ont laissé d'aussi bonnes descriptions du pays.

Le grand projet d'irrigation de la Mésopotamie par un ingénieur de la compétence de M. WILKINSON a prouvé que ces pays pourraient retrouver leur ancienne prospérité, si les eaux étaient bien aménagées, comme elles l'étaient dans l'antiquité.

En niant une dessiccation continue des régions plus ou moins arides actuellement des continents des latitudes moyennes pendant les derniers milliers d'années, je dois faire deux exceptions, et cela pour deux régions étendues et *centrales*[1] au plus haut point.

On sait que MM. GILBERT et RUSSELL ont trouvé des traces certaines d'anciens grands lacs dans ce qu'on appelle le Great Basin de l'Ouest des États-Unis, entre les Montagnes Rocheuses et la Sierra Nevada, le plus oriental a été appellé Bonneville, le second Lahontan, le plus occidental Mono. Ils pensent que la plus grande hauteur de l'eau coïncidait avec le maximum de glaciation dans les montagnes.

Puis la dessiccation commença et, pour le lac Lahontan au moins, continua jusqu'à 300 ans avant la période actuelle.

M. RUSSEL constate même ce qu'il appelle un *interrègne* entre le lac Lahontan et les petits lacs du bassin actuel. Le lac Lahontan disparut et ses sels furent ensevelis sous des sables et des argiles.

Ces pays sont principalement des plateaux entourés de hautes montagnes qui les isolent des influences océaniques. Les eaux evaporées par les lacs, la végétation, le sol se condensent principalement dans le bassin même. Quand les glaciers des montagnes furent en décrue, il y avait beaucoup d'eau dans les lacs, et pendant de longues années l'eau evaporée se retrouvait dans les pluies et neiges du bassin.

Peu à peu seulement l'humidité diminua et les lacs atteignirent leur extension minima; depuis il y eu des oscillations considérables, bien connues et mesurées depuis la moitié du XIX° siècle.

Il est remarquable que les oscillations des lacs qui sont des restes des anciens lacs Bonneville, Lahontan et Mono ne sont pas contemporaines.

Il existe en Asie une région semblable au Great Basin américain, mais sur une bien plus grande échelle. C'est le centre du continent, le Turkestan oriental ou chinois, la région du Han-hai des annales chinoises. C'est un plateau peu élevé, une partie est même une dépres-

---

[1] La distinction des régions périphériques du globe, dont les eaux se déversent dans les océans ou mers, et des régions centrales, dont les eaux n'atteignent pas les mers a été faite par DE RICHTHOFEN (China, v. 1). La région Aralo-Caspienne a été appellée par lui demi-périphérique, vu sa communication avec l'océan à une période géologique récente.

sion au-dessous du niveau de l'océan. Elle est encore plus isolée des influences océaniques que la région américaine correspondante, car la distance est plus grande et les montagnes environnantes plus hautes, à l'Est seulement, vers la Chine le mur montagneux est moins haut, et l'Est du pays reçoit des pluies de la mousson d'été de la Chine.

Dans cette région, comme dans la région américaine, les lacs ont eu beaucoup plus d'eau anciennement, et ces périodes ont probablement correspondu aux périodes glaciaires de l'Europe et de l'Amérique du Nord. Puis la dessiccation a commencé.

Mais pendant de longues années il y avait une grande réserve d'eau dans les lacs, et l'eau évaporée était précipitée en pluies et neiges dans le bassin même.

Prjevalsky observa les pluies d'été fréquentes dans les pays montagneux du versant Nord du Kuenlun. D'où provenait la vapeur d'eau qui alimentait ces pluies? Le Tarim et les lacs de son extrémité orientale sont loin, c'est l'évaporation des terrains irrigués des oasis et des forêts de peupliers alimentés par des eaux souterraines, provenant de la fonte des neiges et glaces des montagnes qui expliquent la chose.

On a constaté une dessiccation de ces pays pendant la période historique. Ainsi le dr. Sven Hedin et d'autres voyageurs ont trouvé des ruines et des routes au Sud du Lop-Nor, où la sécheresse ne permet plus l'habitation humaine. Les annales chinoises ont aussi constaté l'abandon des routes de caravanes passant au Sud du Lop-Nor.

La Mongolie au Nord, le Tibet au Sud ont aussi des lacs salés et il est probable que le desséchement a duré pendant la période historique.

Il faut remarquer que la mousson sèche du NW, plus longue et plus forte que la mousson pluvieuse du SE a contribué au desséchement des parties orientales de ces pays, les seules qui ont des pluies régulières avec apport de la vapeur d'eau de l'océan.

Un géologue russe de grand talent, M. P. Tutkovski, a beaucoup contribué à la question des variations du climat depuis la dernière glaciation. Il fut chargé, par notre comité géologique, de la confection de la 16ᵉ feuille de la carte géologique de Russie. Cette feuille comprenait une partie de ce qu'on appelle le »Polessje», littéralement *pays des forêts*, dans les gouvernements de Minsk, de Kiew et de Wolhynie. C'est un pays de denses forêts et de marécages, très difficilement accessible et mal connu. La partie la plus intéressante de cette région étudiée par lui est le district d'Owrutch en Wolhynie, où l'on trouve des roches ignées et archéennes, et pas d'erratiques, c'est une région semblable, en petit, à la partie de la Russie centrale qui se trouve entre les deux grandes extensions de glaces, dans le bassin du Dniepr à l'Ouest et dans celui de la Medwéditza, affluent droit du Don à l'Est.

M. Tutkowski a résumé ses études sur le terrain et celles de beaucoup d'autres savants dans un grand travail sur les »déserts fossiles», publié en 1909 par le journal »Zemlewedenie» de Moscou.

Il a trouvé dans le Polessje des centaines de barkhanes ou dunes continentales dont le *côté sur le vent* (Windseite, wind side) était toujours à l'Est, montrant une prédominance de vents de ce côté. Les forêts et les marais ont conservé ces barkhanes et nous montrent que le climat était sec, quand ils se formaient. Des études nombreuses ont fourni à l'auteur des preuves que ces sables furent déposés pendant la période postglaciaire. Puis, le climat étant devenu plus humide, les sables se couvrirent de forêts.

Les mêmes faits se retrouvent dans l'Allemagne du Nord, et plusieurs des géologus allemands ont aussi trouvé que le côté sur le vent est à l'Est. D'autres ont trouvé le côté sur le vent à l'Ouest. M. Tutkowski explique cette divergence de la manière suivante.

Dans beaucoup de cas, on abattit les forêts croissant sur les barkhanes de l'Allemagne, les sables se remirent en mouvement, et comme actuellement les vents dominants sont ceux d'Ouest, les sables furent remaniés et le côté sur le vent se trouva à l'Ouest.

M. Tutkowski a émis l'hypothèse suivante, que je trouve plausible. La fonte des glaces continentales prouve que la chaleur solaire augmentait. Au-dessus des glaces il devait y avoir un maximum barométrique dans la saison d'été à cause de la basse température au-dessus des glaces, et de la température beaucoup plus haute au Sud des glaces, cela devait donner des vents du NE et de l'E. Comme ils étaient descendants, ils étaient secs et relativement chauds.

La zône au Sud des glaces où régnaient ces vents était une région de *déflation* et de barkhanes (dunes continentales), avec peu ou point de végétation.

Au Sud de cette zône se trouvait une zône de steppes, dont la végétation herbacée arrêtait les poussières menues, de là la déposition des loess, c'était une zône *d'inflation*.

A mesure que les glaces fondaient et se retiraient vers le Nord, la zône de déflation se retirait aussi vers le Nord, et l'ancienne zône de déflation devenait une zône d'inflation, le loess se déposait au-dessus des anciens barkhanes, ce que Mr Tutkowski a souvent constaté dans le Polessje.

Mr Tutkowski considère le loess qui se trouve près des anciens glaciers comme un resultat de périodes sèches qui coïncidèrent avec la retraite des glaciers, ainsi il admet des loess interglaciaires et post-glaciaires.

Le géologiste qui connaissait le mieux le postpliocène du Sud de la Russie, le dr. N. Sokolof est arrivé aux conclusions suivantes.[1]

Pendant la dernière période glaciaire il existait un bassin lacustre à eau presque douce à la place de la mer Noire. Il était en communication avec la Caspienne par le bassin du Manytch, ses eaux étaient plus élevées que celles de la mer Noire actuelle. La disparition des glaces était due à la sécheresse, et il n'admet pas de grandes étendues d'eau au pied des glaces fondantes.

Grâce à la sécheresse du climat postglaciaire le niveau du lac s'abaissa à 30 m au-dessous du niveau de la mer Noire actuelle. La réunion de ce lac à la Mediterranée fut causée par la formation de gouffres et la crue qui éleva le niveau de la mer Noire de 30 m fut rapide.

Il est d'avis que les steppes, qui s'étendaient bien plus au Nord en Russie que les steppes actuelles, ne supposent pas un climat chaud, mais seulement un climat sec.

Je suis de son avis, actuellement même l'été n'est pas chaud sur les plateaux steppiens, très-secs du Tibet occidental et du Pamir. Juillet y a une température de 15° à peu près. Sur les paramos secs du Pérou et de la Bolivie, au-dessus de 4 000 m aucun mois n'est plus chaud que 7°. Pour des plaines basses, nous n'avons actuellement pas d'aussi basses températures d'été avec une végétation de steppes, mais cependant dans l'intérieur de l'extrême Sud de l'Amérique meridionale le mois le plus chaud n'a certes pas une moyenne au-dessus de 12°.

Il faut aussi remarquer que le mot »toundra« est souvent mal compris, il comporte souvent l'idée d'une grande humidité, cela n'est pas le cas, ce sont les lichens et non les mousses qui prédominent même dans la toundra basse du cours inférieur de la Petchora, quant à la

---

[1] »Potchwowedenie« 1904. »Sur l'histoire des steppes de la mer Noire«.

Laponie, les toundras (tunturi en finnois et lapon) y occupent les montagnes.

La Khibina toundra, près du lac d'Imandra, est la montagne la plus élevée de la région.

Ainsi le voisinage de steppes et de toundras dans la période postglaciaire, d'après l'hypothèse de M. NEHRING, est fort plausible.

Le prof. KUSNEZOW a fait une étude détaillée de la flore du Caucase. Le Sud-Ouest de ce pays (l'ancienne Colchide) a un climat chaud et en même temps humide et pluvieux qui lui donne une flore particulière. A côté de plantes de la région méditerranéenne que comporte la chaleur du climat, on trouve des plantes exclues de la région méditerranéenne par la sécheresse estivale. Mr KUSNEZOW est d'avis, que dans cette région, la végétation n'a que peu changé depuis la période tertiaire, cela prouverait que le climat a aussi peu varié, et que cette région n'a eu ni le froid de l'époque glaciaire, qui a fait périr tant de plantes tertiaires dans l'Europe centrale et septentrionale, ni les étés secs de la région méditerranéenne, défavorables aussi à un grand nombre de plantes tertiaires.

Cependant il admet l'existence d'une période postglaciaire plus sèche que la période actuelle, son existence est prouvée par des plantes fossiles plus xerophiles que la végétation actuelle.

Les admirables travaux des savants suédois: géologues, paléontologues, paléobotanistes, préhistoriens, nous ont appris plus sur les changements du climat après la dernière glaciation dans le pays où nous sommes actuellement, que dans les autres pays. Ces travaux s'emboitent, pour ainsi dire, l'un dans l'autre, formant un tout homogène.

Les travaux des paléobotanistes ont prouvé l'existence d'un climat plus chaud que le climat actuel après le dernière glaciation. Puis M. EKHOLM est venu avec son explication si plausible de la cause de cet optimum climatérique, l'inclinaison beaucoup plus grande de l'écliptique il y a 9 000 ans de cela.

Puis M. DE GEER vient avec sa chronologie basée sur les moraines et les dépôts d'argile, il nous montre que le retrait des glaces était de 50 m par an dans le midi de la Suède et s'accélérait jusqu'à 400 m dans le Nord de ce pays. La grande somme de chaleur reçue par les hautes latitudes pendant la grande inclinaison de l'écliptique nous fait penser à l'influence de ce fait sur la fonte des glaces et rend probable que la fonte dans le Nord de la Suède avait eu lieu pendant cette grande inclinaison. L'apparition subite d'arbres dans le Nord de la Suède, sans une flore arctique suivant la fonte des glaces, corrobore encore ces faits, elle montre que la température augmentait très vite.

Au contraire, dans le Sud de la Suède, le Danemark, le Nord de l'Allemagne la fonte des glaces est plus lente, et il y a place pour une flore arctique.

En venant ici pour la discussion des variations de climat après la dernière période glaciaire, j'étais persuadé que l'on se tiendrait strictement à la question posée. Trois heures pour la discussion d'une question si vaste et si importante est déjà bien peu!

Mais comme le prof. BRÜCKNER a parlé principalement du climat glaciaire, je me crois autorisé à en dire quelques mots.

Quand les prof. PENCK et BRÜCKNER, dans leur bel ouvrage »Die Alpen im Eiszeitalter« écrivent qu'un abaissement de température de 5° avec les mêmes précipitations que maintenant, suffiraient pour expliquer la plus grande étendue des glaces alpines, je suis de leur avis, et je crois que les glaciations des autres montagnes pourraient être aussi expliquées par la même hypothèse.

Mais il en est autrement pour l'explication des grandes glaciations continentales de l'Europe jusqu'au 50° L. N. et de l'Amérique du Nord jusqu'au 40° L. N. pendant lesquelles les glaces envahirent des plaines étendues.

Supposons une température de 5° inférieure à la température actuelle. Qu'en résultera-t-il? Nous avons actuellement des températures annuelles autrement basses que les températures du Jämtland et du plateau Laurentien du Canada — les centres supposés des glaciations continentales — abaissées de 5° C., et cependant aucune glaciation n'en résulte sur des plateaux de 500 à 1 000 m.

Actuellement les îles basses au Nord du Groenland ne sont pas couvertes de glaces. Les glaciers, même dans les plus hautes latitudes, manquent dans les plaines et les plateaux peu élevés, et les glaces continentales sont bornées au Groenland et aux terres antarctiques dont l'élévation au-dessus du niveau de la mer est très grande.

Je ne puis comprendre les glaces continentales de l'Europe et de l'Amérique du Nord à moins de supposer une élévation très considérable des régions qui sont supposées être les centres ou foyers de ces glaciations.

Et cependant les glacialistes ne sont pas explicites sur ce point. Les dépôts glaciaires de toute espèce sont-ils assez grands pour prouver une aussi grande élévation des pays d'origine des glaces?

Les périodes interglaciaires sont pour moi une autre pierre d'approchement. Supposons qu'un abaissement de température de 5° ou plus soit suffisant pour induire une période glaciaire, comment et pourquoi ce refroidissement a-t-il cessé et a reparu 3 à 4 fois?

Je crois que le climat glaciaire serait un thème à recommander pour le prochain congrès géologique.

Mais certes le problème glaciaire n'est pas le seul important problème de climats géologiques. Il y a beaucoup à faire même pour les temps postglaciaires. L'imposant volume de mémoires publié pour le Congrès nous montre les lacunes de nos connaissances plus que les problèmes résolus.

Travaillons, travaillons beaucoup et bien pour l'élucidation de ces importantes questions, et discutons, car du choc des opinions jaillit la vérité!

Les changements du climat après le maximum de la dernière glaciation, doivent-ils être attribués aux causes locales ou aux causes générales?

Discussion le 22 Août.

M. **H. Arctowski** (New York) présente au Congrès son ouvrage intitulé «L'enchaînement des variations climatiques» et montre que le problème de la cause de l'abaissement de la température de l'atmosphère terrestre durant l'époque glaciaire peut être abordé scientifiquement à l'aide des données des observations météorologiques.

La discussion des cartes exprimant la répartition des écarts annuels de la température démontre qu'en 1900 la température de l'atmosphère terrestre a dépassé celle de 1893 d'au moins 0'.3 C. La cause de ces variations est extraterrestre.

M. ARCTOWSKI insiste tout particulièrement sur l'absence de synchronisme qui fait que lorsqu'on prend en considération les écarts des décades par rapport aux moyennes de 50 années d'observations on constate que les décades d'années durant lesquelles la température a été trop élevée en Russie ont été caractérisées par des moyennes trop basses en France et vice versa.

Les variations de la température sont donc compliquées par des phénomènes d'ordre dynamique: la circulation générale et régionale de l'atmosphère subit des modifications temporaires de plus ou moins longue durée.

Professor **R. Sernander** (Uppsala) äusserte mit Demonstrationen einiger schematischer Tabellen Folgendes:

Ehe ich einen Versuch mache, einige der *Ursachen*, welche man sich für die nordischen postglazialen Klimaänderungen denken kann, anzudeuten, möchte ich die Hauptrichtungen *der klimatischen Entwickelung* selbst im südlichen und mittleren Schweden skizzieren, und zwar wie dieselben in unseren pflanzenrestenführenden Ablagerungen registriert sind.

Die Temperatur.

Alles deutet mit grosser Bestimmtheit darauf hin, dass wir eine sowohl *markierte* als auch sehr *langdauernde* Periode gehabt haben, in der die Mitteltemperatur der Vegetationsperioden, entweder während aller oder aber während der letzten Monate, höher als jetzt gewesen ist.

Diese Periode (und die hiernach folgende Klimaverschlechterung) habe ich hier (Fig. 1) durch eine Linie (–   ) angedeutet, deren gerader Verlauf nicht bedeuten soll, dass sie nicht in der Tat einen krummen Verlauf gehabt hat, sondern nur dass sie höher als die Linie (- - - -) liegt, welche die Temperatur der jetzigen Vegetationsperiode bezeichnet. Die Linie . . . . . . bezeichnet die Auffassung von GUNNAR ANDERSSON über den Eintritt der postglazialen Klimaverschlechterung.

Wie verteilen sich nun die subfossilen Funde, welche ungefährliche Indikatoren der ehemaligen Temperaturerhöhung sind, auf diese Linie?

Die Funde aus der Zeit vor dem Maximum der Litorinasenkung sind die folgenden:

Von GUNNAR ANDERSSON, der der Ansicht ist, dass das Temperaturmaximum während des letzten Teils der Ancyluszeit, also vor der Zeit des Maximums der Litorinasenkung erreicht wurde, und dass der Umschlag gleich nach demselben eintrat, werden zum Beweise hierfür 2 Fossilfunde angeführt, die nach ihm aus der Ancyluszeit herstammen: *Acer campestre* (Zweigstücke) in einem submarinen Torfmoor, Hafen von Ystad, und *Trapa natans* »in fresh water and beneath marine deposits from the Litorina age only 2—3 m above the sea at Ronneby».[1] Die Lagerungsverhältnisse für diese Funde sagen nichts mit Sicherheit darüber aus, ob sie der Ancyluszeit oder der Zeit der Transgression des Litorinameeres angehören; der *Trapa*-Fund, der nur einige Meilen östlich von Immeln liegt, wo die Wassernuss noch heute wächst, besitzt ausserdem verhältnismässig geringe Beweiskraft als Indikator eines wärmeren Klimas.

Einer meiner Funde von *Quercus robur* in einem Torfmoor in Närke in einem Lager aus der borealen Periode — der Endperiode der Ancyluszeit — zeigt, dass dieser Baum während der Ancyluszeit wenigstens ein gutes Stück nach seiner gegenwärtigen Nordgrenze hinauf gereicht hat, und zwar auf einem gegenwärtig lokalklimatisch ungünstigen Gebiet.

Keiner dieser drei Funde sagt demnach mit Bestimmtheit aus, dass unser postglaziales Temperaturoptimum während der Ancyluszeit, oder auch nur während der Transgressionsperiode der Litorinazeit beginnt, aber es gibt viele Umstände, die darauf hindeuten.

Ja, es ist sogar schwer, Pflanzenfunde nachzuweisen, die bestimmt darauf hinweisen, dass die Temperatur höher während des Maximums der Litorinasenkung und während der *gleich* darauffolgenden Hebung gewesen sei.

Die regionalen Verschiebungen in den Hochgebirgsgegenden sind die wichtigsten Zeugnisse hierfür. Besonders bedeutungsvoll sind TH. C. E. FRIES'[2] Untersuchungen im nördlichsten Schweden. In Torfmooren oberhalb der jetzigen Nadelwaldgrenze hat er *Pinus silvestris*

---

[1] Swedish climate in the late-quaternary period. Die Veränderungen des Klimas seit dem Maximum der letzten Eiszeit, S. 288. Stockholm 1910.

[2] Einige Beobachtungen über postglaziale Regionenverschiebungen im nördlichsten Schweden. Bull. of the Geol. Inst. of Upsala, Vol. IX. 1910.

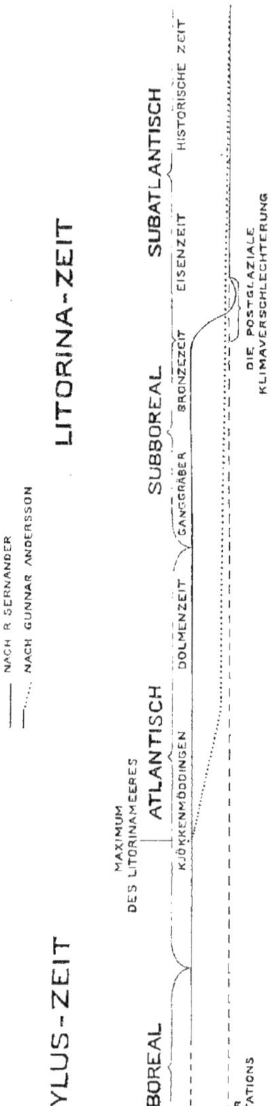

Fig. 1. Diagramm der Temperaturentwickelung der Postglazialzeit in Schweden.

von den Bodenschichten an bis hinauf zu dem Waldboden, den er als subboreal deutet, gefunden. Diese Bodenschichten stammen, allem nach zu urteilen, aus der älteren Litorinazeit her.

Die Molluskenfauna in den höchsten und dicht unter diesen liegenden *Tapes*-Bänken (Tapeszeit = Litorinazeit) an der schwedischen Westküste und dem Kristiania-fjord zeigt indessen, dass die Temperatur zu dem fraglichen Zeitpunkt höher war als die gegenwärtige.

Bei näherer Prüfung ergibt es sich, dass die Mehrzahl der zeitlich genauer bestimmbaren fossilen Pflanzenfunde, auf die man die Theorie einer postglazialen Temperaturerhöhung in Fennoskandia gestützt hat, in Wirklichkeit einer weit vorgeschrittenen Periode der Litorinahebung angehört, in welche die Dolmen-, Ganggräber- und Steinkistengräberzeit sowie die Bronzezeit fallen. Und ich nehme dabei, um in dieses Räsonnement nicht die Theorie der postglazialen Niederschlagsänderungen hineinzuziehen, keine Rücksicht auf die subborealen Schichten unserer Torfmoore als solche. Erwähnt sei jedoch, dass aus diesen Schichten, die eben diesen drei letztgenannten archäologischen Perioden, d. h. der Zeit zwischen ca. 50—12 % der Litorinahebung, [1] angehören, eine Reihe Funde von südlichen Pflanzenformen bekannt ist.

Corylus Avellana, deren fossile Vorkommen oberhalb der gegenwärtigen so grosse Bedeutung für unsere Klimageschichte hat, geht in den norrländischen Torfmooren auf sehr niedrige Niveaus herunter. So z. B. beim Åskammen (37,4 m ü. d. M.) und Bjällmyren (36 m ü. d. M.), [2] welche Moore auch bei einem Minimalwert von 110 m für die Litorinagrenze in diesen Gegenden bei ca. 33 % der Litorinagrenze isoliert worden sein müssen. Und dazu kommt, dass die Haselnüsse auch hoch oben in der Lagerreihe der betreffenden Moore angetroffen werden.

Die meisten Fundlokale für *Trapa natans* im Mälar-Hjälmar-Tiefland und im südlichsten Finland liegen weit unter der Litorinagrenze und viele sehr niedrig. In zwei zugewachsenen Buchten des Hjälmaren (23 m ü. d. M. und bei 29 % der Litorinagrenze) hat L. VON POST [3] *Trapa*-Nüsse in grosser Menge nachgewiesen. Ausserdem hatten sich, da *Trapa* hier beim Eintritt der postglazialen Klimaverschlechterung ausstarb, ca. einen halben Meter mächtige limnische Sedimente absetzen können. Die Nüsse waren gross und wohlausgebildet. Eine Generalprobe hiervon sowie eine andere aus einem angrenzenden, aber bedeutend höher gelegenen Moor am Mosjön, von dem später GUNNAR ANDERSSON (a. a. O., S. 290) angegeben hat, dass die hier gefundenen Früchte ungewöhnlich »small« seien, weshalb er »great doubts as to strength of the proofs« für ein wärmeres Klima hege, wurden vorgezeigt. Betreffs beider Kollektionen hatte Professor TANFILJEW aus Odessa sich dahin geäussert, dass die Nüsse ebenso wohlausgebildet seien wie z. B. die jetzigen in Südrussland.

Die fossile *Tapes*-Fauna der Westküste legt ein gleichartiges Zeugnis ab. BRÖGGER schreibt mir bezüglich des Kristianiafjordes (SERNANDER, a. a. O., S. 227): »Dass die *grosse* Veränderung erst *nach* Ihrer subborealen Periode (die also ungefähr der Bronzezeit entsprechen würde) eintritt und Ihre subantlantische Periode also im Beginn der Eisenzeit einsetzt, davon zeugt auch das, was uns die Molluskenfauna lehrt, sofern die Einwanderung der *Mya arenaria*-Fauna und die Auswanderung lusitanischer Mollusken aus derselben Zeit datiert und zu derselben

[1] Die Berechnungen der Litorinagrenze nach H. MUNTHE, Studies in the late-quaternary history of Southern Sweden. Der XI. Geologenkongress, Guide 25. Sonderabdruck aus Geol. Fören. Förhandl., Bd. 32 (1910).

[2] RUTGER SERNANDER, Die schwedischen Torfmoore als Zeugen postglazialer Klimaschwankungen. Der XI. Geologenkongress. Die Veränderungen des Klimas seit dem Maximum der letzten Eiszeit, S. 220. Stockholm 1910.

[3] Stratigraphische Studien über einige Torfmoore in Närke. Der XI. Geologenkongress. Guide 13. Aus Geol. Fören. Förhandl., Bd. 32 (1910).

Zeit begonnen haben muss, nachdem die Hebung des Landes auf sein heutiges Niveau ganz abgeschlossen war.» HÄGG hat die *Tapes*-Fauna im nördlichen Bohuslän von 62,9 m ü. d. M. bis herunter zu 4,2 m ü. d. M. gefunden und gibt als Ergebnis seiner sehr umfassenden Untersuchungen an (SERNANDER, a. a. O., S. 227): »dass das Klima mit der fortschreitenden Landhebung immer wärmer wurde, denn je niedriger das Niveau, desto zahlreicher sind die eingewanderten Formen».

GUNNAR ANDERSSON denkt sich, wie aus der Linie ...., Fig. 1, hervorgeht, dass der Temperaturfall gleich nach dem Maximum der Litorinasenkung begann. Uns, die wir auf Grund der oben mitgeteilten Tatsachen, denen sich noch mehrere andere anreihen liessen, annehmen, dass der Temperaturfall zu einem Zeitpunkt im Übergang zwischen Bronze- und Eisenzeit eintrat, erscheinen die folgenden 3 Fälle von gedachten Möglichkeiten für den hiernach folgenden Teil der Kurve annehmbar (Fig. 2, a, b und c).

Alles, was man von dem europäischen Klima in geschichtlicher Zeit weiss, deutet darauf hin, dass die Temperaturverhältnisse sich im grossen und ganzen nicht verändert haben. Dies macht den Fall des Typus a) weniger, die Fälle vom Typus b) und c) dagegen mehr wahrscheinlich. Meines Erachtens sprechen die vorliegenden Tatsachen am meisten für den Typus c), demnach dafür, dass

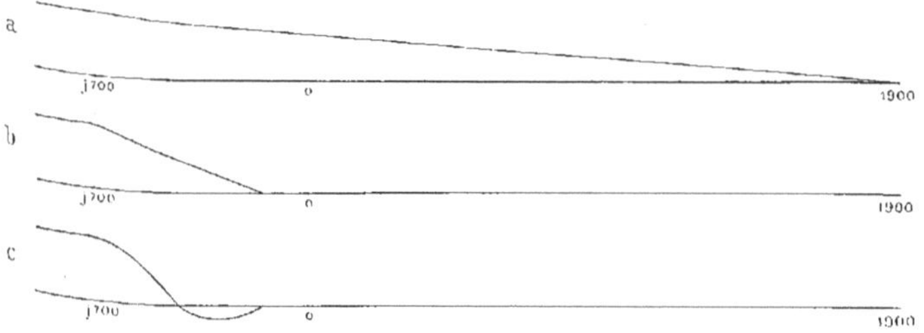

Fig. 2. Alternativen der postglazialen Klimaverschlechterung.

die Temperaturverhältnisse der Vegetationsperioden während des ersten Teils der Eisenzeit schlechter gewesen sind als die gegenwärtigen. So finden sich z. B. im Mälar- und Hjälmar-Tieflande weit unter der Litorinagrenze einige isolierte Vorposten nördlicher Pflanzen — »subatlantische Glazialrelikte» — die ich als während dieser Klimadepression herabgewandert deute. Ferner habe ich durch Zusammenarbeiten mit den schwedischen Archäologen zeigen können, dass die Funde aus MONTELIUS' zwei ersten Perioden der älteren Eisenzeit sowie aus der letzten Periode der Bronzezeit (650—150 v. Chr.) sich durch eine auffallende Armut sowohl der Zahl als dem Inhalt nach gegenüber dem überquellenden Reichtum während der zwei nächstletzten Perioden der Bronzezeit (1050—650 v. Chr.) auszeichnen, sowie dass sie in den lokalklimatisch begünstigten Gegenden konzentriert sind.

Die Niederschläge.

In den verschiedenen Lagern unserer Torfmoore besitzen wir dadurch. dass wir die Mutterformationen derselben bestimmen, eine Registrierung des Grundwasserstandes, bezw. Wasserniveaus, der fraglichen Becken während verschiedener Zeiten. Man vergleiche z. B. die Kurve, die A. GAVELIN [1] für die spätquartären

---

[1] Studier öfver de postglaciala nivå- och klimatförändringarna på norra delen af det småländska höglandet. Sveriges Geol. Unders., Ser. C, N:o 204 (= Årsbok 1, N:o 1). 1907.

Niveauveränderungen in einem smäländischen Seensystem, dem Wänstern und Frucken, gefunden hat (Fig. 3).

In einer Fülle von Torfmooren sind auch, wie ich a. a. O., S. 230, hervorgehoben, die verschiedenen Torfarten »nicht nur unter die betreffenden Mutterformationen gebracht, sondern es sind auch ihr Auskeilen, ihre oberen und unteren Grenzen etc. sorgfältig nivelliert worden. Durch Vergleiche mit den Ansprüchen, welche diese Pflanzenformationen in der Gegenwart an den Wasserstand stellen, besonders an dessen grösste Unterschiede, kann man für jeden Moment in der Entwickelung des betr. Bodens diese Amplitude feststellen. An der Hand der heutigen Niederschlags-, Temperatur- und Abflussverhältnisse kann man dann die in der Vorzeit obwaltenden ausrechnen. Leider sind die heutigen Konstanten in den einzelnen Fällen noch nicht so genau bekannt, dass etwas anderes als grobe Annäherungswerte sich ergeben würde. Aber es ist, wie ich in Geol. Fören. Förhandl. 1905, S. 420, sage: »Wenn man die Beziehung einer Wasserlinie der strunkführenden Seen sowie die der Menge des abgeflossenen Wassers und der Verdunstung zu der in ihrem Drainierungsgebiet fallenden Niederschlagsmenge be-

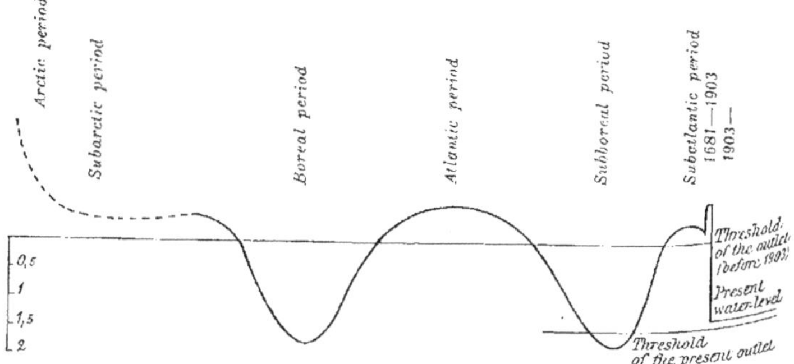

Fig. 3. Die postglazialen Wasserstandschwankungen der Seen Wänstern und Frucken. (Nach A. GAVELIN.)

rechnen wollte, würde man einen festen Ausgangspunkt haben, um dasjenige Minus der Niederschlagsmenge oder dasjenige Plus der Verdunstung zu erhalten, welche den subborealen Süsswassersee kennzeichneten, dessen Wasserlinie durch die am tiefsten stehenden Strünke bezeichnet ist.»

Blickt man indessen auf die allgemeinen Feuchtigkeitsverhältnisse als solche, so halte ich mich für durchaus berechtigt, für die Litorinazeit, was die allgemeinen Feuchtigkeitsverhältnisse betrifft, eine relativ *trockene* Periode, vor und nach der je eine *feuchte* Periode herrschte, und für den letzten Abschnitt der Ancyluszeit ein relativ *trockenes* Klima anzunehmen. Für diese vier Perioden habe ich dem Schema BLYTTS die Benennungen *subboreal* und *boreal* für die trockenen, *subatlantisch* und *atlantisch* für die feuchten entliehen. Ich nenne diese Perioden trockene, bezw. feuchte, denn es ist durch eine lange Reihe von Untersuchungen und Monographien erwiesen, dass z. B. das Wasser der Seen und Torfmoore in diesen viel höher stand als in jenen Perioden. Für durchaus sicher halte ich es indessen, dass die Niederschläge in den feuchten weit grösser gewesen sein müssen als in den trockenen Perioden, aber kalte Sommer können auch dazu beigetragen haben, die Verdunstung zu vermindern. In meinen älteren Arbeiten habe ich dies ganz besonders von der subatlantischen Periode behauptet. Auch können warme

Sommer zum Teil das Steigen des Grundwassers, das reichlicher Niederschlag mit sich bringt, aufwiegen.

— — —

Bevor man zu allgemeinen kosmischen oder geologischen Erscheinungen als Ursachen eines Klimawechsels seine Zuflucht nimmt, gilt es zu untersuchen, ob nicht *lokale Ursachen* aufgefunden werden können.

Was die Veränderungen der Niederschlagsverhältnisse betrifft, so bietet sich auch ungesucht eine lokale Erklärung zweier der soeben besprochenen Perioden, der borealen und der atlantischen, dar. So sage ich[1] schon 1892 a. a. O., S. 86: »Die Einwirkung auf Meeresströme und Windrichtungen, welche diese Verteilung des Landes und der See herbeiführen musste, trug sicherlich zu dem kontinentalen Charakter der borealen Periode bei; ob sie diesen Charakter sogar verursachte, kann man selbstverständlich noch nicht entscheiden. Als der Englische Kanal entstand, senkten sich gleichzeitig grosse Teile desjenigen Festlandes, das sich über grosse Gebiete im südlichen Teile der heutigen Nordsee erstreckt hatte, die Belte entstanden, und der salzige Strom, wodurch die postglaziale Senkung Skandinaviens eingeleitet wurde, brach herein. Ich habe die atlantische Periode in eine Zeit zu verlegen versucht, wo diese merkwürdigen geologischen Phänomene stattfanden. Die Veränderungen der Meeresströme und Windrichtungen, welche sich aus ihnen ergeben, übten wahrscheinlich auf das Klima der atlantischen Periode einen Einfluss aus, welcher demjenigen entgegengesetzt war, den die Ancylushebung, wie ich nachzuweisen versucht, auf die boreale Periode hatte.»

Dagegen sprechen die über ungeheure Teile der Erde konstatierte postglaziale Temperaturerhöhung und die meiner Ansicht nach relativ plötzliche Senkung der Temperatur mehr für eine allgemeine als für eine lokale Ursache.

Aber noch ist es wohl eigentlich zu früh, von den Ursachen zu sprechen. Vielleicht wird man auf noch einem, vielleicht mehreren Kongressen diese Frage zu behandeln haben, und ich spreche nur von den nordeuropäischen Ländern: »Von welchen Klimaveränderungen sind die bezüglichen Länder betroffen worden»; danach kann man sich wieder der Frage zuwenden: »Welche sind die Ursachen dieser Klimaveränderungen?»

Geheimer Bergrat **A. von Koenen** (Göttingen) bemerkte, dass Änderungen des Klimas sicher durch Verschiebung der Meeresräume hervorgebracht werden können, gleichviel ob diese durch säkuläre Hebungen und Senkungen, also durch Undulation, oder durch schnellere tektonische Bewegungen bedingt wären. Vor Jahren hat er gezeigt, dass das marine Unteroligocän Norddeutschlands nicht über Frankreich, sondern über Russland und die Balkan-Halbinsel mit dem norditalienischen zusammengehangen hat, das Mitteloligozän dagegen umgekehrt über Frankreich, nicht über Russland. Das norddeutsche Mittelmiozän hing nicht mit dem Wiener Becken, das ja bis Oberschlesien reichte, zusammen, sondern erstreckte sich von der Elbe über Holland nach Belgien (Bolderien) und hat eine Fauna ganz ähnlich der von Bordeaux. Das Obermiozän reichte weiter nach Nordosten und sicher nicht nach Belgien, hat aber eine um vieles ärmere Fauna von mehr arktischem Charakter und nähert sich durch einzelne *Fusus*, die vielen *Astarte* etc. dem belgischen und englischen Pliozän. Dieses, der Crag, enthält wesentlich andere Gattungen und Arten als das italienische und südfranzösische, so dass ein direkter Zusammenhang durch den jetzigen atlantischen Ozean und den Kanal nicht wohl denkbar ist. In diese Zeit fällt aber auch ein wesentlicher Teil unserer tektoni-

---

[1] RUTGER SERNANDER, Die Einwanderung der Fichte in Skandinavien. Englers Botanische Jahrbücher, XV (1892).

schen Bewegungen. Es muss vielmehr im Norden und Nordwesten Frankreichs Land gewesen sein, welches wohl weit hinausreichte und vermutlich dem Golfstrom den jetzigen Weg versperrte. Hierdurch wurde jedenfalls eine sehr bedeutende Abkühlung des nordeuropäischen Klimas herbeigeführt, wie sie wieder eintreten würde, wenn der Golfstrom wieder einen anderen Weg nähme als jetzt. Es ist also schon zur Tertiärzeit die Eiszeit eingeleitet worden, und die französischen Geologen werden hoffentlich weitere Auskunft über die hier angeregten Fragen geben.

Geheimer Oberbergrat *R. Lepsius* (Darmstadt) bemerkt, dass die heutige Diskussion sich darauf bezieht, ob die Klimaschwankungen der Eiszeit auf lokale oder auf allgemeine Ursachen zurückzuführen seien. Herr Prof. BRÜCKNER hat in seinem Vortrage nur die letzteren besprochen. Viele Geologen sind der Ansicht, dass die quartären Vergletscherungen nur auf lokale Ursachen zurückzuführen sind, und es wäre vielleicht zweckmässig gewesen, hier für diese Diskussion auch einen Vertreter dieser Anschauung referieren zu lassen.

Herr BRÜCKNER stellte als ersten Leitsatz auf, dass die quartäre Eiszeit ein allgemeines Phänomen auf der Erde gewesen sei. Wenn man jedoch eine Karte der ganzen Erde in Bezug auf diese Eiszeit betrachtet, so sieht man, dass nur ganz kleine Teile der Kontinente vergletschert waren: z. B. fehlt die Vergletscherung in Sibirien, dem jetzigen kältesten Gebiete der nördlichen Hemisphäre.

Diejenigen Gebirge der Erde, welche vergletschert waren, zeigen sämtlich das Fjordphänomen; dieses weist auf jungquartäre Absenkungen solcher Gebirge, oder mit andern Worten: diese Gebirge standen zur älteren Quartärzeit höher über dem Ozean und waren deswegen, weil sie in höhere, kältere Luftschichten hineinragten, während jener Zeit vergletschert.

Die jetzige anormale Erwärmung Europas hat ihren Grund in einer lokalen, nicht in einer allgemeinen Ursache: der Golfstrom bringt uns aus den Tropen diese anormale Wärme, wie ich in meinem Vortrage am vorigen Sonnabend und in meiner Abhandlung über die Eiszeit der Alpen, die ich dem Kongresse überreicht habe, hervorgehoben hatte.

Als zweiten Leitsatz hat Herr BRÜCKNER aufgestellt, dass Temperaturschwankungen die Eiszeit erzeugt hätten; er gab aber keine Ursache an, durch welche seine quartären Temperaturschwankungen entstanden seien. Soeben hat Herr v. KOENEN betont, dass während der tertiären Periode das Klima von Nordeuropa keine gleichmässig kälter geworden sei. Wir Geologen nehmen eine gleichmässige, nicht an sprungweise Entwickelung der Erdgeschichte an. Daher glauben wir nicht an anormale und sprungweise Klimaschwankungen während der quartären Periode, sondern nehmen an, dass die Wärme auf der Erdoberfläche in der quartären Zeit ebenso regelmässig im allgemeinen abgenommen habe bis zur jetzigen Zeit wie während der tertiären Periode.

Ich nehme an, dass diejenigen Kälte- und Wärmeschwankungen, welche wir auf einigen kleinen Gebieten der Erde in der Quartärzeit konstatieren können, nicht eine allgemeine Ursache haben, sondern örtliche Ursachen, in erster Linie regional-tektonische Hebungen und Senkungen von Gebirgen; so z. B. für Europa die Einwirkung des Golfstromes.

Im einzelnen verweise ich auf meine ausführlichen Darlegungen über dieses Thema, welche ich im zweiten Bande meiner Geologie von Deutschland und in der Abhandlung über die Eiszeit in den Alpen gegeben habe.

Professor *M. Blanckenhorn* (Berlin) legt der Versammlung eine vergleichende Übersichtstabelle der wichtigsten Vorgänge und Ablagerungen während der Pliozän- und Quartärperiode in Europa und im Mittelmeergebiete, insbesondere

Ägypten, Palästina und Syrien, mit besonderer Berücksichtigung des prähistorischen Menschen vor, die zu einer eben in der Zeitschrift der Deutschen geologischen Gesellschaft erschienen Abhandlung: »Neues zur Geologie Palästinas und des ägyptischen Niltals» gehört. Diese Schrift, von welcher Separata den Interessenten zur Verfügung gestellt werden, ist die Frucht langjähriger Studien speziell über die Pliozän- und Diluvialablagerungen genannter Länder und enthält auch teilweise die nähere Begründung der in dem Klimawerk des Stockholmer Kongresses veröffentlichten, mehr summarischen Ausführungen des Vortragenden über das Klima der Diluvialzeit in Ägypten und Palästina. Die Tabelle enthält namentlich auch eine Zusammenstellung der bekannteren Niveauverschiebungen, Hebungen, Senkungen, entstandenen Meeresverbindungen, Dislokationen, Grabenbrüche und vulkanischen Ereignisse etc., die für die Frage der etwaigen lokalen Ursachen der Klimaveränderungen in Betracht kommen, und zwar nach Möglichkeit eingereiht in die verschiedenen speziellen Zeitabschnitte. Namentlich der Beginn der Eiszeit und die dritte (Riss-)Eiszeit scheinen im Mittelmeergebiet durch bedeutende Ereignisse, Meerestransgressionen, Grabenbrüche und vulkanische Eruptionen charakterisiert zu sein. Es zeigt sich ferner ein gewisser Gegensatz im Verhalten von SO-Europa, Vorderasien und Nordafrika gegenüber dem nördlichen Europa. Im SO gibt es wohl eine grosse Pluvialperiode, die etwa die erste (G-) und zweite (M-) Eiszeit zusammen umfasst und während der zweiten (M-) Eiszeit den Höhepunkt der Entwickelung im Schotterabsatz erreicht. Aber seit der vorletzten (M-R) Interglazialzeit herrschte in diesen Ländern etwa dasselbe Halbwüsten- und Wüstenklima wie heute. Nur die Riss-Eiszeit brachte nochmals eine schwache Vermehrung der Niederschläge. Die letzte (Würm-)Eiszeit dagegen ist in geologischer Beziehung gar nicht mehr nachzuweisen.

Ägypten und Palästina hatten eine vollständig andere Klimakurve während der Diluvialzeit als Europa, und das war bedingt durch lokale Verhältnisse. Die allgemeine kosmische Ursache der Eiszeit, die speziell während der ersten Hälfte des Diluviums über die ganze Erde ihre Spuren hinterliess, bleibt neben lokalen Ursachen trotzdem bestehen.

Geheimer Bergrat **A. Jentzsch** (Berlin): Grosse Schollen von Tertiär, Kreide oder Jura sind im norddeutschen Glazial keine vereinzelte, sondern eine allgemeine und gewöhnliche Erscheinung. Viele der über dem Meeresspiegel aufragenden Fundpunkte vordiluvialer Gesteine des norddeutschen Glazialgebietes werden von echten Glazialbildungen und Fluvioglazialbildungen unterlagert. Hunderte solcher Stellen sind nachgewiesen. Wir haben schwimmende Schollen von vorwiegend horizontaler Erstreckung; eine derselben, z. B. zu Osterode in Ostpreussen, wird bedeckt von 30 m Diluvium, ist selbst 30 m dick und hat ihre ursprüngliche Schichtung aus Miocän über Oligocän über Senon bewahrt. Andere Schollen stehen senkrecht, z. B. tertiärer Ton an der »Kernsdorfer Höhe» (Ostpreussen), bei mehr als 200 m Meereshöhe; aber auch diluvialer Yoldiaton steht senkrecht, so z. B. bei Cadinen, dem Landsitze des Deutschen Kaisers. In jener Gegend habe ich durch Bohrungen, welche die Geologische Landesanstalt in tiefen Ziegelgruben ausetzte, nachweisen können, dass die Schichtenstörung mindestens 120 m vertikaler Höhe umfasst. Anderwärts sind grosse Tongruben, Kalkgruben, Braunkohlengruben, sogar unterirdisch geführte Bergbaue viele Jahre, sogar Jahrzehnte in Schollen bearbeitet worden. Das Merkwürdigste ist aber der Umstand, dass in den Provinzen Westpreussen und Posen Tertiär- *und* Glazialschichten mit fast ebenen Flächen über viele Kilometer ein gleiches Streichen bewahren, überlagert von gewöhnlichen, fast horizontalen Glazialschichten und in einer Gegend, in welcher die vortertiären Schichten horizontal lagern.

Es hat also ein mit örtlich beschränkten Hebungen verbundener Horizontalschub unter dem Eise stattgefunden. Das Eis wirkte belastend, wie irgend ein anderes Gestein. Denn ohne Belastung ist Seitenschub nicht denkbar.

Es kann nicht zweifelhaft sein, dass *örtliche* Ursachen auf die Ausbreitung der Vergletscherungen in Skandinavien, Nordamerika und anderen Ländern eingewirkt haben. Aber, dass auch *allgemeine* Ursachen bestanden, geht hervor

a) aus dem Auftreten und durchaus analogen Verlauf von Vergletscherungen in weit entfernten Erdteilen;

b) aus der physikalisch-geologischen Erwägung, dass der Gesamtzustand der Erdrinde wie ihrer Wasser- und Lufthülle auf einem allgemeinen Gleichgewichtszustand beruht. Alle geologischen und meteorologischen Vorgänge zielen auf Herstellung eines solchen Gleichgewichtes in stetem Wechselspiel. Und jede geologische oder meteorologische Verschiebung des Gleichgewichtes löst mittelbar oder unmittelbar in entfernten Teilen der Erde neue Vorgänge aus.

Die Frage ist also nicht: ob allgemeine *oder* örtliche Ursachen der Eiszeit zugrundelagen? sondern, welches Mass von Wirkungen diesen verschiedenen Ursachen entsprang. Die beiderlei Wirkungen *überdecken* sich; und wenn wir den allgemeinen Ursachen nachspüren wollen, müssen wir zunächst die örtlichen Wirkungen feststellen.

Hierbei bieten, neben den gewöhnlichen Glazialerscheinungen und den Verwitterungsschichten, wichtige Anhaltspunkte die Flora und Fauna. Die früher grössere Verbreitung der Haselnuss in Schweden erachte ich für einen ziemlich sicheren Beweis einer Änderung des schwedischen Klimas. Nicht so das Aussterben der Wassernuss, *Trapa natans*. Diese ist auch in anderen Ländern zurückgegangen, namentlich in Deutschland. Noch in den letzten 100 Jahren ist sie an vielen Fundorten ausgestorben. Sie lebt aber noch jetzt im Linkelmer See bei Königsberg in Ostpreussen. Dies ist nicht nur der nördlichste Fundort Deutschlands, sondern auch der klimatisch ungünstigste. Das Frühjahr zieht dort, wie meine phänologischen Beobachtungen 1893 gezeigt haben, fast 2 Wochen später ein, als bei Berlin und fast 4 Wochen später als im deutschen Rheintal. Dennoch kann der Rückgang der *Trapa* an so vielen Orten nicht einer Klimaänderung zugeschrieben werden. Ihr Verschwinden beruht vielmehr auf dem *Altern* der Seen. Altwässer von Flüssen sind ihr Lieblingsplatz. Mit dem Altern der Seen schieben sich die Pflanzenformationen, welche in mehreren wohlunterschiedbaren Gürteln das Ufer begleiten, nach dem Seeboden vor; damit ändern sich auch Plankton, Sinkstoffe und Untergrund. Die in so vielen Süsswasserabsätzen beobachtete gleiche Folge der Floren (und Faunen) beweist also — für sich *allein* betrachtet — noch nicht deren zeitlichen Parallelismus. Denn in sehr verschiedenen Epochen erwechselt örtlich in gleichem Sinne die Flora. Ein *natürlicher* Fruchtwechsel folgt — auch ohne Änderung des Klimas — aus den biologischen Zusammenhängen. Auf dem Lande wirkt namentlich die Beschattung dahin, dass Bäume mit dichtem Laube (wie die Buche, *Fagus silvatica*) andere Bäume, Sträucher und Kräuter unterdrücken und verdrängen.

Wie also Pflanzenformationen durch *innere* Kräfte sich umgestalten, so tun dies auch unorganische Formationen, wie z. B. Dünenformationen und *Inlandeis. Ein Inlandeis von 100 m Höhe vermehrt durch seine Höhe örtlich den Schneefall* so lange, wächst also so lange, bis es der klimatischen *oberen* Schneegrenze nahe kommt; dann hört das Wachstum auf. Gleichzeitig beschleunigt sich aber sein Abfluss, weil das Gefälle wuchs, und weil die in seinen Spalten herabsinkenden Schmelzwässer es mehr und mehr heben, stellenweise vom Untergrunde trennen und damit dessen Widerstand verringern. Gleichzeitig sinkt nach dem Gesetze der *Isostasie* das hoch vereiste Land (z. B. Skandinavien), so dass nach hydraulischen Gesetzen das Eis einen geringeren Überdruck auf seinen Untergrund ausübt, mithin leichter abfliessen kann. Jedes Inlandeis trägt in sich selbst den Keim zur Veränderung, während gleichzeitig sein Bestand beeinflusst wird durch allgemeinere, über die ganze Erde verstreute Ursachen.

Dr. *H. Brockmann-Jerosch* (Zürich): Verehrte Versammlung! Als vor einigen Jahrzehnten nach langer Diskussion die Drifttheorie endgültig fallen gelassen und die Annahme, dass in vergangener Zeit eine grössere Vergletscherung geherrscht habe, allgemein wurde, da lag es nahe, in der Eiszeit eine Kälteperiode zu sehen, indem man natürlich die zunächst liegenden Verhältnisse, die der Alpen und der Arktis zum Vergleich heranzog. Als nun STEENSTRUP zeigte, dass nach der Eiszeit zunächst die Zitterpappel und die Birke, hierauf die Föhre (*Pinus silvestris*) und erst hernach die heutigen Laubbäume herrschend wurden, da befestigte sich der Gedanke an eine vergangene kalte Periode noch mehr. Durch die Entdeckung eines noch tiefer liegenden Horizontes mit heute an den betreffenden Orten ausgestorbenen arktischen und subarktischen Arten (Dryasflora) durch NATHORST gewann die Annahme kalter Klimaverhältnisse während der Vereisung noch besseren Boden, indem man voraussetzte, diese Dryasflora habe einst allgemein geherrscht. Diese Hypothese nennen wir am besten nach ihrem vornehmsten Vertreter die NATHORST'sche.

Unser heutiger erster Redner, GUNNAR ANDERSSON, behauptete nun aber, diese Hypothese sei eine »*Tatsache*« und gegen diesen Ausdruck möchte ich mich mit aller Entschiedenheit wenden. Wir sind noch lange nicht so weit, um, wenn wir von glazialen und postglazialen Klimaverhältnissen reden, von *Tatsachen* sprechen zu dürfen. Gerade gegen die NATHORST'sche Hypothese lassen sich eine sehr grosse Zahl von Funden ins Feld führen, die eine ganz andere Deutung verlangen. Gerade GUNNAR ANDERSSON war es ja, der auf die grosse Bedeutung einer Wasserflora, die beinahe regelmässig mit der Dryasflora zusammen gefunden wird, aufmerksam machte. Diese Wasserpflanzen sind die des heutigen Klimas der Fundorte, sie treffen heute weder in der Arktis noch in den Alpen mit den arktischen oder subarktischen Arten zusammen. ANDERSSON zog daraus den Schluss, dass das Klima beim Rückzug der letzten Eiszeit ein subarktisches gewesen sei, indem er gewissermassen die Mitte zwischen arktischem und heutigem Klima nahm. Zu gleicher Zeit machte er noch auf andere Tatsachen aufmerksam, die gegen die extreme Auffassung von NATHORST sprechen. Die Schlussfolgerungen von ANDERSSON fanden beinahe überall Annahme und es mutet mich deshalb merkwürdig an, wenn ich mich hier gerade gegen ANDERSSON wenden muss.

Aus der Tatsache, dass sich in den Dryastonen Arten des heutigen Klimas finden, glaube ich den Schluss ziehen zu müssen, dass die Temperaturverhältnisse von den heutigen nicht sehr abweichend gewesen sein können. Man wies allerdings auf das Fehlen der Spuren eines Baumwuchses in den Dryastonen hin. Besonders wurde das Fehlen von Baumpollen als ein sicheres Zeichen von Baumlosigkeit angesehen. Als nun neuerdings HOLST in Dryastonen *Pinus silvestris*-Pollen nachwies, da erinnerte man sich plötzlich daran, wie weit Pollen gelegentlich verweht werden. Nun fand HOLST, resp. LAGERHEIM noch einen kleinen Föhrenzweig, worauf ANDERSSON ihm einen Untersuchungsfehler zum Vorwurf macht. Aber es hätte dieser neuen Funde gar nicht bedurft, um die Möglichkeit eines Baumwuchses zu zeigen, geben doch die Wasserpflanzen der Dryastone zum allergrössten Teil weder in den Alpen noch in der Arktis über die Baumgrenze hinaus. Gerade ANDERSSON machte ja auf diese und ähnliche Verhältnisse aufmerksam (Ber. d. internat. Botan. Kongr. Wien 1905).

Diese und andere Funde, auf die ich hier nicht näher eintreten kann, verlangen also den Schluss, dass die *durchschnittlichen* Wärmeverhältnisse während der letzten Eiszeit den heutigen sehr ähnlich waren. Man kann sich demnach nur die Eiszeit durch ein extrem ozeanisches Klima enstanden denken, wobei kühle, feuchte Sommer mit häufiger Nebelbildung mit warmen, niederschlagsreichen Wintern wechselten. Gerade unsere sogen. Interglazialflora in Mitteleuropa mit den artenreichen Laubwäldern und den immergrünen Gebüschen verlangt eine solche Annahme unbedingt, was ich an anderem Orte gezeigt habe. Dass eine solche Vegetation aber nicht am Rande eines Iulandeises vorkommen konnte, ist klar. Die starken und häufigen Winde duldeten hier keine Laubbäume, und in der Tat haben wir ja hier einen Nadelwaldgürtel, der eben durch die Winde, nicht aber durch die Kälte bedingt ist. Er verschwindet, sobald die Eisfläche geringer wird, was uns wiederum ANDERSSON gezeigt hat.

Da meine Sprechzeit zu Ende geht, möchte ich nur noch mit einigen Worten auf einen Punkt der Tierwelt der Diluvialzeit aufmerksam machen. Die grossen Formen, durch die sie sich auszeichnet, lassen sich gar nicht denken ohne einen üppigen Pflanzenwuchs. Weder eine der Elephanten-Arten, noch der Mammut oder das behaarte *Rhinoceros* könnte sich in einer armseligen Tundravegetation im Sommer ernähren, geschweige denn einen strengen und langen Winter überdauern. Alle diese Formen sind ausgestorben und zwar zum Teil erst *nach dem* Rückzuge der Gletscher. Anzunehmen, dass sie — der NATHORST'schen Hypothese zufolge — dem Besserwerden des Klimas erlagen, ist unlogisch, wohl aber lässt sich ihr Aussterben mit dem Kontinentalerwerden des Klimas in Einklang bringen, denn alle heutigen Verwandten leben ja in feuchter Luft.

Mit diesen wenigen Hinweisen muss ich mich begnügen. Immerhin glaube ich damit genügend betont zu haben, dass nach diesen Folgerungen das Klima ein ozeanisches gewesen sein muss. Es ist dies ja allerdings zum Teil nur eine *Hypothese*. Aber ebenso ist die NATHORST'sche Ansicht eine *solche* und *nicht*, wie ANDERSSON heute behauptete, eine *Tatsache*.

Professor **Gunnar Andersson** (Stockholm) wollte hier nicht näher auf die Ausführungen Herrn SERNANDERS eingehen, da er denselben ausführlich in dem grossen, dem Kongress vorgelegten Klimawerk entgegengetreten sei, und die kleinen Detailfragen, die Hr. SERNANDER heute hier vorgebracht habe, von geringer Bedeutung für die heute vorliegenden Fragen über die Grundursachen der festgestellten Klimaänderungen seien. Er wolle nur sagen, dass die hier vom Mosjömossen demonstrierten *Trapa*-Früchte durchschnittlich wirklich klein sind, wenn dieselben mit Früchten von anderen Fundorten Schwedens her verglichen werden. Erst wirklich vergleichende Messungen könnten die Sache endgültig entscheiden. Er wolle auch die Aufmerksamkeit SERNANDERS darauf lenken, dass die Funde BRÖGGERS zeigen, dass die *wärmste* Periode zeitlich viel weiter zurückliegt, als es zu der Auffassung SERNANDERS passt.

Gegen Herrn Dr. BROCKMANN-JEROSCH wolle er bemerken, dass es ungeheuer schwierig ist, in einer Diskussion dieser Art zwingend nachzuweisen, dass B.-J. nicht — wenigstens betreffs Skandinaviens — Rücksicht auf alle bekannten Verhältnisse genommen hat, wenn er sagt, dass keine Temperaturänderungen, nur eine Niederschlagsänderung die Eiszeit bewirkt hat. Wenn Redner nur Gelegenheit hätte, einen Abend mit Herrn BROCKMANN-JEROSCH die Frage ganz ruhig zu diskutieren, so sei er ganz sicher, dass er ihm die Unzulänglichkeit seiner Annahme zur Erklärung der Tatsachen würde nachweisen können. BRÜCKNER habe seiner Meinung nach zwingend gezeigt, dass nach unserer klimatologischen Erfahrung die Annahme BROCKMANN-JEROSCHS zu ganz abderitischen Regenhöhen führen muss. Übrigens lägen die Funde gar nicht so, wie BROCKMANN-JEROSCH sich vorstellt. Wenn man in allen den vielen nordeuropäischen dryasführenden Schichten gegenüber tausenden von Dryasblättern etc. nur einen sehr kleinen — übrigens sehr zweifelhaften — Pinuszweig gefunden hat, so sei es unbedingt unrichtig zu behaupten, dass das Land von Pinus-Wäldern in der Dryaszeit bedeckt war. BROCKMANN-JEROSCH tue den Tatsachen harte Gewalt an, er dürfe nicht vergessen, dass doch so etwas existiert wie — Tatsachen!

Professor **E. Brückner** (Wien) möchte zuerst kurz auf die Ausführungen des Herrn BROCKMANN-JEROSCH eingehen. Durch Untersuchung der Pflanzenreste von Kaltbrunn bei Uznach im Kanton St. Gallen hat BROCKMANN das wichtige Ergebnis gewonnen, dass diese Pflanzen jünger sind als die Kohlen von Uznach, da letztere gelegentlich als Gerölle im Bänderton auftreten, der jene Pflanzenreste enthält. So sehr ich die Bedeutung dieser Feststellung anerkenne, so muss ich mich doch gegen den Schluss aussprechen, den Herr BROCKMANN aus der Lagerung der Bändertone auf ein glaziales Alter dieser Tone und ihrer Flora gezogen. Ein Besuch der fraglichen Lokalität Mitte Juli 1910 zeigte mir, dass die Annahme, jene Tone mit ihren Pflanzenresten seien in einem Eissee neben dem Linthgletscher abgelagert worden, nicht erwiesen ist. Es entfallen demnach die hieraus gezogenen Schlüsse auf ein relativ warmes Klima der Eiszeit.

Was die Ausführungen der Herren VON KOENEN und LEPSIUS anbetrifft, so gehe ich auf dieselben nicht ein, weil die genannten Herren nicht mehr im Saal anwesend sind. Ich möchte nur noch einmal betonen, dass die Ursache der Klimaänderungen und Klimaschwankungen der Quartärzeit, einschliesslich der Postglazialzeit in erster Reihe eine allgemeine, auf der ganzen Erde wirksame war. Mit dieser allgemeinen Ursache kombinierten sich örtliche, regionale oder lokale Ursachen, aber immer nur als sekundäre Ursachen. Ich glaube das in meinem Vortrag ausreichend dargelegt zu haben.

Prof. **A. Woeikow** (St.-Pétersbourg): M. LEPSIUS insiste sur la haute température tont anormale de l'Europe actuelle, due au Gulfstream, c'est cela qui a causé la disparition de la glaciation continentale. Mais est-ce que nous trouvons quelque part, en plaine, des glaces continentales comme il y en a eu en Europe jusqu'au 49° L. N. et dans l'Amérique du Nord jusqu'au 40° L. N. Eh bien, on sait qu'il n'y en a pas même dans les parties les plus froides des continents asiatique et nord-américain, hors de quelques montagnes. Les grandes glaces, s'étendant sur d'immenses surfaces, se bornent actuellement au Groënland et au continent antarctique. On sait que ce sont des terres élevées. M. MEINARDUS, dans un mémoire remarquable, a prouvé que le continent antarctique doit avoir une élévation moyenne de 2 000 m.

Je suis de plus en plus convaincu qu'un abaissement de température, fut-il aussi grand que possible, n'explique pas la glaciation des plaines.

Veut-on recourir à une précipitation en forme de neige, beaucoup plus abondante qu'actuellement, on se heurte aussi à des impossibilités notoires. La partie Est de l'Amérique du Nord, jusqu'au Mississippi, est actuellement la partie des plaines des latitudes moyennes où la précipitation est la plus abondante et cependant ce pays n'a pas des glaciers. Pour les plaines de la Russie que l'on suppose avoir été couvertes par des glaces continentales, je ne sais quel remaniment géographique il faudrait faire pour donner des neiges si abondantes qu'elles ne fondraient pas entièrement en été, même en admettant une diminution de la température de 5°, que MM. PENCK et BRÜCKNER admettaient pour expliquer les grandes glaciations des Alpes.

Un abaissement de la température, avec des précipitations à peu près aussi grandes qu'actuellement, est suffisant pour expliquer les glaciations dont on trouve les traces en montagnes, mais non les grandes glaces continentales. Les recherches des géologues sur ces glaces sont admirables, mais la *vera causa* de cette glaciation, surtout hors de la Fennoscandia et du plateau Laurentien, sont encore à trouver. Je dois encore avouer que je ne puis admettre le synchronisme des abaissements et des élévations de température depuis les grandes glaciations jusqu'au temps actuel que M. BRÜCKNER défend avec tant de talent et de persistance.

Geheimer Oberbergrat, Professor *R. Lepsius* (Darmstadt) wies nochmals darauf hin, dass PENCK selbst von den »weissen Brekzien» mit der Flora des *Rhododendron ponticum* auf der Höttinger Alm geschrieben hat, dass dieselben nicht mit Moränen in Verbindung stehen; dass es am Südhange des Solstein-Gebirges andere weisse Brekzien gibt, ist mir bekannt und ist erklärlich, da zu jeder Zeit Gehängeschutt aus den anstehenden Wettersteinkalken entstanden ist; diese anderen Brekzien kommen aber nicht in Betracht, da sie keine fossilen Pflanzen geliefert haben.

In der Borlezza-Schlucht am Iseo-See lagern die Moränen nur *über* der Seekreide, in der die Flora des *Rhododendron ponticum* liegt; *unter* diesem Fundorte von den fossilen Pflanzen lagert keine Moräne, wie A. BALTZER selbst beschrieben und in seinen Profilen abgebildet hat.

4. L'érosion glaciaire.

American Studies on glacial Erosion.

BY

W. M. DAVIS,

Professor at Harvard University, Cambridge, Mass.

The discussion of the amount of erosion done by pleistocene glaciers made little progress in the United States, as long as it was based only on observations of existing glaciers, or on deductions from the physical properties of ice; for an essential element of the problem, namely, the duration of the glacial period, is wanting in both these methods of discussion. Rapid progress was made when on the one hand observation was directed to comparing the features of formerly-glaciated and of never-glaciated mountains, and when on the other hand deduction was systematically employed to trace out the contrasted consequences that should follow, first, from the theory that glaciers are relatively protective agents, and second from the theory that they are effective eroding agents. The problem of glacial erosion thus becomes largely a physiographic problem. In the present essay, attention is given chiefly to the glacial erosion of mountains.

The comparative observation of formerly-glaciated mountains led to the recognition of various peculiar features, such as cirques and U-shaped valleys, which there occur repeatedly and which are systematically absent from never-glaciated mountains. This naturally gave rise to the inference that the peculiar features of formerly-glaciated mountains must in some way be due to their having been glaciated; but this inference remained simply an empirical conclusion, and gave no ground for determining which one of the contrasted theories of glacial erosion or glacial protection is correct, until it was shown that the peculiar features of glaciated mountains favoured one of these theories and not the other.

Hence the importance of the second step, namely, the conscious and systematic deduction of the consequences of each of the theories, and the critical comparison of these two sets of deduced consequences with the facts of observation. The result of this comparison has so clearly shown that the consequences of the theory of glacial erosion, and not of glacial protection, best accord with the facts of present observation in formerly-glaciated mountains, that the large majority of American geologists and physiographers now accept that theory as truthfully representing the facts of the past. The processes of glacial erosion are then to be studied with renewed interest. Scouring and plucking are usually regarded as the most important erosive processes, and to these may be added the action of freezing and melting in the bergschrund around the head of névé reservoirs, but this process can hardly extend to so great a depth as that of many cirques; the action of sub-glacial streams, but these cannot be of great volume under the middle and upper parts of a glacial system; and the action of pressure-melted water in penetrating subglacial rocks and disrupting them when it freezes again. The share of these various processes in the total work is not yet determined; but it may be noted that terminal moraines are usually so small compared to the volume of exca-vation in glaciated valleys that it must be concluded that the greatest part of the excavated rock is in some way comminuted and carried far away by outflowing streams.

Several contributive influences have inclined American investigators to accept the conclusion in favour of glacial erosion. Among these influen-ces, none have been more powerful than the critical study of land forms in general, and the recognition that the persistent work of the ordinary processes of erosion, such as weathering and streams, must result in pro-ducing forms of a singularly systematic and easily recognized kind.

Gilbert's brilliant essay on »Land Sculpture« published in his famous report on the »Geology of the Henry mountains« 33 years ago, may be mentioned as one of the most original and significant advances in this direction. This and other studies of like nature had the great value of taking non-glaciated mountains out of the class of disorderly, unintel-ligible forms, the origin of which was past finding out, and of bringing them into the class of reasonable forms, evolved for the most part by the simple and orderly processes of normal erosion. Naturally enough when similar study was directed to formerly-glaciated mountains, it was under-taken with the encouragement that success in understanding them also would be reached, but also with the early recognition that something else than normal processes must be appealed to in accounting for the abnormal forms there discovered, because of their striking differences from the forms of never-glaciated mountains.

The recognition of never-glaciated mountains as affording a standard or norm with which formerly-glaciated mountains can be compared, therefore constitutes an important favouring influence in the study of glacial erosion. Any investigator who undertakes the study of formerly-glaciated mountains without having previously gained a familiar acquaintance with the forms of never-glaciated mountains, will work at a serious disadvantage from the start.

An essential element of this favouring influence has been the willingness, among some American physiographers at least, to consider the deductive as well as the inductive side of physiographic problems in general, whereby reasonable explanations may be added to descriptions that would otherwise be empirical. It thus came to be more or less habitual with many physiographers to describe land forms by explaining them; and a standard method gradually grew up, under which no description was regarded as satisfactory that did not contain an adequate and convincing explanation.

An important step in this direction was unconsciously taken when the first geological survey of Pennsylvania gave an account of the extraordinary correlation between structure and form that exists in the Alleghany mountains of that state; a correlation that was briefly but eloquently presented in Lesley's remarkable and now rare little book, »Coal and its Topography«, published more than fifty years ago. But the rational treatment of this important correlation was first given by the exploring geologist of our western region, where the semi-arid climate greatly favoured its understanding. Here the work of Powell, Gilbert and Dutton from 1870 to 1880 stands pre-eminent. Their reports are full of ingenious and helpful imagination as well as of abundant and novel observation; and thus a great incentive was given to the development of the deductive side of physiographic study, which taken in proper combination with the inductive or observational side, constitutes the only thoroughly scientific method yet applied to the treatment of land forms.

The training that many American observers gained in this way of thinking proved to be of the highest value when their attention was directed to problems of glacial erosion; for until the consequences of the theory of glacial erosion — or of any other theory — are consciously deduced, the investigator has no means of critically testing the correctness of the theory that he is discussing. All scientific observers must, in the very nature of the case, more or less consciously deduce the consequences of their theories, in order to confront the consequences with the facts and thus gain some measure of their success; but the point that is here, in my opinion, of greatest importance is that, on account of the whole-hearted adoption by many American physiographers of the general principle that land forms must be described through explanation and on account of the larger share of attention which they have therefore come to give almost habitually to the deductive side of their problems, they have had a good measure of success in reaching valid conclusions as to the importance of glacial erosion in the sculpture of land forms. It is, I believe, because of inattention to this aspect of the problem that certain observers have gone astray in their advocacy of the theory of the protective action of glaciers, or of the great importance of subglacial streams as a preliminary to glacial erosion. The advocates of these theories have not deduced the essential consequences of the theories, but have left this important phase of investigation to others, and have therefore not for themselves discovered the inadequacy of their views.

And yet, although the value of deduction as a supplement to observation is widely recognized, deduction has not been cultivated as carefully as it should have been; for what would have been easier for a well-practised investigator to deduce long ago the essential relations of maturely developed main and lateral glacial troughs, and thus to anticipate by many years the partial statement made under the incentive of appropriate observations by Mc Gee, and the larger generalisation made by Gannett in 1898 when he first fully and clearly stated the illuminating principle regarding hanging lateral valleys in his essay on »Lake Chelan« (Nat. Geographic Magazine, 1898). The lesson of all this is surely that we ought to make the widest possible use of the deductive faculty as a supplement to the observational faculty; carefully guarding ourselves, as a matter of course, from thinking that our deductions are necessarily correct; always testing them by comparison with appropriate facts, but always pressing them forward to the very limit of our imagination.

A third influence, a corollary of the second, has been the habit, generally prevalent among American physiographers, of giving consideration to the stage of work accomplished by an erosive agent, in view of the total possible work that the agent might accomplish if the operation were continued indefinitely under essentially uniform conditions. This general principle has proved remarkably helpful in studies of normal, of marine and of æolian erosion; and as far as it has been applied it has been equally helpful in glacial erosion.

The essential principle here involved is that all features due to glacial erosion should be described in terms of the whole series of features which would be produced, if glacial climate and glacial action should continue indefinitely, that is, as young features, if they represent only the early phases of glacial work; as mature features, if they represent a larger measure of accomplishment; and as old features, if they approach the limit of change that glacial erosion could produce.

One of the most recent illustrations of the value of this principle is found in an essay by HOBBS (Geographical Journal, 1910) on the progressive enlargement of cirques, even to the point of consuming the ridges that, during a mature stage of their development, rise between them. It is through the neglect of this principle that observers have so often allowed themselves to say: — »How can it be possible for a glacier to have overdeepened this valley, if it was not able to remove that knob which rises from the valley floor?» — thus tacitly implying that the knob was present as a knob when the glacier began its work, and failing entirely to perceive that the knob may be simply an unconsumed residual, marking the incompleteness but not the incompetence of glacial erosion. Had glacial action continued somewhat longer, such residual knobs would have been as completely destroyed as countless other knobs must have already been destroyed in other parts of the deepened valley.

One of the practical results of the treatment of pleistocene glacial erosion in view of the stage that it had reached when it ceased, will be an improvement of terminology. Cirques will be described in terms of the stage of their development; from the little beginnings nestling in the heads of normal valleys, to their extreme extension when the confluence of many separate cirques has resulted in the truncation of a mountain mass. Similarly, glaciated valleys will not be briefly described as U-shaped, but will receive names that will more accurately describe their shape and at the same time express the stage of their development.

Still a fourth favouring influence, perhaps less generally recognized than any of the others, is the application to the problem of glacial erosion of the same systematic method of treatment that has been found so serviceable in various other physiographic problems.

For example, consider the case of an explanatory description that is given to a normally eroded district of two-cycle development, in which the further advance of an earlier cycle of erosion was interrupted by an uplift which introduced a later cycle; it is here essential to state, first, the stage of erosion reached in the earlier cycle when it was interrupted; second, the amount of uplift by which the second cycle was introduced; and third, the stage of erosion since then reached. Or, in the physiographic treatment of a recent fault, it is indispensable to state, first, the form that the faulted district had before it was faulted; second, the location of the fault line and the amount of displacement produced by faulting; third, the erosive changes that have taken place since faulting. Again, in describing the features of a sea coast of depression, it is necessary to recognize, first, the form that the district had gained before it assumed its present position with respect to sea level; second, the amount of depression by which it was given its present position, and the initial outline of the new shore line thus produced; third, the work done on this initial shore line by the various destructive and constructive forces of the sea-border. In these three cases, a movement of the land mass separated the two partial cycles of erosion by which the surface forms have been produced. In the problem under consideration, instead of a movement of the land mass, we have a change of climate by which the normal processes of erosion of preglacial (and interglacial) time are for a time replaced by the processes of glacial erosion, which in turn give place to the normal processes of postglacial time.

Hence, in any comprehensive account of glacial erosion as affecting land forms, we should first state the form that the district had assumed under normal erosive processes in preglacial (and interglacial) time; second, the work done by glacial erosion; third, the changes accomplished by normal erosion in postglacial time. Here, inasmuch as the attitude of the land mass with respect to base-level is not necessarily disturbed, we have to do with a continuous cycle of erosion, during which the normal processes of erosion have for a comparatively brief period been changed to glacial processes. True, it is often difficult to give full account of all three phases of the cycle, but precisely in so far as they are left uncertain, does uncertainty attend our conclusions. Moreover, it is only through the recognition of these three phases of our problem that a quantitative measure to glacial erosion can be made. However well we may in time come to understand the quality or process of glacial erosion, its quantity will remain undertermined either until we learn its duration and rate, or until we can compare the preglacial and postglacial forms, as here suggested. This point cannot be too strongly emphasized. True, the preglacial forms, where not covered by ice, have suffered some change by weathering and nivation during the glacial period, and this change must be allowed for as well as may be; but even if it is neglected, the measure of glacial erosion gained in the way here indicated is better than any other that has been suggested.

If, in any one of these examples of complex origin, the forms produced under earlier conditions are completely obliterated by later processes, the earlier forms lose their importance to the physiographer, for they are no longer of significance in the visible landscape; but in many examples of composite land forms all three of the above-mentioned elements are of essential importance. It is often the case that a two-cycle landscape of normal erosion preserves in its uplands very manifest traces of forms that were produced before uplift occurred, although the erosion of the present cycle may already have made more or less progress in destroying them. It not infrequently happens that a faulted district more or less distinctly exhibits features of pre-faulting origin, although post-faulting erosion is actively engaged in wearing them away. It is repeatedly the case that coastal districts still possess forms which were developed by normal erosion before the district assumed its present attitude with respect to the sea, and which have been little changed since. In just the same way it is very commonly true that a glaciated mountain mass may still retain slightly altered forms of preglacial origin, between or above the places where glacial erosion has left its manifest mark; while in other mountains, more severely glaciated, the preglacial forms are destroyed. The essential principle in all these cases is that explicit mention should be made of the proportion in which forms of normal origin, either preglacial or postglacial are combined with forms of glacial origin in the existing landscape. Postglacial changes are fortunately in nearly all cases small and easily recognized: but it is eminently possible that in certain cases there may be serious difficulty in the way of reaching satisfactory estimates of the share of preglacial and glacial forms in the visible landscape; all the more so when a succession of glacial and interglacial forms is involved. Nevertheless the several elements of the problem should be consciously recognized by the investigator; and an explicit statement of the results reached, with a statement of their probable correctness, should be made for the benefit of the reader.

In the case of continental glaciation, it is often impossible to recognize preglacial form. In the Laurentian region of Canada, for example, glacial scouring has been so thorough that it is hazardous to say just what form that region had before it was glaciated. It seems to have been then as now a highland of moderate relief; it does not seem to have been profoundly modified by glacial erosion; it has probably been made much more rugged and rocky, but just how much it has been worn down is difficult if not impossible to say, because no remnant of a non-glaciated surface remains in the midst of the glaciated area. Indeed the most profitable studies in connection with the glaciation of the Laurentian highland have been made in the region of deposition, south of the Great Lakes, where the successive drift sheets and moraines of the Prairie states constitute a record of the highest importance in deciphering the history of the glacial period: but into this aspect of the problem I do not here enter.

The principles here announced and the method of treatment here set forth will be found, more or less consciously and explicitly presented, in the essays of JOHNSON and LAWSON on glacial erosion in the Sierra Nevada; of MATTHES on the Big Horn range, ATWOOD on the Uinta mountains and CAPPS on the Sawatch range; and of GILBERT and TARR on Alaska. The evidence thus presented in favour of glacial erosion, both as to its nature and its amount, is most convincing. But more important than the items of fact, appropriate to each of the localities here named, are the broad principles that they exemplify. Just as the recognition of the essential features of a glacial system, set forth in PENCK and BRÜCKNER's epoch-making monograph on »Die Alpen im Eiszeitalter», is more important than any single facts or any single group of facts that they announce; so the general method of treatment that has grown out of American investigations on glacial erosion and allied problems is of greater value than any of the elements of mountain form on which it is based. This method begins with the recognition of simple processes applied in simple cases; for example, the processes of normal erosion acting on a land mass of uniform structure, long standing undisturbed. It proceeds by adding complications, step by step, until understanding is gained in the end of the combined effect of various processes acting on all sorts of structures, that have been disturbed at any stage of development by any sort of deformation. The scheme of treatment, apparently rigid at first, thus gains flexibility and elasticity sufficient to adapt it easily to any problem of natural occurrence; and the mind that is well exercised in the consideration of these various possibilities acquires something of the flexibility and of the capacity for adaptable conception that characterizes the scheme itself. An observer, thus trained in method, and already familiar by observation with the forms of normally carved mountains of various structures in different states of development, is well prepared to recognize the small cirques and the imperfectly excavated troughs in the southern members of the Rocky mountains, as the result of the brief and recent action of small glaciers on mountains that had previously been reduced to mature forms by normal erosion. He is ready to appreciate the more advanced stage and larger scale of glacial erosion recorded in the same mountain system farther north, where the cirques have frequently been so much enlarged as almost to consume the preglacially rounded domes and spurs, and sometimes even to transform them into sharpened peaks and serrated ridges; while the long main troughs have been so maturely deepened as to exhibit repeated instances of lateral hanging troughs where small branch glaciers joined the trunk glacier. If the observer then continues his travels into the mountains of Canada where the pleistocene glaciers were developed on an enormous scale, although still preserving an Alpine habit, he will find the present features of mountain form so largely of glacial origin, that it is usually difficult to discover their preglacial form. The striking and yet systematic contrast between the more northern ranges and those further south clearly proclaims the profound modifications produced by intense glaciation, and carries the problem of glacial erosion past the stage of demonstration as to quality, far towards the goal of quantitative determination.

Harvard University, Cambridge, Mass., May 1910.

———————

Über die Glazialerosion im schwedischen Urgebirgsterrain.

VON

A. G. HÖGBOM,

Professor an der Universität zu Uppsala.

Während die glaziale Erosion in den Alpenländern und überhaupt in Hochgebirgsgegenden noch immer Gegenstand zielbewusster Forschungen und lebhafter Diskussionen ist, widmet man dem bodengestaltenden Einfluss des grossen Landeises auf den von ihm überschrittenen niedrigeren Gebieten verhältnismässig wenig Interesse. Es ist dies auch leicht erklärlich. In den Hochgebirgsgegenden geben die Täler mit ihren trogartigen Vertiefungen, ihren U-förmigen Einschnitten und ihren hängenden Seitentälern Anhaltspunkte für eine quantitative Beurteilung der glazialen Erosion, zu denen in den flacheren, einst vom Eise ganz überdeckten Gebieten nichts Entsprechendes sich darbietet. Man kann, mit anderen Worten, in jenen Gebieten, wenigstens bis zu einem gewissen Grade, mit Hilfe der genannten Bildungen die präglazialen Reliefformen rekonstruieren, während für die ganz unter der Herrschaft des Landeises gelegenen Länder derartige Anhaltspunkte nicht zu haben sind, aus welchen die präglaziale Topographie beurteilt werden könnte. Wenn man aber diese nicht kennen lernen kann, dann ist es eine schwierige Sache, über ihre Veränderung durch die Vergletscherung etwas Näheres zu sagen.

Unser schwedisches Urgebirgsterrain bietet indessen, besonders in einigen Gegenden von Mittelschweden, eine Möglichkeit dar, gewisse Züge in der präglazialen Landschaft genau festzustellen und ihre Beeinflussung durch die Glazialerosion zu studieren.

Bekanntlich ist Mittelschweden von Verwerfungen stark zerstückelt: Gräben und Senkungsfelder wechseln mit horstartig aufragenden Pla-

teaus in mannigfachster Weise ab. Diese sind mehr oder weniger klein-
hügelig, von Tälern durchschnitten und mit felsenumrandeten kleinen
Seen überstreut; jene bilden ebene Flächen und werden teilweise von
Denudationsrelikten verschiedener Sedimentformationen eingenommen,
die wegen ihrer geschützten Lage innerhalb dieser Senkungsgebiete und
Gräben einer vollständigen Zerstörung entgangen sind [1]. Für Näheres
über diese charakteristischen Züge des Gesteinsgrundes und der Tektonik muss ich mich darauf beschränken, auf schon publizierte Arbeiten
und Karten zu verweisen. Als wichtig für die vorliegende Frage sind
besonders folgende Umstände und Erscheinungen hervorzuheben.

Die betreffenden Sedimentformationen gehören *der jotnischen Abteilung* (Algonk), *dem Kambrium-Silur* und *dem Wisingsökomplex* (postsilurisch, wahrscheinlich Keuper oder Devon) an. Sie schliessen einander immer in der Weise aus, dass die eine niemals als die andere
über- oder unterlagernd gefunden wird, sondern alle haben das Urgebirge als unmittelbare Unterlage [2]. Daraus muss geschlossen werden,
dass zwischen den genannten Formationen Denudationsperioden eingeschaltet sind, während welcher das meiste der einst weitverbreiteten
Formationen weggeführt wurde, so dass Reste nur dort zurückblieben,
wo besondere Umstände, namentlich Verwerfungen, dieselben der Denudation entzogen. Als ein Korollarium hierzu folgt, dass z. B. die jetzigen Silurgebiete von Wästergötland, Östergötland und Närke, zwischen
denen Relikte der Wisingsöformation mit Urgebirge als Liegendes vorkommen, schon lange Zeit vor der Vergletscherung von einander getrennt
wurden und dass sie beim Anfang der Eiszeit nicht weit über ihre
jetzigen Grenzen reichten. Mit anderen Worten, die glaziale Denudation kann die Areale dieser Silurgebiete nicht sehr viel reduziert haben.
Die aus archäischen Gesteinen verschiedener Art zusammengesetzten
Ebenen, welche die Silurgebiete oft bis auf weite Entfernung umgeben,
können folglich nicht erst durch die glaziale Denudation blossgelegt
worden sein, sondern müssen, wenigstens zu erheblichem Teil, schon in
präglazialer Zeit vorhanden gewesen sein. Diese Ebenen sind aber, wie
schon in früheren Arbeiten gezeigt worden ist, die unmittelbare Fortsetzung derselben *präkambrischen (»subkambrischen»*) *Denudationsplattform*,
auf welcher die kambrischen und silurischen Gesteine sich ablagerten.
Wenn man sich vom Fusse des Kinnekulle oder Halle- und Hunneberg
entfernt, wo diese Plattform mit dem auflagernden kambrischen Sandstein sehr gut zu sehen ist, so ist es auffallend, wie wenig dieselbe

Plattform noch auf meilenweite Abstände von der schützenden Bedekkung hin durch die Erosion verändert worden ist. Man erhält ein schlagendes Zeugnis davon, wie geringfügig die glaziale Denudation hier gewesen sein muss. Die durch diese bewirkte Wegführung von festem Material kann auf dieser Plattform höchstens nur einige wenige Meter betragen. Es sieht so aus, als ob das Eis auf der Gneisebene keine Angriffspunkte gefunden habe, sondern über dieselbe, ohne sie zu beschädigen, geglitten sei. Man hat deshalb in diesen Gegenden die seltene Gelegenheit, eine vorkambrische Denudationsfläche fast ganz unverändert über weite Strecken zu verfolgen. In der Tat dürfte diese Fläche sogar noch viel älter sein. Wie ich in meiner eben zitierten Arbeit [2] auseinandergesetzt habe, ist sie, wenigstens in gewissen Gegenden, gar von vorjotnischem («subjotnischem») Alter. Da diese alte Landfläche die langdauernden Denudationszyklen überlebt hat, welchen unser Land zwischen der jotnischen Ära und dem Quartär ausgesetzt gewesen ist, scheint es nicht mehr als gerecht, dass die kurze Episode der quartären Vergletscherung dieselbe auch geschont hat.

Einen ganz anderen landschaftlichen Charakter haben, wie schon bemerkt wurde, die Gebiete, welche sich über die Senkungsfelder erheben. Oft treten die Verwerfungslinien noch scharf in den grossen Zügen der Topographie hervor, während sie in den Details durch Erosion mehr oder weniger verwischt worden sind. Das Kennzeichnende für diese Gebiete, die Zerteilung in eine Unmenge von Hügeln und Vertiefungen, ist ein Werk der erodierenden Kräfte auf dieselbe subkambrische Urgebirgsebene, die in den Senkungsfeldern noch in ihrer fast unveränderten Beschaffenheit erhalten ist. Je nach dem Wechsel der Gesteine und deren Streichrichtungen sind verschiedene Skulpturformen herausmodelliert worden. Spalt- und Zerklüftungsrichtungen sind dabei auch mitbestimmend gewesen. Man kann innerhalb der betreffenden Gebiete topographische Landschaftsformen erkennen, die für verschiedene Gesteine, wie z. B. Granite, Grünsteine, Gneise, Kalksteine, kennzeichnend sind, und solche, welche tektonische Züge abspiegeln, z. B. *Faltentopographie* und *Spaltentopographie* [3].

Dabei tritt indessen allgemein ein bemerkenswerter Zug sehr deutlich hervor. Wie wechselnd der Gesteinsgrund auch sein mag, sind doch die Höhenunterschiede der aufragenden Berghügel sehr geringfügig. Innerhalb einer Area von einigen wenigen Quadratmeilen können die Bergköpfe zu Tausenden gezählt werden, welche nur um einige Meter in ihrer absoluten Höhe differieren, während gleichzeitig die Vertiefungen desselben Gebietes unter diesem Höhenniveau hundert Meter und mehr erreichen können. Dieses Verhältnis schon macht es wahrscheinlich, dass die so modellierten Gebiete eine im grossen gesehen nur geringfügige Degradation durch die allgemeine Denudation erlitten haben, oder, mit anderen Worten, dass die durch die Höhenpunkte des Gebietes repräsentierte Fläche nicht weit unterhalb der subkambrischen Ebene liegen kann. Die Höhendifferenz zwischen jener Fläche und der subkambrischen Ebene der angrenzenden Senkungsgebiete gibt deshalb annähernd das Mass für die Sprunghöhe der Verwerfungen ab. Was Mittelschweden betrifft, dürften die Sprunghöhen für die dasselbe durchsetzenden postsilurischen Dislokationen im allgemeinen nicht 50—100 Meter überschreiten. Nur einige vereinzelte Horste und der grosse Wättergraben zeigen grössere Werte.

Es mag hier noch auf ein anderes, recht seltsames Zeugnis dafür hingewiesen werden, dass die Berghügel der erodierten Gebiete in der Tat die subkambrische Fläche sehr nahe erreichen.

Kleine *Spaltenfüllungen aus kambrischem Sandstein*, hin und wieder kambrische Brachiopoden enthaltend, sind an verschiedenen Lokalitäten in den archäischen Gebieten angetroffen worden, nicht nur dort, wo die subkambrische Landfläche (wie z. B. an der Westseite des Wänern) noch gut erhalten ist, sondern auch innerhalb der erodierten hügeligen Gebiete (nördl. Uppland, Loftahammargegend). Da diese Sandsteingänge als durch Hineinschwemmen von Sand bei der kambrischen Transgression entstandene oberflächliche Spaltenausfüllungen aufgefasst werden müssen und folglich nicht weit in die Tiefe gegangen sein können, ist ihre Erhaltung auf den Berghöhen (z. B. Loftahammar) ein Zeugnis dafür, dass diese beinahe bis an die ehemalige subkambrische Ebene hinaufragen, und dass dieselbe Ebene annähernd durch die Fläche repräsentiert werden darf, welche durch die Berghöhengipfel gelegt wird. (Die diese Sandsteingänge betreffende Literatur ist in der oben als 2 zitierten Arbeit, S. 4 u. f., angeführt.)

Es erhebt sich nun die Frage, durch welche erodierenden Kräfte diese zerschnittenen Bergplateaus modelliert worden sind. Da sie während langer präquartären Denudationsperioden blossgelegt gewesen sind, ist es offenbar, dass die Reliefformen z. T. präquartär sind, und dass die Widerstandsfähigkeit der Gesteine, ihre Zerklüftung, ihre Streichrichtungen u. s. w. schon in präquartärer Zeit für die Arbeitsleistung der denudierenden Agentien bestimmend gewesen sind. Wegen der geringen Höhe dieser Plateaugebiete und des geringen Falles der Wasserläufe derselben kann mit einiger Wahrscheinlichkeit geschlossen werden, dass die Verwitterungsprodukte und das durch Zerklüftung losgemachte Material nur unvollständig entfernt wurden und dass das Landeis, wenn seine Zeit kam, eine bedeutende Ausräumungsarbeit leistete, indem es die mehr oder weniger desintegrierten Massen wegfegte. Dass dabei längs den Quetschzonen und Bruchlinien besonders reichliches Material abgegeben wurde, ist ersichtlich. Die Erosionsarbeit des Eises konzentrierte sich sozusagen auf derartige Schwachheitslinien und liess diese dadurch schärfer als vorher hervortreten. Die Bedeutung des Landeises in dieser Hinsicht erhellt u. a. daraus, dass derartige Linien am meisten sich in der Topographie kundgeben, wenn ihre Richtungen einigermassen mit der Bewegungsrichtung des Eises zusammenfallen, dagegen mehr verschleiert erscheinen, wenn sie diese Richtung überqueren. Bemerkenswert ist, dass *basische Eruptivgänge*, die das mittelschwedische Urgebirge häufig durchsetzen, entweder erodiert wurden, so dass sie enge Talschluchten bilden, oder grösseren Widerstand geleistet haben, so dass sie sich über die Umgebung rükkenartig erheben. In jenem Falle ist ihre relativ starke Zerklüftung bestimmend gewesen, in diesem Falle die für basische Gesteine wegen ihres petrographischen Charakters im allgemeinen kennzeichnende relativ grössere Widerstandsfähigkeit. Auch bei den erodierten Gesteinsgängen bewährt sich die Regel, dass die Erosion kräftiger hervortritt, wenn die Gänge eine mit der Eisbewegung übereinstimmende Richtung haben.

Die erodierende Tätigkeit des Eises hat sich nicht auf das Wegführen des schon vorhandenen, mehr oder weniger aufgelockerten und zertrümmerten Materials beschränkt, sondern auch das feste, frische Gestein angegriffen, wie u. a. daraus hervorgeht, dass die Moränen in den betreffenden Gebieten wesentlich unverwitterte Bestandteile enthalten, und dass die Gesteinsoberfläche in der Regel angeschliffen ist. Über den quantitativen Betrag dieser Wirkungen auf das feste Gestein gehen die Meinungen sehr auseinander, auch dürfte die relative Bedeutung der schleifenden und der zerbröckelnden Arbeit des Eises sehr verschieden aufgefasst werden. Ich möchte auf einige Erscheinungen aufmerksam machen, die meiner Ansicht nach gewisse qualitative und quantitative Ausdrücke für die Beurteilung der Glazialerosion in dem hier behandelten Terrain abgeben.

Sich daran erinnernd, dass die Bergköpfe fast bis an die subkambrische Plateauoberfläche aufragen, muss man zu dem Schluss kommen, dass sie nur sehr wenig, ich möchte sagen im allgemeinen nicht mehr als einige Meter, durch die glaziale Denudation abgetragen worden sind. Wäre die Abtragung wesentlich grösser, z. B. 30—50 m, dann würde die verschiedene Widerstandsfähigkeit verschiedener Gesteine viel stärker, als der Fall ist, hervortreten. Nun findet man aber die widerstandskräftigsten Gesteine, wie Diorit, Gabbro, Pegmatit, Kalkstein, gewöhnlich nur mit einigen wenigen Metern oder mit einem kleinen Bruchteil ihrer absoluten Höhe die leichter denudierten Granite, Gneise, Leptite und Glimmerschiefer überragen. Bei grösseren absoluten Höhen werden die Höhenunterschiede der verschiedenen Hügel wohl grösser, so dass es richtiger wäre, diese Unterschiede in Prozenten der absoluten Höhen als in Meter auszudrücken, es fehlen aber meistens dazu die nötigen topographischen Data.

Unter den oben angeführten Gesteinen beansprucht der Kalkstein eine besondere Aufmerksamkeit [4]. Er bildet in dem mittelschwedischen Urgebirge zahlreiche Einlagerungen, besonders in den leptitartigen und den mit ihnen verbundenen Silikatgesteinen. Bei einer Länge von gewöhnlich einigen hundert Metern bis einigen Kilometern haben diese Kalkeinlagerungen selten grosse Breite oder Mächtigkeit; als ein ungefähres Mittel dürfte man diese auf $^1/_5$—$^1/_{20}$ der Längenausdehnung veranschlagen können. Diese Kalkstriche bilden nun gern Hügelzüge oder Rücken, welche über die harten Silikatgesteine der Umgebung aufragen. Es mag dahingestellt bleiben, ob sie dies schon in präquartärer Zeit auch taten; allerdings können aber, gemäss den obigen Auseinandersetzungen über die Lage der Berghügel zur subkambrischen Ebene, die Höhenunterschiede nicht sehr gross gewesen sein. Bemerkenswert ist nun, dass die Glazialerosion den weichen Kalkstein so geschont hat, dass dieser Hügel und Rücken bildet, welche die umgebenden schiefrigen oder schichtigen Silikatgesteine überragen. Der Kalkstein scheint in der Tat mit den widerstandskräftigen Grünsteinen und den Pegmatiten zu wetteifern. Wo ein kleinhügeliges Plateau, wie z. B. östlich und südlich von Stockholm, allmählich unter das Meer untertaucht, dabei einen Schärenhof bildend, dort sieht man, wie die Kalksteine, die Pegmatite und Grünsteine gern die äussersten

Schären und Landspitzen bilden, dadurch ihre über die anderen Gesteine aufragende Höhe manifestierend. Dieselbe Erscheinung kann auch an den Seeufern im Inneren des Landes häufig beobachtet werden.

Das oben beschriebene Verhalten der Kalksteine in der Topographie des Urgebirges kann nur in der Weise erklärt werden, dass die glaziale Abschleifung des Felsgrundes quantitativ von sehr geringfügiger Bedeutung als Denudationsfaktor ist. Anderenfalls würden die Gebiete der weichen Kalksteine nothwendigerweise als Vertiefungen oder Senken erscheinen. Wenn man dem Eis eine vorwiegend zerbröckelnde, losbrechende und auf diese Weise ausräumende Wirksamkeit zuschreibt, dann ist dagegen das Verhalten der Kalksteine leicht zu verstehen. Wegen ihrer Weichheit werden diese an hervorspringenden Ecken und Kanten verhältnismässig schnell von dem Eis angeschliffen und zu Rundhöckern gestaltet, deren Wölbung sich der Bewegung des Eises in der Weise anpasst, dass dieses schliesslich dieselben, ohne sie weiter merkbar zu denudieren, übergleitet. In den umgebenden harten Silikatgesteinen werden die Vorsprünge und Ecken nicht so leicht vom Eise angeschliffen und ausgeglichen. Sie geben dadurch viel bessere Angriffspunkte für die zerbrechende, losreissende Wirksamkeit des Eises und werden daher auch mehr zerstört als der Kalkstein.

Ausser durch diese Betrachtungen über das Verhalten der verschiedenen Gesteine gegenüber dem überschreitenden Eise erweist sich die relative Bedeutung des Abschleifens und des Losbrechens auch an der Obenflächengestaltung der Silikatgesteine. Die idealen Schliffflächen und Rundhöckerformen, wie wir dieselben uns aus unseren Erinnerungen z. B. an eine Schärenfahrt vorstellen, sind in der Tat sehr selten. Wenn man sich für ein Lehrbuch eine solche aufsuchen will, kann es leicht geschehen, dass man unter Tausenden keine befriedigende ausfindig machen kann. Eckige Vertiefungen oder Unvollkommenheiten anderer Art kommen meistens vor, die auf ein Unvermögen des Eises, diese ideal gewölbten Schliffformen hervorzubringen, deuten und das Zeugnis abgeben, dass die Schleifarbeit wegen der Klüftung des Gesteins so durch Ablösung von Blöcken gestört und unterbrochen wurde, dass die idealen Schliffflächen selten fertig wurden. Wie gering die Abschleifung aber auch taxiert werden mag, so würde sie wohl doch dies erzielt haben, wenn nur nicht die Zerbröckelung des Felsen immer dazwischengekommen wäre.

Es ist bemerkenswert, dass in der Bewegungsrichtung des Eises ausgezogene flache Rundhöckerfelsen in ausgeprägten *Drumlingebieten* des inneren Norrland zu finden sind, wo sie gern als kopfartige Vorsprünge an dem proximalen Ende der langgezogenen Drumlinrücken auftreten. In solchen Drumlins sind oft auch die eingeschlossenen oder an die Oberfläche auftauchenden Blöcke und Geschiebe stark angeschliffen, wobei sie in der Längsrichtung des Drumlin geschrammt sind und sogar Stosseiten aufweisen. Daraus kann geschlossen werden, teils dass an einer der Eisbewegung angepasster Drumlinoberfläche die Denudation sich hauptsächlich nur auf ein Abschleifen aufragender, in der Drumlinmoräne arretierter Blöcke beschränkt, teils auch, dass die Abschleifung in diesen Fällen gegenüber dem Losbrechen und Losreissen grösserer Stücke überwiegt. Letzteres ist ganz natürlich, da es für die Drumlinbildung eine Bedingung ist, dass reichliches Moränenmaterial vorhanden ist und dieses teils die Unebenheiten des Felsgrundes ausfüllt, teils als Schleifpulver wirken kann. Da nun weiter die Eisdecke während der Zeit und am Orte der Drumlinbildung innerhalb der genannten Gebiete an Mächtigkeit sehr reduziert ist, kann sie auch keine besonders kräftige Zerbröckelung des Felsgrundes bewirken. Die abschleifende Tätigkeit des Eises macht sich unter solchen Umständen mehr geltend und kann die hier gut entwickelten schönen Schliffflächen hervorbringen. Ein schön geschliffener Felsgrund kann folglich nicht, wenigstens nicht immer, als ein Bewis sehr starker glazialer Erosion gelten, sondern bedeutet, wenigstens in den hier betrachteten Fällen, eher, dass der wichtigere erodierende Faktor, die zerbröckelnde Wirksamkeit des Eises, von geringem Belang gewesen ist.

Schön geschliffenen Felsgrund findet man aber auch in vielen Gebieten, wie z. B. an der Westerbottnischen Küste, an dem Schärenhof im nördlichen Uppland, Södermanland und Småland, wo das Eis im letzten Abschmelzungsstadium noch eine ganz bedeutende Mächtigkeit gehabt hat (z. B. in Uppland unmittelbar am Eisrande etwa 150 m); es ist aber dabei zu bemerken, dass wegen der Hebkraft des glazialen Meeres, in welchem das Eis sich vorschob, die Belastung auch hier sehr gering gewesen ist, so dass die Denudationsbedingungen in dieser Hinsicht recht ähnlich gewesen sind wie die des supramarin abschmelzenden Eises der Drumlingebiete im inneren Norrland. Dies bestätigt sich auch darin, dass Drumlins auch unter jenen Bedingungen oft in schöner Entwickelung vorkommen (Wästerbottenküste).

Alle die im obigen erwähnten Erscheinungen in Betracht gezogen, muss man zu dem Resultate kommen, dass die glaziale Denudation auf den Urgebirgsplateaus Schwedens keinen sehr grossen Betrag gehabt hat, dass sie sich vorwiegend auf die Zerklüftungszonen, Spaltlinien und dergleichen konzentriert hat, wobei sie das Landschaftsrelief durch ausräumende und zerbrechende Wirksamkeit verschärft und zugleich die kleineren Details durch Abschleifen abgerundet und abgeputzt hat.

Um einen näheren Ausdruck für die Bedeutung der Abschleifung zu geben, dürfte es angemessen sein, darauf hinzuweisen, dass die Schleifformen nur selten so grosse Dimensionen erreichen, dass sie sich auf einer Karte im Massstab 1 : 10 000 einzeichnen lassen. In ausgeprägten Drumlingebieten (z. B. Wästerbotten) können sie jedoch ausnahmsweise schon auf Karten in 1 : 50 000 zum Vorschein kommen.

Es ist folglich, soweit unsere Erfahrungen hier in Schweden reichen, kein Grund, die aus den Alpengebieten gewonnenen Anschauungen von einer starken, das Relief im grossen umgestaltenden Glazialerosion auf unser Gebiet zu übertragen. Ich will aber hiermit nicht gesagt haben, dass die Vertreter der Theorien der tiefgreifenden alpinen Glazialerosion Unrecht haben, nur betonen, dass die Verhältnisse in einer Hochgebirgslandschaft und in einem flachen Urgebirgsterrain so verschiedenartig sind, dass wir nicht ohne weiteres die mit so vielem Scharfsinn und so vielen Beobachtungen von den Autoritäten der alpinen Morphologie vetreteneu Lehren akzeptieren dürfen. Es lässt sich wohl denken, dass ein Eisstrom, der sich mit verhältnismässig grosser Bewegungsgeschwindigkeit durch ein Hochgebirgstal dahinpresst, ausserordentlich viel kräftiger erodiert als ein über ein ausgedehntes Plateau sehr träg fortschreitendes Landeis. So muss z. B. ein von dem grossen grönländischen Landeise vorgepresster Fjordgletscher, der sich 30 m pro Tag fortbewegt, eine ganz andere Erosionsarbeit leisten als das Landeis selbst, dessen Bewegung vielleicht nicht mehr als ein Tausendstel des vorigen beträgt.

Obgleich ich mich hier eigentlich nur mit der Glazialerosion innerhalb unserer mittelschwedi-chen Urgebirgsplateaus beschäftigen wollte, mag es jedoch erlaubt sein, auch *einige Bemerkungen über die Erosion in den mehr bergländischen Gegenden von Schweden* hinzuzufügen.

In der von ausgeprägten, 100—300 m tiefen Tälern durchschnittenen Berglandschaft der Provinz Ångermanland kommt unweit der letzten Eisscheide eine von MUNTHE ausführlich beschriebene, als *inter-*

glazial gedeutete Ablagerung vor, welche die letzte Vereisung überlebt hat, obgleich sie keineswegs in irgendwie besonders geschützter Lage liegt. Ihre fossile Flora und Fauna zeigt, dass es sich nicht um eine Oszillation der letzten Vereisung handelt, sondern dass die Ablagerung entweder präglazial (wie einige aus wenig stichhaltigen Gründen meinen) oder interglazial sein muss und in beiden Fällen von einem sich bis über die Grenzen von Fennoskandia ausbreitenden Landeise überschritten worden ist. Es ist sehr schwer, diesen Fund mit einem sehr grossen erodierenden Vermögen des Eises in Übereinstimmung zu bringen. Allerdings kann man keine näher anzugebenden Umstände heranziehen, welche das Eis verhindern könnten, seine erosive Fähigkeit hier auszunutzen. In diesem Zusammenhang mag auch darauf hingewiesen werden, dass das westwärts von der letzten nordschwedischen Eisscheide gehende Eis, das jedoch ziemlich lange Zeit für seine Denudationsarbeit gehabt hat, nicht die älteren vom Hochgebirge stammenden Moränen ganz wegdenudiert hat, sondern diese sind, z. B. in der Storsjögegend (Jämtland), in grosser Ausdehnung noch erhalten.

Auch einige Worte über die grossen nordschwedischen *Talseen* und ihre Deutung. Ich habe an anderer Stelle [7] recht ausführlich diese Frage behandelt und kann mich deshalb hier ganz kurz fassen. In ihrer Lage zur skandinavischen Gebirgskette zeigt die Mehrzahl dieser Seen eine gewisse Analogie zu den alpinen Randseen. Mehrere Umstände sprechen jedoch für ihre Auffassung als Stauseen, nicht, oder nur in ihren tiefsten Partien, als erodierte Taltröge oder Felsbecken. Am östlichen Ende der Seen kommen in der Regel mächtige fluvioglaziale Anhäufungen vor; ihre Abflüsse gehen oft nicht von diesen Enden, sondern seitlich, um sich erst weiter unten in das Tal hinabzusuchen, das als die unmittelbare Fortsetzung des Seetales anzusehen ist. Dabei bilden sich Fälle, deren Gesamthöhe oft etwa gleich gross ist wie die Tiefe des zugehörigen Sees. Weiter liegen die Seeflächen im übrigen gleich gelegener Seen in der Regel höher für die tieferen als für die seichteren Seen, und es kommt vor, dass ein kleineres Flusstal an der Seite eines grösseren, von einem See eingenommenen Tales tiefer liegt als die Seeoberfläche des letzteren (z. B. das Hornafvansystem). Alle diese Umstände sind leicht erklärlich als natürliche Folgen einer Aufdämmung der Flusstäler, sind aber kaum mit der Deutung der Seen als glaziale Erosionsbecken vereinbar. Manche Talseen in anderen Teilen von Schweden, besonders in Wärmland und Dalsland (Rådasee, Fryken, Stora Lee u. a.) sind in ähnlicher Weise an ihren unteren Enden durch fluvioglaziale Ablagerungen gesperrt, deren Entfernung wahrscheinlich die Seen entleeren würde. In einem Falle (Ragundasee) hat auch eine Entleerung stattgefunden, und es hat sich dabei gezeigt, dass am Grunde des Sees eine bedeutende fluvioglaziale Erosion gewirkt hat. Ich habe diese Seen hier erwähnt, nicht um gegen die Theorie der glazialerodierten Seenbecken der alpinen Randgebiete mich auszusprechen, nur um die Verwendung dieser Theorie als eine generelle Erklärung unserer grossen Talseen abzulehnen. Diese Seen, wenigstens einige derselben, haben übrigens eine recht komplizierte Geschichte, die auf tektonische Vorgänge in präquartärer Zeit zurückzuführen sind, und ihre Deutung als einfach glaziale Stauseen gibt, wie ich anderswo [7] hervorgehoben habe, nicht die ganze Wahrheit. Auch wäre zu bemerken, dass einer der grössten dieser Seen, der Torneträsk, nicht mit den anderen ganz vergleichbar ist. Für diesen See scheint nach den Untersuchungen von O. SJÖGREN eine bedeutende glaziale Übertiefung angenommen werden zu dürfen.

Beim Studium der glazialen Skulpturformen sollte man nicht nur die direkte Erosion des Eises berücksichtigen, sondern auch die *fluvioglazialen Wirkungen* mit in Betracht ziehen. Dass diese nicht ganz ohne Belang sind, bezeugen die enormen fluvioglazialen Ablagerungen. Besonders die mittelschwedischen Osar, die oft zu 50—100 m Mächtigkeit aus grobem Sand, Grus, Kies und chaotisch angehäuften gerollten Blöcken aufgebaut sind, deuten auf beträchtliche Wassermassen und gewaltsame Bewegungsgeschwindigkeit der grossen subglazialen Flüsse, denen man deshalb eine kräftige Erosion auch zuschreiben muss. Die Erosionsformen dieser Flüsse werden indessen natürlich bei der Rückwärtsverschiebung des Eisrandes und der damit erfolgenden Verschiebung ihrer Mündungen durch die transportierten fluvioglazialen Massen überdeckt, so dass sie sich in der Regel jeder direkten Beobachtung entziehen.

Besondere Umstände und Ereignisse haben jedoch in einigen Fällen diese Ausfüllungsmassen entfernt, so dass die fluvioglazialen Skulpturformen blossgelegt worden sind. Ich habe einen solchen Fall von Storlien beschrieben, wo die deckenden Ablagerungen durch den Abfluss eines Eissees weggeräumt worden sind, so dass die mehrere Kilometer lange subglaziale Flussrinne zum Vorschein kommt, und einen anderen Fall von Ragunda, wo die subglaziale kañonartige Rinne mit ihren grossartigen fluviatilen Erosionsformen durch die katastrophenartige Entleerung dieses Sees im Jahre 1796 blossgelegt wurde [8]. Die grossen nordschwedischen Flüsse haben bei ihrer Erosionsarbeit auch hin und wieder Teile subglazialer Erosionsrinnen derselben Art an den Tag gebracht. Es ist deshalb wahrscheinlich, dass derartige Skulpturformen recht allgemeine Bildungen sind, obgleich sie in der Regel durch Ablagerungen und Talausfüllungen verschiedener Art, und zwar besonders durch fluvioglaziale Deltas und Osar, verdeckt worden sind.

Literatur und Karten.

1. S. De Geer, Landforms in the surroundings of the great Swedish lakes (Sv. Geol. Undersökn., Stockholm 1910), von einer Karte begleitet, die eine orientierende Übersicht der Hauptzüge der Verwerfungstopographie gibt.

2. A. G. Högbom, Precambrian Geology of Sweden (Bull. Geol. Inst. Upsala 1910).

3. Die geologischen Karten, Blätter *Nynäs*, *Trosa*, *Svartklubben* (1 : 50 000), illustrieren vorzüglich die Widerstandsfähigkeit der Kalksteine und Grünsteine gegen die Denudation; die geologischen Blätter *Gottenvik* und *Tärna* und die topographischen Blätter *Linköping*, *Finspång*, *Waldemarsvik* (1 : 100 000) geben typische Beispiele der Spalten- und Verwerfungstopographie. Die topographischen Blätter *Arvika*, *Trosa* und *Waxholm* zeigen die Beeinflussung des Reliefs durch die Falten- oder Streichrichtungen. Die zwei letztgenannten Blätter sind mit einer geologischen Karte, z. B. der Karte von Holmquist in seiner Arbeit »The Archæan Geology of the Coast Regions of Stockholm» (Congress guide No. 15), zu vergleichen.

4. A. G. Högbom, Om urkalkstenarnas topografi och den glaciala erosionen (Geol. Fören. Förhandl. Bd. 21, 1899).

5. A. G. Högbom, Studien in nordschwedischen Drumlinslandschaften (Bull. Geol. Inst. Upsala, Vol. VI, 1905).

6. H. Munthe, Om den submoräna Hernögyttjan och dess älder (Geol. Fören. Förhandl. Bd. 26, 1904). Siehe auch die Darstellung desselben Autors im Congress guide No. 12.

7. A. G. Högbom, Norrland, Naturbeskrifning (Upsala 1906). In den Kapiteln 3 und 7 ist die Geologie der Talseen behandelt worden.

8. A. G. Högbom, Quartärgeologische Studien im mittleren Norrland (Congress guide No. 12.)

Da oben nur solche Arbeiten und Karten genannt worden sind, die zur näheren Begründung meiner Darstellung dienen, möchte ich noch hervorheben, dass Beobachtungen und Betrachtungen über den Zusammenhang zwischen Morphologie und geologischem Bau und über die bodengestaltenden Wirkungen der Eiszeit, ausser in den Blattbeschreibungen der Geologischen Landesuntersuchung Schwedens, in einer Menge anderer Aufsätze und Abhandlungen vorkommen. Da ich nicht auf eine Widerlegung der oft von meiner hier entwickelten Auffassung mehr oder weniger abweichenden Ansichten eingegangen bin, schien mir ein ausführlicheres Literaturverzeichnis nicht nötig. Ich beschränke mich darauf, auf den zum Kongress von Sveriges Geol. Undersökning herausgegebenen Katalog *Maps and Memoirs on Swedish Geology*, Abteilung VIII (Morphologie) zu verweisen, aus dem die folgenden Nummern, als für die hier behandelten Fragen bemerkenswert, besonders hervorzuheben sein dürften: Nr. 1 (K. Ahlenius), 7 (G. Andersson), 9 (C. G. Dahl), 11, 12 und 13 (G. De Geer), 17 (P. Dusén), 43 (G. Holm), 45, 46 und 50 (A. G. Högbom), 56 (A. Larsson), 59 (H. Munthe), 60, 61 und 62 (A. G. Nathorst), 64 (O. Nordenskjöld), 65 (O. Nordenskjöld und S. De Geer), 68 und 69 (O. Sjögren), 72 (E. Svedmark), 80 und 81 (A. E. Törnebohm), 85 (W. Wråk).

Über glaziale Erosion in den Alpen

VON

ALBRECHT PENCK, [1]
Professor an der Universität zu Berlin.

So lange als die Eiszeitforschung in den Alpen betrieben wird, ist bekannt, dass das Ufer der alten Gletscher durch das Eintreten einer eigentümlichen Erosionserscheinung gekennzeichnet wird. Die scharfen Gratformen des Hochgebirges, welche ihre Gestaltung der Verwitterung danken, weichen den gerundeten Formen des Eisschliffes. Nie hat Zweifel darüber bestanden, dass die Gletscher hier erodiert und zackige Verwitterungsformen abgeschliffen haben. Doch ist man anfänglich wohl stets geneigt gewesen, nur an einen geringen Umfang dieser Erosionstätigkeit zu glauben.

Grössere Erosionsleistungen des Eises verlangte erst A. C. RAMSAY, als er aus der räumlichen Beschränkung der grossen alten Seen auf das Gletschergebiet und aus ihrer Eigenschaft als Felsbecken auf ihre glaziale Entstehung schloss. Jahrzehntelang knüpfte sich die Frage nach der Gletschererosion an die Vorstellung, die man sich von der Entstehung der Alpenseen machte, und heftig haben sich lange Zeit zwei Schulen befehdet, von denen die eine eine starke glaziale Erosion ebenso lebhaft bekämpfte, wie sie die andere annahm. Erst später wurde man gewahr, dass die Becken der Alpenseen nur ein bescheidener Teil dessen sind, was die Alpentäler von gewöhlichen Flusstälern unterscheidet, nähmlich ihrer *Übertiefung*. Zu dieser Erkenntnis konnte man erst gelangen, als man die Täler von Gebirgen kennen lernte, die wie die südlichen und mittleren Appalachian nicht vergletschert gewesen sind; ihr

---

[1] Der Vortrag wurde wegen der Kürze der zur Verfügung stehenden Zeit nur auszugsweise gehalten; weggelassen wurde die Diskussion der Ansichten von E. DE MARTONNE, da dieser nicht anwesend war. Die Ausführungen stützen sich in weitem Umfange auf des Redners und ED. BRÜCKNERS Werk »Die Alpen im Eiszeitalter«, Leipzig 1909, auf das hier betreffs der verwerteten Literatur verwiesen sei. Nur die seither hinzugekommene Literatur wird hier zitiert.

Formenschatz ist ein wesentlich anderer als der der Alpentäler, und unter den letzteren sehen die vergletschert gewesenen erheblich anders aus, als die unvergletschert gebliebenen. Kein Tal ist in dieser Hinsicht lehrreicher als das der Mella, das bei Brescia die Alpen verlässt. An seiner Mündung fehlt der sonst übliche Alpensee; das Tal steigt rasch aufwärts an; seine Sohle ist schmal; die Gehänge links und rechts erheben sich zwar steil, bieten aber nur ausnahmsweise grössere Felswände. Es fehlt die Trogform mit allen ihren Begleiterscheinungen, die Nebentäler münden gleichsohlig in das Haupttal. An ihren Mündungen gibt es keine Stufen, über welche der Fluss in einem Wasserfalle herabstürzen oder in die er eine tiefe Klamm einschneiden würde. Wohl fehlt es auch an den Nebenflüssen wie am Hauptflusse nicht an Schnellen dort, wo der Fluss über widerständiges Gestein hinwegfliesst; aber es gibt im ganzen Flussgebiete nicht grössere Gefällsbrüche. Wie anders das dicht daneben gelegene Ogliotal, in welchem ein grosser Gletscher den Alpenfuss erreichte. Haben wir dessen gewaltigen Endmoränen durchmessen, so stehen wir vor dem Spiegel des schönen Iseosees. Weiter oberhalb ist das Ogliotal weithin verschüttet, riesige Schuttkegel bauen sich von der einen oder anderen Seite hinein vor den Mündungen der Nebenflüsse, die aus Hängetälern herabkommen, meist in engen Klammen die Mündungsstufen durchsägend. Überaus steil, oft als Felswände steigen die Gehänge beiderseits des breiten verschütteten Talbodens an, erst in grösserer Höhe stellen sich sanftere Böschungen ein. Gleiche Züge wiederholen sich auch östlich vom Tale der Mella im Bereiche des Gardasees: wiederum liegt der Boden des Haupttales unter Wasser; seine Wandungen sind an der Westseite ausserordentlich steil. Der Boden aller Nebentäler bricht ausnahmslos hoch über ihm ab, so dass deren Flüsse in Fällen — es sei an die Ponale- und Varonefälle erinnert — zu ihm herabeilen müssen. Wieder zeigt sich, dass die Vertiefung des Haupttales rascher vorgeschritten ist, als die der Nebentäler: letztere hängen neben dem Haupttal. Dieses aber ist für die heutige Erosionstätigkeit des Flusses zu tief, es liegt unter Wasser und wird an seinem oberen Ende verschüttet. Hierin besteht das Wesen der Übertiefung. Das Hängetal ist dafür nicht allein charakteristisch; wir finden Hängetäler vielfach auch an Küsten, wo die Zerstörung des Kliffes rascher fortschreitet, als die Talbildung ihr zu folgen vermag, wie z. B. in der Normandie und an vielen ozeanischen Inseln. Hängetäler finden sich auch in jugendlichen Bruchgebieten. Die Täler des Odenwaldes münden teilweise hängend gegen die Mittel-Rhein-Ebene, und ebenso ist es, wie BLANCKENHORN berichtet, am Jordan. Das Wesen der Übertiefung besteht darin, dass das Haupttal für die Flüsse auf weite Strecken zu tief geworden ist und von ihnen nicht mehr fortgebildet, sondern verschüttet wird; nur einzelne Strecken weichen hiervon ab, insbesondere im Oberlaufe oder an Riegeln, welche das Tal quer durchsetzen. Hier hebt sich der felsige Boden des übertieften Tales hervor, und sein U-förmiger Querschnitt tritt deutlich entgegen. Im Vergleiche zu dem also übertieften Haupttale sind die Nebentäler in der Vertiefung zurückgeblieben, und die schöne Konkordanz der Talmündungen, welche durch das PLAYFAIR'sche Gesetz ausgesprochen wird, trifft nicht zu. Aber nicht immer entspricht die hydrographische Anordnung von Haupttal und Nebental auch der morphologischen Verschiedenheit zwischen übertieftem Tal und Hängetal. Die Ostalpen bieten im Bereiche ihrer grossen Längstäler, des Pustertales und des Lungau, verschiedentliche Ausnahmen. Übertieft münden hier die Seitentäler, und der Boden des Haupttales hängt über den übertieften Seitentalmündungen. In allen diesen Fällen erweist sich das Tal, das einen starken, mächtigen Gletscher barg, als das übertiefte, und zurückgeblieben ist das Tal, das lediglich vom Eise überflutet und wenig durchströmt wurde.

Die Gesamtheit der Formen übertiefter Täler war noch nicht erkannt, als man die Alpenseen auf regionale Krustenbewegungen zurückführen wollte, und ihre Entstehung durch Verriegelung eines Haupttales infolge von Aufwerfen einer Falte oder durch ein Zurücksinken des Gebirges zu erklären versuchte. Man kann sich wohl vorstellen, dass durch den einen oder anderen Vorgang ein Tal in einen See verwandelt wird; es ertrinkt aber dann und wird nicht übertieft. Der Unterschied ist ein markanter. Verwandelt sich infolge einer regionalen Senkung oder der Erhebung eines Riegels ein Tal in einen See, so wird dieser sich nicht bloss auf das Haupttal beschränken, sondern seine Wasser werden auch in die Nebentäler eindringen, weil nicht bloss das Tal, sondern das ganze Talgebiet aufgedämmt wird. So erfüllen die Wasser des Chusenjiko in Japan die oberen Verzweigungen eines ganzen Talgebietes, weil im Tale der Vulkan des Nantaisan aufgeschüttet worden ist. Hängetäler können sich an einem ertrunkenen Tale nicht finden; Stufenmündungen müssen fehlen, sie aber kennzeichnen unsere Alpenseen, insbesondere die grossen lombardischen; in

engen Schluchten, den Orridos, stürzen sich hier die Flüsse aus den
hängenden Seitentälern zum Haupttale hinab.

Die Theorie der Seenbildung durch Verriegelung oder Rücksinken
konnte in der Schweiz enstehen, wo sich eine ganze Anzahl von Alpenseen in bemerkenswerter Weise an den Fuss des Gebirges hält und als
Randseen erscheint. Hier liegt nahe daran zu glauben, dass eine Verschiedenheit der Bewegung von Gebirge und Vorland zur Seenbildung
geführt habe. Aber in den Südalpen versagt dieses Argument. Nicht jedes
Tal hat hier seinen Alpensee, und wenn sich die einen Seen — wie der
Gardasee — aus dem Gebirge bis tief hinaus auf die Ebene erstrecken,
liegen die anderen — wie der Idrosee — im Innern des Gebirges. Endlich schalten sich zwischen Seetälern seefreie Täler ein, so wie erwähnt
das Mellatal zwischen Iseosee und Gardasee. Sollte gerade vor dem
Ausgang dieses gletscherfreien Tales die Auffaltung ausgesetzt haben,
welche die anderen Täler verriegelte, oder sollte gerade in seinem Gebiete das Rücksinken des Gebirges fehlen, das kaum 10 Kilometer weiter westlich im Ogliotale den Iseosee einbog? Haben wir es hier
zwischen zwei eiszeitlichen Gletschertälern wirklich mit einem tekto-
nisch abweichenden Gebiete zu tun? Aber mehr noch. Es gibt noch
ein zweites Tal zwischen Iseosee und Gardasee: das des Chiese. Es
gleicht in seinen oberen Partien den benachbarten Seetälern. Es ist
deutlich übertieft, und die Übertiefung setzt sich so weit fort, als der
eiszeitliche Gletscher reichte. Dann wird das Tal ähnlich dem der
Mella. Zwingend wird hier, dass ein enger Kausalnexus zwischen
Übertiefung und alten Gletschern existiert. Aber kein Konnex besteht
hier zwischen Seebildung und Tektonik.

Ein solcher Konnex ist in den Alpen überhaupt nicht vorhanden.
Man hat ihn durch Verfolg von Flussterrassen zu erweisen gesucht. Jeder kleine Gefällsbruch an den Gehängen der Alpentäler wurde als der
Überrest eines Talbodens gedeutet, und die einzelnen so erhaltenen Talböden wurden miteinander zu Terrassensystemen verknüpft. Erst kürzlich hat GOGARTEN[1] im Linthgebiete 17 verschiedene solche alten Talböden unterschieden, von denen die Mehrzahl frei hinausläuft in das
Alpenvorland, ohne eine Fortsetzung zu finden, und von denen die
obersten nur auf ganz wenige Vorkommnisse begründet sind. Man sollte
meinen, dass auf Grund solcher in die Luft hinauslaufender Terrassen-

---

[1] Über alpine Randseen und Erosionsterrassen. Peterm. Mitteil. Erg. H. 165. 1910.

systeme GOGARTEN auf eine jugendliche Erhebung der Alpen gegenüber ihrem Vorlande schliessen würde. Aber er folgert auf ein Rücksinken der Alpen, indem er sich darauf stützt, dass seine Terrassen eine kurze Strecke weit rückläufig seien. Wir fragen uns angesichts des Hinauslaufens der GOGARTEN'schen Terrassen in die Luft, ob sie denn wirklich Überreste alter Flusstalböden sind, und ob die Vorkommnisse, die zweifellos zu solchen gehören, auch richtig mit einander verbunden sind. Lenkt man den Blick nicht auf die zahlreichen Einzelheiten, sondern verfolgt die grösseren Formen, die sich unzweifelhaft als alte Talböden dokumentieren, dann zeigt sich, dass letztere gebirgseinwärts zunächst sehr steil und dann sanfter ansteigen, dass also eine Erhebung des Gebirges stattgefunden hat, welche einen ursprünglich konkaven Talboden streckenweise zu einem konvexen machte. Angesichts dieser in grossen Zügen sich deutlich aussprechenden Tatsache stossen wir uns nicht daran, wenn dann und wann einmal ein kleineres Terrassenstück sich abweichend verhält und wenn es sich nicht bloss, wie in der Regel, mit ansehnlicher Steilheit nach der Talmitte senkt, sondern auch talaufwärts: braucht ja doch nur das Talgehänge eine sich nach der Talmitte rasch senkende Terrasse schräge zu schneiden, um den Eindruck zu erwecken, als ob sich letztere talaufwärts senke. Aber die Untersuchung der meisten in der Literatur angeführten Vorkommnisse von talaufwärts sich senkenden Terrassenstücken hat meinen Freund BRÜCKNER und mich vielfach nicht einmal von ihrem Vorhandensein überzeugen können. Am Iseosee, wo sie BALTZER beschrieben hat, konnte ich nichts von solchen wahrnehmen, und BRÜCKNER hat gezeigt, dass die rückfälligen Terrassen am Zürichsee, auf die GOGARTEN neuerlich Gewicht legt, Bänder sind, nämlich Gehängeformen, die sich an den Wechsel leichter und schwerer zerstörbaren Gesteins knüpfen. Es fällt das dortige Phänomen unter die Gruppe von Rippungserscheinungen, die in den Glazialgebieten so häufig sind. Daran muss ich auf Grund eigener Untersuchung der Terrassen gegenüber den Ausführungen von GOGARTEN entschieden festhalten. In einer ganzen Reihe von Fällen lässt sich ohne weiteres erkennen, dass sich die rückläufigen Terrassen an Konglomeratbänke der subalpinen Molasse knüpfen.

Die Form der übertieften Täler, wie sehr sie auch von der der gewöhnlichen Flusstäler abweicht, ist nicht ohne Parallele zu Erscheinungen an den Flüssen selbst. Sie entspricht dem Formenschatze, der hier unseren Blicken in der Regel durch das Wasser entzogen ist, nämlich dem der

Flussbetten. Vereinigen sich die Spiegel der Flüsse und infolgedessen auch die Talsohlen asymptotisch, so vereinigen sich die Böden der Flussbetten in der Regel in Stufen. Stufenförmig setzt sich der Boden des seichten Nebenflusses gegen den des tieferen Hauptflusses ab. Es gibt aber auch umgekehrte Fälle, wo ein tiefer starker Nebenfluss sein tiefes Bett noch eine Strecke weit in den flachen verwilderten Hauptfluss fortsetzt. Ein wesentlicher Unterschied aber besteht zwischen den übertieften Alpentälern als Gletscherbetten und der Mehrzahl der Flussbetten. Diese setzten sich meist bis zum Meere hin fort, jene aber enden in der Regel stumpf, und ihre Sohle steigt gegen das Ende hin entschieden talaufwärts an, so dass eine Beckenform entsteht. Sie charakterisiert das Gletscherende, und wir nannten sie daher *Zungenbecken*. Aber es fehlt auch an den Flüssen nicht an Seitenstücken zu glazialen Zungenbecken; sie treten überall dort auf, wo Flüsse auf durchlässigem Boden oder in Wüsten versiegen. Niemand würde auf Grund der hier auftretenden stumpf endenden Flussbetten den Flüssen die Fähigkeit abstreiten, sich ein ihren Bedürfnissen entsprechendes Bett einzuschneiden. Aber die entsprechende Erscheinung an den Betten der eiszeitlichen Gletscher hat die Gemüter lebhaft beschäftigt. Es ist die Frage aufgerollt worden, ob die Gletscher die Zungenbecken hätten durchfliessen können, da sie doch hier hätten ansteigen müssen; dabei ist ausser Betracht gelassen, dass die Zungenbecken nicht bloss bis zum Niveau der Seen oder der Fläche, die sie erfüllen, sondern weit höher mit Eis erfüllt gewesen sind, welches sich nach dem Saume des Zungenbeckens hin steil abböschte. Überall dort nun, wo es möglich war, diese Böschung zu untersuchen — dazu boten mehrere Alpentäler gute Gelegenheit — zeigte sich, dass das Oberflächengefälle des Eises über dem Zungenbecken steiler war als das entgegengesetzt gerichtete Bodengefälle am unteren Ende des Zungenbeckens; die Gesamtmasse des Eises, die letzteres erfüllte, hatte ein Gefälle nach dem Gletscherende hin und durchströmte das Zungenbecken, an dessen Sohle ansteigend, wie Gletscherschliffe lehren.

In welcher Weise die Erosion in den übertieften Tälern geschehen ist, können wir schwer an den heutigen Gletschern studieren, unter welche wir nur randlich einzudringen vermögen; wir müssen uns an die Spuren halten, die das Eis hinterlassen hat. Rundhöcker zeugen, wie längst erkannt, von einer abschleifenden Wirkung des Eises. Aber sie lassen zugleich erkennen, dass sich an ihnen noch eine andere Tätigkeit des Eises entfaltet hat, nämlich das Ausbrechen des Untergrundes unter dem Gletscher. Selten nur sind die Rundhöcker über und über glatt geschliffen. In der Regel stösst die Schlifffläche an eine entgegengesetzt fallende rauhe Leeseite. Man hat daraus vielfach den Schluss gezogen, dass der Gletscher keine nennenswerte Erosionsarbeit zu leisten vermöchte, er habe nicht einmal einen Felsen bis unter das Niveau der Leeseite abschleifen können; diese repräsentiere eine präglaziale Oberfläche, die das Eis konserviert habe. Genauere Untersuchungen solcher Stellen lehren jedoch, dass hier ganze Platten vom Eise ausgebrochen und fortgeführt worden sind; man sieht deutlich die Lücken der geschrammten Flächen, aus denen sie entfernt sind. Auf den von den heutigen Gletschern verlassenen Felsböden, z. B. am Hornkees im Zillertale, fand ich unfern solcher Lücken geschliffene Platten, die genau in sie hineinpassten. Diese Platten konnten aber nicht etwa vom Frosteinflusse losgebrochen und unter dem Einflusse der Schwere gewandert sein, da sie nach aufwärts gefrachtet waren. Das Ausbrechen des Gletscherbodens wird wesentlich unterstützt durch die Klüftung im Gestein. Ich habe wiederholt die Beobachtungen von SALOMON bestätigen können, dass die Klüftung den Wandungen und dem Boden des Gletschertales parallel ist: an jenen stand sie steil, an diesem verlief sie eben. Dies gilt namentlich von Massengesteinen, wie z. B. dem Tonalite des Adamello, und diese Beziehung zwischen Talform und Gesteinsstruktur ist eine derartig enge, dass man weniger an eine Abhängigkeit des Tales von der Klüftung, als umgekehrt an eine Abhängigkeit der Klüftung vom Tale glauben möchte. Man kann sich denken, dass sehr mächtiges strömendes Eis durch seinen Druck gegen die Wandungen und die Sohle seines Bettes hier das Gefüge lockerte und Klüfte jeweilen längs der prädisponierten Klüftbarkeit zur Entwickelung brachte, die den Wandungen oder Sohle annähernd parallel läuft, an den Wandungen längs der vertikalen, am Boden längs der horizontalen Klüftbarkeit. Auch muss die vom Eise ausgehende Abkühlung des Gesteins vorher angelegte Fugen lockern und erweitern; sind aber erst einmal Stücke gelockert, so werden sie auch von dem darüber hinwegströmenden Eise gleichsam abgeschürft, nämlich ergriffen und fortgeführt. Ein solcher Ausbrechungsvorgang ist jedenfalls die Hauptquelle für die Entstehung der vom Eise bewegten Untermoränen, aus denen die abgelagerten Grundmoränen hervorgehen.

Das Verhalten der einzelnen Gesteine gegenüber dem glazialen Ausbrechen ist ein sehr verschiedenes. Massengesteine, namentlich Granite, welche zu plattiger Absonderung neigen, fallen ihr leicht zum Opfer; dagegen erweisen sich dickbankige Kalke als gut widerständig; wo sie Gletschertäler durchsetzen, bilden sie häufig Riegel. Tonige Gesteine werden grösstenteils durch Abschleifen erniedrigt. Die Skala der Widerständigkeit der Gesteine gegenüber der glazialen Erosion weicht ganz wesentlich von ihrer Härte- oder Festigkeits-Skala ab oder von der Skala ihrer Widerstandsfähigkeit gegen subaërile Verwitterung oder Wassererosion. Für letztere ist die Klüftbarkeit nicht sehr belangreich: sie wäscht Gesteine ab und wirbelt in ihnen Kessel aus. Daher kann es nicht wunder nehmen, wenn ein vom Eise modelliertes Land ganz andere Oberflächenzüge aufweist, als ein von Flüssen und der Verwitterung gestaltetes.

Das charakteristische Gebilde der glazialen Erosion in den Alpentälern ist der *Trog*, nämlich das breite steilwandige Tal mit U-förmigem Querschnitte, das seine Übertiefung meist durch ausgedehnte Aufschüttungen, sei es durch seinen Hauptfluss, sei es durch die Schuttkegel der Seitenflüsse, verrät, und dessen felsiger Boden, wenn er sichtbar wird, nie die Ebenheit einer Talsohle, sondern stets U-förmige Krümmung aufweist. Dieser Trog reicht nicht bis an die Ufer der alten Gletscher. Seine steilen Wandungen setzen sich nach oben mit einem merklichen Knick von den höheren, minder steilen Gehängepartien ab. So entsteht die ausspringende Kante des Trograndes oder der Trogschulter. Hoch darüber verläuft in den inneren Gebirgstälern die einspringende Kante der Schliffgrenze, finden sich weiter ausserhalb, wie z. B. an den lombardischen Seen, die obersten erratischen Blöcke, und über den Trogschultern sitzen auch die Endmoränen, welche die Enden der grossen Randseen in den Zungenbecken umschlingen. Diese Tatsachen müssen im Auge behalten werden, denn immer aufs neue wird die Ansicht ausgesprochen, dass die Trogränder alte Gletscherufer seien: RICHTER neigte ihr zu, HESS hat sie eine Zeit lang entschieden vertreten, und neuerlich ist ihr in LUCERNA[1] ein begeisterter Anwalt erwachsen. Sie drängt sich in der Tat leicht demjenigen auf, der den scharf umrissenen Trog eines zentralen Alpentales verfolgt. Sobald man aber in die gros-

---

[1] Glazialgeologische Untersuchung in den Liptauer Alpen. Sitzber. k. Akad. d. Wiss. Wien CXVII (1908) I. — Die Eiszeit auf Korsika. Abh. k. k. geogr. Gesellsch. Wien. IX (1910), No. 1.

sen Längstäler hinaustritt, sieht man, das der Trog zu einer weniger bedeutenden Erscheinung heruntersinkt, und wollte man seine Ränder als Gletschersaum auffassen, so erhielte man sehr langgedehnte, dünne, oft gefällslose Gletscher. Man darf sich eben nicht von dem Phänomen an einer bestimmten Stelle leiten lassen, sondern muss die Gesamtheit der Erscheinungen ins Auge fassen. Da ergibt sich deutlich, dass die Jungmoränen der Würm-Eiszeit in der oberen erratischen Grenze verlaufen, und dass letztere sich im Innern der Alpen an die Schliffkehle anschliesst. Behält man diesen, durch die gesamten Alpen verfolgten Zusammenhang im Auge, so kann man nicht zweifeln, dass die Trogschulter tief unter dem oberen Gletschersaume bleibt, und wird der Tatsache inne, dass die Eisströme nicht in ihrer gesamten Breite, sonder vielfach nur längs ihrer Mittellinie im Bereiche ihres Stromstriches übertiefend wirkten. Längs des Stromstriches entstanden die steilwandigen Tröge in den zentralen Alpen; längs des im Inntale hin- und herpendelnden Stromstriches wurde in den breiten präglazialen Talboden eine leicht mäandrierende Furche eingeschnitten. Aber auch im Längsprofile der grossen Alpentäler zeigt sich, dass der Trog nicht so weit reicht, wie das Eis. Zwar setzt er sich weit im Moränengebiete fort — oft bis an eine äusserste Endmoräne — aber an den Gletscherwurzeln liegt ein manchmal nicht unbeträchtlicher Zwischenraum zwischen Gletscher und Troganfang. Die Trogwandungen der beiden Talgehänge schliessen sich nach oben zu einem gewaltigen Trogschlusse zusammen. Steigt man über die steilen, zerrissenen, fast nirgends vom Eise geschliffenen Wände desselben empor, so erreicht man flache Platten, die Trogplatten LAUTENSACHS, mit den ausgesprochenen Spuren früherer oder heutiger Gletscherbedeckung. Diese Trogplatten erst werden von steilen Felswandungen umrahmt, unter welchen der Eisstrom wurzelte. Es liegt über dem Trogschluss noch ein Kar mit der üblichen steilen Umrahmung und mit flachem Boden, der in die Trogplatten übergeht. Doch ist die seitliche Begrenzung dieses Kares keine scharfe, es ist mit Nachbarkaren meist zu einem Gebilde höherer Ordnung verwachsen.

Die Steilheit der Felswände über den Trogplatten erklärt sich ebenso wie die Steilheit der Karwandungen: man hat mit Formen der Wandverwitterung zu tun; letztere aber hat zur Voraussetzung einen Untergrabungsprozess, welcher vom Kargletscher ausgeübt wird. Dieser Untergrabungsprozess knüpft sich, wie ich 1902 zeigen konnte, an das Vorhandensein der Randkluft, die den Gletscher vom Hintergehänge scheidet. In diese Randkluft fallen die Trümmer der Karwand hinein. Sie gelangen hier unter das Eis und bewirken von der Randkluft an eine ansehnliche Erosion des Gletscherbodens. WILLARD D. JOHNSON[1] hat seither auf die weitere Tatsache aufmerksam gemacht, dass in der Randkluft häufiges Tauen und Wiedergefrieren an der Grenze zwischen Eis und Fels stattfindet, wobei der letztere angegriffen wird und leicht der Erosion unterliegt. G. K. GILBERT[2] hat in den Betten ehemaliger Gletscher der Sierra Nevada deutlich die Lage des ehemaligen Gletscherschrundes als Schrundlinie verfolgen können. In der Tat sieht man einen deutlichen Fuss der Karwandungen, der sich als eine Linie gesteigerter Erosion kennzeichnet. Wo aber eine gesteigerte Erosion am Fusse eines Gehänges wirkt, setzt der Vorgang ein, den RICHTER als Wandverwitterung trefflich geschildert hat.

Die Wirkungen an der Randkluft helfen uns wohl die Karbildungen zu verstehen, deren Vorgang heute als im wesentlichen aufgehellt gelten kann. Aber für die Entstehung des Trogschlusses ist damit kein Anhalt gewonnen, wie ähnlich er auch den Karwänden ist in Bezug auf halbkreisförmige Erstreckung und namentlich in Bezug auf Steilheit und Klüftigkeit, weswegen man anfänglich überhaupt keinen Unterschied zwischen Trogschluss und Kar gemacht hat und beide mit dem Namen »Zirkus« belegt hat. Die Klüftigkeit des Trogschlusses ist so gross, dass man auf den ersten Blick daran zweifeln möchte, dass die Gletscher darüber herabgegangen seien. Um so mehr ist man überrascht, wenn man seine Höhe erstiegen hat: da trifft man auf deutlich entwikkelte Gletscherschliffe. Solche bevorzugen, wie E. DE MARTONNE[3] richtig bemerkt, ebenere Flächen; sie fehlen an den steilen Abfällen, über welche Eis sich herabgestürzt hat oder sich noch herabstürzt. Dies darf aber nicht zu der Anschauung führen, als ob an den Steilwänden überhaupt die Eiserosion aussetze: dies gilt nur von der schleifenden Erosion, die ausbrechende kann sehr stark gewirkt haben. Die Anordnung im grossen erinnert lebhaft an die der Rundhöcker im kleinen, wo wir auch eine sanft fallende geschliffene Stosseite und eine steil abfallende Leeseite mit Ausbrucherscheinungen unterscheiden. Mög-

---

[1] The profile of maturity in alpine glacial erosion. Journal of Geology XII (1904), p. 569. Chicago.

[2] Systematic asymmetry of crest lines in the High Sierra of California. Ebenda. p. 579.

[3] Sur l'inégale répartition de l'érosion glaciaire dans le lit des glaciers alpins. Comptes rendus de l'Académie des Sciences, 27 déc. 1909. Paris.

licherweise trägt diese Analogie zu einer Aufhellung der noch recht rätselhaften Entstehung des Trogschlusses bei. Weitere Anhaltspunkte für dessen Entstehung erhalten wir dort, wo der Trogschluss nicht einheitlich, sondern abgestuft ist. Einer meiner Schüler, Herr LAUTENSACH,[1] wird derartige Gebilde aus dem Tessintale beschreiben. Ich selbst habe sie in der Ankogelgruppe kennen gelernt. Hier wie da liegen dieselben Verhältnisse vor: an einen grossen Trogschluss setzt sich ein kleiner und an diesen ein noch kleinerer an. Man erhält den Eindruck, als ob nach Vollendung des unteren Troges während einer Eiszeit in der nachfolgenden Eiszeit die Wässer einen Einschnitt in den Trogschluss gemacht hätten, den die Gletscher einer späteren Eiszeit trogförmig erweiterten, und als ob dieser Vorgang sich mehrmals wiederholt habe.

Der Raum zwischen der Schliffkehle am Gletscherufer und der Trogschulter zeigt in den einzelnen Teilen eines Gletschertales recht verschiedenes Verhalten. In den oberen Talästen war er meist von kleinen Gehängegletschern eingenommen, die unfern des Trograndes in den Hauptgletscher mündeten und neben diesem verschleppt wurden. Davon kann man sich in der Montblanc-Gruppe überzeugen, wo am Fusse der steilen Aiguilles du Midi, du Plan und des Grands Charmoz eine ganze Anzahl kleiner Gehängegletscher heute über der Trogschulter des Chamonix-Tales lagern. Diese kleinen Gletscher waren, wie Gletscherschliffe bezeugen, einst erheblich grösser und erstreckten sich weiter abwärts als unmittelbare Zuflüsse des grossen Arvegletschers im Tale von Chamonix. Es können die Hintergehänge solcher seitlicher Kargletscher leicht eine Schliffkehle vortäuschen, namentlich dann, wenn die Seitenwandungen der Kargletscher gefallen sind und eine Reihe benachbarter Kare in eine Karterrasse zusammengewachsen ist.[2] Gegen das Ende des Gletschertales hin erstrecken sich zwischen Gletschersaum und den tiefer liegenden Trogschultern häufig ausgedehnte Moränen, welche besonders im Etschgletscher eine grosse Rolle spielen. Es handelt sich hier um ausgedehnte Grundmoränendecken, wie wir solche auch neben dem Troge des Genfersees kennen. An sie schliessen sich endlich die

---

[1] Die Übertiefung im Tessingebiete, Geogr. Abh. X:1. Ein Teil der Arbeit ist bereits als Berliner Dissertation erschienen, das ganze Werk erscheint im Herbste 1911.

[2] Solche Karterrassen dürfen nicht, wie es NUSSBAUM tut (Die Täler der Schweizer Alpen, Wissensch. Mitt. d. Schweizerischen Alpinen Museums zu Bern, N:r 3, 1910), mit alten Talböden verwechselt werden, die in den Alpen häufig in viel tieferem Niveau auftreten, als die Kare.

echten Endmoränen an, welche im Bereiche der Zungenbecken häufig der Trogschulter aufgesetzt sind, deutlich bekundend, dass dicht neben der Bahn glazialer Erosion die glaziale Akkumulation einsetzte. In den mittleren Partien der Täler finden sich im Raume zwischen der oberen Gletschergrenze und der Trogschulter weder Spuren starker lokaler Gletscher noch mächtige Moränenablagerungen. Hier scheint ein neutrales Gebiet vorhanden zu sein, wo das Gletschereis ziemlich wirkungslos war, während es weiter oben an der Schliffkehle und weiter unten im Troge erodierte.[1]

An jenen weiten Talstrecken, wo über dem Trogrande weder Kargletscher erodierten noch Moränen angehäuft wurden, dürfen wir erwarten, den präglazialen Formenschatz der Alpentalgehänge ziemlich unverletzt zu finden; hier auch begegnen wir über den Trogschultern mehr oder weniger ausgedehnten, oft ziemlich breiten Terrassen. Hess hat in diesen Terrassenspuren verschiedene ineinandergeschachtelte Tröge zu erkennen gemeint. Aber der Beweis ist von ihm nicht erbracht, dass Trogränder vorliegen. Im Inntale, wo solche Terrassen gleichfalls sehr deutlich zu erkennen sind, und wo sie sich hoch über der Terrasse des präglazialen Talbodens befinden, haben sie mit Trögen entschieden nichts zu tun und dürften zu den Gebilden fluviatiler Erosion der Präglazialzeit zu zählen sein. Im Rhônegebiete jedoch gelang es Brückner, die Spuren eines jüngeren Troges innerhalb eines älteren nachzuweisen; und hier ist nicht daran zu zweifeln, dass eine spätere Vergletscherung ihren Trog in den einer älteren eingeschnitten hat. Doch muss dies nicht notwendigerweise überall der Fall sein; es gilt gewiss für sehr ausgedehnte Talstrecken, dass der Trog der älteren Vergletscherung für den der jüngeren zu weit war, weswegen sich im älteren Troge mächtige Schotter- und Moränenmassen unmittelbar neben dem jüngeren Troge erhalten konnten, aber es ist auch denkbar, dass der Trog einer älteren Vergletscherung für eine jüngere zu eng war und bei Ausarbeitung des jüngeren Troges vollkommen zerstört wurde.

Der Trog eines grossen Gletschertales tritt mit den Trögen aller jener Täler in Verbindung, die den Gletscher des Haupttales speisten oder die von ihm durch Abzweigung Eis erhielten. Nicht allzuhäufig setzt sich der Trog des Haupttales gleichsohlig in den des Nebentales fort; es geschieht dies nur dort, wo dieses jenem an Grösse und Bedeu-

---

[1] Aus ganz anderen Gründen schliesst Frank Carney auf eine wirkungslose Zone glazialer Erosion zwischen der starken in einem Tale und der schwachen auf der Höhe im Bereiche der Fingerseen im State New York. Glacial Erosion in longitudinal valleys, Journ. of Geology XV (1907), p. 722.

tung nur wenig nachsteht, und wo der Boden beider verschüttet ist. Die Regel ist, dass der Trog des Nebentales stufenförmig über dem Boden des Haupttales mündet. Ist letzterer nicht aufgeschüttet, sondern liegt er wie in den oberen Trogverzweigungen offen da, da erkennt man, dass der Mündungsstufe des Nebentales eine Stufe im Haupttale entspricht (z. B. beim Breitlahner im Zentgrunde, Zillertal). Man hat daher von einem stufenförmigen Ineinandermünden von Trögen gesprochen, und nicht bloss von stufenförmigen Mündungen der Seitentäler in die Haupttäler; allerdings entzieht die charakteristische Verschüttung des Haupttales in der Regel die hier befindliche Stufe der Beobachtung. Und wie eine stufenförmige Vereinigung verschiedener Gletschertäler stattfindet, so erfolgt auch das häufige Abzweigen oder Gabeln der Gletschertäler stufenförmig. Über einer hohen Stufe zweigte sich der Ast des Inngletschers ab, der sich im trogförmigen Isartal nach Oberbayern richtete, zweigte sich ferner der Ast des Etschgletschers ab, der über den Sattel von Terlago ins übertiefte Sarcatal floss. Nur wo die Verschüttung sehr mächtig ist, tritt uns eine gleichsohlige Gabelung von Gletschertälern entgegen, wie bei Sargans; wo sich aber ein See an der Gabelstelle befindet, da offenbaren dessen Tiefenverhältnisse, wie im Comosee, die charakteristische Gabelstufe. Mündungsstufen und Gabelstufen sind die charakteristischen Erscheinungen am Zusammentreffen oder Auseinandergehen von Trögen. Sie bekunden, dass die Trogbildung nichts anderes ist als eine Anpassung des Tales an die Bedürfnisse der in ihnen fliessenden Gletscher, und diese Anpassung kann, da wir es durchweg mit Erosionsformen zu tun haben, nur auf dem Wege der glazialen Erosion geschehen sein.

Es erhellt aus dem Dargelegten, dass die Höhe der Stufenmündungen von Trogtälern kein Mass gewähren kann für die im Haupttale stattgehabte glaziale Erosion; denn nicht bloss das Haupttal ist erodiert worden, sondern auch das Nebental. Die im ersteren vom Eise geleistete Erosion ist immer grösser, als die Höhe der Stufenmündung eines Seitentroges. Nur dort, wo das Haupttal keinen oder nur einen sehr unbedeutenden Zufluss aus dem Nebentale erhielt, kann die Höhe von dessen Stufenmündung eine Vorstellung von der stattgehabten Erosion im Haupttale gewähren; in solchen Fällen aber pflegt der Boden des Nebentales durch Moränen oder fluvioglaziale Schotter erhöht zu sein, und seine Stufenmündung erscheint zu hoch. Es eignen sich daher nur wenige Hängetäler zu einer genaueren Ermittelung des Betrages der glazialen Erosion, und dabei erweist sich die Unsicherheit, die dem Ergebnisse deswegen anhaftet, weil die Mündung des Nebentales wegen seitlicher Erosion im Haupttale heute höher liegt, als sie ursprünglich lag, geringer als diejenige, die aus der gewöhnlich unbekannten Mächtigkeit der Aufschüttungen im Troge des Haupttales erhellt.

Die Stufenmündungen treten mit verschiedener Frische entgegen. Fast unverletzt stehen sie in den innern Winkeln des Gebirges da, und in einem Wasserfalle ergiesst sich der Nebenfluss ins Haupttal. Je mehr man sich den Enden der alten Gletscher nähert, desto mehr zerschnitten sind sie, in Klammen tost der Nebenfluss herab. Es sind die inneren Gebirgstäler viel eher vom Eise verlassen worden, als die äusseren, und hier hat seither eine viel grössere Zerstörung der glazialen Formen stattfinden können als dort. In den zerschnittenen Stufenmündungen der peripherischen Täler — wir haben hier immer jene grossen Alpentäler im Auge, welche bis zum Fusse des Gebirges vergletschert waren — sieht man dann und wann fluviatile Ablagerungen, von Moränen bedeckt, als Erfüllung alter Einschnitte in der Stufe. So ist es beispielsweise in der Stufenmündung des Eggentales bei Bozen und in der des Leno bei Rovereto. Derartige Ablagerungen deuten an, dass die Zerschneidung der Stufenmündungen schon vor der letzten Vergletscherung ziemlich weit gediehen war, dass also nicht dieser allein die Bildung der Mündungsstufe zugeschrieben werden kann. Sie war vielmehr schon vor ihr vorhanden und ist durch dieselbe nur verjüngt worden. An solchen Stellen wird klar, dass die alpine Trogbildung nicht das Werk einer einzigen Vergletscherung ist.

Wie zwingend nun aber auch die alpinen Taltröge sich als Werke glazialer Erosion während des Eiszeitalters darstellen, so ist noch keineswegs leicht, eine völlig befriedigende Vorstellung von der Art ihrer Bildung zu gewinnen.

Der Gedanke von BRUNHES, sie mit Wirkungen des rinnenden Wassers in Beziehung zu bringen, welches an den Flanken des Gletschers unter dem Eise einschnitt, so wie es manche Gletscherbäche auf den Riegeln tun, auf denen eine Gletscherzunge endet, erweist sich als nicht fruchtbar, denn der Trogrand reicht eben nicht bis zum Saume des Gletschers selbst heran. Vor allem aber findet sich der Trog auch dort, wo die Wirkungen von rinnendem Wasser ausgeschlossen sind, nämlich im Firngebiete der alten Vergletscherungen, und er hat im Zungenbecken Formen, welche das rinnende Wasser nicht zu bilden vermag, nämlich die Formen tiefer Wannen. Die Vorgänge, an die BRUNHES denkt, haben aber an den eiszeitlichen Gletschern nicht gefehlt. An den Flanken derselben sind nicht selten, so im Tale der Sesia, der Etsch und des Rheins, Furchen von Schmelzwässern eingeschnitten. Aber diese Furchen liegen gewöhnlich neben dem Troge und haben einen ganz anderen Formenschatz als dieser aufweist.

Eher könnte man dem Gedanken nachgehen, dass sich der Trog an eine Verjüngung der Talbildung knüpft und die glaziale Umformung von jugendlichen Einschnitten am Boden eines älteren Tales darstellt. Das Vorkommen von mehrfach abgestuften Trogschlüssen legt in der Tat nahe anzunehmen, dass am Trogschlusse die glaziale und fluviatile Erosion mit einander abwechselten. Wie letztere Einschnitte in den Trogschluss einer vorangegangenen Vergletscherung bildete, die von einer späteren Vergletscherung trogförmig ausgestaltet wurde, so ist denkbar, dass sich gleiches auch am Boden besonders hochgelegener Tröge ereignete: sehen wir doch, wie vor dem Trogschlusse vielfach der Trogboden so hoch liegt, dass der Bach darin einschneidet, wie z. B. im oberen Ötztale, wo die Venter Ache in den Trogboden ein 30—50 m tiefes, junges Tal eingefurcht hat. Man kann sich denken, dass dieser Einschnitt von einer späteren Vergletscherung in einen Trog verwandelt wurde, und dann würde man das Phänomen des Troges im Troge wahrnehmen, welches HESS als das normale in den Alpentälern hinstellt, und welches von BRÜCKNER in der Tat auch für das Wallis erwiesen ist. Aber eine derartige Hypothese würde nicht für das gesamte Bereich der Übertiefung möglich sein, denn meist liegt der Trogboden unter postglazialen Anschwemmungen begraben und gute Gründe sprechen dafür, dass gleiches während der Interglazialzeiten der Fall war. In der Regel zeichnet nicht postglaziale fluviatile Erosion die Bahn der späteren glazialen Erosion vor. Letztere fand in der Wegführung interglazialer Zuschüttungen eine ansehnliche Aufgabe vor, und es liegt für sie kein Grund vor, in den alten Trog einen neuen einzuschneiden. Aber von der Hand weisen kann man die Erwägung nicht, dass ein von einer älteren Vergletscherung in einem unteren Talstücke gemachter trogartiger Einschnitt Schritt für Schritt durch den Wechsel von fluviatiler und glazialer Erosion talaufwärts gerückt wird.

Für die Erklärung der Trogbildung bleibt ferner zu erwägen, ob das Gletschereis in seinen oberen Partien anders erodiert als in den tieferen, welche wegen des Druckes der hangenden Massen liquider sein müssen. Sieht man an den Ufern der alten Eisströme die Schliffkehlen und in tieferem Niveau die Trogformen ihres Bettes, so möchte man in der Tat glauben, dass hier ihre Eismassen anders tätig gewesen seien, als am Gletscherufer. Aber man sollte meinen, dass zwischen dem starren Eise der Gletscheroberfläche und dem liquideren der Tiefe allmähliche Übergänge vorhanden seien, und dass dementsprechend auch ein allmählicher Übergang der Formen vom Gletscherrand zu denen des Gletscherbodens stattfinde. Aber gerade die Schärfe der Trogschulter ist ein namentlich in den inneren Alpentälern sehr klar ausgesprochenes Phänomen.

So bietet der alpine Trog noch eine Menge Rätsel, und es wird noch eingehender Untersuchungen bedürfen, um über ihn volle Klarheit zu erreichen. Aber nicht wenige Regeln der Übertiefungen sind bereits erkannt worden, so viele, dass es zu weit führen würde, sie im einzelnen aufzuzählen: sie lassen sich im allgemeinen dahin zusammenfassen, dass die Wirksamkeit der Gletscher in den Alpentälern in der Herausbildung eines geeigneten Bettes bestand, das die besten Abflussbedingungen darbot. Erodiert haben die Gletscher am stärksten dort, wo sie ihre grösste Kraft entfalteten oder wo sie den geringsten Widerstand fanden. Diese allenthalben verfolgbare Tatsache steht nicht im Einklang mit der Auffassung von E. DE MARTONNE, wonach die Gletscher dort am stärksten erodierten, wo sie den grössten Reibungswiderstand fanden, und dass die Grösse der Reibung ein Mass für die Grösse der glazialen Erosion sei. Nach dieser Auffassung müsste man die grösste Gletschererosion gerade dort erwarten, wo sie sichtlich nachlässt, nämlich im Bereiche der aufsteigenden Enden der Zungenbecken, wo die Böschung des Untergrundes der Eisbedeckung entgegenläuft, sohin die grössten Reibungswiderstände zu überwinden sind. Die Grösse der Reibung wird nur indirekt für die Grösse der Gletschererosion massgebend insofern, als sie die Geschwindigkeit des Eises beeinflusst, also dessen lebendige Kraft steigert oder mindert. Aber die lebendige Kraft des Eises ist nicht bloss vom Quadrate der Geschwindigkeit, sondern auch von der Grösse der in Wirksamkeit tretenden Masse beeinflusst. Der lebendigen Kraft jedoch ist das Erosionswerk nicht unbedingt proportional, sondern dasselbe ist nicht minder bestimmt durch den Widerstand, der sich der Erosion entgegensetzt.

Wir haben aber nicht bloss prinzipielle Bedenken gegen DE MARTONNES Gleichsetzung von Reibung und Erosion, sondern namentlich auch solche gegen die Schlussfolgerungen, die er aus seiner Formel für die Grösse der Reibung am Gletscherboden herleitet. Nach dieser Formel ist die Grösse der Reibung proportional dem Cosinus des Oberflächengefälles, ferner der Geschwindigkeit sowie einigen anderen Faktoren. Daraus erhellt aber noch nicht, dass die Reibung, deren Grösse nach DE MARTONNE ein Mass für die Gletschererosion gewähren soll, in ihrer Gesamtheit mit dem Cosinus des Oberflächengefälles variiert, denn die Reibung ist nicht bloss eine Funktion des letzteren, sondern vor allem auch der Geschwindigkeit. Letztere wird gewöhnlich als eine Funktion von der Tangente der Oberflächenneigung erachtet, und wenn die Reibung vom Cosinus der letzteren sowie von der Geschwindigkeit abhängt, so ergibt sich drastisch, dass sie mit dem Sinus des Oberflächengefälles und nicht mit dessen Cosinus variiert. Damit fallen nun alle weiteren Folgerungen auf die ungleiche Verteilung der glazialen Erosion im Gletscherbette, welche DE MARTONNE gezogen hat, und nach welchen die Erosion abnehmen soll, wenn sich das Gefälle vermehrt und am stärksten oberhalb und unterhalb von Talstufen oder Talengen sein soll.[1]

Die Gletscher haben in den Alpen nicht präexistierende Stufen schärfer herausgearbeitet, sondern neue geschaffen, entsprechend ihrer wechselnden Erosionskraft und der wechselnden Beschaffenheit des unterliegenden Gesteins. Durch letztere wird eine Beziehung zwischen der Gletschererosion und dem Bau des Gebirges vermittelt, und es darf uns nicht überraschen, dass die Erosionsformen Beziehungen zur Tektonik der Alpen aufweisen. Der Wechsel in der Erosionskraft der in Tälern gelegenen Gletscher ist aber in erster Linie dadurch bedingt, dass

---

[1] Sur la théorie mécanique de l'érosion glaciaire, Comptes rendus de l'Académie des Sciences, 10 jan. 1910. Paris. Sur la genèse des formes glaciaires alpines, Ebenda, 24 jan. 1910.

In einer kürzlich erschienen Arbeit: L'érosion glaciaire et la formation des vallées alpines, Annales de Géographie XIX (1910), No 106, 15 juillet 1910, erkennt DE MARTONNE die engen Beziehungen zwischen Geschwindigkeit und Oberflächengefälle an. Aber er führt die Multiplikation von Cosinus des Oberflächengefälles und Tangente des Oberflächengefälles nicht aus und bleibt bei der unrichtigen Auffassung, als ob die Reibung am Gletscherboden mit dem Cosinus des Neigungswinkels variiere. Er stützt sich dabei darauf, dass ein Faktor, der nach ihm die Reibung wesentlich beeinflusst, nämlich die Adhäsion, am Gletscherbette wesentlich aus vom Cosinus des Neigungswinkels abhängig sei. Wenn aber in einem Produkte dreier Faktoren zwei Faktoren mit dem Cosinus und einer mit der Tangente des Neigungswinkels variiert, so ergibt sich immer noch nicht eine Abhängigkeit des Produktes vom Cosinus des Neigungswinkels, sondern lediglich eine solche vom halben Sinus des doppelten Winkels.

die Eisströme von ihrem Ursprung an zunächst bis an das Bereich der Schneegrenze an Mächtigkeit zunehmen und dann abnehmen; die in Wirkung tretende Masse ist also nahe der Schneegrenze am grössten und würde hier, falls die Geschwindigkeit der Eisbewegung im ganzen Gletscher dieselbe wäre, hier die grösste Erosion leisten. Die Geschwindigkeit in den Talgletschern ist aber eine wechselnde; denn das Eis verbreitet sich in Tälern, welche nicht die charakteristischen Züge von Gletscherbetten tragen und als solche bald zu eng, bald zu weit sind, so dass sich die Geschwindigkeit dort steigert und hier mindert. Dies beeinflusst die Wirksamkeit des Eises in hohem Masse. Dazu kommt, dass die alpine Vergletscherung so hoch angeschwollen war, dass sie vielfach von einem Talgebiete zum anderen überfliessen konnte, dass dementsprechend ziemlich plötzlich Mehrungen oder Minderungen in der Menge des bewegenden Eises in ein und demselben Tale eintraten. Alles dies hängt von der Gestaltung ab, die das rinnende Wasser dem Gebirge vor dem Eintritt der Eiszeit gegeben hat. Die Oberflächengliederung ist es, welche innerhalb des Gebirges die Eisbedeckung und damit auch die Erosionskraft des Eises wesentlich bestimmte. Wir haben im Gebirge in erster Linie mit einer vom der Gebirgsgliederung *dirigierten* Glazialerosion zu tun. Daneben machen sich auch in den Alpen die Unterschiede in der Widerstandsfähigkeit der Gesteine gegenüber der glazialen Erosion stark geltend, aber sie spielen hier doch nur eine geringere Rolle; hochbedeutsam werden sie jedoch dort, wo die Gletscher aus den engen Tälern in das Vorland heraustreten. Hier bewundert man, wie das Eis oft wenig grosse Unterschiede in der Gesteinsbeschaffenheit herauszuarbeiten vermag. Deutlich heben sich als Rippen festere Gesteinsbänke hervor und die Tektonik des Untergrundes kommt in viel drastischerer Weise zur Geltung als bei Ausarbeitung durch das rinnende Wasser, denn letzteres muss immer gleichsinnige Böschungen schaffen, während das Eis das weiche Material aus dem härteren bis zu einer gewissen Tiefe herauszuräumen vermag, so dass letzteres ordentlich herausgearbeitet wird. Nun sind Verwerfungen nicht bloss Flächen, wo der Zusammenhang des Gesteins unterbrochen ist, sondern zugleich auch Zonen, längs welchen das Gestein gelockert und brüchiger ist als sonst. Gerade Verwerfungen können durch die *selektive* glaziale Erosion leicht ausgeräumt werden und werden als Tiefenlinien erscheinen, nicht weil ein Spalt klafft, sondern weil längs einer Kluft klüftiges Material weggenommen worden ist. Diese Beobachtungen lassen uns verstehen, warum Länder, wie z. B. Schweden und Finnland, welche einer Eisüberflutung ausgesetzt gewesen sind, ein wesentlich anderes Relief aufweisen, als ein Hochgebirge, dessen eiszeitlichen Gletschern durch vorhergebildete Täler die Bahnen gewiesen waren.

Dirigierte und selektive glaziale Erosion sind nicht grundsätzlich verschieden: die eine spiegelt mehr die Grösse der Kraft, die andere die Grösse des Widerstandes, und zahlreich sind die Stellen wo sie gleichzeitig wirkten. Wo aber die eine oder die andere sich mit einer gewissen Ausschliesslichkeit entfalteten, da ergeben sich merkliche Verschiedenheiten ihrer Werke, und es kann nicht Wunder nehmen, dass man die Erfahrungen, die man in dem einen Gebiete gewonnen hat, nicht ohne weiteres auf das andere übertragen darf.

A few Words on the Effects of glacial Erosion in Norway.

BY

H. REUSCH,
Director of the Geological Survey of Norway.

The prevalent conception is, that Norway, with the northern part of Sweden, forms a mountainous plateau. The idea is a correct one, especially if to the country be added the submarine platform, which has a very pronounced declivity to the great depths of the Northern Atlantic.

As for the dry land, regarded separately, it is more a slightly convex shield than a plateau. As you know, the rim of the coast shows a row of very low skerries of solid rock, and from this rim the land, seen as a whole, rises slowly to the upper parts. As the axis is comparatively near to the west-coast, the western slope is the steeper.

The body of the country must be regarded as formed in one way or other by some sort of peneplanation. I use here this suggestive word of Professor Davis in a very broad sense; one cannot, as has been done, pretend that the Norwegian land has been above the sea since palæozoic time, and that its form is simply the result of the supramarine denudation from that time until the present day.

We must admit the possibility that even the whole of Norway may have been hidden under a cover of mesozoic and cretaceous deposits. and has been scooped out of it in tertiary time. Many of its furrows may have had their directions primarily drawn upon this covering. I have myself tried to show that some of the valley-systems in the environs of Christiania are superimposed and independent of the structure of the ground as we see it at present. Probably the most reasonable supposition is that in this part there has been a cover of the Upper Cretaceous, which constitutes the base of Denmark.

The modern idea of the ice-age, which has found such an effective expression in the great work by Brückner and Penck, has given us a much broader view of the history of denudation in Scandinavia. When we possessed only a knowledge of practically one ice-age, and found that in some places the scouring had only slightly modified the pre-existing forms of the rocks, one was inclined to doubt the importance of ice action in general. Now we interpret these instances as only the latest scourings of the latest oscillation of the latest ice-age, and we recognize effects of other ice-ages and interglacial times older than that last stage.

(In passing I may mention, that a mammuth-tooth has been found on the very back of Southern Norway, Vaage, being a relic from an interglacial period).

When we take for granted, that Norway, as we see it, shows the combined effect of running water and glaciers, the question arises as to how much is due to the water and how much to the ice.

While we know fairly well the effect of running water from non-glaciated lands with a wet climate, we practically do not know anything of the way in which a continuous ice-covering pure and simple may sculpture a land. Let us suppose a part of the flat sea-bottom suddenly upheaved and then covered with a cap of ice. The probable effect of it may be to form a plain with some extremely wide, trough-like depressions, corresponding to the valleys formed by rivers.

One may suggest the idea, even if one cannot prove it, that the Scandinavian high-plateaus are not peneplains in the common sense of the word, but flats formed by a glacier-cap that has destroyed more or less horziontally lying sedimentary formations, and in some districts even worked a good part down into their base. This hypothetical pene-planation by ice may have taken place very early in the ice-age. Remains of what has been removed from Scandinavia is now found in the sediments of Middle Europe and, as Professor Deecke has already shown, a close study may throw much light on this still rather dark subject of destroyed sediment.

Assuming the original outline of Norway to have been whatever it may, rivers and ice have since alternately worked upon it. Seen on an hydrographic map, the Norwegian river districts give the distinct impression of water-erosion, with their valleys branching out from the greater trunks in finer and finer branches; but when we come to a closer inspection, we find that, while the directions of the valleys may chiefly be due to the action of running water, their present forms are ice-made.

Their U-formed sections, the absence of spurs, the rock-enclosed lakes, the hanging valleys, all are indications of heavy ice-action.

When we see a good U-formed valley, we cannot have any reasonable doubt of the power of the glaciers to form valleys in their own way.

In some parts of Norway, the original valleys have been so numerous and near to one another, and the ice-work has been so great that no parts of an original plateau and the water-worn forms have been left. This is illustrated by the following map (fig. 1), executed with the shading as done by our topographical service. The map is taken from two sheets of the Lofoten Island group.

Fig. 1. Corries (cirques) formed by glaciers. Lofoten Islands. 1 : 200 000.

But the ice-work has not always fully destroyed previous forms due to water erosion. I shall dwell on this point and try to give some instances.

When we look at the following map (fig. 2), in the same scale, from a part of Finmarken, not very far off, we can think of the narrow valleys in the plateau as modified, but in no way formed by ice.

On the sides of cliffs, even in very heavily glaciated fjords, one may find forms, the remnants from a previous interglacial period, when running water was the formgiving agens; furthermore, steep side-valleys, with a V-formed section, may be seen to have been only cut by glaciers in their lower end and in this way made only slightly hanging.

Fig. 2. An uneven plateau with narrow valleys formed by water-erosion. The landscape slightly modified by glacier action. Karasjokka in Finmarken. 1 : 200 000.

Fig. 3. A leeside, partly with remaining forms due to water-erosion. SW side of Freswold fjeld, Romsdal fjord.

While we speak of landforms previous to the last progress of the ice, it may also be remembered that when we come outside the fjords, to the very coast, we may find some raised beaches in solid rock, due to wave-erosion modified by ice.

We have a peculiar sort of valleys, with a very wide, flat rock-bottom, shut in by steep sides. Such valleys must have been formed by meandering rivers, and can after their formation only have been modified by ice.

In the bottom of our U-formed valleys small water-made canyons are found, which can be proved to be of interglacial age, for instance by being partly filled with ground-moraine.

Instances such as these show, that the idea to regard the outline of Norway as formed by one single process is an erroneous one.

We see the double effect of water and ice, but for combining the different questions to form a continuous geological history, we know too little. We are not able to distinguish as clearly as we wish between the effects of the different glacial and interglacial periods.

The special difficulty with regard to Norway is, that our country belongs to the central part of the great North European glacial region. What we have of deposits from another stage than the very last glaciation, is very little, consequently we have to study the different divisions of the Quaternary period almost exclusively by the effects of erosion, and I cannot conclude without admitting that this view of the glacial problem may be said to be somewhat one-sided.

Uber die Fjorde und Fjordgebiete.

VON

O. NORDENSKJÖLD,

Professor an der Universität zu Göteborg.

Es stehen mir nur wenige Minuten zur Verfügung, um eines der wichtigsten Probleme für die Beurteilung der glazialen Erosion hier zu berühren. Auf die Einzelheiten in Betreff der mechanischen Vorgänge bei der Entstehung der Fjorde kann ich deshalb nicht eingehen, und ich bemerke sofort, dass ich mich ausschliesslich auf die typischen Fjorde in Gebieten mit archäischem oder altkristallinem Gesteinsgrunde beziehen will.

Charakteristisch für das Aussehen und Auftreten der *echten* Fjorde ist es, dass sie gesellig auftreten, dass sie im Verhältniss zu ihrer Länge ganz auffallend schmal und tief sind, dass sie im Querprofil trogförmig, im Längsprofil beckenförmig sind, und meistens sogar aus mehreren Becken bestehen. Zuweilen sind sie im grossen und im kleinen geradlinig begrenzt, häufig aber gewunden und meistens ziemlich stark verzweigt. Auf der Karte erinnern sie auffallend an Flusssysteme, unterscheiden sich aber von den Flusstälern durch die Beckenform sowie auch dadurch, dass sie in auffallendem Grade auf die äussere Küstenzone beschränkt sind; viele Äste enden häufig durch Karenwände begrenzt bald nach innen zu.

Auch die geographische Verteilung der Fjorde ist sehr auffallend. Niemals hat man einen echten Fjord ausserhalb der einst vom quartäreren Eis bedeckten Gebiete angetroffen; aber fast ebenso bestimmt kann man sagen, dass es kein solches ehemaliges Landeisgebiet gibt, wo altkristallinischer Gebirgsgrund ohne mächtige Bodenbedeckung eine offene Küste erreicht, ohne dass Fjorde oder entsprechende Bildungen (Fjärde und Schären) daselbst vorhanden sind. Freilich, *echte Fjorde* kommen nur an hohen oder mittelhohen Gebirgsküsten vor, sind aber da, soweit ich kenne, unter den angegebenen Bedingungen ausnahmslos vorhanden; lange und vor allem tiefe Fjordbecken finden sich nur da, wo die Talwände auch oberseeisch hoch sind; in Grönland habe ich echte Durchbruchfjorde studiert, die eine höhere Küstenkette durchschneiden.

Zum Verständniss der Fjorde muss man ihr submarines Relief im ganzen System vergleichend studieren. Wohlbekannt und charakteristisch ist die Mündungsschwelle; ausserhalb derselben liegt gewöhnlich ein flacher kontinentaler Schelf, wo den Fjorden zuweilen breite, verhältnismässig flache Einsenkungen entsprechen. Am tiefsten sind die Fjorde an solchen Stellen, wo das Tal eingeengt ist oder wo zwei bedeutende Zweige zusammentreffen. Die Seitenfjorde verhalten sich häufig in derselben Weise wie die Haupttäler; sie sind seichter an der Mündung als weiter innen und enden häufig hoch, als hängende Täler, sind aber auch nicht selten da, wo die Verhältnisse günstig sind, bedeutend tiefer als das Haupttal. — Eine eigentümliche Erscheinung, die vor allem für die andinen Fjordküsten, auch die antarktischen, charakteristisch ist, sind die sogenannten Kanäle, äusserlich ganz fjordähnliche, der Küste parallele Rinnen.

Zur Erklärung von der Entstehung der Fjorde bemerken wir zuerst, dass ihr Aussehen so auffallend an Flusstäler erinnert, dass man kaum bezweifeln kann, dass sie jedenfalls in den meisten Fällen ursprünglich aus solchen entstanden sind. Wie diese sind sie teils Längs-, teils Quertäler, und zu ihrer Richtung vor allem von dem Verlauf der Sprünge und Spalten abhängig. Wie es aber Flusstäler mit verschiedener Entstehung gibt, techtonische Täler u. s. w., so auch Fjorde. — Aber das jetzige Aussehen der Fjorde ist vom Gletschereis stark beeinflusst. Soweit sind sich wohl die meisten einig; das Problem ist aber das, ob man sich vorstellen soll, dass die ursprünglichen Flusstäler ebenso oder fast ebenso tief waren und dass sie dann später zum grösseren Teil von Sedimenten ausgefüllt und nur teilweise *vom Eis konserviert* worden sind, oder dass gerade die grösseren Tiefen vom Eise herausmodelliert wurden, wobei freilich die Mündungsschwellen teilweise von den Gletscherablagerungen stammen können.

Nach meiner Ansicht ist letztere Hypothese unbedingt die richtige. Sie allein erklärt warum die Fjorde nur in den Gebirgen, und zwar eben an solchen Stellen am tiefsten sind, wo man auch sonst nachweisen kann, dass die Eiserosion am stärksten war; sie erklärt warum man nie in den Ebenen ähnliche 500—1 000 m tiefe Rinnen trifft. Diese Ansicht wird auch von einem grossen Material von Einzelbeobachtungen gestützt, auf die ich jedoch hier nicht eingehen kann. Am schwierigsten lassen sich mit ihr die Längskanäle erklären; gewöhnliche Streichtäler sind diese nicht, da sie häufig in Gebieten mit Gesteinsgrund aus Tiefengesteinen auftreten. Die amerikanische Westküste ist aber bis jetzt zu wenig bekannt um schon eine Lösung dieses Problemes erwarten zu können.

Neben dieser Ansicht gibt es eigentlich nur noch eine, der ich hier entgegentreten möchte, und zwar die Möglichkeit, dass die Fjorde Verwerfungen ihr Dasein verdanken. De Geer hat gezeigt dass dies mit dem Eisfjorde auf Spitzbergen, Thoroddsen dass es mit einigen isländischen Fjordbuchten der Fall ist. Vielleicht verhalten sich auch andere von den breiten Fjordbuchten in Gebieten mit jüngeren Gesteinen in schwebender Lage ähnlich wie jene, und sollte sich die von De Geer vertretene Ansicht von einer späten, bedeutenden Massenerhebung in den Landgebieten an den Nordmeerküsten bestätigen, so wäre es wohl möglich, dass die dadurch entstandenen marginalen Spalten in vielen Fällen die Richtung der jetzigen Fjorde beeinflusst haben. Diese echten Fjorde, von denen es sich hier handelt, sind aber gewiss keine Grabenversenkungen, und man kann nicht einmal annehmen, dass sie durchgängig von Verwerfungen abhängig sind. Dies habe ich auch direkt beweisen können und zwar durch Untersuchung einiger Karenfjorde; sowohl in Norwegen als in Grönland und Island konnte ich hier an dem abschliessenden Wande zeigen, dass keine Verwerfung vorlag.

Als Zusammenfassung also: Fjorde existieren überall auf der Erde, wo Täler in einem gebirgigen, einst stark vergletscherten Küstengebiete vorkommen. Ob diese Täler durch Erosion, wie es gewöhnlich der Fall ist, Verwerfungen oder in anderer Weise entstanden sind, bleibt gleichgültig. Ihre Fjordform verdanken sie aber immer der Einwirkung des strömenden Eises.

Zuletzt will ich noch mit ein paar Worten eine Bildung berühren, die jedenfalls räumlich den Fjorden nahe kommt: ich meine jene bekannte, zuerst von Reusch nachgewiesene norwegische Strandebene. Eine ähnliche Bildung kennt man aus Schottland, eine andere habe ich selbst in schönster Ausbildung an der Westküste von Grönland studiert, wie ich mit einem Bilde zeigen will. In Gebieten, die niemals vom Eis bedeckt waren, hat man aber so weit ich weiss eine völlig entsprechende Strandebene nicht nachgewiesen. Man hat ihre Entstehung durch die Arbeit der Meeresabrasion deuten wollen, aber diese Deutung allein kann ihre geographische Verbreitung nicht erklären, und auch andere Schwierigkeiten stellen sich derselben entgegen. NANSEN nimmt an, dass sie hauptsächlich während der Eisperiode und zwar unter Mitwirkung starker Frostverwitterung entstanden sei. Diese Auffassung halte auch ich für wahrscheinlich. Ohne hier eine eigentliche Erklärung vorlegen zu wollen glaube ich aber, dass man dem Eise zelbst eine grössere Rolle

Ein Teil von der Strandebene in Westgrönland (Distrikt Holstensborg).

zuschreiben muss als es die meisten Forscher thun, und zwar vor allem dadurch, dass es die Produkte der Frostverwitterung wegführt. Denken wir uns die Küstenzone während der Eiszeit tief zerklüftet durch eiserfüllte Täler, zwischen denen die Berge Nunataker bildeten, so liegt es auf der Hand, dass diese schnell zerstört wurden. Die scharfe Grenze zwischen der Ebene und dem inneren Hochlande ist vielleicht durch die *rückschreitende* Erosion eines Eisfusses oder einer Schelfeismasse zu erklären. In den Tälern fehlt die Strandebene, weil diese vom strömenden Eise erfüllt waren.

Ich denke mich, dass die Strandebene ebenso wie Fjorde genetisch eine komplexe Bildung ist, meine aber, hauptsächlich aus geo-

graphischen Gründen, dass das Eis bei ihrer Bildung jedenfalls mitgewirkt hat.

Wir müssen meiner Ansicht nach annehmen, dass das Eis in tiefen
Tälern kräftig gegen die Tiefe erodiert, auf flachem Gebiete aber unter
Mitwirkung der Frostverwitterung verebenend wirkt. Dass dabei im
Detail noch viele schwierige Probleme zu lösen sind, ist unzweifelhaft.

Über die Erosionsformen der Talwasserscheiden als Beweis einer glazialen Erosion.

VON

AXEL HAMBERG,

Professor an der Universität zu Uppsala.

Im Anschluss an die Vorträge der Herren H. REUSCH und O. NORDENSKJÖLD gestatte ich mir die Aufmerksamkeit auf eine Eigentümlichkeit der Erosionsformen der skandinavischen Gebirge zu lenken, die auch für die Beträchtlichkeit der glazialen Erosion spricht, wie die vielfach früher erörterten hängenden Täler. Es sind dies die Talwasserscheiden im Gebirge.

Ich kenne diese hauptsächlich aus dem Sarekgebirge. Da gehen mehrere *Haupttäler* quer durch das Gebirge und haben eine Talwasserscheide bei etwa 850—1 000 m Meereshöhe, während sie auf beiden Seiten, sowohl nach Osten als nach Westen, sich langsam senken. Es ist nicht möglich, dass diese Täler Durchbruchstäler sind, dazu ist die Senkung beiderseits zu gross. Offenbar verdanken sie ihre erste Ausbildung einer rückwärts wirkenden Wassererosion, die sowohl von Osten als von Westen Täler in das Gebirge ausgeschnitten hat. Diese Täler waren ursprünglich oben geschlossene Sacktäler, die sich zuletzt etwa an der jetzigen Talwasserscheide begegneten. Dann fing ein Niederbrechen der Scheidemauer an. Es ist aber nicht möglich, dass die Erosion dieser Scheidemauer durch die Atmosphärilien so vollständig hat stattfinden können, dass keine Spur davon zurückblieb, denn je flacher dieser Trennungsrücken wurde, um so schwächer wirkte die Erosion, und zu einer vollständigen Ebnung würden unendliche Zeiten erforderlich gewesen sein. Spuren solcher Rücken sieht man aber nicht mehr, der Talboden ist vollkommen geebnet. Dies muss ein Werk der Eiserosion sein, da die Landschaft sonst hauptsächlich jugendliche Erosionsformen zeigt.

Fig. 1. Die Talwasserscheide im Pastavagge.

Fig. 2. Die Talwasserscheide des Kuopervagge mit dem eigentümlich geformten Berge Kuoper rechts vom Tale.

An mehreren solchen Talwasserscheiden wie im Kuopervagge (Fig. 2) und Pastavagge (Fig. 1) findet man, dass die ursprünglichen Sacktäler nicht genau in der Fortsetzung von einander gegangen sind. Hier hat aber die Gletschererosion durch mächtige Schliffe an der ursprünglich vorhandenen Krümmung das Tal korrigiert, so dass sein Lauf ziemlich gerade geworden ist. Die eigentümlichen Bergformen, die dabei entstanden sind und nicht mit denjenigen, die durch eine lange wirkende Wassererosion entstehen, überstimmen, sprechen auch deutlich für die Ausgiebigkeit der Eiserosion.

Discussion sur l'érosion glaciaire.

19 Août.

Professor **A. Baltzer** (Bern) bemerkt, dass er nicht Gegner der alpinen Eiserosion, sondern Vertreter derselben ist und eine Stellung etwa zwischen HEIM und PENCK-BRÜCKNER einnimmt. Indessen fordern PENCKS Ausführungen ihn in verschiedener Beziehung zum Widerspruch heraus:

1) Einen tiefen Gegensatz zwischen Eis- und Wasserarbeit kann er nicht erblicken, vielmehr eine bemerkungswerte Ähnlichkeit. Daher rührt ja die Schwierigkeit, die Leistungen beider Agentien abzugrenzen.

2) »Übertiefung» durch *fliessendes Wasser* ist sowohl theoretisch einleuchtend als tatsächlich in unvergletschert gewesenen Tälern nicht ausgeschlossen, oft haben wohl *beide* Agentien an der Übertiefung gearbeitet.

3) Statt Eiserosion möchte Redner lieber Eisdenudation oder Eisabtrag sagen, um den flächenhaften Abtrag zu betonen. Bedeutendes Gewicht legen PENCK und andere Glazialisten auf die Ausreissung und Aushobelung von Blöcken und auf die selective Erosion. Der Sprecher, der früher solche Erscheinungen am unteren Grindelwaldgletscher und anderswo studierte, wo er splitternde und glättende Erosion unterschied, kann indessen diesem nicht unwichtigen Vorgang so weitgreifende prinzipielle Bedeutung nicht beilegen. Er bezieht sich auch auf seine Beobachtungen über Betrag der Aufarbeitung der Molasse zur sandigen Grundmoräne im schweizerischen Hügelland.

Bezüglich des Iseosees hält Vortragender an dessen tektonischer Entstehung fest a) auf Grund rückläufiger Moränen und zum Teil Felsterrassen, b) weil grösste Seetiefe nicht mit weichstem Gestein zusammenfällt. Keineswegs wurden bei Bestimmung der Rückläufigkeit ungleichaltrige Moränenstücke mit einander verbunden.

Geheimer Bergrat **F. Wahnschaffe** (Berlin) bemerkt, dass er mit grosser Freude gehört habe, dass sein Freund PENCK der Ausbrechungsarbeit der Gletscher und des Inlandeises eine Hauptrolle bei der Glazialerosion zuwiese. Ein vorzügliches Beispiel für diese Ausbrechungsarbeit habe er selbst bereits 1880 in der Zeitschrift der Deutschen geologischen Gesellschaft veröffentlicht. Bei Velpke in Braunschweig im südlichen Randgebiete des norddeutschen Flachlandes stehen fast horizontal gelagerte Rätsandsteine an, die von Grundmoräne (Geschiebemergel) bedeckt sind. Nach ihrer Abdeckung zeigten die Schichtoberflächen des Sandsteins ausgezeichnete Glazialschrammen. Diese waren an einer Stelle dadurch unterbrochen, dass eine grosse Sandsteinplatte losgelöst und schräg gestellt mit einer Neigung nach Nord in der Grundmoräne lag. Diese Platte war an ihrer Unterseite geschrammt, und wenn man sie um ihre Achse herumdrehte, so passte sie genau in die vorhandene Lücke, und ihre Schrammen zeigten dann genau dieselbe Richtung wie die Schrammen auf den Schichtenköpfen des anstehenden Gesteins. Das Inlandeis, welches hier die bereits vorhandenen Hügel des Räts überschreiten musste, fand einen Widerstand. Zuerst schrammte es die ganze Fläche, um später nach der Lockerung einzelner Platten durch Frostwirkung die Ausbruchsarbeit zu beginnen.

Der Redner meint, dass man auch für Schweden eine bedeutende Glazial-erosion annehmen müsse, um die oft über 100 m mächtigen Glazialablagerungen des norddeutschen Flachlandes erklären zu können.

Professor **E. Stolley** (Braunschweig) hob die gewaltige Erosionskraft und Transportkraft des diluvialen Inlandeises in Norddeutschland und Südskandinavien hervor, wie sie sich in den mächtigen, im Diluvium schwimmenden Schollen von Schreibkreide (Kvarnby, Jordberga in Skåne), Zechsteinanhydrit (Stipsdorf in Holstein), Unterkreide-Thon (Braunschweig) u. s. w. zu erkennen gibt, ebenso die massenhaften intensiven Glazialstauchungen. Andererseits ist Fehlen jeder Erosion, wo dem Inlandeise sich kein Widerstand, keine aufragende Kuppe oder Küste entgegenstellte, festzustellen.

Professor **A. Hamberg** (Uppsala). In den meisten Ausführungen des Herrn Geheimerat PENCK bin ich mit ihm vollkommen einverstanden, nur kann ich seiner Erklärung der Entstehung der angesprochenen Gefällsknicke an den Wänden der alpinen Täler nicht beistimmen. Nach der Ansicht des Herrn PENCK würden in dem Querschnitt eines Talgletschers zwei verschiedene Maxima von Eiserosion vor-kommen, eines am Boden unterhalb des Gletschers, wo das Eis am tiefsten ist, ein zweites an der Seite der Gletscheroberfläche. Letzteres Maximum würde von der Steifheit der Gletscheroberfläche herrühren. Die Anschauung des Herrn PENCK könnte in der Weise aufgefasst werden, dass die von der Steifheit verursachte Erosion eine Kurve mit Maximum in der Oberfläche bildet, während die von der Last der aufliegenden schweren Eismassen bedingte Erosion nach einer anderen Kurve wechselt, deren Nullpunkt in der Eisoberfläche und deren Maximum am Talboden liegt. Diese beiden Kurven würden sich nun in der Weise zusammen-setzen, dass ein Minimum der Erosion in einer mittleren Tiefe entstände, das die Bildung der Gefällsknicke verursachte.

Ich möchte aber behaupten: wenn diese Anschauung richtig wäre, so würde sich dies in der Gletscherstruktur kundgeben. Diese besteht meiner Meinung nach in Trennungsflächen,[1] die sich den verzögernden Elementen, z. B. dem Tal-boden, parallel stellen. Wäre nun die Gletscheroberfläche so starr und unbeweg-lich, wie Herr PENCK sie sich vorstellt, so würden sich Strukturflächen gewiss auch der Oberfläche parallel ausbilden. Dies ist aber, soviel ich habe beobachten können, in gewöhnlichen Talgletschern nicht der Fall. Die Strukturflächen ver-laufen dem Boden etwa parallel und biegen dann in vertikaler Richtung bis zur Oberfläche um. Wäre die Eisoberfläche ein wesentlich verzögerndes Element, so würden die Strukturflächen in der Nähe derselben wieder umbiegen und mehr oder weniger geschlossene Kurven bilden. Dies scheint aber keineswegs der Fall zu sein.

Geheimer Reg.-Rat **A. Penck** (Berlin): Mit lebhafter Freude ersehe ich aus den Darlegungen von Herrn HÖGBOM, dass er in Schweden zur Aufstellung einer Wider-standsskala verschiedener Gesteine gegenüber glazialer Erosion gekommen ist, die sich mit der meinigen in wesentlichen Stücken deckt. Namentlich erscheint mir wichtig, dass auch in Schweden der Kalkstein sich gegenüber der glazialen Ab-tragung widerständiger verhält als manche Massengesteine, und dies bekräftigt mich in der Überzeugung, dass es viel weniger die Festigkeit der Gesteine als ihre Klüftbarkeit ist, welche ihr Verhalten gegenüber glazialer Erosion bestimmt. Ich kann Herrn BALTZER nicht beipflichten, wenn er sagt, dass Übertiefung durch fliessendes Wasser theoretisch möglich ist und faktisch vorkommt. Fasst

---

[1] Vergl. Über die Parallelstruktur des Gletschereises, Compte rendu des Travaux du IX Congrès internat. de Géographie, Genève 1908, tome II. Genève 1910.

man den Begriff der Übertiefung so wie es in meinem Vortrage geschehen, so ist sie auf alte Gletschergebiete beschränkt. Aber Hängetäler kommen gelegentlich auch ausserhalb der letzteren vor; sie allein sind jedoch nicht Beweise früherer Gletscherwirksamkeit. Einen Beweis für ein Rücksinken der Alpen im Bereiche des Iseosees durch Herrn BALTZER kann ich nicht für erbracht ansehen. Deutlich senken sich die einzelnen Moränenwälle talauswärts. Wenn Herr BALTZER rückläufige Moränen gefunden zu haben meint, so beruht dies darauf, dass er einen abwärts höher gelegenen älteren Moränenwall als die Fortsetzung eines talaufwärts befindlichen jüngeren und daher tiefer gelegenen Moränenwalles angesehen hat. Auch vom Vorhandensein rückläufiger Felsterrassen am Iseosee habe ich mich nicht vergewissern können.

Professor **A. Baltzer** (Bern): Die von PENCK erwähnte Terrasse ist Schritt für Schritt verfolgt worden.

Geheimer Reg.-Rat. **A. Penck** (Berlin): Mir selbst ist dies nicht möglich gewesen, obwohl ich behufs Prüfung der BALTZER'schen Beobachtungen eigens ein zweites Mal an den Iseosee gegangen bin und dort einige Tage zugebracht habe.

Professor **J. J. Sederholm** (Hälsingfors): Wie ich in einem späteren Vortrage näher erörtern werde,[1] gehört die Mehrzahl der norwegischen Flussrinnen zu derselben Gruppe von Phänomenen, wie die schnurgeraden Talsenken am Grunde des Päijänne-Sees in Finnland und viele andere nordische Talfurchen. Sie sind vorzugsweise entlang eines *Bruchlinien*-Systems angelegt, das über ganz Fennoskandia hin kenntlich ist. Aus den am stärksten zerklüfteten Teilen konnte das Eis leicht Blöcke ausbrechen, sie wurden daher einer bedeutenderen Denudation («Detraktion») unterworfen als die übrigen Teile.

Dies ist die Hauptursache der Entstehung der Täler, die Bruchlinien können aber auch unmittelbar die Flussläufe, sowohl in präglazialer Zeit als auch später, prädeterminiert haben.

Professor **A. G. Högbom** (Uppsala): Die von REUSCH als interglazial gedeuteten Cañons auf dem Grunde norwegischer Trogtäler lassen sich als Erosionsschluchten subglazialer Flüsse deuten. Der Umstand, dass Moräne in denselben angetroffen worden ist, kann nicht als Beweis für ihre interglaziale Natur angezogen werden, da Moränenmaterial leicht auch in eine subglaziale Schlucht hineinkommen kann. Wie gering die glaziale Erosion auch taxiert werden möchte, so ist es doch wenig wahrscheinlich, dass Skulpturformen dieser Art und in solcher Lage nicht einer Zerstörung oder Umgestaltung während einer folgenden Eiszeit heimfallen würden.

Professor **W. C. Brögger** (Kristiania) betont im Anschluss an Professor HÖGBOM, dass im südöstlichen Norwegen die glaziale Erosion nur in geringem Masse in den subkambrischen »Peneplain» eingedrungen ist, dagegen hat sie in den Senkungsfeldern und in den präexistierenden Tälern die verhältnismässig leichter erodierbaren Ablagerungen jüngeren Alters, Kambrium, Silur und Devon, in grosser Ausdehnung entfernt. Redner konnte die von REUSCH ausgesprochene Annahme von epigenetischen Tälern, die an der Oberfläche einer wegerodierten Kreideformation angelegt wären, nicht beistimmen. Im Gegenteil meinte er, dass die Erosion im südlichen Norwegen vorzugsweise längs den Bruch- und Spaltenlinien, welche die

---

[1] Vergl. Sur la géomorphologie de la Finlande, Compte rendu des Travaux du IX Congrès intern. de Géographie, Genève 1908, t. II, p. 125.

Arbeit sowohl des fliessenden Wassers wie des Eises in hohem Grade erleichterte, wirksam war. Beispielsweise ist zu erwähnen die Bildungsgeschichte des Kristianiafjords und des Langesundsfjords.

Die cañon-ähnlichen Täler hielt er in Übereinstimmung mit HÖGBOM nicht für interglazial, sondern für sub- oder postglazial.

Dr. *H. Reusch* (Kristiania) erwähnt kleine norwegische Täler, die nicht durch die letzte Eiserosion vertieft wurden. Die wichtigste Bedeutung der Spaltenbildung ist, dass sie der selektiven Erosion die Wege gewiesen hat.

Continuation de la discussion sur l'érosion glaciaire (22 Août, session extraordinaire de la section 4):

Professor *W. Salomon* (Heidelberg): Ich habe lange geschwankt, ob ich mich überhaupt zum Worte melden solle. Denn eine ausführliche Diskussion der Glazialerosion befindet sich in dem bereits im Drucke vollendeten Quartärkapitel des zweiten Heftes meiner Adamello-Monographie.[1] Da dies indessen erst im Herbst erscheinen kann, so will ich ein Paar Gesichtspunkte hervorheben, die mir besonders beachtenswert vorkommen, obwohl ich nicht hoffe dadurch die Gegner zu überzeugen. Selbst ursprünglich ein Anhänger der »antiglazialistischen» Richtung und etwa auf dem Standpunkte von HEIM, ROTHPLETZ, LEPSIUS stehend, wurde ich durch Beobachtungen in der Natur dazu gezwungen meine Anschauungen zu ändern. Es sind infolgedessen vor allem zwei Dinge, auf die ich Ihre Aufmerksamkeit lenken möchte.

1) Nach dem Vorgange von PENCK, BRÜCKNER, DAVIS und anderen hervorragenden Forschern glaube ich, dass es einen *glazialen Formenschatz* gibt, der vereint nur in ehemals vergletscherten Gebieten vorkommt, in den Gegenden der reinen Wassererosion aber fehlt. (Vereinigung von Felsbecken, Fjorden, U-Tälern, übertieften und Hänge-Tälern, Karen, zentrifugaler Diffluenz u. s. w.) Einzelne dieser Formen fanden sich auch in nicht vergletscherten Gebieten (z. B. Graben des Toten Meeres mit Hängetälern, Seebecken u. s. w.). Ihr gemeinsames Auftreten ist ausschliesslich auf Gegenden beschränkt, in denen auch Moränen, Gletscherschliffe und andere *allgemein* als Beweise von Vergletscherungen angesehene Gebilde deren Nachweis gestatten.

Die Entstehungsursache der angeführten Hohlformen kann nur durch vergleichend morphologische Studien ehemals vergletscherter und nie vergletscherter Gebiete gefunden werden.

Das Studium vereinzelter Individuen ist zwar nie zu vernachlässigen, aber nicht ausschlaggebend.

Als Ursache der für die ehemals vergletscherten Gebiete charakteristischen Formtypen kann nur die Gletschererosion in Frage kommen; und ich sehe mich, wie schon vor 10 Jahren, wieder genötigt ihr ein recht erhebliches Mass zuzuerkennen.

Nicht dagegen kann ich zustimmen, wenn einzelne Forscher den ganzen Hohlraum der Fjorde, Kare u. s. w. ausschliesslich der Gletschererosion zuschreiben. Ich kenne wenigstens bis zum heutigen Tage weder aus eigener Anschauung noch aus der Literatur auch nur ein einziges Gebiet, in dem nicht Vergletscherung sind bereits präglaziale Talbildung angetroffen hätte. *Die heutigen Hohlformen sind*

---

[1] Abhandl. d. Wiener geolog. Reichsanstalt Bd. XXI.

meiner Ansicht nach präglazial und interglazial vom Wasser und eventuell auch vom Winde angelegt, vom Eise aber umgeformt.

2) Wie haben wir uns den Mechanismus der Gletschererosion zu denken, und gibt es überhaupt einen physikalisch wahrscheinlichen Vorgang, der uns die Annahme einer intensiven Gletschererosion gestattet?

Darin stimme auch ich vollkommen mit HÖGBOM überein, dass die schleifende Wirkung der Gletscher ganz untergeordnet ist im Verhältnis zu ihrer ausbrechenden Wirkung. Wie aber ist die letztere zu denken? SIMONY, BALTZER und wohl die meisten anderen Forscher, die sie überhaupt kennen und anerkennen, denken sie sich rein mechanisch. Der Gletscher entreisst einem unebenen Untergrunde Stücke, die herausragen und ihm so die Gelegenheit zum Angriff geben. Diese Art der »splitternden Erosion» existiert, aber sie ist meiner Ansicht nach ebenfalls nur ein untergeordneter Faktor.

Während man früher annahm (HEIM) und z. Teil heute noch glaubt (VIRGILIO), dass unter dem Gletscher eine Frostwirkung nicht vorkomme, zeigten FINSTERWALDER, BLÜMCKE. MARTIN und ich, dass zwar ein Frost durch Wärme-schwankung fehlt, durch Druckschwankung aber eintreten kann und muss. Da der Vorgang von FINSTERWALDER und BLÜMCKE experimentell nachgewiesen ist, muss der Einwand, dass er physikalisch unmöglich sei, fallen. Ebenso hat der Einwand keine Bedeutung, dass der Vorgang zwar vorkäme, aber zu unbedeutend sei um eine grössere Wirksamkeit zu entfalten. Ebenso wie es bei dem »Wärme-verminderungs-Frost» gleichgültig ist, ob die Temperatur einen ganzen Grad oder nur $^{1}/_{1000}$ ° unter den Gefrierpunkt fällt, ebenso gleichgültig ist es bei dem »Druckverminderungs-Frost», ob der Gefrierpunkt durch Druckverringerung um einen ganzen Grad oder nur um $^{1}/_{1000}$ ° über die Temperatur des Schmelzwassers am Gletscheruntergrunde steigt. Und das muss er, so bald eine Spalte im Glet-scher aufreisst.

Wir haben also Frostsprengung am Grunde der Gletscher und zwar nur an den Stellen, wo Druckschwankungen auftreten. Es wird also mit dieser An-nahme nicht nur die Gletschererosion überhaupt, sondern auch ihr selektives Ein-setzen erklärt. Die Selektion wird aber noch sehr erheblich dadurch verstärkt, dass die Zerklüftung der Gesteine und ihre Klüftbarkeit im Gletscheruntergrunde sehr verschieden verteilt zu sein pflegen. Es ist kein Zufall, dass, wie HÖGBOM sehr richtig hervorhob, die weichen Kalksteine oft der Gletschererosion einen viel stärkeren Widerstand entgegenstellen als harte Tiefengesteine. Es kommt eben nur für die unbedeutende abschleifende, aber nicht für die bedeutende aus-brechende Erosion auf die Härte der Gesteine an. Worauf es für sie ankommt, das ist der Grad ihrer Zerklüftung, ihrer Klüftbarkeit und die Lage der Kluft-flächen. Liegen diese günstig für das Abheben, so werden Platten durch das in den Klüften gefrierende Eis emporgehoben; Grundmoräne kann (MARTIN) nach-dringen und ein Wiedereinsinken verhindern. So bekommt der Gletscher durch die vorausgehende Frostsprengung die Kraft auf einmal gewaltige Platten und Stücke herauszuheben und fortzutragen. Dieser Vorgang ist schon längst be-kannt und keineswegs selten, wenn er auch bisher nicht oft in der Literatur be-schrieben ist. Das erklärt sich aber nach meiner Ansicht nur daraus, dass man ihn nicht beachtet hat. WAHNSCHAFFE, PENCK, ich selbst, PHILIPP, SPITZ und besonders LAWSON haben ihn beschrieben; und ich habe ihn bereits vor 10 Jahren genau so gedeutet wie ich es jetzt tue.

Ich Eine eingehende Schilderung kann ich an dieser Stelle aber nicht geben. Ich verweise daher auf das Quartärkapitel in meiner bereits zitirten Adamello-Monographie und fasse hier meine Ausführungen kurz in folgenden zwei Sätzen zusammen.

1) Die vergleichend morphologische Betrachtung ehemals vergletscherter und nie vergletscherter Gebirge lehrt, dass die Gletschererosion eine bedeutende Rolle spielt und den Hohlformen ein eigenes charakteristisches Gepräge verleiht.

2) Der Mechanismus der Gletschererosion in festen Gesteinen ist im wesentlichen dadurch zu erklären, dass am Grunde des Eises lokal infolge von Druckschwankungen Frostsprengung stattfindet und der Gletscher die Sprengstücke aushebt und fortträgt.

Geheimer Bergrat *A. Jentzsch* (Berlin) spricht seinen vollständigen Anschluss an den von Professor SALOMON gegebenen Darstellungen aus.

Dr *M. von Déchy* (Budapest): Am ersten Tage der Debatte, nach dem Vortrage von Prof. PENCK, hatte ich das Wort gebeten; unerwartet erhalte ich es heute. Ich komme jedoch der Aufforderung des Herrn Vorsitzenden nach, um ein neues Vergleichsobjekt — kein neues Streitobjekt — in die Diskussion zu werfen: die glaziale Ausgestaltung der Oberflächenformen des Kaukasischen Hochgebirges. Ich werde aus der grossen Zahl von Berührungspunkten, welche die Forschung nach den Wirkungen gleichartiger Ursachen im Kaukasus wie in den Alpen bietet, nur einen oder zwei herausgreifen. Mit Recht hat Prof. PENCK hervorgehoben, dass die Frage glazialer Erosion von jeher immer an das Problem der Tal- und Seebildung anknüpfte. Auch ich möchte hier anschliessen. Früher sei es mir jedoch gestattet, ganz kurz folgendes vorauszuschicken. Wir haben im Kaukasus ein den Alpen der Längenausdehnung nach nahezu gleichkommendes Hochgebirge, das sich als Übergangsglied zwischen den Alpen und den asiatischen Hochgebirgssystemen darstellt. In seinem östlichen Teile den asiatischen-kontinentalen Klimaeinflüssen ausgesetzt, steht der westliche und zentrale Abschnitt mehr oder weniger unter der Herrschaft des mediterranen Klimas. Im zentralen Teile sehen wir eine rezente Vergletscherung, welche — wie ich dies im Gegensatze zu herrschenden Anschauungen zuerst schon nach meiner ersten zwei Reisen betont und später auf Grund von Aufnahmen und exakten Messungen erwiesen habe — der Vergletscherung der zentralen Alpen an Intensität nicht nachsteht. Dieser mächtigen rezenten Vergletscherung ist eine bedeutende Vereisung in der Quartärepoche vorangegangen und zwar mit einem von mir nachgewiesenen strengen Parallelismus, indem die Gebiete bedeutender rezenter Vergletscherung auch in der Eiszeit am stärksten vergletschert waren, wobei allerdings zu bemerken ist, dass die quartäre Vergletscherung enger begrenzt war als in den Alpen, was jedenfalls auf klimatische Ursachen zurückzuführen ist, auf die näher einzugehen hier unmöglich ist. Die Täler des zentralen Kaukasus sowohl am Nord- wie am Südhange, zum Teil auch die des westlichen, weit geringer die des östlichen, waren von mächtigen Eismassen durchflutet. Die Skulptur des Kaukasus zeugt von dieser bedeutenden Vereisung, überall konnte ich ihre Spuren im Relief der Quertäler im Norden, der grossen Längentäler im Süden verfolgen. Der formgebenden Wirkung der quartären Gletscher stellte der zentrale Kaukasus mit seinen kristallinischen Massengesteinen und den Sedimentablagerungen keinen grösseren Widerstand entgegen als die Gesteine der Alpen. Am Nordfusse und am Südrande sind Ablagerungen fluvio-glazialen Schotters, diluviale Moränenmassen und zahlreiche Erratica beobachtet worden. Insbesondere im Norden des zentralen Kaukasus, in der längs des Gebirgsrandes hinziehenden Talebene des Terek, ein Gebiet, das im Gegensatze zu der schweren Zugänglichkeit der inneren Hochregionen schon vor Jahren von Geologen, insbesondere dem grossen Kaukasusgeologen ABICH besucht wurde, war dies der Fall. Und dennoch, weder am Nordfusse, noch am Südrande der Kaukasus finden wir einen einzigen See. Der Kaukasus hat keine Randseen. Wenn — wie PENCK und BRÜCKNER lehren — die heutigen Randseen der Alpen die Zungenbecken der diluvialen Alpengletscher, von ihnen ausgehöhlte und an ihrem Ende durch Moränenmassen abgedämmte Becken sind, warum haben die diluvialen Gletscher des Kaukasus nicht die gleiche aushobelnde, aushöhlende Wirkung gehabt? Dieses Relief des Kaukasus wäre geeignet den Gegnern der PENCK'schen Theorie eine mächtige Waffe in die Hand zu geben, wenn die Prämisse eine richtige wäre. Ich habe jedoch auf Grund meiner Beobachtungen Zweifel an ihre Richtigkeit ausgesprochen und in meinem Werke folgendes festgelegt: die diluviale Vereisung im Kaukasus, und zwar in den Gebieten ihres stärksten Auftretens, reichte *bis* an den Rand des Gebirges, der Vorketten, bis wohin ich ihre Spuren verfolgen konnte, reichte aber nicht bis *über* den Rand des Gebirges, bis auf das Tiefniveau der Terekebene oder der anderen den Fuss des Gebirges umgürtenden Talflächen. Die Trümmermassen, das fluvio-glaziale Geschiebe der Terekebene, die erratischen Blöcke dort sind nicht auf dem Rücken von Gletschern bis dorthin transportirt worden, sondern durch die Gletscherwasser, die Schlammströme, die dort, noch verstärkt durch die bis in die jüngste Zeit häufigen Gletscherausbrüche, aus dem Gebirge stürzten. In Gebieten häufiger seismischen Erschütterungen, vulkanischer Eruptionen, in dem die vulkanischen Erhebungen des Kasbekmassivs umschliessenden Terekgebiet, müssen diese Gletscherausbrüche in der Quartärepoche mit elementarem Gewalt aufgetreten sein und diese Trümmermassen in die Terekebene, an den Rand des Gebirges gebracht haben. Es fehlt dort das dem geübten Auge des Gletscherforschers sich offenbarende charakteristische Gepräge der Moränenlandschaft, die lineare Anordnung der Moränentrümmer. Dürfen wir nun annehmen, dass die Gletscher der Eiszeit nicht über den Rand des Gebirges reichten, dann allerdings entfällt auch die Möglichkeit des Aushöhlens von Becken, wie es die Alpengletscher der Eiszeit getan haben sollen.

Aber dem Kaukasus fehlen nicht nur die Randseen, der Kaukasus besitzt auch keine grösseren Talseen. In den Tälern, welche von quartären Eismassen erfüllt waren, konnte ich die Spuren ihrer Tätigkeit, die gleichen Erscheinungen wie in den Alpen beobachten (die kristallinischen Massengesteine und die Sedimentablagerungen setzten, wie schon erwähnt, der erodirenden, aushöhlenden Wirkung des Gletschereises keinen grösseren Widerstand entgegen als die Gesteine der Alpen) und dennoch, gerade im zentralen Kaukasus, in dem zur Eiszeit am stärksten vergletscherten Gebiete, kein einziges grösseres Seebecken. Häufiger finden wir im Kaukasus die hochgelegenen Bergseen, wenngleich auch weniger zahlreich als in den Alpen. Ebenso charakteristisch wie dort, schliessen auch hier der Taltrog an die Schlifffläche, die Kare an die Troggrenze.

Für die formgebende Wirkung der Gletscher bietet uns der Kaukasus die überzeugendsten Beweise. Welcher tiefgreifender Unterschied im geomorphologischen Bilde dort, wo in der Quartärepoche Gletscher waren und wo nicht. Welches klassisches Beispiel bietet hierfür der Daghestan: soweit die diluvialen Gletscher reichten, überall die Skulptur des Eises, die übertieften U-Täler; jenseits ihrer Grenze, tafelförmige Erhebungen, umschlossen von den V-schluchtigen Durchbruchstälern des unteren Daghestan.

Noch Eines: bedeutende Oszillationen im Gletscherstande der Quartärepoche lassen sich auch im Kaukasus nachweisen, Stillstände während des Rückzuges der Gletscher. Auf Beobachtungen sich stützende Beweise hierfür habe ich in meinem Kaukasuswerke angegeben. Es fehlen nur aus diesen Gebieten noch genügend zahlreiche und detaillierte Beobachtungen, aber bedeutende Oszillationen im Stande der Gletscher während der Eiszeit können wir auch im Kaukasus nicht von der Hand weisen, wenn ich auch — wenigstens dort — von einer streng durchgeführten Chronologie und vielleicht noch mehr von einer sich ihr anpassenden Terminologie verschiedener Interglazialzeiten absehen möchte.

Die Zeit gestattet mir nicht, mich eingehender mit der Talbildung im Kaukasus zu beschäftigen; doch möchte ich betonen, dass der Kaukasus durchtalt war, ehe die Eiszeit einsetzte, und mit folgendem schliessen: Auch der Kaukasus zeigt, und im geomorphologischen Abschnitte meines Werkes über dieses Hochgebirge habe ich immer darauf hingewiesen, dass die grundlegenden Glazialbeobachtungen von PENCK und BRÜCKNER in den Alpen auch dort ihre Beweiskraft besitzen; ich glaube, dass wir *qualitativ* — der Ausdruck ist ja erlaubt, denn er wurde oft in dieser Diskussion angewandt — die erodierende Tätigkeit der Gletscher annehmen müssen, aber dass das Ausmass, die Grösse der geleisteten Arbeit, *quantitativ*, im Gegensatze von zu weit gehenden Schlüssen, auch was das Kaukasische Hochgebirge betrifft, eingeengt werden muss.

Geheimer Bergrat **F. Wahnschaffe** (Berlin) hebt hervor, dass die Besucher des Kaukasus bei Gelegenheit des internationalen Geologenkongresses in St. Petersburg in Übereinstimmung mit den Ausführungen des Herrn v. DÉCHY den Eindruck gewonnen haben, dass die Vergletscherung während der Eiszeit im Kaukasus stecken geblieben ist und dass das Vorland nördlich und südlich keinen Vorlandgletscher besass, sondern nur durch die Gletscherflüsse mit mächtigem Schotter überschüttet worden ist.

Professor **A. Heim** (Zürich): Ich habe das Gefühl, dass es fast unehrlich wäre, wenn ich bei dieser Gelegenheit schweigen würde. Um eine volle Diskussion kann es sich nicht handeln, nur um eine Andeutung des Standpunktes.

Eine grosse Anzahl der Untersuchungen und Resultate von PENCK und seiner Schule anerkenne ich mit unumwundener Freude und Hochachtung. In der Frage, wo ich von ihm abweiche, liegt die Differenz nicht in den Beobachtungen, sondern in ihrer Deutung. Die Differenzen kommen hauptsächlich davon her, dass die Alpen ein mehrfacher Palimpsest sind von Eisarbeit und Wasserarbeit, dass in der Beurteilung von Formen subjektive Momente nicht auszuschalten sind, und dass die Frage keine qualitative ist, sondern die relative Quantität von Eis- und Wasserarbeit betrifft.

Ich habe die Überzeugung, dass von vielen Geologen und Geographen die erodierende, aushobelnde Wirkung der Gletscher viel zu gross angenommen wird. Alles was uns Herr HÖGBOM über den Norden gesagt hat möchte ich auch für die Alpen unterschreiben.

Das Wasser ist in seiner Talbildungsarbeit schlauer. Es sägt nur die Sohle ein, und überlässt die Ausschrägung und Erweiterung der Rinne der Verwitterung. Der Gletscher nimmt den ganzen Talgrund in Bearbeitung und müht sich mit feiner Politur ab, und schaltet die Verwitterung in einzelnen ihrer Faktoren aus. Thalbildung unter Gletscher ist stets enorm verlangsamt. Die Abschälung des Gesteins in Schuppen parallel der Oberfläche ist an freier Oberfläche meist stark im Gebirge wie in der Wüste, sie hört aber unter dem Gletscher auf, wo alles gleich kalt bleibt. Die Experimente von FINSTERWALDER und BLÜMCKE, wonach Druckschwankung bei 0° intensive Absplitterung erzeugt, sind auf die Vorgänge unter dem Gletscher nicht anwendbar, weil dort häufige und starke Druckschwankungen gar nicht vorkommen. Die Schlammassen der Gletscherbäche sind gering, im Winter sind alle alpinen Gletscherbäche klar. Der Gletscherschlamm bildet am Grunde des Urnersee per Jahr eine Schicht von $^1/_4$ bis $^1/_2$ cm, ein einzelnes Gewitter im Schächental hat 8 cm aufgefüllt. Die Ausbrechungsarbeit des Gletschers an seinem Untergrunde ist nicht erwiesen. Oft wird blosses Verschleppen von Stücken des geschliffenen von den Seitenwänden oder am Grunde durch Verwitterung abgetrennter Stücke irrtümlich für Ausbrechen gehalten. In der Literatur sind einige wenige sichere — oder unsichere — Beispiele erwähnt.

Wenn dutzende von Geologen Jahrzente lang suchen mussten um 3 oder 4 sichere Fälle von Ausbrechen zu konstatieren, so kann das nur eine seltene zufällige, keine das Phänomen beherrschende Erscheinung sein. Ich selbst habe sie weder unter dem Gletscher kriechend noch auf den durch Schwinden verlassenen Felsböden jemals konstatieren können. An der Oberfläche der in den Alpen häufigen interglazialen Bergstürze sind oft grosse Blöcke oben geschrammt ohne ausgerissen zu werden und der ganze Bergsturzhaufe ist nicht vom Gletscher ausgefegt worden.

Wenn PENCK nun erklärt, dass zuerst das ganze alpine Talsystem ungefähr zu $^4/_5$ seiner Tiefe durch fliessendes Wasser geschaffen und nur noch etwa um $^1/_5$ vertieft worden ist, so bin ich darüber erfreut, denn nun ist das ganze Talsystem mit seinen winkligen Formen begreiflich. Aber immer noch halte ich in den Alpen die Gletscherwirkung für viel geringer als sie DAVIS annimmt, und für geringer als sie PENCK annimmt — aus Gründen wie die folgenden.

Die behauptete Trog- oder U-Form finde ich sehr selten, meistens ist sie eine blosse Täuschung durch Schuttkegel und Schutthalden. In den Alpen wie in Neuseeland habe ich sie nur als seltene Ausnahme gefunden. Auch im tiefsten Teil des »Troges« findet man wieder scharfe Kulissenvorsprünge, die mit dem Trog nicht stimmen, und auch nicht etwa aus festerem Gestein sich erklären. Mitten in Tälern, die »übertieft« sind, mitten in Seen, finden sich Felsberge — oft sogar quer zur Schrammrichtung entwickelt. Das waren für den Gletscher besondere Steine des Anstosses, er hätte sie herunterschleifen müssen, bevor er daneben in gleichem Gestein 100 bis 200 m austiefte. Bei querstehenden Talbergen muss jedenfalls die Gletscherabschleifung geringer gewesen sein als die Bergdimensionen. Jeder schön geschliffene Rundhöcker beweist, wie gering die Abschleifung war dadurch, dass er als Höcker geblieben und nicht heruntergeschliffen worden ist. Ich schätzte da in der Umgebung von Stockholm bloss nach dem Formengefühl ein Abschleifen von 1 bis höchstens 10 m, PENCK schätzte 20 bis 25 m, wir stehen also da nicht so weit auseinander. Seichte Alpenseen kann ich mir durch Gletscher ausgeschliffen denken und Täler z. B. in der Molasse durch Gletscher ein wenig tiefer geworden. Hier und da trifft man auch Gletscherschliffe tief unten im Kañon, der nicht zum Trogtal umgewandelt ist, obschon das Gestein sehr weich ist (Via mala). Die Hängetäler sind kein Beweis für Gletscheraustiefung des Haupttales, denn das Haupttal wird auch wegen seines stärkeren Flusses stärker und rascher vertieft, während der Gletscher die Nebentäler, in denen er viel länger geblieben ist, hätte mehr vertiefen sollen.

PENCK sprach das schöne Wort als Resultat seiner Untersuchungen aus: »Die Übertiefung der Alpentäler geht wie aus einem Guss durch die ganzen Alpen!« Ja wohl! Es ist das eben die Folge davon, dass nach der Durchtalung der ganze Alpenkörper sich noch 200 bis 300 m eingesenkt hat. Daher die schöne Rückläufigkeit der Terrassen, das Einsinken der Molasse am Alpenrande ausserhalb der ersten Aufrichtung, die Rückläufigkeit des Deckenschotters in der gleichen Zone, daher der Massendefekt etc. etc. Ich habe durch vielfache Nachprüfung gefunden, dass die mir gemachten Einwürfe nicht stichhaltig sind und halte an meiner früher gegebenen Auffassung über die Bildung der alpinen Randseen in vollem Umfange fest.

Ich denke mich in diesem Augenblicke mit meinem Freunde PENCK auf dem Gipfel des Rigi. PENCK: Nun schau doch wie wunderschön spricht sich in dieser Tal- und Seen-Landschaft zu unsern Füssen die durch Gletscher bewirkte Übertiefung aus! Ich: Schau doch wie prachtvoll das Wasser in alle Buchten dringt, dazwischen Rippen und Kulissen Halbinseln bilden, das ist das herrliche Bild einer durch Einsenkung des ganzen Gebirges überschwemmten Tallandschaft.

Ich will dadurch nur zeigen, wie schwierig es ist, sich von subjektivem Eindruck zu objektiver Erkenntniss zu erheben. Auch mehrere Ballonflüge über diese Seen haben meine Einsicht nicht vermehrt.

Allmählich werden wir uns doch der Wahrheit nähern.

Dr. **N. O. Holst** (Stockholm) möchte einiges zu dem Interglazial von Uetersen in Holstein bemerken. In der Sonnabendsitzung hat Herr Geheimerat WAHNSCHAFFE dasselbe als eines der besten bezeichnet. Es ist demnach nur gebührende Aufmerksamkeit gegen dieses ausgezeichnete Vorkommen, wenn man es von mehr als einer Seite betrachtet.

Das Profil bei Uetersen zeigt folgende Ablagerungen, die hier geprüft werden müssen:

Obere Moräne,
Torf,
Mariner Ton.

Zu unterst findet sich eine untere Moräne, eine Grundmoräne. Von dieser wird hier aber abgesehen.

Wie verhält es sich nun mit der oberen Moräne? Sie tritt sporadisch auf, und man kann, wie ich es getan, mehrere Tongruben besuchen, ohne dass man sie zu sehen bekommt.

Wo man sie findet, hat sie eine unbedeutende Mächtigkeit: $1/2$—1 Meter, bisweilen $1^1/_2$ Meter, selten mehr.

Die Moräne wird völlig richtig als sandig oder sogar »sehr sandig» beschrieben. Sie geht in Sand, »Geschiebesand», über und wird bisweilen nur durch Blöcke oder grössere und kleinere Steine repräsentiert. Sie ist locker, wie die obere Moräne es gewöhnlich ist, und hat nichts gemeinsam mit der festen zusammengepressten Grundmoräne. Ich wage daher getrost zu behaupten, dass diese Moräne keine Grundmoräne ist, wie Geheimerat WAHNSCHAFFE sie nennt.

Der Torf wie auch der Ton liegen in ungestörter Lage: es zeigt sich, dass sie in keiner Weise einem Druck ausgesetzt gewesen sind, weshalb ein Inlandeis unmöglich über sie hat hinweggehen können.

Das Inlandeis soll in diesem Falle das der letzten Eiszeit gewesen sein. Es soll bis weit über Uetersen hinaus nach Süden vorgedrungen sein und muss hier ziemlich bedeutende Mächtigkeit besessen haben. Wie aber soll wohl eine solche mächtige Eismasse über eine lockere Ablagerung wie Torf hinweggehen können, ohne sie auf irgend eine Weise aus seiner ursprünglichen Lage zu bringen?

Der Torf zeigt also mit völliger Sicherheit, dass kein Inlandeis darüber hinweggegangen ist. Und die unbedeutende obere Moräne, kann sie nicht in Wasser gleich dem Sande abgesetzt sein, in den sie »übergeht»?

Betreffs Uetersen kann man also sagen, dass, wenn der norddeutsche Interglazialismus sich nicht auf bessere Zeugnisse berufen kann, es ihm übel ergehen dürfte, vielleicht ebenso übel, wie es dem schwedischen Interglazialismus ergangen ist.

Geheimer Bergrat **F. Wahnschaffe** (Berlin) bemerkt, dass bei der Exkursion der Deutschen geologischen Gesellschaft, die im Jahre 1909 Glinde bei Uetersen besucht hat, kein einziger der Teilnehmer an der Grundmoränennatur der oberen den Torf überlagernden Ablagerung gezweifelt hat.

Professor **A. G. Högbom** (Uppsala): Es wird oft als eine Stütze für die Denudationsarbeit des Landeises auf die Mächtigkeit und Verbreitung der diluvialen Bildungen in Norddeutschland und anderen Randgebieten der nordischen Vereisung hingewiesen. Dabei ist jedoch zu bemerken, dass ein wesentlicher Teil dieser Bildungen aus den Sedimentformationen der nächstliegenden südbaltischen Region stammt und dass ein anderer wesentlicher Teil die losen und die aufgelockerten präquartären Desintegrationsprodukten des Urgebirges repräsentiert. Was die merkwürdigen, im Diluvium eingeschlossenen Kreideschollen betrifft, so können sie wahrscheinlich aus bei den quartären Dislokationen im Südbalticum entstandenen Anfragungen der Kreide stammen, welche von dem gegen sie pressenden Eis mitgerissen worden sind. Es wäre eine Erscheinung, die ihre Analogien an den unteren Flächen der tektonischen Überschiebungen hat, wo aufragende Partien des Untergrundes mitgeschleppt wurden. Das Landeis ist ja in der Tat eigentlich eine Überschiebungsscholle und die Moräne ihre Friktionsbrekzie.

Professor **E. Stolley** (Braunschweig): Das Vorhandensein riesiger Schollen von Kreide und anderen Formationgliedern im Diluvium Norddeutschlands und Südskandinaviens wesentlich auf tektonische Vorgänge zurückzuführen, ist nicht angängig. Die Art ihres Vorkommens beweist, dass sie zum Teil über erhebliche Strecken transportiert worden sind; dies und ihre Grösse lässt auf eine ungeheure Kraftentwickelung des Inlandeises schliessen. Es ist nicht möglich, diese gewaltige Transportkraft völlig von der Erosionskraft des Eises zu trennen; eine Eismasse, welche derartiges vollbringt, muss auch intensiv erodieren, sobald die Oberflächenformen ihr dazu Angriffspunkte bieten, und diese waren zweifellos sowohl bei Beginn der Eiszeit vorhanden, als auch während der Interglazialzeiten neu geschaffen worden. Diesen Tatsachen möge sich auch Meister HEIM nicht verschliessen.

Professor **A. Heim** (Zürich): Auch die alpinen Diluvialgletscher haben nach meiner Überzeugung in der Hauptsache nur den schon in den Tälern liegenden Schutt ausgeräumt, nicht aber Felsen zu Schutt gebrochen.

Dr **H. Reusch** (Kristiania) betont, dass die Beurteilung der Gletscherwirkung sehr von dem Gebiete abhängt, wo man beobachtet, und dass man notwendigerweise zu verschiedenen Resultaten kommen muss, wenn man sein Arbeitsgebiet in dem schroffen Abfall der skandinavischen Halbinsel gegen Westen oder auf dem ebenen Lande Mittelschwedens hat.

Auch in West-Norwegen sind die Wirkungen der letzten Eiszeit nicht gross; man muss aber immer bedenken, dass die Eiszeit auch andere und mehr bedeutende Vergletscherungen als die letzte aufzuweisen hat.

Solche vorzüglichen Hängetäler wie die West-Norwegens müssen überzeugend wirken. Zu HEIMS Ausführungen über die in den Tälern hervorragenden kleineren Berge können verschiedene Erklärungen gegeben werden. Sie können Reste wegerodierter Talvorsprünge sein und sie können auch in interglazialen Zeiten durch Wassererosion in Tälern, deren Boden von Schutt bedeckt war, entstanden sein.

Geheimer Reg.-Rat **A. Penck** (Berlin): Die Frage, in wie weit Gletscher erodieren können, hat sich mir zuerst mit zwingender Nötigung zu einer bejahenden Antwort entgegengestellt, als ich die ungeheuren Schuttmassen kennen lernte, welche eiszeitliche Gletscher auf das deutsche Alpenvorland gebracht haben, und welche hier, sei es in Form von Moränen, sei es als wenig transportierte Schotter von Gletscherbächen liegen geblieben sind. Aber ich habe im Laufe der Jahre geschwankt, welchen Anteil der Gletschererosion an der Ausgestaltung der Alpen einzuräumen sei. Anfänglich schrieb ich ihr im wesentlichen nur die Austiefung der grossen Alpenseen zu, wenn ich auch nicht verkannte, wie ausgedehnt ihre

Spuren im Innern des Gebirges sind. Dann wurde ich in innigem Meinungs-austausch mit meinem Freunde HEIM etwas schwankend, und als ich meine Morphologie der Erdoberfläche schrieb, stand ich sehr unter dem Eindrucke seiner Argumente für das Rücksinken der Alpen. Aber je mehr ich von der Erdoberfläche sah, desto mehr drängte sich mir die Überzeugung auf, dass die Gletscher eines der mächtigsten erodierenden Agentien seien. Überall, wo sie gewirkt haben, treten Formen von ganz charakteristischer Gestaltung auf, welche weit abweichen von denjenigen, die das rinnende Wasser geschaffen hat, und aus letzteren nur hergeleitet werden können unter Annahme einer sehr mächtigen Erosion. Nirgends war dieser Eindruck tiefer als im Westen Nordamerikas. Ich habe 1897 das Felsengebirge in Canada durcheilt und hatte dort ein Gebirge von alpenähnlichem Aussehen kennen gelernt, dann querte ich es abermals in den Vereinigten Staaten, wenig weiter südlich, aber ausserhalb des Gebietes der alten Gletscher, und sah ein Gebirge von wesentlich anderem Habitus, ähnlich den östlichen Alpen, die man zwischen Wien und Graz, zwischen Murtal und Drautal, z. B. im Lavanttale, sieht. Hier wie da musste man tiefe Einschnitte in die Täler machen, um Tröge zu bilden, musste man tiefe Kare in die Hänge einschneiden, um die Bergrücken in Karlingkämme zu verwandeln. Aber nicht nur bei mir persönlich hat sich die Überzeugung von starker Glazialerosion wesentlich befestigt, sondern ich darf wohl sagen, dass man ihr heute im allgemeinen weniger ablehnend gegenübersteht als noch vor wenigen Jahren. Das geht auch aus den Darlegungen vom Kollegen HEIM hervor. Er hat mitgeteilt, wie hoch jeder von uns bei einem Gespräche den Eisabtrag in der Umgebung Stockholms schätzte, und es zeigt sich dabei, dass zwischen unsern Anschauungen nur quantitative Verschiedenheiten vorhanden sind. Nehme ich die Mittel aus den von ihm mitgeteilten Zahlen (1—10 m HEIM, 20—25 m PENCK) so lässt sich sagen, dass ich den Betrag der Glazialerosion lediglich um 4—5 mal grösser erachte als er. Es handelt sich um Quantitäten der Erosion, nicht mehr, wie früher, um Qualitäten, nämlich nicht mehr darum, dass das Eis konserviere und das Wasser erodiere.

Nichts ist in der Geologie schwieriger, als die Bestimmung von Quantitäten, insbesondere dort, wo es sich um die Wegnahme von Material handelt. Wie hoch war das Gebirge ursprünglich, das die Flüsse zertalten, und wie tief war das Tal, das die Gletscher übertieften? Man kommt hier über Schätzungen nicht leicht heraus und dem individuellen Ermessen bleibt ein weiter Spielraum; er wird wahrlich nicht geringer, wenn wir daran gehen, Intensitäten zu bestimmen, indem wir uns fragen, was trägt rascher ab, Wasser oder Eis; denn es fehlt uns ein genauer Massstab für die Grösse der Zeit, auf welche sich die an sich schon unsicheren Beträge von der Wirksamkeit beider verteilen. Ist es aber gestattet, aus dem Mittelwerte der HEIM'schen Schätzung des Abtrages der Gegend von Stockholm und der mutmasslichen Dauer der Eiszeit einen Schluss herzuleiten, so müsste gesagt werden, dass selbst nach HEIM die glaziale Abtragung Mittelschwedens intensiver wäre, als die fluviatile ähnlich flacher und wenig hoher Länder.

Derjenige, welcher wegen der tiefgreifenden Verschiedenheit in der Oberflächengestaltung vergletschert und unvergletschert gewesener Gebiete von einer intensiven Glazialerosion überzeugt ist, wird das Material, welches die heutigen Gletscher zur Untersuchung der Frage bieten, anders einschätzen als derjenige, welcher deren erosive Tätigkeit für gering hält. Letzterer wird an den heutigen Gletscherzungen manche Erscheinung betonen, die von einer ansehnlichen Wirkungslosigkeit zeugen, z. B. die Tatsache, dass die Gletscher nicht selten über lose Aufschüttungen wirkungslos hinweggehen, obwohl es keineswegs an Fällen fehlt, wo ein vorschreitender Gletscher den Rasen oder den Meeresgrund vor sich zusammenschob, wie wir letzteres so schön gelegentlich der Exkursion nach Spitzbergen am Sefströmgletscher gesehen haben. Der andere wird aber sagen, dass das Ende eines Gletschers überhaupt nicht die Stelle ist, wo man, nach dem glazialen Formenschatz zu urteilen, eine starke Erosionsleistung zu gewärtigen hat, und er wird sich begnügen, wenn er hier Spuren einer Wirksamkeit trifft, die er unter dem Eise an den Orten stärkerer Erosion in grösserer Ausdehnung mutmassen darf. Dass Steine durch das Eis aus dem Gletscherboden ausgebrochen sind, ist ein Fall, der keineswegs gerade sehr selten ist. Es ist klar, dass es eine Lockerung des Gefüges voraussetzt, und es ist wohl denkbar, dass die von SALOMON geschilderten Vorgänge dabei an gewissen Stellen eine Rolle spielen. Aber ich möchte glauben, dass unter sehr mächtigen Gletschern, und die eiszeitlichen der Alpen waren sehr mächtig, die Temperaturschwankungen um den Gefrierpunkt weniger häufig sind, als unter weniger mächtigen, und dass hier noch andere Momente in Betracht gezogen werden müssen. Ich glaube, dass die Abkühlung des Bodens unter dem Eise eine hervorragende Rolle spielt. Sie wird dadurch ausgeübt, dass sich Eis von 0° im Schmelzgebiete auf eine wärmere Oberfläche legt, und diese wird überdies von der Schuttdecke befreit, welche als schlechter Wärmeleiter ihre Unterlage warm hält. Letztere wird also aus doppeltem Grunde unter dem Eise abgekühlt und es erfolgen in ihr Zusammenziehungen, welche Spältchen öffnen.

Den richtigen Einblick in das Wesen der Glazialerosion eröffnet das Studium alter verlassener Gletscherbetten. Welche Rolle deren Übertiefung spielt, habe ich in meinem Vortrage zu zeigen versucht. Dabei habe ich nicht von den Steinen des Anstosses gesprochen, auf die HEIM hingewiesen hat, nämlich von den Bergen, die sich dann und wann mitten in Gletschertälern erheben und nicht vom Eise weggenommen worden sind. Sie sind für mich ebenso wenig Beweise gegen die Glazialerosion, wie die Äste, die beim Abtreten als Buckel zum Vorschein kommen, gegen die Abnutzung des umgrenzenden Fussbodens zeugen. Sie sind Orte geringerer Erosion, und es wird von Fall zu Fall zu entscheiden sein, warum sie minder abgetragen werden als ihre Umgebung. Oft mag dies auf ihrer grösseren Widerständigkeit beruhen, und es werden solche Steine des Anstosses möglicherweise dazu beitragen können, die noch wenig geklärte Frage nach der verschiedenen Widerständigkeit verschiedener Gesteine gegen glaziale Abtragung zu klären. In anderen Fällen kann der Stein des Anstosses der letzte Überrest einer Erhebung sein, welche zwei durch das Eis vereinte Täler trennte. Ich möchte dies z. B. für die Insel Isola im Iseosee für wahrscheinlich halten. Im dritten Falle wieder kann er der Überrest eines zerschnittenen Talriegels sein. Solche Inselberge in den Alpentälern halte ich nicht für Zeugen gegen eine starke Glazialerosion, sondern als Beweise dafür, dass letztere nicht sehr lange gewirkt hat. Die Vergletscherungen sind lediglich Episoden in der Abtragungsgeschichte der Alpen. Sie haben deren Oberflächengestaltung nicht von Grund aus umgeformt, sondern ihr nur neue Züge aufgedrückt, ohne die älteren gänzlich zu verwischen, und dieser Vorgang hat sich mehrmals wiederholt. Es kann daher nicht Wunder nehmen, dass wir noch nicht in das Verständnis aller Einzelheiten der glazialen Züge im Antlitze der Alpen eingedrungen sind, dass Trogschluss und Schliffgrenze noch einer befriedigenden Erklärung harren und dass zahlreiche Phänomene örtlichen Charakters noch nicht aufgehellt sind. Aber zweifellos ist mir, dass die Lehre von entschiedener Glazialerosion, im Verein mit der Annahme wiederholter Vergletscherungen uns einem tieferen Verständnis der alpinen Morphologie näher und näher bringen wird.

5. L'apparition soudaine de la faune cambrienne.

Über die Entstehung des organischen Lebens auf der Erde.

VON

O. JÆKEL,
Professor an der Universität zu Greifswald.

Bevor ich an das Thema herantrete, möchte ich die auch in unserer Zeit z. B. von ARRHENIUS wieder betonte Möglichkeit bei Seite schieben, dass das organische Leben auf einem anderen Weltkörper entstanden und auf irgend einem Wege — sei es durch Meteoriten oder durch kosmischen Staub getragen — auf unsere Erde gelangt sei. Ganz abgesehen davon, dass wir der Lösung des eigentlichen Problems, des »Wie« der Entstehung, damit nicht um einen Schritt näher kämen, scheint mir die Annahme, dass Organismen oder organische Fortpflanzungsprodukte die Zeitdauer eines solchen Transportes und die dabei auf sie einwirkende Kälte des Äthers überdauern könnten, ganz indiskutabel.

Der Kern unseres Problems scheint mir gerade darin zu liegen, dass wir uns die Entstehung niederster Organismen und ihrer Eigenschaften aus den geologischen Verhältnissen unseres Erdballes verständlich zu machen suchen. Wie wir sagen, jeder Mensch ist das Kind seiner Zeit, so können wir allgemeiner sagen, *jeder Organismus ist der Ausdruck seiner Funktionen*, die ihrerseits durch den ererbten Stand seiner Eigenschaften und durch seine Umgebung veranlasst sind. Wenn wir nun die ersten Organismen als die denkbar einfachsten ansehen und ihnen also zunächst fast alle für Organismen typische Eigenschaften absprechen, so würde unter obiger Auffassung das Problem im Grunde darauf hinaus laufen, die Bedingungen auf unserer Erde bei Entstehung des organischen Lebens aufzuklären.

Aber nun kommt die sehr schwierige Vorfrage: *Welche sind die ersten, d. h. also elementarsten Eigenschaften der Organismen, ohne die sie als Organismen nicht mehr denkbar wären?*

Ich glaube, dass wir dieser schon mehrfach, am gründlichsten wohl von W. Roux [1] behandelten Frage am besten in der Form eines Subtraktionsexempels näher kommen, in dem wir die wichtigsten organischen Eigenschaften der Reihe nach durchgehen und nach einander die ausscheiden, die davon irgend entbehrlich scheinen. Man kann zunächst die *Fortpflanzung* als denjenigen Faktor ansehen, der Organismen erst als Träger des organischen Lebens ausser Frage stellt. Das ist unleugbar richtig, aber wir werden, wenn wir die Fortpflanzung auf ihre einfachsten Formen der Teilung zurückgeführt haben und diese physiologisch als ein Überwachsen über die auskömmliche Grösse ansehen, schliesslich zu einer Form der Vermehrung bezw. Vergrösserung geführt, die wir nicht mehr eigentlich als Fortpflanzung sondern nur als ein *Wachsen* bezeichnen können. Auch dieses ist unverkennbar eine wichtige Grundeigenschaft organischen Lebens und für uns noch in höherem Masse bedeutungsvoll, weil sie nach dem gesagten offenbar der Fortpflanzung vorausgehen musste. Worauf beruht nun das Wachsen? Wir kommen damit einer offenbar universellen Eigenschaft nahe, die auf dem von Roux formulierten Prinzip der Assimilation und Überkompensation beruht. Der Organismus müsste sich im Stoffwechsel durch Verbrauch an Materie aufzehren und zu Grunde gehen, wenn er sich nicht Materie aus seiner Umgebung organisch einfügen könnte. Diese Organisierung der aufgenommenen Materie, derart dass sie zu einem lebendigen Bestandteil desselben wird, kann man mit Roux als Assimilationsfähigkeit bezeichnen. Würde aber dieser Ersatz nur in dem Masse des Verbrauches stattfinden, so würde der Organismus in Zeiten lebhafteren Stoffwechsels und grösseren Verbrauches unmittelbar in seiner Existenz gefährdet sein. Die Assimilation muss also stets einen Überschuss als Vorrat sicherstellen und deshalb mehr aufnehmen als verbraucht wird. Diesen Prozess der Mehraufnahme nannte Roux Überkompensation. Beide Eigenschaften zusammen ergeben das Prinzip der *Ernährung*, das wir sicher wieder als ursprünglicher ansehen dürfen als das aus der Überkompensation resultierende Wachstum. Die Ernährung aber war ihrerseits eine Folge des *Verbrauches organischer Materie*. Ein solcher Verbrauch beruht wohl in der Hauptsache auf den chemischen Umsetzungen, die durch die Funktionen des Organismus bedingt sind. Wir brauchen aber hier bei unserem Problem nicht mehr

---

[1] Wilhelm Roux, Der Kampf der Teile im Organismus.

an die vielen derartigen Funktionen zu denken, die uns die Physiologie kennen lehrt, sondern wollen nur mehr die elementarsten Leistungen einfachster Organismen ins Auge fassen.

Alle anderen Funktionen mögen wir nun den einfachsten Organismen subtrahieren, aber eine können wir ihnen offenbar nicht nehmen, das ist eine innere chemische Bewegung ihrer kleinsten physiologischen Einheiten, mögen wir diese nun mit C. v. NÄGELI als Micelle oder noch einfacher als Moleküle auffassen. Ein Organismus ohne innere Bewegung seiner kleinsten Komponenten ist undenkbar. Diese intermolekularen oder intramicellaren Funktionen mögen in Eikapseln oder niederen Zustandsformen reduziertester Innenbewegung auf ein äusserst geringes Mass beschränkt sein, ganz können sie nicht ruhen, sonst hört das Leben auf. Der historische Zusammenhang des organischen Lebens ist aber ohne jede Frage die Vorbedingung der ganzen organischen Entwickelung. Also *Innenbewegung* wäre danach eine unentbehrliche, ununterbrochene Grundeigenschaft des organischen Lebens.

Wie kann diese Innenbewegung entstanden sein? Wie kann sie den Ausgangspunkt der Entwickelung organischer Eigenschaften gebildet haben? Das wäre das Problem, wie wir es uns nun formulieren können, und das wir versuchen wollen, aus *den geologischen Verhältnissen an der Erdoberfläche zu der vermutlichen Zeit der Entstehung organischen Lebens zu erklären.*

Die organischen Substanzen bestehen in erster Linie aus Wasser und sind auf Grundlage dieses Stoffes gebildet. Die Existenz des organischen Lebens auf der Erde ist demnach an das Wasser und zwar an dessen Flüssigkeitszustand auf der Erdoberfläche gebunden. Wenn wir die ursprüngliche Temperatur der Erdmasse etwa so hoch wie die jetzige der Sonnenoberfläche, also mit etwa 6000° Celsius annehmen, so ist das organische Leben auf der Erde gebunden an die kurze Phase, während der die Temperatur auf der Erdoberfläche von 100°—0° Celsius sank. Es scheint mir nun sehr wahrscheinlich, dass das organische Leben auch bald begann, nachdem der Flüssigkeitszustand des Wassers — wir wollen kurz sagen — als die *Hydrophase der Erdoberfläche erreicht war.*

Einerseits sehen wir, dass niederste Organismen wie z. B. die Algen in den Mammuth Hot Springs des Yellowstone-Parkes in Temperaturen leben, die sich dem Siedepunkt des Wassers nähern, und andererseits ist anzunehmen, dass die Möglichkeiten zur chemischen Bildung so komplizierter Molekularverbindungen, wie es die organischen ja durchweg sind, am günstigsten waren, als die hohe Temperatur des Wassers die bei seinem Flüssigkeitszustande grösste mögliche molekulare Energie in assimilierbaren Stoffen auslöste. Eine solche Wärme war nun im Anfang der Hydrophase dauernd auf der Erde vorhanden und also wohl auch befähigt, die molekulare Komplikation an vielen dafür günstigen Stellen allmählich zu steigern, jedenfalls aber *die innere Bewegung an solchen Stellen auch ohne deren Zutun dauernd zu unterhalten.* So viel wir wissen, hat sich die Temperatur auf unserer Erde in den 5000 Jahren, die wir übersehen, nicht um einen Grad Celsius geändert, und wir werden wohl sehr lange Zeiträume annehmen müssen, bis die Erdoberfläche sich um einen oder gar 10° Celsius abgekühlt hatte.

Jedenfalls *musste sich die äussere Wärmezufuhr allmählich verringern,* und auf einen in innerer Bewegung befindlichen »Urbrei« musste der Ausfall an Wärmezufuhr irgendwie störend einwirken. Nur diejenigen Teile eines solchen Urbreies konnten für die Entstehung organischen Lebens weiter in Frage kommen, in denen die Innenbewegung nicht zur Ruhe kam.

Jedes Geschehen oder jeder molekulare Prozess braucht Zeit, und je komplizierter er ist, um so länger wird er sich in Bewegung erhalten. Nun wird naturgemäss die Verringerung der bisherigen Wärmezufuhr zunächst nur um weniger als Sekunden am Ende der Nacht gedauert und sich erst ganz allmählich in langen Zeiträumen gesteigert haben. Jedenfalls konnten sich aber nur die Teile jenes Urbreies erhalten, die mit einer, wie man sagt, »zyklischen« Innenbewegung den toten Punkt überwanden. Da dieser Vorzug nur einzelne Teile des Urbreies betroffen haben dürfte, andere ihn nicht genossen, so dürfte sich wohl in diesem Zeitraum die erste *Individuenbildung* angebahnt haben.

Jedenfalls zeigen alle organischen Individuen, die wir kennen, zwei Einrichtungen, die uns die Bedeutung der ausgeführten Momente klar vor Augen führen, erstens *Schutzvorrichtungen gegen die Verstreuung der inneren Wärme,* die wir hier als Kraft wohl allgemeiner fassen dürfen, in der Form von Wandbildungen, die als schlechte Wärmeleiter in Betracht kommen, und zweitens Einrichtungen zur *Steigerung der Temperatur* innerhalb der Körperwand. Dieser Zweck wird fast ausnahmslos durch den auch uns brauchbarsten Steigerungsprozess, einer Verbindung von Kohlenstoffen mit Sauerstoff bewirkt. Diese Kohlenstoffverbindungen müssen also vom Organismus zur Verbrennung geopfert werden, und dieser Steigerungsprozess ist es also wohl in erster Linie, der einen

elementarsten Stoffwechsel veranlasst und *zum Ausgleich des Substanz-
verlustes die Ernährung herbeiführte.* Aus der Ernährung aber ergaben
sich, wie wir oben sahen, als weitere Errungenschaften das *Wachstum*
und die *Fortpflanzung.* Alle höheren Funktionen und Eigenschaften sind
erst als nachträgliche Komplikationen der vorigen und als Anpassungen
an besondere Lebensbedingungen aufzufassen, so dass sie für die Frage
der Entstehung des organischen Lebens hier ausser Betracht bleiben
können. Die erst genannten aber — ich fasse sie noch einmal zusammen:
*Molekulare Komplikation — Innenbewegung — Individualisierung —
innere Wärmesteigerung — Stoffwechsel — Wachstum und Fortpflanzung,*
scheinen mir als *vitale Grundeigenschaften in einem genetischen Verhältnis zu stehen, dessen Entwickelung durch die besonderen Verhältnisse
unserer Erdoberfläche im Beginn ihrer Hydrophase veranlasst oder wenigstens ermöglicht sein konnte.*

Es ist an sich ein müssiger Streit, genauer festlegen zu wollen, wo
in einer solchen Kette von Erscheinungen der eigentliche Anfang des
organischen Lebens zu setzen sei. Die Beantwortung dieser Frage hängt
lediglich von der individuellen Auffassung ab, welche Eigenschaften als
wesentlich für das organische Leben anzusehen seien. Mir scheint die
Individuenbildung, die übrigens zu ihrer Durchführung wahrscheinlich
sehr viele Millionen von Jahren Zeit hatte, im Sinne unserer üblichen
Auffassung des organischen Lebens der markanteste Prozess jener Kette
zu sein, aber wir müssen uns dabei vor Augen halten, dass jene
einzelnen Prozesse sich nicht nur nach einander, sondern auch gleichzeitig neben einander entwickelten, und ein allgemeiner Fixpunkt also
hierbei nie zu gewinnen ist.

Ich habe diese Gesichtspunkte schon vor etwa 20 Jahren im Anschluss an einen Vortrag über Entwickelungsprobleme in der Urania in
Berlin drucken lassen, da sie aber von dort ihren Weg kaum in die
Kreise der Wissenschaft gefunden haben, so schien es mir angebracht,
sie hier unter besonderem Titel in etwas ausführlicherer Form wieder
zusammenzustellen und diesem Kongress vorzulegen, der gerade die
Frage nach den ältesten Organismen in den Erdschichten zum Gegenstand einer besonderen Diskussion gemacht hat. Ich bedaure, an dieser
Stelle ganz besonders durch dringendere Verpflichtungen verhindert zu
sein, diese Gedanken persönlich vortragen und zu klärender Diskussion
stellen zu können.

The fauna of the Protæon.

BY

W. J. SOLLAS,

Professor in the University of Oxford.

The Protæon includes the whole of that long period of sedimentation which preceded the Cambrian and was probably at least of equal duration to all the remainder of geological time; yet of its fauna and flora, presumably varied and abundant, only rare and obscure traces are anywhere preserved.

Of the various explanations which have been offered of the sudden appearance of Cambrian fossils probably more than one includes some portion of the truth. It may be that much of the Protæonic sediment is of a continental character, and if so this would be consistent with the hypothesis of a pearshaped earth. But it would be rash to assume that the Protæon includes no marine sediments, nor can any direct evidence be adduced in support of such a view. The phenomenon demands a more general explanation.

The sudden appearance of fossils in the Cambrian is perhaps scarcely more remarkable than the sudden appearence of the higher Mammals in the early Tertiary beds, and is by no means inconsistent with the general course of organic evolution as naturalists have been accustomed to imagine it.

The evolution of the several classes of the Invertebrata took place simultaneously along divergent lines. and thus the simultaneous appearance of all these classes upon a definite horizon need not surprise us, although we could never have predicted it.

The Cambrian representatives of the Invertebrata are all of very primitive types, and it is the ancestors of these primitive representatives with which we are concerned in a study of the Protæon.

                                   W. J. SOLLAS.

Although the assertion, that the ontogeny of an organism repeats its phylogeny makes only a very rough approximation to the truth, yet it comes sufficiently near to afford a clue to the explanation we seek, so that we may fairly suppose the ancestral life of the Protæon to have consisted of forms which in their general characters might recall the existing larval forms of the existing Invertebrata; and thus we may picture the seas of the Protæon as swarming with morulæ, gastrulæ, trochospheres, and still more advanced forms of life some destined to give rise to Cystoids, Brachiopods, Molluscs, Trilobites, Ostracods, others to disappear without issue.

But the larval forms of existing Invertebrata, though abundant in existing seas, and probably no less so throughout the whole of the Hysteræon[1] (i. e. the period succeeding the Protæon) are nowhere known in a fossil state, notwithstanding the fact that many of them, such as the larval Echinoderms, are provided with a calcareous skeleton. Even the early mature stages of the Invertebrata have equally failed to leave any trace of their existence in the stratified series. Thus we have no reason to suppose, that the deposits of the Protæon, however richly populated its seas may have been, should afford us any definite remains of organisms, nothing indeed beyond carbonaceous residues, which indeed are often abundantly diffused, and perhaps Radiolaria such as occur in the schists of St. Lo.

As the primitive forms of the Protæon acquired a more complicated structure, hard parts would be needed for support, if the organism were to attain any considerable size, but so long as their functions were limited to support, the hard parts might remain of comparatively small bulk. This indeed appears to have been the case with the earliest known organisms of the Cambrian; their skeletons are for the most part slight, almost flimsy it might be said, and are intended mainly if not exclusively for support.

This is connected with the fact that the vast majority of these animals obtained their food in the form of a kind of »animated soup«, ciliary or other mechanisms propelling a current of sea-water richly charged with living particles through the digestive tract. Even in the Trilobites. probably the highest representatives of the Cambrian Invertebrata, an essentially similar manner of feeding seems to have obtained. The arrangement of the appendages in *Triarthra*, as revealed by BEECHER,

[1] Presidential address 1909, Quart. Journ. Geol. Soc. Vol. LXV, p. cxvi.

recalls that in *Apus*, and the median groove in each case probably served a similar purpose, i. e. as a channel along which the living particles in the sea water were driven towards the mouth where they accumulated in a ball as a preliminary to ingestion. In the largest Trilobites, such as Paradoxides, careful search through abundant material has failed to discover any signs of appendages, though they doubtless existed, hence it may be inferred that they were provided with an exoskeleton too thin for preservation, and too feeble to afford support in walking. They probably served, as my friend and former pupil, Mr SPENCER, has suggested, as swimming organs and to propel food towards the mouth.

With the continued evolution of complex organisms the skeleton, at first designed for support, was found capable of acquiring new functions, and became transformed in part into organs of offense, grasping and biting organs, by means of which food could be ingested in large morsels. As if in response to this new method of attack the supporting skeleton of many organisms became strengthened for purposes of defense, and acquired sufficient solidity to ensure a favorable chance of preservation in sedimentary deposits; hence a rapid increase in the number of fossils as we preceed upwards through the Cambrian strata.

The earliest Cambrian fossils are to a large extent survivals from an ancient regime, or the reign of the Ethmophagites ($\eta\vartheta\mu o\varsigma$, a strainer); with the rise of the Thrombophagites ($\vartheta\varrho o\mu\beta o\varsigma$, a lump) fossils become more anbundant.

The organisms of the Protæon, abundant enough to blacken with their carbonaceous remains vast thicknesses of ancient slates, were unprovided with skeletons large enough or massive enough to resist the processes of natural decay.

Some chemical conditions in the pre-Cambrian Ocean.

BY

REGINALD A. DALY,

Professor at the Massachusetts Institute af Technology, Boston

Introduction. Members of this Congress who shared in the delights of the 1897 excursion from Batoum to the Crimea may recall the rare beauty of the Black Sea in evening phosphorescence. The dolphins raced with our steamer, the ›Grande Duchesse Xénia›, and their tracks flamed with the light given forth from a veritable emulsion of life in the surface waters. In startling contrast our sounding machine and water-bottle brought from the depths of the same sea the testimony of a vast charnel-house. Below the isobath of 150 fathoms the Black Sea water is poiso-nous and harbours no living thing other than the bacteria of putrefaction. From 600 fathoms the water-bottle brought up samples of the odorous, sulphurated water which fills the greater part of the deep basin. From 1100 fathoms came a sample of typical Black Sea mud and some of it was preserved for study.

Thus, through ocular demonstration, the excursionists were able to follow their guide, Professor ANDROUSSOF, in his remarkable account of the fauna and physical properties of the Black Sea. He had shown that the bottom mud is largely composed of powdery calcium carbonate. The carbonate has been chemically precipitated by the alkali (ammonium car-bonate) generated in the decay of multitudes of carcasses fallen from the surface layer to the bottom, where no scavengers could live and thus prevent the putrefaction. In the warm bottom water of that basin the decay goes on apace, and is always tending to remove the last trace of calcium salts from the sea. If it were not for the inflow at the Bosphorus and at the various river-mouths, the Black Sea would speedily become limeless. That lime-secreting organisms would then become impossible in this sea, is equally obvious.

Was there similar precipitation of calcium salts in the general pre-Cambrian ocean, with a similar failure of dissolved calcium in amount sufficient for the needs of lime-secreting species?

The Thesis. The writer's speculative attempt to answer the question in the affirmative has been outlined in volume 23 of the American Journal of Science (1907), and was further illustrated in volume 20 of the Bulletin of the Geological Society of America (1909). It was there indicated: first, that a strictly uniformitarian view of the ocean's history must be in error; secondly, that its evolution has, on the whole, meant progress from a relatively fresh condition to the present saline condition; thirdly, that the ocean, for most of pre-Cambrian time, while not absolutely limeless, contained an amount of lime inadequate to the formation of shell or skeleton; and, lastly, that toward the close of pre-Cambrian time, a drastic change in conditions brought calcium salts into the oceanic solute, to an amount making possible the secretion of calcareo-chitinous or lime phosphate shells, and, afterwards, the secretion of purely calcareous hard parts. Such is the process conceived for the sudden efflorescence of the palæontological record in the Cambrian period.

The argument is two-fold. It involves a study of pre-Cambrian and Cambrian sediments, particularly the carbonate rocks, with the fossils actually contained; and it involves a deduction as to the necessary chemical contrasts between the pre-Cambrian ocean and the present ocean.

Testimony of the Rocks. Perhaps no other stratigraphic section is more favourable for this study than the remarkable series of beds composing the lower part of the Rocky Mountain geosynclinal prism in Montana, Alberta, and British Columbia. At the forty-ninth parallel of latitude, this prism includes some thirty thousand feet of conformable strata referred to horizons ranging from the Middle Cambrian to those far below the Olenellus zone. Much of the series is not affected by dynamic metamorphism, which, elsewhere, has been invoked so often as the cause of the obliteration of the fossil record. Though the correlation of the upper part of the series (known as the Belt terrane) is subject to further discussion, there is general unanimity as to the pre-Olenellus age of several thousand feet of magnesian limestones constituting the lowest part of the section in the Rocky Mountain Front range. Although these limestones are quite unmetamorphosed and although they have been investigated by several able palæontologists and geologists, no undoubted fossil other than the now celebrated *Beltina danai* (WALCOTT), a chitinous form, has been discovered. This fact is the more noteworthy since the limestones bear shaly interbeds which would represent an ideal medium for the preservation of shells.

From this negative aspect the older member of the Rocky Mountain geosynclinal is like unmetamorphosed pre-Olenellus sediments of the Appalachian Mountain system, as of the Australian, Chinese and other known provinces. In none of these cases can the hypothesis of the metamorphic destruction of originally abundant calcareous fossils be regarded as satisfactory. Persistent and expert search for such fossils has already shown, that they were never enclosed in these formations in more than very minute quantity, and even suggests, that there is an entire absence of calcareous organic remains.

The Cambrian beds of the Rocky Mountain geosynclinal are lithologically often similar to the pre-Olenellus strata and are almost as free from calcium carbonate fossils. On the other hand, the extraordinarily abundant trilobites found in the Cambrian of Utah, Idaho, Montana, and British Columbia, are, as usual, composed of chitinous matter, possibly charged with some calcium phosphate. WALCOTT has written a whole monograph on medusoid species, working simply from their soft-bodied impressions on the sea-bottom; yet a large proportion of the species date from the Cambrian. Minute silicious organisms are reported from the pre-Cambrian sediments of France. These positive discoveries demonstrate the eminent fossilizing power of Cambrian and pre-Cambrian sediments, and corroborate the view that purely calcareous hard parts, so important in the post-Cambrian fossil record, were never entombed in pre-Olenellus beds and but seldom in Cambrian beds. The ancient fossils so far discovered — chitinous and silicious tests and medusoid impressions — are just those to be expected on the view that organic life underwent its pre-Cambrian evolution in an ocean almost absolutely limeless.

The proposed hypothesis implies a chemical origin for the pre-Cambrian limestones. They would represent the accumulated precipitate constantly forming as the result of interaction between the ammonium carbonate of organic decay and the calcium salts brought into the ocean by the rivers of the time. A detailed field and microscopic study of the pre-Olenellus limestones in the Rocky Mountain geosynclinal has shown, with apparently no chance for essential doubt, that they are chemical precipitates and not clastic deposits of any sort. The evidence will not be presented here but may be found in the forthcoming report on the geology of the North American Cordillera at the Forty-ninth Parallel, to be published at Ottawa, Canada. A short statement appears in the second of the papers (1909) announcing the general hypothesis, where also the related problem of the dolomites is briefly considered.

The extremely uniform and fine grain of these limestones has parallels in thick, ancient carbonate deposits elsewhere, like the Great Dolomite of South Africa, and in many modern cases (including the Black Sea deposit) where limestone has undoubtedly been formed by chemical precipitation. Instances are given in the second paper. It may also be noted that unmetamorphosed magnesian limestones of similar structure and grain were found, during the Forty-ninth Parallel survey, in the Priest River terrane, which unconformably underlies the Belt terrane. This identity of grain shown in limestones vastly older than even the Beltina horizon, in the Beltina beds themselves, and in the great Cambrian limestones of the Rocky Mountains — a total thickness of more than 12 000 feet -- implies the persistence of a genetic condition, in this case, chemical precipitation. In view of their colossal thickness, their distribution over hundreds of thousands of square miles, and in view of their bearing marine fossils in the Cambrian beds at least, these limestones must be regarded as having been precipitated in the open sea. Their genesis represented a condition of the world-ocean.

Only two possibilities seem open to explain the precipitation of calcium carbonate from sea-water: either supersaturation with that salt, or else the influence of an alkaline carbonate entering the solution. The first implies a deficiency of the acid radicals which might form calcium sulphate or calcium chloride. We have no proof that there was no such deficiency but it hardly seems probable in the pre-Cambrian time of heavy vulcanism. Nor is it easy to believe, that the ocean could become supersaturated with river-borne calcium carbonate in the face of the wholesale organic decay on the pre-Cambrian sea-floor. That decay is well known to generate ammonium carbonate, which is also the only alkaline carbonate likely to have been formed in the marine solution on a scale sufficient to account for the pre-Cambrian and Cambrian limestones described. The diffusion of organic and presumably nitrogenous matter through pre-Cambrian limestones is clearly indicated in their commonly strong pigmentation and occasional fetid character.

Comparison of the pre-Cambrian and Existing Oceans. We may now turn to the *a priori* argument, which powerfully aids belief in the general thesis won from field and laboratory experience. This argument is founded on a comparison between the existing oceanic conditions and the highly probable condition of the pre-Cambrian ocean.

At present the amount of calcium in the sea represents an approximate, though not perfect, balance between the amount of this element introduced by chemical denudation of rock-masses and that amount removed from the sea by organic secretion and by chemical precipitation outside animal bodies.

The chemical denudation is chiefly subaerial. Its amount and rate are principally controlled by the area of the lands, by the nature of their rocks, and by the activity of the vegetable acids and their derivatives. In pre-Cambrian time the process of weathering seems to have been quite similar to that now prevailing, but for long periods the total land area of the globe was probably much smaller than at present. Perhaps yet more important is the fact, that the vast surfaces of Palæozoic and later limestones and dolomites now exposed to denudation were then not in existence. In the second paper (1909) the computation is published that, even if the total land area of the late pre-Cambrian were as great as the present total, the rivers would then deliver annually to the ocean not more than about one-fifth as much calcium as the combined rivers of the world deliver to-day.

Precipitation of calcium carbonate by organic decay is taking place on the present sea-floor, but is greatly inhibited by the prevailing low temperature of the ocean basin and by the bottom fauna, the universal scavenging system. The bottom temperatures of the pre-Cambrian ocean could not have been essentially lower than those now reigning in the depths of the sea, and the average temperature may have been considerably higher than at present. Accepting the postulate that the active scavengers, being chiefly high types in the animal world, were evolved late in geological time, it follows that for most of the pre-Cambrian æon, the sea-bottom must have been foul with the decaying carcasses fallen from the surface waters. There is no reason to doubt that those waters were teeming with life as the surface waters now are, and the organic rain on the bottom was then nearly, if not quite as heavy as at present. Perhaps the development of the fishes, in post-Cambrian time, was a necessary step in the perfecting of the scavenging system.

We conclude therefore, that the annual addition of calcium to the ocean was, during the pre-Cambrian, much smaller than that now prevailing; and, on the other hand, the precipitation of calcium by organic decay was far more rapid than now. In fact, before a general scavenging system was established, the precipitation of all the calcium must have been complete, excepting for the exceedingly minute proportion diffusing at any moment from the river-mouths to the sea bottom. Except for that bare trace, the pre-Cambrian ocean must have long been limeless.

Oldest Calcareous Fossils. The critical change from that condition of the sea to the state where there was calcium sufficient for lime-secreting organisms has been attributed to the late pre-Cambrian period of intense mountain-building. In the second paper (1909) this is referred to as the post-Huronian orogenic revolution. It is generally agreed, that this general and prolonged period of crustal disturbance meant considerable increase in the continental area. It obviously meant the first exposure of the enormous Grenville and other limestone masses to subaerial denudation. Great areas of the calcium-bearing greenstones, which seem to have been largely due to submarine eruption, were similarly uplifted and exposed. In both area and lithological character the new lands were clearly capable of making an unprecedented increase of calcium-supply to the oceanic solute.

The »Challenger« researches have shown, that calcium carbonate cannot remain as a permanent precipitate in ocean depths greater than about 3 000 fathoms and that slow re-solution is likely at any depth below 2 000 fathoms. In fact, chemical precipitation through organic decay must be largely confined to an area of about 35 000 000 square miles in the present ocean basin. Since the pre-Cambrian sediments were deposited in epicontinental seas, it is probable that the water under 2 000 fathoms in depth then covered much more than 35 000 000 square miles. The retreat of the waters during the revolution must have greatly decreased, perhaps halved, the area of permanent precipitation of the carbonate.

Meantime, the scavenging system had begun to be developed, as inferred from the palæontology of the earliest Cambrian. The species engaged in the work of cleaning the sea bottom may have already attained notable efficiency and could, in some measure, check the steady precipitation of calcium carbonate.

Working together, all of these causes are conceived to have produced some slight excess of calcium in the oceanic solute over the trace that was present in earlier times. In combination as phosphate or carbonate, this newly available material was first used by organisms as an ingredient giving strength additional to that characterizing the purely chitinous shell or carapace. Perhaps for this reason the remains of Cambrian trilobites, brachiopods, etc. have been preserved in relative abundance, while the pre-Cambrian species, housed in purely chitinous and therefore more perishable coverings, have left so few determinable remains. Hard parts composed of pure calcium carbonate became general in the Silurian species.

From the Ordovician to the present the lime-secreting marine animals have evidently found sufficient calcium in the ocean for their needs. The chief guarantee for that advantage has been the ocean's scavenging system, which has been perfected only late in geological time.

Conclusion. Reviewing the triple argument derived from a study of the known pre-Cambrian and Cambrian fossils, of the similarly ancient carbonate rocks, and of the principles of oceanic chemistry, we see that the Black Sea is an instructive, though not perfect, analogy to the pre-Cambrian ocean. One safe conclusion is, that the world-ocean has had a chemical history of surpassing importance and of definite tendency. Its sodium and chlorine, and probably its potassium and sulphuric radical, have been increasing from the dawn of its history. Its calcium, like its magnesium, has varied in amount, from almost nil in the pre-Cambrian æon to the relative abundance of the present time, when, as sulphate or carbonate, it fills the needs of bivalves, corals, or vertebrates. In the distant ages the ocean must have been much fresher than now, and we seem driven to the belief that its pre-Cambrian inhabitants were of necessity largely soft-bodied and thus little adapted to writing their record on the rocky leaves of the earth. The later, relatively full record has been written chiefly by the makers of shell or skeleton composed of calcium carbonate.

Die lithologischen Eigenschaften der Gesteine im Liegenden der kambrischen Formation.

VON

J. WALTHER,

Professor an der Universität zu Halle a. S.

Für die Abgrenzung der meisten geologischen Zeitabschnitte benutzen wir das Auftreten leitender Versteinerungen; aber indem wir in die grösseren Tiefen der Erdrinde hinabsteigen und die Ablagerungen der ältesten Zeiträume untersuchen, versagt dieses bequeme Hilfsmittel und wir sind darauf angewiesen, die Struktur und Lagerung der liegenden Gesteinsmassen unsren stratigraphischen Betrachtungen zu Grunde zu legen.

Das Schichtenprofil im mittleren Böhmen führt uns in fossilreichen Gesteinen bis an die Grenze des Mittelkambriums. Sie liegen diskordant auf kristallinischen gefalteten Massen, deren Alter in der präkambrischen Schichtenreihe nicht bestimmt werden kann.

Am Fuss der Kinnekulle können wir in der fossilführenden Schichtenreihe etwas tiefer hinabsehen, denn hier ist auch das untere Kambrium fossilreich entwickelt. Einzelne Brachiopoden, sowie die Abdrücke von Medusen und die Bewegungsspuren vieler anderen Tiere lassen uns den Reichtum der unterkambrischen Meeresfauna erkennen. Auch sie liegt auf einem gefalteten und von plutonischen Stöcken durchsetzten kristallinischen Grundgebirge.

Aber zwischen dessen unebene Oberfläche und die horizontale Unterkante der feinkörnigen Eophyton-Sandsteine schaltet sich ein seltsames grobkörniges Gestein mit Geröllen, die auf fliessendes Wasser, und Dreikantern, die auf trockenen Wind hindeuten.

Im nördlichen Skandinavien gewinnen diese groben Trümmergesteine eine grosse Mächtigkeit und sind als Sparagmitformation wohlbekannt. Sie stellen den oft nur wenig sortierten Schutt eines grossen Festlandes dar, in dem bisher zwar noch keine Fossilien gefunden wurden, obwohl die Art der Gesteine manche interessante Hinweise auf das Klima jener alten Zeit bietet. Besonders die oft fingerlangen Stücke von chemisch völlig unverändertem Feldspat sind ein charakteristisches Element dieser »Buntwacken« und beweisen, dass die feldspathaltigen Gesteine nicht chemisch sondern physikalisch verwitterten und ohne Kaolinisierung in ihre Elemente zerfielen. Dieselben Buntwacken treten uns unter den schottischen Olenellusschichten im Torridonsandstein entgegen und enthalten auch hier Dreikanter und feldspatreiche Arkosen.

In Nordamerika ist man beim Studium des Profils im Colorado Cañon zuerst zu der Ansicht gekommen, dass diese unter dem Kambrium und über den kristallinischen Schiefern lagernden klastischen Gesteine als besondere Formation unter dem Namen Algonkium ausgeschieden werden müssen. Die Frage, ob man hier an der unteren Grenze der Fossilführung von dem Grundsatz abweichen dürfe, das jede Formation nur paläontologisch definiert werden könne, wird noch heute diskutiert und verschieden beantwortet. Sie ist aber von geringerer Bedeutung gegenüber dem Problem, weshalb wir in den unter den Olenellusschichten liegenden Sedimenten nicht die Vorfahren der unterkambrischen Fauna finden?

Auf Grund meiner Studien glaube ich sagen zu dürfen, dass wir in den algonkischen Buntwacken nicht marine, sondern festländische Ablagerungen sehen müssen, deren Fossilmangel selbstverständlich ist. So wird die Frage nach den früheren Stadien des organischen Lebens nur hinausgeschoben; denn wenn die Einheitlichkeit in der Entwickelung des Lebens vom unteren Kambrium bis zur rezenten Gegenwart nie unterbrochen war, dann dürfen wir auch nicht zaudern, diese biologischen Kausalreihen in die präkambrische Zeit hinab fortzusetzen.

Die Seltenheit kalkschaliger Organismen galt früher als ein bezeichnendes Merkmal der kambrischen Fauna. Seitdem man aber das Kambrium aus dem Herzen von Europa über die Erde hinweg verfolgend die Protopharetra-Kalke von Sardinien und die dichten fossilführenden Kalke im N von Europa und Amerika kennen lernte, ergab sich, dass zwar in einzelnen Becken des kambrischen Ozeans hornschalige, in anderen aber auch kalkschalige Organismen lebten.

Nun setzt sich die Tierwelt aller jüngeren Meere aus einem seltsamen Gemisch von Tierformen zusammen, welche neben ihren morphologischen auch bezeichnende chemische Unterschiede erkennen lassen.

Zahlreiche Tiere und Pflanzen bilden Skelette aus kohlensaurem Kalk; eine geringere Zahl von Formen verwendet Kieselsäure, um ihren Weichteilen Halt zu geben; andere Formenkreise nehmen phosphorsauren Kalk auf, und endlich gibt es eine grosse Zahl von Hartgebilden, die aus chitinösen Bestandteilen aufgebaut sind.

Diese Tatsachen scheinen mir darauf hinzudeuten, dass sich in präkambrischer Zeit aus skelettlosen Ahnen in getrennten Meeresbecken unter dem Einfluss verschiedener Salzlösungen Faunen entwickelt, die trotz verschiedener morphologischer Eigenschaften durch chemisch übereinstimmende Hartgebilde ausgezeichnet waren. Erst durch die Mischung jener primitiven Einzelmeere und ihrer Faunen wäre dann unsere spätere Tierwelt entstanden, deren Formen so ganz verschiedene Stoffe aus dem Seewasser entnehmen, um ihren haltlosen Körper gegen die Eingriffe der Aussenwelt zu schützen.

———

Sur les vestiges de la vie dans les formations progonozoïques.

PAR

J. J. SEDERHOLM.

Professeur, Directeur du Service géologique de Finlande, Hälsingfors.

Tandis que les stratigraphes partant des conceptions de KANT et LAPLACE, ont souvent considéré les formations précambriennes d'un point de vue nettement opposé à la théorie des causes actuelles, la plupart des paléontologistes sont depuis longtemps d'accord pour trouver qu'il doit y avoir une longue série de formations précambriennes constituées à des périodes où ont existé les ancêtres des animaux et des plantes paléozoïques. On pourrait les appeler périodes *progonozoïques* (de πρόγονοι, ancêtres), dénomination qui laisse pendante la question de savoir s'il y a ou non des restes fossiles de ces organismes. Ce mot exprime donc à peu près ce qu'IRVING voulait mettre dans la dénomination d'»agnotozoïque», bien que ce mot implique une contradiction *in adjecto*. J'essayerai dans une autre séance de ce congrès de montrer qu'il existe vraiment dans la région que nous appellons Fennoscandia des formations précambriennes dont les épaisseurs correspondent à ces idées de la durée extrêmement longue des ères précambriennes. Comme les sédiments de ces formations sont souvent conservés admirablement jusque dans les plus fins détails de leur structure microscopique, les géologues qui s'occupent de leur étude ne peuvent s'empêcher d'être toujours à la recherche de restes qui pourraient être considérés comme des fossiles précambriens.

Ces restes ne manquent pas tout à fait. Si nous remontons la série des formations dans l'ordre chronologique inverse, nous trouvons d'abord dans les formations appelées par nous jatuliennes et par M. RAMSAY onégiennes un dépôt très remarquable de charbon qui se présente à Schunga dans le gouvernement d'Olonetz, à Salmis et Tulomajärvi, sur la frontière russo-finlandaise et à Suojärvi en Finlande, et qui se compose en partie de charbon contenant seulement de 3 à 5 % d'impuretés, tandis qu'il renferme ailleurs 50 % et plus de matières minérales et passe ainsi à un schiste charbonneux. Le dépôt pur de charbon atteint à Schunga une épaisseur d'environ 2 m. Ce dépôt est sans doute, comme tous les autres, d'origine organique. On n'a cependant pas pu y découvrir de restes organiques reconnaissables, parce que dans son ensemble il est de nature anthracitique.

En outre M. O. TRÜSTEDT a découvert à Kuusjärvi dans la Finlande orientale, dans les quartzites de cette région qui sont d'âge kalévien ou ladogien, de petites boules de graphite d'aspect tout particulier, qui par leur grandeur et leur forme rappellent vivement des fossiles. Elles sont d'un côté arrondies, de l'autre entièrement planes, et souvent deux de ces boules sont tout à côté l'une de l'autre, rappelant ainsi les deux coquilles d'un mollusque. Le côté arrondi montre souvent des cannelures. Leur grandeur est constante, et atteint de 0,5 à 1 cm. Ce qui est particulièrement remarquable, c'est qu'on trouve souvent, recouvrant ces boules graphitiques, une marge de quartz arrangé en lamelles radiantes, laquelle s'amincit sur les côtés et fait l'impression d'une pseudomorphose d'après une coquille qui aurait recouvert les deux sacs. Naturellement on ne peut pas penser que le charbon de ces boules soit primitif; il faut admettre qu'il s'est rassemblé en venant des côtés, remplissant des cavités auparavant remplies de calcaire ou d'autres matières minérales. Il est assez difficile de dire comment cela s'est produit, et le phénomène est encore au nombre des questions problématiques; mais en tout cas on peut le compter parmi ceux qui pourraient être de nature fossile.

Il en est de même, et peut être à un plus haut degré encore, des sacs tout particuliers, marqués de charbon, découverts par moi en 1890 dans les schistes bothniens de la région de Tammerfors. Ces schistes, dont la structure clastique est, malgré la grande teneur en mica secondaire aussi nette que dans beaucoup de roches sédimentaires d'âge très récent, sont souvent très charbonneux; il n'est pas rare que le charbon y forme le ciment qui relie les autres grains minéraux. En certains endroits on trouve que le charbon s'amasse en zones de deux millimètres de largeur, qui, dans les surfaces polies par les glaces, ont l'aspect de coupes à travers de petits sacs, dont la plupart ont de 2 à 3 cm, dans quelques cas jusqu'à 10 et 15 cm. Les petits sacs sont toujours presque entièrement ronds, pourtant un peu allongés selon un des diamètres. Les plus grands montrent parfois un ridement particulier. Les sacs sont généralement entiers, mais il y a des cas où ils sont ouverts, ou pour ainsi dire déchirés sur un côté, de sorte que le cercle de charbon prend la forme d'une spirale. Parfois on peut en observer qui avec une largeur de 3—10 cm atteignent plus de 30 cm de longeur, mais cette formation est plutôt exceptionelle. Un point remarquable est la répartition de ces sacs de charbon. Ils sont souvent étendus en rangées en une ou deux couches sur une longueur de dix à vingt mètres, tandis que, sur les côtés, la roche en est souvent à peu près dépourvue. Ce sont des formations de vieille date; ce qui le montre, c'est entre autres caractères, le fait que des filons très minces de roches volcaniques qui

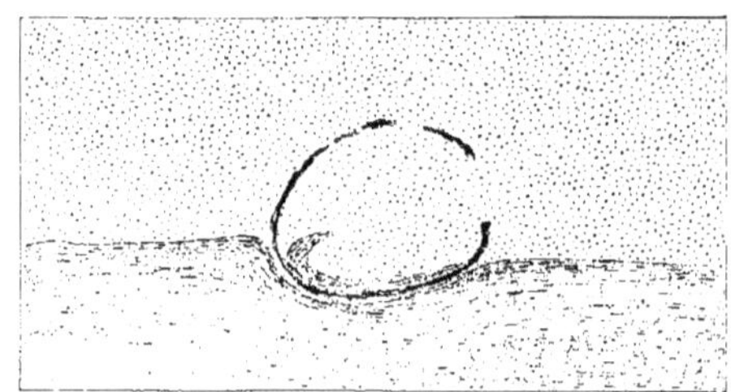

Fig. 1. Coupe (horizontale) à travers d'un *Corycium enigmaticum* se trouvant à la limite entre deux couches de schiste à texture différente. Ajonokka, près de Tammerfors.
Grandeur naturelle.

se sont formés à l'époque même du dépôt des formations sédimentaires, traversent les sacs de charbon.

Si ceux-ci étaient d'origine secondaire on aurait des raisons de les trouver aussi à la limite entre des couches de nature différente, traversant ces couches. Une seule fois j'ai cru trouver un cas de ce genre, qui serait une preuve assez sûre d'origine secondaire. La figure ci-dessus (fig. 1) montre ce phénomène. Comme on le voit, le cercle de charbon ne traverse pas la roche indépendamment de sa structure comme ce serait le cas s'il était secondaire. On a plutôt l'impression qu'il est resté couché à la surface de la couche inférieure (primitivement pélitique) et a été ensuite noyé dans la couche supérieure (psammitique), et que des parties de ces masses pélitiques et psammitiques ont pénétré dans le sac, la première formant un lobe particulier. L'étude détaillée que j'ai consacrée à ces formations depuis une vingtaine d'années m'a de plus en plus confirmé dans l'opinion que ces sacs de charbon ne peuvent pas être d'origine inorganique; mais on ne trouve pas non plus de comparaison directe avec un autre organisme connu, si bien que la nature de ces formations reste jusqu'à plus ample informé assez problématique. J'ose pourtant donner une expression à ma conviction personelle en les appelant *Corycium enigmaticum* (de κορύκιον, petit sac), et j'espère que leur véritable nature finira dans l'avenir par être expliquée avec une pleine certitude. Dans les mêmes schistes on rencontre aussi des amas de charbon qui sont plus grands et ont une forme lenticulaire, souvent avec une espèce de noyau au milieu. Il faut laisser ouverte la question de savoir si ce sont eux aussi des restes fossiles.

Cependant il est incontestable que la plupart des formations précambriennes sont pratiquement dépourvues de fossiles. Avant de discuter au point de vue général la question de savoir à quoi tient cet état de choses, je veux essayer de montrer comment on peut expliquer que le complexe des formations précambriennes dans Fennoscandia soit pauvre en fossiles bien conservés ou en manque même complètement.

Le dépôt le plus ancien de ce territoire qui contient des fossiles indubitables est l'argile bleu cambrienne d'Esthonie, d'Ingrie et de Finlande, qui renferme *Voltborthella* et sans doute aussi d'autres fossiles. D'après les déterminations régnantes sur la limite inférieure du groupe paléozoïque et du système cambrien, cette formation devrait être exclue de tous deux, car la base de la zone à Olenellus doit former cette limite. Pratiquement le plus commode serait de les réunir à ces formations, car elles s'y rattachent de près, tandis qu'il y a une grande discordance entre les couches éocambriennes et leurs substrats.

Les formations immédiatement antérieures, les grès jotniens, sparagmites etc., sont en général des roches grossièrement clastiques, dont la structure offre un terrain défavorable à la recherche des fossiles. Comme la dureté de leur grain empêche de les employer beaucoup comme matériaux de construction, on n'a pas non plus les mêmes occasions d'y chercher des fossiles que dans des grès plus récents et de nature plus friable. D'autre part on devrait trouver quelque part dans les nombreux blocs détachés de grès jotniens des restes fossiles, s'il en existait. On peut admettre que, lors de la formation de ces grès, les conditions géographiques étaient désertiques, soit par sécheresse du climat, soit manque de végétation terrestre. On ne trouve en connexion avec ces grès ni calcaires, ni schistes bitumineux ou roches semblables,

Leur nature pétrographique explique donc par elle-même qu'il ne s'y rencontre pas de fossiles.

Par contre nous trouvons, comme je viens de le dire, des couches de charbon d'origine vraisemblablement organique dans les formations jatuliennes; mais les schistes qui figurent dans ces formations ont tous subi un métamorphisme si prononcé qu'on a peu d'espoir d'y rencontrer des fossiles bien conservés. Les calcaires dolomitiques rentrant dans ces formations sont souvent poreux d'une façon particulière et rappellent les calcaires coralliques; et on a cru autrefois y rencontrer des fossiles reconnaissables bien qu'indistincts. Jusqu'ici les découvertes annoncées ne se sont pourtant pas confirmées. Les formations jatuliennes se composent d'ailleurs en majorité de grès quartzeux d'une espèce généralement pauvre en fossiles.

Les formations préjatuliennes dans la Finlande orientale sont dans la plupart des cas profondément métamorphosées, de sorte qu'on a peu de chances d'y trouver des fossiles bien conservés. Nous avons pourtant mentionné un phénomène qui s'explique peut-être en admettant que c'est un fossile. Quant aux autres formations archéennes qu'on trouve dans la Finlande occidentale, les chances d'y trouver des fossiles sont en général encore moindres. Il faut faire exception, comme il vient d'être dit, pour les formations bothniennes et peut-être encore pour quelques formations sédimentaires archéennes exceptionellement bien conservées.

C'est ainsi que l'absence ou la rareté de fossiles dans les formations précambriennes de Fennoscandia s'explique tout naturellement par leur structure pétrographique primaire ou secondaire, à peu près comme l'absence de fossiles prémésozoïques dans la plus grande partie des régions alpestres.

Si l'on passe à d'autres régions où affleure le précambrien, la réponse sera sans doute dans beaucoup de cas à peu près la même que pour la Fennoscandia. En tout cas il subsiste le fait singulier et difficilement explicable que la faune cambrienne se présente sur tant de régions du globe comme assez riche, tandis qu'immédiatement au dessous des couches basals de cette ère on trouve souvent des couches qui ne renferment pas de fossiles. Pour se l'expliquer on peut penser à une cause tectonique, biologique ou géographique.

Une conception assez courante, à laquelle je me suis aussi rallié auparavant, veut que les procès géotectoniques aient eu aux ères précambriennes un autre caractère que plus tard, les plissements des chaînes de montagne ayant été avant l'ère cambrienne plus étendus, peut-être même universels, tandis qu'ils n'auraient ensuite atteint que des parties plus restreintes de l'écorce terrestre. Comme beaucoup d'arguments semblent indiquer qu'une périodicité marquée se fait sentir dans les grands mouvements de l'écorce terrestre, il n'y a rien d'extraordinaire à penser que le commencement d'un nouveau cycle tectonique ait coïncidé avec le début de la période cambrienne. Cependant il ne faut pas que le plan basal de ce système se poursuive comme un *plan magique* sur toute la surface de la terre. Les discordances ne sont pas et ne peuvent jamais être universelles, puisqu'à l'érosion d'un côté correspond toujours à la sédimentation d'un autre côté. En fait, si nous examinons les conditions géologiques dans d'autres pays, nous trouvons qu'en plusieurs endroits le système cambrien repose en concordance sur de puissantes formations de sédiments précambriens. C'est le cas p. ex. en Chine, où les parties les plus profondes des formations siniennes, d'après von RICHTHOFEN, sont en partie beaucoup plus anciennes que la zone à Olenellus. De même dans l'Amérique du Nord une partie des formations sédimentaires précambriennes d'où WALCOTT a décrit les intéressants fossiles précambriens, se rattachent assez étroitement au cambrien.

En ce qui concerne la Fennoscandia, nous avons montré que, s'il existe une discordance importante un peu au-dessous de la base de l'assise à Olenellus, les plissements précambriens se sont terminés bien avant la période cambrienne. C'est le cas aussi dans de grands territoires de l'Amérique du Nord et de l'Asie Orientale.

Quant à *l'extension* des divers plissements précambriens, il n'est pas nécessaire d'admettre qu'ils aient embrassé un terrain plus considérable que les plissements plus récents; car jusqu'ici ce ne sont que de petits territoires qui ont été étudiés avec assez de précision pour qu'on puisse dire nettement quels sont les périodes de plissement et d'injections granitiques qui sont connexes. En ce qui concerne en particulier la Fennoscandia, il n'y a pas ici besoin d'admettre que ces procès aient embrassé des zones plus larges que pendant des périodes géologiques plus récentes. On ne peut mesurer la largeur d'une zone de plissement seulement par la largeur de la région où les sédiments pliés apparaissent au jour. Cette région indique seulement les bords de grands morceaux de l'écorce terrestre qui ont pris part au mouvement; mais tout le territoire atteint par la dislocation a souvent une largeur plusieurs fois supérieure. C'est ainsi que la largeur des Alpes ne forme qu'une partie de la largeur de la zone de plissements méditerranés. Les grandes chaînes de montagne de l'Asie Centrale montrent très bien quelle largeur les mouvements de plissement peuvent embrasser. Les plissements archéens de la Fennoscandia ne se sont pas, à mon avis, étendus à des territoires plus grands.

La présence des grandes discordances sous le cambrien dans l'Europe du Nord et l'Amérique du Nord, ainsi que d'autres traits de la stratigraphie et de la tectonique dans ces régions peuvent donc s'expliquer par des conditions locales, sans qu'il soit nécessaire ou même possible de penser que les conditions aient été partout les mêmes sur la terre. Les sédiments correspondants aux grandes discordances sont cachés quelque part sous des formations postérieures, ou bien ils seront decouverts dans l'avenir.

En ce qui concerne les explications *biologiques* de cette floraison subite de la vie pendant la période cambrienne, je ne puis me prononcer en connaissance de cause; mais je tiens à dire que plusieurs des explications qui ont été donnés jusqu'ici ne semblent pas convaincants pour les non-spécialistes. Que les animaux, jusqu'à cette époque, aient manqué de cuirasses de chaux ou de chitine, c'est ce qui semble à peine probable, quand on songe aux puissants organes protecteurs des animaux cambriens; les mêmes dangers ont dû amener la nature à leur donner des organes protecteurs à la fois contre leurs ennemis, contre le clapotis des vagues et d'autres influences destructrices. Des dépôts calcaires qui, abstraction faite de la métamorphose, montrent à peu près les mêmes traits que les calcaires organogènes plus récents, se retrouvent souvent dans le système précambrien.

Un dogme généralement admis, et qui me semble mal prouvé, veut que la vie animale et végétale se soit développée d'abord dans les mers. L'apparition de la vie organique se rattache bien étroitement à la formation des matières colloïdales, et ces dernières se forment pourtant d'abord et avant tout sur la terre. Et les petites dépressions creusées à la surface de la terre, remplies d'eau ou humides, semblent d'une façon générale offrir un meilleur terrain au jeu des forces qui ont pu donner naissance aux premiers organismes (ou éventuellement les développer, si on admet que des germes de vie soient venus de l'espace) que les mers avec leur température basse et les conditions assez uniformes qu'elles offrent. Si on pense que la vie organique c'est développée d'abord sur les continents, ou dans des bassins locaux, et que c'est peut-être seulement à la période cambrienne ou un peu plus tôt qu'elle a pris possession des mers, on peut s'imaginer plus aisément que les régions qui ont abrité la flore et la faune primitives ont été plus ou moins détruites ou recouvertes par des dépôts plus récents.

L'étude des sédiments précambriens, surtout de ceux où se rencontrent des dépôts pélitiques, du charbon et des formations qui indiquent la présence, à l'origine, de substances gélatineuses, jettera sans doute de la lumière sur la question de savoir s'il n'a pas existé dès cette période des plantes terrestres dont les détritus auraient contribué à la désagrégation.

En tout cas il faut songer que les conditions géographiques à cette époque ont pu être très différentes. L'absence de plantes douées d'un système de racines bien développé, capable de retenir la terre superficielle devait naturellement favoriser à un haut degré l'érosion. Le régime des eaux souterrains de fond et les conditions du ruissellement ont dû différer beaucoup de ce qu'ils sont actuellement. Des conditions désertiques ont pu régner même avec un régime de pluies assez abondantes. Les vents et les pluies torrentielles ont pu transporter bien plus vite que maintenant les produits de désagrégation formés à la surface. Les sédiments pélitiques ont donc pu, là où il n'y a pas eu de glaciations, être beaucoup plus rares dans les formations précambriennes que plus tard, les terres assez riches ont pu être relativement rares et d'une façon générale l'ensemble a pu avoir un caractère assez stérile. De fait, des parties considérables des sédiments précambriens même les plus récents ont une structure assez grossièrement psammitique. On trouve aussi, comme il a déjà été dit, des sédiments pélitiques, surtout dans les formations d'âge plus ancien; et il a toujours dû s'en former là où de grands fleuves ne tarissant pas dans les déserts ont entraîné leur boue dans de grands collecteurs.

On pouvait aussi penser que l'absence ou la rareté dans les formations précambriennes de restes fossiles d'organismes ayant eu des carapaces calcaires tient aussi à ce que l'eau, durant ces périodes, avait un pouvoir dissolvant plus grand qu'ensuite. Le dépôt des couches de calcaire organogène et la formation de couches de charbon ont au cours des temps enlevé à l'atmosphère de grandes quantités d'acide carbonique, tandis que les volcans en ramenaient toujours de nouveau. On peut donc penser que la teneur en acide carbonique a été à certaines époques bien plus grande que par la suite, et que l'eau a été aussi plus riche en acide carbonique, de sorte qu'elle a peut-être pu désagréger plus vite que maintenant les carapaces calcaires, de même que les coquilles des mollusques postglaciaires, dans les bancs postglaciaires de gravier de coquilles, situés le long du golfe de Finlande, sont rongés par l'action des acides de l'humus, de sorte qu'il ne reste que les enveloppes de chitine. Je ne veux néanmoins présenter cette hypothèse que sous les plus grandes réserves, et seulement pour indiquer dans combien de directions différentes on peut chercher la solution du problème.

Si donc il y a, comme on vient de le montrer, bien des circonstances qui indiquent au moins des explications possibles au fait que les formations précambriennes, sur une si grande étendue, ne renferment pas de fossiles, il n'y a en revanche aucune raison, pétrographique ou tectonique, qui indique qu'elles aient toujours et partout dû n'en pas contenir. Au contraire, même en examinant les choses à ce point de vue, on en revient toujours à cette hypothèse, à mon avis inéluctable, que les ancêtres des organismes postcambriens ont existé quelque part, et qu'on peut admettre que leurs restes ont été conservés quelque part dans des conditions favorables. Ici encore la science, plutôt que de déclarer: «ignorabimus», devrait continuer ses recherches, jusqu'à ce quelles soient peut-être un jour couronnées de succès complet.

Sur les roches graphitiques de Bretagne.

PAR

CH. BARROIS,
Professeur à l'Université de Lille.

Les schistes cristallins, abordables à l'observation, sont des roches sédimentaires ou éruptives, qui ont pris leurs caractères par métamorphisme. Cet enseignement qui fut celui des fondateurs de la géologie se trouve chaque jour confirmé par les recherches plus précises des savants modernes.

Deux méthodes indépendantes sont venues témoigner en faveur de cette opinion. La première chimique, la seconde stratigraphique; elles se prêtent un mutuel appui et se complètent l'une l'autre.

1° Toutes les roches schisto-cristallines ont la même composition chimique que certaines roches éruptives ou sédimentaires connues, elles n'en diffèrent que par leur structure, par des déplacements moléculaires des éléments, cristallisations nouvelles, changements dont le résultat est de donner aux substances composantes la forme correspondante à leur maximum de densité.

L'analyse chimique des schistes cristallins permet donc de reconnaître, dans le laboratoire, la nature de la roche primordiale, orthogneiss ou paragneiss.

2° La méthode stratigraphique est basée sur l'observation, laborieuse sur le terrain, de certaines couches ou séries de couches sédimentaires, parfois fossilifères, de certains massifs ou coulées éruptifs, et sur la reconnaissance de leur passage graduel, en direction, à des roches schisto-cristallines. Elle constate, comme la précédente, que certaines couches sédimentaires passent à des roches schisto-cristallines, que certaines roches éruptives massives passent à d'autres roches schisto-cristallines, et que certaines injections intimes de roches intrusives dans des roches sédimentaires feuilletées ont produit des roches gneissiques spéciales.

Nous nous bornerons ici à ajouter un exemple à tous ceux qui ont été accumulés dans ces dernières années établissant le passage d'une roche sédimentaire à une roche schisto-cristalline. Il est fourni par les ampélites charbonneuses (Alaunschiefer) et les phtanites charbonneux (Kieselschiefer) qui constituent un niveau stratigraphique constant dans le terrain précambrien de l'ouest de la France. Cet exemple nous a paru présenter un intérêt particulier en ce que M. ROSENBUSCH cite encore en 1910 ce groupe de « biogenen Kieselgesteine » comme l'un des seuls qui n'aient pas été reconnus parmi les schistes cristallins.

L'existence du carbone dans les terrains schisto-cristallins ne suffit plus à prouver leur origine sédimentaire, depuis les notions acquises sur les carbures métalliques par l'électrochimie moderne. Les méthodes modernes d'analyse avaient permis à FOUQUÉ de reconnaître des hydrocarbures C^2H^4 dans les émanations des volcans (Vésuve, Etna). M. DE LAUNAY attribue la présence du graphite des terrains anciens à des émanations d'hydrocarbures; M. WEINSCHENK, qui considère aussi le graphite comme venu des profondeurs, attribue sa genèse à ce que l'oxyde de carbone forme avec les métaux des combinaisons volatiles, très peu stables, *carbonyles*, qui sous les moindres modifications des conditions physiques se séparent en oxydes métalliques et en graphite, avec dégagement d'acide carbonique.

Il y a en Bretagne un niveau d'ampélites et phtanites charbonneux, très régulièrement interstratifié dans la série des schistes, grès, poudingues briovériens (Précambrien): il est formé de lits alternants de quelques centimètres à plusieurs mètres, et son ensemble atteint un total d'environ 20 m. Ce niveau a été soumis à toutes les vicissitudes mécaniques, il a subi toutes les déformations, cassures, plissements complexes, qui ont affecté les schistes et grès clastiques, dans lesquels ils se montrent toujours régulièrement intercalés.

Ces roches clastiques, qui constituent dans cette région le terrain briovérien (Précambrien), y sont réparties suivant trois grandes zônes anticlinales parallèles, traversant tout le pays sur 350 km de longueur, et comprenant entre elles des synclinaux remplis de couches paléozoïques. Le niveau des ampélites charbonneuses est reconnaissable suivant ces trois zônes anticlinales, il y présente de nombreuses répétitions dues à des plis multiples.

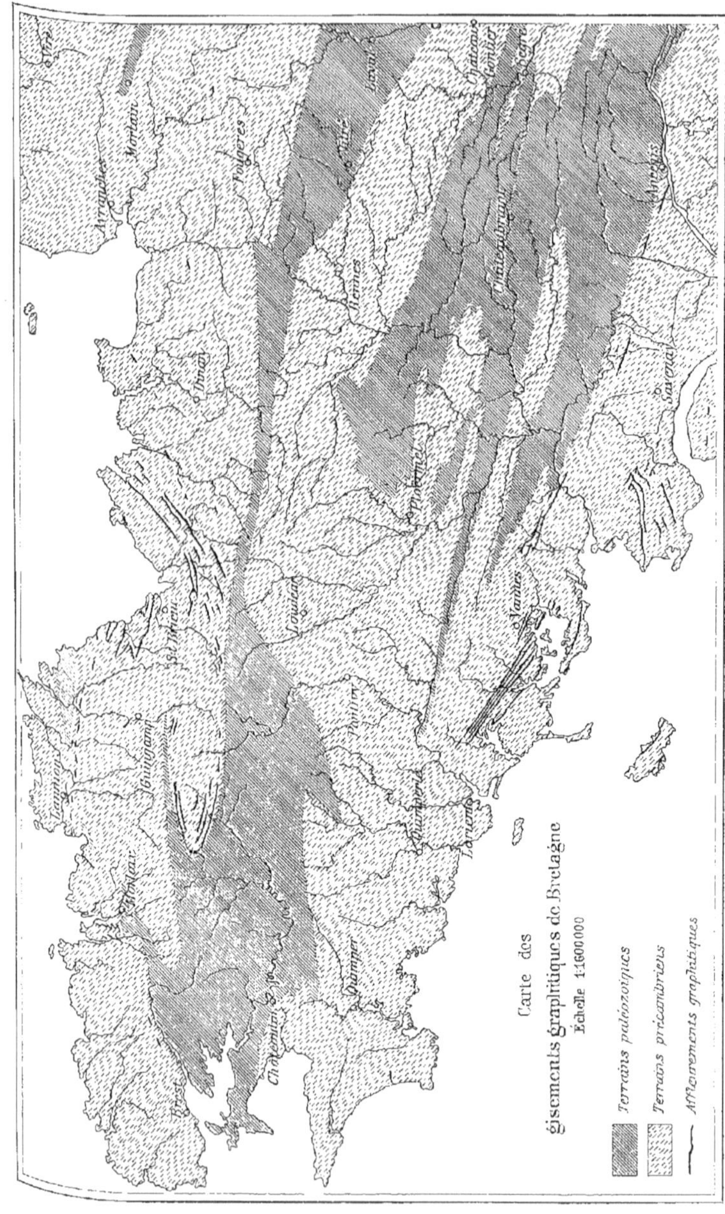

Carte des
gisements graphitiques de Bretagne
Échelle 1:1600000
Terrains paléozoïques
Terrains précambriens
Affleurements graphitiques

Ainsi, la tectonique générale du massif est d'accord avec l'observation stratigraphique, pour établir que ces ampélites et phtanites charbonneux, si régulièrement interstratifiés parmi des couches détritiques, ont comme celles-ci une origine sédimentaire.

Cette conclusion a été confirmée par la découverte que nous avons faite dans ces phtanites de débris organiques, dont l'attribution aux Radiolaires a depuis été établie par M. CAYEUX.

Enfin une dernière preuve pourrait encore être donnée de leur origine sédimentaire et organique dans l'analogie absolue de composition de cette série d'ampélites et phtanites précambriens, avec la série des mêmes roches connues sous le nom de *phtanites de l'Anjou* dans le silurien de cette même région, et où la silice provient des Radiolaires et le carbone de l'hydrosome des Graptolites.

Dans ces deux séries d'âge si différent, précambrien et silurien, on constate de même l'association intime de ces deux roches, d'origine organique, phtanites et ampélites charbonneux. Non seulement leurs lits sont associés et alternent, mais il existe entre eux une série de types intermédiaires, souvent ces sédiments se remplacent mutuellement, de telle sorte qu'en certains districts l'assise est toute entière à l'état de phtanites, ou à l'état d'ampélites. Ce n'est que dans le premier cas, quand la roche précambrienne est cohérente, dure et résistante, qu'il est possible de la suivre à la surface du sol et de tracer son affleurement sur la carte. Quand le niveau est tout entier à l'état d'ampélites schisteuses, tendres, faisant pâte avec l'eau, comme dans toute la zône anticlinale centrale, de Crozon sur l'océan aux bords du bassin de Paris, les affleurements sont trop rares pour qu'on puisse les tracer sur la carte. Mais là encore, la présence de schistes ampélitiques, d'argiles charbonneuses, parfois explorées pour la recherche de la houille, a été assez souvent observée pour établir la permanence et la continuité de ce *niveau stratigraphique des ampélites et phtanites*, dans la série précambrienne de la Bretagne entière, et suivant les 3 grandes zônes anticlinales, qui ont affecté et relevé ces terrains sédimentaires.

La position de ce niveau a pu être fixée dans la partie moyenne de la série précambrienne; on en reconnait des débris, à l'état de galets roulés, dans les poudingues développés dans ses étages supérieurs (Poudingue de Gourin).

Ainsi, une même assise de schistes argileux sédimentaires, avec lits d'ampélites et phtanites charbonneux s'est étendue à l'époque précambrienne, sur la Bretagne toute entière; leur composition est plus ou moins charbonneuse ou siliceuse, suivant la nature des débris organiques prédominant dans sa constitution.

Si ce fait est admis, comme le tracé de la carte géologique me parait l'avoir établi, il permet des observations précises pour l'histoire des paragneiss. En effet, la masse du terrain précambrien, épaisse de plusieurs mille mètres dans la région, dans laquelle se trouve comprise cette assise ne conserve pas les mêmes caractères dans toute la Bretagne: elle est modifiée en divers points par les gabbros, les granites, les pegmatites qui la traversent, ou remplacée par des gneiss, qui prennent sa place en permettant parfois encore de reconnaître cette assise charbonneuse.

1° *Traversée des gabbros:* Un important massif de gabbros traverse à Trégomar (Côtes-du-Nord) l'affleurement des ampélites et phtanites. Ceux-ci présentent près des contacts et dans les paquets enclavés en la roche intrusive de profondes modifications. La silice a recristallisé, le charbon est passé à l'état de graphite; on trouve parfois ainsi des lentilles formées de paillettes cristallines de graphite, ou de véritables bancs de quarzite cristallin blanc, à paillettes de graphite disséminées ou concentrées.

Le graphite se montre en paillettes informes, clivées suivant la base p et montrant en outre trois autres systèmes de stries suivant les faces d'un hexagone. Ces paillettes se divisent facilement suivant ces stries, en petits solides de clivage, de forme rhombique, à angles de 120° et 60° offrant une striation parallèle à la diagonale de l'angle obtus. Deux analyses de ce graphite ont été faites à ma demande par M. WOLOGDINE, au laboratoire de M. LE CHATELIER. En le traitant par un mélange d'acide azotique fumant (monohydraté) et de chlorate de potasse pur et sec, il a constaté la coloration très nette en jaune verdâtre. Après avoir répété cette opération deux fois en chauffant le mélange à 70° pendant 3 à 4 jours, il a constaté la formation des particules d'oxyde graphitique jaune, se transformant après le chauffage en matière noire.

La densité de ce graphite prise par M. WOLOGDINE s'est montrée voisine de 2.255; il est resté en suspension, dans un liquide lourd correspondant, avec des particules de graphite de Ceylan.

La formation de l'oxyde jaune graphitique de BERTHELOT étant le caractère le plus sur pour déterminer la présence du graphite, la coïncidence de ce caractère avec tous les autres établit que le graphite le mieux caractérisé s'est formé à Trégomar par métamorphisme de contact, aux dépens d'un carbone d'origine organique.

2° *Traversée des pegmatites:* Des filons de granulite et de pegmatite traversent à Maroué (Côtes-du-Nord) l'étage des ampélites et phtanites précambriens, j'y ai recueilli des échantillons de pegmatite où des lamelles de graphite étaient associées à la muscovite. Le graphite étant régulièrement absent dans les pegmatites de Bretagne, pourtant si nombreuses, et localisé dans ce seul gisement, il semble bien que la source de ce carbone doive provenir des ampélites et phtanites encaissants.

3° *Traversée des granites:* Dans une contrée assez éloignée de la précédente, au sud de la Bretagne, on retrouve les ampélites et phtanites précambriens dans les schistes micacés qui s'étendent de St. Dolay à Berric; ils y ont été tracés avec soin par M. Pussenot.

On les retrouve encore près de là, dans le golfe du Morbihan, intercalés non plus dans les schistes mais dans des roches gneissiques à sillimanite (gneiss granulitiques $\zeta^2\gamma^1$) et pénétrés de filons de granite à muscovite et de pegmatite. Le charbon y est à l'état de tables hexagonales de graphite, ou plus souvent en paillettes irrégulières, à cassure inégale, opaques, à éclat métallique, flexibles, onctueuses au toucher, traçantes, infusibles. Il se trouve associé à des grains cristallins de quartz, rutile, fer à divers états d'oxydation, grenat, mica noir, et parfois feldspaths. La proportion du graphite est très variable, concentrée en lentilles de plusieurs centimètres et parfois assez grande pour qu'on y ait tenté l'exploitation du graphite pour la fabrication des crayons et des creusets. Le tracé sur la carte de ces lits graphitiques montre qu'ils constituent une nappe continue, contemporaine des gneiss dans lesquels elle est interstratifiée; ils ont été redressés et plissés ensemble, au point que le niveau graphitique réapparait à l'affleurement suivant six bandes parallèles. Ces couches graphitiques sont traversées par des filons de granulite fine très kaolinisée et par de nombreux filonnets de pegmatite, riche en quarz, et où des paillettes de graphite remplacent le mica habituel de ces roches.

L'attribution à un même niveau stratigraphique sédimentaire des ampélites et phtanites charbonneux, intercalés dans les schistes argileux précambriens de Bretagne, et des lits graphitiques intercalés dans les gneiss granulitiques du Morbihan a pour corollaire la contemporanéité de formation et l'unité originelle de ces schistes et gneiss. Les schistes précambriens du Morbihan ont été transformés en gneiss sillimanitiques par l'injection intime des granulites qui les pénètrent de toutes parts, en lentilles glanduleuses, parallèles.

4° *Gneissification des ampélites et phtanites charbonneux:* Cette assise charbonneuse précambrienne nous a présenté une dernière modification qui n'est plus cette fois en relations topographiques avec les roches intrusives, gabbros ou granites, de la région.

On trouve en certains points dans ces roches charbonneuses, suivant des zônes particulières, des cristaux de feldspath glanduleux. L'un de ces massifs métamorphiques est reconnaissable à l'ouest de la baie de St. Brieuc (Plérin), parmi des schistes précambriens remplis de biotite; les phtanites et ampélites contiennent de petits cristaux de feldspath de 2 à 4 mm (orthose, albite) disposés en lits parallèles, et souvent brisés.

Un autre massif métamorphique précambrien, analogue, s'étend de Belle-isle à Guérande. Le même niveau de phtanites est représenté par des quarzites charbonneux, formés de grains de quarz et de granules charbonneux, parfois ferrugineux et pyriteux; ils sont disposés, dans les falaises schisteuses de l'île, en lits interstratifiés, épais de quelques centimètres à plusieurs mètres, groupés en un faisceau principal, répété par plissements. De l'est à l'ouest de l'île, ces quarzites se chargent progressivement de cristaux de feldspath, à mesure que les schistes séricitiques encaissants deviennent eux-mêmes plus cristallins et passent à des schistes gneissiques. Ces cristaux de feldspath, porphyroïdes, de dimensions moyennes de 1 cm, généralement maclés suivant la loi de Carlsbad et allongés suivant pg′ sont remarquables par leur teinte d'un noir sombre, se détachant sur le fond plus pâle du quarzite feuilleté; ils nous ont présenté les mêmes caractères que ceux des schistes gneissiques voisins et appartiennent de même à l'orthose microperthique. La teinte noire si remarquable de ces cristaux est dûe aux inclusions charbonneuses qui les remplissent. Ces granules noirs, en forme de flocons, ne sont pas transformés en graphite, ils sont généralement alignés en traînées continues, sans relations apparentes avec la figure du cristal de feldspath, et rappellent par leurs caractères les particules charbonneuses répandues dans les chiastolites. Parfois ils affectent, dans les sections suivant g′, une disposition en cadres concentriques dans le feldspath zoné. Les quarzites charbonneux où se sont développés ces cristaux de feldspath changent graduellement de teinte; ils deviennent de plus en plus pâles à mesure qu'augmente la proportion des cristaux de feldspath: les granules charbonneux disséminés dans le quarzite émigrent pour se concentrer dans les cristaux et autour de ces cristaux de feld-spath, qui leur doivent leur couleur d'un noir sombre.

Conclusion: Le lever cartographique des ampélites et phtanites qui constituent un niveau continu, d'origine organique, dans le Précambrien sédimentaire et clastique de Bretagne, établit que ce niveau est affecté en des points différents de cette province par le métamorphisme de con-tact et par le métamorphisme régional. Alors, suivant le cas, le char-bon se transforme en graphite cristallisé bien caractérisé minéralogique-ment et chimiquement, ou bien la roche se charge de cristaux de feld-spath noirci. On a ainsi la preuve de la transformation en un gneiss, d'une roche d'origine organique et sédimentaire.

D'autre part, la présence constatée de graphite cristallisé dans les granulites et pegmatites, dans les points où ceux-ci traversent des ni-veaux charbonneux métamorphosés, montre que, même dans des roches intrusives, l'origine du carbone inclus est parfois aussi organique.

Enthalten die Kalkgerölle des unteren Sparagmits Vorläufer der kambrischen Flora und Fauna?

VON

A. ROTHPLETZ,

Professor an der Universität zu München.

Vor 5 Jahren entdeckte ich in der älteren Sparagmitformation am Mjösen Anzeichen von Versteinerungen und als ich von da nach Stockholm kam, zeigte mir Professor A. E. TÖRNEBOHM Dünnschliffe von präkambrischen Kalksteinen aus Schweden mit ähnlichen Spuren.

Zwei Fragen drängten sich mir zur Beantwortung auf:

1) sind diese Versteinerungen wirklich unzweifelhafte Überreste von Organismen? und

2) sind die Ablagerungen, aus denen sie stammen, wirklich präkambrisch?

I. Die Natur dieser Versteinerungen.

Über die Spuren in jenen Dünnschliffen hat Herr TÖRNEBOHM im vorigen Jahr seine Meinung geäussert[1], der ich nichts hinzufügen kann. Ich beschränke mich deshalb hier auf die Versteinerungen des Sparagmitkonglomerates, in dem ich Oolithe und undeutliche Schalenreste gefunden habe.

1. Die Oolithe.

Vielleicht wird man fragen: Was haben denn Oolithe mit Versteinerungen gemein; haben nicht Experimente im Laboratorium, besonders in neuester Zeit, gelehrt, dass rein chemische Prozesse den Kalk des Meereswassers fällen und dabei auch Oolithe entstehen?

Ich habe darauf zu erwidern, dass diese Experimente der Mitwirkung toter Organismen unbedingt bedürfen und dass, wenn auf diese und nur auf diese Weise Oolithe entstehen könnten, diese zum mindesten als Beweise für das Dasein von Organismen zu gelten haben. Aber in

---

[1] Geolog. Fören. i Stockholm Förhandl. 1909, S. 725—731.

Wirklichkeit ist es noch gar nicht geglückt, auf solche experimentelle Weise echte Oolithe künstlich zu erzeugen. Die so entstandenen, sehr kleinen Kalkklümpchen waren zu unbeständig, konnten nicht geschliffen werden, und der Nachweis ist noch nicht erbracht, dass sie die charakteristischen Eigenschaften der marinen Oolithe besitzen.

Man hat bisher sehr Verschiedenartiges unter der Bezeichnung »Oolithe« zusammengefasst, worauf ZIRKEL schon 1893 in seinem Lehrbuch der Petrographie (Band 1, Seite 483 u. f.) hingewiesen hat. Er schied deshalb von den eigentlichen Oolithen die Oolithoide und die Pseudo-Oolithe ab, und in jeder dieser drei Gruppen machte er noch eine Reihe von Unterabteilungen. Für die eigentlichen Oolithe schlug KALKOWSKY neuerdings den Namen Ooide vor, indem er das Wort Oolith für die aus Ooiden zusammengesetzten Gesteine reservierte. Er unterschied ferner Ooide mit Lagen-, mit Spindel-, mit Kegelstruktur, Hemioide, Ooidbeutel und Polyoide.

Als Pisolithe hat man erbsengrosse Oolithe bezeichnet und man rechnet dazu sowohl die marinen jurassischen Gebilde Englands als auch die Erbsensteine der Karlsbader Quellen.

Die Versuche, die Oolithe nach ihrer Grösse und der Anordnung der Aragonit- oder Calcitkrystalle zu klassifizieren, haben sich als ungenügend erwiesen, weil das genetische Moment dabei unberücksichtigt geblieben ist.

Von vielen Oolithen wissen wir heute, dass sie, wie z. B. die grossen Cardita-Oolithe der alpinen Trias, Algenstöcke des Genus *Sphærocodium* sind, und die Mehrzahl der jurassischen marinen Pisolithe sind *Sphærocodien*- oder *Girvanella*-Knollen, die ihre Rundung zum Teil erst durch Abrollung erlangt haben. Auch abgerollte *Lithothamnium*-Stöcke des Tertiärs sind früher als Oolithe aufgefürt worden. Das gilt auch für manche Oolithe des Gotländer Silurs, die den Genera *Solenopora* und *Sphærocodium* angehören.

Alle diese sogenannten Oolithe haben ihre besonderen Strukturen, durch die sie sicher von den echten Ooiden unterschieden werden können, und an denen man sicher erkennen kann, dass diese Kalkausscheidungen nicht auf chemisch-anorganischem Wege, sondern durch lebende Pflanzen bewirkt worden sind.

Die echten Ooide bestehen aus einem äusserst feinkörnigen Aragonitaggregat und haben eine konzentrische oder besser gesagt schalige Struktur. Daneben kann eine radialstrahlige Struktur entwickelt sein oder auch fehlen. Sie sind meist kugelrund bis eiförmig, erlangen aber auch Walzenform oder können überhaupt so unregelmässig werden, dass von einer bestimmten geometrischen Form nicht mehr die Rede sein kann. Diese Unregelmässigkeit hat zwei ganz verschiedene Ursachen. Die eine liegt in der Form des inkrustierten Fremdkörpers. Ist derselbe sehr klein oder an sich schon rundlich, dann ist es auch der Ooid, hat er aber eine sehr unregelmässige Form, dann bleibt diese auch dem Ooid, weil seine einzelnen Lagen sich dem Fremdkörper anschmiegen. Die länglichen und stabförmigen Ooide verdanken diese Form stets ihrem Fremdkörper.

Eine zweite Ursache der Unregelmässigkeit hängt mit der Art des Dickenwachstums der Ooidmasse zusammen. Die einzelnen Lagen sind von wechselnder Dicke, d. h. sie wachsen nach gewissen Richtungen stärker in die Breite als nach den anderen, und so entstehen knollige oder blumenkohlartige Körper, die oft erhebliche Grösse erlangen. Solche Ooide, deren Durchmesser nicht mehr nur nach Millimetern, sondern nach Zentimetern zählen, entbehren, wie es scheint, der radialen Struktur. Diese Ooide hat LORETZ 1878 als Oolithoide bezeichnet, ein Name, der beibehalten zu werden verdient.

Rezente Oolithoide kenne ich vom Great Salt Lake und vom Pyramide Lake in Utah, echte Ooide von ebenda und vom Roten Meer bei Suez. Sie zeigen die Aragonit-Reaktion, was verständlich ist, weil die niederen kalkabsondernden Algen, soweit Untersuchungen vorliegen, stets Aragonit, die höheren Rotalgen (Lithothamnien) Calcit ausscheiden. Es steht dies in vollem Einklang mit meiner Auffassung, dass alle Ooide und Oolithoide von Spaltalgen erzeugt werden. Ich kann jedoch hier auf dieses Thema nicht näher eingehen und will nur bemerken, dass gegenüber dem unglaublich weitgehenden Formenwechsel der Ooidbildung, insbesondere auch gegenüber dem, was KALKOWSKY als Hemioid- und Ooidbeutel bezeichnet hat, die rein chemische Deutung vollständig versagt, während der Biologe darin ihm wohlbekannte Formen des Lebens erblickt.

Die Struktur der rezenten Oolithe ist auch bei den fossilen oft noch sehr gut erhalten geblieben, obwohl meistens der Aragonit sich in Calcit umgewandelt hat. Mit dieser Umwandlung hat sich jedoch nicht selten die Struktur mehr oder weniger verwischt, manchmal so sehr, dass eigentlich nur noch die äussere Form und der innere Fremdkörper übrig geblieben sind. Es ist das keine Alterserscheinung, denn die

Oolithe des Gotländischen Silurs zeigen z. B. die Struktur noch in ganz ausgezeichneter Weise. In der Dynamometamorphose, regionalen und Kontaktmetamorphose sind die Ursachen zu suchen, die den Aragonit in ein Calcitaggregat umwandelten, wobei die einzelnen Kristalle kaum mehr eine lagenförmige oder radiale Anordnung zeigen. Doch schimmert in den Calcitkristallen noch teilweise die ursprüngliche Struktur durch gerade so, wie das bei umgewandelten Echinodermen-Bruchstücken der Fall zu sein pflegt. Ein Teil dessen, was GÜMBEL Ent-Oolithe genannt hat, und die kambrischen Globulite betrachte ich als auf solche Weise umgewandelte echte Oolithe.

Die Pseudo-Oolithe sind eine Rubrik, in die man alles einreihen kann, was eine gewisse Ähnlichkeit mit echten Oolithen, aber eine andere Entstehung hat. Dazu stelle ich heute auch die dünnen Stäbchen, die ich mit echten Oolithen zusammen 1891 am Ufer des Great Salt Lake gefunden habe. Ich hatte zu wenig Material mitgebracht und besuchte diesen See deshalb vor 4 Jahren nochmals. Mit einem Dredgeapparat des Münchener Zoologischen Institutes ausgerüstet, gelang es mir, reiche Ausbeute aus den Tiefen des Sees mit nach Hause zu bringen, wo dasselbe aber leider noch immer nicht die erforderliche Bearbeitung gefunden hat. Zu meinem Erstaunen fand ich, dass der tiefere Boden des Sees bedeckt ist von Unmassen dieser kleinen Stäbchenoolithe, die oft fast ausschliesslich die Dredgeproben zusammensetzten. Ihre Untersuchung ergab, dass sie zwar wie die Ooide aus Aragonit bestehen, dass aber deren Kristalle von einer fast unmessbaren Kleinheit sind. Schalige und radiale Struktur fehlen vollständig und ebenso durchweg ein innerer Fremdkörper. Die Fauna des Sees besteht nach J. E. TALMAGE, Professor an der Universität in Salt Lake City, nur aus Mückenlarven, einer Wasserwanze und der *Artemia fertilis*. Diese letztere kommt in ungeheuren Mengen überall im See vor, sie weiden die Algenrasen ab, verschlucken auch den von diesen abgesonderten Aragonit, lassen ihn durch ihren Leib gehen und so entstehen die stäbchenförmigen Exkremente. Ich habe mich allerdings von diesem Vorgange an Ort und Stelle nicht überzeugt, nicht bloss, weil dazu keine Zeit gewesen wäre, sondern weil ich auf diese Vermutung erst viel später in München gekommen bin. An der lebenden *Artemia salina*, die ich der Freundlichkeit des Professor CORI in Triest verdanke, konnte ich feststellen, dass deren Exkremente genau dieselbe Form haben, wie die Stäbchen im grossen Salzsee und von diesen Krebschen in kurzer

Zeit in ungeheuren Mengen erzeugt werden, was schon SIEBOLD seinerzeit mit Erstaunen erfüllt hat. Diese Pseudo-Oolithe sind also Exkremente und nur deshalb so aragonitreich, weil die *Artemia fertilis* nichts anderes im schlammfreien Salzsee vorfindet, während die *Artemia salina* bei Triest graue tonig-mergelige Exkremente erzeugt, entsprechend dem dortigen Boden. Dieses Ergebnis wirft zugleich ein neues Licht auf die besonders in der alpinen Trias so häufigen Bactryllien, die oft in grossen Mengen in Mergeln und mergeligen Kalken angetroffen werden und die man bisher teils als Diatomeen, teils als Pteropoden, wenn auch vergebens, zu deuten versucht hat. Schon längst hegte ich die Vermutung, dass sie fossile Exkremente seien, und ich hatte als Urheber besonders marine Schnecken im Verdacht. Das wird sich so genau vielleicht nicht feststellen lassen, aber als Exkremente erscheinen sie mir jetzt sicher.

Nach diesen allgemeinen Bemerkungen über die Oolithe, die zwar etwas lang ausgefallen sind, mir aber für die Beurteilung der Sparagmit-Oolithe unentbehrlich erschienen, kommen wir nun zu diesen selbst.

Wir können da zwei Typen unterscheiden, die aber nicht zusammen in denselben Handstücken, sondern, wie es scheint, immer getrennt vorkommen. Im Sinne GÜMBELS gehört der eine Typus zu den Ent-Oolithen, der andere zu den Oolithoiden. Die ersteren liegen in feinzuckerkörnigem hellgrauem Kalk, der auf eine stärkere Metamorphose hinweist, während das Gestein der Oolithoide eine mehr dichte und gewöhnliche Beschaffenheit besitzt. Die Oolithoide haben Durchmesser von 1—2 mm, einige werden auch erheblich grösser. In der Mitte liegen Quarzkörner, kleine Gesteinsfragmente oder unregelmässige Calcitaggregate als Fremdkörper, um die sich hellere und dunklere Kalkschalen ohne jede radiale Struktur herumlegen. Die einzelnen Schalen sind weder überall gleich dick, noch auch untereinander völlig konform, so dass die regelmässige Kugel- oder Eiform nur selten vorhanden ist. Zwei oder mehrere werden gelegentlich von äusseren Schalen gemeinsam umschlossen.

Abgesehen von farbigen Verunreinigungen, die wohl meist Eisenverbindungen sein dürften und durch deren abwechselnde Anreicherungen einzelne trübere Lagen sich von den zwischenliegenden helleren deutlich herausheben, bestehen diese Oolithe aus deutlich unterscheidbaren, aber sehr kleinen Calcitkriställchen, die ein feinkörniges Aggregat bilden. Ursprünglicher Aragonit hat wahrscheinlich eine Umkristallisation erfahren.

Der andere Typus besitzt ebenfalls in der Mitte ein Fremdkorn, aber dasselbe ist von wenigen grossen Calcitkrystallen umschlossen, in denen die rhomboëdrischen Spaltdurchgänge deutlich hervortreten. Nach aussen werden sie von einer oder mehreren Lagen feinerer Calcitkry- stalle umgeben, deren Korn aber stets grösser ist als das Korn in den Oolithoiden. Dass alle diese Kristalle und insbesondere auch die inne- ren grossen erst nachträglich durch Umkristallisation enstanden sind, geht daraus hervor, dass man den lagenförmig angeordneten dunkleren Staub der ursprünglichen zonalen Lagen in den einzelnen grossen Krystallen häufig noch in Dünnschliff liegen und durchschimmern sieht. Es ist das dieselbe Erhaltungsweise, welche auch die Krinoi- deenreste in stark marmorisiertem Kalkstein oftmals noch erkennen lassen.

2. Die chitinähnlichen Schalen.

In einem anderen Kalkstein liegen kleine, im Dünnschliff hellbräun- lich durchscheinende Fragmente von sehr dünnen Schalen, die zwischen gekreuzten Nicols vollständig dunkel bleiben. Ihre Oberfläche zeigt eine zarte chagrinartige Struktur, die derjenigen völlig gleich, welche den *Eurypterus*häuten des Estländischen Silurs eigen ist, die ebenfalls zwischen gekreuzten Nicols dunkel bleiben. Wenn dies wirklich Chitin- häute sind, müssen sie beim Glühen verbrennen. Professor KARL HOF- MANN hatte die Freundlichkeit, im chemischen Laboratorium der Uni- versität eine partielle quantitative Analyse des Gesteins ausführen zu lassen. Sie ergab:

Kohlensauren Kalk etc.	76,15
Kieselsäure	21,26
Eisenoxyd	1,68
Tonerde und andere Oxyde	0,76
Glühverlust	0,10
	99,95

Dieser chemische Befund deckt sich mit dem optischen insofern, als unter dem Mikroskop neben vorherrschendem Calcit auch ziemlich viel Quarzkörner und dunkle Erzpartikel zu erkennen waren. Auffallend ist jedoch der geringe Glühverlust und er gibt für die Deutung jener Häutchen als Chitin keinen sicheren Anhaltspunkt. Allerdings ist zu berücksichtigen, dass dieselben sehr dünn und klein sind, also gegenü- ber der Gesteinsmasse nicht schwer ins Gewicht fallen können. Auch kann es sein, dass in den analysierten Stückchen zufällig nur wenige lagen, während die Dünnschliffe gerade deren viele trafen. Leider war meine Ausbeute solcher Kalke nicht gross und gestattete keine ausgiebigere Untersuchung. Ich will jedoch versuchen, ob ich bei einem erneuten Besuche dieser Gegend noch weitere Funde machen kann.

Einstweilen scheint mir die Deutung dieser Häutchen als Überreste ehemaliger Arthropoden doch noch immer als die beste.

II. Das Alter dieser fossilführenden Kalksteine.

Die fraglichen Kalksteine kommen als Gerölle in der unteren Sparagmitformation vor, die für gewöhnlich keine Kalkgerölle, sondern solche von Gangquarz, Quarzit, »Grundgebirge» und allerhand Eruptivgesteinen führt. Ich habe solche Kalkgerölle nur an einer Stelle in einem Bahneinschnitt bei der Station Havik unweit Bröttum gefunden.

Die Kalksteingerölle entstammen somit Lagern, die jedenfalls noch älter als die Sparagmitformation sein müssen. Diese selbst wird von den meisten norwegischen Geologen für präkambrisch angesehen, und neuerdings noch hat V. M. GOLDSCHMIDT gerade den Sparagmit von Bröttum als den älteren unbedenklich anerkannt und beschrieben. Wenn dem so ist, dann haben wir in diesen Kalkgeröllen Reste von Pflanzen und vielleicht auch von Tieren, die nicht nur präkambrisch sind, sondern vom Beginne der kambrischen Periode an rückwärts gerechnet in ganz altpräkambrischer Zeit gelebt haben müssen. Damit wäre für die reiche Entwickelung der Tierwelt im Kambrium ein langer Zeitraum gegeben, in dem sich aus einfachsten Organismen langsam die viel höherstehenden kambrischen Formen entfalten konnten.

Aber ich muss gestehen, dass mein früherer Besuch des Mjösen in mir Zweifel über das Alter der Sparagmitformation geweckt hat. Die Reihenfolge der Gesteine soll folgende sein von unten nach oben: älterer Sparagmit, Birikalk, jüngerer Sparagmit, Kambrium. Das Kambrium beginnt mit Quarzsandstein, der stellenweise in Quarzkonglomerat übergeht und auch Tonschiefer einschliesst, darüber folgen der *Olenellus*-Schiefer und der Alaunschiefer.

Die Überlagerung des älteren Sparagmites durch Birikalk habe ich nirgends beobachten können. Die einzige Stelle, wo ich das Liegende des Birikalkes gesehen habe, befindet sich auf der Westseite des Sees in dem Hügelzug, der von Krämmerodden gegen Südwest hinstreicht. Ich beobachtete dort eine anscheinend konkordante Schichtserie, die nach Norden etwa mit 30° geneigt ist. Zu oberst lag der schwarze Birikalk und Kalkschiefer, darunter jene hellen und rötlichen Bänderkalke, die weiter in Nordosten an der Strasse bei Krämmerodden sehr gut aufgeschlossen sind, unter diesen folgten mürbe Grauwackenschiefer, die nach unten in sandige Grauwacken und Schiefer übergingen. Nun kam eine kurze Unterbrechung des Aufschlusses, aber hernach der kambrische Quarz-sandstein anscheinend mit gleicher Neigung. Man kann natürlich in diese Lücke eine Verwerfungsspalte legen, wie dies bei einer älteren geologischen Aufnahme auch geschehen zu sein scheint, und dann wäre das jüngere Alter des Kambriums gerettet. Aber in den hier unter dem Birikalk liegenden Grauwacken und Schiefern ist es doch kaum möglich, wie MÜNSTER es getan hat, den älteren Sparagmit wieder zu erkennen. Sie gleichen vielmehr vollkommen kambrischen Schichten. Damit stimmt auch die Angabe von GOLDSCHMIDT sehr gut überein, dass bei Krämmerod-den unter dem Bänderkalk Alaunschiefer ausstreicht. Entweder also muss der Birikalk hier auf einer mit 30° geneigten Schubfläche über das Kambrium geschoben worden sein, wofür ich aber durchaus keine An-zeichen habe finden können, oder er ist jünger als das Kambrium.

Auf der Ostseite des Sees kommen Aufschlüsse des Birikalkes bei Bergsviken und Bergsodder vor. Sie bilden gewissermassen einen Hügel, der sowohl im Norden wie im Süden von Sparagmit umgeben wird, der sich bis in den See bei Havik und Kjosberget herabzieht, gegen Osten aber in der Höhe des Lundehögda, Syljuaasen und Biskopaasen den Kalk umsäumt, bei Sveum und Rise auch wirklich überlagert. Von dieser Sparagmitumhüllung wird jedoch der nördliche Flügel von GOLD-SCHMIDT in Übereinstimmung mit älteren Aufnahmen dem älteren Spa-ragmit zugerechnet, der unter dem Birikalk liegen soll. Der andere Teil soll als jüngerer Sparagmit über dem Birikalk liegen. Die einzige Stelle, wo die Auflagerung bisher wirklich gut aufgeschlossen zu sehen war, hat er in Figur 6 seiner Arbeit abgebildet. Sie macht jedoch weit mehr den Eindruck einer Verschiebungs- als einer ursprünglichen Auf-lagerungsfläche. Es ist auch zu beachten, dass der Birikalk von Rise nicht dem von Bergsviken angehört, sondern dem südlicheren Aufschluss-gebiet von Ring und Helgeberget. Auch hier nimmt der Sparagmit die orographisch höheren Lagen des Huleberg und Jöraasen ein, während gegen Süden Birikalk gegen Kamperud fast direkt an den kambrischen Quarzsandstein angrenzt ähnlich wie an der Westseite des Sees und das gleiche Einfallen zeigt. (Fig. 5 bei GOLDSCHMIDT.) Nimmt man die Lagerung als normal an, dann müsste der Birikalk auch hier jünger als das Kambrium sein; GOLDSCHMIDT legte jedoch eine Verwerfung zwischen beide, die allerdings nicht beobachtet ist, die aber dem Birikalk und Sparagmit ihr höheres Alter rettet.

Die Möglichkeit, dass der Birikalk dem Silur angehört, und seine ungewöhnliche Beschaffenheit einer späteren Metamorphose verdankt, scheint mir damit noch keineswegs ganz widerlegt zu sein, und ich habe, um darüber Klarheit zu gewinnen, die Absicht, den Mjösen heuer nochmals zu besuchen. Für unser Thema ist die Frage nach dem Alter des Birikalkes selbstverständlich von grundlegender Bedeutung. Wenn er dem Silur angehört, dann muss die ganze Sparagmitformation noch jünger sein, spätsilurisch oder devonisch, und dann hätte das Vorkommen von fossilführenden Kalkgeröllen im Sparagmitkonglomerat von Havik keine Bedeutung mehr für die Entstehung der kambrischen Organismen. Es wären vielleicht oolithische Kalke, wie sie in so prächtiger Erhaltung im Silur von Gotland vorkommen, die aber durch spätere Umwandelungsvorgänge, wie der Birikalk selbst, ein anderes kristallinischeres Aussehen erlangt und uns dadurch ein höheres prä-kambrisches Alter vorgetäuscht haben.

The sudden appearance of the Cambrian Fauna.

BY

JOHN W. EVANS,

D. Sc., Special Assistant at the Imperial Institute and Lecturer at Birkbeck College, London.

The sudden and practically simultaneous appearance of the Cambrian fauna in distant parts of the earth is not without a parallel in geological history. At the commencement of the Tertiary period a marine fauna is met with which differs in a striking manner from that which preceded it. This sharp contrast is explained by the fact, that the widely extended transgression of the sea in Upper Cretaceous times was followed by a retrograde movement which left the margins of the continents exposed for a lengthy period, resulting in a great break in the continuity of the marine deposits accessible to our investigation. This retreat of the sea is now referred to a period of instability of the earth's crust, shewing itself, partly in great volcanic outbursts which continued far into the Tertiary, and partly in extensive earth movements, which on the one hand depressed the ocean depths, and on the other hand crumpled the strata in the neighbourhood of the coast line into mountain ridges. A similar state of things has prevailed at other periods of the earth's history, as is witnessed by the prevalence of continental conditions in Old Red Sandstone (Devonian) and New Red Sandstone (Permian and Triassic times), though the continuity of the marine record was then to a large extent preserved in many areas. The break at the base of the Cambrian is however even more complete than that between the Cretaceous and the Eocene, but it can be explained in the same way.

Late in the pre-Cambrian series we find in the majority of localities evidence of extensive outbursts of volcanic activity succeeded by important earth movements in the British Isles which resulted in the north-west and south-east folds that are usually described as Charnian.

These were followed by a continental period represented by the Torridon Sandstone of Scotland and the Dala and Sparagmite formations of Sweden and Norway which have been recognized by Goodchild and Walther as having been laid down mainly under arid or subarid conditions and indeed evidence of the presence and action of blown sand is found in deposits immediately underlying the Cambrian of Sweden. It was the gradual advance of the sea over these terrestrial accumulations that marked the coming in of the Cambrian Period, and we need not be surprised that the marine fauna had changed to a very considerable extent in the long interval unrepresented by marine deposits.

We have every reason to believe that among these changes was the development, in a variety of organisms belonging to more or less unrelated groups of the animal kingdom, of hard structures such as the calcareous or horny shells or armour of which most Cambrian fossils consist.

In the pre-Cambrian the few indications of the former existence of animal life which have been described are in most cases confined to the holes and tracks of annelids and other forms of animal life. In a very few cases, traces have been found of the actual integument of organisms like *Beltina* and *Chuaria*,[1] which was apparently comparatively soft, so as only to be preserved where the circumstances were peculiarly favourable. The meagre representation of the long and varied ancestry of the rich Cambrian fauna may therefore be reasonably attributed to the absence of hard parts which were capable of preservation in the rocks under ordinary conditions for an indefinite period of time.

This has been explained by the supposition that the sea water did not contain carbonate of lime; but the existense of important limestones like the »dolomite» of the Potchefstroom or Transvaal formation of South Africa, which is undoubtedly pre-Cambrian, renders this extremely unlikely. The oolitic structure, which has been recognised in some of these pre-Cambrian limestones (A. W. Rogers and A. L. Du Toit. Geology of Cape Colony, pp. 45 and 83, 1909), is sufficient evidence that the carbonate of lime of which they were formed was derived from a solution of that substance in carbonated water agitated by waves and currents like those of our present seas.

[1] The latter has now been reported both from North America and India.

The absence of hard parts in the pre-Cambrian fauna can only be satisfactorily accounted for on the hypothesis that at that time there was no reason why the organism should secrete them; and we may add, as a corollary, that they appeared in the interval preceding the commencement of the Cambrian period, because they had then become necessary for the organism.

This necessity can hardly have been the need of support, for that must have existed just as much in pre-Cambrian times. Indeed it is only exceptionally large and at the same time active forms that require support in a buoyant medium like water.

The fact that these hard structures are almost invariably external, indicates that the purpose they served was the protection of the organism from injury. This cannot have been accidental injury from particles of sand or gravel, for most of the Cambrian fossils are found in shale or slate which was originally soft mud, and we are forced to conclude that the shells and plates of the Cambrian fauna were evolved as a protection against the attack of predaceous forms of life, which had now for the first time appeared in the waters of the Ocean.

There is no satisfactory evidence as to the identity of the agent that effected the transformation. It may have had no hard parts except its dental apparatus, consisting probably of particles of minute size like the teeth of the radula of a mollusc, which would be often obliterated by the solvent action of underground water and would, even when preserved, be easily missed. None of the Cambrian forms whose remains have been studied seems obviously suited to the part. Most of them must have subsisted on vegetation or minute organisms. This is evidently the case with the fixed or floating forms, and the gasteropods are allied to recent vegetarian types. The cephalopods are now a predaceous group, and even *Nautilus* possesses a beak, but they were represented, so far as we know, in Cambrian times only by *Volborthella*, which would seem to have been too small to be very formidable. It is possible of course that the enemy may have been an annelid or even one of the so-called pteropods.

If it be asked, why no predaceous type had appeared until this comparatively late period of the evolution of animal types, it may be answered that the active carnivorous forms usually belong to the more highly organized groups which are living at any period in the same environment, and as we go backwards in geological times these predaceous types become relatively fewer and less effective, so that it need not surprise us that at a period when the representatives of all the main divisions of the animal kingdom were at a comparatively primitive stage, there should have been no forms of life that preyed actively upon others.

The sudden appearance of the Cambrian Fauna.

BY

G. F. MATTHEW,

Surveyor of Customs, S:t John.

The above subject has been suggested for the consideration of this meeting of the International Geological Congress by the Executive Committee as being of especial interest in Sweden where the Cambrian faunas are so fully developed and so well displayed; and also as being of interest to geologists in the world at large; for by many it is considered that in these faunas we have the beginning of life, happily expressed in Barrande's term the »Primordial fauna».

The subject has been presented in connection with the stated universal prevalence of the Olenellus fauna as the initial fauna of geological history; but when this fauna is analyzed I think it will be found that the appearance of life on the earth was not so sudden as has been in former times supposed, and that the fauna of Olenellus was not the first fauna.

The standing and the renown of the Olenellus fauna is based chiefly on the explorations and studies of the illustrious author of the »Lower Cambrian or Olenellus zone», a publication of the United States Geological Survey (1890), by Hon. C. D. Walcott, now Secretary of the Smithsonian Institution.

A quarter of a century ago geologists who studied the older terranes, and were engaged in placing in proper sequence the various faunas that from time to time were discovered, were earnest to ascertain whether certain faunas were above or below others in this sequence, and so were of greater or less geological age; and the possible consideration that two diverse faunas might be contemporary hardly received consideration.

Among those faunas whose proper position in the geological sequence at that time was warmly debated was the Olenellus fauna, so named from the species *Olenellus Thompsoni* and *O. Vermontana* which were prominent members of it. This was the original Olenellus fauna of the Champlain valley in eastern New York and Vermont, and was brought before geologists by Dr. E. EMMONS, Prof. JAMES HALL, J. BARRANDE and E. BILLINGS.

Several of these authors referred the fauna to the Cambrian, mostly the Lower Cambrian, though HALL placed it as high as the Ordovician, and EMMONS claimed it for his Taconic system below the Potsdam sandstone. BILLINGS called it Lower Potsdam in connection with other fossils from southern Labrador. But its stratigraphical relation to the Paradoxides fauna of Europe could not at that time be determined.

In 1886 Mr. WALCOTT began the study of this fauna and its extension southward in the Appalachian range and came to the conclusion that it was beneath the Paradoxides fauna and of Lower Cambrian age. The faunas in the Rocky mountain region, described by F. B. MEEK, G. K. GILBERT and S. F. EMMONS, containing species of *Olenellus*, were also studied by WALCOTT and placed by him in the Lower Cambrian. Extending his studies to the eastward of New York Mr. WALCOTT placed in the Olenellus zone groups of species in Massachusetts and Newfoundland containing trilobites allied to *Olenellus*, but not actually of that genus and subsequently separated from it. The separated genus was also found in Europe where its position is below that of *Paradoxides*. But a position for the original *Olenellus*, subordinate to *Paradoxides*, was not thereby shown.

The hypothesis which the writer would present as best meeting the circumstances of the case is that *Olenellus* (sens. strict.) is a contemporary of *Paradoxides*, developed in a different geographical province, and separated from the latter by land barriers and by a difference in the temperature of the sea water of the regions where these two genera respectively lived.

It might be well to recall some of the steps of the investigation by which an understanding of the geological position of the *Olenellus* fauna has been attained and its complex composition developed. It will thus be seen that the »sudden appearance of the Cambrian fauna» is apparent rather than real, and is largely due to the fact that faunas discovered in different parts of the world and belonging to different horizons have been collectively grouped under the name Olenellus fauna, and thus added to the original fauna of *Olenellus* found in the Georgia slates of Vermont.

The writer's field experience has been confined mostly to the eastern provinces of Canada and to southern Newfoundland, and the Cambrian terranes of these regions are for the writer the basis of comparison with those of other parts of the world and for the support of the hypothesis of contemporaneity presented in a former paragraph.

1870. In studying the material sent him from Newfoundland by Mr HOWLEY, the director of the Geological Survey of that island, the present writer recognized a horizon beneath that of *Conocoryphe* (i. e. Lower Paradoxides beds), characterized by an *Olenellus*, apparently *Paradoxides* or *Olenellus Kjerulfi*. This species however when studied at a later date with fuller material by Mr WALCOTT, proved to be a distinct species which he named *Holmia Bröggeri*, of a genus allied to, but distinct from *Olenellus*, as presented by *O. Thompsoni*, and this genus became the indicator of what has since been called the Holmia fauna.

1888. The discovery in this year by Dr F. SCHMIDT of *Olenellus Mickwitzi* in the Eophyton sandstone of Russia, was announced.[1] This species has the characters of *Mesonacis* of WALCOTT (*M. Vermontana*). In the same paper the present writer reviewed the Olenellus fauna of Western America, showing that the genera there associated with *Olenellus* were of a more recent type than those which accompany the genus in Vermont, and suggested a division into two faunal groups, one earlier, for the Vermont group, the Olenellus-Dorypyge fauna, and the other later, the Olenellus-Bathyuriscus fauna[2] for the Western group, whose fauna is of a more recent type than that accompanying *Paradoxides*.

1891. Two years later, in connection with a paper on the »Causes of the spread of the Cambrian faunas»,[3] the position of the Holmia (Olenellus) Kjerulfi beds in Scandinavia was referred to as below those holding *Paradoxides*, and it was about this time[4] that Prof. JULES MARCOU apparently struck the keynote of the position of *Olenellus Thompsoni* when he declared that its fauna was more recent than that of *Paradoxides*; MARCOU wrote to the following affect regarding the relation of these faunas and its cause — he attributes the peculiarities of the Cambrian faunas of what is now Europe and North America to the distribution of the land and sea in those early times; he supposed a land connection between the north of Europe and North America as giving the

----

[1] Can. Rec. Sci. Jan. 1889, p. 304.
[2] WALCOTT has since withdrawn *Bathyuriscus* from association with *Olenellus*.
[3] Can. Rec. Sci. Vol. IV, Jan. 1891, p. 255.
[4] The Lower and Middle Taconic of Europe and North America.

means of transit along shore lines for the resembling faunas of Scandinavia and Acadia and postulated a land barrier along the line of the Appalachian ranges as an obstacle to the migration of the Olenellus fauna eastward.

Such land barriers and bridges no doubt had an important influence in retarding or assisting the diffusion of littoral species of marine animals in former times, but it might be well to consider also what effect ocean currents and temperatures may have had in the dispersion of marine forms in the Cambrian age.[1]

1892. About this time the writer in ›Notes of Cambrian faunas‹[2] and other publications set forth the result of his studies on the Protolenus fauna of Acadia, whose place in the sequence there is a little below that of Paradoxides, and where one would naturally look for the Holmia fauna, had it been present in this region. The Protolenus fauna is evidently an important one for this region and time, and has lately been recognized in Shropshire, England, where it holds, according to Mr E. S. COBBOLD, an intermediate position between the Paradoxides and the Holmia faunas.[3]

1897. In the year 1897 the discovery of the Hasting's Cove Fauna in the Kennebecasis valley near S:t John presented other links binding the Olenellus fauna with the Paradoxides beds; this faunule which by its facies is Upper Paradoxides, was found to contain the two species *Dorypyge (Olenoides) Wasachensis* and *D. (O.) quadriceps* which elsewhere are frequently found with *Olenellus* sens. strict.

As a further contribution to the literature on this subject the present writer, at the request of the late professor N. H. WINCHELL, about this time[4] undertook an analysis of the trilobite genera of the Olenellus zone as defined and elaborated by Mr WALCOTT. The result of this investigation was to show that a number of the genera occurring with Olenellus, especially in the Champlain valley, were of types that elsewhere were found in the Paradoxides faunas.

About this time and for several years after the writer was engaged in the study of a terrane beneath the S:t John Group (Cambro-Ordovician), which proved to be fossiliferous at a number of points. It contained

---

[1] Diffusion and sequence of the Cambrian faunas.

[2] Can. Rec. Sci. Oct. 1892, p. 247. Also. Trans. N. York Acad. Sci. Mar. 1895, p. 103.

[3] Quart. Journ. Geol. Soc. Vol. LXVI (1910), pp. 19—51, pls III—VIII.

[4] American Geologist, June 1897.

a large volume of clastics, chiefly sandstones and shales (or slates) showing in Cape Breton 5000 feet of measures. These were usually distinguishable from the gray rocks of the S:t John group by their red or green tints and rested on thick masses of volcanic effusives.

In these measures was found a fauna differing from any obtained from the overlying strata. About the middle of the terrane several genera of Trilobites were found of which the most notable was *Holasaphus* (*H. centropyge*). The lower part of the terrane has yielded only Brachiopods and Ostracods; of the former the most remarkable is *Acrothyra* (allied to *Acrotreta*) which has several species at different horizons.

Several of the genera which characterize this terrane are found in slaty layers in the mass of volcanics upon which it rests, so this also may be considered, so far as its life is concerned, a part of the Etcheminian terrane. These genera are Brachiopods and Ostracods.

The above details are given to show that the Olenellus fauna did not arise suddenly, nor was it so complex or rich as has been thought; unless we include in it all the subgenera of *Olenellus*, that from time to time have been discovered, with the fauna that accompanies each.

Even when we do so, there still remain, below the strata which carry the *Olenellidæ*, others which contain groups of organisms of no mean variety and complexity of structure, to the very base of the Palæozoic rocks. To sum up the Eopalæozoic succession as it appears in Eastern Canada, the following tabulation is given:

S:t John terrane (part).

> Division 1 c. Paradoxides fauna east of the Appalachian range, supposed to be contemporary with *Olenellus* sens. strict. west of that chain.
>
> Division 1 b. The Protolenus fauna.
>
> Division 1 a. A barren sandstone. Place of the Holmia fauna, if not in the top of the next lower terrane.

Etcheminian terrane.

> Upper division. Characterized by the appearance of *Acrothele*; contains various other Brachiopods, Ostracods, &c.
>
> Lower division. Has *Holasaphus* at the top; contains also various Ostracods, Brachiopods and Hyolithidæ.

Coldbrook terrane. Mostly of volcanic rocks. Has Brachiopods and Ostracods of the same genera as the Etcheminian terrane.

The oldest varied fauna in Eastern Canada.

From the oldest varied Eopalæozoic fauna in Eastern Canada, that of the Lower Etcheminian, the evolutionist would be led to infer the existence of life on the earth long anterior to the time when this fauna flourished. This he might infer from the marked differentiation in the several types of animals whose remains have come down to us from that time.

Among the trilobites of the Lower Etcheminian the genus *Holasaphus* is not such a simple form as one might expect to find at the base of the Palæozoic systems. Types apparently much more primitive are to be found in the Paradoxides beds,[1] whether we take DANA's criterion of low cephalization as a mark of low-standing, or follow the larval development of the trilobite.[2] In the latter case whether we look at the broad glabella with effaced somites, or the strong anterior marginal fold, or the short eye-lobes, drawn in toward the axis of the head, we have in this cephalic shield one that shows a considerable advance or development from the primitive larval form.

The pygidium with its numerous segments and strong marginal fold also shows a type of structure which might be looked for in the Upper Cambrian or the base of the Ordovician, rather than at the dawn of Palæozoic time. This pygidium has five distinct rings in its rachis, and several larval somites indicated as well. It is probable judging from the resembling genera of the Lower Ordovician that this species had not more than eight or nine segments in the thorax, and the animal thus restored would have resembled the early forms of the Asaphidæ that are found in the basal Ordovician, yet *Holasaphus* was separated from these latter in the Atlantic province by nearly the whole thickness of the Cambrian system.

Another species of advanced structure belonging to this fauna is the brachiopod *Billingsella retroflexa*.[3] While most of the Brachiopods of this old fauna with which we are acquainted had a chitinous test with calcium phosphate in their composition, this species had acquired the

---

[1] Trans. Roy. Soc. Can., 1895, Sec. IV. p. 268. — Rep. Camb. Rocks Cape Breton, Can. Geol. Surv. 1903, p. 174.

[2] Ann. Société malacolog. d. Belgique. Tome XXIII. Bruxelles 1888.

[3] Trans. Roy. Soc. Can., 1895, Sec. IV, p. 266.

faculty of secreting calcium carbonate in its external covering. It also shows much complexity of musculation.

In the genera *Leptobolus, Lingulepis, Acrotreta* and *Acrothyra* of this fauna one may see how many forms the brachiopods with horny shells had already assumed. *Acrothele* has not been found in this fauna, but appears in the Upper Etcheminian.

The great multiplication of large Ostracoda is a prominent feature of this fauna. These scavengers of the Eopalæozoic sea appear to have performed the role of the Agnosti and Microdisci of the succeeding faunas, and present several new generic types.[1]

In considering the types of this early fauna one should not omit reference to the Hyolithidæ represented by *Hyolithus, Orthotheca* and others; the former in its strong calcareous tube indicates a shore dweller and not a pelagic type and was characterized by a marked bilateral symmetry; and *Orthotheca* possessed similar features in a lesser degree. The musculation of the opercule in some of these shells is approached by that of the dorsal valve in some species of the Brachiopoda.

Finally, one might refer to some types of the Etcheminian fauna, not so well preserved and rarer, which yet serve to give diversity to this assemblage of organisms: these are an Eurypterid Crustacean of which a single cephalic shield has been found, and an imperfectly preserved *Orthis*; they belong however to the Upper Etcheminian fauna, and so are not as old as the forms described above.

Thus it will be seen, that in speculating upon the sudden appearance of the Cambrian fauna, we may well challenge ourselves with the question whether this appearance is not largely illusory, and whether a more extended knowledge of the earliest fossiliferous deposits in distant parts of the world may not reveal older faunas than are now known; especially must we be careful not to assume that such yet unknown faunas are Cambrian because they are at the base of the Palæozoic column.

Characteristics of some early Cambrian organisms.

While we can form an estimate of the relation of many Cambrian animals to modern forms, there were others existing at that time whose place in scheme of animal relationship is very obscure. A few of these

---

[1] Can. Rec. Sci. Vol. VIII, N:o 7, Jan. 1902.

may here be alluded to, which have played an important role in Cambrian times.

SALTER in England and TORELL in Sweden have described a number of such forms recognized by their burrows or trails only; they are known to us by no hard parts preserved; most of them have been described as Errant Worms, but in thus placing them it is making a convenience of this group of animals for the inclusion of enigmatical creatures whose actual zoological standing is in doubt. TORELL described two of these objects as *Monocraterion* and *Diplocraterion*. It seems unfortunate that we have to drop one of these apt names in favour of SALTER's *Arenicolites* which has precedence in time. Of the latter genus several species have been distinguished by the size and depth of the burrow and form of the connecting gallery. These burrows have been found from the base of the Cambrian nearly to its summit, and in various countries; BILLINGS has described one from Newfoundland under the name of *Arthraria*, thinking the gallery cast represented the joint of a sea-weed.

Still more difficult of comprehension is the creature which made the burrow or rather lair, called *Monocraterion*. These are sometimes seen scattered in great numbers, and usually nearly a foot apart, over the surfaces of layers of the Cambrian sandstones; their burrow was sometimes as much as two inches deep, terminating downward in a curved end, rounded in the bottom; the side of these burrows or lairs are marked by a number of radiating furrows coming out of the burrow and spreading out upon the layer of sand. A notable feature of these furrows is that they usually retain the same position, or orientation, on successive layers, as though the creature that inhabited this hole did not even turn in its home, but maintained its position while the layers of sand accumulated around it; this could not have been an *errant* worm, nor yet was it a tubicolous one.[1]

TORELL reported from the sandstones of Sweden, below the Paradoxides beds, a peculiar fossil to which he gave the name of *Eophyton*, taking it to be the remains of an ancient plant. The same object has been discovered in other countries in Cambrian rocks, but as the print and the mould were found to have the same aspect, and there was no remains of vegetable tissue, it was concluded that this object was an imprint on the rock and not an organism; various opinions have been held as to

---

[1] Trans. Roy. Soc. Can. Vol. VIII, Sec. iv, p. 161.

the cause of this marking on the Cambrian sandstones, some holding that it is the looped trail of a worm, Sir WILLIAM DAWSON thought it might have been caused by a sea-weed waving in the current caused by waves on the sea-shore; the writer has suggested another possible cause of this marking, which is so common on the Cambrian sandstones, accumulated in shallow waters.[1]

Detailed descriptions of *Eophyton* and an explanation of its origin have been given by NATHORST.[2]

One of the characteristic families of the early Palæozoic time and which are abundantly found in the more calcareous of the Cambrian beds is the *Hyolithidæ*. For a long time these animals have been referred to the Pteropoda, but it is clear that they are unlike any modern representatives of this class both in habit and habitat; the Pteropods were plankton of small size, with thin, fragile shells, while the Hyolithidæ were Benthos having comparatively thick, calcareous shells; they are found as clusters of tubes among other littoral species, and not infrequently are ensheathed one within the other, as though the young had the habit of appropriating abandoned shells of adults, as the Hermit Crab seizes on the shell of the Whelk as a habitation. The ensheathing of shells of *Orthotheca* in this way has given the examples which form the basis of BILLINGS' genus *Salterella*, and WALCOTT figures fine examples of Hyolithidæ from Newfoundland that are repeatedly ensheathed.

The Hyolithidæ appear to have been near the Tube Worms in their habits and general aspect; some of them appear to have arisen from a slender tube buried in the mud, the buried tube was not calcareous but slightly chitinous and left but a faint imprint in the mud, while the emerged part of the tube stood upright and was calcareous.[3] The species appears to have had two stages, in the earlier it was soft bodied, in the later it possessed a calcareous test.

Similar conditions appear to have existed in several species of *Orthotheca*, those in which the pointed base was decollated, as though it consisted of less resistent substance than the distal part of the tube. In many of these species one or more diaphragms at the proximal end protected the soft body of the animal, and the more vulnerable earlier

---

[1] Trans. Roy. Soc. Can. Vol. VIII, Sec. IV, p. 148.
[2] Öfvers. af K. Vet. Akad. Förhandl., Stockholm, 1873, N:o 9, s. 25—52, K. Vet. Akad. Handl. Stockholm 1880.
[3] Trans. Roy. Soc. Can. 1899, p. 73. 74; 1901, p. 109.

growth would have perished when the animal grew to inhabit the calcareous tube it was forming.

Among the Lamellibranchs one can in a similar way trace the development of a hard covering, from the thin-shelled species of the earlier time to the more solid shells of the later Palæozoic. The oldest forms which may be referred to this class, are quite small and with so weak a hinge, that neither articulation nor tooth is discernable; in fact when the lines of growth of the shell and the umbo are not well shown, it is difficult to distinguish them from Phyllopod crustaceans. Such species are found in the Holmia zone of Newfoundland.[1] In the Tremadoc group at the top of the Cambrian, Lamellibranchs appear that had acquired the nucleoid series of teeth at the hinge line, and from this time on the class is seen to be of more importance in the economy of nature.

In like manner the class Brachiopoda gives indications of a development from simple and thin-shelled species to others more complex and with stouter integuments; yet as in the Hyolithidæ it appears that even in the Holasaphus fauna two distinct sections of the Brachiopoda existed, those with articulate hinges and those with sliding valves, as though in some previous age they had acquired the differences of structure which separated them from each other.

Moreover, the group furnished with a chitinous shell possessed some forms with perforated beak, and others imperforate, with a pointed ventral valve (*Lingulella* etc.).

Of the species with perforated beak one genus *Acrothyra* is found in the oldest Eopalæozoic layers, and though minute, by its form recalls *Hyolithus*.[2] The position of the muscle-marks of the dorsal valves of the former genus do not altogether agree with that of the muscular imprints of the opercular valve of *Hyolithus*. Still the resemblance of muscle-scars of the upper valve, and of form in the lower valve of these two genera suggests a possible nearer relationship in pre-Cambrian time, through some more worm-like ancestor.

Another class of marine animals, represented in the earliest Cambrian, in the spiral types by only small and thin shelled species, is the Gasteropoda; certain minute coiled shells of the Holmia zone in Newfoundland, comparatively rare, form an unimportant and inconspicuous group

---

[1] Bull. Nat. Hist. Soc. N. B. 1899, p. 191. — Trans. Roy. Soc. Can. 1899, p. 103.
[2] Trans. Roy Soc. Can. 1901, p. 93.

that in later times acquired a greater importance.[1] They are mentioned here because a *Raphistoma* of considerable size represents the same group of Gasteropods in the Upper Paradoxides beds of that island. This group of spiral Gasteropods had a much greater expansion in the base of the Ordovician system (*Bellerophontidæ*, etc.).

But while this reduction to small, rare and thin-shelled forms can be traced in the Cambrian age as we go back to the earliest deposits of that period, the same cannot be said of the Patelloid types of the Gasteropods; these even in the Holmia zone exhibit forms of considerable size with firm calcareous shells; in fact this group appears to have been as fully developed at the beginning of Cambrian time as towards its close.

It may however be as well to call attention to the fact that many species of this section of the Gasteropods have by American Palæontologists been classed unter SALTER's genus *Stenotheca*, examples of this form sent me from the original locality in Wales a number of years ago by the late Dr HENRY HICKS, show this form to be a Phyllopod crustacean; both the Phyllopod and Patelloid shells occur in the Paradoxides beds at S:t John and are clearly distinct.[2]

The establishment of the genus *Volborthella* for a Cambrian fossil found in the »Blue clay» of Russia, in the Baltic region some years ago, led to the supposition that we had in this form an early example of the Tetrabranchiate Cephalopods. Later investigation does not seem to sustain this view, and examples which the writer has received from Russia would indicate, that the fossil is a small *Orthotheca*, decollated at the proximal end, and having diaphragms there like the Orthothecæ referred to on a preceding page. The group of the Tetrabranchiate Cephalopods which played an important role in the life history of early Ordovician time, seems to have been quite absent from the Cambrian deposits, and their thick calcareous shells added nothing to the bulk of the tenuous Cambrian limestones.

In the features of some early Cambrian animals sketched above one seems to see reasons for the absence or rarity in the pre-Cambrian rocks of animals possessing hard parts; not that animals did not exist in those early periods of the earth's history but that the scarcity of creatures having a resistant skeleton, precluded the preservation of their remains in such a form as to be easily recognizable. The remains that have been

---

[1] Bull. Nat. Hist. Soc. N. B. Vol. XVII, p. 190; Trans. Roy. Soc. Can. 1899, p. 101, 102.
[2] Trans. Roy. Soc. Can. Vol. VIII, Sec. ɪv, p. 132.

found in pre-Cambrian rocks show that life originated long before the dawn of the Cambrian age. Traces of organisms have been found in worm-burrows and layer-corals(?) of the Grenvillian and Maguma series (Lower Huronian) of New Brunswick and Nova Scotia, in worm-burrows and trails of the Random series (Upper Huronian) of Newfoundland, in the Belt formation of the Rocky Mountain region (Crustaceans and layer Corals), in the phyllites of Brittany (Radiolarians), and there can be no question that a closer study of the pre-Cambrian rocks will reveal many examples of archaic marine animals.

Disappearance of fossils by solution, etc.

The Upper Cambrian measures in the S:t John Basin of Cambrian rocks contain some interesting proofs of the way in which the solvent action of chemical solutions has played its part in obliterating from the strata the remains of marine animals. In the fine grained dark gray slates of which this part of the system is chiefly composed there are found scattered oval calcareous masses, called »turtle backs» (or in Sweden »Orstenar»), which when split in the direction of the stratification reveal immense numbers of little shells scattered over the surface of the layers. In these hard masses the layers of shells extend out to the edge and there suddenly cease, the soft shale outside the »Orsten» containing no trace of shells that can be detected, though one would naturally infer the continuance of the shell-layers into the surrounding clay or slate. Another exhibition of the change to barren measures is seen in certain thin limestone beds which in some parts show great numbers of these little shells in a fair state of preservation; but in others such shells are represented only by a thin imprint from which the calcareous matter has been wholly removed. One may infer from the conditions present in these slates, that the limestone nodules above described are not concretions, but a portion of calcareous beds where the solvent action of heated waters has not been sufficiently powerful to remove all the shells, but that where these shells were thickest, they have resisted the action of the solving liquid, and have been preserved in isolated »Orstenar».

If this leaching out of fossils occurred in the clay beds which are comparatively impervious to water, this process should have been much more rapid in the sandstones and coarser deposits. In the limestones the fossils are more abundant and in better preservation, but even here incipient crystallization obscures the finer details of structure. But lime-stones are scarce in the Cambrian system.

The Protolenus fauna of the Lower Cambrian presents conditions of preservation similar to the Peltura fauna of the Upper Cambrian, only that the preserving agent is phosphate not carbonate of lime; here the tests of trilobites are well preserved both as to form and condition in the phosphate nodules, but outside of these they are flattened and distorted, and become unrecognizable.

Phenomena of a similar kind could be presented in reference to the large area of Silurian rocks, in central New Brunswick, which for a long time were rated as Cambrian on account of the rarity or absence of fossils.

Conclusion.

We therefore surmise, that the absence or rarity of fossils in strata older than the Cambrian is due partly to the obliteration of fossils from the causes above named, partly to the absence or rarity of Benthos in the earlier faunas, partly to the fact that fossiliferous strata beneath the Cambrian, when found to contain fossils, are immediately attached to the base of the Cambrian.

560

Discussion sur l'apparition soudaine de la fauna cambrienne.

Prof. **W. C. Brögger** (Kristiania) berichtete über die Erfahrungen der norwegischen Geologen bezüglich der Sparagmitetage. Er selbst habe sie als eokambrisch bezeichnet, da sie sich wahrscheinlich enger an das Kambrium als an ältere Formationen anschliesst. Die Fossilien im Biridkalk seien auch früher bekannt gewesen, nicht aber näher untersucht worden.

Was das Altersverhältnis der Olenellusfauna — ob älter als die Paradoxidesfauna — betreffe, so sei dieses Verhältnis nicht, wie WALTER meint, zuerst von LAPWORTH und WALCOTT, sondern von BRÖGGER (1881 und 1887) klargestellt worden.

Die Sparagmitformation dürfte jedenfalls zum grössten Teil eher in Wasser abgesetzte Sedimente als unregelmässige Wüstenbildungen darstellen. Auch der untere graue Sparagmit enthalte schwarze, fein geschlämmte, regelmässig geschichtete Schiefer und ganz oben ein Konzentrationskonglomerat, das eine ordinäre Küstenbildung darstellt. Der Biridkalk sei wahrscheinlich eine marine Ablagerung mitten in der ganzen Serie.

Professor **K. A. Redlich** (Leoben) betont, dass auch in Österreich die Graphite organischen Ursprungs sind, da BARWIŘ aus Prag für die Graphite der böhmischen Massive im Gegensatz zu WEINSCHENK aus der Form und dem Inhalte der Aschen ihren organischen Ursprung zu beweisen gesucht hat. Auch für die paläozoischen Graphite der Ostalpen muss infolge der begleitenden Pflanzen ein organischer Ursprung angenommen werden. Wir finden Übergänge von Antracit bis zum Graphit. Wie die ursprunglichen Kohlenflötze metamorphosiert wurden, ob, wie WEINSCHENK mient, durch die Wärme lakkolitenähnlicher Granitmassen oder durch andere Umstände, diese Frage ist noch nicht mit Sicherheit entschieden.

6. La géologie des systèmes précambriens.

a. **Les preuves d'un métamorphisme de profondeur dans les schistes cristallins précambriens.**

Fr. D. Adams, The Origin of the deep-seated Metamorphism of the pre-Cambrian crystalline schists (p. 563).

J. J. Sederholm, Die regionale Umschmelzung (Anatexis) erläutert an typischen Beispielen (p. 573).

P. Termier, Sur la genèse des terrains cristallophylliens (p. 587).

Ch. Barrois, Sur les relations tectoniques des granites grenus et gneissiques de Bretagne (p. 597).

A. P. Coleman, Metamorphism in the pre-Cambrian of Northern Ontario (p. 607).

F. Becke, Über das Grundgebirge im niederösterreichischen Waldviertel (p. 617).

U. Grubenmann, Über einige tiefe Gneise aus den Schweizeralpen (p. 625).

A. C. Lane, The stratigraphic value of the »Laurentian» (p. 633).

J. Koenigsberger, Die kristallinen Schiefer der zentralschweizerischen Massive und Versuch einer Einteilung der kristallinen Schiefer (p. 639).

b. **Les principes d'une classification des terrains précambriens.**

W. G. Miller, The Principles of Classification of the pre-Cambrian Rocks, and the Extent to which it is possible to establish a chronological Classification (p. 673).

J. J. Sederholm, Subdivision of the pre-Cambrian of Fenno-Scandia (p. 683).

J. F. Kemp, Pre-Cambrian formations in the State of New York (p. 699).

The Origin of the deep-seated Metamorphism of the pre-Cambrian crystalline schists.

BY

FRANK D. ADAMS,

Dean of the Faculty of Applied Science, Mc Gill University, Montreal.

Having been requested by the Committee in charge of the Eleventh International Geological Congress to prepare a paper on the Metamorphism of the pre-Cambrian crystalline schists, I venture to present in as brief a form as possible the results of a somewhat extended study which has recently been completed of a great area — approximately 4 500 English square miles — of these rocks in the Dominion of Canada,[1] with some comparative observations on similar areas in other parts of the world, pointing out certain conclusions which it would seem may be drawn, in the light of our increasing knowledge of these ancient rocks.

The largest expanse of pre-Cambrian rocks in Canada is that which forms what Suess has so appositely termed the Canadian shield.[2] This has an area of rather more than two million English square miles, thus occupying more than half the area of the whole Dominion. It has been a positive element in the continent of North America since early geological time.

This great shield is composed for the most part of the granites and granite gneisses of the Laurentian, but there are found scattered over its whole extent occurrences of other pre-Cambrian rocks probably referable to three great series with subordinate subdivisions.[3] With ever extending exploration, additional areas of these rocks are continually being discovered.

---

[1] F. D. Adams, and A. E. Barlow, The Geology of the Haliburton and Bancroft areas in Eastern Canada, Rep. of the Geol. Survey of Canada. Ottawa, 1910.

[2] Das Antlitz der Erde, Vol. II, p. 42.

[3] F. D. Adams, The Basis of pre-Cambrian correlation. Jour. of Geol., Feb.—March, 1909.

In a few places in the southern part of the shield, there are isolated patches of newer strata overlying these ancient pre-Cambrian rocks, notably in the district about Hudson Bay where extended areas of Silurian and Devonian age are found. There are no strata of more recent age than this over the whole protaxis, if we except the drift and glacial deposits of the Pleistocene.

Along the southern margin of the protaxis, from Lake Huron continuing on the north of Lake Ontario and the valley of the St. Lawrence nearly to Quebec, and originally extending southwards over the whole Adirondack Mountains in the State of New York and on into New Jersey, is a series of pre-Cambrian rocks — the Grenville Series — which must originally have covered an area of over 83 000 square miles. This is essentially a limestone series and forms not only one of the oldest — if not the oldest — limestone series in the world, but also one of the most extended and thickest limestone series known in any age.[1]

This highly contorted and highly metamorphosed series is in some places overlain by the typical flat, highly fossiliferous, well bedded limestones of Lower Ordovician age, and elsewhere by the Potsdam sandstone which marks the base of the Ordovician in this region.

The metamorphism of the Grenville series was completed ages before the inauguration of Ordovician time. Not only so, but the pre-Ordovician erosion in this region must have been not only widespread but profound, as shown by the fact that the pre-Ordovician surface is developed as a peneplain cutting across and truncating the folds of the contorted Grenville strata, and also by the fact that the Grenville is everywhere penetrated by the roots and bosses of pre-Cambrian plutonic intrusions, which at the time of their intrusion must have been buried beneath a great thickness of overlying cover.

In one portion of this Grenville area,[2] namely in Eastern Ontario, a progressive change from a comparatively slightly altered to very highly altered facies in this pre-Cambrian series can be followed step by step. To the south where the series emerges from beneath the flat lying Ordovician cover in the Madoc district the alteration which it

---

[1] F. D. ADAMS, Recent Studies in the Grenville Series of Eastern North America, Jour. of Geol. Oct.—Nov. 1908.

[2] F. D. ADAMS, The Laurentian System in Eastern Canada, Q. J. G. S. 1908, p. 129.

exhibits is comparatively slight, but on going north it becomes progressively more intensely altered. As this metamorphism increases in intensity, intrusions of granite appear. These are at first few in number and relatively small in size, but become more numerous and larger, until finally the granite gneiss forms the greater part of the whole, the sedimentary series surviving only as shreds and patches or as inclusions in a great expanse of granite.

The granites well up through the Grenville sediments in the form of bathyliths of the same type as those described many years since by Lawson in the Lake of the Woods region some 900 miles further west along the margin of the same protaxis. The slow upward movement of the granite which took place while its cooling and crystallization were going forward, gave rise to a distinct protoclastic structure in the granite, resulting in a primary gneissic structure due to movement in the cooling and crystallizing magma, which structure conforms to all the sinuosities of the outlines of the mass. To this outline or border also the strike of the penetrated sediments conforms, and as the latter become more disintegrated in character and smaller in amount, they form long sinuous remnants whose course also follows the strike of the foliation of the gneissic granite and which eventually are dissipated as inclusions in it. When connected bodies of sediments disappear, the various bathyliths become confluent and the granite is filled with inclusions.

In this portion of the shield the elevation was progressively more intense on going to the north, in fact the direction of the folding shows that it is probably the deeply eroded base of a very ancient pre-Cambrian mountain chain conforming in direction to the present course of the north shore of the River St. Lawrence.

The granite intrusion had a very slow movement, as shown by the fact that the movement, beginning when the magma was still uncrystallized, continued while it was crystallizing, during the time it was filled with the products of crystallization and until it finally became solid. As it lifted the cover of pre-Cambrian sediments into which it was rising, it did so in a somewhat uneven manner, the sedimentary cover rising in gentle, dome-shaped arches and in the intervening areas sinking into sinuous troughs, the foliation of the gneiss being, as has been mentioned, a primary structure, following all the sinuosities in the strike of the eroded sedimentary cover.

While the sedimentary series is composed chiefly of limestones, other types of sedimentary material are also represented, and the progressive metamorphism of these sediments is extremely well developed and highly instructive.

The limestones in the less altered southern portion of the area are grayish or bluish in colour; on going north, however, small strings and patches of white crystalline calcite appear, frequently following the bedding plane. These become progressively more abundant until the blue or gray variety survives only in very subordinate amount or as little streaks in certain places. Eventually the rock passes into a white marble with no surviving trace of the original colouring matter.

Where the limestone to the south holds interstratified beds of impure character, these develop into bands of paragneiss frequently characterized by the presence of biotite. The subordinate beds of sandstone present become metamorphosed into quartzites.

About the border of the granite bathyliths, where they come in contact with limestone, there is one of the most extensive as well as one of the most interesting developments of nepheline syenite which has hitherto been discovered in any part of the world.[1]

Next to the limestones the most abundant rock in the Grenville series is amphibolite — a rock composed essentially of hornblende and a basic plagioclase feldspar.

This amphibolite[2] has originated in three entirely different ways, the resulting rock, although of such diverse origin, often being practically identical in appearance and in composition. These three modes of origin are as follows:

1) By metamorphism and recrystallization of impure calcareous sediments.

2) By the alteration of basic dikes and similar igneous intrusions.

3) By the alteration of the limestone through the action of intruding bathyliths of granite.

---

[1] F. D. ADAMS, and A. E. BARLOW, The Nepheline and Associated Alkali Syenites of Eastern Ontario, Trans. Roy. Soc. of Canada, 3rd Series, 1908—09, pp. 3—76. Also F. D. ADAMS, and A. E. BARLOW, Report on the Haliburton and Bancroft Areas of Eastern Ontario, Rep. Geol. Survey of Canada 1910.

[2] F. D. ADAMS, On the Origin of the Amphibolite of the Laurentian Area of Canada, Jour. of Geol. Jan.—Feb. 1909.

It is of interest to note in this connection that MENNELL has found the same threefold origin of amphibolite in the case of the pre-Cambrian metamorphic rocks of Rhodesia.

Still other occurrences of the amphibolite may represent highly altered basic volcanic ashes and lava flows, genetically connected with the igneous intrusions giving rise to the amphibolite of class 2.

The agency which effected this varied and widespread metamorphism was manifestly the granite of the great pre-Cambrian bathylithic intrusions referred to above, The metamorphism becomes progressively intenser as they are approached and fades away as we recede from them.

But it is not only in this portion of the Dominion that such metamorphism is to be traced. The well known work of LAWSON some 900 miles further west, along the margin of the same protaxis in the Lake of the Woods and Rainy Lake region west of Lake Superior, demonstrated many years ago that there also over an enormous area the same phenomena were displayed. The pre-Cambrian rocks in that region, however, contained little or no limestone and the products of the metamorphism were therefore chiefly mica-schists, chloritic schists, etc., together whith great volumes of altered igneous ejectamenta which make up a large proportion of the invaded series, and over the intervening stretch of country, in the districts embracing the Iron Ranges about Lake Superior and Lake Huron, as well as in the Adirondack Mountains of the State of New York, the older pre-Cambrian strata are everywhere found to be invaded and altered by similar bathylithic invasions of the ancient Laurentian granites. So that, along the whole southern margin of this great protaxis, from the eastern boundary of Manitoba, where it becomes concealed beneath the overlying cover of the Palæozoic eastward to the Adirondack Mountains and thence to a point near Quebec where the pre-Cambrian rocks cease and are succeeded by a continuous expanse of the granites, a distance of some 1 400 miles, these great masses of uprising granite are the source and origin of the metamorphism of our oldest strata.

The same is apparently true in the case of the western protaxis of the continent of North America as developed in British Columbia in the Shuswap series, which presents a striking similarity to the northern protaxis in the region just described. Here again there is the same intimate association of highly altered pre-Cambrian sediments with granitic and gneissic intrusions. This western region, however, has not been studied in the same detail as in the northern protaxis in central Canada.

Further south, on the western side of the continent, the pre-Cambrian sediments of Montana,[1] Wyoming[2] and Colorado[3] are in the same way transfused with igneous intrusions.

In the pre-Cambrian areas of Europe a similar intimate association of the ancient metamorphic sediments with large volumes of igneous material is found.

Thus in Fenno-Scandinavia, which in Europe corresponds to the great northern or Laurentian protaxis in North America, the Kalevian rocks are separated from the oldest basement of granitic gneisses not by one but by several great sequences of sedimentary rocks whose conditions are more or less metamorphic in the same degree as they are mixed with granitic rocks,[4] and »the mountain-making processes, the metamorphism and the protrusion of great granitic masses are only different phases of the same plutonic activity».[5]

In his admirable paper on the pre-Cambrian of Sweden, which has recently appeared,[6] HÖGBOM describes the almost invariable association of great granitic intrusions with the older and more highly metamorphosed rocks of the Swedish pre-Cambrian, and while pointing out the influence of thrusting and overfolding in contributing to this metamorphism,[7] HÖGBOM says: »It can be suggested that some of the granitic gneisses have as granites intruded the metasedimentary gneisses before or simultaneously to the great tectonical movements which have befallen them»[8]; and again, referring to the origin of the leptites, writes: »theoretically the leptites may be either igneous or metasedimentary and they may have got their present characters either by contact metamorphism or by pressure metamorphism or by the influence of these

---

[1] C. R. VAN HISE, The pre-Cambrian Geology of North America, Bulletin 360, U. S. G. S. p. 864.

[2] DITTO, p. 848 and Fol. Blackwelder-Laramic-Sherman, Geol. Atlas U. S. G. S.

[3] DITTO, p. 826.

[4] J. J. SEDERHOLM, Explanatory Notes to accompany a Geological Sketch-Map of Fenno-Scandinavia, p. 21.

[5] J. J. SEDERHOLM, Om Granit och Gneis, English Summary, Bull. Com. Géol. de Finland, N:o 23, p. 109.

[6] A. G. HÖGBOM, Pre-Cambrian Geology of Sweden, Bull. of the Geol. Inst. of Upsala, Vol. X, 1909.

[7] Loc. cit. p. 31.

[8] Loc. cit. p. 39.

two forces together. It looks as if the pressure metamorphism had taken place under conditions which were not much different from the conditions prevailing by contact metamorphism at great depths».[1]

BÄCKSTRÖM has also pointed out the rôle played by the intrusive granites as metamorphic agents[2] in this region.

In the pre-Cambrian areas of Germany SAUER has shown the direct influence of the great bodies of intrusive granite which occur there, in producing the metamorphism which has overtaken the rocks of which they are composed.

After describing the petrographical character and the structure of the gneisses produced by the alteration of the pre-Cambrian sediments of the Erzgebirge, he says: »Metamorphe Gesteine dieser Art kombinieren Druck- und Kontaktmetamorphose», and adds: »Es unterliegt für mich keinem Zweifel, dass die Bedingungen, welche die Kontaktmetamorphose hervorriefen, sich nähern mussten jenen der statischen oder Dynamo-metamorphose, wenn diese in beträchtlicher Tiefe, also nicht bloss bei bedeutender Belastung, sondern auch bei gleichzeitig erhöhter Temperatur zustande kam.»[3]

In referring to the origin of the granulites of the region, he says: »Der eigentümliche Habitus des mittelgebirgischen Granulits, d. h. seine vollendete Parallelstruktur, ist meines Erachtens aus der Mitwirkung intensiver dynamischer Kräfte bei der Aufpressung des schmelzflüssigen Gesteines zu erklären, das gleiche gilt auch für die Ausbildung der Schieferhülle, welche die Kontakt- mit Druckmetamorphose vereinigt.»[4]

He adds: »Im sächsischen Granulitgebirge greifen also Dynamound Kontaktmetamorphose übereinander», and proceeds to show that in the Black Forest and Vogesen areas the metamorphism of the pre-Cambrian sediments is directly traceable to the great granite intrusions which make up so large a part of the whole complex.

WEINSCHENK has shown the same to be the case in the Bayrischer Wald.[5]

---

[1] Loc. cit. p. 43.

[2] Loc. cit. p 33.

[3] Das Alte Grundgebirge Deutschlands, Comptes rendus IX Congrès Géol. Internat. Vienne, 1903, p. 593.

[4] Loc. cit. p. 597.

[5] Kieslagerstätte im Silberberg bei Bodenmais, Abh. der Königl. bayerischen Akad. der Wiss. München 1891, p. 353.

See also Grundzüge der Gesteinskunde Vol. II, p. 290.

Africa like Canada affords a most admirable field for the study of the action of deep-seated metamorphism and the development of crystalline schists. For while Europe is, as MENNELL remarks, probably unique in its vast development of sedimentary as compared with igneous and metamorphic rocks, in Africa the sedimentary formations may almost be looked upon in the same light as the drift deposits of England. They merely form a superficial coating through which the basement rocks of the earth's crust constantly protrude. The granite intrusions which invade, metamorphose, penetrate and absorb the preCambrian rocks of this continent are of simply colossal dimensions.

One of these masses, of which the Matopo Hills form part, extends from the Portuguese border east through Mashonaland, Matabeleland and the Tati concession into Bechuanaland, a distance of about 400 miles, in which distance there is scarcely any other type of igneous rock with an outcrop large enough to be visible on an ordinary map.

»It may be that the structure of the Central African metamorphic area is simpler than that of similar regions elsewhere, but it is certain that more light is likely to be thrown on some of the most interesting problems of physical geology by the study of its formations than can be thrown upon these last by the results so far obtained in other countries. This may in part be attributed to the great extent and striking lithological features of some of the principal rock groups, and even more perhaps to the clearness of the exposures. Instead of the irritating little isolated patches of rock that we are accustomed to in England, we find miles of almost continuous sections along hillslopes and streambeds. Even a comparatively bare tract like the Alps is at a disadvantage owing to its ups and downs, whereas the African tablelands afford almost plane surfaces... The remarkable rocks that we used to puzzle over through the microscope are clearly shown in their relations with the other formations, and we are able to form definite conclusions where before we could but guess. The writer has scarcely passed a day for four years without setting foot on Archæan rocks. And he may place on record his deliberate opinion that there is no greater rarity than a 'rock of doubtful origin', if we except, perhaps, a few talcose rocks and others usually occurring around mineral deposits, in whose formation hydrothermal agencies have played a great part. There does not appear to be any problem of this nature that combined field and microscopic observation is not competent to solve.

The coarsely crystalline schists which have excited so much controversy are found to have been crystalline from the start, as they appear to be invariably of igneous origin, for it can be proved to demonstration in the majority of cases, and must be accepted as an inevitable inference in the rest. Most gneisses are, in fact, igneous rocks of quite recent date in comparison with the sediments into which they can be seen intrusive. These sediments are rarely of a highly crystalline nature, save along contacts, and show their true characters both in their composition and their field relations. Careful search indeed rarely fails to reveal exposures where they are comparatively free from alteration, and show clearly their sedimentary origin even in hand specimens. The groups which have perhaps been the greatest puzzles in other parts of the world are here quickly reduced to order. The banded gneisses, granulites, etc., whose secret seemed so impenetrable when their field relations were imperfectly understood, are no longer a mystery when we can examine them along bare rock surfaces miles in extent. Some are granites modified by movements in consolidation and the local absorption of particular classes of rock; others are schists modified by contact action and impregnation with granitic material; others, again, can be termed neither igneous nor metamorphic, but may be conveniently classed as 'mixed rocks', having been formed by the interlamination of igneous and other material due to the »lit par lit» injection processes which characterize the plutonic masses when we get near their roots.»

The character and structures displayed by these great intrusions, as shown by MENNELL,[1] bear a striking resemblance even in detail to those in the pre-Cambrian of Canada described in the present paper, and the widespread metamorphism induced by them is identical in its character. As he observes:[2] »It is usual to discriminate between dynamo- and pyrometamorphic types, but the grading which takes place at great depths renders the distinction a very arbitrary one.»

The action of great bodies of granitic rocks occurring as deep-seated intrusions is also coming more and more to be recognized as the primary source of metamorphism, not only in the case of the pre-Cambrian rocks but also in regions where more recent strata have become metamorphosed.

---

[1] F. P. MENNELL, Some Notes on Archean Stratigraphy, Geol. Mag. 1906, p. 256.

See F. P. MENNELL, An Introduction to Petrology, p. 163. Gerrards Limited, London 1910.

[2] Loc. cit. p. 152.

The granitic axis of the Alps is now recognized as a post-Carboniferous intrusion and not, as was formerly supposed, the original basement on which the overlying sedimentary rocks were deposited.[1]

In the Aarmassiv the central granitic core has the form of a series of bathyliths linearly arranged over a distance of 100 kilometres.[2]

Attention has recently been drawn to the widespread metamorphic influence of intruded granites in the Carpathians of Roumania.[3]

Similarly the granitic axis of the Himalayas has been shown to be intrusive in origin,[4] while enormous bathyliths occur at intervals along the whole length of the Cordilleran region from the Yukon valley to Mexico, and even on into South America,[5] having been intruded in late Palæozoic, Mesozoic, or Tertiary times[6] everywhere inducing widespread metamorphism.

The floor on which the Cambrian strata in the vicinity of Boston were deposited has utterly disappeared, having been destroyed during the development of the granite bathylith of the Blue Hills south of that city, which absorbed by melting or solution not only the whole of the sub-Cambrian crust but a great volume of Cambrian strata as well.[7]

The conclusion therefore seems to present itself with ever greater insistance as the metamorphosed regions of the earth's crust are more closely studied, that we have in the great volumes of igneous magma rising from the deeper portions of the earth's crust, one of the primary agencies, if not the chief agency — of metamorphism — which metamorphism may manifest itself, although with decreasing intensity for great distances from the actual intrusion itself.

[1] E. WEINSCHENK, Grundzüge der Gesteinskunde, Vol. I, p. 139.

[2] A. BALTZER, Die granitischen Intrusivmassen des Aarmassivs, Neues. Jahrb. für Min. Beilageband XVI, p. 292. 1903.

A. BALTZER, Die Lakkolithen der Berner Alpen, eine neue Ansicht über die Natur der Alpinen Granitkerne, Mitt. der Nat. Gesel. Bern 1903.

[3] MAX REINHARD, Şisturile cristaline din Munţii Făgăraşului, Anurul Inst. Geol. al României, III (1909), Fasc. 1.

[4] C. S. MIDDLEMASS, The Geology of Hazara and the Black Mountain, Mem. Geol. Survey of India, 1896. Calcutta.

C. A. McMAHON, Geol. Soc. of London, Vol. 55, May 1899.

[5] G. STEINMANN, Gebirgsbildung und Massengesteine in der Kordillere Süd Amerikas, Geol. Rundschau I: 2. 1910.

[6] R. DALY, The Okanagan composite betholith of the Cascade Mountain System, Bull. Geol. Soc. Am. Vol. 17 (1906), p. 329.

[7] W. O. CROSBY, American Geologist 1900, p. 301.

Die regionale Umschmelzung (Anatexis) erläutert an typischen Beispielen.

VON

J. J. SEDERHOLM,

Direktor der geologischen Landesanstalt Finnlands.

Es ist eine konsequente Folgerung aus der Anschauung von einer *plutonischen Metamorphose*, dass dieselbe sich in den tieferen Niveaus bis zur *Wiederaufschmelzung* steigern kann. Dieser Lehre begegnet man schon bei Hutton, und sie hat stets, besonders in Frankreich, Anhänger gehabt.

Diese Ansicht, sowie im allgemeinen die älteren Metamorphosenlehren, war aber anfangs mehr auf theoretische Gründe als auf Beobachtungen im Felde gestützt. Als endlich die moderne Petrographie auch die Frage von der Entstehung der gneisartigen Gesteine mit ihren geschärften Waffen in Angriff nahm, wirkte es anfangs mehr nachteilig als fördernd, dass man das Gneisproblem mit der Frage von der Entstehung der kristallinen Schiefer schlechthin verband. Erst musste diese gelöst werden. Dies gelang aber erst, als Lossen durch das Studium der Pseudomorphosen, bei welchen man Gewesenes und Gewordenes nebeneinanderstellen und mit einander vergleichen konnte, den rechten Weg zum Verständnis der metamorphen Erscheinungen und zu ihrer exakten Untersuchung zeigen konnte.

Jetzt kann man wohl sagen, dass das *Schieferproblem*, auch bezüglich der kristallinen Schiefer des Grundgebirges, als beinahe vollständig gelöst betrachtet werden kann. Ich rechne zu den Schiefern auch die Meta- und Schisto-Granite, -Diorite etc., d. h. solche granitische, dioritische und andere Tiefengesteine, welche in Zusammenhang mit krustalen Bewegungen schiefrig und gneisartig geworden sind.

Diese mit Faltungsbewegungen verbundene Metamorphose, die man vielleicht passend Kineto-Metamorphose nennen könnte (das Wort

Dynamo-Metamorphose scheint mir gar zu umfassend zu sein, da ja alles im Grunde genommen dynamisch ist), ist wohl auch nicht so sehr vom »Drucke» allein hervorgerufen, sondern es ist vielmehr juveniles oder von oben in die Tiefe mitgebrachtes Wasser der Hauptträger der Veränderungen und die innere Erdwärme eines der Hauptagentien.

Die Art der Umwandlung muss selbstverständlich mit der Tiefe proportional veränderlich sein. Während z. B. diejenige Art der Umwandlung, durch welche Diabase von dem im Norden häufigen, durchaus primären Typus in »Grünsteine» umgewandelt werden, mit der Verwitterung durch an Kohlensäure, beziehungsweise Sauerstoff reiches atmosphärisches Wasser nahe verwandt ist, und die in den oberen Teilen der Kettengebirge häufige Art der Metamorphose, bei welcher vorwiegend solche Mineralien wie Karbonate, Talk, Serpentin, Epidot, Chlorit, Sericit, Albit, Pyrit, Quarz etc. gebildet werden, auch noch mit ihr eine gewisse Verwandtschaft zeigt, steht ja die eigentliche regionale Metamorphose, wie man ihr besonders im Grundgebirge begegnet, und bei welcher vollkristallinischer Amphibol, Biotit, Granat, verschiedene Feldspate u. s. w. entstehen, der Kontakt-Metamorphose näher. Die Bedingung beider ist wohl neben Wasser und Druck auch stark erhöhte Temperatur.

Von den »esoterischen» Agentien steht ja die Wärme obenan, und wenn sich diese gegen die Tiefe hin steigert, muss ja schliesslich Wiederaufschmelzung stattfinden. Diese kann sowohl am Rande von kleineren, nach oben dringenden Eruptivmassen wie in den Grenzregionen der Erdkruste und der darunterliegenden Magmasphäre entstehen.

Unter den kristallinen Schiefern schlechthin, z. B. unter den metamorphosierten Konglomeraten, findet man nun schon eine vollständige Übergangsreihe von solchen mit erhaltener klastischer Beschaffenheit zu solchen, in welchen sowohl Struktur wie Mineralbestand durchaus gneisartig sind (z. B. die Konglomeratgneise von Lavia im westlichen und Tohmajärvi im östlichen Finnland). Diese lassen sich noch durch die bewährten Methoden der mikropetrographischen Forschung studieren und in allen ihren Einzelheiten erklären.

Wenn aber die Umwandlung so weit gesteigert wird, dass Schmelzung oder Auflösung eintritt, da werden ja auch zugleich der frühere Mineralbestand und die frühere Struktur mehr oder weniger vollständig zerstört, und die Veränderungen lassen sich also schwerlich auf mikroskopischem Wege weiter verfolgen. Es gilt also hier vor allem ein solches

Untersuchungsmaterial zu finden, wo man die eingetretenen Veränderungen sozusagen in statu nascenti verfolgen kann.

Nachdem ich lange die Gebiete solcher Gesteine, von denen hier die Rede ist, als fast unenträtselbar betrachtet hatte, und sogar als Gegner der äussersten Konsequenzen der Refusionstheorie aufgetreten war, gelang es mir endlich Aufschlüsse zu finden, wo das betreffende Problem rein petrographisch behandelt und, wie ich denke, gelöst werden kann.

Da in diesem Falle Mikrostrukturen, wie gesagt, wenig charakteristisch sind, muss man hier solche Felsenflächen zu beobachten suchen, in welchen die Makrostrukturen der von der Umwandlung betroffenen Gesteine sich am besten studieren lassen. Dies ist aber nur in riesengrossen Durchschnitten möglich, wie man sie niemals künstlich durch Schleifung in genügender Menge darstellen kann. Nun liefern aber auch die von den glazialen Agentien geschliffenen und von den Wellen des Meeres reingespülten Felseninseln der nordischen Schären natürliche, durch keine Flechtenbedeckung verschleierte Schliffflächen, in welchen man, zuweilen auf mehrere Tausend Quadratmeter, die Einzelheiten der Makrostrukturen der Gesteine in ausgezeichneter Weise beobachten kann.

Auf solchen Felseninseln, besonders an der Südküste von Finnland in der Gegend zwischen Hangö und Hälsingfors, sind die Beobachtungen gemacht worden, die ich hier kurz schildern werde. Diese Felsen sind von mir mit Hilfe eines Assistenten, Herrn Cand. Phil. H. HAUSEN, in 1:20, beziehungsweise 1:50, genau abgezeichnet worden, wobei vorher die ganze Fläche in metergrosse Rauten eingeteilt wurde.

In der Gegend von Hangö hat man es in den meisten der betreffenden Fälle hauptsächlich mit drei verschiedenen Gesteinen zu tun: einem stark gepressten, porphyrartigen Schistogranit (Augengneis), einem in hornblendeschieferartigen Amphibolit umgewandelten Basalt, der in dem vorigen schmale Gänge bildet, und endlich einem roten, z. T. massigen, z. T. gestreiften Mikroklingranit (Hangö-Granit), der in Pegmatite und Aplite übergeht. In anderen, benachbarten Gegenden (z. T. auch hier) treten an die Stelle der Augengneise mehr oder weniger stark umgewandelte, mit älteren, gneisartigen Graniten abwechselnde feinkörnige Paragneise, Glieder der uralten kalksteinführenden »Leptit«-Formation des südlichsten Finnlands.

Das Problem zeigt sich somit hier z. T. in sehr grosser Einfachheit. Es gilt die Veränderungen zu verfolgen, welche der jüngere

Granit bei seinem Eindringen in die beiden älteren Gesteine bewirkt hat. Besonders die Metabasaltgänge bilden dabei gleichsam ein Reagenzmittel, an welchen man die Intensität der Veränderungen messen kann.

Trotz der starken Umwandlung tritt die echt vulkanische Gangnatur der dunklen Gesteine gelegentlich mit erstaunlicher Deutlichkeit hervor. Auf *Södra Rofholmen* bei Tvärminne sieht man z. B. das Seitenprofil eines solchen Ganges, welcher die Parallelstruktur der Leptitgneise schief durchschneidet. Es ist, von der Seite betrachtet, ein ganz typisches Gangvorkommnis, wie man es nicht besser wünschen kann. An der Oberfläche des Felsen erkennt man aber, dass dieser Gang an mehreren Stellen abgebrochen worden ist, wobei die Stücke von Pegmatit verkittet werden. Auch auf anderen Inseln in der Nähe sind die Gänge auf solche Weise in perlenschnurartige Stücke zerteilt, die durch Aplit oder Pegmatit getrennt werden.

Eine andere Stelle, wo die Gangnatur dieser Metabasalte sehr deutlich hervortritt, ist ein kleines Inselchen W von *Påvskär* in der Gegend der Lotsenstation *Bågaskär* am *Barösundsfjärden* in der Mitte zwischen Hangö und Hälsingfors.

Der Metabasalt bildet hier vier verschiedene Gänge, die sich durch geringe Verschiedenheiten in der Farbe von einander unterscheiden, und die sich z. T. gegenseitig durchqueren. In der Nachbarschaft findet man auf Påfskär auch einen meterbreiten Gang, welcher eine zonale Struktur zeigt, indem er in der Mitte etwas dunkler ist. Das Gestein zeigt auch eine schwache Andeutung einer ophitischen Struktur.

Sonst ist von den Mikrostrukturen sowie den primären Mineralbeständen in diesen Gängen nur wenig erhalten, vielmehr zeigen sie durchaus die Beschaffenheit eines etwas schiefrigen Plagi-Amphibolites.

Nirgends sind jedoch die primären Verhältnisse besser erhalten als auf der kleinen Insel *Inderskärs Wästgrund* O von Hangö. Hier ist der Gneisgranit von einer grossen Menge Metabasaltgänge durchschnitten, welche, obgleich sie später durch die Injektion zahlreicher Pegmatitgänge mitsamt dem umgebenden Gneisgranit zerstückelt worden sind, in den erhaltenen Teilen eine Menge primärer Züge erkennen lassen. Einige Gänge sind in der Mitte porphyrisch, indem sie zahlreiche kleine Uralitkristalle enthalten, welche in den näher am Kontakt liegenden Teilen fehlen. Mehrere sind ganz aphanitisch am Rande, wo offenbar ursprünglich eine glasige Kontaktzone vorhanden war. Ein Gang zeigt eine sehr ausgeprägte Schlierigkeit, wie sie in vulkanischen Gängen häufig vorkommt. Die schmalsten Gänge sind meistens ganz schwarz, und ihre Masse ist wohl ursprünglich durchaus glasig gewesen, während die breitesten eine etwas hellere, ziemlich grobkörnige, ursprünglich wohl diabasisch-körnige Struktur besitzen. Sonst zeigt sich auch oft ein kleiner Unterschied in der Farbe, im Korne etc. zwischen den verschiedenen Gängen, so dass man die durch Granitgänge getrennten Teile eines jeden Ganges sicher identifizieren kann. Einige von ihnen zeigen eine gleichmässige Grösse, während andere allmählich anschwellen. Zuweilen zerteilen sie sich, so dass ein Gang sich in mehrere spaltet. Auch kommen Einschlüsse von Gneisgranit im Gange vor, wobei man konstatieren kann, dass sowohl die porphyrartige Struktur wie die Druckschieferigkeit vor dem Eindringen der Gänge vorhanden war.

Kurz, die Gänge zeigen alle Züge echter vulkanischer Spaltengänge, welche in ein bei erdbebenartigen Bewegungen zerspaltenes, aus porphyrartigem Gneisgranit bestehendes Felsengerüst eingedrungen sind.

Dieses wird besonders dann deutlich, wenn man dieses vulkanische Gangsystem mit dem granitischen Gangnetz vergleicht. Für diese letzteren Adern ist es charakteristisch, dass sie alle mit einander anastomosieren und niemals einander durchschneiden. Jeder der basaltischen Gänge wurde dagegen für sich gebildet, und sein Alter gegenüber den anderen kann genau fixiert werden.

Wenn man nun die Zusammengehörigkeit der einzelnen Gangstücke einmal bestimmt hat, kann man *die Beschaffenheit dieses Felsen vor der Zeit der Granitintrusion fast vollständig rekonstruieren*. Vergleicht man nun das so gewonnene Bild mit dem jetzigen, so erhält man eine ziemlich genaue mathematische Bestimmung der Bewegungen, welche im Zusammenhang mit dem Hervordringen des Granites stattgefunden haben, d. h. von den Bewegungen im horizontalen Sinne, denn die vertikalen Bewegungen lassen sich nicht auf solche Weise bestimmen.

Es zeigt sich hierbei, dass auf einer Stelle bei einem der breitesten Pegmatitgänge eine Verschiebung von 13 Meter in horizontalem Sinne stattgefunden hat. Auch im übrigen sind die im Granit schwimmenden Einschlüsse aus einander geflossen, wobei sich die Gangspalten erweitert haben. Wenn man aber versucht, die einzelnen Fragmente auf einer in Teile zerschnittenen Karte in der Art eines Geduldspieles zusammenzupassen, zeigt es sich, dass auch solche Teile fehlen, deren Verschwinden nicht lediglich durch stattgefundene Bewegungen erklärt werden kann.

Die Spalten gehen nicht quer durch die ganze Felsmasse, sondern jedes grössere Fragment hat sich allmählich weiter zerstückelt, und viele der einzelnen Spalten enden nach einer Seite blind. Die Zerstückelung der Gesteinsmassen geschah offenbar in engem Zusammenhang mit dem Hervordringen des Granites, wobei dieser sich auch selbst durch Auflösung seines Nebengesteines seinen Weg bahnte.

Dies geht auch aus der Beobachtung der Einzelheiten hervor. Der Granit schiebt sich in breiten Buchten in den Augengneis hinein. Er umschliesst Einschlüsse von demselben, welche allmählich durch Resorption zersetzt und schliesslich zerfressen werden, bis in einzelnen Fällen nur spukhafte Reste übrig bleiben. In mehreren Fällen wird dabei der Rand des Einschlusses bedeutend reicher an Biotit. Während in diesem Falle die Resorptionsprodukte offenbar z. T. an der Stelle blieben, scheinen sie im allgemeinen schnell entfernt worden zu sein. Der Pegmatit zeigt nämlich überall fast dieselbe Beschaffenheit, indem nur der Glimmergehalt zu schwanken scheint. Er geht zum Teil in Aplite über, wobei es bemerkenswert ist, dass die hellsten Varietäten eben dicht an der Grenze gegen die Metabasaltpartien vorkommen. Ja, einige der schmäleren Adern sind sogar von Quarz ausgefüllt, der zuweilen rein, zuweilen mit feinen Biotitblättchen durchspickt ist, woraus hervorgeht, dass wenigstens in einigen Fällen die Auflösung durch Kieselsäure bewirkt wurde.

An einigen Stellen zeigen die Adern die eigentümliche »ptygmatische» Faltung, welche für die Adergneise geradezu charakteristisch ist.

In einem der grössten Gänge ist der Pegmatit zum Teil durch einen körnigen Granit von Hangö-Typus ersetzt. Dieses sowie die Resorptionserscheinungen in den Einschlüssen, die fluidale Streifung etc. zeigen, dass auch der Pegmatit aus einem *Magma*, also aus einem schmelzflüssigen Material, einem Tektikum entstanden ist, und dass man nicht durch das viele Reden von pneumatolytischen Einwirkungen die Vorstellung erwecken soll, dass der Pegmatit aus Gasen oder aus ganz dünnen wässerigen Lösungen gebildet worden ist.

Die chemischen Analysen dieser Gesteine, die ich z. T. der Liebenswürdigkeit meines Freundes Herrn Professor Dr. GRUBENMANN verdanke, zeigen, dass die roten Granite einen Gehalt an Kieselsäure von 72—73 %, Al_2O_3 14 %, Eisenoxyde und Magnesia zusammen nur 2—3 %

CaO 1,5 %, Na_2O 2—2,5 %, K_2O nahezu 6 % besitzen. Es ist also ein Kaligranit, welcher den *Toskanosen* des amerikanischen Systems angehört. Der porphyrartige Gneisgranit hat dagegen eine mehr dioritische oder monzonitische Beschaffenheit, mit c. 60 % SiO_2, 14 % Al_2O_3, Eisen und Magnesia bis 10 %, CaO 5 %, Na_2O 3,5 % und K_2O 3,5 %. Der Metabasalt hat einen Kieselsäuregehalt von 49,5—53 % (er ist wahrscheinlich durch die Metamorphose etwas erhöht worden), Al_2O_3 13—17 %, Eisenoxyde 9—13 %, Magnesia 4—8,5 %, Kalk 7,5—9 %, Na_2O ca. 3 % und K_2O 1—2 %. Es wäre, wenn die Zusammensetzung primär wäre, ein Camptonos. Wenn letztere Gesteine in dem Orthoklas-Quarzmagma gelöst werden, müssen also recht grosse Mengen von femischen Gemengteilen entfernt werden. Tatsächlich werden ja auch bei der gewöhnlichen regionalen Metamorphose alle Gesteine an Biotit stark bereichert, was anzudeuten scheint, dass die grossen granitischen Magmamassen dieser Stoffe beraubt worden sind, wobei sie gleichsam von einer Aureole von an Eisen und Magnesia reichen Gewässern umgeben werden. Die Bildung von Eisenerzvorkommnissen ist ja auch tatsächlich ein Vorgang, welcher die Eruption mancher Granitmassen begleitet hat.

An diesem Inselchen, wo man also Gewesenes und Gewordenes nebeneinanderstellen und mit einander vergleichen, und das deswegen gewissermassen als eine einzige grosse Pseudomorphose betrachtet werden kann, lassen sich somit gewisse Grundprinzipien bezüglich der Art und Weise, auf welche das granitische Magma hervorgedrungen ist und dabei die älteren Gesteine sich einverleibte, feststellen, und wir beobachten auch hier den Beginn der Adergneisbildung. Wenden wir uns nun mit der gewonnenen Kenntnis anderen Stellen zu, um andere Typen der geaderten Gesteine kennen zu lernen.

Die Inseln *Spikarna*, welche ca. 20 km W von Inderskär liegen, sind schon früher von mir beschrieben worden. Hier ist die Durchdringung mit granitischen Adern, und zwar z. T. aplitischen, z. T. pegmatitischen, viel inniger gewesen. Die Metabasaltgänge sowie die hier auch vorkommenden »Leptite» und älteren Metabasite sind von zahlreichen Aplitadern durchzogen und dabei z. T. stark zusammengefaltet worden. Ein schmaler Gang auf der westlichsten Insel, den man auf einer Strecke zerstückelt, an anderen Stellen sehr schön erhalten etwa zweihundert Meter verfolgen kann, ist z. T. mitsamt seiner Umgebung von Aplit durchflochten worden, wobei dann in dem offenbar halbfesten Gestein fluidale Bewegungen stattgefunden haben, welche dem

»Migmatit» die für solche Gesteine so charakteristische Fältelung verliehen haben.

Wer an die physikalische Möglichkeit der Entstehung einer Parallelstruktur durch Pressung einer halbverfestigten Masse glaubt, der möge dieses Gestein, in welchem die Glimmerstreifen in allen Himmelsrichtungen verlaufen, genau studieren und mit seiner Hypothese in Einklang zu bringen versuchen.

Dieselbe eigentümlich netzartige Verwebung von Aplit und einem älteren Gneisgranit (»Diktyonitstruktur») findet man in sehr typischer Gestalt auf der Insel *Porsskär* in derselben Gegend. Der Umstand, dass dieses Adernetz sowohl in dem Gneisgranit wie in den Metabasaltgängen auftritt, zeigt am besten, dass sie keineswegs im Zusammenhang mit der Druckschiefrigkeit des älteren Granites entstand, welcher, wie gesagt, älter als der Metabasalt war.

Auf Spikarna sind nun die verschiedenen Gesteine z. T. so stark mit einander vermischt, dass man oft nur mit Schwierigkeit sagen kann, wo ursprünglich Metabasaltgänge, wo Gneisgranit vorlag. Beide zeigen auch meistens in sehr typischer Form die charakteristische »ptygmatische» Faltung, welche, wie gesagt, durch Bewegungen in halbfestem Zustande hervorgerufen wurde. Wunderschöne Assimilationserscheinungen sind in einzelnen, im Aplit liegenden Einschlüssen hier zu beobachten.

Noch an zahlreichen anderen Stellen kann man sehen, wie sich die Metabasaltgänge mitsamt dem umgebenden Gneisgranit auf solche Weise stark verändern. Z. B. auf der Insel *Kummelskär* nahe bei Hangö findet man einen Gang, der z. T. sehr gut erhalten, z. T. in ein adergneisartiges Gestein umgewandelt worden ist.

Es gibt aber in dieser Gegend noch eine weitere Art der Umwandlung, bei welcher die eingedrungenen oder durch Refusion entstandenen Neubildungen meistens nicht solche deutlich getrennte Adern bilden, sondern bei welcher das ganze Gestein, unter Erhaltung seiner Schiefrigkeit, in einen Granit von Hangö-Typus verwandelt worden ist. Bei Hangö kann man an zahlreichen Stellen beobachten, wie der druckschiefrige graue Granit in roten Granit verwandelt wird, wobei er zuweilen durch unmerkliche Übergänge damit verbunden ist, zuweilen wieder unscharf begrenzte Adern bildet. Dass diese nicht immer von aussen kamen, sondern sich auch in dem Gestein selbst entwickelten, geht daraus hervor, dass sie zuweilen nach beiden Seiten *blind* enden. Das ganze Gestein hat bei Hangö eine gewissermassen brekzienartige Beschaffenheit, die aber nur in geschliffenen grösseren Flächen deutlich hervortritt. Oft ist in den einschlussartigen Komponenten der ursprüngliche Charakter des Augengneises noch gut erhalten; nur sind die porphyrartigen Feldspate meistens verschwunden. Man kann ihre allmähliche Zerstörung durch Auflösung deutlich verfolgen. An einigen Stellen in der Hangö-Gegend sind dagegen die Feldspate durch Zuwachs von Mikroklin vergrössert worden.

Diese migmatitischen Gesteine zeigen überhaupt einen solchen Wechsel verschiedener, mehr oder weniger stark und auf mannichfache Weise umgewandelter Varietäten, dass man ganz in Verwirrung geraten würde, wenn nicht alles in den geschliffenen Uferfelsen so ausserordentlich klar zu beobachten wäre. Ein entscheidender Beweis für die Annahme, dass die fleckigen und gestreiften Granite vom Hangö-Typus wirklich aus der bis zur teilweisen Auflösung gesteigerten Umwandelung eines Komplexes granitischer Gneise entstanden sind, ist ausser diesen stetigen Übergängen der Umstand, dass Reste der Metabasaltgänge auch in diesen, fast völlig umgewandelten Gesteinen vorkommen. Sie sind zwar meistens von neuem ganz massig geworden und in verschiedene, nahe an einander liegende Stücke geteilt, die sich aber zu Reihen anordnen, deren Charakter als umgewandelte Gänge ganz unverkennbar ist. Besonders deutlich tritt dieses z. B. auf der Insel *Skarfkyrkan* nahe bei Inderskär hervor.

In der östlicheren *Bågaskär—Påfskärgegend*, welche schon erwähnt wurde, treten nun ähnliche Erscheinungen in etwas modifizierter Form auf. Die herrschenden Gesteine sind zum grossen Teil s. g. »leptitische» Gneise der uralten kalksteinführenden Formation des südlichen Finnlands. In diesen kommen Metabasaltgänge sehr zahlreich vor und zeigen, wie aus den schon erwähnten Beobachtungen hervorgeht, oft sehr schön erhaltene primäre Züge. In der unmittelbaren Nähe können sie aber auch ausserordentlich stark umgewandelt sein.

Auf den Inseln N von Bågaskär durchschneiden sie nicht nur die stark gefalteten, oft sogar brekzienartigen Leptite, sondern auch Pegmatitadern, welche diese durchdringen. Eine Pegmatitisierungsperiode ist somit dem Hervordringen der Metabasaltgänge vorausgegangen. Andererseits sind aber auch die Metabasaltgänge von anderen Granitadern durchdrungen und dadurch in adergneisartige Gesteine umgewandelt, während sie zugleich nebenbei ihre ursprüngliche Beschaffenheit in ausgezeichneter Weise erhalten zeigen.

Auch auf der Insel *Rönnörn* W von Bågaskär zerschneidet ein Metabasaltgang, der sehr schöne Quetschungserscheinungen zeigt, der aber nicht an dieser Stelle granitisiert worden ist, einen Adergneis, an dessen Zusammensetzung sowohl ein kalksteinführender Leptit wie ein älterer Pegmatit teilnimmt.

Die merkwürdigsten Erscheinungen findet man jedoch auf der Insel *Påfskär*. Sie sind z. T. so eigentümlich, dass es vielleicht besser wäre, sie unerwähnt zu lassen, wenn ich nur daran denken würde, meine geehrten Zuhörer von der Richtigkeit meiner Ansichten zu überzeugen. Ich bin aber kein Freund der Anwendung der Diplomatie in der Wissenschaft, sondern ziehe es vor, alle meine Beobachtungen der gefälligen Beurteilung meiner Kollegen vorzulegen, auch ohne die Schwierigkeiten zu verhehlen, die noch einer Deutung im Wege stehen können. In diesem Falle tue ich es aber um so lieber, als bei diesen Erscheinungen, die mir anfangs als Paradoxe der Natur vorkamen, die Deutung nicht sehr fern zu liegen scheint.

Ganz in der Nähe der Stelle, wo die wohlerhaltenen Metabasaltgänge bei Påfskär vorkamen, findet man einen anderen Gang, den man ein paar hundert Meter quer über die Insel verfolgen kann. Er ist aber z. T. in eine Menge scharfeckiger, nahe an einander liegender Stücke zerteilt. In die Spalten zwischen diesen ist nun das umgebende Gestein eingedrungen, und es ist unmöglich, eine Verschiedenheit zu finden zwischen den Teilen, welche vom Metabasalt durchdrungen wurden, und denjenigen, welche denselben als »palingen» gewordenes Eruptiv durchdringen. Es muss also der Granit eine Masse gebildet haben, welche plastisch, aber nicht geschmolzen und reaktionsfähig war.

An einer anderen Stelle sieht man hier, wie der Metabasalt zugleich mit dem umgebenden Gestein in einen Adergneis verwandelt wird.

Im östlichsten Teil der Insel findet man zwei Metabasaltgänge, von welchen der breitere am Kontakte dichtere Grenzzonen zeigt, und die einen mit Kalkstein wechsellagernden »Leptit», z. T. auch ein gneisgranitähnliches Gestein, durchschneiden. Diese hier so deutlichen Gänge werden im weiteren Verlauf, in demselben Masse als das umgebende Gestein allmählich sich dem Typus des Hangögranites nähert, brekzienartig zerstückelt, wobei das Nebengestein in sie eindringt. Wenn man noch weiter geht, findet man die Stücke z. T. resorbiert, so dass sie zuletzt nur unscharf begrenzte Flecke im Granit bilden.

Also kann man hier wieder den direkten Übergang zwischen einem Gestein beobachten, welches sich ganz deutlich als älter als die Metabasaltgänge ankündigt, und einem solchen, welches sie in der Art eines Eruptivgesteines durchdringt.

Diese und andere ähnliche Erscheinungen dürften nur dadurch erklärt werden können, dass unter den hier gegebenen Umständen der feste Zustand und die Fluidität sehr nahe bei einander lagen. Sobald der kritische Punkt überschritten wurde, verwandelte sich das granitische Gestein, in ein neues, reaktionsfähiges Magma, während unter diesen Umständen das basische Gestein z. T. etwas länger existenzfähig war, bis es von dem »palingenen» Magma angegriffen und von diesem z. T. aufgelöst wurde.

Man kann auch an anderen Stellen im südlichen Finnland Beobachtungen machen, welche der Art sind, dass sie uns eine genauere Vorstellung von der physikalischen Beschaffenheit des granitischen Magmas geben. Z. B. an einem Leptit bei der Eisenbahnstation Täckter, welcher auch die schon geschilderten Auflösungserscheinungen zeigt, findet man zahlreiche schmale Granitadern, die eine starke Faltung zeigen. Diese ist z. T. so hochgradig, dass die einzelnen Falten einander berühren. Trotzdem findet man in diesen Granitadern an den Umbiegungsstellen niemals Druckerscheinungen, was bezeugt, dass sie *im Magmazustande* gefaltet wurden. Es zeigt sich hier und an zahlreichen anderen Stellen, dass das granitische Magma oft so rigid war, dass z. T. Faltungen, z. T. Knickungen stattfinden konnten, welche letztere durch heftige Bewegungen hervorgerufen gewesen sein mussten. Diese Adern, die z. T. von ihrer Umgebung so gut abgegrenzt sind, können auch gelegentlich gleichsam zusammengeschweisst werden.

Andererseits war ja das Granitmagma in vielen Fällen so leichtflüssig, dass es auch in die feinsten Spalten eindringen oder gleichsam einsickern konnte.

Es ist sehr wahrscheinlich, dass bei allen diesen Erscheinungen auch der Gehalt an Wasser und anderen Lösungsmitteln eine grosse Rolle gespielt hat. Überhaupt ist ja ihr Chemismus noch sehr unklar. Man muss sich aber auch dabei erinnern, dass die Erfahrungen im Laboratorium nicht direkt anwendbar sind, da ja unter grossem Drucke und bei hoher Temperatur die Reaktionen ganz anders haben verlaufen müssen als an der Erdoberfläche.

Da man nun in den Schären die Metabasaltgänge an Hunderten von Stellen beobachten kann, so ist es möglich, die sukzessiven Phasen dieser hier geschilderten Auflösungsprozesse in solcher Vollständigkeit zu studieren, dass man gleichsam eine kinematographische Reihe wird aufstellen können.

Ausgesprochen ist nun der regionale Charakter aller der beschriebenen Erscheinungen, die man von der Westgrenze des wiborgischen Rapakivigebietes der ganzen Südküste von Finnland entlang und von dort z. T. auch bis in die gegenüberliegenden Teile von Schweden (besonders in Uppland) verfolgen kann. Die Metabasitgänge habe ich von Hangö bis in die Gegend O von Hälsingfors verfolgt. Sehr wahrscheinlich wird es sich zeigen, dass sie von demselben Alter wie die Uralitporphyre (metamorphosierte Basalte) von Pellinge S von Borgå sind, also ein *bottnisches* Alter besitzen. Die Granite vom Hangö-Typus sind jedenfalls postbottnisch, und die geschilderte Art der Umwandlung hat also in mittlerer präkambrischer (oder jungarchäischer Zeit) stattgefunden.

Ähnliche Prozesse findet man aber auch anderswo in den grossen Granit- und Adergneisgebieten Fennoskandias. Es ist eben diese grosse Verbreitung, besonders in der in Frage stehenden s. g. »sveco-fennischen Zone», die mich zur Überzeugung geführt hat, dass man es in diesem Falle nicht mit von unten in kleineren Massen hervorgedrungenen Granitmassen zu tun hat, sondern Erscheinungen vor sich hat, die an der Grenze gegen die zusammenhängende Magmasphäre stattgefunden haben. Für diesen Prozess habe ich das Wort *Anatexis* vorgeschlagen, welches gleichbedeutend mit Aufschmelzung ist. Zugleich spreche ich aber auch von der Wiedergeburt oder *Palingenesis* der granitischen Magmen, welches Wort auch von denen gebraucht werden könnte, welche an eine Wiederaufschmelzung nicht glauben wollen.

Mein verehrter Kollege und Freund Dr. P. J. HOLMQUIST, der ähnliche Erscheinungen aus dem schwedischen Grundgebirge geschildert hat, will die Pegmatitisierungsvorgänge, die auch er als »ultrametamorphische» Prozesse betrachtet, von den Assimilationsvorgängen streng gesondert halten. Ich meine nun, dass aus den von mir angeführten Beispielen, besonders aus den Verhältnissen auf Inderskär und Spikarna, deutlich hervorgeht, dass echte Assimilationserscheinungen mit dem Hervordringen der Pegmatite verbunden sind, und überhaupt, dass es keine scharfe Grenze zwischen Pegmatiten und Apliten einerseits und Graniten von Hangö-Typus andererseits gibt.

Sehr schöne Beispiele einer in Assimilationserscheinungen übergehenden Aplitisierung findet man auch an der Westgrenze des nördlichen Rapakivigranitgebietes im westlichen Finnland, sowie auch an den Grenzen des rapakiviähnlichen Onasgranites O von Hälsingfors.

Schon mit den gegebenen Beispielen glaube ich aber bewiesen zu haben, dass Gesteine, die durch die weitgehende Granitisation eines präexistierenden schiefrigen Komplexes gebildet worden sind, in Fennoskandia eine grosse Rolle spielen, und ich meine, dass dasselbe auch für Kanada und andere ähnliche Komplexe gilt.

Ansichten, welche mit den meinigen nahe verwandt sind, sind ja auch von anderen Forschern, wie LAWSON, ADAMS, DALY, TEALL, JOHANNES LEHMANN, sowie ganz besonders von MICHEL-LÉVY, BARROIS, LACROIX und anderen französischen Forschern, ausgesprochen worden.

Dass sie von der deutschen mikropetrographischen Schule unbeachtet geblieben sind, ist leicht verständlich, erstens weil solche Gesteine in Deutschland, wo die meisten Granitgebiete nicht so tief erodiert worden sind, nicht in so typischer Form auftreten, zweitens und vor allem, weil es dem ordnenden, systematisierenden Geiste, welcher als seine erste Aufgabe betrachtet, eine richtige Auffassung von den eruptiven und sedimentären Gesteinen, nebst ihren metamorphosierten Äquivalenten, zu erhalten, widerstreben muss, die Existenz solcher Gesteine zugeben zu müssen, die auf so gesetzlose Weise mit einander vermischt worden sind, die in das System nicht passen, und die überhaupt nicht als Handstücke den Zuhörern gezeigt und mikroskopisch behandelt werden können. Es ist aber nur dank dieser petrographischen Forschung, welche uns bewährte Methoden für die Untersuchung der Eruptivgesteine und kristallinen Schiefer und feste Ausgangspunkte für die Beurteilung dieser Gesteine gegeben hat, ihr erfolgreiches Studium möglich geworden. Ich meine also, dass ein Forscher, der aus der deutschen (oder eigentlich deutsch-norwegischen) petrographischen Schule hervorgegangen ist, sich als Schüler derselben fühlend auch dann noch ihr volle Anerkennung zollen muss, wenn ihn seine Arbeit auf dieses neue Gebiet geführt hat, dessen Existenz von vielen hohen Autoritäten der petrographischen Wissenschaft geradezu verneint wird.

Ein Faktum, das nicht in die alten Vorstellungen passt, kann vielleicht eine Zeit lang totgeschwiegen werden. Wenn aber Naturobjekte wie diese Mischgesteine (Migmatite), welche weder Sedimente noch Eruptivgesteine oder kristalline Schiefer sind, sondern eine Gruppe für sich bilden, worin man Charaktere der verschiedenen Gruppen vereinigt findet, einen Verbreitungsbezirk besitzen, welcher grösser ist als manches Königreich, da wird es wohl am Ende schwierig sein, ihre Existenz zu verneinen und ihnen die gebührende Beachtung zu verweigern. Wie ich meine, sind wichtige Züge sowohl bezüglich der Petrographie wie der Stratigraphie des Grundgebirges unerklärlich ohne Anwendung einer Theorie, welche den dort so häufigen Granitisationserscheinungen gebührend Rechnung trägt. Die Ansicht, nach welcher der betreffende Komplex lediglich aus gut getrennten Sediment- und Eruptivgesteinen in dynamometamorpher Fazies bestehen sollte, gibt meiner Ansicht nach eine ganz ungenügende Erklärung seiner Entstehung.

Sur la genèse des terrains cristallophylliens.

PAR

PIERRE TERMIER,

Membre de l'Institut, Professeur à l'École des mines, Paris.

Messieurs,

Si j'ai demandé la parole sur « la genèse des terrains cristallophylliens », ce n'est point que je me sente en état de vous décrire exactement cette genèse. Parmi tant de questions difficiles, ou même presque insolubles, soulevées par la géologie, celle-ci est une des plus redoutables, une de celles qui sont actuellement le moins mûres, une de celles qui, pendant de longues années encore, passionneront et décourageront tour à tour les géologues et les pétrographes de tous les pays.

Mon intention est seulement de marquer le degré de connaissance où, dans l'étude de ce problème, nous sommes actuellement parvenus. Les considérations que je vais vous exposer ne vous surprendront probablement pas: elle ne sont pas absolument nouvelles. Mais, nouvelles ou non, il importe, suivant moi, de les mettre en lumière, de les faire entrer dans le fonds commun des idées universellement admises, des idées que l'on ne discute plus. Enrichir ce fonds commun, cette portion désormais inaliénable du patrimoine scientifique de l'humanité, n'est-ce pas l'une des raisons d'être des Congrès internationaux?

Peut-être quelques-uns d'entre vous se souviennent-ils des conclusions que j'ai présentées, il y a sept ans, au Congrès de Vienne, et qui résumaient tout ce que je savais, à ce moment-là, sur la question du cristallophyllien. Vous me permettrez, néanmoins, de vous rappeler, très brièvement ces conclusions. Aucune d'elles n'a été sérieusement discutée depuis 1903; aucune ne me paraît ébranlée. Je les avais tirées de l'étude des schistes cristallins des Alpes occidentales. Elles m'ont paru, depuis lors, découler avec la même évidence de l'étude des terrains cristallins des Alpes centrales et orientales, et de l'étude, aussi, des terrains cristallins des autres chaînes. Je voudrais les voir introduites, comme autant d'axiomes, dans l'enseignement géologique universel.

Tout d'abord, un terrain cristallophyllien, ou une série cristallophyllienne, c'est un terrain quelconque, originairement formé de sédiments, ou de roches volcaniques, ou de roches massives, ou d'un mélange de tout cela, et ayant pris — sous l'action d'une cause mal connue que nous appelons le métamorphisme — le triple caractère de l'holocristallinité, de la structure zonée à zones parallèles, et de la disposition générale en strates parallèles aux zones élémentaires. Tout terrain, sédimentaire ou non, peut devenir un terrain cristallophyllien. En fait, il y a des séries cristallophylliennes de divers âges, et même d'âge très récent. Sur ce premier principe, nous sommes, je crois bien, tous d'accord.

En second lieu, ce n'est pas aux seules actions dynamiques que l'on peut demander une telle transformation. Les actions dynamiques *déforment*; elle ne *transforment* pas. Si l'on veut, avec moi, réserver le nom de métamorphisme à une cause capable de changer, sur d'énormes épaisseurs et d'immenses étendues, un terrain quelconque en une véritable série cristallophyllienne, il n'y a pas de métamorphisme purement dynamique, il n'y a pas de dynamo-métamorphisme. De cela encore, nous sommes, au fond, tous convaincus. La discussion, quand il y a encore, sur ce sujet, quelque discussion entre nous, provient d'une équivoque. Plusieurs géologues désirent garder le nom de dynamo-métamorphisme, ou celui de dynamo-métamorphose; et ils les appliquent à des déformations de roches par écrasement ou laminage, ou à des phénomènes locaux et partiels de recristallisation dans les roches ainsi déformées. Ils disent « granites dynamo-métamorphosés », au lieu de dire « granites écrasés et laminés ». Je signale l'équivoque en passant; et c'est pour la supprimer que je demande l'abolition du mot de dynamo-métamorphisme. Plus nous avançons dans la connaissance des phénomènes de charriage, et plus nous rencontrons de ces roches écrasées et laminées. Des *mylonites*, faites aux dépens de toute espèce de roches, sont aujourd'hui signalées un peu partout, et dans toutes les chaînes. *Localement*, il peut arriver qu'elles ressemblent à un gneiss, ou à un micaschiste; mais aucun pétrographe ne prendra jamais une série mylonitique pour une série cristallophyllienne.

Ma troisième conclusion de 1903 était que, malgré cette impuissance des efforts dynamiques à produire un véritable métamorphisme, il y a néanmoins une liaison certaine entre le *métamorphisme régional* — je veux dire la transformation, dans une vaste région et sur une grande épaisseur, d'un terrain quelconque en une série cristallophyllienne — et la naissance des chaînes de montagnes. Chaque chaîne a sa série cristallophyllienne. Les chaînes de montagnes sont liées à des géosynclinaux; et il n'est pas de métamorphisme un peu intense et un peu étendu là où n'a pas régné la condition géosynclinale. Il me semble bien que, sur ce troisième point, la discussion est close.

En quatrième lieu, j'affirmais que le métamorphisme régional n'est pas explicable par le voisinage des roches massives. Le métamorphisme régional est autre chose qu'un *métamorphisme de contact* extraordinairement dilaté. Certaines séries cristallophylliennes ne renferment pas de roches massives. Dans celles qui en renferment, et qui sont les plus nombreuses, le métamorphisme et les amas de roches massives sont liés entre eux — quand ils sont liés —, non pas comme un effet à sa cause, mais comme deux effets d'une même cause. La même cause a produit, et la série cristallophyllienne, et les amas de roches massives que celle-ci contient. L'un des objets de ma communication d'aujourd'hui est précisément de développer cette quatrième conclusion, qui n'a pas été partout bien comprise.

En cinquième lieu, la cause qui a produit le métamorphisme régional a agi de la même façon dans tous les temps et dans toutes les chaînes de montagnes. Enfin — et c'était ma sixième conclusion de 1903 — l'action métamorphosante s'est étendue inégalement aux divers étages de la série qui, dans son ensemble, devenait cristallophyllienne. Le métamorphisme s'est comporté comme la tache d'huile qui s'étend dans une pile d'étoffes, et qui s'étale inégalement, suivant leur perméabilité, dans les diverses étoffes de la pile. Sur ces deux dernières conclusions, je ne crois pas qu'il y ait lieu de revenir.

Partons, si vous le voulez bien, Messieurs, de ces six principes; et essayons d'aller un peu plus avant, et de voir un peu plus clair dans la genèse des terrains cristallophylliens.

Voici une première question, sur laquelle il faut, de toute nécessité, prendre parti : celle de savoir si, dans la transformation que nous appelons métamorphisme, il y a eu, ou non, *apport* de matériaux nouveaux. La discussion sur ce point est encore ouverte; mais je suis très convaincu qu'elle s'entretient, cette discussion, et qu'elle se perpétue, par une équivoque, tout comme le litige sur le dynamo-métamorphisme. Chacun sait que, dans une série cristallophyllienne, on voit s'affaiblir le métamorphisme quand on s'éloigne, soit verticalement, soit latéralement, d'une certaine région où il est à son apogée ; et que l'on passe ainsi, fort souvent, par des phyllades, des quartzites micacés, des marbres plus ou moins phylliteux, à un terrain sédimentaire tout à fait ordinaire. Si l'on considère la zone de passage, déjà très recristallisée, on y trouve beaucoup de roches dont la composition chimique ne diffère pas, ou diffère très peu, de celle des sédiments intacts : et c'est sur quoi quelques-uns s'appuient pour nier l'apport. Mais, même dans cette zone de passage, il n'est pas difficile de voir s'accuser des différences chimiques : il suffit, pour cela, de prendre la moyenne d'un grand nombre d'analyses. Dès avant le développement des feldspaths dans les sédiments transformés, on constate que les teneurs en eau, en acide carbonique, en alumine, en silice varient ; que les alcalis augmentent ; que la chaux diminue. Quand les feldspaths apparaissent, l'apport d'alcalis n'est plus niable. On ne peut contester la réalité d'un apport que si l'on parle de séries à métamorphisme incomplet, par exemple de séries de phyllades comme il en existe dans le Précambrien de diverses régions. Mais pour les véritables séries cristallophylliennes, je veux dire pour celles qui sont formées surtout de micaschistes, de gneiss et d'amphibolites, je ne crois pas que l'on puisse raisonnablement douter d'un apport nouveau, d'un afflux d'éléments arrivant de la profondeur et chassant devant eux quelquesuns des anciens éléments. La présence, dans la plupart des micaschistes, de nombreux cristaux de tourmaline, même très loin de toute venue granitique, est un argument, souvent oublié, et qui s'ajoute à beaucoup d'autres, en faveur de cette conception.

Une autre question qui se présente à nous, et qui est plus difficile, est celle du degré maximum de fluidité qu'ont atteint les roches quand elles se transformaient, par le métamorphisme régional, en des roches cristallophylliennes. Voici mon opinion à ce sujet.

Il n'est pas douteux que certains gneiss ne soient passés, avant l'achèvement de leur cristallisation, par un état visqueux ou semi-fluide : car ils contiennent des enclaves d'apparence étrangère, des morceaux de roches de composition différente qui semblent flotter dans la masse gneissique, comme flottent, dans le granite, les enclaves que tout le monde connaît. Voilà bien longtemps que j'ai observé des enclaves de micaschistes et d'amphibolites dans les gneiss du Plateau central français. M. le Professeur A. G. Högbom nous a montré, il y a quelques jours, au cours de l'excursion du Jämtland, dans les gneiss de l'Åreskutan, des exemples analogues et plus beaux encore du même phénomène. Ce sont des enclaves d'amphibolite noire, les unes lenticulaires et aplaties, d'autres rondes ou ovoïdes, d'autres anguleuses avec des angles simplement arrondis, qui flottent dans un gneiss de couleur claire, riche en feldspath et dont les minéraux colorés sont le mica noir et le grenat. Autour de chaque enclave, une ceinture de grenats a cristallisé ou encore une ceinture feldspathique où le mica manque. Les enclaves lenticulaires sont zonées parallèlement à la grande section de la lentille et couchées dans la schistosité du gneiss. Quelques enclaves rondes ou anguleuses présentent une disposition plus étonnante: elles sont zonées, et leurs zones sont en travers de celles du gneiss; elles apparaissent comme *chavirées* par rapport à l'orientation générale de la roche. Quand le gneiss est froissé, plissoté, contourné, les enclaves participent à tous ses mouvements et dessinent alors, en noir sur le fond clair, des zig-zags capricieux et compliqués. Que sont, au juste, toutes ces enclaves? L'hypothèse la plus plausible, à mon avis, est celle de ségrégations basiques effectuées *in situ*, dans un milieu semi-fluide. La cristallisation par zones parallèles se serait étendue, simultanément ou successivement, au gneiss et à l'enclave. Des mouvements intérieurs, çà et là, dans la masse en voie de cristallisation, mais encore incomplètement solidifiée, auraient déplacé, déformé, brisé certaines enclaves déjà solides ; et quelques-uns des morceaux ainsi déplacés auraient finalement été saisis et fixés alors que leur propre zonage était en travers du zonage général. En tout cas, aucun des détails du phénomène n'est explicable en dehors d'un état de fluidité relative : et c'est là ce qu'il importe, pour le moment, de retenir.

D'autre part, il est certain que cette fluidité, dans les milieux qui ont cristallisé en gneiss, n'a été que très incomplète. On ne comprendrait pas, sans cela, la structure zonée, qui est l'un des caractères essentiels de toute roche cristallophyllienne. Dans un milieu complètement fluide, la pression n'a plus de direction : la cristallisation, dès lors, ne peut pas être zonée, elle se fait sans aucune orientation privilégiée, et c'est la cristallisation des roches massives. Au contraire, dans un milieu incomplètement fluide, où des grains solides, très nombreux, sont séparés par des vésicules liquides, la pression prend une direction, qui est, le plus souvent, la verticale, et la structure zonée, dans la cristallisation, devient nécessaire. Chaque minéral en voie de formation tend à placer, perpendiculairement à cette pression orientée, un de ses plans de solubilité maxima ou de fusibilité maxima, c'est-à-dire, pour parler le langage de BRAVAIS, un de ses plans de plus grande *densité réticulaire*. Et si ce minéral, comme le mica, possède un plan réticulaire dont la densité soit très supérieure à celle de tous les autres plans de son réseau, c'est ce plan-là, et non pas un autre, qui se mettra perpendiculaire à la pression, réglera l'orientation de tous les cristaux et déterminera le zonage de la roche. Ce zonage devient une simple conséquence de la loi de BRAVAIS: et je ne crois pas que, pour l'expliquer, il soit nécessaire de faire appel — comme le fait M. BECKE — à une généralisation hypothétique, et par conséquent contestable, du principe de RIECKE sur la relation entre la pression et le point de fusion.

Cette remarque sur l'incomplète fluidité des milieux qui ont cristallisé en gneiss, par rapport à la complète fluidité des milieux qui ont cristallisé en roches massives, m'a été faite pour la première fois, il y a environ six ans, par un ingénieur en chef au Corps des mines de France, mon ami M. ANDRÉ LECLÈRE, bien connu des pétrographes pour ses études chimiques sur le granite de Flamanville. J'avoue qu'elle a été un trait de lumière, et que, grâce à elle, j'ai compris, d'un seul coup, toute une série de phénomènes restés jusqu'alors, pour moi, totalement énigmatiques. En particulier, la liaison entre les roches cristallophylliennes et les amas de roches massives devient toute simple : et c'est tout le problème des roches massives profondes qui s'éclaire aussi, comme vous allez en juger.

Maintenant que nous avons pris parti sur ces deux importantes questions, celle de l'apport d'éléments nouveaux et celle du degré de fluidité, nous pouvons, sans trop de hardiesse, essayer de nous figurer le métamorphisme régional.

Le métamorphisme régional complet — celui qui va jusqu'à la formation des gneiss — exige la profondeur ; il ne se réalise parfaitement et ne prend toute son ampleur que dans les terrains qui sont en condition géosynclinale. Mais la profondeur ne suffit pas ; la condition géosynclinale même ne suffit pas. Nous savons tous, en effet, que dans beaucoup de géosynclinaux, et qui semblent avoir été très profonds, il n'y a pas eu de métamorphisme. Il faut autre chose.

Cette autre chose, qui est absolument nécessaire au métamorphisme régional complet, c'est l'arrivée de vapeurs *juvéniles*, pour employer l'adjectif d'EDUARD SUESS, l'arrivée de vapeurs montant de l'intérieur, véritables colonnes filtrantes apportant, avec divers gaz, des silicates et des borates alcalins.

Sur le parcours de ces colonnes chaudes, la température des roches, sédimentaires ou autres, qui sont en condition géosynclinale, s'exagère rapidement. Des échanges chimiques s'établissent, favorisés par cette exagération de la température et par l'abondance des dissolvants; mais cette chimie interne n'est pas livrée au hasard. La préparation de *mélanges à point de fusion minimum*, véritables mélanges eutectiques qui fondront avant tout le reste, telle est la raison d'être des transports d'éléments dans la masse surchauffée. Les anciens éléments en excès, qui gênent la production des eutectiques, fuient devant la colonne filtrante ; ils s'en vont ailleurs, et finissent par se fixer, déplaçant à leur tour d'autres corps, tandis que leur place, à eux, est prise par les éléments juvéniles.

Brusquement, çà et là, dans les régions de la masse surchauffée où des mélanges homogènes à point de fusion minimum ont pu se constituer, des fusions s'opèrent. Des amas liquides, véritables magmas, s'isolent au milieu d'un édifice qui est encore en grande partie solide, mais qui se ramollit déjà par endroits. Ces amas liquides peuvent avoir toute dimension. Plus on descend dans l'édifice, et plus ils deviennent gigantesques : tout en bas, c'est sur un immense batholite fondu que l'édifice repose. Quand cessera l'afflux de vapeurs chaudes, quand se fermeront « les puits de l'abîme », le refroidissement commencera, et, longtemps après, amas et batholites cristalliseront en roches massives, en granites ou en gabbros, en diorites ou en péridotites. Chaque grande famille de roches massives correspond à un eutectique idéal, plus ou moins grossièrement réalisé. Le nombre de ces familles de roches profondes est limité parce que ces eutectiques complexes — que nous ne savons pas encore produire, mais que les géophysiciens nous prépareront bientôt — sont eux-mêmes en très petit nombre.

Mais revenons à l'édifice traversé et surchauffé par la colonne filtrante, et qui, à l'exception des amas fondus, est encore ou solide, ou à peu près solide, ou tout au plus semi-fluide. Lui aussi va cristalliser, quand la température diminuera ; et même sa cristallisation précédera celle des amas fondus. Il cristallisera en roches zonées, c'est-à-dire en roches cristallophylliennes. Dans cet édifice, les échanges chimiques sont demeurés incomplets : il restera donc hétérogène. Une fois consolidé et refroidi, il gardera cette hétérogénéité : et ce sera une alternance, bien des fois répétée, de strates de compositions différentes, gneiss, micaschistes, amphibolites ou pyroxénites.

Plus on monte dans l'édifice, et plus l'on voit s'affaiblir l'action de la colonne filtrante. Le métamorphisme est donc limité, et il décroît graduellement. La même dégénérescence s'observe quand on s'éloigne, horizontalement, de la zone traversée par les vapeurs. Dans les régions de semi-métamorphisme, les roches sont restées tout à fait solides : elles ont seulement été imprégnées par les solutions chaudes. Cela a suffi à les faire recristalliser : mais chaque assise a gardé, ou à peu près, sa composition primitive. On n'a plus de gneiss, mais seulement des phyllades, des quartzites micacés, des marbres phylliteux. Plus haut encore, ou plus loin, ce ne sont plus que des phyllades, des quartzites ordinaires, de simples marbres. L'extension horizontale du métamorphisme varie d'ailleurs suivant la perméabilité des couches ; et elle peut être plus grande dans un étage que dans celui qui lui est immédiatement inférieur.

Maintenant, la cristallisation s'achève. L'ensemble des terrains soumis au métamorphisme régional est devenu une série cristallophyllienne. Ici des gneiss, là des micaschistes, plus loin des amphibolites, plus haut des phyllades. Mais les amas liquides, qui sont des mélanges à point de fusion minimum, ne sont pas encore consolidés. Beaucoup vont cristalliser, là même où ils sont, en des roches homogènes que l'on verra plus tard apparaître brusquement, et avec des contours précis, au milieu des gneiss ou des micaschistes. D'autres vont se différencier. Plusieurs se videront vers le haut par des fractures, et serviront ainsi de source à des roches intrusives ou à des roches volcaniques.

Vous comprenez maintenant, Messieurs, ce que je voulais dire quand je parlais de la liaison des roches massives et des terrains cristallophylliens. Les premières se sont formées par le même procès général que les seconds. La production des roches massives n'est qu'un épisode du métamorphisme régional.

Pour les roches massives, le critérium de la véritable profondeur, le critérium du gisement abyssique, c'est l'amplitude et l'intensité du métamorphisme qui les entoure et qui *semble* émaner d'elles. Si un granite, par exemple, n'a autour de lui qu'une très petite auréole de phénomènes de contact, et de phénomènes peu intenses, soyez sûrs que le magma de ce granite ne s'est pas élaboré *in situ*, qu'il est venu d'ailleurs, tout formé. Mais s'il est entouré d'une vaste auréole de terrains très métamorphiques, et surtout s'il est enclavé dans une série cristallophyllienne à laquelle il paraisse réellement lié, tenez pour certain qu'il s'est formé sur place, par la fusion complète d'un eutectique, alors que les terrains voisins étaient seulement semi-fluides ou même à peine ramollis.

Évidemment, tout n'est pas expliqué ; mais tous les faits que nous connaissons aujourd'hui s'enchaînent, et c'est là une raison suffisante pour proposer — jusqu'à ce que l'on ait trouvé mieux — une théorie scientifique. Pour mon compte, je n'en ai pas d'autre : et c'est donc à celle-ci que, provisoirement, j'adhère ; et c'est elle que, provisoirement, j'enseigne.

J'ai dit « tous les faits que nous connaissons ». La structure si particulière des assises cristallophylliennes, leur variété si grande de composition, leurs rapports indéniables avec les roches massives ; le nombre si restreint des types de ces dernières et l'étroitesse des limites entre lesquelles se tient leur composition ; les degrés du métamorphisme, sa liaison avec les chaînes de montagnes : oui, en vérité, tout cela devient relativement clair.

J'espère bien que nous irons plus loin, Messieurs, et que cette clarté relative finira par être la vraie lumière. Laissez-moi, en vous remerciant de votre bienveillante attention, terminer par ce souhait que, au prochain Congrès géologique international, une voix s'élève — la mienne, ou une autre, peu importe — pour vous annoncer quelque découverte décisive, faisant pénétrer le grand jour jusqu'au fond des abîmes où Marcel Bertrand voyait s'élaborer les séries cristallophylliennes de l'avenir.

Sur les relations tectoniques des granites grenus et gneissiques de Bretagne.

PAR

CH. BARROIS,
Professeur à l'Université de Lille.

Peu de questions ont plus préoccupé nos Congrès que celle de l'origine des schistes cristallins. De tout temps, ce difficile problème a fixé l'attention des géologues les plus éminents. Les travaux récents de ROSENBUSCH, BECKE, GRUBENMANN, VAN HISE, WEINSCHENK, LEHMANN, GÄBERT, MICHEL-LÉVY, TERMIER, ont fourni d'importantes contributions à la théorie qui les considère comme des terrains, d'âge quelconque, sédimentaires ou éruptifs, modifiés par métamorphisme, dans des zones profondes où le degré géothermique est plus élevé, et les pressions plus considérables. Laissant de côté la discussion des possibilités théoriques des divers explications proposées, notre très distingué confrère M. BÄCKSTRÖM nous a invités à présenter au Congrès des preuves du métamorphisme de grande profondeur et à montrer si les schistes cristallins portent la marque de cette espèce de métamorphisme? Nous nous bornerons ici à fournir un exemple de métamorphisme de profondeur, fourni par l'étude stratigraphique de la Bretagne.

La Bretagne présente de remarquables opportunités pour l'étude du granite, dans la variété et le nombre de ses massifs granitiques, dans leur diversité de composition et de structure, dans les grandes failles qui ont remonté à la surface des blocs profonds de la croute solide, et enfin dans la profondeur de la dénudation qui les dissèque, sans arrêt, depuis l'époque carbonifère. Ces granites arrivés à des époques diverses depuis les temps archéens jusqu'aux carbonifères, présentent des relations variées entre eux et les couches encaissantes. Ces relations éclairent le mécanisme de leur venue.

Mais tandis que les relations des granites avec les sédiments paléozoïques, du Silurien au Carbonifère, présentent de grandes analogies avec celles qui sont souvent décrites dans d'autres contrées, telles que la Norvège et l'Angleterre, où les formations paléozoïques reposent directement sur des roches schisto-cristallines gneissiques, on observe en Bretagne, entre le Cambrien et les terrains de gneiss, une formation clastique épaisse de plus de 4 km, qui fournit des circonstances spéciales. Les granites carbonifères en effet s'y trouvèrent soumis à des pressions considérables sous le poids des formations paléozoïques superposées, et les modifications produites s'y montrent en même temps plus intenses, car c'est dans ces couches que les exemples de transformation métamorphique et d'injection intime présentent leur maximum.

De très nombreux massifs granitiques affleurent dans le Morbihan; ils sont si nombreux et si ressemblants entre eux, qu'on ne peut contester leurs relations génétiques. Mais on doit se demander si ces divers massifs représentent, comme en certains pays, des venues successives, émises d'un même réservoir profond lentement différencié, ou s'ils ne correspondent pas plutôt à des parties différentes d'une même masse magmatique, consolidée à des profondeurs différentes?

Dans cette région, la composition minéralogique des divers massifs granitiques présente de nombreux traits communs; ils présentent en outre une même tendance générale à s'aligner, en chapelet, du NO au SE suivant de longues boutonnières elliptiques.

On peut suivre ainsi les mêmes chapelets granitiques rectilignes, longeant la côte sud de la Bretagne, sur une longueur de 300 km. La direction de ces alignements moniliformes correspond à celle des couches paléozoïques redressées, et à celle des accidents tectoniques principaux, failles ou arêtes des plis. Mais tandis que ces ellipses granitiques sont ouvertes dans les gneiss et micaschistes précambriens au NO de la contrée, elles gisent parmi les formations siluriennes au SE. Leur étude est plus facile parmi les encaissements paléozoïques, que parmi les précambriens; nous examinerons pour cette raison la partie orientale, comprise entre le Morbihan et le Maine-et-Loire.

Le champ ainsi délimité est représenté sur la carte (fig. 1) et montre la terminaison vers l'est des trois alignements granitiques suivants:

1°. Massif de Saint-Jean-Brevelay.

2°. Massif de Lanvaux.

3°. Massif de Grandchamp.

Le *massif de Saint-Jean-Brevelay* est le plus septentrional; il s'étend à peu près sur notre esquisse, de Ploermel à Pontivy, sur une superficie approximative de 200 km².

Le *massif de Lanvaux* situé au sud du précédent est plus important que lui, forme une vaste ellipse de plus de 90 km de longueur; elle ne s'arrête pas là toutefois, et on peut considérer comme une apophyse de la même masse profonde les granites qui affleurent à l'ouest d'Angers, à 80 km de là. C'est ce qu'établissent concurremment les analogies de composition et de structure des granites de ces massifs, leur similitude

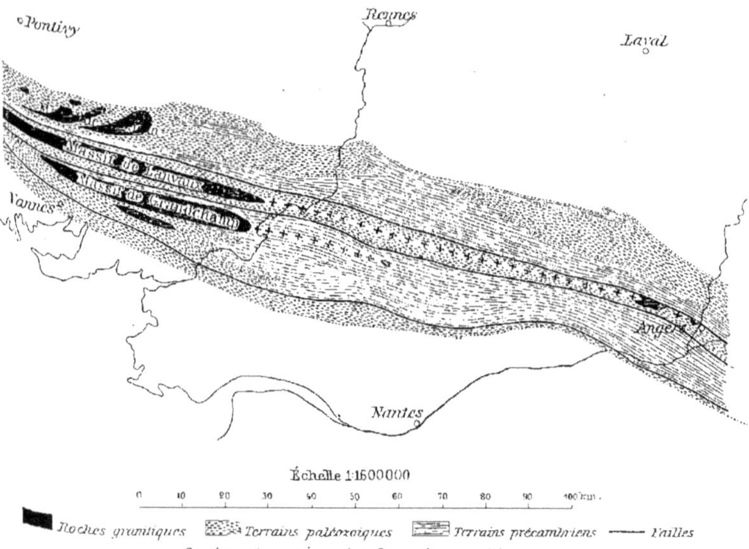

Fig. 1.

d'action sur les roches encaissantes, et enfin leur gisement au centre d'une même anticlinal. Ce massif de Lanvaux doit donc être considéré comme le plus long de la région puisqu'il s'étend, soit en surface, soit en profondeur, de Lanvaux à Angers, d'un bout à l'autre de notre carte, soit sur 200 km.

Le *massif de Grandchamp* situé au S du précédent, s'étend de Pluvigner à Allaire, sur une superficie de 300 km²; il est plus court que le précédent, mais reparait comme lui au jour, après un parcours souterrain de 40 km, dans le petit massif granitique de Nozay, identique à celui d'Allaire, et situé au milieu d'un synclinal silurien. On a les mêmes raisons pour rattacher ce piton granitique au massif d'Allaire, que le massif d'Angers au granite de Lanvaux. Les probabilités de leur continuité en profondeur sont augmentées par la remarquable cristallinité des schistes siluriens, semblablement transformés suivant cette ligne synclinale (synclinaux de Vioreau, de Teillé).

Les relations des roches et des gisements sont ici suffisantes pour montrer la réalité des assimilations proposées et la continuité souterraine des chapelets indiqués. Il est plus difficile et plus intéressant de chercher les relations de ces trois massifs entre eux. Ici encore, nous pourrons chercher quelque lumière dans la comparaison des gisements, dans l'âge et les modifications des couches traversées, dans la composition et la structure des roches intrusives. Mais avant de conclure, nous devrons revenir d'une façon plus détaillée sur ces divers massifs et insister davantage sur leurs caractères propres.

1°. *Massif septentrional de Saint-Jean-Brevelay:* Ce massif est essentiellement formé d'un granite grenu à gros grains, à deux micas, qui présente tantôt dans sa bordure des variétés aplitiques ou des variétés fibro-schisteuses, gneissiques. Il est localisé à une bande anticlinale dans les schistes précambriens, bande peu profonde, puisque de chaque côté affleurent régulièrement les schistes pourprés cambriens.

2°. *Le massif méridional de Grandchamp,* avec sa couronne porphyroïde, traverse successivement toute la série des formations régionales, depuis les gneiss précambriens jusqu'aux ampélites et calcaires du Silurien supérieur. Les couches offrent au contact des modifications métamorphiques intenses, avec développement des silicates cristallins ordinaires, mica noir, andalousite, grenat, pyroxène, etc.: on n'observe pas de développement de feldspath dans cette auréole externe.

Au centre du massif, le granite est une roche grenue massive, grossière, cohérente, à grains de quarz généralement terminés, riche en mica blanc (granulite des auteurs français). Sur les bords du massif cette roche présente des modifications endomorphes: sur le bord sud, elle devient feuilletée, le mica et les autres éléments sont orientés suivant le feuilleté de la roche. Sur le bord nord, la modification est un peu différente, le mica noir devient plus abondant, le grain de la roche s'exagère et le microcline cristallisé en grandes macles de Carlsbad de 4 à 5 cm donne à la roche une structure porphyroïde. La cristallisation de ces éléments n'a pas été confuse et les affleurements d'un peu d'étendue montrent que les cristaux porphyroïdes de microcline sont alignés dans la masse, suivant des lignes ou zones ondulées, continues. Des apophyses minces aplitiques, limitées à la périphérie, forment des bordures locales (Moulin du Tertre) ou plus souvent des filons minces.

De la différentiation du magma et de l'orientation des éléments de première consolidation suivant des traînées pseudo-fluidales, dans l'auréole de ce massif granitique, on doit conclure que la cristallisation des éléments du granite s'est opérée progressivement, et que commencée au voisinage des salbandes, dans une masse encore en mouvement, elle s'est avancée vers l'intérieur du massif, à travers un magma en repos, qui ne montre plus trace d'écoulement. Quant au flanc sud du massif, de contour rectilinéaire, il montre dans ses granulites feuilletées la superposition d'un phénomène secondaire de laminage dû à l'orogénèse, à un phénomène primaire de fluidalité dû aux conditions de refroidissement du magma granitique.

Les modifications du granite au contact ne sont pas dûes, dans le massif de Grandchamp, à des échanges moléculaires, entre le magma éruptif et la roche encaissante, mais seulement à l'influence du refroidissement, qui agit sur l'orientation des éléments du granite, sur leur mode de groupement et l'ordre de leur cristallisation. Elles dépendent ainsi de l'encaissement, non en raison de la réaction chimique de celui-ci, qui est nulle, mais en raison de sa conductibilité, qui varie suivant les conditions, pour la chaleur et la pression. Cette conclusion doit être considérée comme spéciale à ce massif, nous allons voir qu'on ne saurait l'étendre à celui de Lanvaux.

3°. *Massif granitique central de Lanvaux:* Grand massif allongé, parallèle au précédent, mais en différant par sa composition lithologique et sa structure: la roche granitique, généralement feuilletée, présente de nombreuses variétés. Elle offre les caractères d'un granite grenu, riche en biotite, exploité comme pierre de taille à l'est du massif (Bains); elle devient gneissique dans le reste du massif, le mica noir dominant y est généralement en débris et on constate l'alternance de bancs concordants à structure grenue ou euritique, avec des bancs gneissiques, glanduleux, plus ou moins micacés.

Cette différence de structure du massif de Lanvaux, relativement aux précédents, correspond à leur différence de gisement tectonique. Ce massif ne se montre plus comme ceux-ci au voisinage des couches siluriennes supérieures, il est limité à l'affleurement des schistes briovériens, relevés

suivant une vaste ellipse anticlinale, qui sépare les longues dépressions
synclinales parallèles de Redon et de Malestroit. Les schistes briovériens
qui l'entourent, affleurent de part et d'autre des landes de Lanvaux, dans
les vallées de la Claye et de l'Arz, ils alternent avec de minces couches
de schiste plus sombre, des grauwackes gris-verdâtres, et particulièrement
des lits d'une arkose blanche, feuilletée, caractéristique. Ces arkoses
sont remarquables près du massif granitique par le développement
d'épaisses membranes séricitiques qui leur donnent un aspect gneissique
ou porphyroïde, et enlacent de gros grains de quarz de 1 à 2 mm de dia-
mètre, parfois bipyramidés, des débris de feldspath orthose et oligoclase,
ainsi que des lambeaux de mica noir. A mesure qu'on approche du
granite gneissique de Lanvaux, les schistes deviennent noueux et se
chargent de petites paillettes de mica noir et de muscovite; le feldspath
du granite émigre dans le schiste, sous forme de glandules alignés et
le transforme en schiste feldspathique peu micacé; le quarz est souvent
disposé en rubans continus.

La schistosité générale du massif granitique est en partie dûe à
des lits de schiste verdâtre, gris, un peu micacé, en lambeaux interstratifiés: les alternances répétées de ces bancs plus ou moins grenus,
gneissiques, ou schisteux, nous portent à croire qu'il y eut injection
de granite en filons-couches, dans les lits du schiste, et qu'on ne doit
pas expliquer sa disposition par un laminage mécanique secondaire, qui
aurait transformé un granite primitivement grenu, en roches phylli-
teuses, plus ou moins schisteuses. On peut rapporter à cette action mécanique le développement plus grand du feuilletage sur le bord sud que
sur le bord nord de la bande granitique, ainsi que les déformations de
divers minéraux et quelques néoformations minérales (séricite, quarz).

Les trois massifs granitiques considérés, analogues par leur composition minéralogique et par le parallélisme de leurs alignements, diffèrent
entre eux par leur structure et par l'âge de leurs couches encaissantes.

Le massif de Lanvaux est gneissique et granitique, les deux autres
massifs sont grenus, plus riches en muscovite et en quarz (granulites).
Le massif de Lanvaux est enclavé parmi des couches profondes du Précambrien, loin des bandes siluriennes plus récentes; le massif de Grandchamp traverse les couches siluriennes, et celui de St. Jean est au voisinage d'une autre bande de même âge. La carte montre donc que le
massif de Lanvaux est encaissé dans des couches plus anciennes que
les deux autres.

Si enfin, nous menons une coupe transversale à travers les trois massifs granitiques (fig. 2), nous voyons que le massif de Lanvaux n'est arrivé à l'affleurement à le même altitude que les deux autres par rapport à l'horizontale, que grâce au jeu de deux failles (faciles à relever sur le terrain), qui ont remonté ce paquet profond. Si enfin on se rappelle les notions acquises sur la répartition des terrains sédimentaires du pays, on devra admettre, qu'avant son abrasion par les agents atmosphériques, ce paquet anticlinal était recouvert par toute l'épaisseur des formations siluriennes des synclinaux voisins.

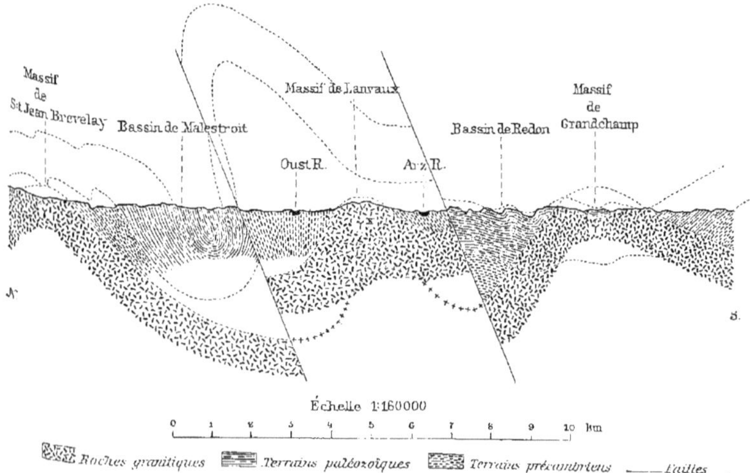

Fig. 2. Coupe des massifs granitiques du Morbihan.

De ces faits on doit induire que les granites des massifs de Grandchamp et de St.-Jean se sont consolidés à peu près dans les mêmes conditions de profondeur, tandis que celui du massif de Lanvaux s'est consolidé dans des conditions différentes, à des profondeurs plus grandes. Or c'est précisément à ces différences de profondeur, que nous révèlent les coupes, que correspondent les différences de composition et de structure, décrites plus haut, entre ces massifs granitiques. Il y a donc une raison, *basée sur l'observation pure*, pour croire que les différences de composition et d'action métamorphique de ces granites sont attribuables aux profondeurs de consolidation des divers massifs.

Les structures grenues ou gneissiques et plus ou moins granulitiques du granite sont ici fonction des profondeurs indiquées par les coupes. Il y a concordance entre les deux ordres de faits, et une théorie basée sur cette concordance a au moins sur les autres, si elle ne les élimine pas toutes, cet avantage de reposer sur des faits matériels. Sans doute, il reste loisible de supposer que les différences relevées entre les trois massifs du Morbihan sont dûs à d'autres causes encore: que ces massifs ne sont pas contemporains, qu'ils proviennent d'injections successives d'un magma évoluant en profondeur? Mais il faudra cependant reconnaître qu'aucune observation n'établie cette idée que la mise en place des trois massifs du Morbihan dépend de venues successives; on ne trouve pas les débris d'une première consolidation brassés dans des consolidations plus récentes, ni les galets de ces granites roulés à divers échelons de l'échelle des formations sédimentaires. D'autres massifs granitiques nous ont fourni en Bretagne des exemples de ces faits; leur absence dans ceux-ci n'en est que plus probante en faveur de leur synchronisme.

Les caractères du granite et l'étendue de ses phénomènes métamorphiques varient avec l'épaisseur de sa cloche de recouvrement, sa profondeur et par suite les pressions sous lesquelles il s'est consolidé; ils dépendent d'autre part des variations dans l'abondance (et dans la nature) des minéralisateurs et agents transportables ayant accompagné le magma. La stratigraphie des massifs du Morbihan en fournit un exemple, en permettant d'interpréter les différences d'intensité et d'étendue de la feldspathisation dans ces massifs voisins, distants parfois d'un km à peine, en surface.

Ainsi, on constate que dans les massifs peu profonds de Grandchamp, de St. Jean, la séparation entre le Silurien et le granite est tranchée, les sédiments ne sont pas feldspathisés, mais transformés en roches cristallines à mica et andalousite, sans feldspath, comme en Norvège et dans les Vosges.

Dans le massif de Lanvaux, au contraire, on observe au contact du granite une zone constante dans laquelle les schistes et granwackes se chargent de feldspath, soit par imbibition, soit par injection. On suit tous les stades de cette feldspathisation et les passages insensibles entre ces schistes feldspathisés et le granite lui-même, au point qu'on peut discuter, en présence de certains lits, si ce sont des granites pressés et déformés mécaniquement, ou si ce sont des schistes feldspathisés. Il se produit des roches gneissiques véritables, au milieu desquelles se trouvent ça et là des lits plus grenus granitiques, ou des lambeaux de schistes, présentant les stades extrêmes des transformations observées. Ainsi l'étendue de la feldspathisation, ou l'épaisseur de la gneissification sont fonction de la profondeur initiale des contacts observés et permettent pour ainsi dire de les mesurer.

Il devient ainsi rationnel de penser qu'à une profondeur plus grande, les contacts entre les sédiments imprégnés et le granite présentent des différences de plus en plus faibles, de telle sorte qu'on est amené à penser avec A. Michel-Lévy qu'il existe une zone profonde où il y a continuité complète entre le granite normal et la zone gneissique formée sous l'influence de celui-ci, aux dépens des premières roches sédimentaires.

La stratigraphie ne nous a point permis encore de reconstituer jusqu'à ces profondeurs la forme et la figure originelles des corps granitiques bretons, mais elle nous en montre, dans les affleurements, des tranches découpées, venues de profondeurs inégales. Et ces tranches inégalement descendues apprennent que les phénomènes de métamorphisme de contact, d'injection, d'assimilation, et par suite la composition et la structure des roches granitiques même, sont variables dans une même région, autour d'un même noyau, et que ces variations sont fonction de l'éloignement de la tranche considérée, relativement au terme de l'ascension du magma granitique. En effet les massifs de St.-Jean et de Grand-champ, insuffisamment descendus, ne présentent dans leurs contacts siluriens que les phénomènes classiques du métamorphisme sans apport, échange ni injection, tandis que ces phénomènes se sont produits dans le massif du Lanvaux, plus profondément descendu, où se sont formés des gneiss granitiques aux dépens des sédiments précambriens, sous l'influence du magma granitique d'un même réservoir.

Metamorphism in the pre-Cambrian of Northern Ontario.

BY

A. P. COLEMAN,
Professor at the University of Toronto.

It is often assumed in a general way that the amount of metamorphism shown by any type of rock increases with its age — and conversely that highly metamorphosed rocks are older than less modified rocks. This is of course often an incorrect assumption, since metamorphism depends on conditions that do not necessarily depend on age; though the older the rock the more likely it is to have undergone these conditions.

It is customary to distinguish various kinds of metamorphism, such as contact-metamorphism, regional-metamorphism and dynamo-metamorphism; but in reality these different varieties often blend together so as not to be easily separated. The main effective factors in all are heat, pressure and infiltrating fluids containing silica and other materials in solution.

In most cases of contact metamorphism the time of the operation has been short, owing to the smallness of the eruptive mass and the slight depth below the surface, allowing relatively rapid cooling.

On the other hand so called regional metamorphism has generally gone on at great depths and in the vicinity of vast masses of very slowly cooling granite and gneiss, the batholiths of our Archæan.

In most cases of regional metamorphism dynamic factors have been important also, such as squeezing, mashing and shearing. Frequently the work has been done at depths within the zone of plasticity, where all rocks must yield to strains under a load beyond their crushing strength.

In northern Ontario there are a number of cases where rocks of the same age and type have been subjected to very different conditions, some being little metamorphosed, others highly so. Typical instances of this will be described as throwing light on the original conditions of completely metamorphosed rocks, such as the Keewatin.

In this study it is desirable to begin with the least changed rocks and pass on to the more highly modified ones; and this is specially instructive when the rocks of a given horizon can be followed from points where they have undergone little change to points where the extreme of change has been reached.

For similar reasons it is wise to begin with higher series of rocks and then advance to lower ones.

Ontario affords excellent opportunities for such a study, since it includes a large part of the greatest Archæan region in the world. Most of the Ontario pre-Cambrian has been roughly examined and mapped; but unfortunately only a few areas have been worked out in detail. Nevertheless the materials are beginning to accumulate for a comprehensive study of the subject.

In this paper it is proposed to bring forward examples drawn mainly from my own observation, taking up the formations in descending order.

The Keweenawan.

In most localities in Ontario the Keweenawan rocks lie nearly horizontal and have undergone scarcely any folding, though block faulting is common. No crushing or squeezing except on a very small scale has been observed and most of the sediments look no older than the Palæozoic. At one time they were taken for Triassic from the red colour and fragility of most of the sandstones and shales, and there is nothing to disprove that they are of this age except the probable succession of rocks in the region. They underlie unconformably the »Soo» sandstone, which is considered older than the Ordovician.

The sediments include all kinds of rocks except the carbonaceous group, and there is a wide range of associated eruptives as dikes, sills, lava flows, ash rocks, etc.

The only metamorphic changes known with certainty in these rocks are the hardening of shales and limestones into marble-like forms above or beneath some of the great olivine-diabase sills; and this extends for only a few feet away.

The Animikie (or Upper Huronian).

Though included in the Huronian as its uppermost member by the accepted classification, the Animikie is not widely separated from the Keweenawan either in stratigraphy or the time scale; and in most regions its sedimentary rocks might easily be taken for Palæozoic, so little are they metamorphosed.

In the longest known region, near Thunder Bay on the northwest side of Lake Superior, the Animikie consists of black slate above and chert and dolomite beneath. Laccolithic sills of diabase, probably of Keweenawan age, spread between the slates at more than one level, hardening them close to the contact, but otherwise producing little effect.

In the Sudbury region, however, a small area of the Animikie presents a most interesting example of contact metamorphism on a broad scale, which should be described in some detail. The series consists of 8 800 feet of sediments in all, having a basal conglomerate beneath, 3 800 feet of tuffs, 3 700 feet of black carbonaceous slate and 350 feet of graywacke or sandstone.

These rocks are arranged as a synclinal basin, dipping inwards all round at an average angle of 30°. The uppermost layers were thrown into narrow domes by compression during the formation of the syncline. The basal conglomerate rests on the great Sudbury nickel-bearing laccolithic sheet; a mile and a quarter thick, 37 miles long, and nearly 17 miles wide. [1]

It is believed that the nickel-bearing rock rose from beneath and spread out between the sediments and the much contorted Lower Huronian and Laurentian rocks.

The rise of the molten rock removed the support from the floor beneath, which collapsed progressively, so that the sheet itself and the sedimentary rocks above sank into a synclinal shape. Under the capping of 8 000 feet of sediments cooling went on exceedingly slowly, allowing the upper part of the eruptive sheet, which afterwards consolidated to micropegmatite, to act for an immense length of time on the overlying conglomerate. Part of this was probably stopped down and absorbed into the molten mass, which later became pasty and finally cooled.

---

[1] Bureau of Mines, Ontario, Vol. XIV, Part III, The Sudbury Nickel Field. See also The Sudbury Laccolithic Sheet, Jour. Geol. Vol. XV, pp. 759—782.

39—*101503. Geologkongressen.*

From the upper part of the eruptive sheet hot water charged with silica and other substances ascended for hundreds of feet into the conglomerate and tuff, strongly metamorphosing them. The boundary between the micropegmatite and the matrix of the conglomerate has completely disappeared, so that in mapping it the edge was often overrun for 50 or 100 feet. Passing from the eruptive to the conglomerate, the first hint of the sedimentary rock is found in cloudy masses of coarser, redder material representing granite boulders. Farther away the boulders became well defined. The matrix for some distance shows micrographic structure like that of the eruptive, but this fades out until at 4 or 500 feet away it becomes silicified and partly recrystallized arkose. Beds of what were once sandstone above the conglomerate are transformed into quartzite; and several hundred feet at the bottom of the tuff are silicified and hardened so that they stand up as rugged hills. Thin sections of the modified tuff show a mosaic of quartz in fine grains, with epidote and some chlorite or mica. This part of the tuff is pale gray and contains no carbon.

Above this the ground mass is cherty or chalcedonic in appearance, and subangular patches of material transformed into serpentine and chalcedony suggest glass fragments. Still farther from the eruptive the tuff becomes dark gray from the presence of carbon and other opaque substances in the matrix, and the sharp edged fragments of devitrified glass are very characteristic.

The metamorphic effects of the eruptive can be traced in the hardening of the tuff for 1 000 or 1 500 feet from the edge.

Near the southern side of the basin the shearing and squeezing effects of the collapse beneath the basin are marked, and the micropegmatitic edge of the eruptive sheet and the adjoining metamorphosed conglomerate have been transformed into gneiss of so characteristic a type that it was originally mapped as Laurentian. On the north side of the basin these dynamic effects are much less marked.

The depth at which these changes took place was probably not much greater than the present thickness of the overlying sediments (8 300 feet), well within the zone of fracture for strong rocks. The Lower Huronian sediments and eruptives and the Laurentian gneisses beneath the norite-micropegmatite sheet must have been about 15 000 feet below the surface, but they adjusted themselves by faulting and crushing to the collapse caused by the rise of the eruptive magma from beneath and not by flowage. On the other hand the sediments immediately above the sheet were so weakened by long continued heat and ascending magmatic fluids, that they readily yielded to shearing strains so as to form gneiss. Thin sections of the gneiss show no cataclastic structure. The foliation seems due to complete recrystallization, with the cleavages of mica, etc., at right angles to the direction of pressure. The foliation of the comparatively thin sheet of gneiss above the eruptive corresponds in dip and strike to the cleavage of the black slate several thousand feet away toward the interior of the basin.

From the description just given it will be seen, that the injection of a laccolithic sheet of norite-micropegmatite beneath a series of sediments 8 or 9 000 feet thick has produced exactly the results generally attributed to regional metamorphism. These intense effects extend at least 2 or 300 feet above the surface of the eruptive; and for 1 000 feet or more above this infiltration has transformed a tuff formed of glass fragments into chalcedony, epidote, and chlorite or muscovite.

The Middle Huronian.

The Middle Huronian has not been separated from the Lower Huronian except in the most carefully studied regions, such as those north of Lake Huron and near Sudbury and Cobalt. In the typical region the series of Middle Huronian rocks, as determined by LOGAN and MURRAY, includes limestone with chert, quartzite, and graywacke conglomerate. The limestone is not specially crystalline, the quartzite is usually so far consolidated that the granular structure is invisible to the eye, and the graywacke conglomerate shows no alteration except the development of chlorite scales in the matrix. The rocks show gentle folding and tilting and are very little cut by eruptives in most places, but they look distinctly harder and more ancient than the Keweenawan or Animikie. The Middle Huronian near Cobalt contains no limestone, only slate, green quartzite, and conglomerate, even less changed than in the typical region. The Sudbury Middle Huronian consists of graywacke conglomerate, harder and more metamorphosed, probably by the presence of neighbouring eruptive masses.

The Lower Huronian.

The Lower Huronian is, next to the Keewatin, the oldest and most widely distributed of the pre-Cambrian formations of Ontario and provides good examples of every stage between comparatively unchanged sediments and crystalline schists indistinguishable from those of the Keewatin.

The least changed region is that of Cobalt and the country to the north, where slate and glacially formed graywacke conglomerate (tillite), as well as ordinary water-formed conglomerate are so little modified that in places all the finest structures of cross bedding, etc., in the slate, and the delicate polish and striæ of the glaciated pebbles in the tillite are well preserved. The rocks are indurated but show very little recrystallization, some scales of chlorite being the only newly formed minerals. There has been no building out of fragments of quartz or feldspar in the graywacke matrix of the tillite.

These beds have been little disturbed in most places, somewhat tilted but not folded appreciably. Occasionally, they have been penetrated by diabase sills and have been baked in the immediate vicinity.

While the tillite is very little more metamorphosed than that of the Permo-Carboniferous Dwyka of South Africa in the best preserved parts of the Cobalt Lower Huronian, there are instances nearby where faulting and shearing have taken place causing slickensides and the development of much chlorite and other secondary minerals. In such places the striæ on the tillite pebbles are generally destroyed, though the forms of the pebbles are little changed except for fracturing and slight displacements.

In the least disturbed parts of the typical Huronian region north of Lake Huron the same tillite occurs, scarcely more altered than at Cobalt, and there is also limestone not greatly recrystallized. The quartzites and arkoses associated with these rocks show more change, however, being firmly cemented by the deposit of interstitial quartz.

The Lower Huronian of the Sudbury region, lying between the two localities just mentioned, has been much more disturbed by folding and the penetration of eruptive dikes, sheets and laccoliths. The result is that metamorphism has advanced much farther. Arkose has been so far recrystallized as to resemble felsite or fine grained granite. Graywacke on fresh surfaces looks like a hard, fine grained basic eruptive, thin sections showing much chlorite and recrystallized quartz, etc. Weathered surfaces, however, often display excellently the original stratification of slaty and sandy layers, with their lamination and cross bedding. In many places secondary minerals, such as staurolite, were formed in the shale at an early stage. These have usually been transformed into tertiary minerals, especially quartz and sericite, though the original forms still show distinctly on weathered surfaces. In other cases, near the edge of eruptive masses, the change has gone farther, the rock becoming sericite schist with quartz, or mica schist still preserving some of the secondary forms, or even fine grained gray gneiss with no suggestion of staurolite. The last rock much resembles some varieties of LAWSON's western Couchiching.

In this region the effects of faulting, squeezing and shearing, as well as the influence of eruptive bodies of all sizes and kinds, running from diabase to acid granite, can be studied.

The most extreme metamorphism of the Lower Huronian is found, however, where the beds have been nipped into synclines between batholiths of the Laurentian gneiss, as on Rainy Lake and Lake of the Woods. Here huge batholiths of granite merging into gneiss, 25 or even 50 miles in greatest diameter, have lifted the older rocks, Keewatin and Lower Huronian, into oval domes with curving synclines squeezed in between. Only the synclinal parts are left, as a rule; and there the process of metamorphism is very complete. It is best followed in the conglomerates or tillites mentioned above. Where these are sharply folded the pebbles are squeezed and flattened, the softer ones, mostly of a basic sort, being wrapped about the more resistant ones, such as granites, which still show something of their original form. At a farther stage the granite boulders also are crushed and rolled into lenses which appear as paler cross sections in a matrix of dark schist. At this stage cleavage surfaces show hardly a trace of conglomerate structure though fractures across the grain still indicate it. At a farther stage the whole rock is transformed into mica-chlorite schist in which no pebbles can be distinguished and hardly even a banding of slightly varying colours remains in cross sections. Finally the change to hornblende schist may take place close to the margin of the granitoid gneiss, where the circulation of hot mineralizing waters has done

                    A. P. COLEMAN.

its complete work. These last stages are indistinguishable from many Keewatin schists.

The Keewatin.

In the Huronian, as just described, every step may be traced from little altered sediments with the original structure preserved, to mica-chlorite and hornblende schists in which every vestige of original structure has disappeared, and the rock, once graywacke conglomerate or tillite, has all the look of a greatly squeezed or sheared eruptive or ash rock. The distinction between sedimentary rocks and eruptives has vanished. In the case of the graywacke conglomerate charged with many boulders of eruptive rocks it is doubtful if even the chemical composition would give proof of its sedimentary origin.

In the Huronian the extreme stage of metamorphism is found, as might be expected, where the beds have become involved in the Laurentian mountain-building processes with their sharp foldings and proximity to vast slowly cooling masses of granite and gneiss.

In the Keewatin all the materials have undergone the Laurentian revolution. So far as known none have escaped. The parts farthest from the rising batholiths have, of course, suffered least change, but all parts, even in the centers of the synclines, have been penetrated by dikes, have undergone great folding, faulting and squeezing, and doubtless also a considerable rise of temperature owing to their depth. We must think of the whole Keewatin series as having been cradled in the hot and plastic granite, which did not completely cool for long ages.

Under these circumstances no one will expect to find original structures well preserved, as in the undisturbed parts of the Huronian, and in fact there is often no little difficulty in deciding whether a given schist is of sedimentary or of eruptive origin. The tendency among the American geologists has been to class the whole series as essentially eruptive; but there is increasing evidence to show that a large part of the Keewatin, of western Ontario at least, is sedimentary. All geologists now admit, that the iron range rocks near the top of the Keewatin are sedimentary, though some consider them sediments of an exceptional kind deposited in a hot sea. The great series of mica schists and gneisses named the Couchiching by LAWSON, at or near the bottom of the Keewatin, are in my opinion undoubted sediments of the ordinary kind.

The metamorphism of these sedimentary rocks has usually gone so far that no original fragments can be recognized. In the case of the Iron formation there are three well marked stages of change. The least modified form consists of interbanded jasper and hematite, thin sections showing the usual chalcedonic silica in the jasper. No fragmental material is to be seen, though the beds of graywacke, arkose and slate sometimes associated with them are undoubtedly of clastic origin. The large percentage of carbon in part of the slate suggests sea-weeds, and water cool enough for life to exist. In a second stage the iron-bearing rock becomes cherty or sandstone-like in character and the ore bands are mainly magnetite. Thin sections show small interlocking grains of silica and sometimes sillimanite rods representing clayey material. This variety, which is common in Ontario, is found nearer to Laurentian areas than the jasper-hematite variety. The third kind consists of glassy quartzite with bands of magnetite, and commonly occurs enclosed as comparatively small masses in Laurentian gneiss.

The Couchiching phase of the Keewatin was once, no doubt, a clayey or sandy sediment, though now little or no clastic structure is to be seen in microscopic sections. In the least metamorphosed portions the rock is a fine grained gray schist, often charged with garnets and staurolites. Closer to Laurentian outcrops it becomes gneissoid, and the accessory minerals disappear. At the very edge of granite masses the gneiss becomes coarser grained and closely like Laurentian gneiss of eruptive origin. Probably here alkalies have been introduced by magmatic fluids coming from the granite, thus producing orthoclase and other feldspars.

The range of metamorphism is not so wide as in the Animikie and the Huronian examples cited above, but the extreme result in all three formations is the same, crystalline schists and gneiss.

Examples of strictly regional metamorphism, where the changes are due entirely to the burial of sediments to such a depth that the rise of the isogeotherms provided the necessary heat for metamorphism have not been described in Canada. In all the known instances the problem is complicated by the presence of eruptives in or beneath the sheet of sediments. Especially is this true of Keewatin and Lower Huronian rocks cradled in floods of Laurentian granite or gneiss.

Metamorphism of pre-Cambrian Eruptives.

Thus far attention has been given to the metamorphism of sedimentary rocks only, but a parallel series of changes is found in eruptives also. Surface volcanic rocks such as lava sheets, tuffs, etc. are known from all the pre-Cambrian formations with the possible exception of the Middle Huronian; and dikes, laccoliths, laccolithic sills, and batholiths are very commonly found in these old formations. This is especially true of the two end groups, the Keweenawan and the Keewatin; where in many areas eruptives make up more than half the known thickness, surface volcanics being most important.

In addition there is the vast series of schistose rocks of various ages between the Keewatin and the Middle Huronian known as the Laurentian, all of eruptive origin.

The greater part of these eruptive rocks have undergone more or less change, in many cases going so far, that the original character of the eruptive can only be guessed at from the chemical composition of the schist which has been formed from them.

The agencies at work are partly chemical, partly mechanical, and partly heat, often all three at once. Basic eruptives very commonly have their more easily attacked silicates, such as augite and olivine, changed to hornblende, chlorite, serpentine, etc.; with this goes the »saussuritization» of the plagioclase feldspars in many cases. This type of change is perhaps more closely related to weathering than to metamorphism proper, since it may take place at comparatively low temperatures.

The production of the Laurentian gneiss is a complex operation, partly due to dragging along the cooler, semiplastic edges of batholiths, the more fluid central parts advancing faster; partly to the splitting off of flakes and slices of Keewatin schist by the uprising granite; and partly to *lit par lit* injection of magma or of fluids charged with mineral materials along the cleavage and other fissures of the enclosed or overlying older rocks. Doubtless also shearing and mechanical deformation have often been factors of importance.

All the types of work mentioned above are well illustrated in the Canadian Laurentian, but the methods of forming gneiss and schists from eruptives have been ably described and explained by former writers and require no elaboration here.

Über das Grundgebirge im niederösterreichischen Waldviertel.

VON

F. BECKE,

Professor an der Universität zu Wien.

Typisches Grundgebirge, d. h. kristalline Schiefer, die man für älter hält als die ältesten bekannten versteinerungsführenden Formationen, kenne ich aus dem südöstlichen Teil des grossen böhmischen Massivs, dem niederösterreichischen Waldviertel. Bezüglich der Stellung dieses Gebietes im grossen ganzen der böhmischen Masse verweise ich auf die vortreffliche Darstellung, die F. E. Suess im »Bau und Bild der böhmischen Masse», Wien 1903, gegeben hat.

Dem Verständnis dieser Gesteine sind wir um einen bedeutenden Schritt näher gekommen, seit auch hier die Erkenntnis Anwendung gefunden hat, dass teils Erstarrungsgesteine, teils ursprüngliche Sedimente den vorliegenden Zustand kristalliner Schiefer angenommen haben.

Vor allem ist hier hervorzuheben das Auftreten von weithin anhaltenden Gesteinsmassen von grosser Gleichmässigkeit der mineralogischen Zusammensetzung (Mikroperthit, wenig albitreicher Plagioklas, Quarz, wenig Biotit sind die Hauptgemengteile) und Übereinstimmung der chemischen Zusammensetzung mit der typischer Granite.[1]

Eine der grössten von mir vor vielen Jahren genauer beschriebene Intrusivmasse, der »*Gföhler Gneis*», bildet einen flachen ellipsoidischen Kuchen, der sich vom mittleren Kamptal bis südlich über die Donau an 15 km bei einer Breite von 3—4 km erstreckt und in der Mitte in einer

---

[1] Vergl. Grubenmann, Kristalline Schiefer II, S. 42, N:o 3. Das Verhältnis $Si : U : L$ ist $68.0 : 18.6 : 13.4$, das der mittleren Zusammensetzung von Granit nach Daly, Proceedings of the American Academy of Arts and Sciences, Vol. XLV, N:o 7, January 1910, ist $62.5 : 20.5 : 13.0$. U ist gleich $Al + Fe + Mg$, $L = Ca + Na + K$ genommen aus den auf 100 berechneten Atomzahlen nach Rosenbusch.

Mächtigkeit von mindestens 300 m durch Flusstäler aufgeschlossen ist. Das Gestein hat eine bald mehr, bald weniger ausgeprägte Flasertextur, die in der Mitte schwebend, am Ostrand unter mässigen Winkeln nach Westen, am Westrand nach Osten geneigt ist, so dass der flache Kuchen den Kern einer Synklinale einnimmt, unter den die anders gearteten Schiefergneise einfallen.

Die Mikrostruktur ist rein kristalloblastisch; auch in den am wenigsten geflaserten Varietäten zeigt sich keine Spur von Erstarrungsstruktur. Bemerkenswert ist insbesondere der xenoblastische Rand der Kalifeldspate. Die Parallelstruktur geht an der Gesteinsgrenze gegen die Schiefergneise und Amphibolite der Grenzfläche parallel.

Im Gegensatz zu dem eintönigen Gföhler Gneis stehen die weit fortstreichenden Züge von Schiefergneis und Glimmerschiefer mit zahlreichen Einlagerungen von Quarzit, Marmor, Augitgneis, Amphibolit, die in meiner Beschreibung als »mittlere Gneisformation« zusammengefasst wurden. Von den typischen Schiefergneisen und Glimmerschiefern fehlen bis jetzt noch Analysen; doch lässt schon der Mineralbestand (Reichtum an Glimmer, Plagioklas, Vorkommen von Sillimanit und Granat, in den Glimmerschiefern auch von Staurolith und Disthen) erkennen, dass die chemische Zusammensetzung durch Überwiegen des Tonerdegehaltes gegenüber der Norm der Erstarrungsgesteine abweichen muss. Turmalin ist hier ebenso verbreitet als er im Gföhler Gneis selten ist. Im Zusammenhang mit dem regen Gesteinswechsel des meist deutlich geschichteten Gesteins, der Wechsellagerung mit Quarziten, Kalken, Augitgneisen, der gelegentlichen Graphitführung sprechen diese Merkmale für Abkunft von Sedimenten.

Die mannigfaltigen Amphibolite des Gebietes haben, soweit sie bis jetzt genauer untersucht sind, die chemische Zusammensetzung von Gabbrogesteinen und Anorthositen. In einzelnen Amphibolitzügen lässt sich die Abkunft von Gabbro durch den Nachweis uralitischer Hornblenden, durch lokale Erhaltung von Gabbrokernen direkt erweisen; diese Züge treten in grösserer Entfernung vom Gföhler Gneis in den Schiefergneisen auf.

Amphibolite begleiten fast überall die Grenze des Gföhler Gneises gegen die Schiefergneise; sie sind dort durch besonders deutliche Ausbildung einer homöoblastischen und granoblastischen Struktur ausgezeichnet; ferner sind neben der normalen, wesentlich nur aus braungrüner gemeiner Hornblende und Plagioklas (Andesin bis Labrador) bestehenden

Abart einerseits feldspatarme Granatamphibolite, anderseits anorthositische Varietäten mit zurücktretender Hornblende und vorwaltenden anor-
thitreichen Plagioklasen (Labrador, Bytownit, Anorthit) entwickelt.[1]

Diese Amphibolite vermitteln häufig den Übergang vom Gföhler
Gneis zu den darunter einfallenden Schiefergneisen. Beim Vorschreiten
vom Gföhler Gneis gegen das Liegende findet man zuerst die hellen
Gföhler Gneise mit den dunklen Amphiboliten, dann diese mit den oft
als Fibrolithgneis ausgebildeten Schiefergneisen wechsellagernd.

In der Nähe des Gföhler Gneises, aber auch an vielen von der zentralen Gneismasse entfernten Stellen findet man die Amphibolite, Schiefergneise, Augitgneise und Marmore von lichten Adern von Pegmatit und
Aplit durchzogen. Diese Durchaderungen wurden in neuester Zeit von
Dr. F. REINHOLD sorgfältig untersucht und beschrieben.[2] Es zeigte sich
dabei eine sehr grosse Mannigfaltigkeit. Es kommen grobkörnige pegmatitische und feinkörnig-aplitische Varietäten vor. Manche durchsetzen
das Schiefergestein quer zur, andere parallel mit der Schieferung. Quer-
und Paralleladern stehen oft mit einander in Verbindung. Häufig sind
Spuren dafür vorhanden, dass noch nach der Durchaderung mechanische
Veränderungen vor sich gingen: die Adern erscheinen gefaltet, in liegende Falten gelegt, in Linsen auseinander gezerrt. Dabei zeigt das
Nebengestein gewöhnlich keine Umbiegung der Parallelstruktur, vielmehr
gleichmässige Kristallisationsschieferung; höchstens dass sich diese den
einzelnen Linsen anpasst. Besonders in den Marmoren und calcitreichen
Augitgneisen passt sich das Nebengestein, als ob es eine vollkommen
plastische Masse wäre, den in eckige Stücke zerbrochenen Aplitplatten
an. Die grobkörnigen Pegmatite des Geäders zeigen oft weit gehende
Kataklase; in den feinkörnigen Aplitadern herrscht von Kataklase freie
granoblastische Struktur. Schriftgranit wird selten beobachtet.

Eine wichtige Beobachtung betrifft den Feldspatgehalt des Nebengesteins und der Adern. Die grossen Gänge und Adern haben einen
bedeutenden Gehalt an Mikroklin, daneben albitreichen Plagioklas, wie
er normalen Apliten und Pegmatiten eigen zu sein pflegt; hier ist die
Grenze zwischen Ader und Nebengestein in der Regel scharf. In den
feineren Verzweigungen ist Ader und Nebengestein inniger verschweisst;

1,2   [1] Vergl. die Untersuchungen von F. REINHOLD, R. GRENGG in Min. petr. Mitt. 29, Heft.
und die Untersuchungen von MOROZEWICZ, Verh. d. K. Russ. Mineral. Gesellsch. 1903, S. 113.
[2] F. REINHOLD, Pegmatit- und Aplit-Adern aus den Liegendschiefern des Gföhler
Zentralgneises im niederösterreichischen Waldviertel, Min. Petr. Mitt. 29, S. 43.

hier verschwindet der Kalifeldspat bis auf Spuren und der Plagioklas gleicht im Anorthitgehalt dem des Nebengesteins.

Dann unterscheiden sich die Adern oft nur durch den viel geringeren Gehalt an dunklen Gemengteilen (Biotit, bei Adern in Amphibolit auch Hornblende) vom Nebengestein.

In manchen Adern beobachtet man eine bestimmte Sukzession der Mineralbildung: auf den am Salband vorwaltenden Plagioklas in Form dicktafeliger Kristalloide folgt Kalifeldspat in der charakteristischen Form der aufgewachsenen Orthoklase (MPxT) oder gar in Adularform. Die spitzeckigen Lücken zwischen den Kalifeldspaten werden schliesslich von stengeligem Epidot als jüngster Bildung ausgefüllt.

Mannigfaltig sind die Erscheinungen am Kontakt im Nebengestein, namentlich wenn dieses aus Amphibolit besteht. Oft findet man an der Berührungsfläche eine reichliche Entwickelung von Biotit, der sich aber bei Queradern nicht nach dem Salband der Ader sondern nach der Schieferungsfläche des Nebengesteins anordnet. Dies scheint namentlich bei mächtigeren Injektionen die Regel zu sein. Bei inniger Verschweissung von Ader und Amphibolit (bei schmäleren Adern die Regel) ist der Amphibol des angrenzenden Amphibolites besonders grobkörnig entwickelt und in der granoblastischen Füllung der Ader schwimmen einzelne, oft sehr grosse Hornblenden mit ausgesprochener Siebstruktur, als hätte die eindringende Adermasse Hornblendesubstanz aufgelöst und wieder auskristallisieren lassen, während gleichzeitig (Wirkung der mitgebrachten Mineralisatoren?) im Nebengestein die Ausbildung grosser Hornblenden begünstigt wurde. In Schiefergneisen wurden solche hornblendeführende Adern nie getroffen.

Alle diese mannigfachen Erscheinungen sieht man im bunten Wechsel an demselben geologischen Körper und oft im selben Aufschluss nebeneinander auftreten. Sie lassen wohl auf einen gewissen Stoffaustausch zwischen Ader- und Nebengestein schliessen, kaum aber auf ein Einschmelzen des Nebengesteins in grösserem Massstabe.

In manchen Strichen der Grenzregion zwischen Gföhler Gneis und Schiefergneis verschlingen sich Linsen von Granat-Amphibolit, Lagen von Amphibolit, von biotitreichem Schiefergneis, von Augitgneis mit massenhaftem Geäder zu einem überaus bunten Durcheinander, das in meiner alten Beschreibung des Waldviertels als Seyberer Gneis (nach einer Localität Seyberer Berg) benannt wurde. Eine interessante Erscheinung zeigen dabei die oft ganz kleinen, im Schiefergneis eingeschlossenen Marmorlinsen, die von einer oft nur nach *cm* messenden Rinde von Augitgneis, weiterhin von Amphibolit umhüllt werden, der rasch in den normalen Biotitgneis übergeht; ein deutlicher Beweis von beschränkter Stoffwanderung im Festen im Lauf der Metamorphose.

Gesteinskörper von der Beschaffenheit des Gföhler Gneises treten im ganzen Gebiet des südböhmischen Massivs häufig auf, wie man der vortrefflichen Darstellung des besten Kenners dieses Gebietes, F. E. SUESS, im »Bau und Bild der böhmischen Masse« entnehmen kann. Nicht alle erreichen die grosse Ausdehnung des Gföhler Gneises; auch scheinen nicht alle ganz gleichartig zu sein. Eine amphibolitische Randzone ist sicher öfter vorhanden. Es scheint, dass sie sich am leichtesten durch eine magmatische Differentiation verstehen lässt. Möglicherweise tritt Peridotit als Endglied der Differentiationsreihe auf. Wenigstens liegen Peridotitlinsen auffällig häufig an den Rändern der grossen Gföhler Gneismasse aufgereiht; ganz sicher ist diese Auffassung nicht zu erweisen, denn es finden sich auch Peridotite abseits vom Gföhler Gneis.

In ähnlicher Weise wie die dem Gföhler Gneis ähnlichen hellen, fein- oder mittelkörnigen Orthogneise treten auch die *Granulite* auf. Der Feldspat dieser Granulite ist Mikroperthit mit Ausschluss von Plagioklas, Biotit tritt ganz zurück, Granat und Disthen sind characteristische Nebengemengteile.

Die Begleitgesteine der Granulitlinsen nehmen ein eigentümliches Gepräge an. Die Peridotite enthalten häufig Pyrop mit typischen Kelyphitrinden, die Amphibolite nehmen den Charakter von granatführenden Diallag-Amphiboliten[1] an. F. E. SUESS beobachtete Gesteine von der Zusammensetzung von Schiefergneisen, die eine ganz sonderbare Mineralgesellschaft enthalten von eigenartiger Struktur, die er Hornfelsgranulite benannte.[2]

Aus der mitgeteilten Skizze ergibt sich wohl schon die Beantwortung der in dem Einladungsschreiben aufgestellten Fragen.

Keine der angeführten Vorstellungen vermag *für sich allein* eine befriedigende Erklärung der vorliegenden Metamorphose zu bieten, obwohl jede für einen Teil der Erscheinungen notwendig zu sein scheint. So

---

[1] ROMAN GRENGG, Der Diallag-Amphibolit des mittleren Kamptales, Min. Petr. Mitt. 29, Heft. 1/2. 1910.

[2] F. E. SUESS, Der Granulitzug von Borry in Mähren, Jahrb. der geol. Reichsanstalt, Bd. 50 (1900), S. 615—648.

ist die Annahme gerichteten Druckes, oder von Pressung zwar gewiss nicht ausreichend um *alle* Erscheinungen zu erklären, ohne Mitwirkung von Pressung wäre aber die Parallelstruktur kaum verständlich. Schwierig ist es nur die auf ausgedehnte Strecken horizontale oder schwebende Schieferung mit der üblichen Vorstellung eines horizontalen Tangentialdruckes in der Erdrinde in Einklang zu bringen. Hier ist es aber vielleicht die letztere Vorstellung, die einer Modification bedarf.

Die einfache Subsummierung der Metamorphose im Grundgebirge unter den Begriff Kontaktmetamorphose scheint mir nicht zweckmässig zu sein. Was man unter Kontaktmetamorphose zu verstehen hat, ist durch die klassischen Untersuchungen ROSENBUSCHS, LOSSENS, BRÖGGERS, BARROIS' und vieler anderer hinlänglich bekannt. Wesentlich daran scheint mir neben anderen Merkmalen die Bindung an die Berührungsregion zwischen Intrusivgestein und Hülle und ein Ausmass, das räumlich mit der Grösse der Intrusionsmasse in Beziehung steht. Ohne die Mitwirkung der auftretenden Intrusivgesteine in stofflicher, thermaler und mechanischer Beziehung leugnen oder in Frage stellen zu wollen, scheinen mir diese beiden wesentlichen Momente hier, wie in anderen Gebieten des kristallinischen Grundgebirges, denn doch zu fehlen. Man müsste denn von einer Kontaktmetamorphose mit dem heissen Erdinneren, mit der Pyrosphäre sprechen wollen.

Beweise für Injektionsmetamorphose kann ich in den Seyberer Gneisen erblicken, wo es in der Tat manchmal schwer wird zu entscheiden, was als Injektion, was als metamorphosiertes Nebengestein anzusehen ist. Doch sind derartige Regionen in dem mir genauer bekannten Anteil des Waldviertels doch nur recht lokal entwickelt. Keinesfalls könnte ich jener Ausdehnung dieser Vorstellung zustimmen, wonach jedes Aggregat von Glimmerschuppen als alte Schieferflaser, jede Kornflaser von Feldspat und Quarz als injiziertes Magma gedeutet wird.

Während die Untersuchungen Dr. REINHOLDS, die oben referiert wurden, für einen gewissen Stoffaustausch zwischen injizierten Adern und Nebengestein sprechen, sind Anzeichen von Einschmelzung älterer Gesteine im Gföhler Gneis *in grösserem Massstab* nicht zu konstatieren. Vielmehr sprechen die Grenzverhältnisse gegen die unterteufenden Schiefergneise eher gegen eine solche Vorstellung.

Der Gföhler Gneis grenzt scharf gegen die Grenz-Amphibolite und diese treten in scharf begrenzte Wechsellagerung mit den Schiefergneisen. Nimmt man den Grenz-Amphibolit als basische Randfazies des

Gföhler Gneises in Anspruch, so könnte er nimmermehr durch Zusammenschmelzen des Gföhler Gneises mit den tonerdereichen Schiefergneisen entstanden sein. Nimmt man den Grenz-Amphibolit als Einlagerung des Schiefergneises, so widerspricht die scharfe Grenze zwischen Amphibolit und Gföhler Gneis der Annahme einer Einschmelzung.

So sind auch die Grenzen der Granulitintrusionen gegen ihr Nebengestein in der Regel ganz scharf.

Wie es in dieser Hinsicht an der Grenze der grossen Granitstöcke gegen die Gneisformation aussieht, darüber fehlen mir eingehende Erfahrungen. Die Beschreibungen von F. E. SUESS scheinen für gewisse Kontaktregionen die Tatsache einer partiellen Einschmelzung allerdings nahe zu legen.

Meine vorwiegend negativen Äusserungen in Betreff der aufgestellten Fragen mögen vielleicht nicht sehr befriedigend erscheinen; gegenüber den Versuchen, die sicher ungeheuer komplizierten Vorgänge, die zur Bildung des Grundgebirges geführt haben, auf einige scharf kontrastierende Vorstellungen zurückzuführen, möchte ich zum Schluss noch auf einige Beziehungen hinweisen, welche ich deshalb für nicht wertlos halte, weil sie sich exakt erweisen und nachprüfen lassen.

Als ein besonders bemerkenswertes Kennzeichen der Metamorphose im niederösterreichischen Waldviertel möchte ich hervorheben, dass hier jedes Gestein, das überhaupt Plagioklas enthält, denjenigen Plagioklas führt, der ihm nach seiner chemischen Zusammensetzung zukommt.[1] Wir finden daher die ganze Reihe der Plagioklase vom Albit und Oligoklas-Albit angefangen bis zu Bytownit und fast reinem Anorthit vertreten. Der Fall kommt im Waldviertel nicht vor, ja es erscheint geradezu ausgeschlossen, dass in basischen Gesteinen Albit auftritt; ein Fall, der in den kristallinischen Gesteinen der Alpen in bestimmten Regionen so häufig ist.

Woher diese Erscheinung rührt, ist leicht einzusehen. In den Gesteinen des Waldviertels fehlt der Epidot (oder er tritt doch sehr zurück), der den Gleichgewichtszustand darstellt, dem Ca-Al-Silikat

---

[1] Wenn gesagt wird, die Gesteine des Waldviertels enthalten jenen Plagioklas, der ihnen nach ihrer chemischen Zusammensetzung zukommt, so ist das immerhin nur mit einer gewissen Einschränkung richtig. Der Anorthitgehalt ihrer Plagioklase ist wahrscheinlich immer noch etwas kleiner als er bei einem gleich zusammengesetzten *Erstarrungsgestein* sein würde. So führen z. B. die an Eklogit anklingenden granatführenden Diallag-Amphibolite tatsächlich oft Andesin, während Gabbros oder Diabase gleicher chemischer Zusammensetzung einen Labrador oder Bytownit führen würden.

unter den Verhältnissen zustrebt, wie sie in den Alpen bei Ausprägung der kristallinen Schiefer vorhanden waren. Eine Annäherung an diese Verhältnisse tritt in der moravischen Zone zu Tage, welche F. E. SUESS von dem Hauptteil der kristallinen Schiefer der böhmischen Masse, der moldanubischen Zone, abgetrennt hat.

Es scheint mir, dass hier ein Merkmal angegeben ist, mit welchem andere (einerseits Biotitführung — andererseits Chloritführung, Fehlen von Epidot — Auftreten von Epidot) parallel gehen, und auf welche eine praktische Einteilung präkambrischer Gesteine gegründet werden könnte. Eine Einteilung nach Altersunterschieden wäre das allerdings nicht, obzwar Altersunterschiede mit dieser Einteilung häufig parallel gehen werden.

Über einige tiefe Gneise aus den Schweizeralpen.

VON

U. GRUBENMANN,
Professor an der techn. Hochschule, Zürich.

Zu den tiefsten Gesteinen der Schweizeralpen, jenen, welche von den mächtigsten Massen anderer, überliegender Gesteine bedeckt gewesen sind, gehören die grossen Massive der südlichen und mittleren Schweiz: das Tessinermassiv mit seiner südwestlichen Fortsetzung, sowie das Gotthard- und das Aarmassiv. — Der Gotthardstrasse von Flüelen bis Bellinzona folgend, durchquert man nahezu den ganzen Komplex und berührt ihn im Norden zuerst bei Erstfeld, wo er mit dem durch seine auffallende Ähnlichkeit mit den tiefsten Schwarzwäldergneisen so interessanten »Erstfeldergneis» des Aarmassivs beginnt. Im Süden erreicht er sein Ende im Seegebirge nördlich Lugano; gegen Osten hin ist sein Zusammenhang mit den Bündnermassiven noch nicht befriedigend klar gestellt; gegen Südwesten geht er in die tiefsten Horizonte des Simplons über. Ein Blick auf die geologischen Karten und Profile der Schweiz aus dem letzten Jahrzehnt zeigt, dass in den Gesteinsmassen des genannten Gebietes, welche weit überwiegend aus Gneisen bestehen, wesentlich autochthones Material vorliegt, dass es in seinem südlichen Teil die Wurzeln mächtiger Decken birgt und dass besonders über die nördlicheren Teile die ganzen Schubmassen der die nördlichen Kalkalpen bildenden »Nappes» hinweggeglitten sein müssen, das Unterliegende tief unter sich begrabend. Die im südlichen Teile, in den Tessineralpen, wurzelnden Decken werden von den Geologen mit den sechs Decken des Simplonmassivs in Zusammenhang gebracht; nur erscheinen sie mehr zusammengepresst, und die Trennung durch sedimentäre Mulden, welche die einzelnen Decken weiter im Westen so deutlich scheiden, ist im Tessin viel weniger ausgesprochen, zum Teil verborgen.

Die geologischen Altersverhältnisse des ganzen hier umschriebenen Komplexes sind noch nicht vollständig abgeklärt; er wird von den Schweizergeologen der Hauptsache nach für paläozoisch angesehen; die eingeklemmten Mulden sollen im wesentlichen mesozoische, zum Teil auch noch karbonische Gesteine führen. Andere Geologen, besonders G. KLEMM, nehmen wenigstens für die Tessinergneise ein viel jüngeres Alter an, indem der genannte sie als fluidale Granite des Tertiärs ansieht und glaubt, dass einzelne der zwischenliegenden Sedimente nicht eingeklemmte Mulden, sondern in das granitische Magma eingesunkene Schollen darstellen. — In Gebieten so grossartiger Dislokationen wie die Alpen, ist die Altersfrage nicht einfach eine Frage der Tiefenlage, und ebenso wenig kann die gneisige Ausbildung ursprünglich granitischer Gesteine ohne weiteres als ein Beweis für höheres Alter angesehen werden. In seinem »Granit och Gneis»[1] betont J. J. SEDERHOLM, dass besonders dann, wenn der Gneis aus Gesteinsmischung hervorgegangen ist, in der Gneistextur gar kein Fingerzeig für ein hohes Alter der betreffenden Gesteine gegeben sei.

Gesteinsmischung aber bestimmt in ganz ausgezeichneter Weise den Charakter der hier ins Auge gefassten Gneise.[2] Sie teilen denselben mit vielen Gebieten der Erdoberfläche, in welchen tiefere Partien des kristallinen Grundgebirges aufgeschlossen sind; es sei hier nur erinnert an manche Lokalitäten des niederösterreichischen Waldviertels und des Schwarzwaldes, vor allem aber des fennoskandischen Urgebirges. Dort hat in sehr ausgedehnter und intensiver Weise ein bis ins kleinste und Einzelnste gehendes Eindringen (das heisst eine Injektion) von magmatischem Material in schon vorhandene ältere Gesteine stattgefunden, und VAN HISE spricht in seinem »Treatise on Metamorphism» sich dahin aus, dass eine solche weitgehende Injektion nur tieferen Zonen (seiner »Zone of Anamorphism») eigen sei.

Ein Vergleich des Gesteinscharakters der Tessinermasse mit Mischgneisen des fennoskandischen Grundgebirges, wie sie von SEDERHOLM und HOLMQUIST so meisterhaft beschrieben wurden, ergibt viele gemeinsame Züge, aber auch manche Abweichungen. Die Differenzen sind im wesentlichen in drei Dingen begründet:

---

[1] Bulletin de la Commission géologique de Finlande, N:o 23.
[2] Vergleiche auch G. KLEMM, Sitzungsber. der k. pr. Ak. d. W. Berlin (Phys.-math. Kl.) 1906, S. 428 ff. und 1907, S. 251 ff.

1. Im nordischen Grundgebirge hat die Injektion vielfach ältere, durch Druckschieferung zu Gneisen gewordene Granite und mehr oder weniger massig gebliebene Diabase (Metabasite) betroffen, im Tessin aber allem Anschein nach vorherrschend Schiefer von sedimentärer Herkunft.

2. Während in finnländischen und schwedischen Injektionsgneisen die Injektion vorwiegend aplitischen Charakter hat, scheint im Tessin das Gesteinsgepräge mehr durch eine im wesentlichen pneumatolytische Imprägnation bedingt zu sein.

3. Endlich ist im Tessin der Einfluss der Einschmelzprozesse ganz wesentlich geringer, als im Norden.

Für das Studium der genetischen Verhältnisse der *Tessinergneise* bieten die Umgebungen von Bellinzona und Locarno mit dem westlichen Ufer des Langensees, sowie das Verzasca- und Maggiatal gute Anhaltspunkte; insbesondere sind die vielen neuen Aufschlüsse, welche der Bahnbau in das letztere Tal geliefert hat, sehr instruktiv. Der ganzen Bahnlinie entlang folgt ein weisser, grobkörniger Pegmatitgang dem andern, bald mit, bald ohne Turmalinführung, zuweilen sichtlich auch auf Brüchen eingedrungen. Von allen diesen Gängen stralen Apophysen in das Nebengestein, oft baumartig sich verzweigend und *Arterite* erzeugend, oft aber auch in auffallend paralleler Anordnung Lage auf Lage bildend in einer Regelmässigkeit, die wohl kaum anders erklärbar ist, als dass hier die Injektion den Ebenen der geringsten Kohäsion eines ursprünglichen Schiefers folgen konnte. Auf diese Weise entstanden die unter den Tessinergneisen so weitverbreiteten *Lagengneise*, welche ihrerseits wieder in eine grosse Zal genetischer Varietäten zerteilt werden können, im allgemeinen erzeugt durch den verschiedenen Grad der Injektion.

Sehr verbreitet ist ein Gneis, bei welchem sowohl die hellen eingedrungenen, als auch die dunklen Lagen des ursprünglichen Gesteins schmal sind und schnurgerade, wie die *Linien eines Notenblattes*, neben einander liegen. Durch lokale Verdickung der injizierten Quarzfeldspatlagen kann ein charakteristischer »*Augengneis*« entstehen. Unregelmässiges keilförmiges Eindringen der weissen Injektionsmasse bringt Typen von grober, wenig anhaltender Streifigkeit oder einer scheinbar *gestreckten Fleckigkeit* hervor und führt zu dem wechselvollen Typus der *Streifengneise*. Werden die ursprünglich sedimentären Schieferlagen so schmal, dass sie die hellen und dünnen injizierten Keile nur mehr noch als magere Biotithäute überziehen, so kommen *Stengelgneise* oder *holzgneisartige Varietäten* zu Stande, und die Trennbarkeit nach diesen Häuten wird dann eine sehr vollkommene sein. Eine allseitige Verteilung des pneumatolytisch injizierten Materials zwischen die Biotitblättchen der sedimentären Lagen führt zu einer weissen Sprenkelung des dunklen Ausgangsgesteins und das Ganze gleicht schliesslich einer gleichmässigen *Mischung von »Pfeffer und Salz».* Wenig injizierte, feinkörnige, sehr glimmerreiche, dunkle Gneise haben ihren ursprünglichen Sedimentcharakter besonders texturell augenscheinlich bewahrt und mögen dem Material, welches von der Injektion betroffen wurde, noch recht nahe stehen.

An vielen Stellen ist der Lagengneis wohl durch Aufweichung und durch Quellung der sedimentären Lagen ptygmatisch geworden: häufig ist es dann schwer zu entscheiden, ob bei solchen oft am intensivsten verfältelten Varietäten Injektions- oder Dislokationsfältelung vorliegt. Zuweilen sind wohl beide kombiniert. — Ganz ähnliche ptygmatische Lagengneise und Arterite kommen auch im fennoskandischen Grundgebirge vor, scheinen aber dort nicht vorzuherrschen, eben wegen der schon oben erwähnten Injektion in ältere Orthogneise, welche naturgemäss nicht zu so strenger und regelmässiger Lagentextur geführt haben kann.

Gemeinsam mit dem nordischen Grundgebirge und den Injektionsgebieten der deutschen Mittelgebirgen ist dem Tessinermassiv die oft sehr unscharfe Abgrenzung zwischen den Injektionsgneisen und dem injizierenden Gestein. An vielen Stellen ist es kaum möglich anzugeben, wo der Granit aufhört und der Injektionsgneis beginnt. Dies lässt sich wohl teilweise durch Einschmelzungen erklären, wahrscheinlich aber auch dadurch, dass die von starker Injektion betroffenen Schiefer z. T. aufgeweicht wurden und gleichzeitig die Schieferlagen ihren Zusammenhang verloren haben. Bei Zuführung von sehr viel aplitischem Material erscheint dann schliesslich der Biotit so spärlich in der Masse eingestreut, dass Gesteine entstehen, welche oft kaum von Biotitapliten zu unterscheiden sind. Im Gegensatz hierzu lassen sich in einer anderen Varietät vielmehr Ansammlungen groberer Glimmer zu Flecken und Häufchen erkennen, z. B. im sogenannten Gordolagneis. Solche Gesteine sind alsdann wohl kaum denkbar ohne eine mehr oder weniger weitgehende Resorption des sedimentären Anteils durch den magmatischen und teilweise Neukristallisation der Biotite. Auf diese Weise mögen auch jene Gneise, welche nach dem ersten Augenschein den Habitus reiner Orthogneise (Granitgneise) besitzen, mehr oder weniger sedimentäres Material aufgenommen haben. Darauf weist die Verteilung ihrer Biotite hin, sowie die Art ihrer Schiefertextur, welche nichts mit Druckschieferung gemein hat, endlich auch ihre schichtenartige Ablösbarkeit. Ähnliches gilt von manchen groben Augengneisen, Streifen- und Fleckengneisen der Tessineralpen, bei deren Ausbildung weitgehend pneumatolytische Prozesse mitgewirkt haben, wie dies ihre grossen Mikroklinaugen vom Habitus der Pegmatitmikrokline wahrscheinlich machen. — Ganz ähnliche Gesteinstypen, wie die im Vorhergehenden beschriebenen, kehren auch weiter im Westen wieder und können z. B. bei einer Durchquerung des Antigoriotales getroffen werden. Die westlichen Komplexe hängen in der Tat mit den Tessinergneisen zusammen und bilden mit ihnen geologisch und genetisch eine untrennbare Einheit.

Im allgemeinen lässt sich sagen, dass überall da, wo die Injektion eine vorwiegend pneumatolytische war oder wo sich stärkere Resorptionen des sedimentären Gesteinsanteils vermuten lassen, der Mineralbestand, besonders die dunklen Gemengteile, mehr oder weniger grobkörnig geworden ist. Der Pneumatolyse mag wohl auch die Muskovitführung der meisten dieser Gneise zuzuschreiben sein, ein Mineral, das ja sonst den Gesteinen der grössten Tiefe nicht eigen zu sein pflegt. Im übrigen deuten einzelne strukturelle und texturelle Merkmale, wie die kristalloblastische Entwickelung der Gemengteile und die oft recht deutlich ausgesprochene Kristallisationsschieferung, darauf hin, dass die hier besprochenen Gneise nicht zu Gesteinen der allergrössten Rindentiefe gerechnet werden dürfen.

Ihr Mineralbestand rekrutiert sich ausser aus den beiden Glimmern (und gelegentlich auch Hornblende) aus Quarz, Orthoklas, Mikroklin und Plagioklas (vom Albitoligoklas bis Andesin). Sehr häufig treten mikropegmatitische Verwachsungen von Quarz und Feldspat auf. Lokal sind Granat- und Sillimanitführende Gneise eingelagert, was wieder auf eine Entstehung in grösserer Tiefe hinweist, ganz ebenso wie die Einlagerung jener Granatolivinfelse, die in der Val Gorduno, einem bei Bellinzona ausmündenden Seitentälchen des Tessintales, gefunden wurden. Dieses in ptygmatischem Lagengneis stockförmig eingefügte Gestein ist mit Eklogit, Granat- und Feldspatamphibolit verknüpft und dürfte daher in seinem jetzigen Zustand unter die kristallinen Schiefer gerechnet werden. An seiner Grenze ist der Lagengneis deutlich kontakt-metamorph beeinflusst.

Wenn auch für das vorliegende Gneisgebiet des Tessins noch manche Fragen offen stehen, *der Hauptcharakter seiner Gesteine als Misch- und Injektionsgesteine scheint uns immerhin festzustehen.*

Für die Gneise des Aarmassivs und z. T. auch des Gotthard-massivs steht eine erschöpfende petrogenetische Untersuchung ebenfalls noch aus. Am *Gotthard* sind an der Grenze zwischen dem zentralen Granitgneis und der nördlichen und südlichen Schieferhülle Injektions-(Soresciagneis) und zum Teil auch Einschmelzphänomene (Guspisgneis) zweifellos vorhanden; doch reicht hier die Gesteinsmischung weder an Intensität noch Ausdehnung an die südlichen Komplexe heran. Dagegen hat der *Erstfeldergneis des Aarmassivs* zum Teil ausgesprochenen Arterit-und Ptygmatitcharakter und ist dann manchmal im Handstück kaum von finnländischen Arteriten zu unterscheiden. Auch gleichen manche Ptyg-matite vollkommen gewissen verfältelten Lagengneisen des Tessins. Da-neben treten Varietäten auf, welche den Schapbachgneisen des Schwarz-waldes sehr ähnlich sind. Es sind dies oft fast reine Granitgneise oder doch solche Gneise, in welchen das injizierte granitische Material weit überwiegt. Sie sind von grober Kristallinität, was besonders für den reich-lich vorhandenen Biotit gilt, der allem Anschein nach z. T. sedimentären Ursprungs ist und seine grossblätterige Entwickelung der Intensität des Injektionsvorganges verdankt. Andere, noch glimmerreichere Formen von feinem Korn und vorwiegend sedimentogenem Habitus entsprechen den Renchgneisen des Schwarzwaldes. Die Analogie zwischen den ge-nannten Schwarzwälder- und Erstfeldergneisen ist eine so vollkommene, dass bekanntlich A. SAUER den Gedanken ihrer möglichen Identität aus-gesprochen hat. Auch in der Gegend um Erstfeld ist, ähnlich wie im Schwarzwald und im Tessin, eine Scheidung zwischen den Eruptivgneisen und den injizierten Sedimentgneisen nicht immer mit Sicherheit möglich, wiederum wegen der intensiven und verschiedengradigen Stoffmischung.

Die Erstfeldergneise sind, wie die entsprechenden Schwarzwälder-gneise, meist frei von Muskovit oder doch arm an diesem Mineral; auch tragen sie sowohl strukturell als texturell recht deutlich die Kennzeichen einer anogenen Entstehung. Pegmatite sind nicht sehr reichlich vor-handen; die Injektion scheint daher weniger pneumatolytisch beeinflusst gewesen zu sein, als im Tessin; vielmehr besitzt sie einen ausgesprochen aplitischen Charakter.

Das Studium der im Vorstehenden erwähnten Gneisareale führt zu der Überzeugung, dass in der Tat ein grosser Teil der Gneise, welche den tieferen Zonen der Erdrinde angehören, einem Eindringen eruptiven salischen Materials in meist schieferige Gesteine von sedimentärer oder eruptiver Abstammung seine Entstehung verdankt. Die Mannigfaltigkeit dieser Injektionsgneise ist dabei begründet sowohl in der Natur der betroffenen Ausgangsgesteine, als auch in der des zugeführten bald mehr aplitischen, bald mehr pegmatitischen Stoffes. Ferner entstehen grosse Verschiedenheiten im Gesteinscharakter infolge der wechselnden Intensität des Injektionsvorganges, der von Osmose, Einschmelzung, Resorptionen und auch von Kontaktmetamorphose beeinflusst sein kann. Endlich vermögen auch noch Dislokationen, welche die Injektion begleiten oder ihr folgen können, durch mechanische Eingriffe eine Reihe neuer Gesteinsformen hervorzubringen.

o
a
ti
a
c
ls
sl
w
K
fo
vc
th
is
it
of
/
Sci
4

The stratigraphic value of the »Laurentian».

BY

ALFRED C. LANE,
Professor at Tufts College. Mass.

I have elsewhere expressed my belief, that the beginning of the Cambrian and the Palæozoic era is characterized by the fact, that the accumulation of salts in the ocean passed the physiologic optimum and that in consequence as a pathologic reaction there was developed in various lines of descent hard parts which were soon found to have other uses than merely excretion of superfluous salts from the oceanic vital medium.[1]

I have also suggested that the earlier time, when life was yet devoid of hard parts, we shall probably be able to separate in two parts: — an Eozoic or Proterozoic era, when life was present and sediments like those of the present day were deposited, including products of organic activity such as carbonaceous shales or slates on the one hand, and their correlative red sandstones and sedimentary iron ores on the other (the splitting of carbon dioxide being essentially a »zoic activity»). There should also be expected an earlier era, which was strictly Azoic and in which there was no life and no deposits due to organic activity. The Keewatin — the Greenstone schist formation — seems to belong at least for the most part to this truly Azoic era. It is largely composed of volcanic agglomerates and sediments or the metamorphic equivalents of these.[2] But while the characteristic facies of this »basement complex» is that of green rocks, altered superficial lavas and other agglomerates, it is cut through and through by intrusive rocks of many ages. Many of these are connected with volcanic activity of relatively recent date.

---

[1] Annual Report Michigan Geological Survey 1908; Geological Magazine 1908, p. 485. Science, Aug. 2, 1907, p. 140.

[2] The Grenville series would presumably not be Azoic.

40*—101593.

But there are also enormous areas of granite and gneisses concerning which geologists are not yet agreed, which are not known to cut any formation of the Palæozoic, and which seem to rise like a basement of the sedimentaries as the core of anticlinal or »positive» regions.

Difficult questions, indeed, are involved. The ablest and best informed geologists are now pretty well in harmony so far as this, that their relation to the Keewatin is that of igneous intrusion. It is also well understood now, as much by the labours of F. D. ADAMS as any one, that the characteristic parallel banding of these »Laurentian» gneisses and schists is not a necessary sign of sedimentation but may be due to yielding to pressure, may be some sort of flow texture, cataclastic or protoclastic, or *may* be due to a streaked differentiation. But is the igneous intrusive relation precisely analogous to that of later intrusives — the Palæozoic and Mesozoic granites — or are they to be regarded, as suggested by LAWSON, as the softened basement upon which the Keewatin was laid down, which has later been so softened as to present the phenomena of igneous intrusion with the overlying strata? In other words, does the term »Laurentian» have a stratigraphic and systematic value if used as applied to certain of these great granite masses in intrusive contact with the Keewatin? This paper will not attempt to make a general solution of the problem that will apply elsewhere, but simply suggest the bearing of a careful study of the grain of the granites and gneisses upon a solution of the problem.

It is a well known fact that the slower the process of crystallization, the larger are the constituent crystals. The longer the magma from which crystallization is taking place is kept in a certain metastable or viscous condition, the more the large crystals grow at the expense of the smaller. It also follows from very general principles that if crystallization takes place by a change of condition [1] the less the change of condition involved, the slower will the rate of change be and hence the coarser the crystallization. An illustration of this would perhaps be the coarse grain of veins. Here ordinarily the change in condition, that is the difference in temperature or pressure, which produces the crystallization, must be extremely slow. On the other hand very hot lavas injected into cold rocks are relatively fine. The relatively coarse grain of such »metacrystals» as staurolite, sillimanite, andalusite, chloritoid and garnet, which occur in many of the metamorphic rocks, is in

---

[1] Temperature, pressure, or content of mineralizers.

harmony with what we have said and suggests, that the change of state involved in their crystallization was but slight, that there was a slight rise in temperature or in mineralizers such that the molecules of these minerals could come into solution, followed by a slow fall.[1] The coarser grain of pegmatites suggests that the change of state (either by loss of mineralizers or temperature) involved in their crystallization was less than that of the main mass of the rock. With this agree the observations of WRIGHT and LARSEN that many of the pegmatites are formed below 550° C., while the granite quartz is formed between 550° and 800°. An igneous rock which is a softened basement could not, one would suppose, have differed so much in condition from the rocks immediately above, into which it was intruded, and would, therefore, be relatively coarse. It is perfectly possible that in such a process of softening and fusion there should be a selective action by which certain spots containing more water or certain kinds of rock would be dissolved ahead of the rest. I think one can very often see in the crystalline schists segregation veins or pegmatites which seem to be of this nature. Some granites of the Maine coast, those of Squirrel Island, may very well be of this type. On the other hand a wide difference in temperature and a considerable change of state seems to the writer incompatible with the idea of a softened immediate basement. Therefore, if one can infer that the original crystallization grain of granite — not the grain produced by some cataclastic or autoclastic action — was not coarse, it may well be a clue to the amount of difference in conditions in the igneous rock relative to that in which it was injected. The writer has elsewhere developed the curves of cooling of the igneous rock and of heating of the surrounding country rock for conditions which are, indeed, mathematically ideal, but which I do not believe differ radically and qualitatively from those which obtained for the last formed minerals of a magma. Study of one of these figures (Fig. 3, Michigan Survey Report for 1903, p. 206, or Pl. 56, Bull. Geol. Soc. Am., Vol. 14, 1902) will show that if the crystallization conditions are far from those of the country rock but near those of the magma there will be a broad zone of finer grain near the margin, which we find, indeed, in the selvages of many dikes. If, on the other hand, the conditions of crystallization are about half way between those of the country rock and the initial magma, there will tend to be coarser grain at or near

---

[1] Such conditions as are shown at A u = . 30 of Fig. given herewith.

the margin. This has also been recognized, though more rarely. Finally, if the country rock is much nearer the fusion or crystallization conditions than the intruded magma, the grain will be practically uniform from center to margin.

The question of the origin and relation of the fundamental gneiss has perhaps nowhere been better and more fairly stated than by ADAMS years ago in the Journal of Geology (1893, page 330). He cites three views, first, that it is what remains of primitive crust; second, that the fundamental gneiss was once an ordinary sediment, and third that it is »nothing more than a great mass of eruptive granite which has eaten upward». Now most of the observations that I have been able to make upon the »Laurentian» granites indicate by the two tests just cited both that there was a marked difference in conditions between them and the invaded country rock, and that the country rock was nearer fusion or recrystallization than the intruded magma (which must therefore have been superfused) was to crystallization through cooling at the time of injection. For one can judge in many cases with some probability what the original crystallization grain apart from clastic textures was, and say that it is not coarser than many other intrusive granites and not as coarse as some which may be, as it seems to me, more probably softened sediments. The inference, then, would be that the fundamental gneiss is to be regarded in accordance with the third view — as, indeed, ADAMS inclines in his later papers[1] to consider them — as made up of very large granite bathyliths.

ADAMS pertinently asks what the Keewatin Greenstone schist formation rested on before the »Laurentian» granites came into place. One can suggest as a possible explanation that there was a tendency for the outer shell of the Greenstone schists to be compressed and support itself while the original crust of the earth, being in a zone of greater loss than took place at the surface, tended to shrink away from it, so that from a fluid zone somewhat farther down within the original crust of the earth these great bathyliths of granite rose up and spread along the plane of weakness thus developed wherever the outer crust tended to arch up.

Diagram illustrating the loss of heat, etc., by diffusion of initially constant temperature of a sheet placed between two sheets of equal thickness which originally were at a temperature taken as 0° and whose

---

[1] Quart. Jour. Geol. Soc. Vol. LXIV, 1908, p. 145.

exteriors are kept at this temperature. The diffusivity is supposed constant, and the initial temperature on the left hand vertical scale 0.783. The curves drawn in full lines show the cooling for center and margin of the inner sheet (corresponding to the sill of igneous rock) and for five equidistant points between. The curves in dashes show curves of heating and then cooling in the outer sheets (corresponding

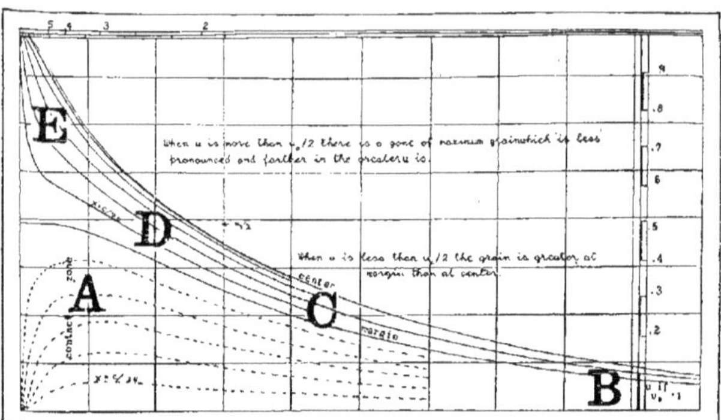

to the contact zone). The ordinates are proportionate to the temperatures, the abscissas to the time. The cooling curve for the center should be compared with Vogt's curves, Plate I and Figure 4 of »Die Silikat-schmelzlösungen», Pt. 2. The rate of cooling is indicated by the slope of the curves, and is obviously less, the less u_o is. At A are conditions under which »metacrystals» like staurolite might be found; at B veins; at C pegmatites; at D granites with coarser crystals at margin; at E granites with finer grained margins.

f
i
a
C
A
&
E
w

ki
ui
st
ka
to
üb
de
ke
roi
/
Spe

Die kristallinen Schiefer der zentralschweizerischen Massive und Versuch einer Einteilung der kristallinen Schiefer.

VON

JOH. KOENIGSBERGER,

Professor an der Universität zu Freiburg i. B.

Die Diskussion der präkambrischen Formationen birgt das Problem der krystallinen Schiefer in sich. Im Archäicum vieler Länder überwiegen diese Gesteine; sie treten in keiner späteren Formation so häufig und mächtig wieder auf. Die Entstehung der krystallinen Schiefer ist auf sehr verschiedene Art erklärt worden, und es scheint, dass sie auch tatsächlich verschiedene Entstehungsweisen haben. In manchen Gegenden haben sie mehrere Umwandlungen nacheinander erfahren. Als Beispiel der schweizer Zentralalpen, in denen ich kartiert habe, soll die letztere Annahme zunächst begründet werden, und nachher eine Einteilung der kristallinen Schiefer an Hand von Beispielen erläutert werden.

Die kristallinen Schiefer der zentralschweizerischen Massive.

Im Aarmassiv sind, wie der geologische Aufbau zeigt,[1] drei Arten kristalliner Schiefer zu unterscheiden. Die mehr oder minder stark umgewandelten postkarbonischen Sedimente liegen, soweit primärer Gesteinsverband erhalten ist, diskordant auf den karbonischen und präkarbonischen Schichten. Das ist allerdings wegen der gewaltigen tektonischen Veränderungen bei der jungtertiären Alpenfaltung nicht mehr überall zu sehen. Doch ist die Diskordanz z. B. auf dem Nordrand des Aarmassivs von der Dent de Morcles bis zum Tödi deutlich erkennbar. Eine relativ ungestörte Stelle liegt am Wendenjoch südlich von Engelberg. Dort sehen wir ausserdem an der Basis des produkti-

---

[1] Vgl. Karte des östl. Aarmassivs und Text von J. KOENIGSBERGER. Freiburg i B. Speyer u. Kaerner. 1910.

ven Karbons Konglomerate, die aus Rollstücken des unmittelbar anliegenden echten Orthogneis (Erstfeldergneis) bestehen. Die aus den Konglomeraten zu folgernde Diskordanz zwischen Oberkarbon und Präoberkarbon, die man bis in die Karnischen Alpen wiederfindet, ist wegen der späteren zweimaligen Faltung im Aarmassiv nur schwer erkennbar. Da diese Konglomerate ziemlich ungeordnet liegen, muss die Paralleltextur der einzelnen Stücke primär sein. Dort sind also erstens kristalline Schiefer, die als solche präoberkarbonisches Alter (Erstfeldergneis und Sericitgneis) haben, vorhanden. Sie stehen steil und sind an anderen Stellen von sehr umgewandelten Intrusionen von Peridotit, Gabbro und Diorit durchsetzt, die zeitlich wohl den Grünsteinen der Zone von Ivrea entsprechen dürften. Ausserdem sind aber auch die mesozoischen flachliegenden Sedimente zwar als Sedimente mit Fossilien deutlich erkennbar, aber z. T. in Schiefer umgewandelt, die kristallinisch sind. So findet man in der Trias kristalline Schiefer, sog. Quartenschiefer mit Sericit, Quarz etc., die neu entstanden sind, und die ursprünglich ein sandiger Thonschiefer gewesen sein müssen. Auch die Opalinusschiefer des unteren Doggers sind härter und kristallinischer als Thonschiefer es zu sein pflegen. Die Kalke des Doggers und Malms sind mit ihren Fossilien sofort als solche kennbar, sie sind keineswegs marmorisiert. Doch haben sie ein etwas anderes Aussehen als ausseralpine Sedimente in Süddeutschland oder im Jura. Hier liegt der Beginn einer Umwandlung zu kristallinen Schiefern vor, der nach unten und nach Süden intensiver wird. Verfolgen wir nämlich die mesozoischen Sedimente weiter südlich — wir treffen sie 4 km südlich vom Nordrand im Maiental bei Färnigen etc. zwischen die älteren kristallinen Schiefer eingeklemmt, so sind sie schon stärker verändert. Aus dem Callovien-Eisenoolith des Doggers ist ein albitführender Chloritschiefer geworden, der die bekannten gestreckten *Belemnites calloviensis* enthält, der Malm wie das Bajocien sind teilweise schwach marmorisiert. Gehen wir dann noch 20 km weiter südlich nach dem Südabfall des Aarmassivs, so ist das Mesozoicum, das dort hauptsächlich Trias und Lias ist und in der Mulde zwischen Aar- und Gotthardmassiv lag, ganz kristallinisch. Der Marmor von Andermatt ist längs des Urserentales ein liasischer Kalk gewesen. Die Sandsteine, kalkigen Thone etc. der Trias sind glimmerführende Quarzite, Kalkglimmerschiefer etc. geworden. Noch weiter südlich im Gotthardmassiv, z. B. am Scopi, am Nufenen sehen wir liasische Belemniten in echten kristallinen Schiefern mit Biotit, Staurolith, Albit etc. liegen. Würde man sie nur dort sehen, so könnte man glauben, dass der ganze Komplex kristalliner Schiefer, die mesozoischen Sedimente wie die prätriadischen Gneise, bei der jungtertiären Alpenfaltung umgewandelt ist. Der Nordrand des Aarmassivs zeigt aber deutlich, dass die prätriadischen, spez. präoberkarbonischen Gesteine kristalline Schiefer auch an den Stellen vorhanden sind, wo die mesozoischen Sedimenten fast unverändert geblieben sind.

Der Erstfelder- und Sericitgneis und die Sericitschiefer sind wie erwähnt präoberkarbonisch; ihre Gerölle bilden die Basis des produktiven Karbons. Sie sind später vom Aargranit, der Granit- und Quarzporphyrapophysen in sie entsendet, auf 50–500 m kontaktmetamorph verändert. Weiter entfernt vom Aargranit, wo die Kontaktmetamorphose aufhört, sind sie aber auch echte Gneise, deren gleichmässige Beschaffenheit unabhängig vom Abstand zum Aargranit ist. Diese Gesteine sind also prägranitisch Gneise gewesen. Der Aargranit hat höchst warscheinlich oberkarbonisches Alter; zwischen seine Quarzporphyren sind z. B. am Bristenstäfeli, allerdings in gestörter Lagerung, Schnitzen von Kohle und Anthrazit eingeschaltet. Ferner hängt die prätriadische Aufrichtung sämtlicher Schichten bis etwa zum Ende des Oberkarbons im Aarmassiv (auch Montblancmassiv etc.) unstreitig mit der Intrusion des Aargranits zusammen. Eine so gewaltige Masse, die über 100 km lang und über 10 km breit war, konnte wohl nur durch Aufrichten der benachbarten Schichten Platz erhalten. Dass direkter Kontakt von Granit an Karbon kaum aufzufinden ist, erklärt sich daraus, dass das Karbon die damals jüngste Schicht war und nur vereinzelt in Längstälern abgelagert wurde, während der Granit nur mit den unteren Schichten in Berührung kam. Die ganze Tektonik zeigt, dass durch den Granit nicht eine vollkommene Aufschmelzung oder Durchbrechung sondern ein Aufwölben und ein Auseinanderschieben der Schichten stattfand. Der Aargranit hat aber auch eine Gneiszone (Urserengneiss etc.), die mit den nördlichen prägranitischen Gneisen nichts zu tun hat. Diese Zone liegt auf der Südseite des Aarmassivs; es ist wohl möglich, dass sie einen Aufpressungskontakt des flüssigen granitischen Magmas mit den ursprünglich darüber liegenden Gesteinen darstellt, ähnlich wie er, wenn auch räumlich viel weniger ausgedehnt, zuerst von W. C. Brögger[1] am Langesundsfjord entdeckt worden ist. Diese Aufpressungs-

---

[1] W. C. Brögger, Zt. f. Kryst. Bd 16, S. 112 ff. 1890.

kontakte zeichnen sich durch höhere Temperatur des Magmas aus, so hat auch BRÖGGER an diesen Stellen Aufschmelzung des Kontaktgesteines nachweisen können. — Auf der Nordseite des Aarmassivs kam kälteres Magma an die Oberfläche, daher die Granit-Porphyrapophysen und die weniger intensiven Kontakterscheinungen (die Kontaktmetamorphose im Sinne von H. ROSENBUSCH).

Im Aarmassiv sind also *3 Arten kristalliner Schiefer* vorhanden:

1) *Präoberkarbonische Ortho- und Paragneise und Glimmerschiefer mit gabbro-dioritischen Intrusionen* von gleichmässiger Ausbildung in grosser Ausdehnung (nach Ansicht des Verf. kontaktmetamorpher Entstehung).

2) *Randliche schmale Kontakt-Gneiszone des Aargranits,* der oberkarbonischen Alters ist.

3) *Mesozoische Sedimente,* die in den Zonen grösserer tektonischer Störung, also im allgemeinen nach Süden und ausserdem etwas nach der Tiefe hin, mit zunehmender Intensität in kristalline Schiefer umgewandelt sind. Diese Sedimente sind posteozän, also höchst wahrscheinlich bei der jungtertiären Alpenfaltung metamorphosiert; ein Zusammenhang mit einer Intrusion ist nicht nachzuweisen. Zur selben Zeit entstand im wesentlichen die *Druckschieferung im Aargranit,* in allen Gesteinen wurden in bestimmten Zonen auf Klüften senkrecht zur Schieferung die *Mineralien des sog. alpinen Typus* gebildet. Diese Mineralien sind nur durch Auslaugung des umgebenden Gesteins entstanden. Ausserdem wurden alle früheren Gesteine je nach ihrer Beschaffenheit (am stärksten die Quarzporphyre) umgewandelt.

Die Reihenfolge der Intrusionen und Faltungen im Aarmassiv ist vielleicht folgende:

1) Diorite, Gabbro, Peridotite (Silur oder Devon).
2) Syenite.
3) Orthogneis (Erstfeldergneis, Oberdevon oder Kulm?), 1:te Faltung.
4) Aargranit mit Granitporphyrapophysen (Oberkarbon), 2:te Faltung.
5) Quarzporphyr (Ende des Oberkarbons oder Perms).
6) Jungtertiäre, 3:te Alpenfaltung.

Versuchen wir andere alpine Massive damit zu vergleichen, so müssen wir folgendes berücksichtigen.

Nach Süden hin war die jungtertiäre Metamorphose intensiver. Wären im Gotthardmassiv am Nufenen oder Scopi nicht liasische Pentacriniten und Belemniten in den dunklen z. T. kalkhaltigen kristallinen Schiefern, so wäre eine Zuordnung auf Grund des petrographischen Habitus schwierig. Im Tessiner- und Simplonmassiv kann sie nur vermutet, nicht bewiesen werden. Parallel mit der stärkeren Metamorphose zu kristallinen Schiefern nimmt die Zusammenpressung der autochtonen Teile und die Überschiebung von Schollen zu, und damit fällt das Kriterium von Diskordanz und Konkordanz weg. Die nördlich gelegenen Massive wie das Montblancmassiv sind dem Aarmassiv am ähnlichsten. Nach den Untersuchungen von LORY, DUPARC, MRAZEC, MICHEL-LÉVY, RENEVIER, GOLLIEZ ergibt sich, dass auch hier präkarbonische kristalline Schiefer, z. B. die Glimmerschiefer, an der Basis des Karbonkonglomerats ferner wohl die Granulite etc. vorhanden waren. Das Alter des Montblancgranit und seiner Kontaktzone wird von DUPARC[1] und MRAZEC für präkarbonisch angesehen; der Verf. glaubt neuerdings Beweise für karbonisches Alter bei Sembrancher gefunden zu haben. Die mesozoischen Sedimente, die in der Fazies mehr denen der Südseite des Aarmassivs entsprechen, sind, namentlich die Liasschiefer, als »schistes lustrés« im Tertiär, nicht stark umgewandelt, nur etwa so wie die Sedimente auf der Nordseite des Aarmassivs bei Färnigen.

Weitgehende Analogien mit Montblanc- und Aarmassiv bietet auch das von P. TERMIER[2] studierte Pelvouxmassiv, sowohl hinsichtlich der Reihenfolge wie vielleicht auch des Alters der Eruptive. TERMIER unterscheidet einen älteren Gneis mit Amphiboliten, der von Granit und dessen aplitischen Gängen durchbrochen wird, Syenit, der teilweise im Granit eingeschlossen ist (orthophyrische Ergussgesteine im Karbon etc.). — Im Nordosten im Vorarlberg, am Semmering[3] u. s. w. sind ebenfalls gemeinsame Züge herauszulesen; doch kennt der Verf. diese zu wenig aus eigener Anschauung. Zu demselben Typus wie das Aarmassiv gehören nach REINHARD die von MRAZEC und REINHARD als ptychigen bezeichneten Teile des Getischen Gebirges. — Dass Überschiebungen an sich noch nicht eine stärkere Metamorphose bedingen, sehen wir an der Glarnerdecke und den darunter liegenden Gesteinen;

---

[1] DUPARC und MRAZEC, Massif du Mont-Blanc. Genève. 1898.

[2] P. TERMIER, Massif du Pelvoux et Briançonnais, Guide Congrès géol. intern. Paris 1900.

[3] So ist eine Vergleichung der von F. TOULA gegebenen Schichtfolge mit der vom Verf. vom Wendenjoch beschriebenen nicht undurchführbar. Auch hier waren mindestens zwei Bildungszeiten kristalliner Schiefer.

die Sedimente sind da nicht merklich umgewandelt. Das ist später ausführlicher diskutiert. Gehen wir weiter südlich zum Gotthardmassiv, so werden die mesozoischen Sedimente stärker kristallin, doch ist ein Unterschied zwischen ihnen und den altkristallinen Schiefern noch erkennbar. Überall, wo Mesozoicum an Granit oder Gneis grenzt, fehlen die Kontakterscheinungen; man sieht deutlich, dass diese älter sind als das Mesozoicum. Andererseits scheint nach einem neueren Fund des Verf. das Alter des Granits im Gotthardmassiv karbonisch zu sein. Dass die kristallinen Schiefer prätriadisch sind, sehen wir an Geröllen von Glimmerschiefer in der Rauhwacke bei Piora. Die Gneiskontaktzone ist viel ausgedehnter als die des Aargranits, und die tertiäre Metamorphose hat sämtliche Gesteine viel stärker verändert als im Aarmassiv.

Das Mesozoicum und die früheren Gesteine sind ausserdem von grösseren basischen Massen in der Zeit nach der Trias und vor der Kreide intrudiert worden, die meist zu Serpentinen umgewandelt wurden. Der ganze Gesteinskomplex ist im Tertiär gewaltig gepresst worden. Die liasischen und triassischen Sedimente fallen jetzt, z. T. auch primär so am Ostrand des Massivs, konkordant mit den Gneisen und Glimmerschiefern ein. Es sind also sicher zwei Bildungsperioden kristalliner Schiefer, eine prätriadische und eine jungtertiäre, im Gotthardmassiv vorhanden. Ein Analogon zum Gotthardmassiv bietet, nach den Untersuchungen von Löwl, Becke, Stache, Teller, das Tauernmassiv: dieselbe starke Metamorphose der postkarbonischen Sedimente zu Kalkglimmerschiefern etc., deren scheinbar konkordante Anpressung an den Schiefermantel des Zentralgranits, ferner die gneisartige Ausbildung des Zentralgranits und die intensive Kontaktmetamorphose des Schiefermantels zu Granathornblendegesteinen, Glimmerschiefern und seine spätere Dynamometamorphose, die Serpentinintrusionen in den vermutlich mesozoischen Kalkglimmerschiefern, das Fehlen des Karbons, die Schwierigkeit die älteren Gneise von dem Tauerngneis und seinem kontaktmetamorphen Schiefermantel zu trennen. Sogar in Bezug auf die Überschiebungen, die wir längs des Südrandes des Gotthardmassivs finden, bietet das Tauernmassiv nach Steinmann und Termier Analoga. In wie weit die Engadiner und Ötztaler Alpen Analogien zum Gotthardmassiv zeigen, ist noch wenig diskutiert. — Am stärksten war die tertiäre Metamorphose im Tessiner- und Simplonmassiv; die Trias- und Lias-

und nach Schmidt[1] auch Jurasedimente dort sind echte kristalline Schiefer und konkordant an den Orthogneis des Tessin und dessen kontaktmetamorphe Schieferhülle angepresst. Doch gibt es Tatsachen, welche die prätriadische Existenz eines Teils der kristallinen Schiefer beweisen; das sind die von C. Schmidt u. A. Stella entdeckten Gerölle von Antigoriogneis an der Basis der Trias am P. Teggiolo. Auch die tektonischen Störungen waren nach Schardt[2] und Schmidt an diesen südlichen Massiven am stärksten; Gneise sind über mesozoische Sedimente mehrfach überschoben. Die Grüuschiefer und Serpentinintrusionen im Mesozoicum sind häufig und oft von gewaltiger Mächtigkeit. Also sind im Tessinermassiv, wenn auch jetzt nicht mehr direkt unterscheidbar, kristalline Schiefer von zwei geologisch ganz verschiedenen Entstehungszeiten vorhanden.

Damit fällt aber der Begriff der Regionalmetamorphose in der üblichen Auffassung für Aar-, Gotthard-, Tessinermassive und die analogen Gruppen. *Die kristallinen Schiefer dort werden zum mindesten zwei, in Aarmassiv sicher drei ganz verschiedenen geologischen Zeitpunkten gebildet und ihre Entstehung ist auf verschiedene Ursachen zurückzuführen.* Nur in gewisser Hinsicht, in Bezug auf die dritte jungtertiäre Umwandelung, ist der Begriff der Regionalmetamorphose vereint mit dem der Dynamometamorphose für diese Massive noch anwendbar. Das soll später besprochen werden. Geht man auf die Südseite der Zone des Tessiner-Simplonmassiv, so nimmt nach Süden wie nach Osten und Westen die Intensität der tertiären »Regionalmetamorphose« plötzlich sehr rasch ab. Am Luganer See und Lago Maggiore ist der höchst wahrscheinlich karbonische Granit, seine Kontaktzonen und die etwas späteren Porphyre ziemlich unverändert geblieben. Wir begegnen da gut erkennbaren Lias- und Triasresten. Nach Westen, z. B. in den Seealpen südlich von Cuneo, sind die Sedimente nicht mehr kristalline Schiefer; dasselbe gilt östlich in den Tiroler Alpen für die unmittelbar an die stärkst metamorphosierte Zone südlich angrenzenden Massive. Gerade deshalb sind hier die Eruptive, die im Jungtertiär empordrangen aber sonst meist in der Tiefe erstarrten und durch ihre Wärme die dynamische Metamorphose unterstützten, gut erkennbar. Zu diesen Massiven gehören Adamello und Monzoni. In Adamello haben wir nach den

---

[1] C. Schmidt, Eclog. geolog. Helv. 9, S. 503. 1907.
[2] H. Schardt, Bull. Soc. scienc. nat. Valais 35, p. 246. Sion 1909.

Untersuchungen von W. SALOMON [1] erstens prätriadische kristalline Schiefer (Rendenaschiefer, Piana—Augengneis etc.) und zweitens den tertiären Adamellotonalit mit seiner Kontaktzone (Kontakt im Sinne von H. ROSENBUSCH).

Die obigen Darlegungen lassen sich also kurz dahin zusammenfassen: Die kristallinen Schiefer der Alpen sind zu *verschiedenen Zeiten* entstanden. Die Gesteine, die *man im wesentlichen als zur tieferen Stufe gehörig bezeichnete, sind präoberkarbonisch schon kristallin gewesen; die der oberen Tiefenstufe zugeteilten sind erst jungtertiär metamorphosiert.* Die Metamorphose der ersteren waren im wesentlichen durch Intrusionen, die der zweiten durch Dislokationen bedingt. Die Intensität der jungtertiären Metamorphose ist örtlich, aber nicht stark mit der Tiefe, variierend. Sie ist längs der Mittelzone der Alpen am stärksten und nimmt nach Norden und Süden hin an Intensität ab. Die früheren Anschauungen, wonach die ganze Metamorphose durch Druck in der Tertiärzeit bedingt ist, wobei die Gesteine plastisch wurden, sind kaum haltbar. Die »Tiefenstufen» von BECKE, [1] BERWERTH und GRUBENMANN entsprechen nach Ansicht des Verf. einer in den Alpen durchführbaren Unterscheidung, aber sie sind ursächlich und zeitlich ganz verschieden. Man kann statt »obere Tiefenstufe» tertiäre Dislokationsmetamorphose und statt »untere Tiefenstufe» paläozoische Intrusionsmetamorphose setzen.

II. Vergleichung der alpinen mit den mitteleuropäischen kristallinen Schiefern.

Vergleichen wir die benachbarten mitteleuropäischen Massive mit den alpinen, so fällt sofort auf, dass wohl nirgends die mesozoischen und tertiären Sedimente kristalline Schiefer geworden sind, dass also die tertiäre (3:te) alpine Metamorphose, die man als kombinierte Regional-Dynamometamorphose bezeichnen könnte, wegfällt. Demgemäss sind chemische und mechanische Veränderungen der prätriadischen Gesteine in allen diesen Massiven nicht merklich, obwohl auch hier in der Tertiärzeit vielfach nicht unerhebliche tektonische Störungen statt-

---

[1] Vgl. W. SALOMON, Adamellogruppe, Abb. K. K. Geol. Reichsanstalt Bd. 21, S. 316. 1908.

hatten. Die oberkarbonischen Granite der Vogesen, des Schwarzwaldes, Erzgebirges u. s. w. sind echte Granite ohne die Druckschieferung, die der Aargranit und andere alpine Granite an vielen Stellen zeigen, ohne die alpinen Mineralbildungen in Klüften, meist ohne Chloritisierung, Saussuritisierung der Gesteinsmineralien etc. Wo man daher Dynamo-Regionalmetamorphose in diesen Massiven zu sehen glaubt, kann diese nur präoberkarbonisch sein. Man findet aber gerade in diesen Massiven auch ausgedehnte kristalline Schiefer; die Gneise des Schwarzwaldes, des Fichtelgebirges, des Erzgebirges etc. Diese sind präoberkarbonisch entstanden. Granitintrusionen im Karbon sind für alle diese Massive sicher festgestellt.[1] Sie haben die präoberkarbonischen Gesteine sowohl Sedimente wie kristalline Schiefer kontaktmetamorph im Sinne von ROSENBUSCH verändert; das klassische Beispiel ist der Granitit der Vogesen im Kontakt mit den Steiger Schiefer bei Barr-Andlau. Dasselbe findet man im Fichtelgebirge und anderwärts. Die kristallinen Schiefer sind früher entstanden, genau wie im Aarmassiv.

Anders verhalten sich bereits die Kontaktzonen der Granitmassen, die früher etwa zwischen Mitte des Kulms und Mitte des Oberkarbons intrudiert sind. Granitmassen dieses Alters sind viele Schwarzwaldgranite. Auf ihnen lagert Karbon der Ottweiler Stufen z. B. bei Baden-Baden und anderwärts diskordant zu den früheren Gesteinen, während das tiefere Karbon konkordant mit den Gneisen gefaltet und der untere Kulm z. B., wie der Verf. gefunden hat, in der ganzen Zone von Badenweiler bis Lenzkirch vom Blauengranit teils zu echten Hornfelsen, teils zu Gneisen kontaktmetamorph verändert ist. Das Studium dieser Kontaktgesteine zeigt neue Erscheinungen, die a. a. O. beschriebenen werden sollen. Ebenso hat nach den Untersuchungen von O. ERDMANNSDÖRFFER der Brockengranit des Harzmassiv Sedimente des Silur und Kulms zu dem sog. Eckergneis, wie ihn LOSSEN genannt hat, umgewandelt. Die neugebildeten Mineralien sind in diesen Kontaktzonen durchaus die der eigentlichen Kontaktmetamorphose: Sillimanit, Andalusit, Cordierit, Orthoklas, Biotit, Staurolith etc. Der Brockengranit ist in der Zeit zwischen oberen Kulm und mittleren Oberkarbon intrudiert, die Auffaltung des Massivs fällt in dieselbe Zeit. Auch die früheren Granite des Erzgebirges und der Granit von Bobritz dürften

---

[1] z. B. Granit von Schellerhau, Erzgebirge (DALMER); Granit vom Waldstein, Fichtelgebirge (GÜMBEL).

hierher zu stellen sein, ebenso nach BARROIS der Granit von Pontivy in der Bretagne mit seiner Glimmerschieferzone. Viel ausgedehnter sind die Komplexe kristalliner Schiefer, die man als endogene und exogene Kontakte devonischer und früh-kulmischer Granit auffasst. Ein bekanntes Beispiel ist das sächsische Granulitmassiv. Der äussere Kontakthof zeigt Knoten- und Fruchtschiefer, die allmählich nicht (oder nur ganz selten) in Hornfelse, sondern in Phyllite,[1] Glimmerschiefer, Glimmergneise, Cordieritgneis, Sillimanitgneis übergehen, während das Eruptivgestein ein Cyanit-, Andalusit-, Sillimanit-, Granat-Granulit[2] ist, der allmählig nach unten in normalen Orthogneis bis Granit übergeht. Bei dieser Intrusion hat aber wahrscheinlich auch vielfach eine starke Pressung stattgefunden. Diese Frage ist in einem folgenden Abschnitt eingehender behandelt. Ganz ähnlich verhält sich nach Beobachtungen des Verf. im Fichtelgebirge der Komplex zwischen Asch, Rehau und dem Ochsenkopf.

Die neugebildeten Mineralien sind im wesentlichen eigentliche Kontaktmineralien. Disthen ist u. a. auch aus dem Kontakt des Shap-granits in Nordengland durch A. HARKER[3] bekannt.

Diese intensiven Kontakte zeigen dagegen nicht die Mineralien, die wir in den alpinen kristallinen Schiefer vorfinden wie Albit, Sericit, Chlorit etc.; diese letzteren sind vielmehr Produkte einer ganz anderen Art von Umwandlung, die mit der Bildung kristalliner Schiefer keineswegs notwendig verknüpft ist. Dagegen ist für die intensiven endo- und exomorphen Kontakte charakteristisch die Ausbildung der Paralleltextur und die endo- und exomorphe Bildung von Hornblendegesteinen in grösserem Massstab, seltener von Pyroxengesteinen und häufig die mit der Aufwölbung der Schichten verbundenen Pressungserscheinungen. Analog dem sächsischen Granulitgebirge ist die Metamorphose der präoberkarbonischen Gesteine im Fichtelgebirge, besonders stark unter Aufschmelzung in der Münchberger Gneisplatte, weniger stark bei Selb-Rehau.

Ein ähnliches Alter wie den oben erwähnten Gneismassiven schreibt LEPSIUS[4] auch den Gneisen des Erzgebirges zu. BARROIS[5] deutet auch

---

[1] Den Pyroxengranulit hält Verf. für ein durch den Granulit metamorphosiertes Gestein.

[2] In diesen Phylliten sind von DATHE devonische Tentaculiten gefunden; also sind die kristallinen Schiefer hier nach dem Mitteldevon und, wie sich auch nachweisen lässt, von dem Oberkarbon gebildet.

[3] A. HARKER, Qu. Journ. Geol. Soc. 47, p. 266. 1891.

[4] R. LEPSIUS, Geologie von Deutschland, Bd. II, S. 107. Stuttgart.

[5] CH. BARROIS, Guide Congr. géol. intern. Paris, N:o 7, p. 25. 1900.

ganz ähnlich den Gneiskomplex von Brest und St. Julien in der Bretagne. Dem intrudierenden Gneisgranit schreibt er karbonisches Alter zu. — Erschwert wird das Studium dieser Gneiskontakte durch drei Umstände: erstens sind vor der Intrusion der Orthogneise echte basische Tiefengesteine, Diorite bis Gabbro und Diabaslager mit normaler Kontaktzone im Silur und Devon intrudiert. Diese sind mit ihrer ganzen Kontaktzone durch die Orthogneise umgewandelt. Zweitens haben die Granite im Kulm bis Oberkarbon den ganzen Komplex durchbrochen und mehr oder minder metamorphosiert, wobei in dem äusseren Kontakthof der Granite die Kontaktmineralien, welche die Orthogneise erzeugt hatten, teilweise wieder umgewandelt wurden; denn gerade Andalusit, Cordierit, Skapolith etc. sind ziemlich unbeständig. Ferner haben drittens die mit den Granitintrusionen verbundenen tektonischen Störungen, Faltungen und Überschiebungen verursacht, die die Deutung der ursprünglichen Lagerungsverhältnisse oft wesentlich erschweren.

Dass bei der Bildung eines Komplex von kristallinen Schiefern mit Orthogneisen oder Granulit im allgemeinen die gewöhnlichen Kontaktmineralien auftreten und nicht diejenigen, welche wir in den kristallinen Schiefern der Alpen finden, sehen wir auch da, wo diese Gneise präalgonkisch oder später intrudiert sind. Solche Komplexe kristalliner Schiefer finden wir in ganz Nordeuropa. In den Alpen und den nördlich und südlich angrenzenden Massiven sind sie nirgends sicher nachzuweisen, weil die folgenden Intrusionsperioden und Metamorphosen alle Unterschiede verwischt haben. Sicher feststellbar sind sie etwa von der Bretagne und Dänemark an nach Norden. Manche dieser Gneismassive sind gut aufgeschlossen und später nicht verändert. Wir finden so z. B. in dem vor G. BARROW eingehend studierten prädevonischen Massiv im Nord-Forfarshire in Schottland Orthogneise mit ihrer Kontaktzone von Sillimanit-, Cordierit-, Staurolith-, Disthengneisen und dem die Gneisintrusion abschliessenden Granitdurchbruch, die durchaus an das viel weniger gut aufgeschlossene sächsische Granulitmassiv erinnern. Nur ist der schottische Komplex sicher älter als das Old Red des Devons. Auch hier sehen wir nicht eine allmähliche Umwandelung, die mit zunehmender Tiefe fortschreitet, vielmehr sind die jüngeren postsilurischen Sedimente ganz scharf von den kristallinen Schiefern getrennt. Dasselbe findet man, wenn man in Nordwestschottland den

Komplex der Lewisiangneise mit dem darauf folgenden Torridon (Algonkian) und Kambrium vergleicht, oder in den Vereinigten Staaten das archäische Grundgebirge mit dem darüberlagernden Algonkian und Kambrium.

Wir kommen also zu folgenden Ansicht:

Die Bildung kristalliner Schiefer mit normalen Kontaktmineralien (Andalusit, Cordierit, Sillimanit, Granat, Staurolith, Biotit, Orthoklas etc. in der bekannten Siebstruktur) hat seit den ältesten Zeiten bis etwa zum Kulm stattgehabt. Mit zunehmender Abkühlung der Erde ist die Metamorphose zu Gneisen etc. seltener bezw. in tiefere nicht aufgeschlossene Zonen gerückt worden. *Die Metamorphose hat aber jeweils zu einer ganz bestimmten Zeit infolge einer langsamen Intrusion von Eruptivgesteinen stattgefunden und ist nicht eine allmählige Regionalmetamorphose.*

Häufig ging bei den tektonischen Bewegungen, die später in Verbindung oder unabhängig von einer Intrusion statthatten, eine zweite Metamorphose vor sich, bei welcher die Mineralien der oberen Tiefenstufe nach BECKE, BERWERTH und GRUBENMANN gebildet wurden: Albit, Chlorit, Sericit, sekundärer Quarz, Epidot, auch Hornblende, Rutil u. a., und mechanische Zertrümmerungen, Pressungen, Ausbildung von Paralleltextur stattfanden. Doch ist diese zweite Metamorphose vielfach, so in den Alpen, zeitlich und ursächlich vollkommen von der ersten zu trennen. Diese dynamische Metamorphose fehlt daher auch oft in den Komplexen kristalliner Schiefer. Manchmal, so an vielen Stellen des im Archäicum von Nordamerika nach der zusammenfassenden Darstellung von CH. R. VAN HISE und CH. K. LEITH,[1] oder nach den Untersuchungen von A. L. HALL[2] zu urteilen im zentralen und östlichen Transvaal, scheinen bei der Gneisintrusion selbst starke tektonische Bewegungen mit dynamischer Metamorphose aufgetreten zu sein. In den Alpen liegt dagegen das ganze Mesozoicum und ein Teil des Tertiärs dazwischen.

Dynamo- und Regionalmetamorphose.

Zunächst muss festgestellt werden, dass mechanische und chemische Veränderungen nicht notwendig parallel gehen, und dass gewaltige tekto-

---

[1] CH. R. VAN HISE und CH. K. LEITH, Precambrian Geology of North America, U. S. Geol. Surv. Bull 360. 1909.

[2] A. L. HALL, Tscherm. Min. petr. Mitt. 28, S. 115. 1909.

nische Störungen stattfinden können, ohne dass irgendwie eine chemische oder Regionalmetamorphose statthat. So sind z. B. das Kambrium längs der grossen Überschiebungslinie in NW. Schottland ebensowenig wie der Torridonsandstein zu kristallinen Schiefern geworden; man beobachtet nur z. B. bei Strome Ferry oder auf Skye eine intensive Zertrümmerung, Mylonisierung und lokal Quarzitisierung der Gesteine ähnlich auf Elba. Dasselbe gilt für die Gesteine unter und in der Glarnerüberschiebungsdecke am Aarmassiv; es sind stellenweise, mit A. Heim zu sprechen, »gequälte» Gesteine, nirgends aber kristalline Schiefer entstanden. Auch in den Vereinigten Staaten haben z. B. die grossen Überschiebungen in Montana die Sedimente nicht in kristalline Schiefer umgewandelt. Das gilt sowohl oben wie tief unter den Überschiebungsdecken, die z. B. in der Glarnerdecke bei Panix weit bis an das Autochtone hinab aufgeschlossen sind.

Ebensowenig scheinen mir eine hohe Überlagerung und lange Zeiträume eine allmähliche Metamorphosierung zu bewirken. Die von van Hise angenommene »Zone of anamorphism» liegt meiner Ansicht nach so tief, dass jetzt für uns aufgeschlossene Gesteine nie dahin gelangt sind. Die Schichtenfolge am Grand Cañon scheint mir dafür beweisend. Dort lagern nach den leicht nachzuprüfenden Untersuchungen von Dutton und Walcott 8 000—9 000 m Sedimente über dem Algonkian bis zum Beginn des Tertiärs, und jetzt ist eine Überlagerung von 3 000 m Algonkian bis Perm umfassend direkt aufgeschlossen, während in der Nähe darüber Plateaux mit 2 000 m mächtigem Mesozoicum aufragen. Gleichwohl ist das Kambrium wie Algonkian keineswegs kristallin, höchstens etwas verfestigt, so dass man den Beginn des »belt of cementation» von van Hise in diesen Tiefen (etwa 6 km unter der Oberfläche) annehmen könnte. Durch eine Konglomeratzone von 2—10 m scharf davon getrennt ist das kristalline Algonkian, ein »Grundgebirge» ähnlich wie die Gneisgebiete Schottlands und des Schwarzwalds.

Die tertiäre Umwandlung der Gesteine in den Alpen ist also kein Phänomen, das einfach durch eine regionale Umwandlung in der Tiefe erklärt werden kann, denn eine solche ist bisher nirgends mit Sicherheit festgestellt worden. Auch sehen wir in den Alpen, dass manchmal Gesteine gleichen Alters in gleicher Höhenlage unmittelbar benachbart sehr verschieden umgewandelt sind. So ist, um ein Beispiel herauszugreifen, im Tessinermassiv der triadische Dolomit von Campolungo vollkommen unter Neubildung von schön kristallisierten Mineralien wie Korund, Tremolit, Muscovit, Pyrit etc. zu einem zuckerkörnigen Dolomitmarmor umkristallisiert, während im gleichen Zug, sogar noch etwas tiefer liegend, dicht dabei der Dolomit westlich von Piumogna mit seiner ursprünglichen sedimentären Schichtung ohne jede Mineralneubildung geblieben ist. Man kann da kontinuierlich den Übergang des vollkommen umkristallisierten in den ziemlich normalen Dolomit verfolgen. Die Erklärung hierfür scheint mir einfach folgende: Bei Campolungo ist der Dolomit in eine Schleife gefaltet worden und ältere Gneise wurden darüber geschoben. Hier fanden also im Dolomit starke tektonische Veränderungen statt, deren mechanische Energie sich in Wärme umsetzen musste; bei Piumogna hingegen ist der Dolomit relativ ungestört. Die Temperaturerhöhung bei Campolungo konnte die Umkristallisation bewirken.

Die Umwandlungen der alpinen Gesteine in der Tertiärzeit, oder die der oberen Tiefenstufe nach BECKE—BERWERTH—GRUBENMANN, sind *physikalisch-chemisch* allerdings nur graduell von denen der untern Tiefenstufe verschieden, welche letztere Gneise und Glimmerschiefer prämesozoisch geschaffen hat. Der Unterschied beruht wohl nur auf der Einwirkung geringerer Temperatur (maximal 500°) und höherer dynamischer Drucke in der Tertiärzeit. *Geologisch* und ursächlich sind dagegen beide Metamorphosen (oder »Tiefenstufen») *scharf zu scheiden*. Die zweite ist eine intensive Kontaktmetamorphose, die erstere eine Metamorphose, bei der hauptsächlich die dynamischen Vorgänge eine erhöhte aber lokal ziemlich verschiedene Temperatur hervorgerufen haben. Gleichzeitig hat wohl, wie das P. TERMIER annimmt, eine in der Tiefe gebliebene Intrusion Wasser- und Kohlensäuredämpfe abgegeben und zur allgemeinen gleichmässigen Erwärmung beigetragen.

Die Mineralien, die bei diesen Vorgängen auskristallisierten, finden wir in den bei der Bewegung aufgerissenen Spalten als Kluftmineralien. Sie sind in den Alpen nachweislich jungtertiär entstanden; sie fehlen in den meisten Massiven kristalliner Schiefer, die keine spätere starke dynamische Umwandlung verbunden mit einer Teleintrusion durchgemacht haben, so im Schwarzwald, Vogesen, Bretagne, Schottland, Schweden etc. Selbstverständlich ist nicht notwendig, dass die dynamischen Vorgänge stets zeitlich getrennt von einer Intrusion waren, und dass die Teleintrusion nirgends sichtbar wurde. Im Gegenteil ist es wohl ein Beweis für die Richtigkeit dieser Annahme, dass gerade gleichzeitig mit einer Intrusion, die starke tektonische Veränderungen bedingte, derartige Kluftmineralien, häufig allerdings nur die Zeolithe, auftreten, so an einzelnen Stellen in der hohen Tatra (MOROZEWICZ[1]) Pyrenäen (LACROIX).[2]

Versuch einer Einteilung der kristallinen Schiefer.

Die Entwickelung der Anschauungen über die Entstehung der kristallinen Schiefer hat neuerdings L. MILCH[3] geschildert. Hier soll eine Einteilung versucht werden, die in den Grundzügen genetisch, in den Einzelheiten chemisch ist, gerade so wie das für die übrigen Gesteine schon lange geschehen ist. Auch bei der längst anerkannten Einteilung der Gesteine in Eruptive und Sedimente beruht die Tatsache, dass ein Basalt nur unter den Eruptiven, ein Dolomit nur unter Sedimenten[4] vorkommt, lediglich auf dem Wahrscheinlichkeitsgesetz, dass verschiedene Ursachen meist verschiedene Wirkungen haben.

Bei Einteilungsprinzipen gelten Zweckmässigkeitsgründe. Eine rein quantitativ chemische Einteilung der Gesteine ergibt keinen Unterschied zwischen einem Granit und einer Arkose. Eine genetisch-geologische Einteilung der Mineralien würde dem Quarz verschiedene Namen geben müssen. In ersterem Fall wäre das Ergebniss für den Geologen und Petrographen, im zweitem für den Mineralogen und Physiker unbefriedigend.

Die bisher vorliegenden Systeme der kristallinen Schiefer sind in ihren Grundlagen — es sei nur an die Tiefenstufen von BECKE, BERWERTH und GRUBENMANN und an die Ortho- und Paragneise von ROSENBUSCH, an die Zonen von VAN HISE erinnert — genetisch. Die Unterabteilungen müssen durch den mineralogisch-chemischen Bestand

---

[1] I. MOROZEWICZ, Kosmos, Lwow. 1909, p. 599.

[2] A. LACROIX, Guide Congr. géol. intern. Paris, N:o 3, p. 17. 1900. — Eine Entstehung dieser Mineralien durch Atmosphärilien scheint mir wenig wahrscheinlich: sie müssten sonst im feuchten Klima von England und Schottland in jedem Granit auftreten.

[3] L. MILCH, Geolog. Rundschau I, S. 36. 1910.

[4] Es ist von Interesse sich daran zu erinnern, dass beide Beispiele jahrzehntelang Gegenstand wissenschaftlichen Streites gewesen sind, und doch ist man jetzt, ohne eine ganz neue Grundlage suchen zu müssen, zu einer allgemein angenommenen Anschauung gelangt.

gegeben werden, hierbei sollten die alten Bezeichnungen: Gneise, Amphibolite, Glimmerschiefer, Phyllite etc. beibehalten werden.

Die folgenden, auf geologischen Beobachtungen beruhenden Vorschläge für die Hauptabteilungen sollen nur eine Fortentwicklung dieser früheren Untersuchungen sein. Die Unterscheidung von Ortho- und Paragneisen ist selbstverständlich beibehalten. Die zwei »Tiefenstufen» von BECKE, BERWERTH und GRUBENMANN geben, wenn sie auch der Verf. in den Ursachen ganz anders deutet, eine durchgreifende Unterscheidung zweier Typen kristalliner Schiefer. Die Auffassung ist im wesentlichen diejenige, die in den Untersuchungen von ADAMS, BARROIS, BARROW, CALLAWAY, COLEMANS, GÄBERT, KEMP, LACROIX, LAWSON, I. LEHMANN, MICHEL-LÉVY, NAUMANN, SAUER, WEINSCHENK u. a. vertreten ist. Zwischen den hier unterschiedenen Abteilungen der kristallinen Schiefer sind Übergänge da, gerade so wie bei den Eruptiven zwischen Tiefen-, Gang- und Ergussgesteinen. Das trifft für alle Klassifikationen in den Naturwissenschaften zu.

Wir unterscheiden drei Klassen kristalliner Schiefer, *Kontaktmetamorphe*, *Dislokationsmetamorphe* und *Polymetamorphe* (mehrfach umgewandelte) *Schiefer*. Bei der den Kontakt verursachenden Intrusion fand häufig eine Dislokation statt, und diese bedingt eine Protoklase (BRÖGGER) und mitunter auch eine Protometamorphose (BECKE, HOLMQUIST); das sind wichtige, aber nicht stets notwendige Begleiterscheinungen der Umbildung zu kristallinen Schiefern. Darauf wird im folgenden näher eingegangen.

I. Die *kontaktmetamorphen* Schiefer sollen eingeteilt werden in:
    A) Exomorphe Paraschiefer.
    B) Exomorphe Orthoschiefer.
    C) Migmatite.
    D) Endomorphe Orthoschiefer.
II. Die *dislokationsmetamorphen* Schiefer zerfallen in:
    A) Mylonite.
    B) Dynamometamorphe Schiefer.
III. Die *polymetamorphen Schiefer* werden zunächst nicht weiter gegliedert.

I. Die bei magmatischer Intrusion entstandenen kristallinen Schiefer. *(Kontaktschiefer.)*

A. Kristalline Schiefer des exomorphen Kontakts aus Sedimenten entstanden.

1) *Geringe Intensität des Kontaktes.* (Exomorphe Paraschiefer 1:ten Grades.)

Bei geringer Wärmewirkung, schwacher Pneumatolyse und geringen tektonischen Störungen entstehen aus geschichteten Gesteinen *Hornfels-schiefer*. Je nach der Intensität der Metamorphose und der ursprüng·lichen lagenförmigen Verschiedenheit des Sediments ist die Kristallinität und die Schieferung mehr oder minder ausgeprägt. Man bezeichnet sie als Knotenschiefer, Fruchtschiefer, Garbenschiefer.

Mitunter ist der ursprüngliche Charakter des Thonschiefers mit allen Fossilien vollständig erhalten, und nur Andalusit ist in schönen grossen Kristallen neugebildet[1] (Chiastolithschiefer von St. Brigitte, Bretagne[2]). An andern Orten ist eine gleichmässigere Umkristallisation eingetreten; das hängt von der Nähe des Intrusivgesteines, dann aber auch von der Art des Kontaktes, grössere Wärmewirkung, schwächere Pneumatolyse, ab (Schieferhornfelse von Barr-Andlau[3] in Elsass, Blisland in Cornwall[4]). Dort sind die Andalusite weniger schön ausgebildet, die Grundmasse dagegen stärker kristallin. Neben oder statt Andalu-sit treten Orthoklas, Plagioklas, Biotit, Quarz, Hornblende u. a. neu-kristallisiert z. T. ähnlich porphyrischen Einsprenglingen auf. Doch die Siebstruktur weist auf die gleichzeitige Entstehung aller Gemeng-teile und auf die Kristallisationskraft als Ursache der porphyrischen Ausbildung hin (Schieferhornfelse der Expansusschiefer aus der Kon-taktzone von Christiania[5]).

2) *Stärkere Kontaktwirkung aber ohne wesentliche Mischung.* Exo-morphe Paraschiefer 2:ten Grades.)

---

[1] Im folgenden sind immer nur ein oder zwei Beispiele zur Verdeutlichung angeführt, und kurz angegeben, wo näheres darüber zu finden ist. Die Willkür in der Auswahl der Beispiele ist dadurch bedingt, dass der Verf. fast nur solche anführt, die er auch selbst ge-sehen hat; denn wegen der bisherigen grossen Verschiedenheiten in der Auffassung war es ihm nicht möglich, sich aus der Literatur allein ein einheitliches Bild zu verschaffen.

[2] Ch. Barrois, Bull. Soc. géol. franç. 14, p. 850. 1887.

[3] H. Rosenbusch, Steiger Schiefer. Strassburg 1877.

[4] Nach G. Barrow.

[5] W. C. Brögger, Die silurischen Etagen 2 und 3. Kristiania 1882.

Hier wäre zu unterscheiden, wann entweder die Wärmeentwickelung stärker, oder die Stoffzufuhr durch Pneumatolyse erheblicher oder die Pressung verbunden mit Verschiebungen häufig auch mit Eindringen flüssigen Magmas intensiver ist. Doch lassen sich diese Vorgänge in der Natur nicht scharf trennen, weil Pneumatolyse[1] und Pressung häufig rasch variierende lokale Erscheinungen sind, und andererseits erhöhte Temperatur, Einpressung heissen Magmas und tektonische Störung meist eng zusammenhängen. Von einer »normalen» Kontaktmetamorphose kann man daher überhaupt nicht sprechen, höchstens könnte man die von ROSENBUSCH an den Steiger Schiefer entdeckten Veränderungen, bei denen keiner der obengenannten Einflüsse sehr stark ist, so bezeichnen. Dass z. B. die Granatbildung in Kalkstein häufig ein pneumatolytischer Stoffzufuhr bedingender Prozess ist, haben KEMP,[2] LINDGREN,[3] BERGEAT[4] nachgewiesen. Wie rasch dies lokal variiert, kann man sehr schön an einem für die Intrusionstektonik[5] klassischen Punkt, dem Hörtekollen bei Sylling (Süd-Norwegen) sehen. Dort tritt an der Nordostseite eine sehr intensive und etwa 50—100 m weit reichende Kontaktmetamorphose mit Granat, Vesuvian etc. auf. Eingesprengte Erze und Flusspath weisen auf Pneumatolyse hin. Etwa 200 m weiter südwestlich ist die Kontaktmetamorphose bereits auf eine ganz schmale Zone 5—10 m mächtig von Wollastonithornfels etc. beschränkt. Überhaupt spielt im Christianiagebiet an den Kontakten der Granite und Syenite die Pneumatolyse und Hydatolyse eine sehr erhebliche Rolle; die Temperatur des intrudierenden Magmas scheint nicht hoch gewesen zu sein[6]. Das zeigt sich auch deutlich im endogenen Kontakt; so ist z. B. die Randfazies des Granits am Hörtekollen häufig pegmatitisch, was auch auf die Anwesenheit von Wasserdämpfen hinweist. An anderen Stellen ist an der Grenze feinkörniger Granophyr, Mikrogranitporphyr, entwickelt. Dagegen findet man, wie BRÖGGER gezeigt, keine Einschmelzungen. Das ist nach BRÖGGER, wenn man von einigen Stellen z. B. bei Stor Arö im Lange-

---

[1] Statt Pneumatolyse wäre nach Ansicht des Verf. richtiger Hydatolyse zu sagen. Nur wenn die Wasserdämpfe sehr grosse Dichte haben und also praktisch dem flüssigen Wasser sehr nahe stehen, können sie Lösungen von Silikaten, Boraten, Fluoriden etc. mitführen. Der kritische Punkt ist überhaupt nur eine hinsichtlich der Oberflächenspannung etc. wichtige Grenze. Für das physikal.-chemische Verhalten kommt er nicht als scharfe Grenze in Betracht, sondern nur die Dichte.

[2] J. F. KEMP, Compte rendu Congr. géol. Mexico 1907, p. 519.

[3] W. LINDGREN, U. S. G. Survey, Prof. Pap. N:o 43.

[4] A. BERGEAT, N. Jahrb. f. Min. Beilbd. 28, S. 421. 1909.

[5] W. C. BRÖGGER, Eruptivgesteine des Kristianiagebiets Bd. II, S. 127. Kristiania 1895.

[6] V. M. GOLDSCHMIDT, Die Kontaktmetamorphose im Kristianiagebiet. 1911.

sund absieht, überhaupt für die postsilurischen Eruptive des Christiania-
gebiets charakteristisch. Diese Magmen sind nicht sehr heiss und meist,
ohne erhebliche tektonische Störungen zu verursachen, intrudiert. Ihre
Kontaktgesteine zeigen daher, soweit sie nicht pneumatolytisch verändert sind, sogenannten »normalen» Contakt nach der Definition von
Rosenbusch. Im allgemeinen bedingt das Überwiegen der Pneumatolyse mehr massige Hornfelse als geschieferte Kontaktgesteine; die ursprüngliche Schieferung der Sedimente wird verwischt. Die kontaktmetamorphen Kalkgesteine führen wohl stets, gleichgültig ob hoher
dynamischer Druck vorhanden war oder nicht, zu ungeschieferten Gesteinen. Dagegen ist die Intrusion heissen Magmas, die gewöhnlich mit
stärkerem Fliessen und einer Einpressung verbunden ist, eng mit der
Bildung von Glimmerschiefern, von Sillimanit-, Staurolith-, Disthen-,
Andalusit-, Cordieritschiefern verknüpft. Die Pressung bedingt eine
Zertrümmerung, das Fliessen des Magmas und die Bewegung der Kon-
takthülle die parallele Anordnung; an der Grenze ist das Magma
oft in feinen Adern auf kurze Strecken in das kontaktmetamorphe
Gestein eingedrungen. Beispiele sind die von A. Andreæ und Osann[1]
studierten schiefrigen Hornfelse und apatitreichen Graphitschiefer von
Schriesheim (Baden), die von Michel-Lévy[2] studierten Kontaktschiefer
von St. Léon (Allier), die Sillimanitglimmerquarzite gneissartiger Struktur, die Ch. Barrois[3] von Guémené (Bretagne) beschrieben hat, die von
W. Salomon[4] untersuchten Hornfelsschiefer des Adamello.

Die Frage, ob der allseitige Druck das Auftreten mancher Mineralien z. B. von Disthen, an Stelle von Andalusit oder Sillimanit, oder
von Cordierit-Orthoklas an Stelle von Biotit-Muscovit-Quarz bedingt, hat
F. Becke eingehend erörtert. Diese Annahme, das Volumgesetz, findet
teilweise unstreitig eine Bestätigung in der Natur; z. T. aber scheint
mir, dass das Auftreten mancher Mineralien wie Chlorit, Albit, Epidot
nicht durch besonders hohe Drucke sondern durch den rein chemischen
Einfluss einer hohen Wasserkonzentration bedingt ist.

Zu den kristallinen Schiefern werden ferner von H. Rosenbusch[5]
einige Gesteine ohne Schieferstruktur gestellt, die wie Granatfels, Ska-
polithfels, Wollastonitfels, Eklogit in kristallinen Schiefern vorkom-

[1] A. Andreæ und A. Osann, Erläut. zu Blatt Heidelberg, geol. Spezk. Baden. 1896.
[2] A. Michel-Lévy, Bull. Soc. géol. fr. (3) 9, p. 181. 1881.
[3] Ch. Barrois, Ann. Soc. géol. Nord. 9, p. 103. 1884.
[4] W. Salomon, Tscherm. Min. petr. Mitt. 17, S. 109. 1897.
[5] H. Rosenbusch, Elemente der Gesteinslehre, 3 Aufl. Stuttgart. 1910.

men. Nach unserer Einteilung wären sie zumeist unter die Kontaktgesteine A_2 und A_3 zu stellen; doch müsste man dann nach unserer Auffassung konsequent auch Kontaktgesteine wie den gewöhnlichen Granatfels, Limurit etc. als kristalline Schiefer zu A. 1) stellen.

3) *Exomorphe Paraschiefer 3:ten Grades.*

In diese Abteilung stellen wir die durch sehr intensive Kontaktwirkung (Pressung und Wärmewirkung) erzeugten kristallinen Schiefer, bei denen noch keine weitreichende Einpressung des Magmas stattfand.

Naturgemäss lassen sich alle Übergänge zwischen diesen und den vorher erwähnten kristallinen Kontaktschiefern auffinden. Solche Zwischenglieder sind z. B. viele von LACROIX aus den Pyreneen beschriebenen Kontaktschiefer des Granits,[1] der von ERDMANNSDÖRFER beschriebene Eckergneis des Harz.[2] Als Typen dieser Abteilung seien nur folgende erwähnt: die kristallinen Schiefer des inneren Kontakthofes des sächsischen Granulitgebirges,[3] die Cordieritgneise, Andalusitgneise, Sillimanitgneise etc., die teilweise allerdings zu den Orthogesteinen gerechnet werden müssen. Sie waren, wie die protoklastische und epiklastische Struktur zeigt, bei und nach ihrer Umwandelung starken tektonischen Störungen ausgesetzt. Das trifft häufig, aber was wesentlich ist, nicht bei allen derartigen Gesteinen zu, und bedeutet einen geologischen, nicht einen chemischen Zusammenhang. Die Staurolithglimmerschiefer der Bretagne, die Glaukophanschiefer von Syra, die Sillimanit-, Cordierit-, Staurolithgneise des Forfarshire,[4] die Kinzigitgneise des Schwarzwaldes, die Eklogite sind Gesteine, die nur einer mehr oder minder starken Protoklase, keiner Epiklase ausgesetzt waren. Gleichwohl mag ein einseitiger Druck bei ihrer Umkristallisation vorhanden gewesen sein. Das Prinzip von RIECKE könnte, wie F. BECKE gezeigt hat, eine orientierte Kristallisation nach bestimmten Richtungen bedingen. *Im wesentlichen aber haben wohl langsame Gleitbewegungen die Schieferstruktur bedingt.* Dynamische Vorgänge (*Bewegungen*) sind notwendig, da sonst ein einseitiger Druck in einem halbflüssigen umkristallisierenden Gestein sich nicht halten kann. — In diese Abteilung gehören ferner ein grosser Teil der kristallinen Schiefer des

[1] Vgl. A. LACROIX, Guide congr. géol. intern. N:o 3. Paris 1900. Dort genauere Literaturangaben.

[2] O. H. ERDMANNSDÖRFER, Jahrb. K. Preuss. Geol. Landesanstalt 30, S. 324. 1909.

[3] Vgl. die Erläuter. zur geol. Spezialkarte von Sachsen von BECK, CREDNER, DALMER, DATHE, GÆBERT, KLEMM, LEHMANN u. a.

[4] G. BARROW, Quat. Journ. Geol. Soc. 49, p. 330. 1893.

Archäicums aller Länder, z. B. der Granat-Cordieritgneis[1] von Södermanland, der z. T. jedenfalls ein Paragneis ist und intensivem Kontakt mit ziemlich geringer Druckwirkung und Bewegung entspricht,
die Pyroxengneise und Amphibolite des Laurentium in Ontario (Canada),
die nach den Untersuchungen von F. D. Adams[2] durch Granit kontaktmetamorphe Kalksedimente sind, die erhebliche Mengen Kieselsäure,
Tonerde und Natron aufgenommen haben. Eine starke Zufuhr von Natron
hat auch in den Alpen bei derartig intensiven Kontakten stattgefunden, so z. B. in den Staurolithgneisen des Tessinermassivs,[3] in den
Paragneisen der Südseite des Gotthards[4] etc. — Am wenigsten ist der
Charakter von Kontaktgesteinen in einzelnen Paragneisen des nördlichen Schwarzwald erkennbar. Die Paragneise des Archäicum stehen
häufig in Beziehung zu den Injektions- oder Mischgesteinen und sollen
dort erörtert werden. Charakteristisch für die ganze Abteilung ist das
Eindringen und das Vermischen mit dem intensiven Magma, das als
Orthogneis oder Granitgneis auftritt, auch auf grössere Entfernung
vom Kontakt. Die Grenze ist auf 10 bis 500 m unscharf. In den unter-
devonischen Gneismassiven z. B. im Fichtelgebirge ist die ganze Reihenfolge von Orthogneis zu Paragneis, Glimmergneis, Glimmerschiefer,
Phyllit gut zu sehen. In der Mitte des Orthogneis, wo dieser sich schon
der Granittextur nähert, gewissermassen im Intrusionskrater, ist zuletzt
dann ein plötzlicher Durchbruch von flüssigem Magma als Granit erfolgt. Man sieht daher (z. B. am Nusser) den Übergang von Gneis zu
Granit und daneben eine scharfe Scheidung von Gneis und Granit. Das
ist eine überaus häufige Erscheinung. Im Archäicum haben sich solche
regelmässige Kontaktzonen wie im Fichtelgebirge nicht ausbilden können,
weil das Magma überall die Kruste, die noch zu dünn war, durchbrach.

B. Kristalline Schiefer des exomorphen Kontaktes aus
Eruptivgesteinen entstanden (*Exomorphe Orthoschiefer*). Analog aber nicht
so leicht wie Sedimente werden die Eruptivgesteine am Kontakt zu kristallinen Schiefern umgewandelt. Die zahlreichen Diabase, die zu Amphiboliten etc. werden, kann man hierher rechnen. In den meisten Fällen muss zur
Wärmewirkung eine starke bewegende Pressung hinzugekommen sein,
und die Paralleltextur bedingt haben. Ein schönes Beispiel hierfür

---

[1] A. G. Högbom, Precambrian Geology of Sweden, p. 38. Upsala 1910.
[2] F. B. Adams, Journ. of Geology 17. 1909.
[3] J. Koenigsberger, N. Jahrb. f. Min. Beilbd. 24, S. 488. 1908.
[4] P. Waindziok, Inaug. diss. Zürich. 1906.

hat W. C. BRÖGGER von Stor Arö am Langesund beschrieben; dort sind Schollen von Augitporphyren und Rhombenporphyre zu Gesteinen umgewandelt, die Glimmerschiefern und Granatglimmerschiefern ähnlich sehen. Bemerkenswert ist, dass die Umwandelung durch einen fluidalen *keine Druckerscheinungen zeigenden* Eläolithsyenit bewirkt wurde. Dass hier wesentlich die Aufschmelzung und das Fliessen, und *nicht Pressung* die Ursache waren, zeigt sich darin, dass diese etwa $5 \times 10 \times 50$ m grossen Linsen randlich auf etwa 20 cm am stärksten umgewandelt sind und in der Mitte die ursprüngliche Struktur noch gut erhalten ist. Ein starker allseitiger Druck hätte sich in das Innere gleichmässig fortpflanzen müssen. Einen merklich einseitigen Druck konnte das flüssige Ditroitmagma aus physikalischen Gründen nicht ausüben. — Häufig sind derartige Umwandlungen bei basischen Eruptivgesteinen, Dioriten, Peridotiten, Gabbro, Diabas etc. Aus ihnen sind Amphibolite, Hornblendeschiefer, Serpentine, und wohl durch Natronzufuhr, Jadeite etc. entstanden.[1] Protoklase und Epiklase sind nicht selten. Die Paralleltextur ist oft recht schwach ausgeprägt. Solche Amphibolite etc. findet man allenthalben, es seien hier nur die des Aarmassivs, des Schwarzwalds, des Archäicum von Schottland,[2] von Canada erwähnt. Ihre Umwandlung ist meist auf den intensiveren Kontakt der Orthogneise (A_3 entsprechend), seltener auf den von Graniten zurückzuführen. Zu kristallinen Schiefern führt auch die Umwandelung von Porphyren durch Kontakt, doch ist sie gegenüber der dynamometamorphen Umwandlung selten.

C. Injektionsgneise und Migmatite und ihre exomorphen Kontakte. Die Injektionsgneise und Migmatite nehmen etwa 1/3 bis 1/8 des Areals der kristallinen Schiefer ein, verlangen daher eine eingehende Behandlung. Die Möglichkeit von Injektionsgesteinen ist lange Zeit verfochten und bestritten worden. Doch jetzt kennen wir alle Übergänge, die deutlich die Möglichkeit solcher Gesteine dartun. Auf Skye hat A. HARKER[3] Hybridgesteine, Mischungen von tertiärem, keinen Druckwirkungen ausgesetzten Gabbro und Granit entdeckt; in sehr schöner Ausbildung ist eine Mischung von Granit und Diabas ebenfalls ohne Druck-

---

[1] Doch ist zu bemerken, dass ein Teil der Amphibolite etc. aus Paragesteinen kontaktmetamorphosiert ist, z. B. Tremolagneise auf der Südseite des Gotthards, in Canada. Pyroxengneis in Val d'Evel (Bretagne). Anderer nämlich dynamometamorpher Entstehung sind viele Serpentine der Südalpen.

[2] J. J. H. TEALL, Quat. Journ. geol. Soc. 41, p. 131. 1885.

[3] A. HARKER, On the igneous rocks of Skye, Mem. Geol. Survey. Glasgow 1904.

wirkung von A. G. Högbom[1] im Ragundadalen gefunden worden. Bei Sedimenten ist der Nachweis einer solchen Durchdringung sehr erschwert, weil die starke Wärmewirkung stets eine vollkommene Umkristallisation zu Paragneisen, Glimmerschiefern etc. bewirkte. Nur bei so widerstandsfähigen charakteristischen Gesteinen wie Quarzitkonglomeraten lässt sich ein Beispiel aufführen, der Diabas mit Quarzitgeröllen von Brevik[2] (Schweden). Zwischen Injektion und Mischung durch Aufnehmen von Bruchstücken sind kontinuierliche Übergänge vorhanden. Doch überwiegt in Gneisgebieten meist die eine oder andere Fazies. Ein Beispiel für Durchtrümmerung und Aufnahme von Bruchstücken gibt beistehende Abbildung (Fig. 7) aus Tromsdal, wo Labradoranorthosit die

Fig. 7. Aufschluss im Bachett vom Tromsdal.

sog. Tromsöschiefer metamorphosiert und durchbrochen hat. Flüssiges granitisches Magma dringt am häufigsten in feste Gesteine ein, wenn diese durch Bewegungen gepresst und zerrissen werden. Man kann drei Haupttypen von derartigen Injektionen unterscheiden: granitisch-pegmatitische, granitisch-dioritisch-aplitische und anorthositische. Fast stets sind es *salische*, nicht femische Magmen. Hinsichtlich der Druckwirkung sind drei Typen vorhanden; erstens solche, bei denen eine Aufblätterung und Biegung des injizierten Gesteines (fast stets Sediment) stattfand, ohne dass das eindringende noch flüssige Magma beim Erstarren gepresst oder gefaltet wurde. Derartige Beispiele sind von J.

---

[1] A. G. Högbom, Sveriges Geol. Undersökn. C, N:o 182. Stockholm 1899.
[2] W. Eichstädt, Sveriges Geol. Undersökn. C, N:o 74. Stockholm 1885.

KLEMM[1] durch sehr schöne Abbildungen erläutert worden. Zweitens
Injektionsgneise mit Protoklase. Statt jeder Beschreibung möchte ich
hier eine Photographie von anorthositisch injizierten Glimmerschiefer
bei Narvik (alte Strasse an der Station) geben. Drittens solche mit
Kataklase. Protoklase weisen auf zahlreiche Gneise mit pegmatitisch-
granitischer Injektion aus dem Archäicum Schwedens, so z. B. die Migmatite von Saltsjöbaden[2] bei Stockholm, die von P. J. HOLMQUIST vorzüglich studierten Adergneise von Utö. Regionalmetamorphose scheint
mir da nicht gewirkt zu haben, wohl aber ist stellenweise Kataklase

Fig. 2. Anorthositinjektion bei Narvik.

hinzugetreten. Dass die Hauptzufuhrkanäle nicht in jedem Schnitt in
unmittelbaren Zusammenhang mit den seitlichen Adern stehen, scheint
mir kein Beweis dafür, dass die ersteren Pegmatite sind und die letzteren Produkte einer Regionalmetamorphose. Vielmehr kann man häufig
schon an Handstücken parallel der Schichtung den Zusammenhang
beider schliesslich entdecken. Eine besondere Auffassung oder eigentlich
Bezeichnung hat J. J. SEDERHOLM[3] für diese Gesteine. Seiner Ansicht nach

---

[1] G. KLEMM, Notizbl. Gr. geol. Landesanst. Darmstadt. (IV) 30, S. 20. 1909.
[2] P. J. HOLMQUIST, Guide Congrès int. géol. Stockholm, N:o 15. 1910.
[3] J. J. SEDERHOLM, Les roches préquarternaires de la Fennoscandia, p. 30 ff. Helsingfors 1910.

hat eine beginnende Aufschmelzung oder Anatexis stattgefunden.[1] An einem Beispiel, das ich an einer Wand an der Strasse am Eidsvand (Hardangerfjord) sah,[2] und das wohl genau dem entspricht, was SEDERHOLM in Finnland beobachtete, sei der Unterschied der Auffassung von SEDERHOLM und der hier angenommenen Anschauung, die einigermassen mit der von LEHMANN und MICHEL-LÉVY übereinstimmt, dargelegt.

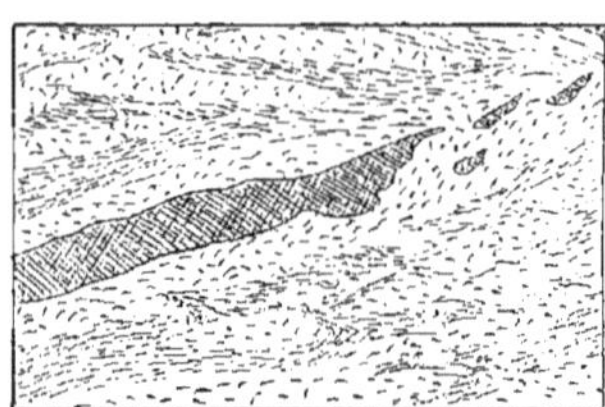

Fig. 3. Gang in Migmatit (Eidsvand, Hardangerfjord).

Der dunkle basische, jetzt in einen biotitreichen Glimmerschiefer umgewandelte Gang B wird in Schollen von dem Pegmatit aufgenommen. Das parallelstruierte dichte Gestein G steht zwischen Para- und Orthogneis. Dazwischen ist der ziemlich grobkörnige Pegmatit P verteilt. Nach SEDERHOLM haben folgende Vergänge stattgefunden:

1) Bildung des grauen Gneisgranit.

2) Eindringen von Diabasgängen.

3) Intrusion der roten Granite, die plastisch aber nicht ganz geschmolzen waren und in Zusammenhang damit eine Anatexis des Gesteins, wobei der Diabasgang teilweise aufgelöst wird.

Nach unserer Ansicht wäre in diesen Fall der Vorgang:

1) Bildung von Sedimenten meist klastischer Art.

2) Eindringen von Diabasgängen.

3) Intrusion des Granits, der pegmatitische Adern in die Sedimente injiziert, die hierbei in Paragneise umgewandelt und gefaltet werden. Das pegmatitische Magma zertrümmert und metamorphosiert den Diabasgang. — Nach der Auffassung von HOLMQUIST wären in das regionalmetamorphe Gestein später Pegmatite eingedrungen.

----

[1] Verwandt damit ist die Ansicht, die E. KALKOWSKY schon früher geäussert hat.

[2] Sehr schöne Beispiele hat auch S. H. BALL, General Geology, Georgetown Qu. Colorado, U. S. Geol. Survey, Profess. Pap. 63, p. 92, 1908, beschrieben.

Derartige Durchtrümmerungen der Gesteine mit Magma erfordern aber Druck; sie sind stets mit tektonischen Störungen verbunden. Sind diese gleichzeitig, so werden nur die Gesteine des äusseren Kontakthofes starke Druckwirkungen zeigen (so z. B. die Leptite von Utö), die des innern Kontaktes sind plastisch, das Magma selbst flüssig.

Häufig aber war dieses Eindringen des Magmas in die Sedimente nicht ein plötzlicher einmaliger Akt, sondern ging an verschiedenen Orten zu verschiedenen Zeiten vor sich. Dann wurde entweder, wenn der Zeitunterschied gross genug war, der halbverfestigten Adergneis zertrümmert und gepresst; er zeigt Protoklase und die Erscheinungen der »Piezo kristallisation» von WEINSCHENK oder bei grösseren Zeitdifferenzen Epiklase. Die meisten Gneise des südlichen Schwarzwaldes, viele

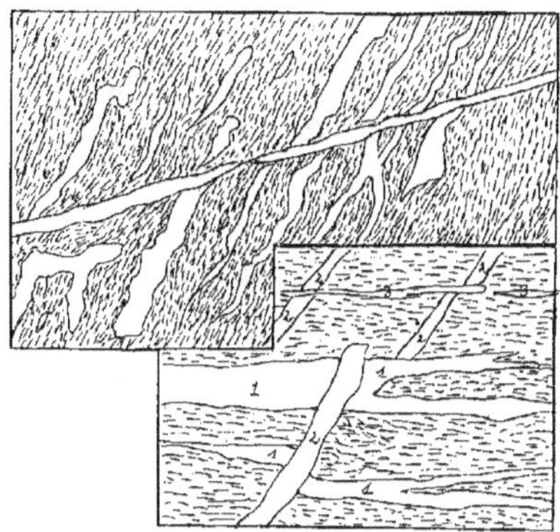

Fig. 4. Die hellen Adern sind Pegmatit. Die Zahlen bezeichnen das Alter.

»gneiss feldspathisés» der Bretagne, des Morvan, der Lewisiangneis[1] von Schottland, Gneise aus dem Archäicum des Grand Cañon von Colorado u. s. w. sind Injektionsgneise mit Protoklase, die bis zur völligen Erstarrung andauerte. Bisweilen ist bald, nachdem die ersten Adern erstarrt waren, das Gestein aufgerissen worden, und eine zweite Injektion fand statt. In diesem Fall waren die tektonischen Störungen und Druckerscheinungen im äusseren Kontakthof sehr stark. Besonders schön ist das mehrmalige Aufreissen am pegmatitischen Injektionsgneis von Sandviken bei Bergen zu sehen. Vgl. Fig. 4. Die Gneisfelder von Bergen bestehen meiner Ansicht nach aus Protoklase und oft auch sehr

---

[1] PEACH, HORNE, GUNN, CLOUGH, HINXEMAN, and TEALL, The geological structure of het north-west Highlands of Scotland, vgl. plate V, XIV, XVII. u. a. Glasgow 1907.

starke Kataklase zeigendem Gneisgranit und dessen pegmatitischen (Naumgarden) Injektionen. Die Auffaltungen und Intrusionen haben sich hier und anderwärts wohl über recht lange geologische Zeiträume erstreckt.

Adergneise mit Epiklase sind recht häufig; hier kann nur das genaue geologische Studium Aufschluss geben, ob die späteren Druckwirkungen noch im Anschluss an die Intrusion (so wohl vielfach im Archäicum Schwedens) oder zu einer späteren geologischen Periode statt hatten, wie in den Alpen.

In anderen Gegenden und zwar hauptsächlich in späteren geologischen Zeiten zeigen die injizierenden Granitadern mehr aplitischen als pegmatitischen Charakter. Ein Beispiel ist der Injektionsgneis von Krüzlistock im Aarmassiv, wo ein granitisch-aplitisches Magma, das sich stellenweise monzonitischem Typus nähert, in die Paragneise eindringt. Auf die Häufigkeit von Injektionsgneisen im Nordosten von Nordamerika haben zuerst WHITNEY und WADSWORTH[1] aufmerksam gemacht.

Die exogenen Kontakte der Adergneise sind durch besonders intensive Druckwirkung ausgezeichnet. Die eigentliche Kontaktwirkung ist dort gering gegenüber der von uns als Teleintrusions- oder dynamometamorphen bezeichneten Umwandlung. Daher ist die Besprechung dieser Gesteinszonen auf später zu verschieben. Beispiele sind ein grosser Teil der kristallinen Schiefer von Bergen; dort sind Konglomerate und Silurschiefer[2] ebenso wie die der pegmatitischen Intrusion vorangegangenen basischen Gesteine[3] neben der Kontaktwirkung gewaltigem dynamischem Drucke ausgesetzt gewesen. Ähnlich im Schottischen Hochland die schwächer gepressten kristallinen Schiefer des Archäicum bei Blair Atholl.

Die Migmatite bilden einen Übergang zu der Aufschmelzung und Aufnahme von Nachbargestein durch das Magma. Doch sind diese Fälle keineswegs mit der Bildung von kristallinen Schiefern notwendig verknüpft und sollen daher hier nicht weiter erörtert werden.

---

[1] I. D. WHITNEY und M. E. WADSWORTH, Bull. Mus. Harvard Coll. Geol. Ser. 1. 1884.

[2] H. REUSCH, Die fossilführenden krystallinischen Schiefer von Bergen, übers. v. BALDAUF. Leipzig 1883.

[3] C. F. KOLDERUP, Labradorfelse d. westl. Norwegen, Bergens Mus. Aarbog, N:r 12. 1903.

D. Gesteine des endomorphen Kontakts. (*Endomorphe Ortho-schiefer.*)

1) *Fliessstruktur* (flow structure) (*Endomorphe Orthoschiefer 1:ter Art*).

Mit intensiver Kontaktmetamorphose steht die durch Fliessen bewirkte Paralleltextur des erstarrenden Magmas in Zusammenhang. In Europa sind derartige Gneise mit reiner Fluidaltextur ohne Zertrümmerungserscheinungen jedenfalls selten. Sie sind in Canada in der Rainy Lake Region durch A. C. Lawson[1] und von F. D. Adams[2] im Laurentian von Canada gefunden worden. — Primäre Paralleltextur ist ferner auf die Schwerkraft und auf die Abkühlungs- oder Isothermenflächen, die dem Kontakt parallel verlaufen müssen, zurückzuführen.

2) *Protoklastische Fliessstruktur.* (*Endomorphe Orthoschiefer 2:ter Art.*)

Weit häufiger sind die primär parallelstruierten Orthogneise mit Protoklase, bei denen eine Zertrümmerung der zuerst gebildeten Kristallen und ein Fliessen des noch flüssigen Magmas eintrat, worauf dann die Trümmer, nachdem das Magma zur Ruhe kam, in neugebildete grosse Kristalle eingebettet wurden. Das sind z. B. die im Archäicum Schwedens von Holmquist[3] und Högbom[4] als protomorph bezeichneten Gesteine, so z. B. der Diorit (Ornöit) und der Gneisgranit von Ornö.

3) *Protoklastisch-kataklastische Fliessstruktur.* (*Endomorphe Ortho-schiefer 3:ter Art.*)

Dauerte die Bewegung lange, bis zum vollständigen Erstarren an, *dann sind alle Übergänge von Protoklase zu Kataklase[5] vorhanden.* Das Fliessen und dadurch bewirkte Mischen halb erstarrter und verschieden temperierter Magmateile ist wohl die Ursache der den meisten Orthogneisen eigentümlichen Struktur und der myrmekitisch-granophyrischen Verwachsungen. Mir scheinen deutliche Unterschiede zwischen der Hornfelsstruktur der Paragneise, der protoklastischen-kataklastischen Bewegungsstruktur der Orthogneise, und der mylonitisch-»saussu-

---

[1] A. C. Lawson, Geol. Surv. of Canada, Ann. Rep. Montreal 1888.

[2] F. D. Adams, Journ. Geology 1 (1890), p. 325 und Transact. R. Soc. Canada (3) 2 (1909), p. 10.

[3] P. J. Holmquist, Guide Congr. geol. intern. Stockholm, N:o 15, 1910.

[4] A. G. Högbom, Bull. geol. Inst. Upsala. 10, p. 149. 1910.

[5] Die lange nach ihrer Kristallisation gepressten und zertrümmerten Granite z. B. die Protogine der Alpen, die in manchen Zonen zu Glimmergneisen und Augengneisen ausgewalzt wurden, müssen von den endomorphen Orthoschiefern getrennt werden.

ritischen»[1] sekundären Struktur zu bestehen. Erschwert wird die Erkennung nicht selten z. B. in den Alpen durch Kombination von zwei oder drei Vorgängen zu verschiedenen Zeiten.

Beispiele für den Typus der Orthogneise D. 3 sind der Schapbachgneis des nördlichen Schwarzwalds, der graue Gneis des Erzgebirges, die Gneise des östlichen Odenwalds, des Fichtelgebirges etc.

II. Die durch Dislokationsmetamorphose ohne Intrusion entstandenen kristallinen Schiefer.

A. Mylonite.

An den Berührungsflächen zweier Gesteinsmassen, die einander verschoben haben, findet eine Zertrümmerung und meist eine chemische Umwandelung des Gesteins statt. Schon an geringfügigen Verwerfungen ist, häufig nur die eine Seite des Gesteins, zertrümmert und durch Druck wieder verfestigt, an der Oberfläche oft poliert. In diesen Fällen sind chemische Veränderungen selten; es sind nur Reibungsbrekzien mit verschiedener Korngrösse. Sowie aber grosse Bruchlinien, Verwerfungen, Überschiebungen auftreten, kann man ausser der bekannten mylonitischen Struktur zunächst die Neubildung von Quarz und die vielleicht scheinbare von Sericit wahrnehmen. Wohl das älteste Beispiel dafür ist der »bayerische Pfahl», eine Zone verkieselter, zerriebener Gesteine. Längs der Bruchlinie sind vermutlich Kieselsäure und alkalihaltige Thermalwässer hinaufgedrungen. Ähnliche Bildungen beobachtet man allenthalben. Im Aarmassiv z. B. im Erstfeldergneis zeigen stark verkieselte und zertrümmerte Zonen die Bruchlinien an.

Wesentlich intensiver, ausgedehnter und von anderen chemischen Veränderungen begleitet sind die durch horizontale Überschiebungen veranlassten mylonitischen Zonen, auf deren Bedeutung für die Überschiebung des schottischen Hochlandes und auf deren Struktur LAPWORTH[2] zuerst aufmerksam gemacht hat. Besonders klar ist das in der von

---

[1] Die Bezeichnungen saussuritisch, uralitisch etc. sind für sekundäre chemische Veränderungen und Umkristallisationen der Gesteinsmineralien gegeben worden; man könnte als zusammenfassenden Ausdruck in Anlehnung an die Bezeichnung der oberen Tiefenstufe *epimorph* vorschlagen.

[2] O. LAPWORTH, Nature, 32, p. 558. 1885.

Törnebohm[1] als eines der ersten Beispiele einer grossen Überschiebung gedeuteten Decke von Jämtland.

Dort ist die autochtone Unterlage silurischer Kalke nur wenig metamorphosiert; sie ist etwas aufgerissen und von Lösungen imprägniert. Dagegen ist die Unterfläche der Decke, die also vermutlich der bewegte Teil war, zertrümmert, teilweise in Schiefermylonite, teilweise in Mylonite ohne Paralleltextur verwandelt. Die chemische Umwandelung ist in der Jämtlanddecke gering; chemisch schon stärker beeinflusst sind die sog. Kakirite von der Decke am Torneträsk[2] (Lappland). Sie zeigen Neubildung von Sericit und spärlicher von Chlorit und Epidot.

Eine weit intensivere Umwandlung verbunden mit Auswalzung zeigte der Granit der Hardanger Jökuldecke[3] in Norwegen. Das Gestein gleicht den Pressungszonen in den alpinen antochtonen Granitmassiven z. B. der Urserengneiszone im Aarmassiv, nur mit dem Unterschied, dass in Norwegen die Schieferung horizontal ist, der horizontalen Überschiebung entsprechend, im Aarmassiv vertikal durch die schräge gleitende Hebung der Südseite verursacht. In beiden sind charakteristisch neugebildeter Epidot, Sericit, Mikroklin, myrmekitische und mikroperthitische Verwachsungen, vielleicht etwas Albit, Quarz, ferner die Zertrümmerung der ursprünglichen Bestandteile, wobei nur der Orthoklas teilweise erhalten bleibt, und eine äussert starke Paralleltextur, hauptsächlich durch fein ausgewalzten Biotit bedingt. Nach oben gehen diese Schiefer allmählich (200—400 m) in Augengneis, dann in »Protogin», schwach geschieferten Granit, über; doch bilden sich häufig höher wieder sekundäre Gleitzonen innerhalb der Decke aus, die im kleinen dasselbe zeigen.[4] Unmittelbar an der Auflagefläche sind die silurischen Schiefer, über die sie hinweggeschoben wurden, eingewalzt: an manchen Stellen hat sich ein dynamometamorphes Mischgestein gebildet. Die Unterlage ist mechanisch nur auf ganz kurze Strecke, etwa 10—50 m

---

[1] A. E. Törnebohm, Geol. För. Förh. Stockholm, 1888; Kgl. Sv. Vetensk. Ak. Förh. 28 (1896), N:o 5, Congr. intern. géol. in Wien, 1903, Compte rendu.

[2] P. J. Holmquist, Guide Congr. géol. Stockholm, 1910, N:o 6, p. 27 ff.

[3] Nach Beobachtungen des Verf. Vgl. auch die Übersichtskarte von Törnebohm, ferner Reusch, Björlykke, Rekstad, in Norges geol. Undersög. Aarbog 1902 und Rekstad, Aarbog 1903. In den beiden letzgenannten Untersuchungen werden die Erscheinungen anders, nämlich als Granitintrusion, gedeutet.

[4] Näheres hierüber und über die mechanischen Grundlagen der Deckenbewegung an Hand der Beobachtungen in der Natur soll a. a. o. dargelegt werden. Die Ausführungen von O. Ampferer (Jahrb. K. K. geol. Reichs. 56, S. 539. 1906) scheinen mir jedenfalls in vielen Punkten zutreffend zu sein und verdienen eine eingehende Berücksichtigung.

Abstand von der Grenzfläche beeinflusst, eine Erscheinung, die wir sehr häufig wiederfinden.

In den Alpen ist eine ähnliche Fazies auch in den antochtonen Massiven häufig; nur liegt die Schieferungsebene häufig schräg, entsprechend den Bewegungen (schräger Hebung) in schräger Richtung. Es scheint mir besonders beachtenswert, dass nicht die Druckrichtung, die in den Alpen wie in Skandinavien wesentlich horizontal war, sondern die *Bewegungsrichtung* die Schieferungsebene bestimmte. In wie weit die vielfach horizontalliegenden Gneise des Tessiner-, Simplonmassivs etc. durch Überschiebung ihre Paralleltextur erhalten haben, ist ungewiss. Nur in Graubünden hat W. v. SEYDLITZ [1] Mylonite an der Basis von Überschiebungen entdeckt. Wie Mylonite von Paragneisen und Sedimenten aussehen, ist fast gar nicht bekannt, nur einzelne Beispiele von gewalzten Kalken in den Alpen, von Torridonsandstein in Schottland sind anzuführen. Für eine sichere Konstatierung von Überschiebungen wäre das von grösster Bedeutung. Ausseralpin sind Mylonite, immer an der Basis der Decken, von P. TERMIER [2] in St. Etienne, Corsica, Elba festgestellt worden. — Mir scheint, dass ein grosser Teil der Epidot, Chlorit oder Sericit vorwiegend führenden Glimmerschiefer durch horizontale oder vertikale Verschiebungen entstanden ist. Hiermit ist der Übergang zu der folgenden Gruppe gegeben.

  B. Dynamo- oder regionalmetamorphe Schiefer.

Die hier zusammengefassten Gesteine gehören grösstenteils zur oberen Tiefenstufe von BECKE, BERWERTH und GRUBENMANN. Die alte Bezeichnung ist beibehalten; die Auffassung ist aber eine etwas andere und wäre aus der Bezeichnung Teleintrusionsschiefer besser ersichtlich. Hierher gehören die Gesteine, in welchen bei sehr starken Bewegungen und Pressungen von ferne her Thermalwässer oder Gase eindrungen. P. TERMIER hat das zuerst als »apports souterrains» bezeichnet und seine »série cristallophyllienne» ist der Hauptbestandteil dieser Gruppe. Meist hatten in Zusammenhang mit den dynamischen Bewegungen Intrusionen statt, die hoch hinaufgedrungen sind. Die »série cristallophyllienne» ist dann als der äusserste pneumatolytische Kontakthof aufzufassen. Doch überwiegt stets der Einfluss der tektonischen Vorgänge; wo diese lokal intensiv sind, bedingt der schliessliche Umsatz kinetischer Energie in Reibungswärme erhöhte Temperatur und lokal verstärkte Metamorphose.

[1] W. v. SEIDLITZ, C. R. Ac. Sc. 150, p. 944, 1910.
[2] P. TERMIER, C. R. Ac. Sc. 142, p. 1003. 1906; 146, p. 1426. 1908; 148. 1441. 1909.

Die pneumatolytisch hinzugebrachten Stoffe bei dieser Teleintrusionsmetamorphose sind nur Wasser, Kohlensäure, vielleicht etwas Chlor, wie aus dem Studium der Einschlüsse folgt. Gegenden, in denen der Zusammenhang der Entstehung der »série cristallophyllienne» mit einer Intrusion meiner Ansicht nachweisbar ist, sind z. B. das Gebiet von Blair Atholl in Schottland, die Bergenhalbinsel in Norwegen. Nicht nachweisbar ist die Intrusion bei der jungtertiären Dynamometamorphose in den Westalpen, und wie es scheint, auch in den Ardennen. Welche Mineralien charakteristisch für die Dynamo- oder Regionalmetamorphose sind, ist von den oben genannten Autoren auseinandergesetzt worden.

III. Die durch mehrmalige Metamorphose entstandenen kristallinen Schiefer. (Polymetamorphe Schiefer.)

Unter den kristallinen Schiefer sind Gesteine recht häufig, die mehrfach in *getrennten* geologischen Perioden metamorphosiert wurden. Ursache hiervon ist, dass Gegenden, die einmal einer Gebirgsbewegung mit starker Intrusion unterlagen, meist wiederholt von tektonischen Störungen betroffen wurden. Gerade das Archäicum, das schon zu Beginn des Algonkian, wie die Basalkonglomerate zeigen, kristalline Schiefer und Eruptivgesteine aufwies und das die Periode der sich bildenden schwachen Erdkruste ist, wurde durch Spannungen immer wieder zertrümmert. Diese Gruppe der polymetamorphen kristallinen Schiefer muss der Klarheit wegen von den anderen abgetrennt werden.

Wir können hier nur kurz einige Typen mit Beispielen anführen:

1) Endomorphe Orthoschiefer, die später dislokationsmetamorphosiert wurden, z. B. Lewisiangneis des Archäicums von Schottland, der postsilurisch überschoben und zu parallelstruierten Mylonit ausgewalzt[1] wurde (Strome Ferry), präoberkarbonischer Sellagneis des Gotthards, der tertiär dynamometamorphosiret wurde.

2) Exomorphe Paraschiefer, die später kontaktmetamorphosiert wurden, z. B. die präpermischen kristallinen Rendenaschiefer des Adamello, tertiär kontaktmetamorphosiert,[2] die präoberkarbonischen Sericitgneise des Aarmassivs, die karbonisch kontaktmetamorphosiert[3] sind.

---

[1] Mem. Geol. Survey Gr. Britain, N. W. Highlands, Chap. 38 und 39.

[2] vgl. W. SALOMON (Zit. oben).

[3] vgl. Zit. oben.

3) Normale Kontaktzone von Eruptivgesteinen, die später durch intensiveren Kontakt in kristalline Schiefer verwandelt wurden, z. B. die Diorite, Gabbro, Peridotite vieler Gneismassive, die wir jetzt als Amphibolite, Hornblendeschiefer, Giltsteine kennen. Diese sind mit ihrer Kontaktzone durch die Intrusion von granitischem Magma, das ausserdem pegmatitische oder aplitische Migmatite bildete, metamorphosiert worden, so im sächsischen Granulitgebirge, Fichtelgebirge, Schottischen Archäicum, Südseite des Aarmassivs etc. Im Aarmassiv sind diese im Tertiär einer Dynamometamorphose, also einer dritten Umwandelung erlegen.

4) Normale Kontaktzone von Eruptivgesteinen, die später dynamometamorphosiert sind, z. B. nach PREISWERK[1] die mesozoischen Gabbro und Pikrite des Simplonmassivs, die tertiär zu Grünschiefer und Serpentinen dynamometamorphosiert wurden, nach BÄCKSTRÖM[2] und HÖGBOM[3] das Gneisgebiet des südwestlichen Schwedens.

Mehrfache Metamorphosen haben viele Gesteine in den Alpen und im Archäicum Schwedens (Kirunakomplex[4]) durchgemacht.

---

[1] H. PREISWERK, Beitr. geol. K. Schweiz, Lief. 36, Teil I. Bern 1907.

[2] H. BÄCKSTRÖM, Sver. geol. undersökn. Ser. C, N:o 163. 1897.

[3] A. G. HÖGBOM, Bull. geol. Inst. Upsala 10, p. 29 u. f. 1900.

[4] Vgl. die zusammenfassende Darstellung von HJ. LUNDBOHM, Guide Congrès géol. intern. Stockholm 1910, N:o 5.

The Principles of Classification of the pre-Cambrian Rocks, and the Extent to which it is possible to establish a chronological Classification. [1]

BY

WILLET G. MILLER,

Provincial Geologist, Toronto.

In order to deal with the subject briefly and in a concrete form I shall make use of the scheme of classification and correlation of the pre-Cambrian rocks of a part of Canada and the United States adopted in 1904 by an international committee of geologists of the two countries.

Agreements and differences in views, together with problems and difficulties in applying the recognized principles used in treating of the pre-Cambrian rocks, will be clearer if reference is made to well-known divisions of these rocks.

Before referring to the table of classification adopted by the international committee it may be well to give a brief history of the work that has been done on the pre-Cambrian of North America.

Approximately half the surface of Canada is underlain by rocks of this age. With their continuation southward into the United States and with certain isolated areas in that country they occupy more than 2 000 000 square miles.

The part of North America in which these rocks have been the longest and most carefully studied and from which the most important scientific results have been obtained stretches from the vicinity of the Ottawa river and the eastern end of Lake Ontario on the east to the states bordering Lakes Michigan and Superior on the west.

---

[1] The title of this paper was suggested by Dr. H. BÄCKSTRÖM, Treasurer of the Congress.

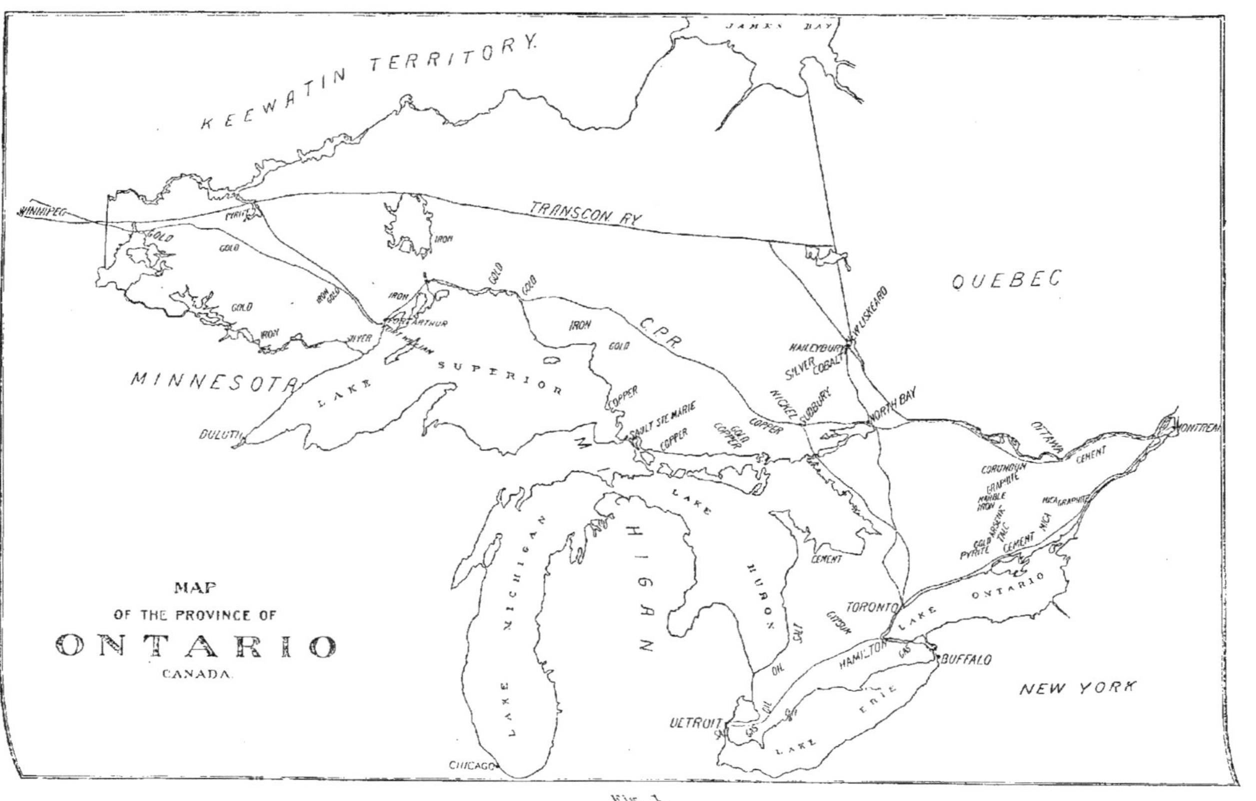
KEEWATIN TERRITORY.
JAMES BAY
QUEBEC
TRANSCON RY
WINNIPEG
PYRITE
GOLD
GOLD
GOLD
IRON
GOLD
IRON GOLD
IRON
PORT ARTHUR
SILVER
IRON
GOLD
GOLD
C.P.R.
NEW LISKEARD
HAILEYBURY
SILVER COBALT
MINNESOTA
LAKE SUPERIOR
DULUTH
NICKEL
SUDBURY
NORTH BAY
COPPER
SAULT STE MARIE
COPPER
GOLD COPPER
COPPER
OTTAWA
CEMENT
CORUNDUM
GRAPHITE
MARBLE
IRON
MICA GRAPHITE
GOLD
PYRITE
ARSENIC
TALC
CEMENT
MICA
LAKE MICHIGAN
LAKE HURON
MICHIGAN
CEMENT
TORONTO
ONTARIO
LAKE ONTARIO
GAS
HAMILTON
OIL
GAS
BUFFALO
LAKE ERIE
UETROIT
OIL
GAS
NEW YORK
CHICAGO
MAP
OF THE PROVINCE OF
ONTARIO
CANADA.
MONTREAL
Fig. 1.

The work of Sir WM. LOGAN, the pioneer geologist in this pre-Cambrian region, is well-known. He established the principles of classification and correlation of these rocks which have since been followed, although many minor changes have been made. Appointed provincial geologist of what was then Canada in 1841, he soon began work on the problem of the pre-Cambrian. Not many years later he had divided the rocks into two great groups, the Laurentian and the Huronian. The former group consisted typically of gneiss, while the latter was made up of sedimentary material represented by conglomerates, quartzites and other materials, some of which were proved to be derived from the Laurentian by erosion. LOGAN recognized that ordinary stratigraphical methods could not be applied to the Laurentian while they could to the Huronian. Owing to the banded structure of the Laurentian gneiss, he considered it, as did other geologists of the time, to be highly metamorphosed sedimentary material. This view has since been proved to be incorrect. Owing to the state of the science at that comparatively early time, naturally other mistakes or omissions were made by LOGAN. One of these was the failure to recognize a series of rocks older than the Laurentian and now known as the Keewatin. The great grouping, made by him, however, still stands. The pre-Cambrian is still divided into an older complex, to which stratigraphical methods cannot be applied, and a younger group to which they are applicable.

For a quarter of a century or more after the work of LOGAN and his associates was completed little of importance concerning the pre-Cambrian was discovered by Canadian geologists. In fact for a time the principles enunciated by him seem to have been almost forgotten. LAWSON's good work in the Rainy River district is, however, to be excepted.[1]

Following LOGAN's period of prolific results there was a period of what has been called »chromatic mapping». Fortunately the lamp was kept burning on the United States side of the boundary. What may be called the IRVING—VAN HISE school of geologists employed the methods of LOGAN and made our knowledge of the history of the pre-Cambrian in this part of the continent much more complete. The work done by this school, especially in the states Michigan and Minnesota, has been very detailed and has brought great results, both scientific and economic.

---

[1] Annual Report Geol. Survey of Canada for 1885. Idem 1887—88.

Owing to the economic importance of the region, facilities for work on the pre-Cambrian in these states have been exceptional. The iron deposits have caused the United States to lead the world in the production of iron and steel. Moreover, the copper deposits of Michigan are famous. Economic geology has attracted support and caused the pre-Cambrian to be studied in detail long before it otherwise would have been.

Naturally with a group of workers in the pre-Cambrian in each of the two countries, Canada and the United States, where the rocks are much alike, differences of opinion arose as to the interpretation of certain facts, and there were misunderstandings as to the use of certain terms. Hence it was decided, in 1904, to appoint an international committee, not only for conference but to visit typical localities in the two countries and to try to arrive at a classification and correlation of the rocks, which would be intelligible and which could be employed by workers on both sides of the international boundary line. The result of the conferences and field work of this committee was the adoption of the following classification of the pre-Cambrian rocks of the Lakes Huron-Superior region:[1]

Pre-Cambrian.

Keweenawan
    Unconformity
            Upper (Animikie)
                (unconformity)
Huronian Middle
                (unconformity)
            Lower
    Unconformity
Laurentian
    (igneous contact)
Keewatin.[2]

Fossil evidence, as to the relative ages of the pre-Cambrian series, being all but lacking, it is necessary to depend solely on physical criteria. Among these may be mentioned lithological character, unconformities, intrusive contacts, deformation and metamorphism.

---

[1] Journal of Geology, Vol. XIII, p. 89.

[2] Since the Laurentian intrudes the Keewatin and frequently lies below it, the committee placed the Keewatin above the Laurentian. I have reversed this order with the view of showing the age relationship.

Lithological character.

While this principle cannot always be relied on as a means of classifying and correlating pre-Cambrian rocks, still great use is made of it. In the table given above, the rocks of the Lakes Huron—Superior region fall into two great groups which differ greatly in lithological character. The older group, consisting of the Keewatin and Laurentian (Fundamental Complex or Archean of some authors), is characteristically igneous. The Keewatin consists essentially of volcanic rocks of basic composition now more or less highly metamorphosed, while the Laurentian includes granites and acid gneisses, intrusive into the Keewatin but not into the Huronian. The other great group, the Huronian and Keweenawan, consists essentially of fragmental or sedimentary rocks which can be proved to be derived in part from the Keewatin—Laurentian group by erosion. In other words it may be said that ordinary stratigraphical methods can be applied to the younger group while they are not applicable to the older. Reference will be made later to two-fold subdivisions, similar to this, which have been made in the pre-Cambrian of Europe and elsewhere.

While lithological character thus serves to make this broad division of the pre-Cambrian rocks, there are cases in which it cannot be relied on. For instance, certain granites are found which are similar in character to those of the Laurentian but which can be proved to be of later age because they are intrusive into the Huronian. Similarly there are certain rocks that resemble the Keewatin closely but which are found to be of Huronian or later age. To illustrate by an important example where lithological character frequently fails as a criterion, it may be said that in much disturbed pre-Cambrian areas it is at times practically impossible to distinguish between conglomerates, volcanic fragmental rocks and autoclastic rocks.

Unconformities.

Much use has been made of these in subdividing the pre-Cambrian. For instance, the Huronian or Keweenawan conglomerates and other rocks are found resting on the surface of the Keewatin or Laurentian and they contain pebbles or fragments of these rocks. The evidence thus afforded by unconformities is usually more definite than that afforded by likeness or difference in lithological character. In the Lakes

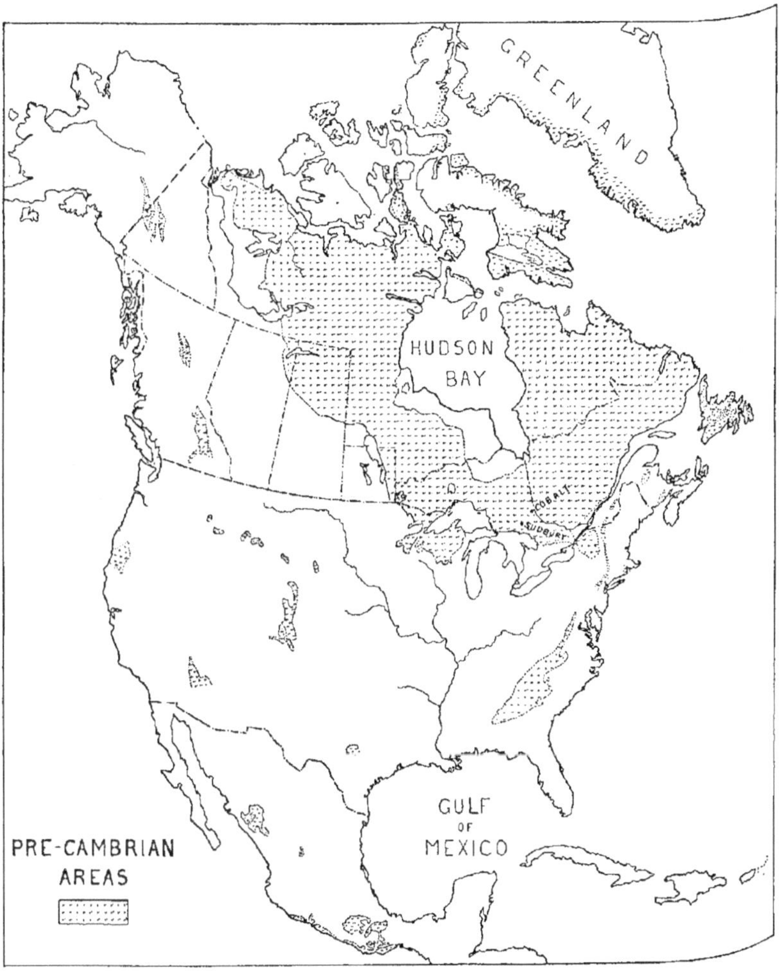

Fig. 2. Map showing pre-Cambrian areas of North America.

Huron—Superior region it has been found possible to subdivide the Huronian into three groups by means of unconformities. Similarly the Keweenawan is separated from the Huronian.

Most geologists admit, that by far the greatest unconformity in the pre-Cambrian lies at the base of the Lower Huronian. It is agreed that the unconformity between the Lower and Middle Huronian is slight, and that erosion has not taken place in all localities. At times the Lower Huronian passes into the Middle without evidence of a break.

The unconformity between the Lower and Middle Huronian on the one hand and the Upper Huronian (or Animikie) on the other is much greater than that between the Lower and Middle. By some writers it is compared with that between the Lower Huronian and the Keewatin-Laurentian complex. The unconformity between the Huronian and the Keweenawan is of such magnitude that some writers are inclined to consider the Keweenawan to be later in age than the pre-Cambrian. The magnitude of unconformities is judged largely from the difference in degree of deformation or metamorphism.

Intrusive Contacts.

These are of much value in working out the stratigraphy of the pre-Cambrian. For instance, since it is known that neither the rocks of the Keewatin nor the Laurentian intrude the Huronian, it is easy to determine the relative ages. On the other hand, since the Laurentian granite and gneiss intrude the Keewatin, the latter is easily proved to be older than the former. Similarly the relative ages of other intrusives to the Huronian or Keweenawan are determined.

Deformation and Metamorphism.

These criteria are frequently of great assistance in determining the relative ages of various members of the pre-Cambrian, and in deciding whether the lost interval between a younger series of sediments and an older igneous or sedimentary series is great or small. It is seen, for instance, that on the whole the Keewatin rocks are much more metamorphosed than are some of the Laurentian granites. The Lower Huronian is found resting on the upturned edges of Keewatin schists. This gives evidence of great difference in age. The interval between the deposition of the Lower and Middle Huronian is judged not to be great, owing to the fact that the latter sediments occasionally are found resting on the flat-lying rocks of the former. On the other hand, the interval between the deposition of the Lower and the deposition of the Upper Huronian is known to be great because the latter series lies on the steeply inclined beds of the former.

While these illustrations will serve to show that much use is made of deformation and metamorphism, these principles cannot always be relied on in pre-Cambrian stratigraphy. For instance while the basic Keewatin lavas have now been changed for the most part into schists, there are localities in which the Keewatin retains its original structure. Then again the Lower Huronian, for example, is at times found in nearly horizontal beds showing little effect of metamorphic action. In other localities this series has been so profoundly disturbed that it has been changed into schists, dipping at high angles.

It will be seen from what has been said that no one of the criteria available for use in pre-Cambrian work can be relied on at all times. All of the criteria must be employed and success depends on skill and judgement in estimating the value of the criteria.

Correlation.

In the present state of our knowledge of the pre-Cambrian it is possible to make correlations of the rocks over comparatively large regions in North America. For instance, from Cobalt on the east to the head of Lake Superior on the west, a distance of five hundred miles, a correlation of certain groups can be made with practical certainty. Over all this region what is called the Keewatin has not only the same lithological characters but it frequently shows the characteristic ellipsoidal structure and has associated with it jaspilyte, the peculiar banded-iron formation, that is not found associated with later rocks.

The identification of the Laurentian in this region cannot always be made with the same certainty, owing to the fact that some granites, younger than the Huronian, cannot be distinguished from granites of the Laurentian unless contacts with the Huronian can be found.

In so far as the identification of the various members of the Huronian and the Keweenawan is concerned, there are certain lithological characteristics that assist in correlating these series throughout the region. Moreover, in the Cobalt—Sudbury district as well as in that west of Lake Superior and in the intervening areas, unconformities are found which subdivide the Huronian into three groups, thus showing that similar conditions of elevation and erosion prevailed during Huronian times throughout the whole region.

The vast regions to the north-west and to the north-east contain similar assemblages of pre-Cambrian rocks which, it appears, can be correlated with those of the Cobalt—Lake Superior region.

As regards the question of correlating the pre-Cambrian series of one continent with those of another it may be said this cannot be done with certainty at the present time, although there is a striking parallelism in the succession of the pre-Cambrian where it has been most closely studied in North America, Europe and Asia.

Part of the Lewisian, or fundamental complex, of the North-West Highlands of Scotland corresponds in position to the Laurentian and closely resembles the banded gneisses of this series. In this Scottish region there is evidence that rocks, corresponding to the North American Huronian, in all probability have been eroded. The Torridonian of Scotland is comparable with the Keweenawan of America.

In Scandinavia the soda-greenstone of Kiruna appears to be similar in position and in character, even possessing the well-known ellipsoidal structure, to the Keewatin of America. Moreover, the conglomerate associated with the soda-greenstone at Kiruna appears to occupy a similar position in the geological scale to the Huronian of America and closely resembles the characteristic Lower Huronian. In other parts of Sweden fragmental series resembling the Keweenawan are found.[1]

WILLIS' work in part of China has shown, that the oldest rocks there are similar in character to the fundamental complex of America.[2] Moreover, the number of recognized groups of sedimentary pre-Cambrian rocks is there the same as in the Lake Superior region.

The following table shows the apparent relationships between the pre-Cambrian series of Europe and North America to which reference has been made:

---

[1] A. G. HÖGBOM, Pre-Cambrian Geology of Sweden, Bull. Geol. Instit. Upsala Vol. X.

[2] Research in China, Vol. II.

Cobalt—Lake Superior Region.	Scotland.	Sweden.
Keweenawan (Unconformity)	Torridonian	Jotnian
Huronian	(wanting)	Conglomerate? (at Kiruna)
(Great Unconformity)	(Great Unconformity)	(Great Unconformity)
Laurentian (Eruptive contact)	Lewisian (in part)	
Keewatin		Soda-greenstone? (at Kiruna)

The table is merely suggestive. In so far as the writer knows the relative ages of the Jotnian and the conglomerate at Kiruna have not been determined. In any case the dual subdivision of the pre-Cambrian, the older group (Keewatin—Laurentian, Lewisian and Soda-greenstone) being essentially igneous and the younger being fragmental, is very striking.

Subdivision of the pre-Cambrian of Fenno-Scandia.

BY

J. J. SEDERHOLM,

Director of the Geological Survey of Finland.

It is always a very difficult task to present questions concerning the geology of the pre-Cambrian for discussion among geologists from other regions. The extreme complexity of its structure makes it appear an almost hopeless endeavour to try to unravel it, a thing to be dismissed with a shrug of the shoulders. The conclusions arrived at in Fenno-Scandia concerning the existence of a great many hitherto unknown formations, separated by unconformities, to be added to the already known systems of sedimentary rocks, may perhaps seem so extravagant, that many scientific authorities may be tempted to give the verdict "not proven", even without giving the trouble of testing the evidence in detail. In fact, even a visit to some Archæan areas may rather add to, than detract from this feeling of confusion and scepticism. Then it is a peculiarity of the Archæan, that its primary features are only in comparatively few places so well preserved as to be easily interpreted. The different localities are here by no means of equal value, nay, they may even seem to speak a contradictory language. Very few geologists are able to sacrifice time and labour required to become thoroughly acquainted with these old rocks. To a geologist who is not familiar with them, even an excursion of some weeks can only be regarded as an introduction to their study, which requires a life-time of incessant toil in order to give results of any value.

The great progress which the study of the pre-Cambrian has made during the last decades in North America, Scotland and elsewhere may prepare, however, for a still further advance of geological science on its way downward in the stratigraphical sequence. I will here try

to discuss the question which is on today's program on the basis of
the experience won in Fenno-Scandia, especially in its eastern parts.

Subdivision of the younger pre-Cambrian rocks of Fenno-Scandia. Importance of the primary petrographical features.

The younger sedimentary formations of this region can be subdivided
according to the same stratigraphical methods which are used in areas
of younger fossiliferous rocks. In the absence of fossils the petrological
evidence gains in importance and, although it ought to be used with
great caution, it will in many cases do excellent service when we try,
according to the methods developed by IRVING and VAN HISE, to "trace
formations from point to point".

Thus, for instance, the peculiar petrological characters of the
youngest pre-Cambrian granites of Fenno-Scandia, i. e. the s. c. *rapakivi-granites*, have made it possible to correlate them on both sides of
the Bothnian. This correlation gains infinitely in certainty by the fact,
that not only these granites, with their porphyritic equivalents, but
also the labradorites surrounding them, the sandstones, which repose on
these both eruptives, and the olivine-diabases penetrating them all, show
the most complete similarity in Finland and in northern Sweden. The
correlation of these rocks, by which a bridge is laid across the intervening gulfs, has not met with any objections. The study of the
rapakivi-rocks, on both sides of the Gulf of Bothnia, has been the beginning of a comparative investigation of the rocks of Sweden and
Finland. Moreover, it is also in a great measure the basis of the petrological study of the primary and secondary features of the granites of
these regions.

Also as to the geology of the youngest sedimentary formations of
the region in question the views in Sweden and Finland seem to be
converging, since also HÖGBOM has adopted the Finnish subdivision and
nomenclature for the corresponding Swedish rocks. The upper, the *Jotnian*
division, comprises the sandstones closely connected with the rapakivi-
granites, but the greatest part of which is somewhat younger than
these, the lower, the *Jatulian*, the sediments folded before the eruption
of the rapakivi rocks. There is, I think, no evidence that any Jotnian
rocks proper have undergone folding in pre-Cambrian times. I have
examined with the greatest care the sandstone-locality of Svartälfven

in Sweden, where the Dala-sandstone is said to show signs of having undergone folding, without finding any such signs. Faulting, but no folding has here occurred.

As the rapakivi-laccolites must have been dug out from their cover of overlying rocks by a long continued denudation antedating the deposition of the Jotnian sandstones, Högbom will not place both in the same division, but prefers to call the older rocks *sub-Jotnian*. They could perhaps more adequately be referred to the *Lower Jotnian*, all pre-Jotnian rocks being also sub-Jotnian. In the same division I include then also the conglomerates lying at the base of the rapakivi-quartz-porphyry on the Island of Hogland in the Gulf of Finland. Possibly also the Almesåkra-formation of Sweden, which shows signs of having undergone a slight metamorphism, may belong to the same division.

Since the age of the rapakivi-granites has been now determined with certainty as pre-Cambrian, by the finding of a Cambrian brachiopod in a sandstone-dike cutting it, the age of all the neighbouring older rocks is now also fixed.

The objection made, I do not know if it was in full earnest, at the excursion in Finland connected with the geological congress of St. Petersburg, that the typical conglomerates and other metamorphosed sediments of Finland shown by us as being Archæan, may equally well be Silurian, or perhaps younger, can now be designated as idle talk altogether.

I have given, in a little pamphlet published for the present congress, a summary of the classification which I have proposed, and may refer to it in the following, and especially to the accompanying map, without entering into further details.

Not only the primary characters of the eruptive, but also those of the sedimentary rocks, may in many cases do much service for the correlation of rocks in different regions. In many cases they depend on climatic causes which have acted uniformly at least over great parts of the earth's surface.

Such are, for instance, the glacial conditions causing the formation of morainic deposits, the warm and moist climate conditioning the red colour of certain sandstone-formations, etc. When the comparative study of the sedimentary rocks, now hardly begun, has reached a development similar to that of the petrology of the eruptive rocks, we shall in many cases be able to conclude, from the character of each sedimentary rock, what have been the climatic and other conditions influencing its formation, and thus to obtain even a more certain correlation than that which is founded merely on palæontological evidence. It is noteworthy, that many pre-Cambrian formations are composed chiefly of quartzitic sandstones which have been formed by the intense weathering of a granitic basement, while other contain only feldspathiferous sediments, limestones etc. Especially where the similar characters are found in a great many different rocks, they may be taken as evidences of common origin, and we can thus use this method also among rocks of the pre-Cambrian, although metamorphism has here often done much to obliterate the primary features.

The chief subdividing planes are here, as elsewhere in geology, the greatest unconformities marking the end and the beginning of great cycles of deposition. Some of the most important in this region are those occurring at the base of the Jotnian and especially of the Jatulian. HÖGBOM regards the latter as perhaps the greatest unconformity occurring in the whole geological sequence. It appears so in many regions of Fenno-Scandia, but it is, however, in a great part filled up since the discovery of the Kalevian of eastern Fenno-Scandia which is there often directly underlying the Jatulian, thus making the gap between it and its basements less conspicuous.

Unconformities can, of course, never be universal, never be "magic planes" dividing the sediments everywhere on the earth, because sedimentation must have always been going on, although perhaps at certain periods with diminished or increased rapidity, in the same measure as the continents have been more or less levelled.

Such great subdivisions as that of the Jotnian and the Jatulian are not, I think, to be regarded as equal in value with the later systems, but include more probably thicknesses corresponding to several systems, and may be still further subdivided.

That is still more true concerning the formations among the older, pre-Jatulian rocks which form the complex that has been called in Scandinavia the "Fundamental" or the Primitive, in swedish *Urberget.*

Character and origin of the pre-Jatulian complex. Method of investigating and subdividing it.

If by studying the Jatulian rocks we already meet with typical instances of metamorphism, we have in the pre-Jatulian to deal with rocks which are *always* in a more or less metamorphic state. Granitic and gneissose rocks predominate in this complex, but there are also in many places schists, which show every evidence of a clastic origin and are separated from each other by great unconformities. Since TÖRNEBOHM found, in 1870, the first typical conglomerate in the Archæan on the western shore of Lake Venern in Sweden, there have been found numerous similar evidences of the existence of clastic rocks in this complex. In 1885, G. DE GEER described another typical conglomerate in the Archæan schists of Vestanå, which have been later the subject of the thorough petrographical researches of BÄCKSTRÖM. In 1890, I described the first typical volcanic rocks (metamorphosed basalts with amygdaloid varieties, tuffs, etc.) from the Archæan of Finland, and three years later OTTO NORDENSKJÖLD reported of similar rocks (acid volcanic rocks) from Småland in Sweden. In 1885, I found the first Archæan conglomerate in Finland, in Ylivieska, and now we know such rocks from at least half a hundred different localities, scattered all over the wide area of Finland and Olonetz. Among the Bothnian schists of Tammerfors occur some whose regular alternation of sandy and clayish beds recalls very much that of the glacial clays of the same region, and is very probably, like that, due to an *alternation of seasons*. Other quartzitic rocks in the Kalevian of northern and eastern Finland recall such as have been formed under desert conditions. So we find, by the study of these old rocks, in every primary feature, things which resemble entirely those of younger rocks, and we can also follow in detail the processes of metamorphism which have changed them afterwards.

However, although for my part I venture to think that the formation of the Archæan schists by the aid of the actual causes is proved beyond doubt, there is still another way of reasoning. Among the pre-Cambrian the *antiactualistic* view, as we call it on the continent — uniformitarian does not express exactly the same notion as actualistic — has its last stronghold, and from this objections have been raised against our way of explaining the origin of the pre-Cambrian. The great preponderance of surface eruptives and their tuffs among the Archæan schists of Sweden is quoted as an instance of exceptional conditions. In Finland, acid effusive rocks are not very common in the Archæan, and rocks similar to the swedish „leptites", as they are now called, occur only among the oldest formations in southern Finland. They also contain limestones and other rocks which may be true clastic sediments. In the other areas of Archæan schists rocks of volcanic origin are by no means more common than in later formations. In the Kalevian typical quartzitic sandstones predominate, while the basic eruptives (metamorphosed diabases) play no very considerable part. The Ladogian contains chiefly phyllites, micaschists, quartzites, limestones and, only in small measure, metamorphic basic eruptives. In the typical Bothnian area at Tammerfors volcanic rocks possess a great importance, but also here normal sediments form more than half of the thicknesses. Thus, I think, we may, without regard to this objection, continue to consider these Archæan schists as normal series of layers and treat their stratigraphy accordingly.

Many geologists are also very doubtful as to the existence of unconformities among the Archæan rocks and, in general, of the existence of well preserved basements of the sedimentary formations. Each sediment must of course have been deposited on a solid basement, and if this is no more found, we must in some way account for its disappearance. And it is also impossible to imagine any considerable thickness of sedimentary rocks without some unconformities between them.

Erosion must always happen simultaneously with sedimentation, and it would be curious if the landmasses exposed to the former process should have been so permanent as never to be covered by sediments, especially if we assume, as many geologists do (also those who do not believe in marked unconformities in the Archæan), that crustal movements have been more frequent during this era than afterwards.

Our experience in Finland has been contrary to these opinions. Where the primary characters of the Archæan schists are well preserved, there also the stratigraphy may occasionally show its primary features, and especially also the relations to their basements sometimes be well discernible.

At some places we find even such unmistakable evidence of *unconformities* as basal breccias and conglomerates, containing pebbles of the granitic rocks of the basement. This is especially the case at the base of the Kalevian and of the Ladogian, also in some places at the contacts of the Bothnian. The volcanic rocks of this division are seen cutting the neighbouring rocks as dikes. In most places, however, the Bothnian of western Finland shows another type of contacts with its former basement. As the layers are now vertical everywhere, they have been subject to strong disturbances which have often forced the different

rocks into each other in a solid state, so that we find the schists penetrating the granite of the basement as if it should form dikes, but also the granite forced into the schists in the same way, in visible connection with the formation of small faults. These phenomena are entirely analogous to those which we observe among Alpine rocks. They may make the contacts difficult to explain, but however not altogether inextricable. But where granites have, as is often the case, penetrated at the contact, forming innumerable veins, interweaving the sediments with the rocks of its basement and changing them all to veined gneisses, there the contact phenomena become so complicated as to be no longer unravelled.

Thus, I think, we have to account both for the patchy character of the well preserved Archæan sediments, in great parts of this complex, and for the rarity of a well preserved basement by the same explanation, viz. that the greatest part of this area has been exposed to an intense *granitisation*. This is in some cases due to the influence of smaller granitic masses which send out, when protruding from below, a network of veins in the surrounding rocks. In other cases I regard it as caused by the reaction of the great molten masses in the interior of the earth, forming the *magma-sphere* (or *tectosphere*), on such parts of the crust as have been brought in direct contact with them by geotectonic movements.

This theory of an intense plutonic metamorphism connected with a fusion of the most deep-seated parts of the crust is almost as old as geological science, and was expressed already by HUTTON.

But it has never been entirely proven in the field by the detailed petrological study of the rocks. This I have tried to do and have already at this session reported of my observations and the conclusions arrived at.

As I said, I think that it can be shown that the granite did not by its protrusion penetrate into readily formed fissures or caverns, but itself *broke* its way, thereby solving more or less completely parts of the neighbouring rocks and assimilating them. Movements in a semifused state caused the crumpling of the laminæ which is so characteristic of these veined gneisses or "*migmatites*". A peculiar net-structure is also very common. There is every gradation between schistose rocks older than the granitisation, which occasionally have their former characters

44—*101593. Geologkongressen.*

well preserved and such as have been almost completely melted by this process of *analexis* or *palingenesis*.

Where now the basements have been almost entirely destroyed by subcrustal fusion, or, in general all the different rocks are in this way highly changed and interwoven with each other, forming migmatitic gneisses, there it is also impossible to unravel the geology of the area in question. The rocks must be mapped as a mixture, but so far as it is possible we must try to determine the origin and the age of the constituents, at least the age of the granite which has by its penetration changed the older rocks.

In general it is necessary in the Archæan to chose such methods of mapping as allow us to show on the maps by colours grading into each other the gradations of the more or less changed rocks. We have here to follow the example given by TÖRNEBOHM already some 25 years ago. His maps of the mining region of Middle Sweden give such a natural picture of the geological features of this area that their value is quite independent of the changing views regarding the origin of the Archæan.

A glance at a geological map of Sweden or Finland shows that granitic and gneissose rocks, among them a great many which possess a veined or migmatitic character, predominate in this complex. The problem of their origin is thus almost as important as that of the origin of the schists proper.

If now it is true, that these schists, whose supercrustal origin is proven or, in other cases, at least probable, show a patchy character, because they have been torn in pieces by geotectonic movements and partly destroyed by refusion, that is no reason why it should be entirely impossible to correlate the remaining parts. If these show, at localities lying near to each other, a great many similar features, and their relations to the surrounding rocks are also the same, then it may be possible to correlate them by tracing them from place to place. It is true that we must take leaps over the intervening regions in which the sedimentary schists are absent or changed so as to be unrecognisable. But these leaps need not be greater here than when we correlate sediments which have been to a great extent removed by erosion, as for instance the different areas of "Algonkian" rocks.

The different divisions of the Archæan are separated by so great unconformities, that a period of mountain-making movements, protrusion of granites and deepgoing erosion which has brought them to the surface, has intervened between the periods of sedimentation.

We may therefore, where we cannot trace the schists in continuous belts, trace the different granites, both those which penetrate them and those which belong to their basements, and then in another place determine the age of a new area of schists by its relation to these same granites.

Högbom has raised the objection against my method of determining the age of the schists by their relations to the great granitic masses, that if my theory of a regional refusion is correct, that will very much weaken this kind of argument. A theory which gives a correct explanation of facts will, I think, make them less and not more confused. As to this case, the theory accounts f. i. for the curious fact remarked by Tornebohm, that the same granite may appear at one contact to be younger, at another to be older than the same neighbouring rock. A very plausible explanation seems to me to be that the older rock has been changed on one side into a palingenic eruptive.

When we compare two neighbouring granites, we very generally more or less consciously take a gneissose character as a sign of relatively greater age. This is also correct, when the foliation is due to geotectonic movements which have intervened in the period between the protrusion of the granites. But this "kinetometamorphic" foliation is not to be confounded with the foliation due to the assimilation of pre-existing rocks, which may occur in granites of any age. Many errors have been made by mistaking it for an evidence of greater age.

Also migmatic gneisses which possess the same peculiar "ancient" character occur, as already has been said, in a great many different formations. In Finland they have originated in connection with the post-Kalevian, with the post-Bothnian and with several different pre-Bothnian periods of intrusion.

Although the method used in determining the age of the rocks mainly by their relations to the granites and the geotectonic movements accompanying them, involves the assumption that these phenomena have not been quite local, which is also warranted by facts, it would, however, be wrong to assume, that these processes were *universal* during Archæan times. I have myself made that error. But now I think both that it is difficult physically to explain a wrinkling of the earth's crust simultaneously over the whole area and also that the facts observed in

Fenno-Scandia contradict such a hypothesis. The rapakivi-granites have a very great extension, which makes them valuable for correlating purposes, but their extension is, however, limited to a certain zone. The post-Kalevian granites of northern Fenno-Scandia do not extend much farther than to the region af Uleträsk, and also if the Småland-granites of Sweden are, as I have been inclined to think, to be correlated with those granites, their distribution is restricted to a few limited areas. The post-Bothnian granites seem to possess a wider distribution, but it is possible that their protrusion may have happened at several different epochs. In general, I think that the development of ideas has gone and will continue to go in the direction of a still greater complexity. There are probably more different formations of granites, more epochs of geotectonic movements and also more sedimentary formations separated by unconformities than we are now inclined to think.

Only the oldest formations of gneissose granites have a greater extension, as might be assumed in advance. Then these rock-masses have been subject to repeated and longer continued periods of denudation, which have stripped off the parts of the crust containing sedimentary components and laid bare the granites forming its deeper portions. It is by no means certain nor even probable that these oldest formations of granitic gneisses are in the strictest sense synchronous. Although the metamorphism has given them a uniform character, they may have been formed during different epochs. In fact, the consolidation of the earth's crust, of which these oldest gneisses can be said to form parts, cannot have occurred only in a definite, limited period. On the contrary, in the same measure as the upper parts were removed by erosion, the deeper parts must have continued their consolidation. This process may thus be said to go on at the present day.

Thus I regard the great areas of granitic gneisses, which form so conspicuous a feature in the structure of the Fenno-Scandian "shield", as very old portions of the earth's crust, although not necessarily, as I thought before, as parts of the *first* consolidated crust, because I think now that there is no possible way of distinguishing those oldest parts from such as have consolidated afterwards.

TÖRNEBOHM has also the opinion, that these gneissose areas are very old. But G. DE GEER has advanced another theory explaining their formation, which at the same time turns the whole classification of TÖRNEBOHM upside down, viz. that they have been formed by mountain-making movements in relatively late "Algonkian" (i. e. post-Jatulian) time. These movements have, he thinks, changed an area that had from the beginning the same structure as eastern Sweden, into this area of gneisses. There are nowhere, among Jatulian rocks, any proofs of a metamorphism of this character, nor do I know from elsewhere of any petrological evidence of such metamorphic changes. HÖGBOM's later modification of DE GEERS hypothesis, according to which the metamorphism happened in pre-Jatulian time, makes it more acceptable, but the petrological evidence is also then lacking. The gradations between the granites of Småland and the gneisses of the western area may equally well be explained by assuming repeated movements at the boundary. As to the gneissose areas of eastern Finland, there are evidences showing that the schistose texture of the gneisses originated in pre-Kalevian times, and even before the injection of certain pre-Kalevian granites, which are still massive. Both these and the gneisses occur with their present character as *pebbles* in the Kalevian conglomerates. Very probably, the gneissose texture is even of pre-Ladogian age. If HÖGBOM would admit that the movements may be as old as that, the differences between his opinion and mine would not be very great.

In general, while HÖGBOM's classification of the youngest pre-Cambrian rocks of Sweden is almost identical with ours, the Finnish subdivision of the *Archæan* shows much more resemblance with that of TÖRNEBOHM. Like him we place the strongest metamorphic granitic gneisses at the base, although I think it possible that a part of them may be younger than the "leptites", limestones, etc. of the Sveco-Finnish zone and some other parts of Sweden. The main point in which I differ from this high authority is regarding the position of the old fine-grained feldspathic rocks, metamorphosed quartz-porhyries with their tuffs, "leptites" and the like, which he comprises into one subdivision. For my part I think that TÖRNEBOHM has laid undue importance on one single petrological character, and that it is better to use the geotectonic events as the main basis of correlation, in which case the rocks referred to this "group of quartz-porphyries and leptites" will be distributed among several different divisions of the *Archæan*.

Most of the other differences of opinion concerning the geology of Archæan between Swedish and Finnish geologists may be explained by the different character of the Archæan in both countries. The formations of probably sedimentary origin in middle Sweden seem to be older than the greatest part of the Finnish schists. They are in still higher measure penetrated by granites and consequently more metamorphic in character than these. The relations to the basement is therefore seldom to be seen. On the contrary, the schists of Finland, especially its eastern parts, form more often continuous areas, and in the same region also their basement is still preserved over wide areas. Is it not in accord with the demands of inductive science to lay more importance on conclusions reached in such places, where we find indeed the "filum labyrinthi", than on those where the Archæan shows its most complicated character?

In any case we may justly claim to have built up our Finnish classification of Archæan rocks *in the field*, trying to solve in turn each of the great theoretical questions on the basis of knowledge won in the most typical areas. Even for the purpose of mapping it seems to me highly necessary to possess a firm theoretical basis. It would certainly not have been more practical, although perhaps more modest, only willingly to repeat the old traditional views which in most cases go back as far as to the first days of Saxonian geology. But if we had done this, what should we now do, when the Saxonian geologists themselves declare that their "Grundgebirge", which has been regarded as the very type of the Archæan all the world over, is of Palæozoic age? The same is now the case with so many other similar areas of crystalline rocks. What can be a more conclusive proof of the origin of the Archæan by the same causes as the younger formations, than this complete, even deceptive, likeness to areas that have been metamorphosed and granitized in later times, as for instance Brittany?

Everything which I have said shows that the stratigraphical problem of the pre-Cambrian can only be solved when we possess a better knowledge of the geotectonic, petrogenetic and metamorphic processes going on at great depths under the surface of the earth.

I will here emphasize the point, that it is very necessary that every subdivision of pre-Cambrian rocks should refer to a typical area which has been described in detail. Each subdivision and especially each term expressing it may be used in different meanings by different authors and therefore it is necessary to possess a type to recur to. Also when making new petrographical terms they ought to be referred to described types and not be too comprehensive. We must rather try to replace existing "expressions de l'ignorance" by more definite notions than to create new terms of this kind.

As to the nomenclature of pre-Cambrian rocks and the division of this complex into greater groups, I first maintain that the word pre-Cambrian never ought to be used as a designation for any minor sub-division of pre-Olenellus rocks. The *pre*-Cambrian comprises everything antedating the *Cambrian* in age, and it will only cause ambiguity to use it in any restricted sense.

Following VAN HISE, I have formerly used the word *Algonkian* as a general name for these later sedimentary formations of Fenno-Scandia, which were separated by a great unconformity from the remainder, thus comprising my Jotnian and Jatulian. However, as TÖRNEBOHM later proposed to use the same term, according to its first strictly theoretical definition, as comprising all such pre-Cambrian rocks as could be proved to be of clastic origin, which would have made it practically identical with Archæan in its former significance, leaving only, possibly, the oldest parts of it excluded, I objected to that definition and have not later used the name Algonkian at all. The ambiguity of its theoretical definition is now removed, since VAN HISE admits the existence of sedi-ments also in the Archæan. But I think, in general sympathy with President VAN HISE, that it would be preferable to possess, for a divi-sion of this magnitude, a name that has a purely theoretical meaning, then it is certainly not to be compared in extension with the later systems, but comprises more probably several divisions of group rank.

VAN HISE favours the name *Proterozoic*, while IRVING, wishing to leave the question unsettled whether this division contains recognizable fossils or not, preferred the name *Agnotozoic* which has now again been taken up by HAUG. I agree entirely with the scope of this term, but I think that the chosen word insolves a contradictio in adjecto. Then if no fossils are known in this group, how can it be called Agnoto-zoic, and if they are there, it is no longer *Agnoto*zoic.

With regard to the dissensions still prevailing it may not seem extravagant to propose a new term which seems to me to possess all the advantages, but none of the defects of the Agnotozoic. While it may be uncertain, whether the bulk of the pre-Cambrian sediments contains fossils or not, most geologists agree that the ancestors of the Cambrian and later organisms must have lived during pre-Cambrian times. We may therefore properly call them *Progonozoic* times, the times of the ancestors ($\pi\varrho\acute{o}\gamma\sigma\nu\sigma\iota$), which name can be used quite independently of whether the remains of these ancestral organisms have been discovered or not.

Or, as the pre-Cambrian may include also Azoic rocks, we may properly use the name *Progonic* as a term equivalent to pre-Cambrian. The latter term has the character of something provisional and it has a different termination from all other great subdivisions. Moreover, it gives the false impression that the pre-Cambrian rocks form only a little insignificant dependance of the realm of the fossiliferous rocks, while they may in reality contain the majority of all sediments which were ever deposited.

If we continue to add new divisions as appendices to the known groups of fossiliferous rocks, we shall destroy the symmetrical beauty of the older division. If we create a Proterozoic and an Archæozoic and place them in the same classification below the Palæozoic, and perhaps still add some other new groups, then the Mesozoic will at last form not the middle part, but one of the uppermost parts in the systematical classification of sedimentary rocks.

Treating of the history of mankind, we do not proceed in this way. We do not add to the Ancient Time any Most Ancient Time, and so on, but separate the Prehistoric Times and regard them from quite a different point of view. In the same way the geology of the pre-Cambrian, which may be properly called the Archæology of the Earth, is as to its field of research and also as to its methods very different from the geology of the fossiliferous systems, and may therefore claim a certain independence also in forming its nomenclature.

The above proposals I make at this moment only for discussion. The Progonic can be further subdivided, for instance into Neo-Progonic, Meso-Progonic and Palæo-Progonic or Archæo-Progonic. Where fossils are discovered or presumed, Progonozoic may be substituted for Progonic.

We can also, if we continue to use the word Archæan and its derivations, call the uppermost division Eparchæan or Archæozoic, and then divide the remaining part into the Archæan proper and the Katarchæan, which latter division may comprise also the Azoic rocks, if such exist.

In Fenno-Scandia it is not yet opportune to make any more definite subdivision into greater groups. But if we should do it provisionally, I feel most inclined to include in the uppermost division only the

Jotnian and the Jatulian, i. e. the rocks which are younger than most granites. The Kalevian, which was in the beginning also thought to be of the same type as the Jatulian, seems to show more similarity with the formations following below, i. e. the Bothnian and the Ladogian, which are all penetrated only by the massive Archæan granites, and could be included with them in the middle division. The lowest would contain a great part of the "leptitic" rocks and of the granitic gneisses.

What we want now is not chiefly names, but such a working classification as may aid us to get a better oversight over the field of inquiry and in that way lead us to a better understanding of it. A good classification will do that.

When put to the test of continued fieldwork, it will allow us to predict in a certain measure what we are to discover. If we go farther and find that it was as we expected, we shall get increased confidence, while ewery failure gives us a warning that we are on the wrong track. Nowhere is it more necessary often to revise and sometimes also entirely to alter the former conclusions than when working among these oldest formations? In the beginning, every classification has the character of a Penelope-web, and it is not before the conclusions have been formed and reformed many times that they will last.

If it is always true that in the geological study of any given area the methods also of its investigation must be invented and developed, so that we often know how we ought to have mapped it only when the mapping is nearly ended, that applies still more to the work in the pre-Cambrian than anywhere else. The greatest difficulty in this study lies in the fact, that we have a double task and that our reasoning has often something of a circulus in demonstrando. We use the "actual phenomena" for comparison, and they are, I am firmly convinced, our only safe guide in studying the *Progonic* rocks if we will not allow the confused character of this complex to be reflected in confused ideas. But at the same time we have here to add to our knowledge of the geological phenomena by studying rocks which have been formed and often also metamorphosed at such depths under the surface as have been never directly attainable to the eye of man before the erosion has brought them to the surface. Only the study of the Past, often even the remotest Past, can here teach us what is going on at present in deep parts of the earth's crust or under it.

44*—*101593.*

I would be glad if I had persuaded you of the great interest connected with the study of these oldest formations and that the methods which we have used when trying to unravel the fascinating problem of their origin may bring us some steps forward. As to the stratigraphical results hitherto achieved, they are entirely in concordance with the principles of evolutional geology and palæontology. Already on the 4th international congress, 22 years ago, LAPWORTH explicitly said, that he and many other British geologists, followers of HUTTON, LYELL and DARWIN, "expected that future research would demonstrate the existence of many Archæan systems, but of the same characters as those of the post-Archæan rocks, their original characters having been merely locally masked by subsequent metamorphism or alteration".

Such systems exist, and I expect that future research will increase and not lessen their number. Every time when I have thought that we had reached the bottom of the sedimentary formations, I have been aware that I was mistaken. Is there really, as HUTTON thought, in the history of the earth, "no vestige of a beginning"?

Pre-Cambrian formations in the State of New York.[1]

BY

J. F. KEMP,

Professor at Columbia University, New York.

The State of New York embraces an area of 49 170 square miles or 127 515 square kilometres. It contains exposures both of pre-Cambrian and Palæozoic rocks which are of more than ordinary interest. By the early studies of the State Geologist, Professor JAMES HALL, the standard Palæozoic section was established for American geology, and under the able guidance and from the pen of his successor, Dr. J. M. CLARKE, contributions of corresponding importance to the more detailed knowledge of this section have appeared in later years. The pre-Cambrian exposures of New York are perhaps of less general or widespread significance than are the Palæozoic, but they nevertheless have important features of special interest which is the greater because decided advances have been made in our knowledge in the last ten years. The results have been attained under both the State and the U. S. Geological Surveys — but by arrangement with the latter, the former has taken over the mapping during the last five years. The principal workers upon the pre-Cambrian strata have been in later years H. P. CUSHING, C. H. SMYTH, W. J. MILLER, and the writer in the northern area; and in the southern, F. J. H. MERRILL and C. P. BERKEY. With C. P. BERKEY the writer has also had intimate association, although not in the capacity of an active participant, in the field-work. The exposures are near our homes and have of necessity been long familiar.

It is the purpose of this paper to present to the International Geological Congress a summary of the results and a running comparison

---

[1] This paper has had the benefit of critical revision by H. P. CUSHING and C. P. BERKEY, to whom acknowledgments are due for many valuable suggestions.

with the ancient rocks of Scandinavia with which they have many features in common. This comparison has been made possible by the valuable summary of the pre-Cambrian Geology of Sweden by A. G. Högbom, which has been specially prepared for the benefit of members of the Congress and which places at the command of the foreign delegates much which was otherwise not easily accessible.

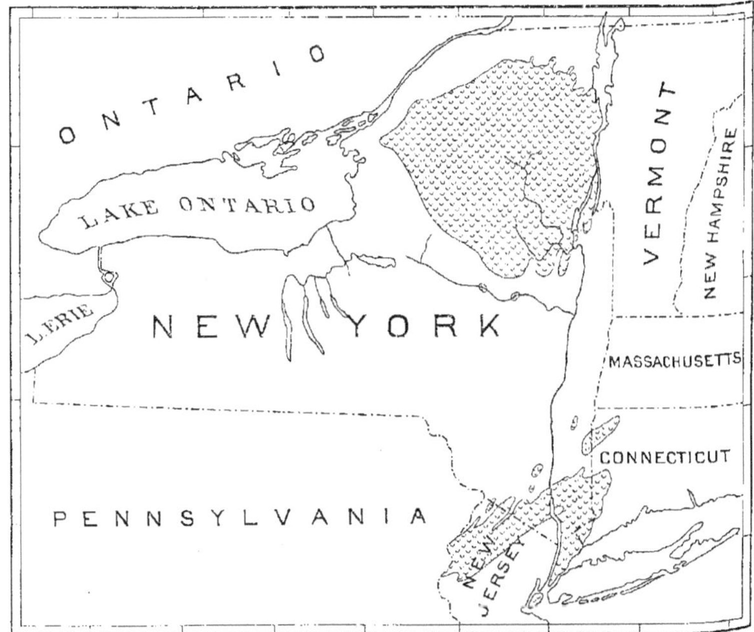

Fig. 1. Outline map of New York state, illustrating the distribution of the pre-Cambrian areas.

Pre-Cambrian strata cover in New York some 11 800 square miles (30 617 sq. kilometres). They are separated into two main areas:

The Adirondack on the north, 10 500 sq. miles (27 246 sq. kilometres).

The South-eastern, embracing the so-called Highlands of the Hudson and the lower portion of the Hudson Valley, 1 300 square miles or 3 371 square kilometres.

Two small outliers of the Adirondack area are brought up by faults in the Mohawk valley, but are separated from the main mass by a cover of Palæozoics. There are also two or three small northern outliers of the Hudson River Highlands. These are all shown on the outline map, Fig. 1. The northern area is closely connected with the vast extent of the pre-Cambrian rocks of Canada. The mantle of Palæozoics, however, intervenes, and except at the Thousand Islands which stand at the entrance from Lake Ontario to the St. Lawrence river the old crystallines do not run across the international boundary.

The south-eastern area of undoubted pre-Cambrian dies out to the north-east near the state boundaries between New York in the west and Massachusetts and Connecticut to the east. Metamorphosed Palæozoic strata overlie them in the exposures which in their northern continuation gave rise to the famous Taconic controversy of American geology. To the south-east they extend into Connecticut and are being at present investigated by the geologists of that State. The older observations were recorded sixty years ago when predispositions toward sedimentary forms of origin were paramount. The summarized map of Connecticut, recently issued, shows many areas of intrusives. To the south-west the older pre-Cambrian extends from New York across New Jersey and has been studied in great detail in the latter state. The tendency in later years to interpret the ancient gneisses as igneous is very marked. The later pre-Cambrian merely crosses the Hudson in a few exposures, but it is undoubtedly existent beneath the Mesozoic, which conceals it in this direction.

As between themselves the two main areas in New York are strongly contrasted in some respects and are now known to be closely similar in others. As already remarked both present some remarkably suggestive parallels with the pre-Cambrians of Scandinavia.

If now we build up a formal geological column it will appear as follows. The endeavour has been made to note the nature of the contact with the Palæozoics as well as the relations of the pre-Cambrians among themselves.

	Northern Area.	*Southern Area.*
Ordovician	Utica Slate. Trenton Limestone. Black River Limestone. Lowville Limestone. Chazy Limestone. Beekmantown Limestone.	Cortland series of Eruptives. Hudson River Slates. Trenton Limestone. Wappinger Limestone.
Cambrian	Potsdam Sandstone.	Wappinger Limestone. Poquag Quartzite.

	Northern Area.	Southern Area.
Precambrian	Diabase and Syenite-porphyry dikes.	Intrusive Peridotite, Gabbro, Granite.
	(Granites.)	Manhattan Mica-schist.
	Gabbros (Hyperites).	Inwood Limestone.
	Syenites (Mangerites).	Granite and Quartz-diorite.
	Anorthosites.	
	Grenville series of sedimentary gneisses, quartzites, limestones.	
	Possibly still older gneisses. Batholiths of granite now generally called Laurentian.	

Note. The Palæozoic strata, specially in the northern area, are in process of revision, but the names here given are those which have been current for years past.

The Palæozoic Contact.

The Palæozoic section differs in the different regions. The lower Cambrian only appears in the southern areas. The Olenellus fauna has been found in the Poquag quartzite, a heavy stratum which is best exposed on the northern side of the Hudson River Highlands and east of the river. It is generally downfaulted against the Grenville and the intrusive granites but actual sections of it resting on the pre-Cambrian have been discovered by C. P. BERKEY. The contact is such as to leave no doubt that a great unconformity exists because of the intrusive nature of the granites and the extreme metamorphism of the Grenville (1) both being unconformably followed by the rather flat and not greatly changed shallow water Cambrian beds.

In the region of Lake Champlain the lower Cambrian nowhere appears in contact with the pre-Cambrians. It is known in the State of Vermont, twenty or thirty miles away, but the overlap of the Upper Cambrian has transgressed beyond its exposures and now lies against the ancient crystallines. Along the eastern and northern borders the Upper Cambrian is a quartzite, called the Potsdam. In the Champlain valley at many of the critical exposures the contact is a faulted one. The quartzite dips in against the cliffs of the pre-Cambrian. But in a number of localities the writer has found an old surface of gneiss on whose slightly hummocky top the Potsdam rests, and from which it has been eroded. R. RUEDEMAN has mapped the same relations near Port Henry and on a larger scale (2), while near Saratoga H. P. CUSHING has followed the edge up and down over low hills and valleys, for several miles (3). Evidently the later Cambrian sea advanced over a mildly hummocky land surface. Dr. CUSHING has followed the contact as a transgressive overlap upon a flat shore for 250 km along the northern border. Along the southern border the Potsdam fails and the Beekmantown limestone at the »Noses» rests upon a thin layer apparently representing the products of secular decay of the underlying gneisses (4). Following to the westward the Beekmantown has been mapped by H. P. CUSHING (5) at Little Falls resting on the pre-Cambrian, while a few miles north W. J. MILLER in the vicinity of Remsem (6) finds the Trenton next the crystallines, and still farther north-west near Port Leyden the same observer (7) records the Pamelia limestone, a subdivision of the Chazy. The pre-Cambrian furnished a very even surface of deposition. Very recently on the extreme north-west CUSHING and RUEDEMAN have found both the Potsdam sandstone and the Pamelia limestone overlapping upon a hummocky surface of pre-Cambrians, which exhibits inequalities of 100 feet and less in altitude. The old surface was thus broken by little hills, much as in Sweden and the early Palæozoics have not yet been removed (8).

Besides these border contacts there are a number of cases of infaulted but usually small blocks of Cambrian and Ordovician strata from ten to forty miles from the nearest large exposure. The blocks may be Potsdam, Beekmantown or even in one case — at Wells, in the southern Adirondacks — may contain Potsdam, Beekmantown, Trenton and Utica in one block (9). The faulting has therefore taken place toward the close of the Ordovician after this period had come to an end.

Presumably the pre-Cambrian rocks had become worn down to a mild or gentle relief, but there is some reason to think that the Cambrian sea set up into valleys in the ancient land surface (10) inasmuch as some of the preserved Palæozoic outliers are in apparent old-time valleys excavated in the soft Grenville limestones.

From the above it will be seen that the latest stratum which we find actually within the ancient crystallines of the Adirondacks is the Utica slate, and that at some time after its deposition faulting ensued. But the interesting question arises, did not other and later strata once prevail over the area, and have they not been removed by erosion? H. P. CUSHING has discussed this point in connection with an area on the south side (11) and is impressed with the sudden termination of the Medina sandstone of the Silurian, with such thickness that it seems necessary to infer its former extent northward. It may be that the

Medina formation covered the Adirondack area so as to connect with its prolongation still remaining in Canada.

In one locality in the town of Cornwall on the west bank of the Hudson, the Archæan granite of the Highlands is thrust by a reversed fault upon the Hudson River slates, and the striking phenomenon can be seen of granite resting on slate. The relations are much like those shown the members of Excursion A 2, by Dr. HOLMQUIST at Mt. Luopahta in Lapland, but in the American case the granite has probably not come very far. On the south side of the Highlands, while the Poquag quartzite, the Wappinger limestone and the Hudson River slates are known in limited exposure, the contacts, except for a small area of the Poquag, are all faulted and the relations of superposition are not exposed.

In summary therefore we have actually found depositional contacts of Poquag. Potsdam, Beekmantown and Chazy on the older strata. We have seen faulted relations against the crystallines for all the Palæozoics up through the Utica slate. The surface of the pre-Cambrian is demonstrated to have a moderate relief up to 100 feet of hillocks and has been thought by the writer in particular, upon less certain evidence, to have had much more.

All these relations are close parallels with those described for Sweden by Dr. HÖGBOM on pages 2—4 of his paper. The Cambrian is, however, much thicker in New York, since the Poquag quartzite has 600 feet, and on the north-eastern Adirondacks the Potsdam exhibits over 800 feet. The sub-Cambrian land-surface of Sweden is very like that which is a matter of actual observation in New York. Dr. HÖGBOM states, p. 4, that in Sweden, »the topography of this old land-surface seems to be somewhat knobby, with small prominences, rising only a few metres above the average level». The evidence of pre-Cambrian valleys in the Adirondacks is not repeated in Sweden. A layer of weathered rock, such as in New York, appears beneath the Beekmantown at the »Noses» in the Mohawk valley, seems to be general in Sweden. The infaulted blocks of Palæozoic strata are of much greater extent than in New York, although similar in kind.

Eruptives in the Palæozoic. A few miles south of the village of Peekskill on the Hudson, forty miles north of New York, there are some 25 square miles (65 square kilometres) of eruptive rocks known as the Cortland series. They are chiefly on the east bank of the river but appear as well in small amount on the west bank, and are also recorded in small outliers east of the main mass (12). Almost the entire plutonic series of rocks is represented in the granites, diorites, gabbros, norites, pyroxenites, and peridotites. In addition there is at least one occurrence of dacite-porphyry, and there are corundum deposits and basic segregations of a richly aluminous, mildly titaniferous magnetite. Contact zones of great petrographic interest have been developed from the Manhattan schists. While some eruptives, reminiscent of these, are mentioned by Dr. Högbom in the Jotnian series of Sweden, there seém to be none of early Palæozoic age to constitute a parallel with the Cortland series.

The Later pre-Cambrian. As shown by the table of formations these strata are only represented in south-eastern New York, south of the Highlands of the Hudson. They constitute nearly all of Manhattan Island on which the original New York City was built. They extend in a series of parallel, north-east belts as far as the Highlands of the Hudson, over forty miles north. They have furnished an old-time and difficult problem for interpretation. Originally referred to the Archæan they were later interpreted by Professor J. D. Dana (13) and also as the result of detailed field work by Dr F. J. H. Merrill (14), as excessively metamorphosed equivalents of the Wappinger limestones and Hudson River slates north of the Highlands. There is a striking parallelism between the two. Thus on the south of the Highlands, which form a ridge of the oldest rocks of this section and which cross the river from north-east to south-west, we find a very heavy development of mica-schist, resting conformably on a thick stratum of dolomitic marbles. North of the Highlands there is a great thickness of slates, good raw materials from which to produce mica-schists by metamorphism. The slates rest upon a heavy stratum of blue magnesian limestone, the Wappinger, well adapted to yield dolomitic marbles under metamorphism.

Only a poor representative of the Poquag quartzite could be found beneath the marbles on the south side, but a quartzitic rock was noted by Dr. Merrill and called the Lowerre, from a suburb of New York City. This interpretation, for which there was indeed much reason, was generally accepted for the Manhattan schist and the Inwood limestone and was used in the New York folio of the U. S. Geological Survey (15). The crucial point arises, however, when we endeavour to trace the belts along the valleys from the south respectively into the Wappinger limestone and Hudson River slates on the north. In applying this test C. P. Berkey found himself not only unable to make out the transition but confronted with undoubted faulted relations of the Palæozoics with Manhattan schist and the Inwood marble on the south. An equivalent of the two sets seemed so improbable that a different view was advanced. The schist and marble were referred to a pre-Cambrian group of sediments, which however were of late pre-Cambrian age (16). This view is further corroborated by the fact that the Poquag quartzite displays 600 feet of section on the north side of the Highlands whereas twenty miles to the south there is no satisfactory equivalent. It is also true that the Manhattan schist is a much more extreme case of metamorphism than is any representative of the Hudson River slates in Massachusetts or Vermont.

The formation of schists apparently runs south from New York City beneath a cap of Mesozoic strata and reappears in Philadelphia and south-eastern Pennsylvania, where it is associated with the equivalents of the Hudson River slate and the Wappinger limestone. The equivalent of the Inwood marble is not exposed and can only be inferred. These strata have been objects of study by F. Bascom and in the end have been interpreted as two different series (17) precisely as had been done by C. P. Berkey previously in New York.

The burden of proof seems therefore to favour the placing of the Manhattan schist and the Inwood marble as a pre-Cambrian series of sediments unfossiliferous and severely metamorphosed although not so severely as the underlying formations. They suggest equivalence rather with the Huronian of the Lake Superior region than with the Keweenawan, and with the Jatulian of Sweden and Finland, rather than with the Jotnian.

The Manhattan schist and Inwood marble are penetrated by a number of plutonic rocks representing a wide range of composition. As in Sweden, so in America their recognition as intrusives was long delayed by the universally current, sedimentary conceptions of earlier workers. F. J. H. Merrill was the pioneer in detecting the intrusive nature of the so-called Yonkers gneiss near New York, and this has been followed by the identification of half a dozen others, ranging from granodiorite through diorite and gabbro to peridotite. In Connecticut in the present stage of investigation many intrusive masses are mapped by the state authorities (18). In New York all these intrusives are more or less gneissoid, showing that since their intrusion they have suffered heavy pressure. A very extended development of pegmatite has accompanied the intrusion of the granitic rocks, so that in the Manhattan schist and Inwood limestone we find not only dikes of all sizes, but the schists are at times injected »lit par lit» with the small masses.

The granitic intrusives suggest a parallelism with the subjotnian intrusives of Sweden (A. G. Högbom, pp. 13—16) which embrace granites, syenites and gabbros, but are clearly of different petrographic characters. The New York rocks favour soda-rich varieties of granites or granodiorites. Gabbros are very subordinate but peridotites are far from unimportant.

The Older pre-Cambrian in the South-eastern Area. The careful observations of F. J. H. MERRILL established some years ago the Fordham gneiss as the foundation upon which the later Inwood marble had been laid down. The Lowerre quartzite mentioned above was rare and thin and generally absent. In the end it was believed by C. P. BERKEY to be a quartzose phase of the Fordham. The nature of the Fordham gneiss was considered doubtful by Dr MERRILL although its strongly banded character could not fail to suggest a sedimentary original in many exposures. Elsewhere, however, one could be less certain.

Within the last few years New York City has been greatly enlarging its water supply and the borings, tunnels and reservoirs have enormously increased our knowledge of these ancient formations. The most important discoveries in the Fordham gneiss have been those of marbles, coarsely crystalline, and in the form of lenticles of limited extent. They have served to establish the predominant sedimentary character of the Fordham and to convince us that it is the equivalent of the Grenville series of the Adirondack area and of Ontario and Quebec. This equivalency has greatly simplified the entire situation.

The above paragraph specially applies to the district of the lower Hudson in or near New York City. The researches of C. P. BERKEY in the Highlands of the Hudson and in connection with detailed mapping of the West Point sheet, have brought out with greater clearness and emphasis than hitherto, the fact that an old series of schistose gneisses with occasional but very minor lenticles of marble constitutes the basal formation of this mountainous area. The gneisses and marbles are penetrated by several intrusive masses of granitic rocks. The Manhattan schist and the Inwood marble cease along the southern border of this belt and only the older Fordham gneiss or Grenville series continues. It is much complicated by the intrusives. The petrographical likeness

of these old gneisses to the Fordham, now that the lenticles of marble
have been found in it, is so close that we feel practically assured of
the identity of the two. It is then an easy and natural step to assume
the identity of both with the Grenville of the north. In the schistose
gneisses which are closely associated with the lenticles of marble as well
as in the marbles themselves graphite is not uncommon and leads to
the inference that either some form of organic matter was laid down
with the sediments or else that some purely inorganic hydrocarbon such
as petroleum has impregnated them and has then been metamorphosed
to graphite.

While we are keenly alive to the unsatisfactory nature of lithological characters as a basis of correlation yet coupling these with
apparent identity of stratigraphic position, we have as strong a case
as can usually be brought out when dealing with the very ancient
rocks. There seems therefore no occasion to multiply formations but
much reason to assume uniformity.

The intrusive masses although themselves widely gneissoid are much
more massive than the Grenville rocks and are granites or grano-dio-
rites in character. They are penetrated by very ancient basic dikes
whose entrance preceded the production of the foliation. There are
also a few dikes of much later date, entirely unmetamorphosed and
having the mineralogy of the camptonites.

The whole complex has been greatly faulted, and as earlier stated
some of the faults must be later than the Ordovician since the granite
has been thrust upon the Hudson River slates. The complex of the
Highlands presents a much more obscure structural problem than do
the Manhattan schist and Inwood marble. The latter and the Fordham gneiss can be worked out into beautiful sets of folds with occasional
faults all well suited, as we have found, for the field instruction of
students in the elements of geological structure. In the Highlands,
however, definite folds and demonstrable structure in the Grenville
strata other than faults are so poorly indicated as to elude demonstration as yet.

The Northern or Adirondack Area. The shape of this area is like
a circle of about a hundred miles diameter (160 kilometres), flattened
along the eastern side by the north and south valley of Lake Champlain. The mountains are in the eastern central portion and culmi-
nate in Mt. Marcy 5 344 feet (1 628,8 m) rather less than thirty miles

(48 km) from Lake Champlain. The mountains are a series of north-east and south-west ridges, apparently due to master faults in these directions. They are cut off by a minor set at right angles to this direction and both sets seem to have been superimposed upon an older topography whose great valleys run north and south. To the west the mountains die out and give place to a high plateau of moderate relief, a portion often described as the Great North Woods. The entire district is heavily forested. It has numerous lakes due to heavy glacial deposits and is drained by small rivers. Inhabitants are comparatively few during the cold season, but in the summer, thousands resort to the lakes and mountains for recreation.

The oldest formation thus far demonstrated is the Grenville series of sedimentary gneisses, crystalline limestones and comparatively rare quartzites. All are excessively metamorphosed. The most extensive and continuous exposures are in the western area where the belts of limestone run for as much as 30—40 miles (48—64 km) continuously. On the east the limestones are smaller but are more widely spread. Nowhere are they as extensive as in Ontario. The quartzites on the east are often so extremely metamorphosed that they resemble vein quartz. In the region of Lake George a garnetiferous sillimanite gneiss is rather widespread, which reminds one strongly of the similar rock mentioned by Dr. Högbom (p. 38) from the eastern gneiss district south of Lake Mälaren, but cordierite fails in it so far as our observations have gone. This rock embraces the graphitic quartzite which is mined near Hague for graphite and which outcrops at many other places. The latter, altho much more strongly metamorphosed, is reminiscent of the bituminous gneiss of Nullaberg, but it contains much more quartz. This garnet-sillimanite gneiss and the attendant graphitic quartzite have been interpreted as altered shales, somewhat calcareous where the garnet was in evidence. The graphite also has been thought due to infiltrated hydrocarbons of some sort.

The largest component of the Grenville consists of feldspathic gneisses of extremely variable mineralogy but of rather characteristic thin foliation. Biotite is the commonest dark silicate and is far more frequent than in the associated intrusive rocks. A reddish variety is often seen. The range of feldspars is quite wide, practically all the commoner varieties being seen. Quartz is well-nigh universal. One is led to the conclusion that a series of shales, with some sandy layers

and occasional limestones has been the original deposit. Well developed
quartzites are subordinate. Recognizable conglomerates await discovery.
Rocks consisting of quartz and pyroxene have been found by H. P.
Cushing as a feature in the central mountains (19), and have been seen
by the writer in the eastern portion, where they also appear as inclusions
in the intrusive rocks (20). Subordinate black hornblendic schists are
rather frequent associates with the crystalline limestones on the east
but there is always the suspicion that they may be intrusive basic
rocks. Great sections of blue siliceous limestones such as characterize
the Hastings series of Ontario, believed by Adams and Barlow to be the
equivalent of the more metamorphosed typical Grenville and to occur
where intrusive rocks are more strongly developed, fail in the Adirondacks,
and we nowhere see the development of hornblendic rocks from them,
as has been so ably traced by Dr. Adams in the Haliburton sheet (21).
The nearest approach to the blue limestones as yet recorded is a minor
amount of a gray variety found on the north-western edge. In this
region in the vicinity of Alexandria Bay there are developments of a
green schist consisting chiefly of pyroxene and feldspar, with subordinate
amounts of other minerals and believed by H. P. Cushing (22) to be a
contact result from the action of granite on earthy limestones. The
most uncertain and difficult feature of Grenville geology is to decide
where to draw the line between its less thinly foliated gneisses and
the intrusive batholiths which have been made gneissoid by pressure.
There are gneisses of a general granitic composition which are extremely
puzzling problems. The complexity of the relations and the obscure
nature of the rocks make the decision of this question one on which
all geologists would probably not agree — some favouring igneous orig-
inals, other sedimentary. Especially on the north-east and east these
rocks are in evidence, so that there is some obscurity yet regarding
the base of the Grenville.

The post-Grenville Intrusives. The Grenville sediments are penetrated by a very important series of igneous rocks of whose intercala-
tions we now have some important records. Three great groups and
one minor one are demonstrated and their relative ages are pretty well
established. From oldest to latest they are as follows:

1. Anorthosites.
2. Syenites (Mangerites).
3. Basic Gabbros (Hyperites).

Of relations not always definitely settled there are granites.

4.   Basaltic dikes, Porphyry dikes.

1.   *Anorthosites.* This great group of plagioclase rocks is limited to the north-eastern portion of the area. It covers about 1 500 square miles (or 4 000 square kilometres) and is a fairly unified mass, with one or two outliers. It is somewhat longer from south-west to north-west than in other directions. Patches of Grenville break up its continuity.

In petrographic character the anorthosites are not uniform. Coarse bluish or greenish plagioclase, most commonly labradorites is the largest single component, but variable proportions of bisilicates, green augite, hypersthene, hornblende and rarely biotite are present from traces to goodly proportions. They are apt to be more abundant at the borders of intrusive masses than in their centers. Garnets especially in reaction rims around the bisilicates are very widespread and sometimes make large knots in the feldspathic rock. Ilmenite or a mixture of it and magnetite is practically universal although either may be in very small amount. At times the titaniferous minerals constitute large ore bodies. The largest of all is 250 metres across and extends for some hundreds of metres. One rarer phase of the anorthosite consists of large rectangular crystals of plagioclase set in a granular matrix of augite thus forming an unusual but highly interesting rock.

In the eastern region at least two periods of intrusion for the anorthosites have been shown (20), the later of which is more basic and contains included fragments of the neighbouring older and more feldspathic variety. It is very probable that in the great anorthosite area there are a number of successive intrusions of whose relations we may from time to time become better informed by the discovery of critical exposures, but at present the ones just cited seem to be the only demonstrated case.

The anorthosites constitute almost all the higher peaks. The rock also yields the large glacial boulders. It lacks the joints and planes of weakness of the other rocks and has held together the best of them all under the strain of transportation by the ice sheet.

Like all the older pre-Cambrian strata the anorthosites have suffered to a marked degree from crushing. We rarely find the rocks as originally crystallized but on the contrary remnants and nuclei of large feldspars are buried in granulated and sometimes saussuritized portions. As a rule some shearing or flowage has dragged out the whole mass into Augen-gneisses. The original grain was in instances extremely coarse. Though crushed we find evidence of individual feldspars whose cleavage faces were as large as a man's hand. The brilliant play of colours characteristic of labradorite is not infrequent but is not general.

The extreme crushing and flowage have developed from the pyroxenic varieties, various puzzling gneisses which consist of bands of feldspar and hornblende, to the unaided eye much like those of the syenite series.

2. *The Syenite series.* This series is like the anorthosites a variable one and is rarely if ever a typical syenite. Quartz seldom entirely fails and yet it is exceptional to find it of the richness characteristic of granite. On analysis the rocks sometimes reach 65 per cent silica and from this they drop to very basic ranges. The feldspar is commonly microperthite. The most frequent dark silicate is an emerald green augite, but hypersthene, brown hornblende and rarely biotite are also present. Magnetite, apatite and zircon appear as is usual with the feldspathic rocks. The syenites are a characteristic green when fresh, but from some obscure property of the feldspars they readily weather to a rusty mass, so that only at the core of a large block can one find the characteristically fresh rock.

These syenitic rocks are almost the exact counterparts of the mangerites of KOLDERUP, as described in his paper on the vicinity of Bergen (23). As they are associated with anorthosites in Norway, the parallelism with the Adirondacks is strikingly close.

These syenitic rocks were first recognized as intrusives by C. H. SMYTH (24) in the western portion of the area. Their relations to the Grenville were further shown to be intrusive by H. P. CUSHING (25) in the northern portion. Although met and studied in a preliminary way by the writer they were not identified as assured eruptives in the east until after the observations above mentioned were brought out but we now know them to be very widespread all through the entire preCambrian area. They have attained especial importance in later years because they and their variations are believed to contain the larger deposits of the non-titaniferous magnetites. This relation, first noted by H. P. CUSHING for a small ore body along the southern border (5), has been described as general for the magnetites by D. H. NEWLAND (26), and the variations of the syenitic rocks in the most important of the mining regions have been discussed by the writer (27). At the latter the magnetite lies beneath a very acidic phase consisting of microperthite and quartz and above a very basic phase, consisting of hornblende, augite and microperthite. The ore itself contains the emerald green augite of the syenites and seems but a basic segregation of the latter.

Like the anorthosites the syenitic series has been greatly squeezed and dragged. Augen-gneisses have resulted but as the rocks never approximate the coarseness of the anorthosites, this feature is not so pronounced as in the latter.

The relations of the syenites to the anorthosites in time were first shown by H. P. CUSHING who made some extremely important observations in the central portion of the area. Several contacts of the two eruptives were fortunately found which showed dikes of the syenite radiating out into the anorthosite (28).

The syenites are without exception deep-seated and granitoid in texture, but they nevertheless in their relations to the largest bodies of magnetite of the Adirondack region offer some interesting parallels in chemical composition with those of Kiruna. At Kiruna there is an acidic quartz-porphyry as a hanging wall and a feldspar-porphyry much lower in silica as a foot wall. Both sheets are rich in soda. Analyses have been published by H. LUNDBOHM as follows and by their side are placed three analyses of the wall rocks from Mineville. The rocks below the ore at Mineville are much more basic and obviously contain more of the ferro-magnesian silicates. In each cases, however, the soda is relatively rich. It is an interesting association to find magnetites on opposite sides of the Atlantic, in both cases, rich in phosphorus, associated with rocks showing similar contrasts above and below the ore.

3. *The Basic Gabbros.* These dark, basic eruptives are in less amounts than the previous two groups and are chiefly developed on the eastern side of the mountains. While in instances they constitute an area of a square mile or more, they appear most frequently in much smaller masses and yield dikes, sheets, and bosses. Their entrance antedated the general period of metamorphism in which they have shared as did the anorthosites and syenites. They almost always exhibit some evidences of gneissoid foliation, due to flowage from pressure. When massive, however, they have a coarse diabasic texture due to the tabular shape of the dark-green basic plagioclase. The latter is so

	1.	2.	3.	4.	5.	6.	7.
SiO_2	71.30	61.12	60.97	59.57	73.84	52.01	45.81
TiO_2	0.51	1.35	1.65	1.82	0.46	3.00	2.34
Al_2O_3	13.53	17.06	15.39	15.14	14.11	16.93	20.32
Fe_2O_3	2.33	3.20	3.29	5.50	0.22	0.14	0.53
FeO	1.75	2.96	1.19	1.62	1.12	10.25	8.45
MnO	0.07	0.23	0.36	0.36	0.03	0.21	0.15
MgO	0.70	1.17	3.39	2.46	0.83	2.50	6.45
CaO	0.67	2.91	5.04	3.42	0.44	6.14	7.97
Na_2O	5.77	7.25	5.65	6.13	6.36	4.65	4.52
K_2O	3.02	2.04	2.88	3.27	2.38	2.54	1.58
H_2O	0.56	0.74	0.60	0.57	0.46	0.47	0.63
P_2O_5	0.03	0.015	0.109	—	0.06	1.24	0.53
Total	100.24	100.045	100.519	99.86	100.81	100.08	99.28

1. Quartz porphyry, hanging wall at Kiruna. Geol. Fören. Förhandl. XX, p. 73. 1898.
2—3. Porphyry of footwall. Idem.
4. Augite-syenite associated with porphyry. Idem.
5. Acidic hanging wall rock, at Mineville, N. Y.
6. Average syenite of geological section, not immediately next the ore, Mineville, N. Y.
7. Basic footwall rock, Mineville, N. Y. The last three analyses are taken from Bull. 138, N. Y. State Museum, pp. 49—50.

thickly charged with dust of pyroxene, minute spinels or some similar inclusions that it is difficult to prepare sections for microscopic study sufficiently thin to be satisfactory. The centers are always opaque although the edges may be clear. The commonest dark silicate is green augite, but hypersthene is widespread and deep brown hornblende is not uncommon. Biotite, except in secondary flakes, is rare. Olivine is sometimes in evidence but is not a specially characteristic component. Ilmenite or titaniferous magnetite is richly present and serves to intensify the natural dark colour of the rock. Apatite is a natural accessory mineral but zircon fails. The iron ore and the larger ferromagnesian minerals almost never appear in actual contact with the feldspar since a rim of finely granular garnet, hypersthene, and brown hornblende intervenes. These so-called reaction rims are a very characteristic feature of the rocks. The garnets sometimes run up into the feldspars like fingers, replacing alternate lamellæ of the twins.

The basic gabbros frequently contain bodies of titaniferous magnetite of lower grade than are those in the anorthosites. None are known of size commensurate with the great bodies in the anorthosites of Lake

Sanford. They are low in iron, ranging a few per cent above or below 40. The ore is so richly mixed with silicates that its grade is reduced.

These rocks as the brief summary will show are close parallels of the hyperites of Sweden and Norway and present one of the most interesting of the points of similarity between the Archæan rocks of the two areas. The titaniferous magnetites in them constantly remind one of Taberg.

Granites. As a group the granites have not attained such sharpness of definition as have the three already passed in review. Gneisses of granitic composition are very wide spread, and have been thought in the early work to be basal in or below the Grenville. The tendency of the principal workers in the field has been to more and more regard them as igneous. If so there is present a group of granites that is older than the anorthosites (29), in which H. P. CUSHING in particular has found them as inclusions.

All three of us, CUSHING, SMYTH and the writer, have found granitic phases of the syenite series, so that we may say that a series of granites, per se, constitute differentiation products of the syenites.

In the Long Lake quadrangle H. P. CUSHING has found a granite later than the syenites, and has called it the Morris granite (19). In the Thousand Islands a red granite called the Picton is also the latest of the intrusives of the region as described by the same writer (see under 22). One of the granites on the western side of undetermined age has undergone a curious alteration to a chloritic residue with bodies of red hematite, as described by C. H. SMYTH (30). The writer has found in the eastern area several small occurrences of granite whose texture suggested that it was later than the other eruptives, being less crushed, but whose definite relations were not revealed.

We must conclude that there are at least some granites later than the anorthosites and syenites. We have no reason to think any later than the basic gabbros.

4. *Basaltic Dikes, Porphyry Dikes.* Long after the solidification of the intrusives already reviewed and after the metamorphism to which they were subjected there entered a wide-spread series of basaltic dikes and several of syenite-porphyry. The latter have only been noted in a few instances along the northern border and their relations with the basaltic ones are not shown. The basaltic dikes are diabase or slight variations from the type. They are most numerous on the north-

east corner but they have been observed all along the eastern edge, along the northern and in the center. They seem to be few or to fail toward the south and south-west. As a rule they are narrow, ranging from a fraction of one metre to 3 or 4 metres across, but instances are known of 15 or 20. They are cut off by the Potsdam as first shown by H. P. Cushing and clearly antedate it, but while they *apparently* are pre-Cambric we cannot say positively that they may not be middle or lower Cambric. They sometimes closely follow the master joints in the old crystallines over extended areas (31).

Ancient Metamorphism of the Grenville Series. Even earlier than the entrance of the anorthosites and later eruptives, the Grenville seems to have undergone extensive metamorphism because the writer has recently observed that fragments of its gneisses included in the anorthosites have strong foliation and that the foliation of adjacent inclusions runs in different directions. The foliation could not have been induced by later pressure. The anorthosites of the eastern area have produced in the Keene valley some interesting contact zones from the limestones and limey shales. Great ledges of garnet and pyroxene, of pyroxenic marble with bodies of magnetite formerly mined, and less often the familiar wollastonite characteristic of contact zones, are all found. On the western side C. H. Smyth early showed that some of the famous mineral localities for tourmalines and other silicates were due to contact zones of granite on limestone (32) and on the north-west H. P. Cushing notes a variety of contact effects, involving not only tourmaline but in places abundant scapolite (8). The last named in the same reference also described mixed rocks apparently due to the impregnation of the intrusive magmas with infused portions of the Grenville. It is quite possible that rocks which have elsewhere puzzled others of us may be due also to this cause.

After the Grenville series had been penetrated by the three sets of eruptives, all of which are deep-seated in character, great dynamic metamorphism must have ensued and then enormous erosion. Rocks that could only have reached their coarseness of crystallization at great depths are now at the surface or immediately beneath the Upper Cambrian strata. We may well agree with Dr. Högbom when he says (p. 24) that the break between the Archæan and in his case the Jatulian middle pre-Cambrain formation is »probably the greatest in the history of the earth». In the Adirondack area the time interval is even greater than in Fenno-Scandia since it bridges all of the middle and later pre-Cambrian, which is represented by the Inwood limestone and Manhattan schist of southern New York and all of Lower and Middle Cambrian as well. As to the load of rocks which were removed, we can only speculate. It was probably in part Grenville sediments, probably also in part volcanic representatives of the deep-seated intrusives. No eruptives of superficial characters remain.

Summary and Comparison. It will be at once apparent to a reader of Dr. Högbom's paper and of the preceding review, that as between Sweden and the northern area of New York there are some striking points of likeness and difference. Granite while very important in New York, especially as Laurentian batholiths is yet not so extensive as in Sweden. The American anorthosites and syenitic rocks (mangerites) find their close parallels in Norway. The basic gabbros (hyperites) are like those of the south-western gneiss district of Sweden (Högbom, p. 30). In some respects our Grenville series is like the metamorphosed sediments of this district, but it is certainly very much like those of the eastern gneiss-district (Högbom, pp. 38—41), and it furnishes analogies with the middle sub-district.

In New York there is nothing to correspond with the »leptites» of the eastern and middle sub-districts, nor have we identified conglomerates such as appear in the Malmbäck complex— nor anything to match the great porphyries of Norrland.

Broadly speaking, however, in the possession of a great series of extremely metamorphosed sediments penetrated by vast masses of intrusive rocks the Archæan areas on opposite sides of the Atlantic are strikingly similar and appear to be taxonomic if not chronologic equivalents.

Bibliography.

(1) The fullest details are presented in Bulletin 148, p. 41, of the New York State Survey by C. E. Gordon. Its title is the »Geology of the Poughkeepsie Quadrangle» and it was prepared under the direction of the writer and Dr. C. P. Berkey as a dissertation for the Ph. D. degree. The particular contact here described was worked out by C. P. Berkey.

(2) R. Ruedeman, Types of Inliers observed in New York. N. Y. State Museum Bulletin 133, p. 168. 1909. Also Bulletin 138, p. 63.

(3)   H. P. Cushing, Private communication in advance of a Bulletin on the Saratoga quadrangle.

(4)   C. E. Beecher and C. E. Hall, Fifth Annual Report, N. Y. State geologist, pp. 8—10. 1886.   J. F. Kemp and B. F. Hill, Nineteenth do, pp. 32—35. 1901.

(5)   H. P. Cushing, Geology of the Vicinity of Little Falls, N. Y. State Museum, Bulletin 77. 1905.

(6)   W. J. Miller, Geology of the Remsen quadrangle. — Idem — Bulletin 126. 1909.

(7)   W. J. Miller, Geology of the Port Leyden quadrangle. — Idem — Bulletin 135. 1910.

(8)   H. P. Cushing and R. Ruedeman, Forthcoming Bulletin on the Geology of the Thousand Islands.

(9)   J. F. Kemp and D. H. Newland, Eighteenth Annual Report, N. Y. State Geologist, 145. 1900.

(10) J. F. Kemp, Physiography of the eastern Adirondack in the Cambrian and Ordovician Periods.   Bull. Geol. Soc. Amer. VIII, 408—412. 1897.

(11) As under (5), pp. 68—71.

(12) The Cortland series seems to have been first recognized by H. Credner. Zeitschr. d. D. geol. Ges. XVII, 388. 1865. It was later studied by J. D. Dana, Amer. Jour. Sci. XX, 194. 1880; XXII, 111. 1881, and in much petrographical detail by G. H. Williams, Idem, XXXI, 26. 1886; XXXIII, 135, 191. 1887; XXXV, 438. 1888; XXXVI, 254. 1888.   Additional studies have been carried on from time to time in the Dept. of Geology at Columbia University, where at present Mr G. S. Rogers is completing investigations into the phenomena of differentiations presented by the several eruptives.

(13) J. D. Dana, Limestone belts of Westchester County, Amer. Jour. Sci. XX. 1880; XXI and XXII. 1881. Many separate papers are scattered through these volumes.

(14) F. J. H. Merrill, Metamorphic strata of south-eastern New York. Amer. Jour. Sci. XXXIX, 383. 1890; 50th Annual Report, N. Y. State Museum, I. Appendix A, p. 21. 1898.

(15) Folio No. 83, U. S. Geol. Survey, Geology of the hard rock formations by F. J. H. Merrill.

(16) C. P. Berkey, Structural and stratigraphic features of the basal gneisses of the Highlands. N. Y. State Museum Bull. 107, 361—368. 1907.

(17) F. Bascom.   The Philadelphia folio, No. 162, U. S. Geol. Survey. 1909.

(18) H. E. Gregory and H. H. Robinson. Preliminary geological map of Connecticut.   Bull. 7, Conn. State Survey. 1907.

(19) H. P. Cushing, Geology of the Long Lake quadrangle, N. Y. State Museum Bull. 115, p. 14.

(20) J. F. Kemp and R. Ruedemann, Geology of the Elizabethtown and Port Henry quadrangles, Idem, Bull. 138, p. 34.

(21) F. D. ADAMS, On the origin of the Amphibolites of the Laurentian Area of Canada, Journal of Geology, XVII, 1. 1909.

(22) The details here cited are taken from a forthcoming Bulletin of the New York State Museum upon the »Geology of the Thousand Islands» probably to be No. 144. The writer has seen the proof sheets, H. P. CUSHING, C. H. SMYTH and R. RUEDEMANN have joined in its preparation, CUSHING and SMYTH discussing the pre-Cambrain formations. The Bulletin will be of exceptional interest in its discussion and mapping of the Grenville series.

(23) C. F. KOLDERUP, Die Labradorfelse des westlichen Norwegens, II. Bergens Museums Aarbog 1903, No. 12, p. 102.

(24) C. H. SMYTH, Jr., Crystalline Limestones and associated Rocks in the North-western Adirondack Region, Bull. Geol. Soc. America, VI, 271. 1895. SMYTH describes the rock as an augite-syenite phase of gabbro.

(25) H. P. CUSHING, Augite-syenite gneiss near Loon Lake, N. Y. Idem. X, 177. 1899.

(26) D. H. NEWLAND, Geology of the Adirondack Magnetic Iron Ores, N. Y. State Museum Bulletin 119, p. 27. 1908.

(27) J. F. KEMP, Idem. pp. 63—67, and Bulletin 138, pp. 122—132.

(28) H. P. CUSHING, 20th Annual Report N. Y. State Geologist for 1900, pp. r 41—468, espeaially r 57. 1902.

(29) This point is discussed by H. P. CUSHING in Bulletin 95, N. Y. State Museum, p. 322, 1905, and again by the writer in Bulletin 138, p. 26. 1910.

(30) C. H. SMYTH, On a basic rock derived from granite. Jour. of Geology II, 667. 1894.

(31) The first systematic account of the dikes in the region is by KEMP and MARSTERS, Bulletin 107, 1893, U. S. Geol. Survey. The syenite-porphyries along the northern border were first brought out by A. S. EAKLE, Amer. Geologist XII, 31. 1893. A number of others are described by H. P. CUSHING, Bull. Geol. Soc. Amer. IX, 239. 1898. The basaltic dikes have since been noted by all the workers on the areal geology. The most abundant group of them is described by H. P. CUSHING, 53th Annual Report N. Y. State Museum, 260. 1901. CUSHING has also demonstrated their pre-Potsdam age, Trans. N. Y. Academy of Science XV, 248. 1896.

(32) The genetic relations of certain minerals of northern New York, Trans New York Academy of Sciences XV, 260—270. 1896.

Methods of classification of the Archæan of Ontario.

BY

A. P. COLEMAN,
Professor at the University of Toronto.

The term Archæan as generally used in Canada includes all the formations beneath the Cambrian, and is equivalent to the Algonkian plus the Archæan (or the Basal Complex) of many American geologists.

The work of classifying the Canadian Archæan began more than 60 years ago when Sir WILLIAM LOGAN and his assistants made a two-fold division into a lower and an upper part, later named the Laurentian and the Huronian. In the Geology of Canada, published in 1863, portions of the Laurentian and Huronian are mapped and described in some detail, the rocks of typical districts being subdivided rather elaborately on a lithological basis.

An upper pre-Cambrian series is separated from the Huronian as the »Upper Copper-bearing series», afterwards known in Canadian geology as the Animike.

Following the usage of the time, LOGAN looked upon the banding and schistose structure of the Laurentian gneisses as indicating stratification, and so described them as metamorphic sedimentaries. We now know that the greater part of these gneisses are of eruptive origin; but for many years this natural error proved a stumbling block in the classification of the crystalline rocks underlying the lowest fossiliferous beds. It has been conclusively proved that only a small part of the original Laurentian is sedimentary, but the exact position of this remnant in the time scale is somewhat uncertain.

The Huronian rocks, however, including conglomerate, quartzites, and limestones, are undoubted sediments and have held the place given them by LOGAN.

For many years after this first essay at a classification of the Canadian Archæan little advance was made. In the rough field work of northern Canada LOGAN's two-fold division was commonly interpreted

in a purely lithological sense, which might almost be expressed as —
all pink granites and gneisses are Laurentian, and all green rocks are
Huronian, the latter being the upper, and therefore later series. In a
few places the Animikie or Nipigon rocks were found resting unconformably on both the Huronian and Laurentian; but it was thought that
they might turn out to be of Cambrian age.

In 1885 and 1888, LAWSON's brilliant work in the Lake of the Woods
and Rainy lake regions disclosed the real relations of the Laurentian
granite and gneiss to the overlying rocks. They are eruptives doming
up the rocks above, nipping them in as synclines and sending dikes
into them.[1] Clearly the Laurentian is later in age than the rocks
above.

As the rocks of the western area studied by LAWSON differed greatly
from those described by LOGAN from the typical Huronian region, he
gave them a separate name, the Keewatin. The relations shown by
LAWSON to exist between the Laurentian and the Keewatin have been
found to apply everywhere in the Canadian Archæan. The oldest series,
consisting largely of eruptives, but also including important amounts
of sediments, has been pushed up and penetrated by the Laurentian
granite and gneiss.

ADAMS and BARLOW have proved that the same relationship exists
between the Lower Laurentian (Ottawa gneiss) and the sedimentary rocks
of the Grenville series in eastern Ontario.

While LAWSON solved this fundamental problem of Archæan geology,
he overlooked another important feature of the western region in his
rapid field work and failed to separate certain conglomerates which
occur in the area mapped as Keewatin.

Later study by the present writer in 1897 showed that these extensive conglomerates contain pebbles and boulders of Keewatin rocks, and
hence are of much later age than the Keewatin.[2] In 1900, it was shown
that a similar boulder conglomerate can be traced throughout northern
Ontario. In every area mapped as Huronian there are to be found
banded silica and iron ore (the Iron Formation), and also, not far off,
a boulder conglomerate containing fragments of the banded silica as well
as other Keewatin rocks, and generally also granites of unknown age.
There are therefore two well defined horizons which may be used in

---

[1] Geol. Sur. Can. 1885, Rep. CC: 1888, Rep. F.
[2] Bur. Mines. Ontario, 1897, p. 151, etc.; also Bull. Geol. Soc. Am. Vol. 9, pp. 223 etc.

subdividing the Archæan of Ontario.[1] In 1902 it was suggested by the present writer that for the Iron Formation and the rocks below it LAWSON's term, Keewatin, might be used; while the overlying basal conglomerate with the rocks above might be called Huronian.[2]

In the Geology of Canada, in 1863, LOGAN had divided the Huronian into two parts, since a basal conglomerate of the upper beds contains materials derived from the lower beds. It was also recognized, that the Animikie rested unconformably on the lower rocks (Huronian and Laurentian) and began with a thin layer of conglomerate. There are then three unconformities and three basal conglomerates recognized below the Cambrian.

In 1905 the report of a Correlation Committee including prominent American and Canadian geologists, appointed to frame a suitable classification for the pre-Cambrian rocks of the Lake Superior region as a compromise between the systems of the two countries, recommended the following arrangement:

Cambrian —

    Upper Sandstones, etc. of Lake Superior.

              Unconformity

Pre-Cambrian —

    Keweenawan (Nipigon)

              Unconformity

          (Upper (Animikie)

                 Unconformity

    Huronian { Middle

                 Unconformity

          (Lower

              Unconformity

    Keewatin

              Eruptive Contact

    Laurentian

From the foregoing history of the classification of the Archæan in Canada it will be seen that various principles have been adopted at different times. In the beginning the relative position of the rocks received the greatest stress, and on this basis the Laurentian granites

---

[1] Bur. Mines 1900; Upper and Lower Huronian in Ontario; also Bull. Geol. Soc. Am. Vol. 11, pp. 107, etc.

[2] Bur. Mines, 1902, Classification of the Huronian, p. 154, etc.

and gneisses were considered older than the overlying Huronian. The importance of unconformities was recognized also and made use of in separating the Upper from the Lower Huronian, and the Lower Huronian from the Laurentian.

Later the lithological method was used almost exclusively and often too carelessly. Then LAWSON introduced the idea of eruptive contacts, putting the Laurentian in its proper place. The latest classification, now generally accepted for working purposes by the geologists of the United States and Canada, is founded chiefly on unconformities, but makes use of eruptive contacts to fix the position of the Laurentian.

Relative position, lithological characters, eruptive contacts, unconformities, and basal conglomerates have all been used in working out the relationships of the Canadian Archæan; and all are legitimate methods to employ in classifying rocks devoid of fossils. In such ancient rocks, which have often undergone folding, faulting, and regional and contact metamorphism, these methods must be used with caution however. The position of one rock over another may be due to overfolding or thrust faulting, or to the fact that the lower rock has come up as an eruptive beneath the upper one. The lithological character of an easily recognized rock, such as the Iron Formation or the Huronian limestone bands, may be very conclusive in working out relationships, but a Keewatin greenstone rolled out into a green schist is often indistinguishable from a squeezed graywacke or graywacke conglomerate of the Huronian close beside it. Unconformities are of great importance where the formations are sufficiently undisturbed to permit angular differences to be recognized, and the main divisions of the Lake Superior formations are properly founded on them; but there are thousands of square miles where Keewatin schists and the Huronian rocks have been so folded together and have acquired so uniform a schistosity by shearing and squeezing that there is no longer a hint of unconformity as expressed by an angular difference. In such cases, which are very common in Ontario, the character of the boulders or pebbles in the basal conglomerate gives the only certain information as to the break.

The unconformities given in the classification shown on a preceding page are not distinguished from one another as to importance or lapse of time involved. In reality, as illustrated in Canadian localities, they are of very unequal rank. The break between the Keweenawan and the Animikie is very much less pronounced than that between the Animikie (Upper Huronian) and the Middle Huronian. This gap has been emphasized as the Eparchæan interval by LAWSON, who thinks it perhaps the greatest break in geological history. American geologists, however, find it much less marked south of Lake Superior.

The interval between the Middle and the Lower Huronian is very short as compared with that between the Lower Huronian and the Keewatin. In the opinion of the present writer this is the greatest interval of all, and even more important than the one beneath the Animikie. Where best preserved, as at Cobalt and in some places north of Lake Huron, the basal conglomerate of the Huronian lies nearly flat and but slightly changed upon the upturned schists and gneisses of the Keewatin and Laurentian. The Keewatin rocks had been thrust up into mountain domes and ridges by the ascending Laurentian granite; this plutonic rock had cooled slowly at great depths; and the resulting mountain system, covering many thousands of square miles, had been worn down by subaerial forces to hummocky hills before great ice sheets deposited the widespread boulder clay now known as the Lower Huronian conglomerate. It will be seen how vast an interval is implied in the processes just sketched.

In most parts of the Canadian Archæan the Laurentian granites and gneisses have penetrated the Lower Huronian as well as the Keewatin; but in the localities mentioned above the Laurentian is pre-Huronian. The welling up of the Laurentian plutonic rocks through the overlying materials evidently continued for an immense period of time. From the point of view of the succession of formations they should be divided up into post-Keewatin, post-Lower Huronian, etc.; but they are so precisely alike and are so intermingled that a field separation is not yet possible.

The Laurentian, consisting entirely of eruptives, has, however, no proper footing in a classification of formations. Doubtless plutonic rocks of the same type have been formed at great depths beneath mountain ranges at every age up to the present.

Omitting this immense group of eruptives, the Canadian Archæan is best classified by unconformities, aided by basal conglomerates where folding and squeezing have obscured the relations. These unconformities indicate very different intervals however. Judging from Canadian geology alone the Keweenawan and Animikie should be classed together and separated by a considerable gap from the two Huronians, which would then be Upper and Lower, as arranged by LOGAN. The natural classification in Ontario would be as follows:

Keweenawan: sandstone, conglomerate, and volcanics.

Unconformity.

Animikie: slate, chert, dolomite, tuff, etc.

Great Unconformity.

Upper Huronian: quartzite, arkose, limestone, and conglomerate.

Unconformity.

(Post Lower Huronian: granite and gneiss making up a large part of the Laurentian).

Lower Huronian: quartzite, arkose, slate, limestone, and glacial conglomerate.

Great Unconformity.

(Post-Keewatin: granite and gneiss, an older part of the Laurentian)

Keewatin: sedimentary mica-schist and gneiss (Couchiching), carbonaceous slate, banded silica and iron ore, as well as basic and acid volcanics and ash rocks.

The original floor on which the Keewatin sediments and volcanics were deposited has nowhere been found in the Canadian Archæan region, the Keewatin having the appearance of floating on the Laurentian which comes up from beneath it. The floor, no doubt, consisted of materials which, when melted, could give rise to granite and gneiss.

One naturally compares this classification with that worked out in other parts of America and the Old World.

For a detailed comparison of the pre-Cambrian of Ontario with that of other American regions the reader may be referred to the admirable report of VAN HISE and LEITH on »the pre-Cambrian Geology of North America».[1]

The classification preferred by the present writer for Ontario, as given on a former page, retains all the subdivisions of the other, but suggests the differences of time implied by the discordances, and the varying relations of the Laurentian.

In Europe the best worked out series of pre-Cambrian formations is that of Finland and Scandinavia, as given by FROSTERUS,[2] SEDERHOLM[3]

---

[1] U. S. Geol. Survey, Bull. 360, pp. 42—46.

[2] Bull. Comm. géologique de Finlande, No. 13, p. 155. 1902.

[3] Ibid. No. 23, p. 93. 1907.

and RAMSAY.[1] As these three authorities agree in essentials, one of the classifications, that of SEDERHOLM, will be taken for comparison with the Canadian results.

SEDERHOLM suggests that the Jotnian in his system is similar to the Torridonian of Scotland and the Keweenawan of North Amerika; that the Jatulian is like the Upper Huronian (Animikie), and the Kalevian like some of the Lower Huronian rocks of America. His two lower divisions, the Bothnian and Ladogian, are not compared with American equivalents. The Finnish geologists place the »Katarchæan» granitic gneiss as a floor beneath the Ladogian, which generally rests discordantly upon it, though sometimes the gneiss beneath is in eruptive contact with the Ladogian.

If we follow SEDERHOLM's suggestions the Canadian and Finnish pre-Cambrian may be compared as follows:

Keweenawan		Jotnian	
Animikie		Jatulian	
Huronian	{ Upper / Lower	Kalevian	{ Upper / Lower
Keewatin	? {	Bothnian / Ladogian	
Laurentian		Katarchæan	

(Eruptive contact).

SEDERHOLM's interesting comments on the classification show that the Jotnian corresponds very well to our Keweenawan; but that the Jatulian has been much more disturbed and metamorphosed than our Animikie, which is usually not much tilted or folded, and seldom seriously metamorphosed. The Onegian or upper portion of the Jatulian contains anthracite, which may be compared with the anthraxolite veins in the carbonaceous slate of the Sudbury Animikie.[2] The Kalevian seems to have undergone much more change than our Lower Huronian in its best preserved localities, such as Cobalt, since he refers to the rocks as »greatly disturbed and very crystalline». Parts of our Lower Huronian which have been caught in the later Laurentian eruptions, as on the north shore of Lake Superior, would however correspond to his description.

---

[1] Centralblatt für Min., Geol. u. Pal., Jahrg. 1907, No 2. Über die präcamb. Systeme etc.

[2] Bureau Mines, Ontario, Vol. VI, p. 159, etc.

If the Lower Kalevian represents the Lower Huronian, the Bothnian and Ladogian together should correspond to the Keewatin. No definite discordance is known within the Keewatin, though some badly preserved conglomerates may indicate a break. FROSTERUS in his classification shows no discordance between the Bothnian and Ladogian in eastern Finland, but a great discordance in western Finland. All the rocks mentioned in connection with these two formations can be matched in our Keewatin, with the addition of the banded iron range rocks and slates containing carbon.

If the »Katarchæan» granitoid gneiss ever existed beneath the Keewatin sediments and volcanics, it has, so far as known, been completely fused, ascending through the overlying rocks as great batholiths.

It will be understood, of course, that the comparison given above is only tentative. In regions so far apart as Ontario and Finland it is hardly to be expected that the subdivisions should agree precisely in age. The immense interval beneath the basal conglomerate of the Lower Huronian may have been represented in Europe by a formation such as the Bothnian; and the absence of a floor beneath the Keewatin may be due to a greater load of sediments above, weighting it down into lower and hotter levels beneath the surface than was the case in Finland. The Keewatin includes near its base mica-schist and gneiss probably formed from sandstone or arkose whose materials were derived from the weathering of an old land surface of granite or gneiss.

The older pre-Cambrian rocks of Eastern China.

BY

ELIOT BLACKWELDER,
Assoc. Professor at the University of Wisconsin, Madison.

Introduction.

It shall be the purpose of this brief paper to give a general description of the pre-Cambrian terranes of northeastern China and southern Manchuria, with special reference to the questions: (a) what are the mutual relations of the different parts, and (b) what was the origin of each? Lacking the necessary time to examine all of the writings about the geology of China, particularly those which are in the Russian language, the writer is obliged to confine himself largely to the results of his own observations, which were necessarily circumscribed.

So far as now known, the pre-Cambrian rocks of north-eastern China may be divided into three systems which are tolerably distinct. The oldest system (Tai-shan complex) is composed largely of rocks of doubtful origin with many intrusive igneous rocks of different generations. As its designation implies, it is structurally intricate. The next younger system (Wu-tai strata) consists of metamorphic rocks which are largely of sedimentary origin, with a moderate amount of intrusive igneous material. The third and youngest pre-Cambrian system (Hu-t'o system) consists of limestone, shale, and quartzite, which are only locally metamorphosed and are intruded only by scattered dikes. The three systems are separated by a clearly marked unconformity from rocks which carry abundant fossils believed by WALCOTT to indicate a middle or possibly lower Cambrian horizon.

These pre-Cambrian systems are somewhat widely distributed and rather extensively exposed in the region between the Yang-tse river and Mongolia, and between the Yellow river (Hoang-Ho) on the west and Korea on the east. In some districts, as in western Shan-tung, only the most ancient of the three terranes is exposed. In other regions, such as the low mountains of western Chi-li, the Tai-shan complex is separated from the Cambrian strata by the youngest or unmetamorphosed system. In a few localities, of which the best known is the Wu-tai-shan region in eastern Shan-si, all three systems are present, with the Cambrian overlapping them all on the east.

In the following pages the writer will confine himself chiefly to the two lower or metamorphosed divisions of the pre-Cambrian, since the origin and relations of only these two can be justly questioned.

The Tai-shan complex.

The predominating rocks in the Tai-shan complex are either metamorphic or igneous. There are gneisses and schists of considerable variety, as well as granites, gabbros, porphyries and other common intrusives. It may be described as a complex of metamorphic and intrusive rocks such as is commonly found at the base of most comprehensive sections in other countries.

The structures of the complex are intricate, and in no district have they been studied in sufficient detail to permit the interpretation of individual structural features. As in similar regions elsewhere the planes of secondary cleavage in the metamorphic rocks are highly inclined, but nevertheless variable. In most places the igneous rocks have clearly been intruded into the metamorphic rocks in the form of stocks and dikes. Elsewhere the relations are not entirely clear. As to the origin of the Tai-shan complex it is still too early to make a positive statement. The granites, porphyries, gabbros, and other unaltered igneous rocks are such as are generally interpreted as intrusive. These make up a large part — possibly the major part — of the entire system. The schists and gneisses, which are certainly in part older than the intrusives, and probably all older, are of doubtful origin. Many of the gneisses have a mineralogical composition which strongly indicates that they are altered granites and related igneous rocks. Some of the hornblende-schists likewise seem clearly to be altered basic igneous rocks. These presumably meta-igneous formations constitute a considerable part of the metamorphosed portion of the Tai-shan complex. On the other hand, silicated marble has been found at one point in western Chi-li and, associated with it, quartz-muscovite-schists and muscovite-gneisses which strongly suggest altered sedimentary formations. So far as known these rocks do not form a large part of the Tai-shan system. The remaining metamorphic rocks, not already mentioned, are of doubtful origin. They include both gneisses and schists, which have not been thoroughly studied and at best are not readily interpreted.

By way of summarizing, therefore, it may be said that the Tai-shan complex appears to be partly of sedimentary origin but predominantly igneous, and that the igneous rocks are both altered and unaltered and of many different ages.

The relation of the Tai-shan complex to the Cambrian and to the youngest pre-Cambrian (Hu-t'o) system is always clearly that of unconformity. Its relation to the Wu-tai system has been critically observed in only one locality, and there the question is somewhat doubtful. At what appears to be the base of the Wu-tai strata, however, there is a coarse feldspathic quartzite resting upon the gneisses of the Tai-shan complex. This is believed to mark an unconformity, now considerably obscured by metamorphism. Further evidence of discordant relations may be drawn from the constitution of the two systems; the Tai-shan complex consists of igneous and ancient schistose rocks, while the Wu-tai system consists of sediments only moderately metamorphosed.

Comparing the Tai-shan complex of China with similar basal complexes in other countries, one is impressed with its general similarity to the Archean system of North America, England and probably other regions. It seems to differ from the Archæan of the Lake Superior district — the best known of American pre-Cambrian areas — largely in containing a much smaller proportion of basic schists and greenstones and a much larger amount of acid gneisses and mica-schists. Structurally the two are much alike and they correspond also in the relative proportions of rocks derived from igneous rocks on the one hand and sedimentary rocks on the other.

The Tai-shan rocks bear a closer resemblance to the Lewisian gneiss of Scotland, even to the content of schistose sedimentary rocks older than the igneous gneisses.

Wu-tai system.

Under the name Wu-tai system are included those thick masses of highly metamorphosed sedimentary rocks which are found within the pre-Cambrian sequence in southern Manchuria and north-east Chi-li, but particularly in eastern Shan-si. Lithologically these strata are very different from the Tai-shan complex. The predominating rocks are mica-schists, chlorite-schists, garnet-schist, marble and quartzite. In some places the rocks are but little more than slates, while in others they have been intensely metamorphosed. All of these seem to be clearly of sedimentary origin. There are in addition masses of Augengneiss which are believed to be altered granitic intrusives and there are also dikes of quartz-porphyry and schistose greenstone. The composition of the Wu-tai system is therefore chiefly sedimentary with a subordinate amount of igneous material.

The strata have been highly folded and faulted as well as metamorphosed. By a more exhaustive study it will be possible to separate the Wu-tai system into many formations and to determine the relations between them. With the present meager knowledge of them, however, the stratigraphic succession is somewhat difficult to interpret because metamorphism and folding have greatly obscured the record.

The Wu-tai system is plainly separated from all later rocks by unconformities. In the Wu-tai district the later pre-Cambrian beds, which are themselves folded, rest upon the truncated stubs of the Wu-tai strata; and the conglomerate above the contact is composed of pebbles of the Wu-tai rocks. Where the Cambrian rests upon the Wu-tai, the separation is even more distinct.

In a general way the Wu-tai system may be compared to the Huronian system of northern United States, because, like it, it is generally highly folded and partly metamorphosed, and has been intruded by a variety of igneous rocks. It also resembles the Huronian in that it rests upon a basal complex correlated with the Archæan and is separated from the Cambrian by a still younger pre-Cambrian system.

It differs from the Huronian, however, in several important respects. Although it is divisible into more than one series, the individual series do not correspond lithologically with those of the Huronian. Indeed, considering the great distance which separates the two regions, no one would expect them to so correspond. Nothing is found in the

Wu-tai system which is analogous to the remarkable iron ore deposits of the Lake Superior Huronian; nor does there appear to be any large amount of surface volcanic material, which, in Michigan, is a conspicuous element of the corresponding formation. In the quantity of limestone and mica-schists the Wu-tai system approaches more nearly to the Grenville beds of eastern Canada and yet the resemblance even to them is not strong.

Summary.

Since the main purpose of this paper is a discussion of the origin of the pre-Cambrian terranes of China, the following statements may be made in closing. Of the three pre-Cambrian systems which may be clearly discriminated, the youngest is unquestionably of ordinary sedimentary origin. The middle system seems to be quite as clearly sedimentary, but has been strongly metamorphosed and is associated with large bodies of intrusive igneous rocks. The oldest and apparently fundamental system consists of rocks of which some were originally sediments, while others have solidified from the molten condition as igneous rocks, and the remainder are of doubtful origin. The structure of this oldest system is highly complex both in major features and in detail, and its components are evidently of several different ages.

Discussion sur la géologie des systèmes précambriens.

Dr C. Hlawatsch (Wien) erwähnt eine Arbeit von F. G. Suess in den Mitteilungen der Wiener Geologischen Gesellschaft, in welcher ein in viereckige Bruchstücke zerbrochener Gang eines in Amphibolit umgewandelten, basischen Eruptivgesteines im umkristallisierten Marmor und ein solcher eines Granitaplites mit Bildung von Kontaktmineralien auch an den Bruchflächen beschrieben werden.

Professeur G. Murgoci (Bucarest) expose quelques considérations sur les schistes cristallophylliens des Carpathes méridionales, auxquelles M. M. Mrazec, Reinhard et lui-même sont arrivés après des longues études pétrographiques et géologiques. Les schistes cristallophylliens des Carpathes méridionales se peuvent diviser en deux séries: l'une provient de sédiments précarbonifères et l'autre de sédiments mésozoïques métamorphosés. Dans la série précarbonifère on peut distinguer deux groupes: l'un du type phyllithique, dans l'autochtone, l'autre, du type micacé, très cristallin, dans la nappe qui a été charriée sur une grande distance par-dessus le mésozoïque et les schistes autochtones. C'est un fait très important que le mésozoïque de l'autochtone est traversé par certaines roches éruptives mélanocrates, mais il ne présente pas de phénomènes intéressants de métamorphisme, tandis que le mésozoïque du flanc renversé de la nappe, de même que les roches intrusives qui s'y trouvent incluses, est souvent très métamorphosé. On ne peut mettre pourtant ce fait sur le compte du dynamométamorphisme, parce que les schistes cristallophylliens du 1:r groupe qui ont été aussi charriés que le mésozoïque, montrent à la surface de charriage des phénomènes et roches (brèches de friction) qui nous forcent à renoncer au pouvoir du dynamométamorphisme.

Dans les schistes précarbonifères nous trouvons des roches éruptives, intrusives caractéristiques pour chaque groupe: Dans le 1:r groupe, celui de la nappe charriée, on rencontre le Cozia-gneiss (un gneiss à gros minéraux feldspathiques), et des granites semblables; le métamorphisme du 1:r groupe se présente comme un phénomène de piezométamorphisme provoqué par l'intrusion de ce Cozia-gneiss, qui a été mis en place dans un ou plusieurs plis déapires. Les conditions de gisement, du temps même de l'intrusion du Cozia-gneiss ont été telles que sous l'action des minéralisateurs (colonnes filtrantes) les masses éruptives se sont injectées et ont actionné surtout dans le sens de la verticale, le long de la schistuosité des sédiments. Au contraire, le 2:e groupe (l'autochtone) enveloppe un immense massif granitique normal, qui s'est consolidé dans une voûte anticlinale très large, comme un batholite, avec des phénomènes de métamorphisme plus accentués dans le sens horizontal, que celui de la verticale; cela aussi à cause du gisement. Ces phénomènes certainement ont eu lieu avant ou au commencement du phénomène de surplissement qui finit dans le cénomanien. Dans la région de la racine (Banat) de ce grand pli charrié on a décrit et nous avons constaté dernièrement des roches qui forment la transition du 1:r groupe vers le 2:e, et de même le Cozia-gneiss comme »dikes» et qui est une confirmation à notre interprétations du métamorphisme des sédiments précarbonifères par les intrusions magmatiques dans des conditions tectonique différentes.

Dr **L. L. Fermor** (Calcutta) said that Prof. Coleman had given an excellent example of the effects of metamorphism in so altering two rocks, namely conglomerate and granite, that it was difficult to distinguish between them near their junction. The speaker thought it would not be out of place to bring forward a similar case from India.

In the Central Provinces of India there is a large area of Archæan rocks consisting of gneisses, schists, quartzites, limestones and granites. Many of these rocks have probably been formed by the metamorphism of sediments. Associated with these rocks, particularly with the mica-schists and quartzites, are many occurrences of manganese silicate rocks and manganese ores, which are believed to have been formed by the metamorphism of manganese oxide sediments, sometimes mixed with or interlaminated with sands and clays. The interaction of the manganese oxides, sand and clays, during regional metamorphism, has given rise to spessartite and rhodonite and to braunite. The ore bodies are composed largely of crystalline braunite in a matrice of psilomelane.

Balaghat	*Ukua.*
Mica-phyllites	Mica-schist
Manganese ore band composed almost entirely of psilomelane	Manganese ore band containing spessartite and braunite in addition to psilomelane.
Conglomeratic grit	Conglomeratic gneiss.
Gneissose granite	Gneissose granite.

At Balaghat, however, as is shown above, the manganese ore band and the associated rocks are much less metamorphosed than usual owing probably to the smaller depth to which they were folded in at this point. The manganese ore body rests upon a conglomeratic grit. Now at Ukua, a place some 22 miles NE of Balaghat on the strike of the rocks at Balaghat, the succession of rocks is as shown above under Ukua. The rocks at the two places were evidently once the same, but have at Ukua been much more strongly metamorphosed than at Balaghat, leading to the formation of spessartite and braunite in the ore band, whilst the conglomeratic grit underlying the ore band has been converted into a gneiss in which residual pebbles can be detected here and there. This gneiss was formerly mapped as part of the underlying gneissose granite, but the section at Balaghat enabled the speaker to distinguish the conglomeratic gneiss of Ukua from the underlying gneissose granite.[1]

Prof. **G. A. J. Cole** (Dublin) referred to instances in NW. Ireland where a distinctly bedded series of pre-Cambrian limestones, quartzites and argillaceous schists had been penetrated by an aplitic granite magma, layer by layer, until gneissic structures resulted without the destruction of the original stratification. Again and again it seems that the banded structure of crystalline rocks represents an original sedimentary bedding, preserved in spite of very considerable igneous invasion. Even in the case of crumpled composite gneisses, we have to ask in each case, is the crumpling due to igneous flow, by which the whole rock has become contorted as a plastic mass, or was the sedimentary or schistose series originally folded, and has its folding controlled the course of the invading igneous layers?

The speaker regarded the papers read this day as showing an immence step forward towards a recognition of the principles of contact metamorphism on a

---

[1] See Memoirs Geol. Surv. India, Vol. XXXVII, part 2 (1909).

regional scale, which had so long been maintained by MICHEL-LÉVY, BARROIS, and workers generally in France.

Professor **J. J. Sederholm** (Hälsingfors) wies darauf hin, dass die Granitisationsphänomene sich mit Vorteil rein petrographisch an den glatten Felsen der finnländischen Schärenflur studieren lassen, von denen er eine Menge Photographien und eine Karte im Massstab 1:20 vorwies. Die regionale Aufschmelzung oder *Anatexis* enthält nach der Ansicht des Reduers die Erklärung für den Bau des Grundgebirges, der nicht allein durch die sog. Dynamometamorphose erklärt wird.

Professor **J. H. L. Vogt** (Kristiania): Ich erlaube mir einige Worte bezüglich des Vortrages meines Freundes SEDERHOLM über die Umschmelzung zu äussern. Selber habe ich sehr viel im Grundgebirge und in regionalmetamorphischen Gebirgsformationen Norwegens kartiert, ohne irgendwo Erscheinungen anzutreffen, für die man einer Umschmelzungstheorie bedarf. Ich stelle mich im allgemeinen dieser Theorie sehr zweifelnd gegenüber.

Was besonders das schöne Bild hier betrifft, so scheint es mir, dass man ganz einfach die jüngsten Gänge durch eine spätere Intrusion von Granit erklären kann. Das ganze Gebiet ist zerquetscht worden, und dann ist jüngeres granitisches Magma eingedrungen.

Der von SEDERHOLM gelieferten Beweisführung, dass das jüngere (rot gezeichnete) Gestein durch Umschmelzung hervorgegangen sei, kann ich nicht beitreten.

Die Beweisführung müsste in erster Linie dahin gehen, dass das umgeschmolzene Gestein als das arithmetische Mittel der zwei Ursprungsgesteine nachgewiesen würde.

Aber im Gegenteil, und das ist meiner Meinung nach die Hauptsache, die Granite haben nicht eine willkürliche, zufällige, sondern eine *gesetzmässige* Zusammensetzung, die man durch physikalisch-chemische Gesetze erklären kann.

Gäbe es derartige Umschmelzungen, so müsste man eine Anzahl anderer Gesteine haben, die in Wirklichkeit fehlen. Beispielsweise fehlen Gesteine, die durch Zusammenschmelzung von Sandstein und Kalkstein, oder von Tonschiefer und Kalkstein entstanden sein könnten.

Professor **Ch. R. van Hise** (Madison): The few remarks which I shall offer are given with the hope that I may to a certain extent correlate the different points of view which have been presented in reference to the pre-Cambrian.

1. The use of the term Laurentian, as proposed by Dr. COLEMAN, for acid intrusives, not only into the Keewatin, but into the Lower Huronian, the Middle Huronian, and the Upper Huronian, is merely a lithological use of the term. Such a use has no value in systematic geology; it is a mere concession to imperfect knowledge. If the Keewatin is separated from the Huronian by a great unconformity, and if the different Huronian series are separated from one another by unconformities, then the use of a single term for an intrusive of a certain class in all these widely separated series has no part in a stratigraphical succession. To use Laurentian in this sense and to regard it as a stratigraphical term would be analogous to proposing a stratigraphical term to include granites, some of which are intrusive in the Palæozoic only, others of which intrude the Mesozoic but not more recent rocks, and still others which intrude the Tertiary. To use the term Laurentian in the sense proposed by Dr. COLEMAN is to make it lose all structural significance.

2. In the matter of the great batholitic intrusions in the pre-Cambrian, I coincide with the views expressed by Dr. LANE. In petrographic character the

intrusives are like any other igneous rocks. They differ from others only in that their mass is very great. Those who hold that these batholiths represent once solidified rocks which have been made magmas by sub-crustal fusion from which they have crystalized should prove their case. Are the batholiths of the same chemical composition as the rocks from which they are supposed to be derived by the sub-crustal fusion process, or are they similar in composition to other igneous rocks?

That the ancient pre-Cambrian batholitic intrustions have to a certain extent absorbed rocks which they have intruded is beyond question. The point upon which different observers vary is upon the amount of material which has thus been absorbed. For my own part I am inclined to take a conservative view upon this point, and to hold those who believe that such absorbtion has taken place upon a continental scale should give clear evidence in favour of it before they can expect that it will be accepted.

3. Some of those who believe in extensive sub-crustal fusion have asked the question, where is the floor upon which the Keewatin was laid down? There is no more need to explain the lack of knowledge of a floor for the Keewatin than for the Cretaceous or the Carboniferous in regions where rocks of either of these ages chance to be the lowest exposed. It is wholly possible that the Keewatin volcanic series continues down indefinitely; that it had no earlier floor. All we know positively is that the Keewatin series constitutes the oldest formations which are exposed in the great pre-Cambrian area of North America. All other stratigraphical series are later. The Keewatin being the oldest series, naturally all intrusive rocks cut it. Those who are asking for a floor for the Keewatin are creating imaginary difficulties.

4. The International Geological Committee of the United States and Canada agreed upon the following descending succession for North America:

Cambrian.
    Upper sandstones, etc., of Lake Superior.
    Unconformity.
Pre-Cambrian.
    Keweenawan (Nipigon).
    Unconformity.

Huronian
        Upper (Animikie).
          Unconformity.
        Middle.
          Unconformity.
        Lower.
          Unconformity.

Keewatin.
    Eruptive contact.
Laurentian.

The International Committee did not pass upon the question as to the major-grouping of the different series represented by the table. Dr. MILLER, in his paper, states that the great break in this succession is between the Keewatin-Laurentian, and the Huronian. With that view I am in full accord.

For these major divisions the United States Geological Survey has proposed the names Archæan and Algonkian, the former including the Laurentian and Keewatin and the latter the Huronian and Keweenawan and their equivalents.

The reasons which lead me to this classification cannot be presented in a five minutes discussion, but have been fully formulated elsewhere.[1]

____

[1] The Problem of the pre-Cambrian, Bull. Geol. Soc. of Am. Vol. 19, pp. 1—28. — Archæan and Algonkian, Bull. U. S. G. S. No. 360.

Also it is shown that this dual classification is applicable to the different
continents; and indeed has been widely applied in America and Europe. It is
believed that it is the only proposal made for a major classification of the pre-
Cambrian rocks which has a worldwide significance.

Professor **L. Milch** (Greifswald) betont gegenüber der Ablehnung der Dynamometamorphose zur Erklärung der kristallinen Schiefer, dass von den Gegnern
stets nur von der mechanischen Druckwirkung gesprochen wurde, die viel wichtigere chemische Einwirkung, hervorgerufen durch überhitztes Wasser, aber nicht
in Rechnung gestellt wird, obwohl schon LOSSEN die Mitwirkung des Wassers
hervorgehoben hat, und dieser Faktor seit 20 Jahren immer stärker betont wird.
Zur Erklärung der Lagenstruktur auf dynamometamorpher Grundlage müssen neben
der Zertrümmerung die Wirkung der Gleitflächen und die mit der Temperatur zuneh-
mende Plastizität aller Minerale betont werden; auf die überaus grosse Wirkung
der Kristallisationsschieferung braucht ja nur kurz hingewiesen zu werden.

Dass unter den sog. kristallinen Schiefern sich sowohl in grosser Zahl fluidal-
struierte Tiefengesteine wie auch Sedimente befinden, in die Eruptivmaterial eingedrungen ist, wird wohl von niemandem bestritten; der Zusammenhang der Durchaderung mit der typischen Lagenstruktur ist aber noch nicht bewiesen, und ein
derartiger Beweis wird sehr schwer sein, da bei der Auffassung von Lagergneisen
als injizierte Sedimente nicht zu erklären ist, wo der Raum herkommt, den
die injizierenden Massen einnehmen können — auch bleibt unerklärlich, wieso die
dünnen Schieferlager beim Eindringen so bedeutender Massen von Eruptivmaterial mit gleicher Dicke und gleicher Lage auf weite Strecken erhalten bleiben.

Ebenso ist keineswegs nötig, zur Erklärung von feldspatführenden Schiefern
stets eine Zuführung von Alkalien aus der Tiefe anzunehmen; eine grosse Anzahl von
Tongesteinen weist bei der Analyse ausreichend Alkalien für derartige Neubildungen auf.

Eine Erklärung der kristallinen Schiefer wird sich nicht gegen die Dynamometamorphose vollziehen, sondern unter ihrer tatkräftigen Mitwirkung.

Professor **A. G. Högbom** (Uppsala) meint, dass tektonische und petrographische Analogien nicht hinreichende Anhaltspunkte für chronologische Parallelisie-
rungen der präkambrischen Komplexe bieten. Und zwar nicht nur betreffs geo-
graphisch weit auseinanderliegender Gebiete (z. B. Canada och Fennoskandia),
sondern oft auch bezüglich benachbarter Gebiete (z. B. Finnland und Schweden).
Als Illustration zu der Unzuverlässigkeit dieser Analogien wolle er einen gedachten, geologisch betrachtet aber keineswegs unmöglichen Fall wählen. Angenommen, der Christiania-Silur hätte sich in einem solchen Erhaltungszustand befunden,
dass keine Fossilien darin angetroffen worden wären, oder er wäre in solchen
fossilfreien Fazies entwickelt, wie sie in unserer Hochgebirgskette herrschen. Nach
den obenerwähnten chronologischen Prinzipien, die hier in Fennoskandia in so grosser Ausdehnung von SEDERHOLM in seinen Übersichtskarten angewandt worden
sind, würde dieser Silur dann, auf Grund seiner Tektonik und seines Verhältnis-
ses zu den mit den jotnischen Eruptiven der östlichen Fennoskandia (Rapakivi
und damit verbundene Gesteine) gleichartigen Christiania-Eruptiven, als jatulisch
aufgefasst worden sein.

Ermangeln wir aber einer allgemeingiltigen Chronologie für die präkambrischen Komplexe, so scheint es auch nicht möglich zu sein, eine allgemeingiltige
chronologische Nomenklatur für sie anzunehmen, wie sie SEDERHOLM nun vorgeschlagen hat. Bis auf weiteres dürfte es daher angebracht sein, sich mit den
mehr provisorischen und lokalen Einteilungen zu begnügen, die für begrenztere
Gebiete anwendbar befunden werden.

Dr **L. L. Fermor** (Calcutta) regretted that Sir THOMAS HOLLAND had not been able to attend the Congress and in his absence put forward the classification of the pre-Cambrian rocks of India, proposed some 4 or 5 years ago by HOLLAND. In India the pre-Cambrian rocks can be divided into two great divisions separated by what HOLLAND terms the Eparchæan unconformity. The rocks below this unconformity comprise all the crystalline schists, gneisses and granites of the Peninsula of India, and are distinguished by their almost constant high dips and high degree of metamorphism, and are grouped by HOLLAND as Archæan. The archæan group thus includes the Bundelk band gneiss, the Charnockites, gneissose granites and the Dharwar schists. The pre-Cambrian formations lying above this great unconformity comprise the less metamorphosed and more gently dipping rocks, known as the Vindhyan, Cudlapah and other formations; for these formations HOLLAND has proposed the group name *Purana*, a word af Sanscrit origin meaning *old*. The following shows the probable approximate correlation of the Indian and American classifications:

Keweenawan Animikie	} Purana
Middle Huronian Lower Huronian Laurentian Keewatin	} Archæan

HOLLAND had offered this name *Purana* to the American geologists to help them out of their troubles whith the word *Algonkian*, which had been used in such various ways. The word was originally proposed in the article on geology in the new Imperial Gazetteer of India, later in a presidential address to the Mining and Geological Institute of India. [1]

Mr **W. G. Miller** (Toronto). I have little to add to the interesting discussion that has taken place on the various papers that have been presented on pre-Cambrian stratigraphy. One or two speakers have laid more emphasis on metamorphism as a means of determining the relative ages, than I do. The position I would take is, that metamorphism can be relied on but little. A pre-Cambrian sedimentary rock may, for instance, be only slightly metamorphosed in one locality while in another it may be rendered schistose. Degrees of metamorphism therefore are of little value as a means of determining the relative ages of rocks; the same may be said of dip similarities and differences in lithological character are also not to be relied on. I agree with one of the speakers that sediments are found in the oldest pre-Cambrian as well as in the newer, but I would say that the older sediments differ from the newer in being characteristically chemical deposits (e. g. jasper-iron out of the Keewatin and probably certain limestones etc.), the sediments in the younger rocks are characteristically fragmental. Pre-Cambrian unconformities, like those in later ages, die out in certain places and there is a gradual passage from one side to another.

Dr. **P. J. Holmquist** (Stockholm) betont, dass die feldgeologischen und petrographischen Beweise für eine Aufschmelzung der alten Gneise, die Prof. Dr. J. J. SEDERHOLM vorgebracht hat, nicht entscheidend seien, und meinte, dass eine wirkliche Aufschmelzung innerhalb des Grundgebirges nicht nachgewiesen werden

---

[1] See the Transactions, Vol. I (1906).

könne. Die Erscheinungen, auf die SEDERHOLM hingewiesen habe, seien indessen
von allergrösstem Interesse, indem sie den Höhepunkt der Wirkung der regionalen Metamorphose auf die Quarz-Feldspatgesteine des Grundgebirges bildeten.
Diese Wirkung könne charakterisiert werden als eine Pegmatitisierung in dem
Sinne, dass die quarz-feldspatreichen schiefrigen Gesteine vollständig umkristallisiert worden seien, wobei die Schiefrigkeit bisweilen verlöscht und eine pegmatit-
artige Granitstruktur ausgebildet worden sei. Grosse Areale innerhalb des schwedischen Grundgebirges seien auf diese Weise in Pegmatitgranit umgewandelt worden. Es sei auch sehr wahrscheinlich, dass die Pegmatitgänge und Massive von
reinem Pegmatit, die in diesen hochmetamorphischen Terrains auftreten, von Peg-
matitmagma herstammen, das daselbst regeneriert worden sei. Diese Pegmatite
treten als durchschneidende, also jüngere Eruptive im Verhältnis zu den pegma-
titisierenden Gneisen auf. Dagegen finde sich seiner Ansicht nach kein hinrei-
chender Grund zu der Annahme, dass auch Grundgebirgsgranite auf diese Weise
regeneriert worden seien.

Professor **J. J. Sederholm** (Hälsingfors) wies darauf hin, dass jede Einteilung nicht nur des präkambrischen, sondern überhaupt kristalliner Terrains
zunächst provisorisch sein müsse. Seine Einteilung beträfe in erster Linie die
östliche Fennoskandia, wo die jüngeren archäischen Formationen ihre hauptsäch-
lichste Verbreitung haben, aber schon jetzt zeigten sich sehr auffällige Analogien
zu dem westlichen Teile. Die von HÖGBOM angeführten Beispiele, um die Gefahr
ei. ·· Parallelisierung auf petrographischen Gründen zu illustrieren, seien nicht glück-
lich gewählt, da c'en in diesen Fällen die finnische Altersbestimmung sich bestätigt
habe. Redner betonte die Notwendigkeit, von den typischsten Gebieten auszugehen.

Bezüglich des Laurentians wies er auf die Gefahr hin, den Ausdruck ohne
Zeitbestimmung als Bezeichnung für »unklassifiziert präkrambrisch» anzuwenden.

In der Granitisationsfrage betonte er, dass eben VOGTS Gesetze ihre Anwendung auch dort finden, wo es sich um die Aufschmelzung handelt, indem das
neugebildete Magma ein Antektikum ist, das gleichsam alles von sich abweist, was
nicht in dessen Zusammensetzung passt.

Dr **C. A. Raisin** (London). In the interesting communications on the classifications of rocks earlier than the cambrian, it has been shown that in several
regions they exhibit a break or unconformity. The rocks of this age in Southern
Britain are represented in only small areas, but they exhibit two very different
types. Gneisses and schists which exist in Anglesey, in South Cornwall and
other parts yield perhaps some illustrations on the question of their possible
origin, although they are so limited in extent compared with the great regions
of Scandinavia and of Canada. But in the Midlands of England at several localities the old pre-Cambrian floor is formed of rocks of a different type. These
rocks show no true metamorphic character. In some places the age is practically proved by the finding of the Olenellus fauna in adjacent strata, as in
Shropshire by Professor LAPWORTH, and the rocks of other localities in the
Midlands of England can be correlated with these partly by means of a similarity in the succession. More than one name has been used for these rocks,
such as the term Uriconian in Shropshire and the Malvern area. Probably until
a succession has been established in different areas, and more exactly correlated,
various terms must continue to be used. But, it seems that, whatever the
name applied, there is in Midland England a group of rocks, earlier than the
Cambrian in age, not metamorphic, and consisting largely of volcanic tuffs and
agglomerates, lavas, with some sedimentary strata.

———————

Stockholm, F. A. Norstedt & Söner 1912.
101503

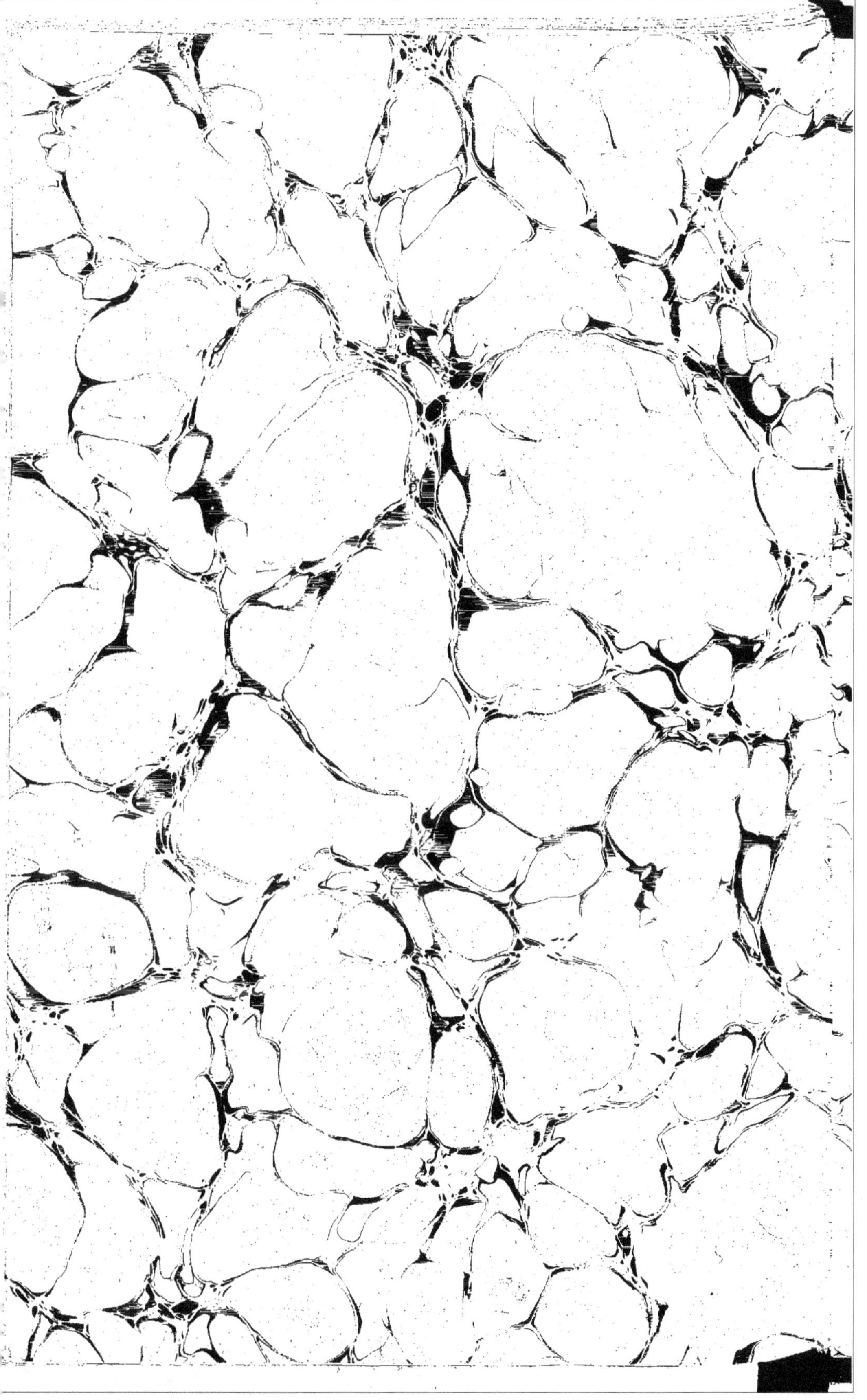

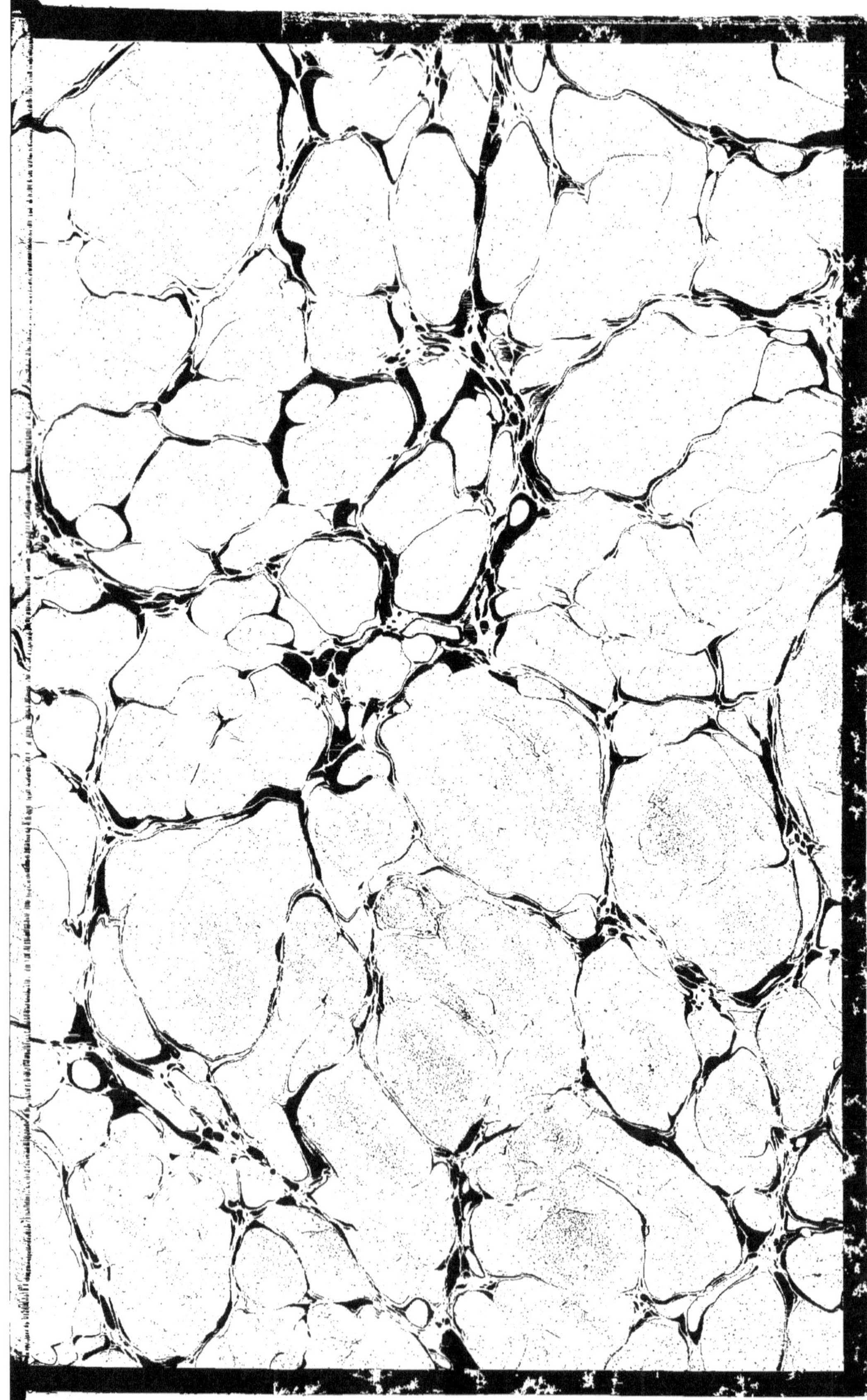

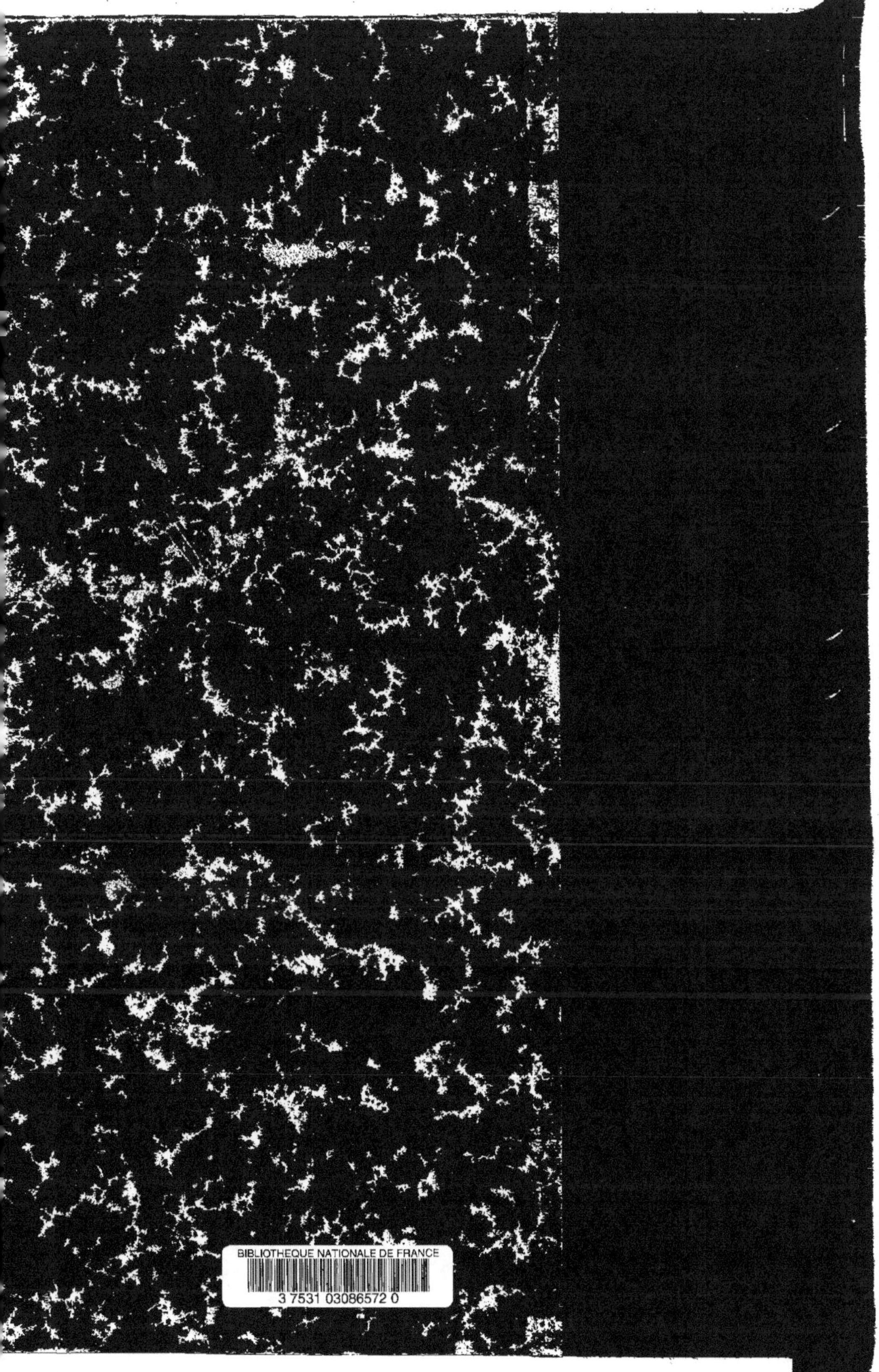